钒钛化合物及热力学

邹建新　崔旭梅　彭富昌　编著

北　京
冶　金　工　业　出　版　社
2019

内 容 提 要

本书详细分析了钒钛单质与各种钒钛化合物的基本性质和化学反应本质，全面讲述了钒钛化合物热力学函数（C_p、H、S、G）、自由焓 $\Delta G^{\ominus} = A + BT$、标准溶解自由能、蒸气压、电极电势、电子组态、电离能、自由基、电子亲和势、核素、丰度等基本理论的内涵，系统阐述了不同温度下钒钛化合物及其相关化学反应的各种热力学函数值的精髓和应用，深刻解析了常用钒钛相图（状态图），深入研究了钛铁矿、钛渣、人造金红石、硫酸法钛白粉、四氯化钛、氯化法钛白粉、海绵钛、钛锭、钛（合金）材、钛粉、钛铁、碳化钛、氮化钛、钒渣、石煤、五氧化二钒、三氧化二钒、金属钒、钒铁合金、钒铝合金、氮化钒、碳化钒、钒电池等主要战略性钒钛资源与新材料制备过程中的热力学理论。

本书可供钒钛领域研发人员、工程技术人员、专家学者阅读，也可作为大中专院校有关专业的参考教材和钒钛行业机构的参考资料。

图书在版编目(CIP)数据

钒钛化合物及热力学/邹建新，崔旭梅，彭富昌编著．—北京：冶金工业出版社，2019.1
ISBN 978-7-5024-7818-6

Ⅰ.①钒…　Ⅱ.①邹…　②崔…　③彭…　Ⅲ.①钒—金属材料—研究　②钛—金属材料—研究　Ⅳ.①TG146.23　②TG146.4

中国版本图书馆 CIP 数据核字（2018）第 214330 号

出 版 人　谭学余
地　　址　北京市东城区嵩祝院北巷 39 号　邮编　100009　电话　(010)64027926
网　　址　www.cnmip.com.cn　电子信箱　yjcbs@cnmip.com.cn
责任编辑　刘小峰　曾　媛　美术编辑　郑小利　版式设计　孙跃红
责任校对　李　娜　责任印制　李玉山
ISBN 978-7-5024-7818-6
冶金工业出版社出版发行；各地新华书店经销；三河市双峰印刷装订有限公司印刷
2019 年 1 月第 1 版，2019 年 1 月第 1 次印刷
787mm×1092mm　1/16；22.75 印张；552 千字；352 页
99.00 元

冶金工业出版社　投稿电话　(010)64027932　投稿信箱　tougao@cnmip.com.cn
冶金工业出版社营销中心　电话　(010)64044283　传真　(010)64027893
冶金工业出版社天猫旗舰店　yjgycbs.tmall.com

（本书如有印装质量问题，本社营销中心负责退换）

前　言

我国钒钛资源非常丰富，已探明钛资源储量（以 TiO_2 计）7.2 亿吨，约占世界总储量的 1/3；钒资源储量（以 V_2O_5 计）4290 万吨，约占世界总储量的 21%。钛资源被开采并深加工成钛白粉和钛合金材等产品，广泛应用于航空航天、汽车、化工、海洋和涂料等领域；钒资源被开采并深加工成合金添加剂和催化剂等产品，广泛应用于钢铁冶金和化工等领域。钒钛不仅是我国重要的战略资源，也是应用广泛的民用产品。

钒钛资源主要以钒钛磁铁矿、钛铁矿和石煤等形式存在。四川攀枝花—西昌地区和河北承德地区是我国主要的钒钛磁铁矿产区，钛铁矿广泛分布在云南、广东、广西、河南及海南等地，石煤分布遍及全国各地；钛精矿产地主要集中于攀西和云南等地；同时，我国从澳大利亚、东南亚、非洲等国家和地区进口钛矿。钛白粉产地遍及全国，但主要集中在攀西、河南、湖北、云南和沿海地区。海绵钛生产分布在全国各地，包括四川、辽宁、贵州、云南、新疆、河南、宁夏等。钛合金材主要集中在陕西宝鸡、辽宁、上海、河南、四川及华东地区。石煤提钒遍及全国各地。钒产品主要集中在攀西、河北等地。2008 年，攀枝花市被自然资源部授予“中国钒钛之都”称号，宝鸡也素有“中国钛谷”之称的美誉。鉴于钒钛特别是钒钛新材料的重要战略地位，国家发展改革委于 2013 年授予攀枝花、西昌、雅安等地国家首个资源类试验区——攀西战略资源创新开发试验区。

钛具有熔点高、密度小、韧性好、抗疲劳、耐腐蚀、导热系数低、高低温度耐受性能好、在急冷急热条件下应力小等特点。目前，钛多与铁、铝、钒或钼等元素制成高强度的轻合金钛材，被应用于航空、航天、舰艇等高科技及军工领域，钛因此被誉为“太空金属”“海洋金属”，是提高国防装备水平不可或缺的重要“战略金属”。国际上，钛材主要用于商用航空及军工领域，其中，商用航空占 43%，军工占 9%，新兴市场占 3%，其他工业占 45%。我国钛材的应用，化工行业占 50%，电力占 12%，冶金占 4%，体育休闲占 9.4%，制盐占 4.2%，航空航天占 8.5%。钛材是航天航空、船舶用的优异金属材料。美国最早使用钛合金的是 F-86 战斗机，后来在 F-111、F-14、F-15、F-35、F-22 战斗机上都有广泛应用。随着战机的升级换代，对速度、操控性能的要求提升，军用飞机对材料性能的要求越来越高，钛材的使用逐渐增多。此外，航空发动机用钛量潜力也很大，在叶片、机匣等多个关键部件中都有钛的应用。随着在役飞机及航空发动机总量增长，以及航空发动机的更新换代，全球航空发动机的制造量将从2015年的2900台提升到2020年的3980台，年增长率达6%。由于军用飞机发动机的使用寿命要短于商用航空，对钛材的需求增速也较高。钛材也用于建造军舰，新型驱逐舰、潜艇等。同时，钛材还用于制造舰艇的螺旋桨、发动机部件、热交换器、冷凝器、冷却器、舰壳声呐导流罩及各种管件。

随着航空航天、海洋工程、汽车产业等对钛材需求的增加，以及民生改善对钛白粉和高强度含钒钢需求的增强，钒钛产业呈现出欣欣向荣的局面，生产技术与成本的竞争也愈加激烈，钒钛从业人员对技术创新的需求也更加迫切。国内外虽有一些关于钒和钛方面的书籍，但多数都是讲解传统产品的原理、工艺和设备，数据较少，内容欠全面，理论深度不够。很多研发人员和从事技术创新的工程技术人员，常感身边缺少一本包含各种钒钛方面物理化学基础数据、基础信息及其应用的书籍，缺乏在理论上有一定热力学理论深度和研发指导的书籍，作为想要深入学习钒钛学科、深入研究钒钛课题、开发钒钛新材料的大中专院校的研究生和钒钛行业从业者也深有同感。为此，作者广泛收集、挖掘、研究国内外资料，结合多年积累的研究成果，编著了本书，以飨读者，以期为钒钛行业和国家安全与发展略尽微薄之力。

迄今为止，作者已在钒钛领域耕耘了约30年，不知不觉中钒钛已成为深爱，科学的求实精神、事业的责任感及严谨细致的行事作风已逐渐成为一种习惯，并贯穿于本书的编撰中，特别是在基础数据准确性的核实、基础热力学理论严谨性的推敲等方面，更是字斟句酌。作者结合多年来对钒钛学科领域基础理论的探索研究，编撰本书时博览与借鉴了国内外大量钒钛资料和科研成果，并经过仔细分析和反复论证。本书虽然耗费了作者三年多的光阴和数十年的精力，也算是呕心沥血之作，但最终得以出版，对一个科学工作者，也十分欣慰了，只求能博得同行的些许赞许，为我国钒钛行业尽人事、尽职责。可以认为，本书在钒钛领域是具有一定理论创新性的，对钒钛行业发展是有一定促进作用的，对钒钛科技人才的培养是有积极作用的。

本书详细分析了钒钛单质和各种钒钛化合物的基本性质和化学反应本质，全面讲述了钒钛化合物热力学函数（摩尔热容 C_p、摩尔焓 H、摩尔熵 S、摩尔自由能 G）、自由焓 $\Delta G^{\ominus}=A+BT$、标准溶解自由能、蒸气压、电极电势、电子组态、电离能、自由基、电子亲和势、核素、丰度等基本理论的内涵，系统阐述了不同温度下钒钛化合物及其相关化学反应的各种热力学函数值的精髓和应用，深刻解析了常用钒钛相图（状态图），深入研究了钛铁矿、钛渣、人造金红石、硫酸法钛白粉、四氯化钛、氯化法钛白粉、海绵钛、钛锭、钛（合金）材、钛粉、钛铁、碳化钛、氮化钛、钒渣、石煤、五氧化二钒、三氧化二钒、金属钒、钒铁合金、钒铝合金、氮化钒、碳化钒、钒电池等主要战略性钒钛资源与新材料制备过程中的热力学理论。所论述的热力学问题均是钒钛行业科学工作者关注的焦点和难点。

本书是在作者长期的科研、生产、教学和学术交流过程中的经验积累、成果总结、资料积累与分析论证的基础上完成的。第1章阐述单质钛及其各种化合物的基本物理性质、基本化学性质，以及各种化学反应本质；第2章讲述单质钒及其各种化合物的物理化学性质与化学反应实质；第3章论述了钒钛热力学性质，用较大篇幅阐述了钛化合物、钒化合物、钒钛复合化合物在不同温度下的热力学函数值（C_p、H、S、G）的精髓，包括涉钒涉钛的化学反应方程式的 $\Delta G^{\ominus}=A+BT$ 数据及应用，以及其他重要的钒钛热力学数据，这些数据均来自国内外权威著作、期刊文献、数据库及作者的研究成果，并经作者一一审校，具有较大的可靠性和准确性；第4章给出了各种钒钛合金二元系相图（状态图）、常用钒钛化合物的二元系相图（状态图）及三元系相图（状态图）等的结构与解析；第5章和第6章分别研究了主要（准）钛产品和（准）钒产品制取过程中的热力学理论，创新的关键在于理论和技术层面的深层次掌控和突破，对热力学过程的透彻理解是基础和关键，所选内容均是钒钛行业科学工作者在科研和生产活动中经常遇到的难点和重点，研究成果取自于国内外钒钛领域的期刊文献、硕博论文、研究报告及作者的研发成果等，经遍览筛选后再凝练加工而成，这些成果都具有一定的深度，在钒钛领域具有一定的理论创新性。全书编排在内容上以产品为主线，考虑到钛产品在GDP中的比例远较钒产品大，以及钛的重要战略地位，本书将钛排列于前而钒排列于后，但在称谓上仍然遵照传统的先钒后钛的习惯。

本书1.25节、1.38节、1.39节、1.57~1.65节、1.68节、2.3节、2.11节、2.25~2.30节、2.33~2.36节、3.8节、3.9节、6.1节、6.15节、6.19节等由崔旭梅编著；1.10~1.14节、4.3.27~4.3.30节、5.7节、5.8节、5.11节、6.5节、6.9节、6.12节、6.13节、6.18节等由彭富昌编著；其余章节由邹建新编著。全书由邹建新审校和统稿。

本书的编著参阅了大量公开和未公开的文献资料，这些文献涉及的单位主要有：中国科学院过程工程研究所、中国工程物理研究院、攀枝花钢铁研究院、北京有色金属研究院、西北有色金属研究院、长沙矿冶研究院、沈阳铝镁设计研究院、东北大学、清华大学、成都工业学院、攀枝花学院、四川大学、北京科技大学、中南大学、上海大学、昆明理工大学、华东理工大学、重庆大学、贵州大学、天津大学、成都理工大学、西北工业大学、武汉理工大学、西安建筑科技大学、宝钛集团、攀钢集团、云南新立集团、遵义钛业公司、西部超导公司等。涉及的作者主要有［美］J. A. 迪安、［德］C. 莱茵斯、［德］M. 皮特尔斯、梁英教、隋智通、车荫昌、莫畏、邓国珠、罗远辉、孙康、P. T. Spicer、M. Toyoda、黄道鑫、陈厚生、申泮文、周芝骏、杨守志、周大利、席振伟、马俊伟、张力、刘颖、刘云龙、居殿春、李文兵、程洪斌、金作美、温旺光、肖锥琴、张履国、狄伟伟、白晨光、王文豪、高成涛、王明华、刘玉民、崔爱莉、郝琳、李靖华、R. C. Atwood、M. Tamura、向斌、倪月琴、罗雷、赵小花、孙来喜、陈庆红、孙健、肖建平、李丹柯、甄小鹏、李兰杰、李新生、何东升、曾孟祥、顾东燕、于三三、王永钢、罗冬梅、陈铁军、徐耀兵、刘清才、M. Nohair、N. S. Gajbhiye 等。由于数量众多，恕不一一列举，更多可参见参考文献和文中内容。在此对他们的辛勤劳动表示衷心的感谢。

本书在编著与出版过程中得到了许多同事、国内外同行和研发团队的帮助，他们有的参与实验研究，有的查阅资料，有的分析论证，有的解答疑难，有的在工作和生活中给予方便，在此向他们表示诚挚的谢意。

由于作者水平所限，书中不妥之处，恳请专家和读者不吝赐教、批评指正。

邹建新

e-mail：cnzoujx@ sina. com

目　　录

1　钛化合物的性质及其化学反应

1.1　单质钛

钛及钛合金具有一系列特点，如密度小、比强度高、耐热性能好、耐低温的性能也好，它具有优良的抗蚀性能，导热性能差、无磁、弹性模量低，但是它具有很高的化学活性。

钛具有可塑性，高纯钛的延伸率可达50%~60%，断面收缩率可达70%~80%，但强度低，不宜做结构材料。钛作为结构材料所需的良好机械性能，是通过严格控制其中适当的杂质含量和添加合金元素来达到的。

1.1.1　钛原子结构和在元素周期表中的位置

1.1.1.1　钛原子结构

钛的原子序数是22，原子核由22个质子和20~32个中子组成。原子核半径为5×10^{-13}cm。原子核外22个电子结构排列为$1s^22s^22p^63s^23p^63d^24s^2$。原子失去电子的能力用电离能来衡量。钛原子的电离能见表1-1。

表1-1　钛原子的电离能

失去电子的次序	名称	电离能/J
1	4s	1.09×10^{-18}
2	4s	2.17×10^{-18}
3	3d	4.40×10^{-18}
4	3d	7.06×10^{-18}
5	3p	16.06×10^{-18}
6	3p	19.51×10^{-18}
7	3p	22.9×10^{-18}
8	3p	27.8×10^{-18}

由表1-1可见，钛原子的4s电子和3d电子的电离能较小，都小于8×10^{-18}J，因此容易失去这4个电子。3p电子的电离能都在16.06×10^{-18}J以上，是很难失去的。所以，钛原子的价电子是$4s^23d^2$，钛的最高氧化态通常是正四价。钛原子半径和离子半径见表1-2。

表1-2　钛原子半径和离子半径

原子或离子	Ti	Ti^+	Ti^{2+}	Ti^{3+}	Ti^{4+}
半径 r/nm	0.146	0.095	0.078	0.069	0.064

已发现钛有13种同位素，其中稳定同位素5个，其余8个为不稳定的微量同位素。钛的同位素及其性质列于表1-3。

表1-3 钛的同位素及其性质

同位素质量数	丰度/%	辐射特征	半衰期	热中子捕获截面/m^2	热中子散射截面/m^2
42	0.001	β^-，γ			
43	0.007	β^-，γ	0.58d		
44	0.0015		47a		
45	0.0015	β^-，γ	3.08h		
46	7.99	稳定同位素		$(0.6\pm0.2)\times10^{-28}$	$(3.3\pm1.0)\times10^{-28}$
47	7.32	稳定同位素		$(1.6\pm0.3)\times10^{-28}$	$(5.2\pm1.0)\times10^{-28}$
48	73.97	稳定同位素		$(8.0\pm0.6)\times10^{-28}$	$(9.0\pm4.0)\times10^{-28}$
49	5.46	稳定同位素		$(1.8\pm0.5)\times10^{-28}$	$(2.8\pm1.0)\times10^{-28}$
50	5.25	稳定同位素		0.2×10^{-28}	$(3.3\pm1.0)\times10^{-28}$
51	0.0001	β^-，γ	5.9min		
52	0.0001	β^-，γ	41.9min		
53	0.0001	β^-，γ			
54	0.003	β^-，γ			

1.1.1.2 钛在元素周期表中的位置

钛是元素周期表中第四周期的副族元素，即ⅣB族（又称为钛副族）元素。钛的原子量为47.87。这族元素除钛（^{22}Ti）外，还有锆（^{40}Zr）、铪（^{72}Hf）和人工合成元素^{104}Rf。钛、锆、铪原子的外层电子结构分别为Ti[Ar]$3d^24s^2$、Zr[Kr]$4d^25s^2$、Hf[Xe]$5d^26s^2$。由此可见，钛族元素的原子具有相似的外电子构型，即价电子都是d^2s^2，因而钛、锆和铪的原子半径相近，它们的许多性质也相似，彼此可以形成无限固溶体。不过，钛、锆、铪及它们的化合物在性质上也有差异。例如，TiO_2是两性氧化物，而ZrO_2、HfO_2为碱性氧化物；$TiCl_4$是弱酸性化合物，而$ZrCl_4$、$HfCl_4$则为两性化合物。

ⅣA族，即碳族元素的原子也和ⅣB族具有相似的外电子构型，不过其价电子不是d^2s^2，而是s^2p^2。钛族与碳族是同周期元素，它们具有共性，即通常都表现最高氧化态为正四价。碳族元素的金属性质随着原子序数的增加而递增，原子序数最小的碳（C）是非金属元素，原子序数最大的铅（Pb）是金属元素。但钛族元素都具有金属性质，这是与碳族元素的基本区别。

钛与其相邻的ⅢB族（d^1s^2）、ⅤB族（d^3s^2）元素的原子最外层电子数相同，不同的是次外层电子数。因为对元素的化学性质发生主要影响的是最外层电子，次外层电子的影响小得多，所以，钛与ⅢB族元素（钪、钇）和ⅤB族元素（钒、铌、钽）在性质上也很相近，钛可与这些元素形成无限固溶体。在自然界存在的铁矿物中，经常伴生有这些元素。

1.1.2 钛的物理性质、热力学性质和力学性质

1.1.2.1 物理性质

A 晶体结构

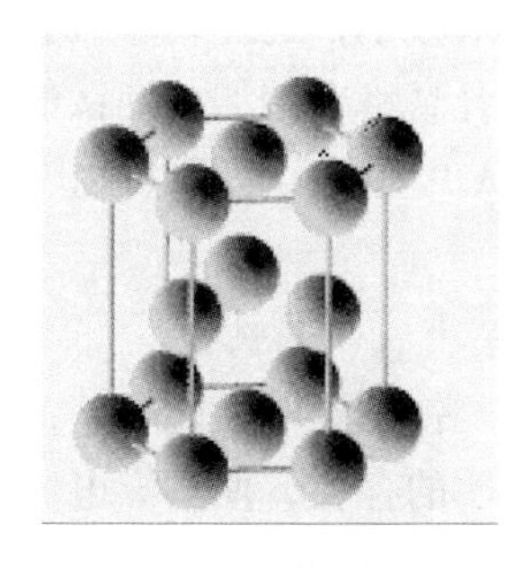
图 1-1 α-Ti 的晶体结构

金属钛具有两种同素异形态，低温（<882.5℃）稳定态为α型，密排六方晶系；高温稳定态为β型，体心立方晶系。α-Ti 的晶体结构如图 1-1 所示。

25℃时，α-Ti 的晶格参数为 $a=0.29503\pm0.00004$nm，$c=0.46832\pm0.00004$nm，$c/a=1.5873\pm0.00004$。由于 α-Ti 的 c/a 比值小于理想球形轴比 1.633，所以钛是可锻性金属。α-Ti 中存在的杂质对其晶格构造有很大影响，微量氧、氮的存在会使晶格沿 c 轴方向增长，引起 c 值增加，而 a 值实际上几乎不发生变化。900℃时，β-Ti 的晶格参数为：$a=0.33065\pm0.00001$nm。

B 相变性质

钛的两种同素异形态转化（α-Ti⇌β-Ti）温度为 882.5℃，由 α-Ti 转化为 β-Ti 时，其体积增加 5.5%。氧、氮、碳是 α-Ti 的稳定剂，在钛中存在氧、氮、碳杂质会使相变（α-Ti→β-Ti）温度升高，从而可根据转化温度的变化判断钛中杂质含量的多少。

钛的晶型转化潜热为 4.14kJ/mol。

钛的熔点为 1668±4℃。由于熔融钛几乎可与一切耐火材料发生作用，因此测量其熔点潜热较为困难。已测得钛的熔化潜热范围是 15.46~20.9kJ/mol。熔点时液钛的表面张力为 1.588N/m，1730℃时液钛的动力黏度为 $8.9\times10^{-5}m^2/s$。钛的沸点为 3260±20℃，气化潜热为 428.5~470.3kJ/mol。钛的临界温度约为 4350℃，临界压力为 113MPa。

C 密度和线膨胀系数

α-Ti 的密度在 20℃时为 4.506~4.516g/cm³。因为钛与氧形成间隙固溶体时，其晶格会发生明显的畸变，所以当钛中含有氧时，其密度随之增加。

α-Ti 单晶的线膨胀系数是各向异性的，在 0℃时 a 轴方向为 7.34×10^{-6}/℃，c 轴方向为 8.9×10^{-6}/℃。由于 c 轴方向的线膨胀系数比 a 轴方向大，所以六方晶胞轴比 c/a 值随温度的升高而增加。在 20~300℃时 α-Ti 多晶的平均线膨胀系数为 8.2×10^{-6}/℃。

900℃时 β-Ti 的密度为 4.32g/cm³，1000℃时为 4.30g/cm³；熔化钛密度（在熔点温度）为 4.11±0.08g/cm³。

D 蒸气压

金属钛的蒸气压是很低的，在 900℃时仅为 3×10^{-9}Pa，1000℃时仅为 1.5×10^{-8}Pa。固体 β-Ti 的蒸气压 p(Pa) 与温度的关系式为：

$$\lg p=-27017T^{-1}-6.768\lg T+6.11\times10^{-4}T+34.636 \quad (1155.5\sim1933\text{K}) \tag{1-1}$$

液相钛的蒸气压 p(Pa) 与温度的关系式为：

$$\lg p=-22328T^{-1}+11.251 \quad (1933\sim3575\text{K}) \tag{1-2}$$

E 导热性能

钛的导热性较差，其导热系数比不锈钢略低。钛的导热性能与其纯度有关，杂质的存

在使钛的导热系数降低。

纯钛的导热系数与温度的关系如图 1-2 所示。在 0~50K 范围内，导热系数随温度升高逐渐增加，在 50K 时达到最大值（36.8W/(m·K)）。高于 50K 时，导热系数随温度升高逐渐减小，约在 800K 时达到最小值（21.7W/(m·K)）。高于 800K 时，导热系数随着温度升高略有增加。纯钛的导热系数 λ(W/(m·K)) 可由式（1-3）计算：

$$\lambda = 26.75 - 32.8 \times 10^{-3}t + 8.23 \times 10^{-5}t^2 - 9.7 \times 10^{-8}t^3 + 4.6 \times 10^{-11}t^4 \quad (t > 0℃) \tag{1-3}$$

F 导电性能

钛的导电性能较差，近似于不锈钢。若以铜的电导率为 100%，则钛仅为 3.1%。钛中杂质的存在，使其导电性能降低。钛的导电性随温度的变化关系如图 1-3 所示。

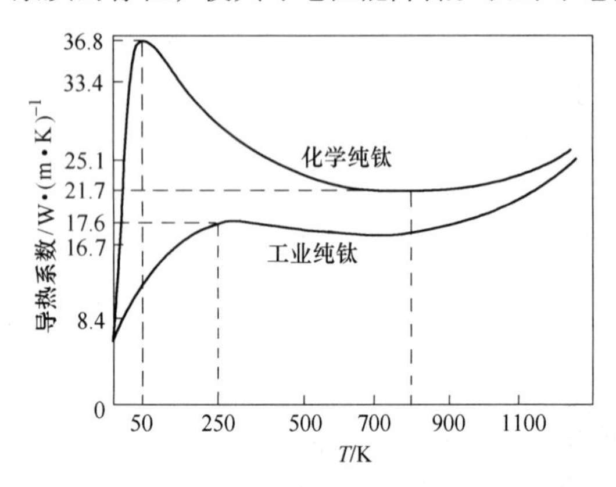

图 1-2 钛的导热系数与温度的关系

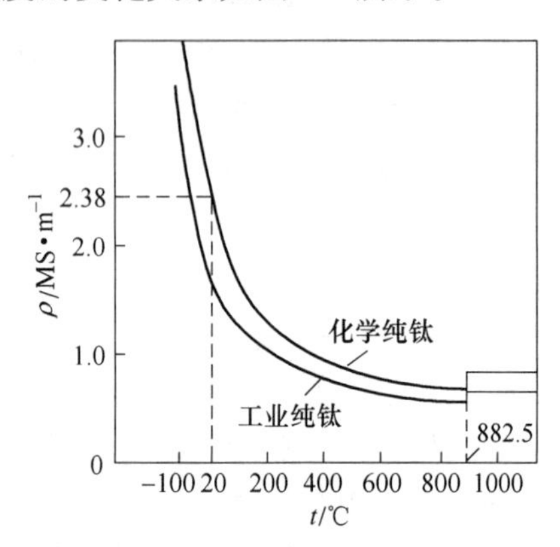

图 1-3 钛的电导率与温度的关系

α-Ti 的电阻率随温度升高而增加，当达到相变（α-Ti→β-Ti）温度时，电阻率突降。β-Ti 的电阻率随温度的升高略有增加。

20℃时，纯钛的电阻率为 0.42μΩ·m。在不同温度下 α-纯钛的电阻率 ρ(μΩ·m) 为：

$$\rho = 0.385 + 1.75 \times 10^{-3}t - 7 \times 10^{-13}t^3 \tag{1-4}$$

20℃时，工业纯钛的电阻率为 0.556μΩ·m。在不同温度下 α-工业纯钛的电阻率 ρ（μΩ·m）为：

$$\rho = 0.51 + 2.25 \times 10^{-3}t - 8.6 \times 10^{-10}t^3 \tag{1-5}$$

G 超导性

钛具有超导性，它对于由杂质或冷加工所引入的晶格内应变是极其敏感的，属于“硬超导体”。纯钛的超导临界温度为 0.38~0.4K。Nb-Ti 合金是超导材料。

H 磁性质

金属钛是无磁性物质，α-Ti 的磁化系数为 3.2×10^{-6}(20℃)，β-Ti 的磁化系数为 4.5×10^{-6}(900℃)。

I 光学性质

温度高于 800℃时，α-Ti 对波长为 652nm 的入射光发射率为 0.459；900℃的 β-Ti 为 0.484，1000℃的 β-Ti 为 0.482。钛的光学性质列于表 1-4 中。

表 1-4　钛的光学性质

光学性质名称	入射波长/nm							
	400	450	500	550	580	600	650	700
反射率 e/%	53.3	54.9	56.6	57.05	57.55	57.9	59.0	61.5
折射指数	1.88	2.10	2.325	2.54	2.65	2.76	3.03	3.30
吸收系数	2.69	2.91	3.13	3.34	3.43	3.49	3.65	3.81

钛表面氧化膜对钛的光反射能力影响很大，氧化膜的存在显著降低对可见光的反射能力；对紫外光的反射能力影响较小。

1.1.2.2　热力学性质

A　比热容

α-Ti 的比热容随温度的升高而增加（图 1-4），当温度趋近晶型转化温度（1155.5K）时，比热容急剧升高，达到 2.62J/(g · K)。超过相变温度后，比热容随温度升高而下降。298K 时定压比热容 c_p 为 0.52J/(g · K)。

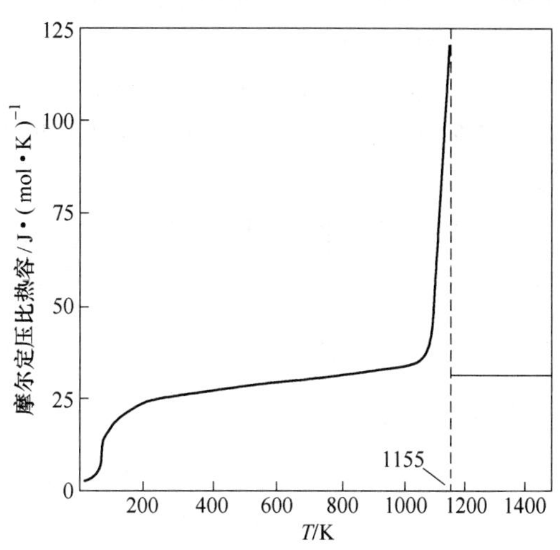

图 1-4　钛的摩尔定压比热容与温度的关系

α-Ti：　$c_p = 0.462 + 0.215 \times 10^{-3} T$　（298 ~ 1155K）　(1-6)

β-Ti：　$c_p = 0.413 + 0.165 \times 10^{-3} T$　（1155 ~ 1933K）　(1-7)

熔融钛：　$c_p = 0.74\text{J/(g·K)}$

气体钛：　$c_p = 0.553 - 2 \times 10^{-4} T + 1.285 \times 10^{-9} T^2 - 1.74 \times 10^{-11} T^3$　（200 ~ 4000K）　(1-8)

B　焓

298K 时钛的焓为 100.2J/g。

α-Ti：$H_T^\ominus - H_0^\ominus = 0.457T + 1.12 \times 10^{-4} T^2 + 83T^{-1} - 45.7$　（200～1500K）　(1-9)

β-Ti：$H_T^\ominus - H_0^\ominus = 159 + 0.360T + 1.09 \times 10^{-4} T^2$　（1155～1900K）　(1-10)

C　熵

298K 时钛的熵为 0.64J/(g · K)。

α-Ti：　$S_T^\ominus = 0.815 + 6.8 \times 10^{-4} T - 112.7T^{-1}$　（160～1100K）　(1-11)

β-Ti：　$S_T^\ominus = 0.714 + 8.5 \times 10^{-3} T - 1.3 \times 10^{-7} T^2$　（1200～1900K）　(1-12)

液相钛：　$S_T^\ominus = 1.17 + 1.29 \times 10^{-4} T - 5.68 \times 10^{-8} T^2$　（2000～3000K）　(1-13)

气相钛：　$S_T^\ominus = 4.9 + 4.19 \times 10^{-5} T - 377T^{-1}$　（200～5000K）　(1-14)

1.1.2.3　力学性质

钛具有可塑性。高纯钛的延伸率可达 50%～60%，断面收缩率可达 70%～80%，但强度低，不宜做结构材料。钛中杂质的存在，对它的力学性能影响极大，特别是间隙杂质氧、氮、碳可大大提高钛的强度，而显著地降低其塑性。尽管高纯钛的强度低，但钛基材料因含有少量杂质和添加合金元素，力学性能得到显著强化，使其强度可与高强度钢相比拟。工业纯钛的抗拉强度为 265～353MPa，一般钛合金为 686～1176MPa，最高可达 1764MPa。这就是说，钛作为结构材料所具有的良好力学性能，是通过严格控制其中适当杂质含量和添加合金元素而达到的。

工业纯钛含有少量间隙杂质氧、氮、碳及其他金属杂质铁、锰、硅、镁等，其总含量一般为 0.2%～0.5%，最高不超过 0.7%～0.9%。含有上述少量杂质的工业纯钛既具有高强度，又有适当的塑性。

硬度，通常是用来衡量钛质量好坏的综合指标。硬度越大，杂质含量越高，其质量就越差。不同的杂质对钛硬度的影响是不相同的，对钛硬度的影响最大的是氮、氧、碳，其次是铁、钴、硅等。

当同时存在几种杂质时，它们对钛硬度的影响可以认为基本上具有加和性。对海绵钛的硬度与其杂质含量的关系，布劳斯按统计规律得出如下经验公式：

$$HB = 196\sqrt{w(N_2)} + 158\sqrt{w(O_2)} + 45\sqrt{w(C)} + 20\sqrt{w(Fe)} + 57 \quad (1\text{-}15)$$

各种杂质含量对增加钛硬度（HB）的影响如图 1-5 所示。

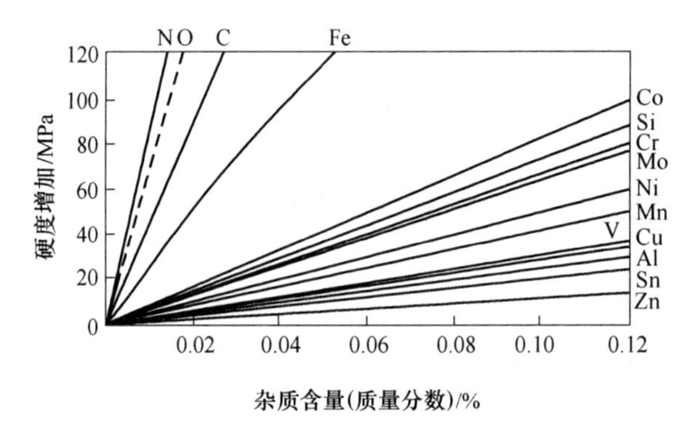

(a)

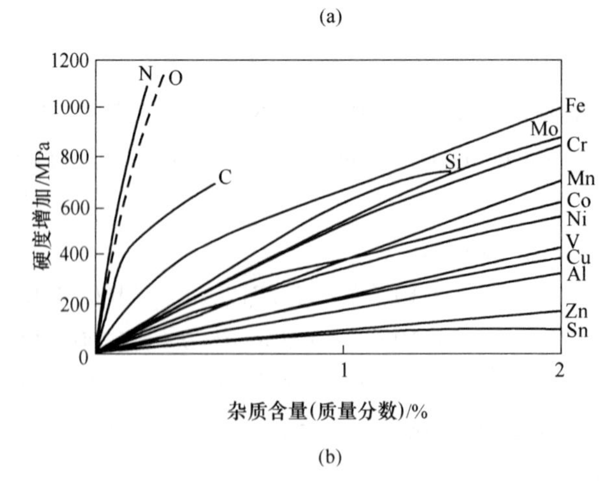

(b)

图 1-5 一些杂质含量对钛硬度的影响

（a）杂质含量 0%～0.12%；（b）杂质含量 0%～2%

海绵钛如图 1-6 所示。

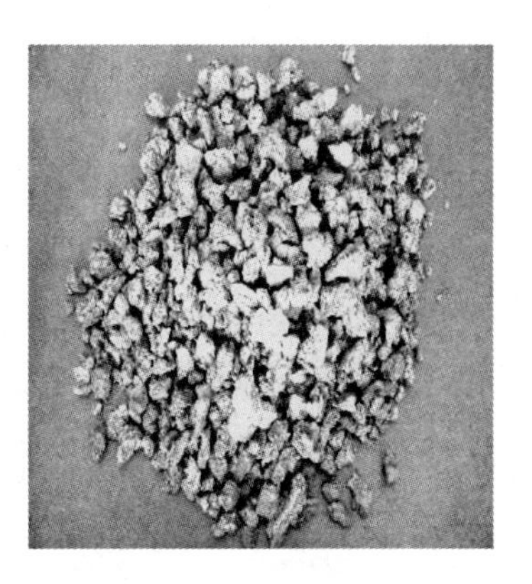

图 1-6　块状海绵钛

1.1.3　钛的化学性质

1.1.3.1　与单质的反应

在较高温度下，钛可与许多元素和化合物发生反应。各种元素按其与钛发生的不同反应可分为四类：

第一类，卤素和氧族元素与钛生成共价键与离子键化合物；

第二类，过渡元素、氢、铍、硼族、碳族和氮族元素与钛生成金属间化合物和有限固溶体；

第三类，锆、铪、钒族、铬族、钪元素与钛生成无限固溶体；

第四类，惰性气体、碱金属、碱土金属、稀土元素（除钪外）、锕、钍等不与钛发生反应或基本上不发生反应。

A　卤素

钛能与所有卤素元素发生反应，生成卤化钛。

常温下钛就可与氟发生反应，150℃反应已较激烈，反应生成 TiF_4：

$$Ti + 2F_2 =\!=\!= TiF_4$$

常温下钛也可与氯发生反应，300～350℃以上发生激烈反应：

$$Ti + 2Cl_2 =\!=\!= TiCl_4$$

在 250～360℃钛可与溴发生反应：

$$Ti + 2Br_2 =\!=\!= TiBr_4$$

在 170℃时钛也可与碘反应，400℃时反应较快，生成气体 TiI_4：

$$Ti + 2I_2 =\!=\!= TiI_4$$

随着温度的升高，反应加速，高于 1000℃时生成的 TiI_4 分解为钛和碘，因而该反应是可逆反应。含水的卤素对钛的作用要比干卤素为小，例如饱和水的湿氯气在低于 80℃时不与钛发生反应。

B　氧

钛与氧的反应取决于钛存在的形态和温度。粉末钛在常温下的空气中，可在静电、火花、摩擦等作用下发生剧烈的燃烧或爆炸。但是，致密钛在常温下的空气中是很稳定的。

致密钛在空气中受热时便开始与氧发生反应，最初氧进入钛表面晶格中，形成一层致密的氧化薄膜，这层表面氧化膜可防止氧向内部扩散，具有保护作用，因此钛在 500℃以下的空气中是稳定的。表 1-5 为工业纯钛在不同温度的空气介质中加热半小时后的氧化膜厚度。表 1-6 为钛在不同温度下加热所生成的氧化膜颜色。

表 1-5　不同温度下钛的氧化膜厚度

温度/℃	320～540	650	700	760
厚度/nm	极薄	0.005	0.008	0.025

表 1-6　不同温度下钛的氧化膜颜色

温度/℃	200	300	400	500	600	700～800	900
颜色	银白色	淡黄色	金黄色	蓝色	紫色	红灰色	灰色

合金元素钼、钨和锡能降低钛的氧化速度，而锆则提高其氧化速度。

在空气中钛的氧化反应，低于100℃时是很慢的，500℃时也只是表面被氧化。随着温度的升高，表面氧化膜开始在钛中溶解，氧开始向金属内部晶格扩散，700℃时氧向金属内部的扩散加速，在高温下表面氧化膜失去保护作用。在1200～1300℃下，钛开始与空气中的氧发生激烈反应：

$$Ti + O_2 \xlongequal{} TiO_2$$

在纯氧中，钛与氧发生激烈反应的起始温度比在空气中低，约在500～600℃时钛便在氧气中燃烧。

氧在钛中含量超过溶解度极限时，便生成钛的各种氧化物，如 Ti_3O、TiO、Ti_2O_3、Ti_3O_5、TiO_2 等。在Ti-O固溶体中，由于氧是以氧化物形式（如 Ti_3O）进入钛的晶格中，从而可使相变（α-Ti→β-Ti）温度显著增加，因此，氧是α-Ti的稳定剂。氧在α-Ti中的最大溶解度（质量分数）为14.5%，1740℃时在β-Ti中的最大溶解度（质量分数）为1.8%。

C　氮和氢

常温下钛不与氮发生反应。但在高温下，钛是能在氮气中燃烧的少数金属元素之一，钛在氮气中燃烧温度约大于800℃。熔融钛与氮的反应十分激烈。钛与氮反应，除了可生成钛的氮化物（Ti_3N、TiN等）外，还形成Ti-N固溶体。当温度在500～550℃时，钛开始明显地吸收氮，形成间隙固溶体；当温度达到600℃以上时，钛吸氮的速度增加。在Ti-N固溶体中，由于氮以氮化钛（Ti_3N）形式进入钛晶格中，从而使钛相变（α-Ti→β-Ti）温度增加，氮也是α-Ti的稳定剂。1050℃下氮在α-Ti中的最大溶解度（质量分数）为7%，2020℃下在β-Ti中的最大溶解度（质量分数）为2%。但钛吸氮的速度比其吸氧的速度慢得多，因此钛在空气中主要是吸氧，吸氮是次要的。

钛与氢反应生成Ti-H固溶体和TiH、TiH_2 化合物。氢能很好地溶于钛中，1mol钛几乎可吸收2mol的氢。钛吸氢速度和吸氢量与温度和氢气压力有关。常温下钛吸氢量小于0.002%。当温度达到300℃时，钛吸氢速度增加；500～600℃时达到最大值。其后随温度升高，钛吸氢量反而减少，当达到1000℃时钛吸收的氢大部分被分解。氢气压力增加，可使钛吸收氢的速度加快，并增加吸氢量，相反在减少压力情况下便可使钛脱氢。因此钛与氢的反应是可逆的。

钛与氢反应在表面上不形成薄膜，因为氢原子体积小，可很快向钛晶格深处扩散形成间隙固溶体。氢在钛中的溶解，可使钛相变（α-Ti→β-Ti）温度降低，氢是β-Ti的稳定剂。

钛表面存在氧化膜时，可显著地降低钛吸氢和脱氢速度。

D　磷和硫

在高于450℃下钛与气体磷发生反应，在低于800℃时主要生成 Ti_2P，高于850℃时生成TiP。

常温下硫不与钛反应，高温时熔化硫、气体硫与钛反应生成钛的硫化物，熔融钛与气体硫之间的反应特别剧烈：$Ti + S_2 = TiS_2$。

钛与硫的反应可生成各种硫化钛，如 Ti_3S、Ti_2S、TiS、Ti_3S_4、Ti_2S_3、Ti_3S_5、TiS_2 和 TiS_3 等。

E　碳和硅

钛与碳仅在高温下才能发生反应，生成含有 TiC 的产物。钛与碳的反应除生成 TiC 外，还形成 Ti-C 固溶体，碳在钛中的存在也可使钛相变（α-Ti→β-Ti）温度升高。碳在钛中的溶解度较小，在 900℃时最大溶解度（质量分数）为 0.48%；随着温度的下降，溶解度急剧下降。碳在 β-Ti 中的溶解度，在 1750℃时达到最大值，为 0.8%。由于碳在 α-Ti 和 β-Ti 中的溶解度都很小，因此钛中碳含量较大时，便会在组织中出现游离碳化钛结构。

钛在高温下与硅反应生成高熔点的硅化物 Ti_5Si_3、TiSi 和 $TiSi_2$。

1.1.3.2　与化合物反应

A　HF 和氟化物

氟化氢气体在加热时与钛发生反应生成 TiF_4，反应为：$Ti + 4HF = TiF_4 + 2H_2$。

不含水的氟化氢液体可在钛表面生成一层致密的四氟化钛膜，可防止 HF 进入钛的内部。

氢氟酸是钛的最强溶剂。即使浓度为 1% 的氢氟酸，也能与钛发生激烈反应：

$$2Ti + 6HF = 2TiF_3 + 3H_2$$

当在氢氟酸溶液中存在 Fe^{2+}、Ni^{2+}、Ag^{2+}、Cu^{2+}、Au^{2+}、Pt^{2+} 等金属离子时，可加速钛的溶解。Mg^{2+} 离子不影响钛与氢氟酸的反应。当 Pb^{2+} 离子存在和加入硝酸后，可减慢和部分抑制氢氟酸对钛的浸蚀速度。尚未发现防止氢氟酸对钛浸蚀的特别有效的阻化剂。

无水的氟化物及其水溶液在低温下不与钛发生反应，在高温下熔融的氟化物会与钛发生显著反应；酸性氟化物溶液，如 KHF_2 会严重浸蚀钛。在酸性溶液中，加入少量可溶性氟化物，可大大增加酸对钛的浸蚀作用，如在硝酸、高氯酸、磷酸、盐酸、硫酸溶液中加入少量可溶性氟化物时，这些酸对钛的腐蚀速度大为加快。但如果加入大量的氟化物到硫酸中，反而会阻止硫酸对钛的腐蚀。

B　氯化氢和氯化物

氯化氢气体能腐蚀金属钛，干燥的氯化氢在高于 300℃时与钛反应生成 $TiCl_4$：

$$Ti + 4HCl = TiCl_4 + 2H_2$$

浓度低于 5% 的盐酸在室温下不与钛反应，20% 的盐酸在常温下与钛发生反应生成紫色的 $TiCl_3$：$2Ti + 6HCl = 2TiCl_3 + 3H_2$。

当温度升高时，即使稀盐酸也会腐蚀钛，如 10% 的盐酸在 70℃时和 1% 的盐酸在 100℃时对钛发生明显的腐蚀。但当盐酸溶液中存在氧化剂或金属离子（如铜、铁离子等）时，则可降低盐酸对钛的腐蚀作用。例如，钛在沸腾的 10% 盐酸内的浸蚀速度，因加入 0.02～0.03mol 的铁和铜离子而降低到原来的 1%。

各种无水的氯化物，如镁、锰、铁、镍、铜、锌、汞、锡、钙、钠、钡和 NH_4^+ 的氯化物及其水溶液，都不与钛发生反应，钛在这些氯化物中具有很好的稳定性。但钛与 100℃以上的 25% 氯化铝溶液发生反应。当温度升高至 200～300℃以上时，钛在氯化物中的稳定性下降。例如，钛可在沸腾的镁、钙、铁、铜、锌和铵的氯化物中以及在高温下将其分解，析出氯化氢或氯的其他氯化物。熔融的氯化物和蒸气在氧存在时，可与钛发生反应。本来钛受熔融的碱金属氯化物的浸蚀较微弱，但当这些熔盐与大气接触时，则对钛的浸蚀加剧。NaCl 和 NaF 混合物熔盐对钛有很大的腐蚀作用。

C 硫酸和硫化氢

钛与浓度低于5%的稀硫酸反应后在钛表面上生成保护性氧化膜，可保护钛不被稀硫酸继续侵蚀。但浓度高于5%的硫酸与钛有明显的反应。在常温下，浓度约40%的硫酸对钛的腐蚀速度最快，是因为此时生成很易溶的 $[Ti(SO_4)_{2+x}]^{2x-}$ 配离子；当浓度大于40%时，上述配离子分解为 TiO_2 和 H_2SO_4，因而在浓度为60%的硫酸中腐蚀速度反而变慢；而在浓度为80%的硫酸中腐蚀速度又达到最快。加热的稀硫酸或50%的浓硫酸可与钛反应生成硫酸钛。

$$Ti + H_2SO_4 \xlongequal{} TiSO_4 + H_2,\ 2Ti + 3H_2SO_4 \xlongequal{} Ti_2(SO_4)_3 + 3H_2$$

加热的浓硫酸可被钛还原，生成 SO_2：$2Ti + 6H_2SO_4 = Ti_2(SO_4)_3 + 3SO_2 + 6H_2O$ 。

在硫酸溶液中加入氧化剂和金属离子时，可降低硫酸对钛的腐蚀作用。如在10%沸腾硫酸中加入铁、铜离子时，可阻止对钛的腐蚀。

常温下钛与硫化氢反应，在其表面生成一层保护膜，可阻止硫化氢与钛的进一步反应。但在高温下，硫化氢与钛反应析出氢：$Ti + H_2S = TiS + H_2$。

粉末钛在600℃开始与硫化氢反应生成钛的硫化物，在900℃时反应产物主要为 TiS，1200℃时为 Ti_2S_3。

D 硝酸和王水

致密的表面光滑的钛对硝酸具有很好的稳定性，这是由于硝酸能迅速在钛的光滑表面上生成一层牢固的氧化膜，这层氧化膜在硝酸中甚至在较高温度下仍保持稳定。但是，如表面粗糙，特别是海绵钛或粉末钛，可与冷、热稀硝酸发生反应：

$$3Ti + 4HNO_3 + 4H_2O = 3H_4TiO_4 + 4NO$$

$$3Ti + 4HNO_3 + H_2O = 3H_2TiO_3 + 4NO$$

高于70℃的浓硝酸也可与钛发生反应：$Ti + 8HNO_3 = Ti(NO_3)_4 + 4NO_2 + 4H_2O$。

冒红烟的浓硝酸，即饱和 NO_2 的硝酸溶液，能迅速腐蚀钛，并可与含锰的钛合金发生剧烈的爆炸反应。

常温下，钛不与王水反应；温度高时，钛可与王水反应生成 $TiOCl_2$。

E 其他酸、碱和盐

常温下钛在浓度小于30%的磷酸溶液中的腐蚀速率较小。当酸浓度和温度升高时，则腐蚀速率加快。3%的磷酸溶液在100℃下可显著地腐蚀钛，沸腾的浓磷酸腐蚀作用更为强烈。

通常各种金属的溶剂，如氢氧化钠、硫酸氢钠和碳酸氢钠等，与钛的反应都很慢。稀的碱溶液不与钛发生反应。熔融钛可与碱反应生成钛酸盐，如：

$$2Ti + 6KOH \xlongequal{} 2K_3TiO_3 + 3H_2$$

钛与金属氧化物在高温下进行可逆反应，特别是熔融钛几乎可同所有金属氧化物反应：

$$nTi + 2Me_mO_n \rightleftharpoons nTiO_2 + 2mMe$$

当 $n\Delta G_{TiO_2} < 2\Delta G_{Me_mO_n}$ 时，反应可进行到底。如：

$$3Ti + 2Fe_2O_3 = 3TiO_2 + 4Fe$$

$$Ti + 2CuO = TiO_2 + 2Cu$$

在碱性物质存在下，熔融钛可被硝酸盐或氯酸盐氧化为四价钛酸盐，如：

$$3Ti + 2KOH + 4KNO_3 = 3K_2TiO_3 + 4NO + H_2O$$

$$3Ti + 4KOH + 2KClO_3 = 3K_2TiO_3 + 2HCl + H_2O$$

粉末钛与高锰酸钾的混合物属爆炸性物质。

常温下钛不与甲酸（蚁酸）反应，50~100℃下可激烈反应。钛与冷、热乙酸（醋酸）反应时生成二价和三价的乙酸酯。钛可与热的三氯乙酸、三氟乙酸和草酸反应，沸腾的三氯乙酸对钛有强烈的腐蚀作用。60℃的草酸溶液能腐蚀钛，其他有机酸不与钛反应。

F 氨、水和有机物

常温下钛不与 NH_3 反应，但在高温下可发生反应生成氢化物和氮化物：

$$5Ti + 2NH_3 = 2TiN + 3TiH_2$$

钛在常温下不与水反应。粉末钛可与沸腾的水或水蒸气发生下列反应并析出氢：

$$Ti(粉) + 4H_2O(l) = Ti(OH)_4 + 2H_2$$

$$Ti(粉) + 4H_2O(g) = Ti(OH)_4 + 2H_2$$

但 700~800℃的水蒸气可与钛反应生成 TiO_2：

$$Ti + 2H_2O = TiO_2 + 2H_2$$

常温下钛可与 H_2O_2 反应生成过氧氢氧化钛：$Ti + 3H_2O_2 = Ti(OH)_2O_2 + 2H_2O$。

熔化的过氧化钠与钛发生激烈反应，生成正钛酸钠：$Ti + 2Na_2O_2 = Na_4TiO_4$。

在炽热温度下，钛与碳氢氯化物反应生成 $TiCl_4$，并析出碳和氯化氢：

$$Ti + CCl_4 = TiCl_4 + C$$

$$3Ti + 2C_2Cl_6 = 3TiCl_4 + 4C$$

$$3Ti + 2C_6Cl_6 = 3TiCl_4 + 12C$$

$$Ti + 2C_2H_2Cl_4 = TiCl_4 + 4C + 4HCl$$

常温下钛不与任何碳氢化合物反应，仅在高温下（1200℃）才发生反应生成碳化钛：

$$Ti + CH_4 = TiC + 2H_2$$

$$2Ti + C_2H_6 = 2TiC + 3H_2$$

综上，钛的性质与温度及其存在形态、纯度有着极其密切的关系。致密的金属钛在自然界中是相当稳定的，即使在恶劣的环境之下，如把钛放到海洋空气中长期放置，除表面颜色稍有变化外，不会发生本质上的变化。但是，粉末钛在空气中可引起着火燃烧。钛中杂质的存在，显著地影响钛的物理性能、化学性能、力学性能和耐腐蚀性能，特别是一些间隙杂质氧、氮、碳，它们可以使钛晶格发生某些畸变，这就更加影响钛的各种性能。

常温下钛的化学活性很小，仅能与氢氟酸等少数几种物质反应，但温度增加时钛的活性迅速增加，特别是在高温下钛可与许多物质发生剧烈反应。钛的冶炼过程一般都在 800℃以上的高温下进行，因此必须在真空中或惰性气氛保护下操作。

1.2 一氧化钛

TiO 在 Ti-O 系中形成固溶体，它在 $TiO_{0.8}$ ~ $TiO_{1.22}$组成范围内稳定。

1.2.1 物理性质

TiO 是一种具有金属光泽的金黄色物质，存在两种变体（α，β），转化温度为 991±5℃，转化热为 53.4J/g。小于 991℃时稳定态 α-TiO 是面心立方晶系，晶格常数为 a = 0.417±0.0005nm；大于 991℃时稳定态 β-TiO 也是面心立方晶系，晶格常数为 a = 0.4162±0.018nm。0℃时密度为 4.93g/cm³，25℃时为 4.88g/cm³。莫氏硬度为 6，熔点为 1760℃，液体蒸气压计算式为：

$$\lg(p/\mathrm{Pa}) = 1387 - 3.91 \times 10^{6} T^{-1} + 7.75 \times 10^{-2} T \tag{1-16}$$

沸点为 3227℃，20℃时电导率为 0.249μS/m。电导率随温度的升高而减小，这是具有金属性质的一种特征，20℃时磁化率为 1.38×10^{-6}。

1.2.2 化学性质

TiO 中 Ti 的氧化态为+2，处于 Ti 的低价氧化态，很容易被氧化，是一种强还原剂，与卤素作用生成卤化钛或卤氧化钛，如：

$$2TiO + 4F_2 = 2TiF_4 + O_2$$

$$TiO + Cl_2 = TiOCl_2$$

在空气中加热至 400℃时，TiO 开始逐渐被氧化，达到 800℃时则氧化为 TiO_2：

$$2TiO + O_2 = 2TiO_2$$

TiO 是一种碱性氧化物，能溶于稀盐酸和稀硫酸中，并放出氢气：

$$2TiO + 6HCl = 2TiCl_3 + 2H_2O + H_2$$

$$2TiO + 3H_2SO_4 = Ti_2(SO_4)_3 + 2H_2O + H_2$$

反应的实质不只是一般的酸碱中和，还包含着氧化还原反应，反应过程中生成的 Ti^{2+} 像活泼金属那样置换出这些酸中的氢。由此可见，Ti^{2+} 在水溶液中极不稳定。

上述反应说明 TiO 具有金属性质，可在酸性溶液中离解出金属阳离子，上述两反应式可简化为离子式：$2TiO + 6H^+ = 2Ti^{3+} + 2H_2O + H_2$。

在沸腾的硝酸中 TiO 被氧化：

$$TiO + 2HNO_3 = TiO_2 + 2NO_2 + H_2O$$

1.2.3 制取方法

TiO 可由各种还原剂还原 TiO_2 制取，如用镁还原时反应如下：

$$2TiO_2 + Mg \xrightarrow{1500℃，氢气氛} TiO + MgTiO_3$$

也可用氢气、金属钛和碳等还原剂还原 TiO_2 制取 TiO，反应分别按下式进行：

$$TiO_2 + H_2 = TiO + H_2O \quad (2000℃，13\sim15MPa)$$

$$TiO_2 + Ti = 2TiO \quad (高温)$$

$$TiO_2 + C = TiO + CO \quad (高温)$$

在 $CaCl_2$ 或氟化物熔盐中电解 TiO_2 时，也可在阴极上析出 TiO。

1.3　二氧化钛

1.3.1　晶体结构

TiO_2 在自然界中存在三种同素异形态，即金红石型、锐钛型和板钛型三种，它们的性质是有差异的。其中，金红石型 TiO_2 是三种变体中最稳定的一种，即使在高温下也不发生转化和分解。金红石型 TiO_2 的晶型属于四方晶系（图 1-7 和图 1-8），晶格的中心有一个钛原子，其周围有六个氧原子，这些氧原子位于正八面体的棱角处。6 配位的 Ti 和 3 配位的 O，共用（TiO_6）八面体的两条棱边的链平行于 c 轴。两个 TiO_2 分子组成一个晶胞。其晶格常数为 $a=0.4584$nm，$c=0.2953$nm。

锐钛型 TiO_2 的晶型也属于四方晶系，由四个 TiO_2 分子组成一个晶胞，其晶格常数为 $a=0.3776$nm，$c=0.9486$nm。锐钛型 TiO_2 仅在低温下稳定，在温度达到 610℃时便开始缓慢转化为金红石型，730℃时这种转化已有较高速度，915℃时则可完全转化为金红石型。

板钛型 TiO_2 的晶型属于斜方晶系，六个 TiO_2 分子组成一个晶胞，晶格常数为 $a=0.545$nm，$b=0.918$nm，$c=0.918$nm。板钛型 TiO_2 是不稳定的化合物，在温度高于 650℃时则转化为金红石型。

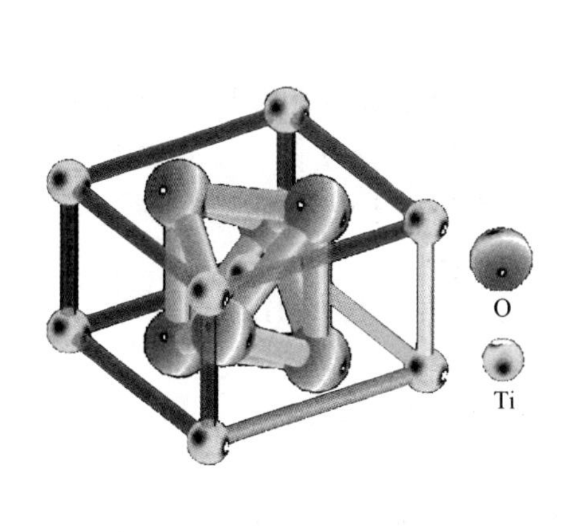

图 1-7　金红石型 TiO_2 的晶型结构

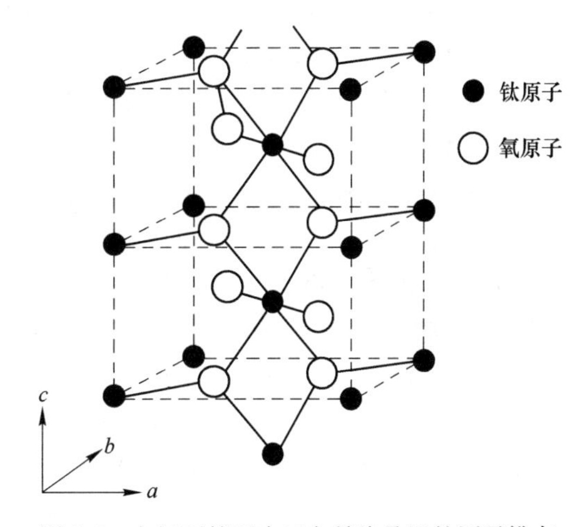

图 1-8　金红石的两个正方晶胞叠置的原子排布

1.3.2　物理性质

TiO_2 是一种白色粉末，它的主要物理性能如下：

密度/$g \cdot cm^{-3}$	金红石型 4.261(0℃)，4.216(25℃)	介电常数	金红石型粉末 110~117
	锐钛型 3.881(0℃)，3.849(25℃)		锐钛型粉末 48
	板钛型 4.135(0℃)，4.105(25℃)		板钛型自然晶体 78
			金红石单晶，a 轴 170，c 轴 86
莫氏硬度	金红石型 7~7.5	电导率	金红石单晶
	锐钛型 5.5~6	/$S \cdot m^{-1}$	30℃时 a 轴 10^{-10}，c 轴 10^{-13}
	板钛型 5.5~6		227℃时 a 轴 10^{-7}，c 轴 10^{-6}

熔点	金红石型 1842±6℃ 熔化热 811J/g	磁化率	$(7.8\sim8.9)\times10^{-8}$
沸点	金红石型 2670±30℃ 气化热 3762±313J/g	折光率	金红石型 2.71 锐钛型 2.52
蒸气压	固体 $\lg(p/\mathrm{Pa})=2007-4.03\times10^{6}T^{-1}$ 液体 $\lg(p/\mathrm{Pa})=1094-2.09\times10^{6}T^{-1}$	摩尔热容 $/\mathrm{J\cdot(mol\cdot K)^{-1}}$	金红石型 55.2 锐钛型 54.2 (200~1000℃)

1.3.3 化学性质

TiO_2 是一种化学性质很稳定的弱两性氧化物，它的碱性略强于酸性。TiO_2 是一个十分稳定的化合物，它在许多无机和有机介质中都具有很好的稳定性。它不溶于水和许多其他溶剂。

金红石型 TiO_2 仅在极高的温度下分解，在常温下几乎不与其他元素和化合物反应。氧、二氧化碳、二氧化硫、硫化氢等气体对 TiO_2 不起作用，氯气也很难与 TiO_2 直接反应。TiO_2 难溶于水、脂肪酸、其他有机酸和稀无机酸（氢氟酸除外）中。

1.3.3.1 还原反应

在高温下 TiO_2 可被许多还原剂还原，还原产物取决于还原剂的种类和还原条件，一般为低价钛氧化物，只有少数几种强还原剂才能将其还原为金属钛。

干燥的氢气流缓慢通过 750~1000℃下的 TiO_2，便会还原生成 Ti_2O_3：

$$2TiO_2 + H_2 = Ti_2O_3 + H_2O$$

TiO_2 在温度 2000℃和 13~15MPa 的氢气中可还原为 TiO：$TiO_2+H_2=TiO+H_2O$。加热的 TiO_2 可被钠蒸气和锌蒸气还原为低价氧化钛：

$$4TiO_2 + 4Na = Ti_2O_3 + TiO + Na_4TiO_4$$

$$TiO_2 + Zn = TiO + ZnO$$

铝、镁、钙在高温下可还原 TiO_2 为低价钛氧化物，在高真空中也能将其还原为金属钛，如：$3TiO_2 + 4Al = 2Al_2O_3 + 3Ti$。但由 TiO_2 还原得到的金属钛一般氧含量较高。TiO_2 在高温下可被金属钛还原为低价钛氧化物：

$$3TiO_2 + Ti = 2Ti_2O_3$$

$$TiO_2 + Ti = 2TiO$$

铜和钼在加热至 1000℃以上也能还原 TiO_2。TiO_2 在高温下可被碳还原为低价钛氧化物及碳化钛：

$$TiO_2 + C = TiO + CO$$

$$TiO_2 + 3C \xrightarrow{1800℃} TiC + 2CO$$

TiO_2 与 CaH_2 反应生成氢化钛：$TiO_2 + 2CaH_2 = TiH_2 + 2CaO + H_2$。反应生成的 TiH_2，在高温真空中脱氢后可制得金属钛。

1.3.3.2 与卤素及卤化物的反应

TiO_2 容易与 F_2 反应生成 TiF_4，并放出氧：$TiO_2 + 2F_2 = TiF_4 + O_2$。$TiO_2$ 较难与 Cl_2 进

行反应，即使在1000℃下反应也不完全：$TiO_2 + 2Cl_2 = TiCl_4 + O_2$。在碳还原剂存在时，$TiO_2$可与热氯气流反应，反应同时生成CO、$CO_2$，反应式为：

$$TiO_2 + C + 2Cl_2 = TiCl_4 + CO_2$$

$$TiO_2 + 2C + 2Cl_2 = TiCl_4 + 2CO$$

这一性质被用于工业生产$TiCl_4$。

TiO_2与氟化氢反应生成可溶于水的氟氧钛酸。TiO_2也可与气体氯化氢或液体氯化氢反应生成二氯二氧钛酸：

$$TiO_2 + 4HF = H_2[TiOF_4] + H_2O$$

$$TiO_2 + 2HCl = H_2[TiO_2Cl_2]$$

在高于800℃时TiO_2与氯化氢加碳反应生成$TiCl_4$。

$$TiO_2 + 2C + 4HCl = TiCl_4 + 2CO + 2H_2$$

在高温下，TiO_2可与其他氯化物反应生成$TiCl_4$，如：$TiO_2 + 2SOCl_2 = TiCl_4 + 2SO_2$。在高温下，$TiO_2$可与许多金属卤化物反应生成钛酸盐，如：$2TiO_2 + 4KF = K_2TiO_3 + K_2[TiOF_4]$。

1.3.3.3　与氮及氨化物的反应

TiO_2在通常条件下不与氮发生反应，在加热时可与氮及氢的混合物反应生成氮化钛：

$$TiO_2 + N_2 + 2H_2 = TiN_2 + 2H_2O$$

在高温下，TiO_2可与氨反应生成氮化钛：$6TiO_2 + 8NH_3 = 6TiN + 12H_2O + N_2$。

1.3.3.4　与无机酸、碱和盐的反应

TiO_2不溶于水，但可与过氧化氢反应生成过氧偏钛酸。除氢氟酸外，TiO_2不溶于其他稀无机酸中，各种浓度的氢氟酸均可溶解TiO_2生成氧氟钛酸。TiO_2可溶于热的浓硫酸、硝酸和苛性碱中，也能很好地溶于碳酸氢钾的饱和溶液中。金红石型TiO_2很难溶于浓硫酸中。

$$TiO_2 + H_2SO_4 = TiOSO_4 + H_2O$$

在低于235℃的温度下加热，或加入过氧化氢、硫酸铵或碱金属硫酸盐时，可加速金红石型TiO_2溶于浓硫酸中。与酸式硫酸盐反应，表明TiO_2显微弱碱性：

$$TiO_2 + 4KHSO_4 = Ti(SO_4)_2 + 2K_2SO_4 + 2H_2O$$

这一性质被用于分析化学中。熔融状态下与碳酸钠或碳酸钡反应，表明TiO_2显微弱酸性：$TiO_2 + BaCO_3 = BaTiO_3 + CO_2$。

1.3.3.5　与有机化合物的反应

TiO_2既不溶于大多数有机化合物中，在低温下也不与它们发生反应，仅在高温下才能同有机物反应，如：

$$4TiO_2 + CH_4 \xrightarrow{1000℃} 4TiO + CO_2 + 2H_2O$$

$$TiO_2 + CCl_4 \xrightarrow{>300℃} TiCl_4 + CO_2$$

$$TiO_2 + C_6H_4(CCl_3)_2 \xrightarrow{220 \sim 270℃} TiCl_4 + C_6H_4(COCl)_2$$

在高温下，TiO_2可被乙醇和丙醇还原为TiO，甚至可还原为金属钛：

$$TiO_2 + C_2H_5OH = TiO + C_2H_4O + H_2O$$

$$TiO_2 + 2C_2H_5OH = Ti + 2C_2H_4O + 2H_2O$$

作为涂料用钛白粉的 TiO_2 是一种白色粉末，如图 1-9 所示。

工业上生产钛白的方法有硫酸法和氯化法。工业上 TiO_2 多数由偏钛酸煅烧而成：$H_2TiO_3 = TiO_2 + H_2O$ 。

钛白是当今最佳白色颜料，它的光学和颜料性能都优于其他白色颜料。钛白的颜料性质：

图 1-9　商品钛白粉

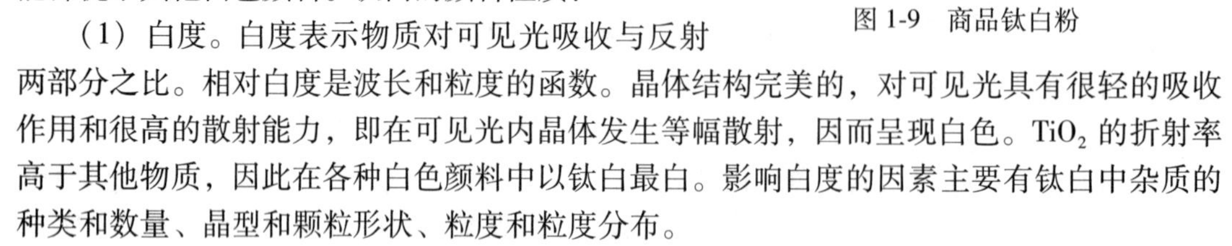

（1）白度。白度表示物质对可见光吸收与反射两部分之比。相对白度是波长和粒度的函数。晶体结构完美的，对可见光具有很轻的吸收作用和很高的散射能力，即在可见光内晶体发生等幅散射，因而呈现白色。TiO_2 的折射率高于其他物质，因此在各种白色颜料中以钛白最白。影响白度的因素主要有钛白中杂质的种类和数量、晶型和颗粒形状、粒度和粒度分布。

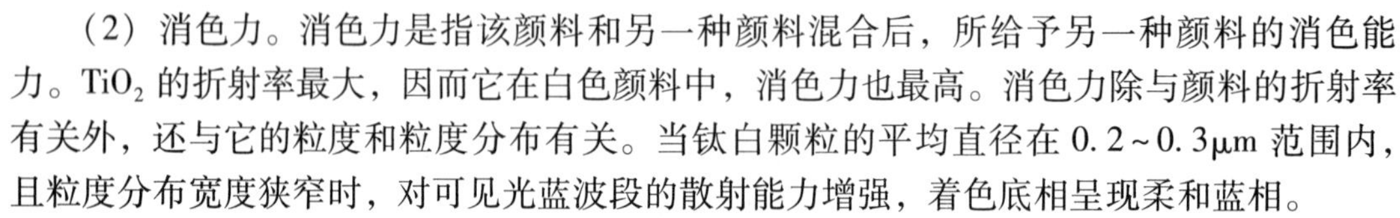

（2）消色力。消色力是指该颜料和另一种颜料混合后，所给予另一种颜料的消色能力。TiO_2 的折射率最大，因而它在白色颜料中，消色力也最高。消色力除与颜料的折射率有关外，还与它的粒度和粒度分布有关。当钛白颗粒的平均直径在 0.2～0.3μm 范围内，且粒度分布宽度狭窄时，对可见光蓝波段的散射能力增强，着色底相呈现柔和蓝相。

（3）遮盖力。遮盖力是指颜料能遮盖被涂物体表面底色的能力。颜料遮盖力的大小不仅取决于它的晶型、对光的折射率和散射能力，而且还取决于对光的吸收能力。二氧化钛属遮盖性颜料，因为它有明显的晶体结构和优异的光学性质，所以在白色颜料中，TiO_2 的遮盖力最大。

（4）吸油量。吸油量是表示颜料粉末与展色剂相互关系的物理量。它不仅说明了颜料粉末与展色剂之间的混合比例、湿润程度、分散性能，也关系到涂料的配方和成膜后的各种物性。在某些水性涂料、水分散型二氧化钛颜料中，吸油量也称作吸水量。

（5）分散性。钛白粉的分散性是它极其重要的性质。二氧化钛具有亲水疏油的性质，它在合成树脂有机体系中的分散性不良，需要经过表面处理，以提高它的分散性。

为了提高钛白粉在高分子介质中的分散性，必要时还需进行有机包膜处理，以使它具有亲有机物的表面。即在钛白颗粒表面建立高分子吸附层形成空间屏障，使颜料粒子彼此无法靠近，以提高其分散性。

（6）耐候性。对二氧化钛而言，耐候性是指含有二氧化钛颜料的有机介质（如涂膜）暴露在日光下，抵抗大气的作用，避免发生黄变、失光和粉化的能力。耐候性主要取决于颜料的光学性质和化学组成，也与暴露在自然光下的条件有关（如光的强度、光谱分布、温度、相对湿度及大气污染物的性质和数量等）。

1.4　三氧化二钛

Ti_2O_3 在 Ti-O 体系中形成固溶体，它在 $TiO_{1.46}$～$TiO_{1.56}$组成范围内稳定。

1.4.1　物理性质

Ti_2O_3 是一种紫黑色粉末，存在两种变体（α，β），转化温度为 200℃，转化热为

6.35J/g。低温稳定态 α-Ti_2O_3 属于斜方六面体，晶格常数为 $a=0.524$nm，$c=1.361$nm，$\alpha=56°36'$。高温稳定态为 β-Ti_2O_3。Ti_2O_3 在水中溶解度很小。

Ti_2O_3 在 10℃时密度为 4.60g/cm³，25℃时为 4.53g/cm³，熔点为 1839℃，熔化热为 0.78kJ/g。液体 Ti_2O_3 在 3200℃时分解。Ti_2O_3 具有 P 型半导体性质。

1.4.2 化学性质

Ti_2O_3 是一种弱碱性氧化物。Ti_2O_3 蒸发为气态时发生歧化反应：

$$Ti_2O_3 = TiO + TiO_2$$

歧化平衡压力（Pa）可由式（1-17）表示：

$$\lg(p_{TiO}p_{TiO_2}) = 2879 - 8.6\times10^6T^{-1} - 0.167T \tag{1-17}$$

Ti_2O_3 歧化时，TiO 和 TiO_2 的压力见表 1-7。Ti_2O_3 在空气中仅在很高的温度下才氧化为 TiO_2：$2Ti_2O_3 + O_2 = 4TiO_2$。

表 1-7　Ti_2O_3 歧化反应的平衡压力　(kPa)

平衡压力/kPa	t/℃						
	2000	2200	2400	2600	2800	3000	3200
$p_{总}$	2.0482×10^{-2}	0.160	0.807	3.471	13.114	37.772	101.880
p_{TiO}	5.32×10^{-4}	8.645×10^{-3}	8.911×10^{-3}	0.611	2.740	12.236	39.235
p_{TiO_2}	1.995×10^{-2}	1.42	0.718	2.873	10.374	25.536	61.845

Ti_2O_3 不溶于水，也不与稀盐酸、稀硫酸和硝酸反应，溶于浓硫酸时生成紫色溶液：

$$Ti_2O_3 + 3H_2SO_4 = Ti_2(SO_4)_3 + 3H_2O$$

Ti_2O_3 能与氢氟酸、王水反应，并放出热量。它还能溶于熔化的硫酸氢钾中并发生氧化：

$$Ti_2O_3 + 4KHSO_4 = K_2[TiO_2(SO_4)] + K_2[TiO(SO_4)_2] + SO_2 + 2H_2O$$

Ti_2O_3 与 CaO、MgO 等金属氧化物熔融时，反应生成复盐。

1.4.3 制取方法

Ti_2O_3 可由各种还原剂还原 TiO_2 而制取，如采用镁还原时反应为：

$$2TiO_2 + Mg \xrightarrow{750\sim800℃，氩气氛} Ti_2O_3 + MgO$$

用氢气作还原剂时，以干燥氢气流缓慢通过 TiO_2，加热至 750~1000℃，TiO_2 会被还原为 Ti_2O_3：$2TiO_2 + H_2 = Ti_2O_3 + H_2O$。

以钛作还原剂时，在高温下也能将 TiO_2 还原：$3TiO_2 + Ti = 2Ti_2O_3$。

1.5 五氧化三钛

1.5.1 物理化学性质

Ti_3O_5 在 Ti-O 体系中形成固溶体，它在 $TiO_{1.67}$~$TiO_{1.79}$ 组成范围内稳定。Ti_3O_5 具有多种晶型，有 α、β、γ、δ、λ 等。

α-Ti_3O_5 属于正交晶系，它的组成可以看作是 TiO_6 构成，并且通过边和定点的共用形成延续的三维框架。当温度下降至 453K 以下时，会经历突发的金属-绝缘体的过渡转变为电子有序的 β 相，β-Ti_3O_5 属于单斜晶系。室温下单斜 Ti_3O_5 晶体结构中，Ti 原子可以分为三种占位，它们可以看作是氧原子包裹的八面体。所以晶体结构可以看作是变形的 TiO_6 八面体，并且通过边和定点的共用形成延续的三维框架。可以看到，沿着〈-103〉方向有一列八面体只有六条边被共用。γ-Ti_3O_5 只在低温下存在，当温度达到 236K 时，它会转变为 δ-Ti_3O_5。λ 是近几年发现的新相，它和 β-Ti_3O_5 在固定波长激光照射下可以互相光致相变。由于这两种相结构之间具有不同的导电率、反射率、磁导率等，满足数据存储开关功能要求，并且通过控制该材料颗粒、晶粒尺寸以及激光照射参数可以实现光盘的高密度存储，故在光存储领域具有很好的应用前景。这些不同相的 Ti_3O_5 都会随温度变化而具备不同的结构以及不同的电学性质。

Ti_3O_5 具有良好的导电性，可达到 630S/cm，以及耐酸碱耐腐蚀等特性，与 TiO_2 和 ZrO_2 材料相比，具有阻温特性好的优点。另外，作为非计量化合物，Ti_3O_5 含有大量氧空位，其 O/Ti 原子比变化范围为 1.66~1.70，正是因为含有的大量氧空位，使得 Ti_3O_5 具有较高的准自由电子浓度，其电阻可以随气氛的改变而变化。

Ti_3O_5 常存在两种变体，转化温度为 177℃。在高钛渣中存在的 Ti_3O_5 是一种蓝黑色粉末。Ti_3O_5 可用作真空镀膜材料。

Ti_2O_3 和 Ti_3O_5 均由 TiO_2 在高温下还原获得。在工业上生产高钛渣时，少量的 TiO_2 将被过还原为 Ti_2O_3 和 Ti_3O_5 两种低价钛。Ti_2O_3 是一种紫黑色粉末。在高钛渣中存在的 Ti_3O_5 是一种黑色粉末。

Ti_2O_3 密度为 4.60g/cm³，25℃ 时密度为 4.53g/cm³，熔点为 1889℃，熔化热为 6.35kJ/g。α-Ti_3O_5 密度为 4.57g/cm³，β-Ti_3O_5 密度为 4.29g/cm³。Ti_3O_5 熔点为 2180℃，晶格常数为 $a=0.3747$nm。

1.5.2 制取方法

Ti_3O_5 的制备方法有以下几种：

（1）二氧化钛的还原。主要还原剂有 NH_3、H_2、CO、C、Ti、Si，在真空中或氩气等气氛中进行还原。

（2）气相沉积法。在一定的氧分压下，以金属钛或钛的无机有机盐为原料，利用物理的或化学的方法来获得具有一定 O/Ti 比的钛的低价氧化物。

（3）溅射法。在氮气或真空条件下进行低压溅射或电子束蒸发来制备钛氧、钛氧薄膜。

1.6 三氢氧化钛

1.6.1 化学性质

$Ti(OH)_3$ 是一种还原剂，容易被氧化。刚制取的 $Ti(OH)_3$ 颜色较深，但放置时颜色逐渐变浅，最后变为白色，这是由于在水的作用下其被氧化为正钛酸：

$$2Ti(OH)_3 + 2H_2O = 2H_2TiO_4 + 3H_2$$

另外，$Ti(OH)_3$ 也容易在空气中氧化生成偏钛酸：$4Ti(OH)_3+O_2 = 4H_2TiO_3+2H_2O$。$Ti(OH)_3$ 是一种弱碱性氢氧化物，它可溶于酸中生成三价钛盐：$Ti(OH)_3 + 3H^+ = Ti^{3+} + 3H_2O$ 。

1.6.2 制取方法

在三价钛盐溶液中加入氢氧化铵、碱金属氢氧化物、硫化物或碳酸盐，便能生成 $Ti(OH)_3$ 沉淀：

$$TiCl_3 + 3OH^- = Ti(OH)_3 + 3Cl^-$$

$$2TiCl_3 + 3S^{2-} + 6H_2O = 2Ti(OH)_3 + 6Cl^- + 3H_2S$$

$$2TiCl_3 + 3CO_3^{2-} + 6H_2O = 2Ti(OH)_3 + 6Cl^- + 3H_2CO_3$$

1.7 二氢氧化钛

1.7.1 化学性质

$Ti(OH)_2$ 是一种强还原剂，很容易被氧化。刚制取的 $Ti(OH)_2$ 颜色很暗，但放置时颜色逐渐变浅，最后变为白色，这是由于 $Ti(OH)_2$ 自然氧化为 TiO_2：$Ti(OH)_2 = TiO_2+H_2$。

在空气中加热 $Ti(OH)_2$，则氧化为偏钛酸：$2Ti(OH)_2 + O_2 = 2H_2TiO_3$。$Ti(OH)_2$ 是一种典型的碱性氧化物，它易溶于酸中并放出氢气：$2Ti(OH)_2 + 6H^+ = 2Ti^{3+} + 4H_2O + H_2$。

当 $Ti(OH)_2$ 在氢气保护下溶于酸中时，便生成二价钛盐：$Ti(OH)_2 + 2H^+ = Ti^{2+} + 2H_2O$ 。

1.7.2 制取方法

在氢气保护下的二价钛盐溶液中加入氢氧化物或碳酸铵会沉淀生成 $Ti(OH)_2$：

$$Ti^{2+} + 2NH_4OH = 2NH_4^+ + Ti(OH)_2 \quad \text{(黑色沉淀)}$$

$$Ti^{2+} + (NH_4)_2CO_3 + H_2O = 2NH_4^+ + CO_2 + Ti(OH)_2 \quad \text{(褐色沉淀)}$$

1.8 偏钛酸

1.8.1 物理化学性质

偏钛酸（H_2TiO_3）是一种白色粉末，加热时变黄。25℃时密度为 $4.3g/cm^3$。偏钛酸不导电。

偏钛酸不溶于水，也不溶于稀酸和碱溶液中，却溶于热浓硫酸中。偏钛酸的酸性表现为在高温下能与金属氧化物、氢氧化物、碳酸盐烧结生成相应的钛酸盐；与金属卤化物反应也生成钛酸盐，并析出卤化氢。

偏钛酸是不稳定化合物，在煅烧时发生分解，生成 TiO_2。偏钛酸脱水的起始温度为200℃，300℃时已达到较大的脱水速度，但需在高温下才能脱水完全。

1.8.2 制取方法

偏钛酸可由金属钛与40%硝酸反应生成：$3Ti + 4HNO_3 + H_2O = 3H_2TiO_3 + 4NO$。

金属钛与氨中的过氧化氢反应也能生成偏钛酸：

$$Ti + 5H_2O_2 + 2NH_3 = H_2TiO_3 + 7H_2O + N_2$$

$TiCl_4$ 在沸腾水中水解也可生成偏钛酸：$TiCl_4 + 3H_2O = H_2TiO_3 + 4HCl$。

钛白生产过程中，$Ti(SO_4)_2$ 和 $TiOSO_4$ 的酸性溶液在沸水中水解生成偏钛酸沉淀。在140℃或在真空中干燥正钛酸时，也会生成偏钛酸。

1.9 正钛酸

1.9.1 物理化学性质

正钛酸通常是无定型的白色粉末。它是一种不稳定的化合物，热水洗涤、加热或长时间在真空中干燥时便转化为偏钛酸。正钛酸不溶于水和醇中，但易转化为胶体溶液。正钛酸是两性氢氧化物，它在常温下易溶于无机酸和强有机酸中，也能溶于热的浓碱溶液中。

在水溶液中，正钛酸通常以水化物的形式存在，在 pH=7 时为二水正钛酸，而在 pH<7（即酸性）的溶液中存在下列平衡转化：

$$Ti(OH)_4(H_2O)_2 + OH_3^+ \rightleftharpoons [Ti(OH)_3(H_2O)_3]^+ + H_2O$$
$$[Ti(OH)_3(H_2O)_3]^+ + OH_3^+ \rightleftharpoons [Ti(OH)_2(H_2O)_4]^{2+} + H_2O$$
$$[Ti(OH)_2(H_2O)_4]^{2+} + OH_3^+ \rightleftharpoons [Ti(OH)(H_2O)_5]^{3+} + H_2O$$

在 pH>7（即碱性）的溶液中存在下列平衡：

$$Ti(OH)_4(H_2O)_2 + OH^- \rightleftharpoons [Ti(OH)_5(H_2O)]^- + H_2O$$
$$[Ti(OH)_5(H_2O)]^- + OH^- \rightleftharpoons [Ti(OH)_6]^{2-} + H_2O$$

1.9.2 制取方法

硫酸或盐酸的二氧化钛溶液与碱金属氢氧化物或碳酸盐反应，反应生成物在常温下干燥则可得到正钛酸。

$TiCl_4$ 在大量水中水解时，也能生成正钛酸的水化物：

$$TiCl_4 + 5H_2O = H_4TiO_4 \cdot H_2O + 4HCl$$

粉末钛与沸腾水反应也可生成正钛酸：Ti(粉) $+ 4H_2O = H_4TiO_4 + 2H_2$。

1.10 一硫化钛

1.10.1 物理化学性质

TiS 是一种具有金属光泽的暗红色物质，在 1780℃时固液异成分熔化。0℃时密度为 4.16g/cm^3，20℃时密度为 4.05g/cm^3。20℃时比磁化率为 2.3×10^{-6}。

TiS 在空气中是稳定的，加热时发生氧化反应生成 TiO_2：$TiS + 2O_2 = TiO_2 + SO_2$。

TiS 不与水、氢氟酸、盐酸和稀硫酸反应，浓、热盐酸和硫酸能溶解 TiS，并析出硫化氢。TiS 难溶于浓硝酸和王水，也不与硫溶液发生反应。

1.10.2　制取方法

粉末钛与熔化硫在 400℃下反应生成 TiS。粉末钛还原 TiS_2，或在氢气流中还原 TiS_2，Ti_2S_3 也可制取 TiS：

$$TiS_2 + Ti = 2TiS$$

$$TiS_2 + H_2 = TiS + H_2S$$

$$Ti_2S_3 + H_2 = 2TiS + H_2S$$

1.11　二硫化钛

1.11.1　物理化学性质

TiS_2 的颜色取决于制取方法和生成结晶的特征，通常 TiS_2 是一种具有金属光泽的黄色片状结晶，在 147℃时发生晶型转化。TiS_2 具有层状结构，每一层包括硫—钛—硫的夹层，夹层间由弱的范德华力联系。晶体可由钛丝在硫蒸气中加热生长，也可由四氯化钛和硫化氢气反应合成。

25℃时，TiS_2 的密度为 3.22g/cm^3，密度与温度的关系计算式为：

$$\rho_t = 3.332 - 0.00758t + 0.000128t^2 \qquad (1\text{-}18)$$

隔绝空气（在氮气中）加热 TiS_2 至 300℃便会使其部分脱硫生成 Ti_2S_3：

$$2TiS_2 = Ti_2S_3 + S$$

在氢气中加热至 300℃则 TiS_2 发生部分还原反应生成 Ti_2S_3，在更高的温度且存在过量氢时还原为 TiS：

$$2TiS_2 + H_2 = Ti_2S_3 + H_2S$$

$$TiS_2 + H_2 = TiS + H_2S$$

TiS_2 在空气中是稳定的，加热燃烧可生成 TiO_2：$TiS_2 + 3O_2 = TiO_2 + 2SO_2$。$TiS_2$ 可与氯气反应生成 $TiCl_4$：$TiS_2 + 3Cl_2 = TiCl_4 + S_2Cl_2$。在加热条件下，$TiS_2$ 可被金属镁、铝等还原为金属钛：

$$TiS_2 + Mg = TiS + MgS$$

$$TiS_2 + 2Mg = Ti + 2MgS$$

TiS_2 与冷水不发生反应，可与热水蒸气反应并析出 H_2S：$TiS_2 + 2H_2O = TiO_2 + 2H_2S$。$TiS_2$ 与稀酸不发生反应，而溶于氢氟酸、盐酸和硫酸中，加热时溶解更快。硝酸加热时能氧化 TiS_2：

$$TiS_2 + 8HNO_3 = Ti(SO_4)_2 + 4NO + 4NO_2 + 4H_2O$$

TiS_2 可在加热的 CO_2 气流中分解：$TiS_2 + 2CO_2 = TiO_2 + 2S + 2CO$。$TiS_2$ 可溶于热的碱金属氢氧化物和氨水溶液中。

TiS_2 与碱金属硫化物和氢氧化物烧结时分别生成硫代钛酸盐和硫氧钛酸盐。TiS_2 与熔化的硝酸盐在加热时可引起激烈的爆炸反应：$TiS_2 + Na_2S = Na_2TiS_3$。

1.11.2　制取方法

熔化硫与加热的金属钛反应，或者硫化氢与金属钛在高温下反应都可生成 TiS_2。

硫化氢与 $TiCl_4$ 蒸气的混合物加热至 480~540℃时反应，反应分两步进行：

$$TiCl_4 + H_2S = TiCl_2S + 2HCl$$

$$TiCl_2S + H_2S = TiS_2 + 2HCl$$

熔化硫与 $TiOCl_2$ 在 120℃下反应生成 TiS_2：$TiOCl_2 + 2S = TiS_2 + Cl_2O$ 。用氢还原硫酸钛也可制取 TiS_2：$Ti(SO_4)_2 + 8H_2 = TiS_2 + 8H_2O$ 。

1.12　三硫化钛

TiS_3 是一种类石墨型固体，不与盐酸反应，溶于浓硫酸，能与硝酸和氢氧化钠溶液反应。

粉末钛与硫在 600℃下长时间反应可制得一种 TiS_3 黑色针状结晶。用过量硫与 TiS_2 反应也可生成 TiS_3。将 $TiCl_4$ 蒸气和干燥 H_2S 的混合物在 480~540℃下反应，所得的产物用过量的硫在压力管中处理，则得黄色的 TiS_3 固体。

1.13　一硫化二钛

Ti_2S 可用金属 Ti 与 TiS 在密闭条件下加热反应制得。

Ti_2S 是灰色固体，易碎，有金属光泽。它与 Ti 的其他硫化物不同，能与钛酸反应，得到一种紫色溶液。Ti_2S 是 Ti 的最低氧化态的硫化物，具有一定程度的碱性，所以它不跟氢氧化钠反应。Ti_2S 的晶体结构比较复杂。

1.14　三硫化二钛

1.14.1　物理化学性质

Ti_2S_3 是一种具有金属光泽的黑色粉末，0℃时密度为 3.67g/cm^3。Ti_2S_3 在空气中是稳定的，加热时可氧化为 TiO_2：$Ti_2S_3 + 5O_2 = 2TiO_2 + 3SO_2$。在氢气流中加热则被还原为 TiS：$Ti_2S_3 + H_2 = 2TiS + H_2S$ 。

Ti_2S_3 与水、酸和碱都不发生反应，浓硫酸和浓硝酸能溶解它，与氢氟酸可在高温下发生反应。

1.14.2　制取方法

金属钛与单质硫在加热至 800℃时可生成 Ti_2S_3。在氮气或氢气气氛中加热 TiS_2 也可生成 Ti_2S_3：

$$2TiS_2 = Ti_2S_3 + S$$

$$2TiS_2 + H_2 = Ti_2S_3 + H_2S$$

往加热的 TiO_2 中通入硫化氢和二硫化碳蒸气可生成 Ti_2S_3：

$$2TiO_2 + 2H_2S + CS_2 \longrightarrow Ti_2S_3 + CO_2 + 2H_2O + S$$

1.15 二氯化钛

1.15.1 物理性质

$TiCl_2$ 是黑褐色粉末，属于六方晶系，晶格常数为 $a=0.3561\pm0.0005$nm，$c=0.5875\pm0.0008$nm。$TiCl_2$ 熔点为 1030±10℃；沸点为 1515±20℃；密度（25℃）的计算值为 $3.06g/cm^3$，实测值为 $3.13g/cm^3$。其蒸气压 p(Pa) 由式（1-19）、式（1-20）计算：

$$\lg p = 9.770 - 8570\,T^{-1} \quad （固体） \quad (1\text{-}19)$$

$$\lg p = 4.419 - 7890\,T^{-1} \quad （固体） \quad (1\text{-}20)$$

1.15.2 化学性质

$TiCl_2$ 是具有离子键特征的化合物，是一种典型的盐类。它的稳定性较差，容易被氧化，是一种强还原剂，加热时分解。

1.15.2.1 歧化反应

在真空中加热至 800℃或氢气中加热至 1000℃，$TiCl_2$ 发生歧化反应：

$$2TiCl_2 = Ti + TiCl_4$$

1.15.2.2 氧化和还原反应

$TiCl_2$ 在空气中吸湿并氧化。溶于水或稀盐酸时则迅速被氧化，并放出氢气：

$$2TiCl_2 + 2HCl = 2TiCl_3 + H_2\uparrow$$

$TiCl_2$ 溶于浓盐酸时，开始溶液呈绿色，逐渐被氧化为紫色。在空气中或氧气中加热则氧化生成 TiO_2 和 $TiCl_4$：$2TiCl_2 + O_2 = TiCl_4 + TiO_2$。也可被 Cl_2 和 $TiCl_4$ 所氯化：

$$TiCl_2 + Cl_2 = TiCl_4$$

$$TiCl_2 + TiCl_4 = 2TiCl_3$$

在高温下，$TiCl_2$ 与 HCl 反应生成 $TiCl_3$ 或 $TiCl_4$：

$$2TiCl_2 + 2HCl = 2TiCl_3 + H_2$$

$$TiCl_2 + 2HCl = TiCl_4 + H_2$$

在加热时，$TiCl_2$ 可被碱金属或碱土金属还原为金属钛，如：$TiCl_2+2Na = Ti+2NaCl$。

1.15.2.3 配合反应

$TiCl_2$ 能溶于甲醇和乙醇中，并放出氢气，生成黄色溶液。

$TiCl_2$ 溶于碱金属或碱土金属的氯化物熔盐中，同这些金属氯化物生成复盐。只有 LiCl 是例外，$TiCl_2$ 与其形成无限固溶体。在 $TiCl_2$-NaCl 系统中形成 $NaTiCl_3$ 和 Na_2TiCl_4 两种化合物，并有一个最低共熔点 605℃（NaCl+$NaTiCl_3$）和一个包晶点 628℃（$NaTiCl_3$+$TiCl_2$）。在系统 $TiCl_2$-KCl 中，生成 $KTiCl_3$（固液同成分，熔点 762℃）和 K_2TiCl_4（固液异成分，熔点 671℃）两种化合物，并且有两个最低共熔点 632℃（KCl+K_2TiCl_4）和 730℃（$KTiCl_3$+$TiCl_2$）。$TiCl_2$-$MgCl_2$ 系统不生成化合物，包晶点约为 716℃（$MgCl_2$+0.3%$TiCl_2$）。

1.15.3 制取方法

$TiCl_2$ 通常用作还原剂，在控制适宜的反应条件下可还原 $TiCl_4$ 制得：

$$TiCl_4 + 2Na \xrightarrow{270℃，搅拌} TiCl_2 + 2NaCl$$

$$TiCl_4 + Ti \xrightarrow{700 \sim 1000℃} 2TiCl_2$$

也可采用氢还原 $TiCl_4$ 或在真空中（<133Pa）加热 $TiCl_3$ 至450℃歧化制取。

然而用上述这些反应方法生成的 $TiCl_2$，一般不容易将它分离出来，因为 $TiCl_4$ 在空气中容易氧化。例如把金属钛溶于稀盐酸中，开始为无色的 $TiCl_2$ 溶液，过一段时间便产生颜色，即出现了 $TiCl_3$。用干法制取的 $TiCl_2$ 中，一般含有 $TiCl_3$ 和其他反应产物的混合物，需在惰性气氛或还原气氛中保存。

1.16　三氯化钛

1.16.1　物理性质

$TiCl_3$ 存在四种变体，通常在高温下还原 $TiCl_4$ 所制取的是 α 型，它是紫色片状结构，属于六方晶系，晶格常数为 $a=0.6122nm$，$c=1.752nm$。烷基铝还原 $TiCl_4$ 得到 β 型 $TiCl_3$，它是褐色粉末，纤维状结构。铝还原 $TiCl_4$ 得到 γ 型 $TiCl_3$，它是红紫色粉末。将 γ 型 $TiCl_3$ 研磨则得到 δ 型 $TiCl_3$，它比其他晶型具有较高的催化性能。$TiCl_3$ 的熔点为730~920℃，密度（25℃时）的计算值为2.69g/cm³，测量值为2.66g/cm³。

固体升华蒸气压计算式：

$$\lg p = 23.595 - 3.27\lg T - 9.62 \times 10^3 T^{-1} \quad (298 \sim 1104K) \qquad (1\text{-}21)$$

固体升华热计算式：

$$\lambda(J/g) = 1175 - 0.1045T - 5.14 \times 10^{-5}T^2 \qquad (1\text{-}22)$$

1.16.2　化学性质

三氯化钛中的钛是中间价态，稳定性差，容易分解。纯 $TiCl_3$ 化学活性强，人体的任何部位与 $TiCl_3$ 接触，吸入和皮肤吸收都会引起烧伤。$TiCl_3$ 具有还原剂的性质，容易被氧化为高价钛化合物，但它也可以被还原，不过被氧化的倾向大于被还原的倾向。另外，$TiCl_3$ 既具有盐类的特征，也具有弱酸性的特征，它可形成三价钛酸盐。$TiCl_3$ 不溶于 $TiCl_4$。

1.16.2.1　歧化反应

$TiCl_3$ 在真空中加热至500℃便能发生歧化反应：$2TiCl_3 = TiCl_2 + TiCl_4$。

上述歧化反应在各种温度下的平衡压力列于表1-8。

表1-8　$TiCl_3$ 歧化时的平衡蒸气压

蒸气压/kPa	t/℃				
	530	575	590	625	655
$p_{总}$	2.195	7.049	10.041	23.594	45.087
p_{TiCl_3}	0.559	1.968	2.913	7.528	13.965
p_{TiCl_2}	1.33×10^{-4}	6.65×10^{-4}	1.064×10^{-3}	2.527×10^{-3}	5.187×10^{-3}
p_{TiCl_4}	1.649	5.054	7.076	15.561	30.856

$TiCl_3$ 的歧化反应热在 298K 时为 1.02kJ/g，673K 时为 0.95kJ/g；歧化时熵变为 0.97J/(g·K)。

在氢气流中加热 $TiCl_3$ 时，歧化同时发生还原：$2TiCl_3 + H_2 = 2TiCl_2 + 2HCl$。

1.16.2.2 氧化和还原反应

在氧气中加热 $TiCl_3$ 会发生氧化：$4TiCl_3 + O_2 = 3TiCl_4 + TiO_2$。

在卤素的作用下，$TiCl_3$ 也会被氧化，如：$2TiCl_3 + Cl_2 = 2TiCl_4$。高温下也可被 HCl 氧化：

$$2TiCl_3 + 2HCl = 2TiCl_4 + H_2$$

加热时碱金属或碱土金属能将 $TiCl_3$ 还原为金属钛，如：$TiCl_3 + 3Na = Ti + 3NaCl$。

1.16.2.3 与水反应

$TiCl_3$ 在湿空气中或与水接触会发生激烈反应甚至爆炸，反应生成盐酸。如果缓慢地将其溶于水，并慢慢蒸发其水分可得到紫色的 $TiCl_3 \cdot 4H_2O$ 或 $TiCl_3 \cdot 6H_2O$ 结晶。可用碱从 $TiCl_3$ 的水溶液中析出三价钛的氢氧化物沉淀：$TiCl_3 + 3OH^- = Ti(OH)_3 + 3Cl^-$。

如果在 $TiCl_3$ 的水溶液中存在氧化剂，则 $TiCl_3 \cdot 4H_2O$ 容易被氧化。

$TiCl_3$ 在 600℃能与水蒸气反应生成氧氯化物：$TiCl_3 + H_2O = TiOCl + 2HCl$。

如果 $TiCl_3$ 中混入其他化合物，不纯的 $TiCl_3$ 的反应活性就大大降低，例如铝粉除钒获得的残渣中的 $TiCl_3$ 与水接触不会激烈反应。

1.16.2.4 配合反应

在盐酸溶液中，$TiCl_3$ 与碱金属氯化物生成水化配合盐 $Me_2[TiCl_5(H_2O)]$，它较难溶于盐酸。

无水的 $TiCl_3$ 溶于碱金属氯化物熔盐生成 $MeTiCl_4$、Me_2TiCl_5、$MeTi_3Cl_6$ 三种类型的配合盐。在 $TiCl_3$-NaCl 系统中生成一种化合物 Na_3TiCl_6（固液异成分，熔点 553℃）。在 $TiCl_3$-KCl 系统中生成一种化合物，即 K_2TiCl_5（固液异成分，熔点 605℃）和 K_3TiCl_6（固液同成分，熔点 783℃）。$TiCl_3$ 的盐酸溶液与 KCl 混合时，则析出水化五氯钛（Ⅲ）酸钾 $K_2[TiCl_5(H_2O)]$，加热至 112℃时便脱去其水分子。

在 $TiCl_3$-$TiCl_2$-NaCl 三元系统中可形成最低共熔点化合物，其组成（摩尔分数）分别为 40%、70%、53%，最低共熔点温度为 443℃。

1.16.2.5 与有机化合物的反应

$TiCl_3$ 与甲酸、乙酸和草酸反应生成相应钛（Ⅲ）甲酸酯、乙酸酯和草酸酯沉淀。

$TiCl_3$ 溶于酮，但不溶于醚和二硫化碳。$TiCl_3$ 不溶于饱和烃和芳香烃以及它们的卤代烃。但 $TiCl_3$ 能很好地溶于各种醇中，特别能溶于甲醇和乙醇中。在醇溶液中 $TiCl_3$ 能与 $NaOCH_3$ 和 $NaOC_2H_5$ 反应，生成相应的烷氧基钛：

$$TiCl_3 + 3NaOCH_3 \xlongequal{} Ti(OCH_3)_3 + 3NaCl$$

$$TiCl_3 + 3NaOC_2H_5 \xlongequal{} Ti(OC_2H_5)_3 + 3NaCl$$

1.16.3 制取方法

无水的三氯化钛是用各种还原剂还原 $TiCl_4$ 而制得的，如在 500~800℃下用氢还原制 $TiCl_3$，反应为：$2TiCl_4 + H_2 = 2TiCl_3 + 2HCl$。但是，这个反应是可逆的，不断排出反应产物则还原反应容易进行。

也可用其他金属还原剂控制适宜的反应条件还原 $TiCl_4$ 制取 $TiCl_3$，如：

$$TiCl_4 + Na \xrightarrow{270℃} TiCl_3 + NaCl$$

$$2TiCl_4 + Mg \xrightarrow{400℃} 2TiCl_3 + MgCl_2$$

$$3TiCl_4 + Ti \xrightarrow{400 \sim 600℃} 4TiCl_3$$

$$3TiCl_4 + Al \xrightarrow{>136℃} 3TiCl_3 + AlCl_3$$

三氯化钛的水溶液，可在氢气气氛或惰性气体保护下由金属钛溶于盐而制得。

1.17 四氯化钛

1.17.1 物理性质

常温下四氯化钛是无色透明液体，在空气中冒白烟，具有强烈的刺激性气味。$TiCl_4$ 分子是正四面体结构，钛原子位于正四面体的中心，顶端为氯原子。Ti—Cl 间距为 0.291nm，Cl—Cl 间距为 0.358nm。$TiCl_4$ 呈单分子存在，偶极距为零，不导电。$TiCl_4$ 不能离解为 Ti^{4+} 离子，在含有 Cl^- 离子的溶液中可形成 $[TiCl_6]^{2-}$ 配阴离子，这说明 $TiCl_4$ 是共价键化合物。四氯化钛固体是白色晶体，属于单斜晶系，其主要物理参数为：

晶格常数：$a=0.97$nm，$b=0.648$nm，$c=0.975$nm，$\beta=102°40'$。

熔点：-23.2℃，沸点：135.9℃，液体蒸发热：$54.5 \sim 0.048T$（kJ/mol）；临界温度：365℃，临界压力：4.57MPa，临界密度：0.565g/cm^3；固体密度：2.06g/cm^3，液体密度 ρ（g/cm^3）与温度的关系式为：

$$\rho = 1.7588 - 1.591 \times 10^{-3}t - 9.8 \times 10^{-7}t^2 \quad (21.8 \sim 135.9℃) \quad (1\text{-}23)$$

或

$$\rho = 1.7606 - 1.69 \times 10^{-3}T - 7.3 \times 10^{-7}T^2 - 2 \times 10^{-9}T^3 \quad (21.8 \sim 135.9℃) \quad (1\text{-}24)$$

液体黏度 η（Pa·s）与温度的关系式为：

$$\eta = 0.1/(98.64 + 1.101T) \quad (1\text{-}25)$$

膨胀系数：$9.5\times10^{-4}K^{-1}$（273K）、$9.7\times10^{-4}K^{-1}$（293K）；热导率：0.085W/(m·K)（293K）、0.0928W/(m·K)（323K）、0.108W/(m·K)（373K）、0.116W/(m·K)（409K）；磁化率：-2.87×10^{-7}；折射指数：1.61（293K）；介电常数：2.83（273K）、2.73（297K）；比热容 c_p（J/(m·K)）与温度的关系式为：

液体：$$c_p = 142.65 + 8.703 \times 10^{-3}T - 0.163 \times 10^5 T^2 \quad (298 \sim 409K) \quad (1\text{-}26)$$

气体：$$c_p = 107.08 + 0.4723 \times 10^{-3}T - 10.542 \times 10^5 T^{-2} \quad (298 \sim 2000K) \quad (1\text{-}27)$$

$$c_p = 252.6 + 142.9 \times 10^{-3}T + 8.717 \times 10^5 T^{-2} - 1.622 \times 10^7 T^{-3} \quad (298 \sim 409K) \quad (1\text{-}28)$$

$$c_p = 106.55 + 1.005T - 9.88T^{-2} \quad (409 \sim 2500K) \quad (1\text{-}29)$$

液体蒸气压 p（Pa）与温度的关系式：

$$\lg p = 27.254 - 5.788\lg T - 2.919 \times 10^3 T^{-1} \quad (409 \sim 2500K) \quad (1\text{-}30)$$

液体 $TiCl_4$ 的其他主要物理性质列于表 1-9。

表 1-9 液体 $TiCl_4$ 的主要物理性质

温度 T/℃	密度 ρ/g · cm^{-3}	黏度 η/Pa · s	表面张力 γ/N · m^{-1}	蒸气压 p/kPa
-10	1.778	1.140×10^{-3}	3.654×10^{-2}	0.129
0	1.761	1.012×10^{-3}	3.528×10^{-2}	0.410
10	1.745	9.12×10^{-4}	3.403×10^{-2}	0.738
20	1.727	8.26×10^{-4}	3.279×10^{-2}	1.272
30	1.711	7.56×10^{-4}	3.156×10^{-2}	2.118
40	1.694	7.02×10^{-4}	30.34×10^{-3}	3.411
50	1.677	6.45×10^{-4}	2.914×10^{-2}	5.333
60	1.660	5.83×10^{-4}	2.795×10^{-2}	8.126
70	1.643	5.16×10^{-4}	2.678×10^{-2}	12.076
80	1.625	4.78×10^{-4}	2.562×10^{-2}	17.542
90	1.608	4.49×10^{-4}	2.448×10^{-2}	24.964
100	1.590	4.22×10^{-4}	2.337×10^{-2}	34.846
110	1.572	3.95×10^{-4}		47.880
120	1.554			64.638
130	1.535			85.918
135.9	1.525			101.325

1.17.2 化学性质

$TiCl_4$ 是共价键化合物。它的热稳定性很好，在 2500K 下仅有部分分解，只有在 5000K 高温下才能完全分解为钛和氯。但是，$TiCl_4$ 是很活泼的化合物，它可与许多元素和化合物发生反应。

1.17.2.1 与金属的反应

依据还原剂的种类和还原条件的不同，许多金属都能把 $TiCl_4$ 还原成 $TiCl_2$、$TiCl_3$ 和金属钛。镁、钠和钙在高温下都能把 $TiCl_4$ 还原为金属钛。铝与 $TiCl_4$ 在 136~400℃下反应生 $TiCl_3$：$3TiCl_4 + Al = 3TiCl_3 + AlCl_3$。

在约 1000℃下可还原为金属钛：$3TiCl_4 + 4Al = 3Ti + 4AlCl_3$。

由于钛和铝生成金属间化合物，所以铝还原产物为 Ti-Al 合金。$TiCl_4$ 在低于 300℃时几乎不与金属钛反应，在 400℃时可反应生成 $TiCl_3$，500~600℃时反应生成 $TiCl_3$、$TiCl_2$ 的混合物，700℃时主要反应产物为 $TiCl_2$。金属钛过量时主要生成 $TiCl_2$，$TiCl_4$ 过量时主要生成 $TiCl_3$。

铜可把 $TiCl_4$ 还原成 $TiCl_3$，有氧存在时，铜与 $TiCl_4$ 反应生成 $Cu[TiCl_4]$：

$$TiCl_4 + Cu = Cu[TiCl_4]$$

在加热时银能部分把 $TiCl_4$ 还原为 $TiCl_3$：$TiCl_4 + Ag = TiCl_3 + AgCl$。

在大于 100℃时汞也能与 $TiCl_4$ 反应生成 $TiCl_3$。铁在四氯化钛介质中是稳定的，铁在炽热状态下也不与四氯化钛反应，当温度高于 850~900℃时，四氯化钛与铁才有明显的反应。

1.17.2.2 与气体和硫的反应

在500~800℃下氢把$TiCl_4$还原为$TiCl_3$：$2TiCl_4 + H_2 = 2TiCl_3 + 2HCl$。

在高于800℃时，过量氢可将$TiCl_4$还原为$TiCl_2$：$TiCl_4 + H_2 = TiCl_2 + 2HCl$。

在更高的温度下（2000℃以上），过量氢可将$TiCl_4$还原为金属钛：

$$TiCl_4 + 2H_2 \rightleftharpoons Ti + 4HCl$$

$TiCl_4$与氧在550℃开始反应，生成TiO_2：$TiCl_4 + O_2 = TiO_2 + 2Cl_2$。此时也有可能生成氯氧化钛：$4TiCl_4 + 3O_2 = 2Ti_2O_3Cl_2 + 6Cl_2$。$TiCl_4$与氧在800~1000℃下可反应完全，生成$TiO_2$。通常条件下，$TiCl_4$不与氮发生反应。在存在氯化铝时，$TiCl_4$与硫反应生成$TiCl_3$：

$$2TiCl_4 + 2S \xrightarrow{AlCl_3} 2TiCl_3 + S_2Cl_2$$

1.17.2.3 与卤素及卤化物的反应

氟与$TiCl_4$发生取代反应：$TiCl_4 + F_2 \rightarrow TiFCl_3 \rightarrow TiF_2Cl_2 \rightarrow TiF_3Cl \rightarrow TiF_4 + Cl_2$。

$TiCl_4$与液氯可按任意比例混合，也可溶解气体氯。在$TiCl_4$-Cl_2系统（参见图4-37）中有一个低共熔点（-108℃），其组成（摩尔分数）为77.8%Cl_2。

在0.1MPa压力下，氯气在$TiCl_4$中的溶解度见表1-10。

表1-10 氯气在$TiCl_4$中的溶解度

温度 t/℃	-20	0	20	40	60	80	100	120
溶解度（摩尔分数）/%	56.7	28.1	16.3	10.1	6.75	4.71	3.27	2.27

$TiCl_4$与溴可按任意比例混合，其混合物为亮红色。在$TiCl_4$与Br_2共存的系统中生成$TiCl_4Br$和$TiCl_4Br_4$两个化合物，并有三个低共熔点。$TiCl_4$能很好地溶解碘，混合物为紫色。$TiCl_4$不与碘生成化合物。$TiCl_4$能与气体氟化氢发生激烈的反应生成TiF_4：

$$TiCl_4(l) + 4HF(g) = TiF_4(s) + 4HCl(g)$$

$TiCl_4$与液体氟化氢反应生成TiF_4和TiF_3Cl混合物的固体沉淀，在适当条件也可生成TiF_2Cl_2。液体$TiCl_4$与液体氯化氢可按任意比例混合，也能溶解气体氯化氢。固体$TiCl_4$也可溶解在液体氯化氢中，$TiCl_4$-HCl系统有三个低共熔点，生成相应的$TiCl_4 \cdot 2HCl$（即H_2TiCl_6）和$TiCl_4 \cdot 6HCl$（即H_6TiCl_{10}）两种化合物。六氯钛酸H_2TiCl_6的熔点为-30.8℃，它仅在小于0℃时稳定，大于0℃时则分解为$TiCl_4$和HCl。H_2TiCl_6在温度小于0℃时可溶于浓盐酸，此时可存在$[TiCl_6]^{2-}$配阴离子，当溶液稀释或加热时配阴离子发生水解。

在通常条件下，$TiCl_4$与HBr和HI可发生交换反应：

$$TiCl_4 + 4HBr = TiBr_4 + 4HCl$$

$$TiCl_4 + 4HI = TiI_4 + 4HCl$$

$TiCl_4$与碱金属、碱土金属氟化物仅在高温下才反应，生成TiF_4，在一定条件下也可生成六氟钛酸盐$Me_2[TiF_6]$。$TiCl_4$与碱金属氯化物反应生成六氯钛酸盐$Me_2[TiF_6]$，这种盐是一种不稳定的化合物。$TiCl_4$在碱金属和碱土氯化物熔融盐中的溶解度不大，这是因为在高于700℃时六氯钛酸盐不稳定。

$TiCl_4$在NaCl熔盐中的溶解度不大，在830℃时约为0.5%（摩尔分数）。$TiCl_4$在$MgCl_2$熔盐中的溶解度更小。$TiCl_4$能溶解无水的氯化铝，但不发生任何化学反应。$TiCl_4$

与气体 $TiCl_2$ 反应生成 $TiCl_3$：$TiCl_4 + TiCl_2 = 2TiCl_3$。

$TiCl_4$ 与四氯化硫反应生成 $2TiCl_4 \cdot SCl_4$、$TiCl_4 \cdot SCl_4$ 和 $TiCl_4 \cdot 2SCl_4$ 三种化合物。$TiCl_4$ 与 PCl_3 可按任意比例互溶，在 $TiCl_4$-PCl_3 系统中形成化合物 $TiCl_4 \cdot PCl_3$。$TiCl_4$ 与 PCl_5 反应生成分子化合物 $TiCl_4 \cdot PCl_5$。

$TiCl_4$ 与 $SiCl_4$ 可按任意比例互溶，其混合物的熔点与沸点随组成而变化。$TiCl_4$ 与 $SOCl_2$ 可按任意比例互溶，并可生成化合物 $TiCl_4 \cdot 2SOCl_2$。$TiCl_4$ 与 SO_2Cl_2 所形成的混合物呈淡红色，在 $TiCl_4$-$SOCl_2$ 系统中形成混合物 $TiCl_4 \cdot 2SO_2Cl_2$。$TiCl_4$ 与 $POCl_3$ 反应生成 $TiCl_4 \cdot POCl_3$ 和 $TiCl_4 \cdot 2POCl_3$ 两种化合物。

1.17.2.4 与水的反应

$TiCl_4$ 与水接触便发生激烈反应，冒白烟，生成淡黄色或白色沉淀，并放出大量热。水和液体 $TiCl_4$ 间的反应是复杂的，它与温度和其他条件有关。在水量充足时生成五水化合物 $TiCl_4 \cdot 5H_2O$，在水量不足和低温时生成二水化合物 $TiCl_4 \cdot 2H_2O$，然后它们继续发生水解。在水解过程中，$TiCl_4$ 中的 Cl^- 逐渐被 $(OH)^-$ 所取代，其过程可表示如下：

$$TiCl_4 \cdot 5H_2O \longrightarrow Ti(OH)Cl_3 \cdot 4H_2O \longrightarrow Ti(OH)_2Cl_2 \cdot 4H_2O + HCl \longrightarrow$$
$$Ti(OH)_3Cl \cdot 2H_2O + HCl \longrightarrow Ti(OH) \cdot 4H_2O + HCl$$

在低温下反应较慢，可分离出中间产物；在高温时上述水解反应很快。$TiCl_4$ 水解的最终产物，在水量充足时，是正钛酸的胶体溶液。长期放置或加热后，可得到更稳定的偏钛酸。沸腾的水与 $TiCl_4$ 迅速反应生成偏钛酸：$TiCl_4 + 3H_2O = H_2TiO_3 + 4HCl$。

在 300~400℃下，气体 $TiCl_4$ 与水蒸气反应生成 TiO_2：$TiCl_4 + 2H_2O = TiO_2 + 4HCl$。

该反应 550℃开始，800℃完成反应，可获得结晶 TiO_2。

1.17.2.5 与硫化氢和硫酸的反应

液体 $TiCl_4$ 与液体 H_2S 混合生成褐色 $TiCl_4 \cdot H_2S$ 沉淀，低温反应生成黄色化合物 $TiCl_4 \cdot H_2S$ 和 $TiCl_4 \cdot 2H_2S$ 沉淀，生成产物进一步反应为：

$$TiCl_4 \cdot H_2S \longrightarrow TiCl_2(SH)_2 + 2HCl \longrightarrow Ti(SH)_4 + 2HCl$$

加热的 $TiCl_4$ 与气体 H_2S 反应可发生还原反应生成 $TiCl_3$ 或 $TiCl_2$：

$$2TiCl_4 + H_2S = 2TiCl_3 + 2HCl + S$$
$$TiCl_4 + H_2S = TiCl_2 + 2HCl + S$$

沸腾的 $TiCl_4$ 与 H_2S 反应生成硫氯化钛：$TiCl_4 + H_2S = TiCl_2S + 2HCl$。

$TiCl_4$ 与浓 H_2SO_4 反应生成硫酸氯钛：$TiCl_4 + H_2SO_4 = TiCl_2SO_4 + 2HCl$。

$TiCl_4$ 与稀 H_2SO_4 反应生成硫酸氧钛：$TiCl_4 + H_2SO_4 \cdot H_2O = TiOSO_4 + 4HCl$。

1.17.2.6 与氧化物和硫化物的反应

$TiCl_4$ 与炽热的金属氧化物发生交换反应，生成 TiO_2 和相应的金属氯化物，如：

$$3TiCl_4 + 2Fe_2O_3 = 3TiO_2 + 4FeCl_3$$

气体 $TiCl_4$ 与加热的 TiO_2 反应生成氯氧化钛：

$$TiCl_4 + TiO_2 = 2TiOCl_2$$
$$TiCl_4 + 3TiO_2 = 2Ti_2O_3Cl_2$$

$TiCl_4$ 与加热的金属硫化物反应生成 TiS_2，如：$TiCl_4 + 2ZnS = TiS_2 + 2ZnCl_2$。

$TiCl_4$ 与 TiS_2 反应生成硫氯化钛：$TiCl_4 + TiS_2 = 2TiCl_2S$。

1.17.2.7　与含氢化合物和有机物的反应

$TiCl_4$ 能迅速地吸收干燥的 NH_3，并放出大量热，氨饱和时生成 $TiCl_4 \cdot 4NH_3$。气体 $TiCl_4$ 与气体氨反应生成粉末状的 $TiCl_4 \cdot 6NH_3$。在 420℃时氢化钠可将 $TiCl_4$ 还原为金属钛：$TiCl_4 + 4NaH = Ti + 4NaCl + 2H_2$。

$TiCl_4$ 与甲烷（乙烷、丙烷）在常温下不发生反应，在 800~1400℃下并有催化剂存在时，反应生成 TiC：$TiCl_4 + CH_4 = TiC + 4HCl$。液体 $TiCl_4$ 可溶解烃类化合物，但不发生反应。$TiCl_4$ 与一卤代烃反应生成浑浊溶液。$TiCl_4$ 与二氯甲烷、三氯甲烷、四氯甲烷、二氯乙烷可按任意比例混合。$TiCl_4$ 与乙烯在 100℃发生聚合反应，也可与丙烯、丁烯发生聚合反应。

$TiCl_4$ 与氯乙烯发生聚合反应，与氯丙烯开始反应生成沉淀，当 $TiCl_4$ 浓度提高时沉淀消失，呈黄色溶液。$TiCl_4$ 与环烷烃可混合，不发生反应，但可与环戊烷发生激烈反应。$TiCl_4$ 与苯可按任意比例混合，混合液呈黄色。在 $TiCl_4$-C_6H_6 系统中形成化合物 $3TiCl_4 \cdot C_6H_6$。$TiCl_4$-C_6H_6 与甲苯、二甲苯反应生成黄色化合物（1∶1 的分子化合物）。

$TiCl_4$ 与氯苯、二氯苯混合，不发生反应，也能溶解三氯苯、六氯苯。$TiCl_4$ 与醇类化合物（如甲醇、乙醇、丙醇、丁醇）开始反应生成分子化合物，然后 $TiCl_4$ 中的三个氯原子逐渐被烷氧基所取代，其过程顺序如下：

$$TiCl_4 + 3ROH \longrightarrow TiCl_4 \cdot 3ROH \longrightarrow TiCl_3(OR) \cdot 2ROH + HCl \longrightarrow$$
$$TiCl_2(OR)_2 \cdot ROH + HCl \longrightarrow TiCl(OR)_3 + HCl$$

$TiCl_4$ 与丙酸反应时，开始生成黄色溶液，然后出现油层，同时生成氯丙烯，并析出氯化氢。$TiCl_4$ 与苯酚发生激烈反应，生成暗红色产物，并析出氯化氢：

$$TiCl_4 + C_6H_5OH = TiCl_3OC_6H_5 + HCl$$

$TiCl_4$ 与其他芳香醇也有类似反应。$TiCl_4$ 与甲醚、乙醚、丙醚反应生成分子化合物 $TiCl_4 \cdot OR$ 和 $TiCl_4 \cdot OR_2$。$TiCl_4$ 也与苯乙醚反应。$TiCl_4$ 能分解乙醛及其他醛类。$TiCl_4$ 与苯甲醛反应生成黄色沉淀 $TiCl_4 \cdot 2C_6H_5CHO$。

$TiCl_4$ 与丙酮、二酮发生激烈反应，生成化合物。$TiCl_4$ 与芳香酮反应生成分子化合物，如与乙苯酮生成红色化合物 $TiCl_4 \cdot CH_3COC_6H_5$，与二苯酮生成黄色化合物 $TiCl_4 \cdot CO(C_6H_5)_2$。

$TiCl_4$ 与甲酸发生取代反应，$TiCl_4$ 中的 3 个 Cl^- 逐渐被甲酸基取代：

$$TiCl_4 + 3HCO_2H \longrightarrow TiCl_3(CO_2H) + HCl \longrightarrow TiCl_2(CO_2H)_2 + HCl \longrightarrow TiCl(CO_2)_3 + HCl$$

$TiCl_4$ 也可与乙酸（醋酸）反应：$TiCl_4 + HCH_3CO_2 = TiCl_3(CH_3CO_2) + HCl$。$TiCl_4$ 与 CH_3COCl 生成分子化合物 $TiCl_4 \cdot CH_3COCl$。$TiCl_4$ 与一元酸酯发生交换反应，生成相应四价钛的衍生物。

1.17.3　制取方法

$TiCl_4$ 的制取方法很多，一般是用氯或其他氯化剂（如 $COCl_2$、$SOCl_2$、CCl_4 等）和氯化钛及其化合物（如氧化钛、氮化钛、碳化钛、硫化钛、钛酸盐及其他含钛化合物）反应制得。

在工业生产中，均采用氯化金红石和高钛渣等富钛物料的方法来制取 $TiCl_4$。在加入还原剂时，TiO_2 便可十分容易进行下列反应：

$$TiO_2 + C + 2Cl_2 \xlongequal{} TiCl_4 + CO_2$$
$$TiO_2 + 2C + 2Cl_2 \xlongequal{} TiCl_4 + 2CO$$
$$2FeTiO_3 + 3C + 7Cl_2 \xlongequal{} 2TiCl_4 + 2FeCl_3 + 3CO_2$$

在工业生产中，均采用氯化金红石和高钛渣等富钛物料的方法来制取$TiCl_4$。四氯化钛是钛及其化合物生产过程的重要中间产品，为钛工业生产的重要原料，并有着广泛的用途。

$TiCl_4$在工业中的主要用途有：生产金属钛的原料；生产钛白的原料；生产三氯化钛的原料；生产钛酸酯及其衍生物等钛有机化合物的原料；生产聚乙烯和三聚乙醛的催化剂，也是生产聚丙烯及其他烯烃聚合催化剂的原料；作发烟剂。

1.18 一氯氧化钛

1.18.1 物化性质

TiOCl 是淡蓝色的针状或长方形片状结晶。密度在25℃时为3.14g/cm³。在存在的密闭管中加热至550~570℃时，TiOCl 发生升华。

TiOCl 是一个不稳定的化合物，在真空中加热时发生分解：$3TiOCl = TiCl_3 + Ti_2O_3$。在湿空气中氧化并水解生成偏钛酸：$4TiOCl + O_2 + 6H_2O = 4H_2TiO_3 + 4HCl$。在空气中加热则发生氧化，生成$TiO_2$和$TiCl_4$：$4TiOCl + O_2 = 3TiO_2 + TiCl_4$。

1.18.2 制取方法

$TiCl_3$与水蒸气在600℃时便生成TiOCl。氧化物与$TiCl_3$反应也可生成TiOCl，如：

$$3TiCl_3 + Fe_2O_3 \xlongequal{} 3TiOCl + 2FeCl_3$$
$$2TiCl_3 + TiO_2 \xlongequal{} 2TiOCl + TiCl_4$$

1.19 二氯氧化钛

1.19.1 物理性质

$TiOCl_2$是一种具有吸湿性的黄色粉末，属于立方晶系，晶格常数为$a = 0.451 \pm 0.001nm$，密度为2.45g/cm³。蒸气压在137℃时为140Pa。它在$TiCl_4$中的溶解度按式（1-31）计算：

$$l = 0.24 - 0.00575t + 1.125 \times 10^{-4}t^2 + 1.3 \times 10^{-24}t^{11} \quad (-20 \sim 136℃) \tag{1-31}$$

计算值见表1-11。

表1-11 $TiOCl_2$在$TiCl_4$中的溶解度

t/℃	25	40	60	80	100	120	136
l/%	0.54	0.83	1.00	1.4	1.83	2.53	3.36

1.19.2 化学性质

$TiOCl_2$是一个不稳定的化合物，只有在室温下的干空气中才能存在，加热时（180~350℃）便发生分解：$2TiOCl_2 = TiCl_4 + TiO_2$。$TiOCl_2$与氟作用生成$TiF_4$：

$$2TiOCl_2 + 4F_2 = 2TiF_4 + O_2 + 2Cl_2$$

在高温下与氧反应生成 TiO_2：$2TiOCl_2 + O_2 = 2TiO_2 + 2Cl_2$。120℃下与液体硫反应生成二硫化钛：$TiOCl_2 + 2S = TiS_2 + Cl_2O$。$TiOCl_2$ 在热水中水解生成偏钛酸：

$$TiOCl_2 + 2H_2O = H_2TiO_3 + 2HCl$$

$TiOCl_2$ 能溶于盐酸和硫酸，在盐酸溶液中如果存在 NH_4Cl 则可生成 $[TiOCl_4]^{2-}$ 和 $[TiOCl_5]^{3-}$ 配合离子。

1.19.3 制取方法

可按下列方法制取 $TiOCl_2$：

$$TiO + Cl_2 = TiOCl_2$$

$$TiCl_2 + Cl_2O = TiOCl_2 + Cl_2$$

$$2TiO_2 + MgCl_2 = TiOCl_2 + MgTiO_3$$

另外，过量的 $TiCl_4$ 蒸气与 TiO_2 反应也生成 $TiOCl_2$。

$TiCl_4$ 在水蒸气中的水解产物一般总存在一些 $TiOCl_2$。在 $TiCl_4$ 的生产过程中，很容易产生 $TiOCl_2$，这是因为与空气接触或氯化温度低（<600℃）造成的。因此，氯化制得的粗 $TiCl_4$ 中往往含有少量 $TiOCl_2$。

1.20 氮化钛

钛的氮化物很多，如 TiN、TiN_2、Ti_2N、Ti_3N、Ti_4N、Ti_3N_4、Ti_3N_5、Ti_5N_6 等，但其中比较重要的为 TiN。TiN 在 Ti-N 体系中形成固溶体，它在 $TiN_{0.37}$ ~ $TiN_{1.2}$ 组成范围内稳定。它们相互能形成一系列连续固溶体。Ti-N 二元系相图如图 1-10 所示。当 N 含量低时，为 N 缺位固溶体，此时，TiN 更多表现出金属性质；当 N 含量高时，为 Ti 缺位固溶体，此时 TiN 更多表现出共价化合物的性质。

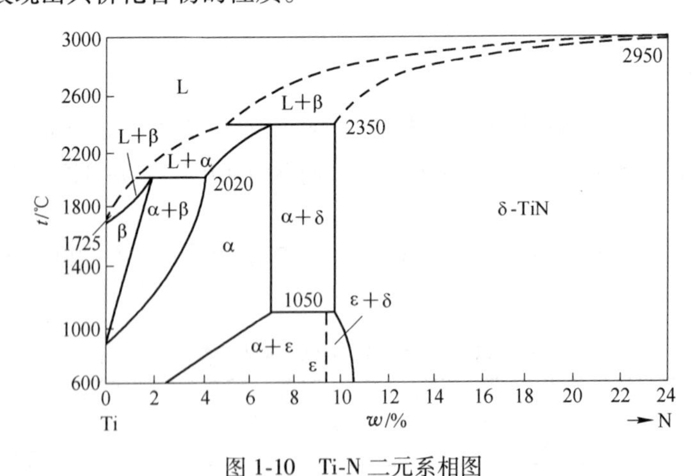

图 1-10　Ti-N 二元系相图

TiN 属于典型的 NaCl 型结构，面心立方点阵，晶格常数为 0.4238nm，N 原子占据面心立方的角顶，Ti 原子占据面心立方的（1/2，0，0）位置。其 N 含量可在一定范围内变化而不引起 TiN 的结构发生变化。由于 TiN、TiC、TiO 三者的晶格常数非常接近（分别为

0.4238nm、0.4327nm、0.4180nm)，所以 TiN 中的 N 原子经常被 C 原子、O 原子以任意比例取代形成连续固溶体。N 原子的这种变化会导致 TiN 的性质发生相应变化，如晶格常数增大，显微硬度增大，抗热震性降低。

1.20.1 物理性质

TiN 的外形像金属，它的颜色随其组成变化而变化，可为亮黄色至黄铜色。它的晶体构造为立方晶系，晶格常数为 $a=0.4235$nm。25℃时密度为 5.21g/cm³。它的硬度很高，莫氏硬度为 9，显微硬度为 2.12GPa。熔点为 2930℃。TiN 具有很好的导电性能，20℃时电导率为 8.7μS/m。随着温度的升高，它的导电性降低，表现为金属性质。在 1.2K 时，TiN 具有超导性。在电解质表面上镀上一 TiN 薄层，便成为半导体。

力学性能：室温下，致密 TiN 陶瓷的莫氏硬度为 8~9，显微硬度为 21GPa，弹性模量为 436GPa，抗弯强度为 431MPa，断裂韧性为 6~10MPa·$m^{1/2}$。热学性能：室温下，TiN 的线膨胀系数为 $9.35\times10^{-6}K^{-1}$，热导率为 19.25W/(m·K)，具有较好的导热性能。电学性能：室温下，TiN 的电阻率在 $10^{-5}\Omega\cdot cm$ 左右，是一种很好的导电陶瓷。

1.20.2 化学性质

在常温下 TiN 是相当稳定的，在真空中加热时它可失去部分氮，生成含氮量比 TiN 少的升华物，此升华物可重新吸氮。TiN 不与氢反应，可在氧中或空气中燃烧生成 TiO_2：

$$2TiN + 2O_2 = 2TiO_2 + N_2$$

在高于 1200℃时，上述反应已有足够的反应速度，但随着时间的延长出现的白色二氧化钛消失，表面变黑，这是因为在 TiN-TiO 系中形成了含氧无限固溶体。TiN 在加热时可与氯气发生反应生成氨化物：$2TiN + 4Cl_2 = 2TiCl_4 + N_2$。TiN 不溶于水，在加热时与水蒸气反应生成氨和氢：$2TiN + 4H_2O = 2TiO_2 + 2NH_3 + H_2$。

TiN 在稀酸中（除硝酸）是相当稳定的，但存在氧化剂时可溶于盐酸。TiN 与加热的浓硫酸发生如下反应：$2TiN + 6H_2SO_4 = 2TiOSO_4 + 4SO_2 + N_2 + 6H_2O$。

在 1300℃下，TiN 与氯化氢反应生成 $TiCl_4$，TiN 与碱反应析出氨。TiN 不与 CO 反应，可慢慢与 CO_2 反应生成 TiO_2：$2TiN + 4CO_2 = 2TiO_2 + N_2 + 4CO$。

一般情况下，TiN 与水、水蒸气、盐酸、硫酸等均不发生反应，但在氢氟酸（HF）中有一定的溶解度，若 HF 与氧化剂共存，如 $HF + HNO_3$、$HF + KMnO_4$ 等，则可以把 TiN 完全溶解。在强碱溶液中，TiN 会分解，放出 NH_3。TiN 具有较好的抗氧化性，其氧化开始温度在 1000℃左右。

1.20.3 制取方法

在 800~1400℃下，钛可直接与 N_2 反应生成 TiN，如粉末钛或熔化钛在过量的氮气中燃烧便生成 TiN：$2Ti + N_2 = 2TiN$。TiO_2 和碳的混合物在氮气流中加热至高温也生成 TiN：

$$2TiO_2 + 4C + N_2 = 2TiN + 4CO$$

氮和氢的混合物可在高温金属表面上（如 1450℃的钨丝上）与 $TiCl_4$ 反应，在该金属表面上沉积 TiN 层：$2TiCl_4 + N_2 + 4H_2 = 2TiN + 8HCl$。在铁表面上沉积 TiN 层可不需用氢：

$$2TiCl_4 + N_2 + 4Fe = 2TiN + 4FeCl_2$$

1.21　碳化钛

钛的碳化物也很多，其中最重要的是 TiC。

1.21.1　物理性质

TiC 是一种具有金属光泽的钢灰色结晶，晶型构造为正方晶系，晶格常数 $a=0.4329\text{nm}$，20℃时密度为 4.91g/cm^3。TiC 具有很高的熔点和硬度，熔点为 3150±10℃，沸点为4300℃，升华热为10.1kJ/g，莫氏硬度为9.5，显微硬度为2.795GPa，它的硬度仅次于金刚石。TiC 具有良好的传热性能和导电性能，随着温度升高其导电性降低，这说明 TiC 具有金属性质。它在 1.1K 时具有超导性。TiC 是弱顺磁性物质。

碳化钛是已知的最硬的碳化物，是生产硬质合金的重要原料。TiC 还具有热硬度高、摩擦系数小、热导率低等特点，因此含有 TiC 的刀具比 WC 及其他材料的刀具具有更高的切削速度和更长的使用寿命。如果在其他材料（如 WC）的刀具表面上沉积一层 TiC 薄层，则可大大提高刀具的性能。

1.21.2　化学性质

在常温下 TiC 是稳定的，在真空加热高于 3000℃时会放出含钛量比 TiC 更多的蒸气。在氢气中加热高于 1500℃时它便会慢慢脱碳。高于 1200℃时 TiC 与 N_2 反应生成组分变化的 Ti(C，N) 化合物。致密的 TiC 在 800℃时氧化很慢，但粉末状 TiC 在 600℃时可在氧中燃烧：

$$TiC + 2O_2 = TiO_2 + CO_2$$

TiC 在 400℃时可与氯气发生反应生成 $TiCl_4$。TiC 不溶于水，在高于 700℃时与水蒸气反应生成 TiO_2：$2TiC + 6H_2O = 2TiO_2 + 2CO + 6H_2$。

TiC 不溶于盐酸，也不溶于沸腾的碱，但能溶于硝酸和王水。TiC 在 1200℃下可与 CO_2 反应生成 TiO_2：$TiC + 3CO_2 = TiO_2 + 4CO$。TiC 在 1900℃下可与 MgO 反应生成 TiO：

$$TiC + 2MgO = TiO + 2Mg + CO$$

1.21.3　制取方法

熔化的金属钛（1800~2400℃）直接与碳反应生成 TiC。一般在高温（1800℃以上）真空下用碳还原 TiO_2 制取 TiC。在高于 1600℃下，碳和氢（或 $CO+H_2$）的混合物与 $TiCl_4$ 反应也生成 TiC：

$$TiCl_4 + 2H_2 + C = TiC + 4HCl$$

$$TiCl_4 + 3H_2 + CO = TiC + 4HCl + H_2O$$

工业上制备碳化钛粉体的方法有很多种，而且每种方法合成的 TiC 粉末的粒度、分布、形态、团聚状况、纯度及化学计量比均有所异。

（1）碳热还原法。最常用的合成 TiC 方法为碳热还原法。一般采用 TiO_2 与炭黑在高温下发生反应来制备 TiC。具体化学反应方程式如下：

$2TiO_2 + C \xlongequal{} Ti_2O_3 + CO$，$Ti_2O_3 + C \xlongequal{} 2TiO + CO$，$TiO + CO \xlongequal{} TiC + O_2$

从工业角度看以 TiO_2 为原料可适当降低生产成本，此反应必须在高温（1800～2000℃）进行，而所需时间也较长（10～24h）。此法在多余的炭黑烧掉后 TiC 有可能被重新氧化，所以使制备高质量 TiC 的难度加大。

（2）镁热还原法。镁热还原法是采用液态金属氯化物溶液与液态镁反应，通过镁还原金属氯化物置换出 Ti 和 C 原子，从而形成 TiC，反应式：$TiCl_4(g) + CCl_4(g) + 4Mg(l) = TiC(s) + 4MgCl_2(l)$，该反应需在氩气保护下进行，其所需温度大于 1273℃，最终可获得晶粒尺寸 50nm 左右、结晶较好的 TiC 超细粉。此方法制备的 TiC 粒径小，纯度高，但工序很复杂，而且对过程的控制要求较高。

（3）直接碳化法。直接碳化法是利用 Ti 粉和碳粉反应生成 TiC，反应式：$Ti(s) + C(s) = TiC(s)$，此反应必须在较长时间（5～20h）下方能顺利进行，且在实际反应过程中可控性差，反应物易于团聚。

（4）自蔓延高温合成法（SHS）。自蔓延高温合成技术是利用外部提供必要的能量诱发放热化学反应（点燃），形成反应前沿（燃烧波），此后化学反应在自身放出热量的支持下继续进行，表现为燃烧波蔓延整个反应体系，最后合成所需的材料（粉体和固结体）。SHS 反应速度极快，过冷度也较高，使得大多数生成的 TiC 以黏结状态存在，根本没有足够时间析出，从而使 TiC 的形状特征与碳颗粒大体相似，而且最终所得产品的孔隙率较大。但从生产效率来看，此法合成效率很高，适合批量生产，并能制得纯度很高的产品。

1.22 硅化钛

钛的硅化物有多种，其中常见的是二硅化钛和三硅化五钛。

二硅化钛的分子式为 $TiSi_2$，相对密度为 4.0g/cm^3，熔点为 1500℃，莫氏硬度为 4～5，电阻率为 123μΩ·cm，不溶于水和酸。二硅化钛为暗灰色正方形结晶，晶格常数为 a=0.8236nm，b=0.4773nm，c=0.8523nm。

$TiSi_2$ 具有两种多晶相：亚稳态的 C49 相和热力学稳定的 C54 相。C49 相为正交底心晶系；每个晶胞由 12 个原子构成；晶胞尺寸为 a=0.362nm，b=1.376nm，c=0.360nm；电阻率 ρ=60～100μΩ·cm。C54 相为正交面心晶系，每个晶胞由 24 个原子构成；晶胞尺寸为 a=0.826nm，b=0.480nm，c=0.853nm；电阻率 ρ=12～20μΩ·cm。C54 相的 TiSi 具有与金属本体相当的电阻率。

三硅化五钛的分子式为 Ti_5Si_3，密度为 4.63g/cm^3，熔点为 2130℃，有良好的抗氧化性和高温稳定性。但是 Ti_5Si_3 的室温断裂韧性差（2.1MPa·m$^{1/2}$），高温强度不够高。

1.23 硼化钛

钛硼化物很多，有 Ti_2B、TiB、TiB_2、Ti_2B_5 等，它们均为黑色粉末。硼化钛是一种重要的硼化物材料，其物理化学性能优异，如 TiB_2 比 ZrB_2 的密度小、硬度大、熔点也低。

1.23.1 物理化学性质

TiB_2 的晶体构造为六方晶格，密度为 4.5g/cm^3，熔点为 2980℃，莫氏硬度为 9，显微硬度为 2. 9GPa，电导率常温下为 6.25×10^{5}S/m，电阻温度系数为正，热膨胀系数为 $4.6\times10^{-6}K^{-1}$。TiB 的熔点为 2200℃。

$$\Delta H_{298}^{\ominus}=-171.4\text{kJ/mol},\ S_{298}^{\ominus}=30.1\text{J/(mol}\cdot\text{K)}$$

TiB_2 价键结合力强。因此具有熔点高、硬度大、导热性能和导电性能好等特性。TiB_2 具有良好的热稳定性能，常温下非常稳定，即使在高温下也具有优异的抗氧化性能。这是因为 TiB_2 表面覆盖了一层复合氧化物保护层，故它的使用温度可达 2000～3000℃。TiB_2 具有良好的耐磨和耐蚀性能，它耐熔融金属的腐蚀性能优异，耐酸性能也好。TiB_2 在碱中或氯气中加热到高温时会被侵蚀，与氟在常温下也会反应。

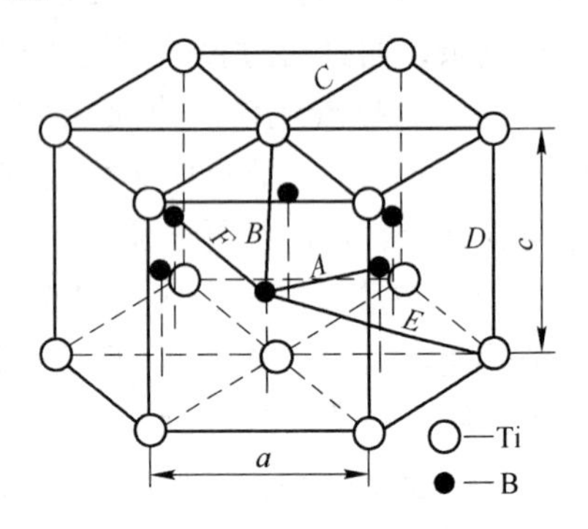

图 1-11　TiB_2 晶体结构模型

TiB_2 是硼和钛元素的唯一稳定化合物，TiB_2 是具有六方晶系 C32 型结构的准金属化合物，空间群为 P6/mmm，在常温时其晶体结构参数为 $a=0.3028$nm，$c=0.3228$nm，其晶体结构如图 1-11 所示。一个单胞中含有一个 TiB_2 分子，由 6 个 B 原子构成（0001）面的六方网，形成 B—B 强键键络分布，1 个 Ti 原子位于两个（0001）面构成的六方柱的中心。TiB_2 晶体结构中的硼原子面和钛原子面交替出现构成二维网状结构，其中 B 外层有 4 个电子，每个 B 与另外 B 以共价键相结合，多余的一个电子形成大 π 键。这种类似于石墨的硼原子层状结构和 Ti 外层电子构造决定了 TiB_2 同时具有金属和陶瓷的优良特性，可以通过放电加工技术加工成各种形状的构件；而硼原子面和钛原子面之间的 Ti—B 离子键决定了这种材料具有高熔点（2980℃）、高硬度（HV = 30GPa）、优良的化学稳定性。在 TiB_2 晶体中，其 a、b 轴为共价键，c 轴为离子键，这种特性决定了其具有各向异性。在 TiB_2 材料的制备过程中，其各向异性的特点会导致晶体生长出现择优取向，从而使材料中的残余应力加大，导致微裂纹的萌生，进而使材料发生断裂，降低材料的机械性能。同时在离子键与 σ 键的共同作用下，Ti^{+} 与 B^{-} 在烧结过程中均难发生迁移，离子的扩散激活能很高，TiB_2 的原子自扩散系数很低，从而使其烧结变得十分困难，烧结性能很差。表 1-12 列举了 TiB_2 的一些主要性能参数。

表 1-12　TiB_2 的主要性能参数

参数名称	TiB_2
熔点/℃	3225
理论密度/$g\cdot cm^{-3}$	4. 52
显微硬度/GPa	34
洛氏硬度（HRA）	90
热导率/$W\cdot(m\cdot K)^{-1}$	25
电阻率/μΩ · cm	14. 4
热膨胀系数/K	8.1×10^{-6}
弹性模量/GPa	550
弯曲强度/MPa	700

续表 1-12

参数名称	TiB_2
抗氧化温度/℃	1000
热冲击/MPa^{-1}	21
晶格常数/nm	$a=0.3028$，$c=0.3228$

1.23.2　制取方法

制取硼化钛的方法很多，有碳热还原法、自蔓延高温合成法、机械化学反应法、直接合成法、熔盐电解法、气相沉积法、溶胶-凝胶法等。常用的方法大多是一步合成，如将 TiO_2、B_4C 和 C 混合经高温合成，反应为：$2TiO_2 + B_4C + 3C = 2TiB_2 + 4CO$。

将 TiO_2、B_4C 和 Mg 粉混合让其自燃燃烧，便会生成 TiB_2：$2TiO_2 + B_4C + 3Mg = 2TiB_2 + 3MgO + CO$；再将燃烧反应物破碎、筛分和酸洗除去 MgO，就可得 TiB_2。

TiB_2 是一种新型的多功能材料，因其高熔点、高硬度、高化学稳定性、抗腐蚀性好、优异的耐磨性等优点，被广泛地应用于硬质工具材料、耐高温部件、耐磨部件、耐腐蚀部件、合金添加剂及其他有特殊要求的零部件上，受到科研人员的高度关注。TiB_2 的综合性能优异，尤其是具有优良的导电性和易加工性，作为颗粒增强复合材料、复合陶瓷材料、硬质合金基体、阴极保护材料、导电陶瓷材料等在冶金、机械、军事、化工、电子等领域中得到广泛应用。

1.24　四溴化钛

在高温下用溴蒸气与碳化钛或（TiO_2+C）反应可生成：

$$TiC + 2Br_2 = TiBr_4 + C$$

$$TiO_2 + 2C + 2Br_2 = TiBr_4 + 2CO$$

HBr 与沸腾的 $TiCl_4$ 反应也可生成 $TiBr_4$。$TiBr_4$ 存在两种变体，低于-15℃时稳定态为 α 型，属于单斜晶系；高于-15℃时稳定态为 β 型，属于立方晶系。它的熔点为 38.25℃，沸点为 232.6℃。25℃时固体密度为 3.37g/cm^3，40℃时液体密度为 2.95g/cm^3，40℃时液体黏度为 1.195×10^{-3}Pa·s。

$TiBr_4$ 是吸湿性较强的黄色结晶，其化学性质与 $TiCl_4$ 相似。$TiBr_4$ 在高温下可被氢还原为低价溴化钛和金属钛：

$$2TiBr_4 + H_2 \xrightarrow{600\sim700℃} 2TiBr_3 + 2HBr$$

$$TiBr_4 + H_2 \xrightarrow{800\sim900℃} TiBr_2 + 2HBr$$

$$TiBr_4 + 2H_2 \xrightarrow{1200\sim1400℃，过量氢} Ti + 4HBr$$

在 800℃时 $TiBr_4$ 可与 O_2 反应生成 TiO_2：$TiBr_4 + O_2 = TiO_2 + 2Br_2$。$TiBr_4$ 可与 F_2、Cl_2 发生取代反应：$TiBr_4 + 2Cl_2 = TiCl_4 + 2Br_2$。

1.25　二（三）溴化钛

$TiBr_2$ 是黑色粉末，25℃时密度为 4.31g/cm^3，熔点为 950℃，沸点为 1200℃，加热至

500℃时便开始缓慢地发生歧化。$TiBr_3$ 是紫红色物质，25℃时密度为 3.94g/cm^3，熔点高于 1260℃，600℃时的蒸气压为 13Pa，隔绝空气加热至 400℃时则发生歧化。

1.26 四氟化钛

以氟或氟化氢与钛及其化合物反应可制取 TiF_4，如：

$TiO_2 + 2F_2 = TiF_4 + O_2$，$TiC + 4F_2 = TiF_4 + CF_4$，$TiCl_4 + 4HF = TiF_4 + 4HCl$

TiF_4 是白色粉末，为强烈挥发性物质，10℃时密度为 2.84g/cm^3，20℃时为 2.80g/cm^3。它不经熔化便直接升华，在 284℃时其蒸气压已达 0.1MPa。TiF_4 加热至红热温度可被碱金属、碱土金属、铝、铁等还原为金属钛，例如：$TiF_4 + Na = Ti + NaF_4$。TiF_4 不与氮、碳、氢、氧、硫及卤素发生反应。

TiF_4 是强的吸湿性物质，它溶于水时放出大量的热，蒸发其水溶液可析出结晶水化物 $TiF_4 \cdot 2H_2O$。TiF_4 具有酸性，在 KF 溶液中，即在 TiF_4-KF-H_2O 系中生成配合离子，并可在一定条件下从该溶液中析出无水的六氟钛酸钾结晶。可用作 HF 氟化 CCl_4 及烯烃异构化等有机反应的催化剂。

1.27 二（三）氟化钛

TiF_2 是暗紫色粉末，25℃时密度为 3.79g/cm^3，熔点为 1280℃，沸点为 2150℃。TiF_3 是一种紫色粉末，它的密度为 3.0g/cm^3，熔点为 1230℃，沸点约为 1500℃。TiF_3 和 TiF_2 的性质分别与 $TiCl_3$ 和 $TiCl_2$ 相似，它们的稳定性都差，加热时发生歧化，容易被氧化。

1.28 四碘化钛

碘蒸气与加热的金属钛反应便生成 TiI_4。钛的碘化反应是个可逆反应，在温度较低时主要生成 TiI_4，温度较高时 TiI_4 发生分解。碘化氢与 $TiCl_4$ 在加热沸腾时也生成 TiI_4。碘与氢的混合物与热的 $TiCl_4$ 反应得到：$TiCl_4 + 2H_2 + 2I_2 = TiI_4 + 4HCl$。

TiI_4 是一种红褐色晶体，属于立方晶系，其晶格常数 $a = 1.20$nm，106℃时发生晶型转化，转化后晶格常数 $a = 1.221$nm，转化热为 17.8J/g。它的熔点为 155℃，沸点为 377℃。液体 TiI_4 在 160℃的蒸气压为 439Pa，160~370℃时的蒸气压 p(Pa) 可由式（1-32）计算：

$$\lg p = 9.702 - 3054T^{-1} \tag{1-32}$$

25℃时固体密度为 4.01g/cm^3，380℃时液体密度为 3.41g/cm^3，它的液体在 160~270℃时的密度可由式（1-33）计算：

$$\rho = 3.755 - 0.00219t \tag{1-33}$$

TiI_4 在湿空气中冒烟，在水中发生水解，水解的中间产物为 $Ti(OH)_3I \cdot 2H_2O$，最终产物为正钛酸 H_4TiO_4。TiI_4 可溶于硫酸及硝酸中，并发生分解析出碘，也可被碱溶液所分解。TiI_4 可溶于苯中，在苯中的溶解度由式（1-34）计算：

$$\lg n = 11.91\lg T - 31.67 \tag{1-34}$$

式中，n 为 TiI_4 在苯溶液中的物质的量。

加热时 TiI_4 分解为金属钛和碘，分解开始温度约为 1000℃，1500℃可完全分解。这是碘化法制取高纯钛工艺的原理。在高温下，TiI_4 可被氢和金属还原为低价钛碘化物或金属钛。它与金属钛的反应存在下列平衡：

$$TiI_4 + Ti = 2TiI_2$$

$$TiI_4 + TiI_2 = 2TiI_3$$

TiI_4 在高温下与氧反应生成 TiO_2：$TiI_4 + O_2 = TiO_2 + 2I_2$。$TiI_4$ 与 F_2、Cl_2 和 Br_2 均可发生取代反应，如：$TiI_4 + 2F_2 = TiF_4 + 2I_2$。$TiI_4$ 与碘化氢反应生成不稳定的六碘钛酸：

$$TiI_4 + 2HI = H_2[TiI_6]$$

TiI_4 与 $TiCl_4$ 反应生成碘氯化钛：$TiI_4 + 3TiCl_4 = 4TiCl_3I$。$TiI_4$ 溶于液体卤代烃、乙醇及二乙醚中。它与醇（甲醇、乙醇、丙醇、丁醇）在加热时发生反应，其中三个碘原子逐渐被烷氧基所取代，其过程顺序如下：

$$TiI_4 + 3ROH \longrightarrow TiI_3(OR) \longrightarrow TiI_2(OR)_2 \longrightarrow TiI(OR)_3 + 3HI$$

TiI_4 与烷氧基钠反应时，4 个 I^- 都被烷氧基所取代：$TiI_4 + 4NaOR = Ti(OR)_4 + 4NaI$。

1.29 二（三）碘化钛

TiI_2 是一种具有金属光泽的褐黑色结晶的强吸湿性化合物。20℃时的密度为 4.65g/cm^3，熔点约为 750℃，沸点约为 1150℃。TiI_2 在真空中加热至 450℃不发生变化，当温度大于 480℃时部分蒸发，部分发生歧化：$2TiI_2 = Ti + TiI_4$。

TiI_2 在加热时容易被氧化：$TiI_2 + O_2 = TiO_2 + I_2$。$TiI_2$ 在高温下可被氢还原为金属钛：

$$TiI_2 + H_2 = Ti + 2HI$$

TiI_2 在水中溶解时部分发生分解，激烈反应析出氢，生成含有三价钛的紫红色溶液，在碱和氨溶液中分解生成黑色的二氢氧化钛沉淀：$TiI_2 + 2OH^- = Ti(OH)_2 + 2I^-$。

TiI_2 在盐酸溶液中溶解生成浅蓝色溶液，它还与硫酸和硝酸激烈反应，甚至在冷溶液中就析出碘。TiI_2 不溶于有机溶剂（醇、醚、氯仿、CS_2、苯）。在钛的卤化物中还有许多混合卤化钛，如 TiF_3Cl、TiF_3Cl_2、$TiFCl_3$、$TiCl_2Br_2$、$TiCl_3I$ 等；还有许多氧卤化钛，如 Ti_2OCl_6、$Ti_2O_3Cl_2$、$TiOBr_2$、Ti_2OI_2 等。

TiI_3 是一种具有金属光泽的紫黑色晶体，25℃时密度为 4.76g/cm^3，熔点约为 900℃。TiI_3 隔绝空气加热至 350℃以上便发生歧化反应：$2TiI_3 = TiI_2 + TiI_4$。在氧气中加热则被氧化为 TiO_2：$2TiI_3 + 2O_2 = 2TiO_2 + 3I_2$。

在含有碘化氢的水溶液中可析出紫色的六水化合物 $TiI_3 \cdot 6H_2O$，这个化合物相当于 $[Ti(H_2O)_6]I_3$，后者在空气中容易被氧化：$4[Ti(H_2O)_6]I_3 + 3O_2 = 4[Ti(OH)_3I(H_2O)_2] + 4I_2 + 10H_2O$。三碘化钛溶液也容易在氧和其他氧化剂的作用下发生氧化。

1.30 硫酸氧钛

正硫酸钛 $Ti(SO_4)_2$ 加热至 500~550℃时生成 $TiO(SO_4)$，或者把 TiO_2 溶于浓硫酸并加热至 225℃时也生成 $TiO(SO_4)$。浓硫酸 TiO_2 溶液在高于 150℃下结晶，也可获得 $TiO(SO_4)$。

SO_3 与金属钛反应生成 $TiO(SO_4)$：$Ti + 3SO_3 = TiO(SO_4) + 2SO_2$。$TiO(SO_4)$ 是白色

结晶，具有双重折射性，通常是以无定形粉末形式存在。在加热时，它分解析出 SO_3 蒸气，在150~580℃温度范围内的分解压力 p(Pa) 可由式（1-35）表示：

$$\lg p = 25.874 - 17710/T \quad (1\text{-}35)$$

在579℃时分解压力达到0.1MPa。$TiO(SO_4)$ 能溶于冷水中，生成硫酸基钛酸，被热水水解时生成偏钛酸。$TiO(SO_4)$ 溶于硫酸时也生成硫酸基钛酸。它还溶于盐酸，也可被碱和氨液所分解。$TiO(SO_4)$ 可催化 SO_2 的氧化反应，这是因为 SO_2 与吸热的 $TiO(SO_4)$ 反应生成三价钛硫酸盐：$2TiO(SO_4) + SO_2 = Ti_2(SO_4)_3$。

$TiO(SO_4)$ 再与 O_2 反应生成 $TiO(SO_4)$：$2Ti_2(SO_4)_3 + O_2 = 4TiO(SO_4) + 2SO_3$。

$TiOSO_4$ 是白色结晶，通常是以无定型粉末形式存在。$TiOSO_4$ 能溶于冷水中，生成硫酸基钛酸，被热水水解时生成偏钛酸。

$$TiOSO_4 + 2H_2O \xrightarrow{\text{沸腾}} H_2TiO_3\downarrow + H_2SO_4$$

在硫酸法钛白生产中，钛矿与硫酸反应可生成硫酸氧钛，是一种中间产物。

$$FeTiO_3 + 2H_2SO_4 = TiOSO_4 + FeSO_4 + 2H_2O$$

1.31 正硫酸钛

正硫酸钛是一种白色易吸湿性粉末，在加热至高于150℃时可以分解：

$$Ti(SO_4)_2 = TiO(SO_4) + SO_3$$

在更高温度下可完全分解。它溶于水时放出热，说明发生了水解，生成硫酸基钛酸，并可溶于醇、醚即丙酮中发生分解。它与活性金属的硫酸盐反应生成三硫酸基钛酸盐。它在氢气流中于100~120℃下被还原生成 TiS_2。

过量的 SO_3 与 $TiCl_4$ 反应，或用硝酸氧化 TiS_2 均可制取正硫酸钛。

在硫酸法钛白生产过程中，钛矿与硫酸反应可生成正硫酸钛，是一种中间产物。在加热高于150℃时开始分解：$Ti(SO_4)_2 = TiOSO_4 + SO_3$。

1.32 硝酸钛

$Ti(NO_3)_4$ 易和有机物激烈反应，常引起燃烧或爆炸，这可能是通过放出很活泼的 NO_3 自由基而起的反应。由 N_2O_5 和硝酸盐作用可制得无水 $Ti(NO_3)_4$，它的熔点为58℃，具有挥发性。无水硝酸钛具有特殊的十二面体结构。

1.33 钛酸锌

钛酸锌（$ZnTiO_4$）可由 ZnO 和 TiO_2 在1000℃下烧结而成，为尖晶石结构，呈白色固体状，密度为5.12g/cm^3。

1.34 钛酸镍

钛酸镍是鲜黄色固体，密度为5.08g/cm^3。当 Sb_2O_3 加到 $NiCO_3$ 和 TiO_2 混合物中并加热至980℃时，就形成钛酸锑镍，它是一种黄色颜料。

1.35 钛酸铅

钛酸铅是黄色固体，密度为7.3g/cm^3，可由 TiO_2 与 PbO 混合烧结制备。钛酸铅在制造功能陶瓷中有重要的应用，也是制造钛酸锆铅铁电陶瓷的重要原料。

1.36　钛酸锶

钛酸锶是钙钛矿型结构，熔点为2080℃，密度为5.12g/cm^3，可用固相法或液相法制备。固相法制备的钛酸锶是将纯TiO_2和$SrCO_3$混合烧结而成。液相法制备的钛酸锶是从$TiCl_4$和$SrCl_2$溶液中以草酸复盐形式沉淀出来，经洗涤、干燥而制得。在$BaTiO_3$热敏陶瓷中加入$SrTiO_3$，可降低其居里点和改变其温度系数。

$SrTiO_3$的另外一个重要用途是制造压敏电阻器，它具有电阻器和电容器的双重功能，在抗干扰电路中有着广泛的用途。$SrTiO_3$也是制造电容器的中间材料。

1.37　钛酸钾

四钛酸钾（熔点为1114℃）具有离子交换能力和高的化学活性，主要用于离子交换剂和核废料处理等；六钛酸钾（熔点为1370℃）和八钛酸钾结构类似，力学性能高，化学稳定性、耐热隔热性、耐磨性很好，性价比高，比表面积大，主要用于复合材料的功能增强，改性工程塑料，增强陶瓷、金属、摩擦材料，还可用于隔热耐热材料、催化剂载体、热喷涂及红外线反射涂料。

钛酸钾是指化学式为$K_2O \cdot nTiO_2$(n=4，6，8)，经转靶X射线粉末衍射仪测试为结晶态的物质。其中，n=4时称为四钛酸钾，n=6时称为六钛酸钾（$K_2Ti_6O_{13}$），n=8时称为八钛酸钾（$K_2Ti_8O_{17}$）。n不同，钛酸钾具有不同的结构和特性，并用于不同的领域。但是，由于八钛酸钾的生产工艺更复杂、成本更高，且六钛酸钾的隔热性能和耐摩擦稳定性更好，所以用于摩擦材料增强材料的主要是六钛酸钾。

六钛酸钾是白色晶体，它的晶体结构属三斜晶系，晶体结构中Ti的配位数为6，呈以Ti—O八面体通过共面和共棱连接而成锁的隧道状结构，K^+离子居于隧道的中间，隧道轴与晶体轴平行。形貌有晶须和鳞片两种，由于晶须状材料容易吸入呼吸道，危害人类健康，所以为了保护生态环境，世界上很多国家和地区对晶须状材料已经提出限用，甚至禁用。鳞片状六钛酸钾被大量用于摩擦材料将成为一种趋势。

1.38　正二钛酸钙

正二钛酸钙$Ca_3Ti_2O_7$是一种黄色结晶，熔点（固液同成分）为1770℃，熔化析出偏钛酸钙。正二钛酸钙不溶于水，在加热的浓酸或碱金属硫酸氢化物中分解。

1.39　偏钛酸钙

偏钛酸钙$CaTiO_3$是黄色晶体，属于单斜晶系，晶格常数a=0.7629nm，固体密度为4.02g/cm^3，在1260℃时发生同素异形转化，转化热为4.70J/g，1650℃开始软化，1980℃（固液同成分）熔化。TiO_2与相应量的CaO加热烧结便生成$CaTiO_3$。

偏钛酸钙不溶于水，在加热的浓硫酸中发生分解，与碱金属硫酸氢化物或硫酸铵熔化时也发生分解。

1.40　正钛酸镁

正钛酸镁 Mg_2TiO_4 不溶于水，在硝酸、盐酸中长时间加热便发生分解。

两份 TiO_2 和一份 MgO 在十份 $MgCl_2$ 溶剂中熔融便可生成正钛酸镁。正钛酸镁是一种亮白色结晶，属于正方晶系，晶格常数 $a=0.842$nm，固体密度为 3.52g/cm^3，熔点（固液同成分）为 1732℃。

1.41　偏钛酸镁

偏钛酸镁 $MgTiO_3$ 属六方晶系，晶格常数 $a=0.545$nm，$\alpha=55°$。固体密度为 3.91g/cm^3，熔点（固液同成分）为 1630℃。

TiO_2 和 Mg 的混合物加热至 1500℃可生成 $MgTiO_3$。在高温下 TiO_2 与 $MgCl_2$ 反应也生成偏钛酸镁。偏钛酸镁在 1050℃氢气流中被还原为三价钛酸镁 $Mg(TiO_2)_2$；在与碳混合物加热至 1400℃时也发生相应的还原。偏钛酸镁能缓慢地溶于稀盐酸中，在浓盐酸中的溶解速度很快，也溶于硫酸氢氨的熔融液中。

1.42　二（三）钛酸镁

TiO_2-MgO 体系中可形成二钛酸镁。这是一种白的结晶，固体密度为 3.58g/cm^3，熔点（固液同成分）为 1652℃。$MgTi_2O_5$ 在水和稀酸中都不溶解。

$MgTi_2O_5$ 与碳的混合物加热至 1400℃时被还原为三价钛酸盐：

$$MgTi_2O_5 + C = Mg(TiO_2)_2 + CO$$

偏钛酸与碳酸镁烧结便生成三钛酸镁 $Mg_2Ti_3O_8$。它是一种白色结晶，具有较大的介电常数。

1.43　一氢化钛

TiH 是一种具有金属光泽的灰色粉末，晶型属于立方晶系，晶格常数为 $a=0.311$nm，$c=0.0502$nm，密度为 3.79g/cm^3。TiH 是不稳定的化合物，在加热时分解为钛和氢，在 640℃时分解压力已达 0.1MPa。TiH 在空气中加热至高于 350℃时发生分解，并燃烧析出氢，发出浅蓝色火焰。在 800~900℃时则激烈燃烧析出金属钛。

TiH 在水中和非氧化酸中是稳定的，在氧化剂的作用下便氧化为四价钛化合物。在 700℃时可与氟化氢反应生成 TiF_3：

$$TiH + 3HF = TiF_3 + 2H_2$$

制取方法：$TiCl_4$ 与氢化钠反应生成 TiH：$2TiCl_4 + 8NaH = 2TiH + 8NaCl + 3H_2$。但是，用这种方法制取的 TiH 是无金属光泽的黑色粉末。

1.44　二氢化钛

TiH_2 是一种具有金属外观的灰色粉末，存在两种变体，转化温度为 37℃。低温稳定态为面心四方晶系，晶格常数为 $a=0.4528$nm，$c=0.4279$nm；大于 37℃时，为正方晶系，晶格常数 $a=0.4454$nm；在 20℃时，密度为 3.91g/cm^3。

TiH_2 在高于400℃下的氢气中稳定，在800~1000℃下几乎完全分解。通常把组成范围在 $TiH_{1.8}$~$TiH_{1.99}$的固溶体称为 TiH_2，属非化学计量化合物。TiH_2 在水中和非氧化性酸中是稳定的，但存在氧化剂时则氧化为四价钛化合物。

TiH_2 在Ti-H系中形成固溶体（$TiH_{1.8}$~$TiH_{1.99}$），它仅在高于400℃和大于0.1MPa的氢气氛中才能稳定存在。低于400℃时实际上是以 TiH_2-TiH的固溶体形式存在。在Ti-H体系中得到的氢化钛，其含氢量总是小于 TiH_2 中的含氢量。

制取方法：TiH_2 可由金属钛在高温下与 H_2 反应生成：$Ti + H_2 = TiH_2$。CaH_2 还原 TiO_2 也可制取 TiH_2，反应按下式进行：$TiO_2 + 2CaH_2 = TiH_2 + 2CaO + H_2$。

1.45 钛酸钡

钛酸钡又称偏钛酸钡，分子式为 $BaTiO_3$，相对分子质量为233.19，熔点约为1625℃，密度为6.08g/cm^3，浅灰色结晶体，可溶于浓硫酸、盐酸及氢氟酸，不溶于稀硝酸、水及碱。根据不同的钛钡比，除有 $BaTiO_3$ 外，还有 $BaTi_2O_5$、$BaTi_3O_7$、$BaTi_4O_9$ 等几种化合物。其中 $BaTiO_3$ 实用价值最大。钛酸钡有五种晶型，即四方相、立方相、斜方相、三方相和六方相，室温下最常见的是正方晶型。

钛酸钡具有高介电常数及优良的铁电、压电和绝缘性能，是电子工业关键的基础材料，是生产陶瓷电容器和热敏电阻器等电子陶瓷的主要原料，在电子工业上应用十分广泛，被誉为“电子工业的支柱”。

在 TiO_2-BaO体系中，通过控制不同的钛钡比可制取偏钛酸钡（$BaTiO_3$）、正钛酸钡（Ba_2TiO_4）、二钛酸钡（$BaTi_2O_5$）和多钛酸钡（$BaTi_3O_7$、$BaTi_4O_9$ 等），其中以偏钛酸钡最有应用价值。

偏钛酸钡有四种不同的晶型，各具有不同性质。高于122℃稳定的是立方晶型，它不是一种强性电解质；122℃是偏钛酸钡的居里点；5~120℃下稳定的是正方晶型，它是一种强性电解质；-90~+5℃下稳定的是斜方晶型，它是一种强电解质；低于-90℃下稳定的是斜方六面体，它会发生极化。

偏钛酸钡是白色晶体，密度为6.08g/cm^3，熔点为1618℃，不溶于水，在热浓酸中分解。偏钛酸钡可与其同素异形体、锆酸盐、铪酸盐等形成连续固溶体，这些固溶体具有强行电解质的性质。

关于制取方法。制取偏钛酸钡的方法很多，可归纳为固相法和液相法两类。固相法一般是以 TiO_2 和 $BaCO_3$ 按摩尔比1∶1混合，并可适当压制成型，放入1300℃左右氧化气氛炉中焙烧，其反应式为：

$$TiO_2 + BaCO_3 = BaTiO_3 + CO_2\uparrow$$

反应产物经破碎磨细为产品。作为电子陶瓷材料使用的偏钛酸钡，在其生产中不希望有其他几种钛酸钡生成，所以原料的配比必须准确，且混合均匀，这是该法的难点之一。固相法产品因受原料纯度和制备过程的污染，一般纯度较低、活性较差，且较难磨细成超细粉。液相法是以精制的四氯化钛和氯化钡为原料，使它们与草酸反应生成草酸盐 $Ba(TiO)(C_2O_4)_2 \cdot 4H_2O$ 沉淀，经焙烧获得偏钛酸钡。液相法可获得高纯度、高活性和超细的产品，产品中钛钡比可达到很精确的程度。我国已能用这种方法生产质量较好的适合于功能陶瓷使用的钛酸钡，但有待进一步改进工艺设备以提高产品质量的稳定性。

沉淀法中的草酸盐共沉淀法是工业上应用最为普遍的一种制备方法，但共沉淀法存在的问题是需要在1000℃以上进行热分解来制备钛酸钡，难以制备小粒径钛酸钡粉体。用偏钛酸或工业钛液作为原料，也可以制备钛酸钡，成本相对较低。

1.46　正钛酸锰

五份 $MnCl_2$ 和两份偏钛酸混合物加热熔化生成正钛酸锰 Mn_2TiO_4，无定型 TiO_2 与 $MnCO_3$（摩尔比1∶1）混合物在氢气氛中加热至1000℃烧结得到正钛酸锰。

缓慢冷却制取的是α型正钛酸锰，密度为4.49g/cm^3；快速冷却则制得β型正钛酸锰，转化温度为770℃，熔点为1455℃。两种正钛酸锰变体在低温下均是铁磁性物质。

1.47　偏钛酸锰

在自然界的红钛锰矿（$MnO \cdot TiO_2$）中存在偏钛酸锰 $MnTiO_3$。偏钛酸与二氯化锰即热熔化生成偏钛酸锰。它属于六方晶系，密度为4.84g/cm^3，熔点（固液同成分）为1390℃。

1.48　正钛酸亚铁

在 TiO_2-FeO 系中形成 Fe_2TiO_4。五份 FeS_2 和两份偏钛酸在 NaCl 熔盐介质中烧结便可生成正钛酸亚铁 Fe_2TiO_4。正钛酸亚铁是亮红色结晶，属于斜方晶系，密度为4.37g/cm^3，熔点为1375℃，是非磁性物质。

1.49　偏钛酸亚铁

用 TiO_2 与相应量的 FeO 在700℃下烧结，或偏钛酸与相应量的 $FeCl_2$ 烧结均可得到偏钛酸亚铁 $FeTiO_3$。偏钛酸亚铁是较稳定的，在1000～1200℃下的氢气中仅有一半铁被还原：

$$2FeTiO_3 + H_2 \longrightarrow Fe + FeTi_2O_5 + H_2O$$

$FeTiO_3$ 不溶于水，也不和稀酸反应，在加热时可在浓硫酸、盐酸与氧的混合物中分解。偏钛酸亚铁在自然界中以尖钛铁矿形式存在。

1.50　其他钛酸铁

FeO、TiO_2 混合物在还原性介质中形成二钛酸亚铁 $FeTi_2O_5$（熔点为1450℃）和正钛酸铁 $Fe_4(TiO_4)_3$。四份 Fe_2O_3 和三份 TiO_2 混合物在 NaCl 熔盐中熔化可生成 $Fe_4(TiO_4)_3$，后者是褐色棱柱体结晶。

偏钛酸铁 $Fe_2(TiO_4)_3$ 可由煅烧三硫酸偏钛酸铁制取，其在自然界中以红钛铁矿形式存在。

1.51　正钛酸铝

一份 Al_2O_3 和三份 TiO_2 在冰晶石介质中加热可生成正钛酸铝 $Al_2O_3 \cdot 3TiO_2$。

1.52 偏钛酸铝

TiO_2 与相应量的 Al_2O_3 熔化生成 $Al_2O_3 \cdot TiO_2$，生成物属于斜方晶系，晶格常数 a=0.940nm，b=0.336nm，c=0.995nm；25℃时密度为 3.67g/cm^3；熔点为 1860℃。它的热膨胀系数很小，因此 $Al_2O_3 \cdot TiO_2$ 可用作耐火材料。

$Al_2O_3 \cdot TiO_2$ 与二钛酸镁可形成无限固溶体。

1.53 六氟钛酸钾

六氟钛酸钾 K_2TiF_6 是一种细小片状结晶，属于三角晶系，晶格常数为 a=0.571nm，c=0.465nm，在 300~350℃转化为立方晶系（a=0.832nm）。15℃时密度为 3.012g/cm^3，780℃熔化并部分分解挥发。

六氟钛酸钾在 865℃时完全分解。在加热的氢气流中还原 K_2TiF_6 为 K_2TiF_5。K_2TiF_6 难溶于水中，在水中的溶解度 l(%) 可由式（1-36）计算：

$$l = 0.55 + 0.037t - 2 \times 10^{-4}t^2 + 4.4 \times 10^{-6}t^3 + 3 \times 10^{-8}t^4 \quad (0 \sim 100℃) \qquad (1\text{-}36)$$

而它在 98%的乙醇中，20℃时的溶解度为 0.006%。

无水 K_2TiF_6 可在高于 30℃的饱和水溶液中结晶出来。在水溶液中 K_2TiF_6 可与碱金属氢氧化物反应：$K_2TiF_6 + 4KOH = 6KF + H_4TiO_4$。

六氟钛酸钾与水生成一水化合物 $K_2TiF_6 \cdot H_2O$，后者在 30℃的饱和离解压为 2.66kPa，容易在空气中脱水。

1.54 六氟钛酸钠

六氟钛酸钠 Na_2TiF_6 是一种细小的六方棱晶，熔点为 700℃，在熔化时发生分解挥发。六氟钛酸钠属于六方晶系，晶格常数为 a=0.921nm，c=0.515nm。它在 20℃水中的溶解度为 6.1%，在 98%的乙醇中溶解度是 0.004%。

1.55 六氯钛酸钠

气体 $TiCl_4$ 与熔融氯化钠反应仅生成极少量的六氯钛酸钠 Na_2TiCl_6，它是很不稳定的化合物。

1.56 六氯钛酸钾

气体 $TiCl_4$ 与 KCl 反应可生成少量六氯钛酸钾 K_2TiCl_6：$2KCl + TiCl_4 = K_2TiCl_6$。

K_2TiCl_6 仅在氯化氢气氛中稳定，属于立方晶系，晶格常数 a=0.978nm。K_2TiCl_6 在 300℃开始离解，在 525℃离解压已达 0.1MPa，离解压力 p(Pa) 可由式（1-37）计算：

$$\lg p = 12.24 - 5774/T \qquad (1\text{-}37)$$

1.57 钛酸酯

分子结构中含有至少一个 C—O—Ti 键的化合物称为钛烃氧基化物。钛（Ⅳ）烃氧基化物的通式为 $Ti(OR)_4$。可把 $Ti(OR)_4$ 看成是正钛酸 $Ti(OH)_4$ 的烃基酯，所以通常称它为（正）钛酸酯。

制备低级钛酸酯最常用的方法是 Nelles 法，其原理是：$TiCl_4 + 4ROH = Ti(OR)_4 + 4HCl$ 。该方法的关键是用氨除去反应生成物 HCl，以使反应完全：

$$TiCl_4 + 4ROH + 4NH_3 = Ti(OR)_4 + 4NH_4Cl\downarrow$$

戊酯以上的高级钛酸酯可用醇解法方便地由低级酸酯（如钛酸丁酯）和高级醇（R′OH）来制备：$Ti(OC_4H_9)_4 + 4R'OH = Ti(OR')_4 + 4C_4H_9OH$ 。反应生成的低级醇（如丁醇）用常压或减压蒸出。它们的主要物理性质列于表 1-13。

表 1-13　低级钛酸酯的基本物理性质

名称	钛酸甲酯	钛酸乙酯	钛酸丙酯	钛酸异丙酯	钛酸丁酯
分子式	$Ti(OCH_3)_4$	$Ti(OC_2H_5)_4$	$Ti(OC_3H_7)_4$	$Ti[OCH(CH_3)_2]_4$	$Ti(OC_4H_9)_4$
外观	白色结晶固体		浆状黏稠液体	≥18.5 时为微黄色液体	微黄色液体
熔点/℃	210	<-40		18.5	约 50
沸点/℃	170（升华）	103	124	49	142
沸点时的蒸气压 p/Pa	1.3	13	13	13	13
密度 d_4^{35} /g · cm^{-3}		1.107	0.997	0.9711	0.992
折光率 n_{35}^{D}		1.5051	1.4803	1.4568	1.4863
黏度 η(25℃)/MPa · s		44.45	161.35	4.5	67

另外，含 C_{10}以上的高级钛酸酯都是无色蜡状固体。

低级钛酸酯（除钛酸甲酯外）在与潮气或水接触时，会迅速水解而生成含有 Ti—O—Ti 的聚合物，通常称为聚钛酸酯。钛酸酯的水解和聚合是逐渐进行的，生成一系列中间聚合物。随着聚合度的增加，聚钛酸酯的黏度和对水解的稳定性增大，耐氧化和耐高温性能提高。钛酸酯中 R 基团的碳原子越多，水解就越难进行。

低级钛酸酯易与高级醇或其他含羟基化合物交换羟氧基：

$$Ti(OR)_4 + 4R'OH = Ti(OR')_4 + 4ROH$$

较低级钛酸酯在加热时极易与有机酸的较高级酯起交换反应，如：

$$Ti[OCH(CH_3)_2]_4 + 4CH_3COOC_4H_9 \xrightarrow{\triangle} Ti(OC_4H_9)_4 + 4CH_3COOCH(CH_3)_2$$

此外，钛酸酯还易与有机酸、酸酐反应生成钛酰化物。正戊酯以下的低级钛酸酯的热稳定性较好，在常压蒸馏时不会发生变化，但长期加热时会发生缩聚作用，生成如水解时所生成的那种聚钛酸酯。随着羟基中原子数的增加，钛酸酯的热稳定性降低。高级钛酸酯（如钛酸正十六烷基酯）即使在高真空下蒸馏也会完全分解，热分解的最终产物是聚合 TiO_2。

1.58　钛酸酯偶联剂

偶联剂是一种具有特殊结构的有机化合物。在它的分子中，同时具有能与无机材料（如玻璃、水泥、金属等）结合的反应性基团和与有机材料（如合成树脂等）结合的反应性基团。偶联剂作表面改性剂用于无机填料填充塑料时，可以改善其分散性和黏合性。

钛酸酯偶联剂是一类新型偶联剂，具有独特结构，通式为：$(RO)_mTi(OX'—R2—r)_n$，RO为烷氧基，可与无机物表面反应，m是RO的数目，一般$1 \leqslant m \leqslant 4$；OX′为连接基团，与钛原子直接连接，X′为苯基、羧基、巯基、焦磷基、亚磷酸基等，R2为有机骨架部分，常为异十八烷基、辛基、丁基、异丙苯酰基等，r为乙烯基、氨基、丙烯基、巯基等，n为官能团数目，一般$m+n \leqslant 6$。

钛酸酯偶联剂按基结构大致可分为四类：单烷氧基型、单烷氧基焦磷酸酯型、螯合型和配位体型。代表性品种OL-T951钛酸酯偶联剂由异丙醇和四氯化钛首先制得中间体四异丙基钛，然后与油酸反应得到产品：

$$4(CH_3)_2CHOH + TiCl_4 \longrightarrow Ti[OCH(CH_3)_2]_4 + 4HCl$$

$$Ti[OCH(CH_3)_2]_4 + 3HOCO(CH_2)_7CH = CH(CH_2)_7CH_3 \longrightarrow$$

$$(CH_3)_2CHOTi[OCO(CH_2)CH = CH(CH_2)_7CH_3]_3 + 3CH_3CHCH_3OH$$

OL-T951钛酸酯偶联剂适用于聚乙烯、聚丙烯、碳酸钙等，可提高制品的尺寸稳定性、热变形性及抗冲击强度、表面光泽等。

1.59 钛螯合物

钛螯合物是钛酸酯的衍生物。低级钛酸酯与螯合剂反应生成钛螯合物，此时钛酸酯中的钛原子与螯合原子（如O、N等）形成配价键，从而使钛的配位数为6，使之形成一个稳定的八面体结构。

钛螯合物是依靠分子内的配位作用而形成的八面体结构，因而它的稳定性，特别是对水解的稳定性要比相应的钛酸酯好得多。钛酸酯因易在空气中潮解而限制它的应用，而钛螯合物则没有这方面的问题。钛螯合物仍有烃氧基存在，除了水解稳定性较好之外，其他性质与钛酸酯相近。

1.60 钛的苯基化合物

钛苯基衍生物都比较稳定，如三异丙氧基苯基钛$(C_6H_5)Ti[OCH(CH_3)_2]_3$是白色晶体，熔点为88~90℃，在低于10℃或惰性气体中是稳定的，但在水中迅速分解。

在-70℃的乙醚中，用苯基锂（C_6H_5Li）与$TiCl_4$反应制取四苯基钛：

$$4C_6H_5Li + TiCl_4 = (C_6H_5)_4Ti + 4LiCl$$

四苯基钛是橙色晶体，也很不稳定，在-20℃时发生分解。

1.61 钛的戊基化合物

目前已制得四戊基钛及其衍生物，二π-戊基二氯化钛可由$TiCl_4$与戊基钠反应制得：

$$TiCl_4 + 2C_5H_5Na = (\pi\text{-}C_5H_5)_2TiCl_2 + 2NaCl$$

二π-戊基二氯化钛是深红色晶体，可溶于非极性溶剂中，具有抗磁性，可用作链烯聚合反应的均相催化剂。

1.62 钛的羟基化合物

用CO与二π-戊基二氯化钛和正丁基锂或戊基钠的混合物反应，可制得中性的二π-戊

基二氯化钛 $(\pi\text{-}C_5H_5)_2Ti(CO)_2$。它是红褐色固体，热稳定性差，温度高于90℃时发生分解。有机钛化合物在催化乙烯聚合和固氮等方面有着重要的用途。

1.63　钛的烃基化合物

钛的烃基化合物大多是很不稳定的，只有甲基钛比较稳定。四甲基钛 $(CH_3)_4Ti$ 需在 -50～-80℃的乙醚里存放。它由甲基锂（CH_3Li）缓慢加入到 $TiCl_4$ 的乙醚复合物悬浊液中得到：

$$TiCl_4 + 4CH_3Li = (CH_3)_4Ti + 4LiCl$$

$(CH_3)_4Ti$ 的热稳定性差，高于-20℃时发生分解。三氯甲基钛可用二氯甲基铝与 $TiCl_4$ 反应制得：$TiCl_4 + CH_3AlCl_2 = CH_3TiCl_3 + AlCl_3$。$CH_3TiCl_3$ 可用作乙烯聚合的催化剂。

1.64　钛的烃氧基卤化物

烃氧基卤化钛的通式为 $Ti(OR)_nX_{4-n}$，R 为烷基、烯基或苯基，X 为 F、Cl 或 Br。

在由 $TiCl_4$ 与醇或酚反应制取钛酸酯的过程中生成钛的烃氧基卤化物，如：

$$TiCl_4 + ROH = ROTiCl_3 + HCl$$

$$ROTiCl_3 + ROH = (RO)_2TiCl_2 + HCl$$

$$(RO)_2TiCl_2 + ROH = (RO)_3TiCl + HCl$$

另一种有用的制取钛的烃氧基卤化物的方法，是用化学计量的钛酸酯与 $TiCl_4$ 在惰性碳氢化合物溶剂中反应：$nTi(OR)_4 + (4-n)TiCl_4 \rightarrow 4Ti(OR)_nCl_{4-n}$。式中，$n=1$，2 或 3。此外，还有许多制取钛烃氧基卤化物的方法。

钛（Ⅳ）的烃氧基氟化物和氯化物是无色或黄色晶体，新制取的黏稠液体放置后颜色变暗。而钛的苯氧基卤化物是橙红色固体，熔点较高。它们都易潮解并且易溶于水并逐渐发生水解，生成相应的醇、烃基卤化物和水合 TiO_2。

1.65　钛酸锂

1.65.1　钛酸锂特性及应用

钛酸锂（$Li_4Ti_5O_{12}$）是一种金属锂和低电位过渡金属钛的复合氧化物，属于 AB_2X_4 系列，具有缺陷的尖晶石结构，是固溶体 $Li_{1+x}Ti_{2-x}O_4$（$0 \leqslant x \leqslant 1/3$）体系中的一员，立方体结构，具有锂离子的三维扩散通道。

20 世纪 70 年代钛酸锂被作为超导材料进行大量研究，80 年代末曾作为锂离子电池的正极材料进行研究，但因为它相对于锂电位偏低且能量密度也较低（理论容量为 175mA · h/g），而未能引起人们的广泛关注。1996 年在一次电化学会议上，加拿大研究者 K. Zaghib 首次提出可采用钛酸锂材料作负极与高电压正极组成锂离子电池，与碳电极组成不对称超级电容器。后来，小柴信晴等人将其作为锂离子负极材料开展了研究。但直至 1999 年前后，人们才对尖晶石型锂钛复合氧化物 $Li_4Ti_5O_{12}$作为锂离子二次电池的负极材料开展大量研究。

$Li_4Ti_5O_{12}$是一种白色晶体，在空气中能够稳定存在，它是一种金属锂和低电位过渡金属钛的复合氧化物，属于 AB_2X_4 系列，具有缺陷的尖晶石结构，是固溶体 $Li_{1+x}Ti_{2-x}O_4(0 \leqslant x \leqslant 1/3)$ 体系中的一员，立方体结构，空间群为 Fd3m，具有锂离子的三维扩散通道。其中，O^{2-} 位于 32e，构成 FCC 点阵，部分 Li^+ 位于四面体 8a 位置，剩余的 Li^+ 和 Ti^{4+} 以 1∶5 的比例随机分布在八面体 16d 位置。因而，$Li_4Ti_5O_{12}$ 也可以表示为 $[Li]8a[Li_{1/3}Ti_{5/3}]16d[O_4]32e$，晶格常数 $a = 0.8364nm$。$Li_4Ti_5O_{12}$ 的晶体结构如图1-12所示。

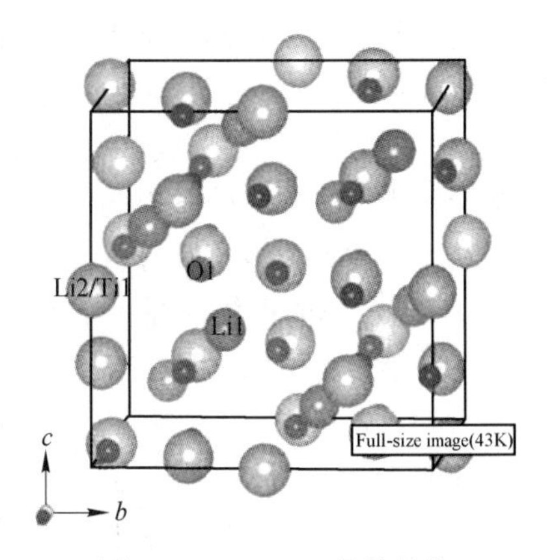

图 1-12　$Li_4Ti_5O_{12}$ 晶体结构

$Li_4Ti_5O_{12}$ 以优良的循环性能和极其稳定的结构成为锂离子电池负极材料中受到广泛关注的一种材料。$[Li_{1/3}Ti_{5/3}]$ $16dO_4$ 与八面体上的 Li 还有 16c 空位共同组成三维网状通道，供 Li 离子迁移。当锂离子嵌入时，嵌入的锂离子和位于四面体 8a 位置的锂迁移到 16c 位置，最后所有 16c 位置都被 Li 所占据，形成蓝色的 $[Li_2]16c[Li_{1/3}Ti_{5/3}]16d[O_4]32e$。由于出现 Ti^{3+} 和 Ti^{4+} 的变价，$Li_4Ti_5O_{12}$ 的电子导电性较好，电导率约为 $10.2S/cm^2$。Li^+ 在充放电过程中，Li^+ 的嵌入和脱出对 $Li_4Ti_5O_{12}$ 的晶格结构的影响非常小，嵌入时晶胞参数 a 仅从 0.836nm 增加到 0.837nm，所以被称为“零应变”的电池材料。由于 $Li_4Ti_5O_{12}$ 具有这种超强的稳定性，电池经过几百次循环后容量损失非常小。

充放电曲线出现平台，是因为在充放电过程中存在相变过程。嵌入产物的 UV-vis 谱证明在嵌入的过程中存在相变，嵌入产物的 XRD 的高角衍射证明其中存在两种不同的相，它们的晶胞参数却很接近。

1mol $Li[Li_{1/3}Ti_{5/3}]O_4$ 最多只能嵌入 1mol 锂，理论比容量为 175mA·h/g，实际比容量为 150～160mA·h/g。$Li_4Ti_5O_{12}$ 在 1.2～3.1V 以 $0.15mA/cm^2$ 的电流密度进行充放电，平均电压平台为 1.5V，有十分平坦的充放电平台，超过反应全程的 90%，这表明两相反应贯穿整个过程，充放电的电压接近。

$Li_4Ti_5O_{12}$ 作为锂离子电池负极材料可以与 $LiNiO_2$、$LiCoO_2$、$LiMn_2O_4$ 等正极材料（约 4V）组成开路电压为 2.4～2.5V 的电池。相对于其他负极材料，尖晶石型钛酸锂（$Li_4Ti_5O_{12}$）具有一些优势：价格低廉，制备容易，循环性能好，不与电解液反应，全充电状态下有良好的热稳定性、较小的吸湿性及很好的充放电平台。与碳负极材料相比，具有更好的电化学性能和安全性。$Li_4Ti_5O_{12}$ 可替代活性炭双层电容器的一个电极，发挥其相对高比容量的优势。由于 $Li_4Ti_5O_{12}$ 具有稳定的循环性能、大倍率充放电性能、良好的安全性，它有望成为车载锂离子动力电池负极材料。

$Li_4Ti_5O_{12}$ 材料具备了下一代锂离子电池必需的充电次数更多、充电过程更快、更安全的特性。此外，它还具有明显的充放电平台，平台容量可达放电容量的 90% 以上，充放电结束时有明显的电压突变等特性。若将 $Li_4Ti_5O_{12}$ 作为锂离子电池的负极材料，则在牺牲一定能量密度的前提下，可改善体系的快速充放电性能、循环和安全性能。但钛酸锂也有其不足，如高电位带来电池的低电压、导电性差，大电流放电易产生较大极化等限制了它的商品化应用。

尖晶石型钛酸锂 $Li_4Ti_5O_{12}$ 具有充放电过程中骨架结构几乎不发生变化的“零应变”特

性，嵌锂电位高（1.55V vs. Li/Li^+）而不易引起金属锂析出、库仑效率高、锂离子扩散系数（为 $2>10^{-8}cm^2/s$）比碳负极高一个数量级等优良特性，具备了下一代锂离子蓄电池必需的充电次数更多、充电过程更快、更安全的特性。$Li_4Ti_5O_{12}$以其良好的循环性能、优异的安全性能、非常小的体积变化及低廉的成本成为目前的研究热点，被美国能源部列为第二代锂离子动力电池负极材料。

$Li_4Ti_5O_{12}$不能提供锂源，作为正极时只能与金属锂或锂合金组成电池；作为负极时，正极可选用多种材料，如 $LiCoO_2$、$LiMn_2O_4$ 等（4V）或 $LiNi_{0.5}Mn_{1.5}O_4$ 等（5V），电池电压为 2.2V 或 3.2V。

$Li_4Ti_5O_{12}$是一种“零应变”电极材料，Li^+插入和脱出对材料结构几乎没有影响，具有循环性能优良、放电电压平稳、1.55V 相对较高的电极电位、能够在大多数液体电解质的稳定电压区间使用、材料来源广、清洁环保等优点，在锂离子电池、全固态锂离子电池和不对称超级电容器等方面得到了通用，可谓为一种多功能材料。

1.65.2 钛酸锂制备方法

1.65.2.1 固相反应法

固相合成方式一般按一定物质的量之比（一般是 Li：Ti 的原子个数比为 4：5）的 $LiOH \cdot H_2O$（或 Li_2CO_3）和 TiO_2 分散在有机溶剂或水中，在高温下干燥以除去溶剂，然后在空气氛围中于 800～1000℃ 烧结 3～24h，随炉冷却并粉碎后得到理想的尖晶石结构的 $Li_4Ti_5O_{12}$。

固相合成是靠固体微粒中分子的扩散完成的，是以足够的高温和相当长的反应时间提供该反应的反应动力，故该方法也称为高温固相反应。固相合成由于工艺简单、制备过程简便迅速，从而得到了广泛的研究。但是固相合成也有它的困难之处，即是在将原料混合制备前驱体的过程中，不能够像液相法那样能够将原料混合得相当均匀。再有就是为了能够使反应彻底和完全，不仅需要将原料混合均匀，还要使反应物颗粒尽量细小，以增大反应物之间的接触面积，以使反应充分快速进行。目前在 $Li_4Ti_5O_{12}$的高温固相合成中，主要研究热点是反应温度、反应时间，以及混合方式和原料的选择，这些都是影响 $Li_4Ti_5O_{12}$材料的性能的关键参数。

1.65.2.2 溶胶-凝胶法

溶胶-凝胶法制备一般采用草酸、酒石酸、丙烯酸、柠檬酸等作为螯合剂，这种在酸上的氧化反应，不仅可以保持粒子在纳米级范围内，而且使原料在原子级水平发生均匀混合。在较低合成温度下就可得到结晶良好的材料，烧结时间也比固相反应法短且成分好控制。适合制备多组分材料。

1.65.2.3 水热离子交换合成法

水热法也是制备电极材料较常见的湿法合成法。采用 130～200℃ 温水热锂离子交换法，以纳米管（线、棒、带）状钛酸为前驱体，可制备形状可控、电化学性能优良的纳米管，即线状 $Li_4Ti_5O_{12}$。具体方法是：采用工业纯 TiO_2 在浓碱条件下水热反应 24～48h 制得纳米钛酸，再加入 LiOH 进行锂离子交换反应。采用此法制备的材料比传统高温固相法制得的材料电荷转移阻抗及动力学数据都有改善。

美国杜邦公司公开了一种新型低成本工艺，用四氯化钛制备 $Li_4Ti_5O_{12}$ 的工艺。该新工艺制成的材料特性（如纯度、粒度和振实密度）有利于改善锂离子电池性能。

1.66 钛黄

钛黄颜料是以 TiO_2 为主要成分的金红石型金属氧化物混相颜料（rutile mixed-phase pigments），按照所加入的发色金属的种类的不同，钛黄可分为钛镍黄、钛铬黄和钛铁黄。其中在钛镍黄和钛铬黄的生产中，还引入不发色的金属氧化物（如锑和钨的氧化物，以锑氧化物为主）作为调整剂。

钛黄颜料早在50多年前就被开发出来了，由于制备技术的限制，制得的钛黄颜料的粒径较大、着色力较低、色浅、分散性差、色相较暗、使用成本较高，长期以来未能得到更多的实际应用。近年来，工业发达国家要求外用涂料和塑料等制成品更耐久，以及出于对环保和健康方面的考虑，在很多体系中，钛量成为各国政府禁止使用的含有铅和镉的有毒黄色颜料的替代品。由于钛黄颜料应用日益广泛，国外研发生产厂家越来越多，如美国的 Shepherd Color、Ferro 公司、Harsha W Chemical 公司等，德国的拜耳、BASF，日本的大日精化等。我国该领域技术较落后，高端技术领域的使用主要依赖进口，随着环保及安全法规的实施，钛黄颜料的推广应用必将更加迅速广泛。

1.66.1 钛镍黄

1.66.1.1 组成、性质及用途

钛镍黄是二氧化钛（金红石型）、氧化镍和五氧化二锑三种氧化物的固溶体，通常以 TiO_2-NiO-Sb_2O_5 表示。六方晶系的二氧化钛中的钛，部分地被镍取代，使晶体具有了鲜明的黄色。加入五氧化二锑的目的在于避免晶格中产生氧空位。

钛镍黄具有良好的化学稳定性，不溶于水、碱、酸中，不与任何氧化剂、还原剂反应，有极好的耐热性、耐候性和耐久性。以上的优良性能也决定了它是安全无毒的。钛镍黄颜料的主要缺陷是色浅、分散性差，不宜单独作黄色颜料使用。多数情况和有机颜料配合使用。

钛镍黄主要用作高温涂料、在高温下注塑的塑料着色，以及卷钢涂料、车辆和飞机的涂料。由于其具有无毒的特性，也被用于食品包装塑料、食品盒的印刷油墨和玩具涂料等。

1.66.1.2 制备

钛镍黄以及钛的其他彩色颜料如钛铬黄、钛铁黄等的生产，多数由硫酸法生产钛白工序中的盐处理工序开始，将经过盐处理并水洗合格的 TiO_2 打浆，加入氧化镍和五氧化二锑，为避免发生氧空位，加入的氧化镍和五氧化二锑的摩尔数应相等。充分混匀后过滤，将滤料送回转窑煅烧，煅烧温度在1000℃以上。应根据加料量及物料含水量，选用适当温度梯度和煅烧时间。所用设备与硫酸法制二氧化钛同。

1.66.2 钛铬黄

1.66.2.1 性质

钛铬黄别名钛锑铬黄，分子式 $Cr_2O_3 \cdot Sb_2O_3 \cdot 31TiO_2$（理论），外观为微红黄色粉末，

晶型为金红石型，金红石型晶格中部分钛原子被铬原子和锑原子取代。化学属性与钛镍黄相同。

钛铬黄的典型物理性能为：平均粒径 0.5～1.0μm，密度 4.4～4.9g/cm³，吸油量 11～17g/100g，10%浆液 pH 值 7.0、325 目（0.043mm）筛余物 0.1%。遮盖力较高，但透明度和着色力较低。

1.66.2.2　**制备方法**

钛铬黄的工业化制法主要采用煅烧法。通常采用微细的三氧化二铬与微细的三氧化二锑混合，再与细的活性二氧化钛混合，混合均匀后，在隧道窑或回转窑中于 1000℃左右煅烧，至反应完全达到所需的微红黄色止，经粉碎、混配即为成品。改变原料配比、原料种类或粉碎条件，可以获得不同色相的钛铬黄。用铌代替部分锑可节省锑，降低成本，用钨代替部分锑，可改变颜料某些性能。

1.67　钛黑

1.67.1　钛黑的性质及应用

钛黑是指黑色的低价氧化钛（Ti_nO_{2n-1}，$1 \leqslant n \leqslant 20$）或氮氧化钛（$TiO_xN_y$，$0.3<x+y<1\sim7$）粉末。

它一般是以二氧化钛为主要原料，在还原介质中加热还原制得，随还原程度的不同，其色调可呈青黑色、黑色、紫黑色等。钛黑无毒，热稳定性高，在水和树脂中的分散性好，并可提供不同范围的电阻值，不仅可以作为黑色颜料用于涂料、油漆、化妆品、印刷油墨、塑料着色剂，而且还可以作为优良的导电材料、抗静电材料。1974 年，日本首先报道了将二氧化钛和金属钛粉末混合，在真空中加热制取钛黑的方法，后来又陆续报道了其他制备方法，并于 1983 年进行工业化生产。

我国的钛资源非常丰富，钛白粉生产已有相当规模，但钛黑的制备还鲜见报道，因此，钛黑作为钛白的深度加工产品具有广阔前景。

日本工业化生产的商品牌号为 12S 和 20M，两种产品的基本参数见表 1-14。

表 1-14　钛黑 12S 和 20M 的基本参数

牌号	性能					
	一次粒径/μm	密度/g·cm^{-3}	比表面积/m^2·g^{-1}	吸油量/mL·100g^{-1}	电阻率/Ω·cm	遮盖力/cm^2·g^{-1}
12S	0.05	4.3	20～25	62	$10^{-1}\sim10^{1}$	4500
20M	0.2	4.3	6～10	39	$10^{-1}\sim10^{1}$	3000

1.67.2　制备方法

制备上述黑色粉末颜料，采用二氧化钛或氢氧化钛为原料，以此为原料制造产品成本低，具有一定社会效益和经济效益。

1.67.2.1　**氢气还原法制低价氧化钛**

将二氧化钛在 900～1400℃温度下，在氢气/氮气中加热 4h 左右，冷却至 200℃以下制得，其生产路线如图 1-13 所示。

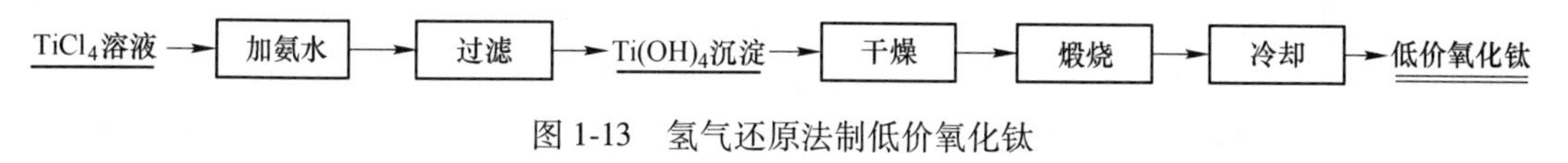

图 1-13 氢气还原法制低价氧化钛

若上述过程控制温升速率在 80℃/min，升温至 800℃，可使产品性能得到进一步改善。

日本的 SUMD 公司制造出了化学式为 $Ti_nO_{2n-1}(1 \leqslant n \leqslant 10)$ 的低价氧化钛微粉（一般粒径低于 0.1μm 称为超微粒子），其分散性好，且温度高达 50℃时其热稳定性仍然良好，相对密度为 45，比表面积约 $50m^2/g$。

具体的制备方法是，在 H_2/N_2 混合气气氛中还原二氧化钛微粉，整个反应在钛管反应器中进行，温度控制在 600~1000℃，反应器内装有 0.01~9mm 钛球和螺旋桨。

1.67.2.2 氨气还原法制氮氧化钛

具有立方晶系结晶的超微粒子二氧化钛粉末粒径为 0.01~0.04μm，可以促进还原反应，使烧成时间缩短 2~3h，能耗大幅度下降，成本降低，同时使还原温度下降，可以防止结晶粒子变大，粒径也易控制在 0.02~0.05mm 之间。一般在 H_2/N_2 混合气氛下还原 TiO_2，控制温度为 700~1000℃。若温度高于 1000℃，会引起粒子烧结，造成结晶粗大，得不到微细、分散性良好的粉末。作为颜料，粒径大于 1.0μm 是不适宜的，而且会造成反应时间延长，成本相应提高。

此外，若作为化妆品颜料，对原料 TiO_2 要求重金属含量低于 50ppm。具体制法：首先将高纯度 TiO_2 粉末在 NaOH 或 KOH 水溶液中加热煮沸 2h，冷却后过滤出沉淀，用倾析法水洗至上清液比电阻达到 300Ω · cm 以上，将滤饼干燥粉碎后置入氨气气氛中，在 600~950℃下加热 2h，即获得黑度高的氮氧化钛。

1.67.2.3 硼及其化合物还原法

原料为 TiO_2，还原介质是结晶状无定形硼及其化合物（硼酸、硼砂或硼的有机化合物等），生产条件：在 N_2、Ar 气氛中或还原性气体 H_2 中，温度为 500~1100℃。可获得低价氧化钛产品。

1.68 亚氧化钛

1.68.1 亚氧化钛的性质及应用

亚氧化钛陶瓷，是由称作 Magneli 相的不同价态的氧化钛组成的无机材料。Magneli 相亚氧化钛是一系列缺氧钛氧化物的统称，常被写作 $Ti_nO_{2n-1}(4 \leqslant n \leqslant 10)$。Magneli 相亚氧化钛具有基于金红石型 TiO_2 晶格的结构，因具有特殊晶体结构而具有优异的电化学稳定性、导电性及氧敏性能等，近年来作为新兴材料备受人们关注。常温下，Magneli 相具有不同的导电性能。亚氧化钛陶瓷电极材料最突出的革命性应用是被成功地做成了双极板，并由此诞生了世界上第一种实用型双极式阀控铅酸蓄电池（英国，Atraverda 公司，2009）。双极式蓄电池取消了栅板、联结物和中间隔，而以双极板取代，使得蓄电池重量大大减轻，体积缩小，电流分布均匀。

Magneli 相不是 TiO_2 的掺杂物或者是 $TiO_x(x<2)$ 的混合物，而是晶体结构稳定的非化学计量氧化物，晶体结构是以金红石型 TiO_2 为母体，由 $n-1$ 个 TiO_2 八面体和一个 TiO 构成的八面体，金属性的 TiO 使得 Ti_nO_{2n-1} 表现出金属导电性，所以 Magneli 相化合物具有很好的导电性。而结构中 TiO 以外的 TiO_2 结构层使得 Magneli 相具有较好的稳定性和耐腐蚀性。

Ti_4O_7 是人们认为的 Magneli 相的一系列化合物 $Ti_nO_{2n-1}(4\leqslant n\leqslant 9)$ 中的一种，n 的值为 4，具有与 Magneli 相类似的晶体结构，即 Ti 位于中心，而氧原子位于顶点，相邻的八面体互相共用八面体的边和顶点。Ti_4O_7 可以看作是由 3 个 TiO_2 八面体和 1 个 TiO 构成的八面体，每个第 4 层有个氧原子缺失，从而导致晶体结构中形成剪切面，其晶体结构如图 1-14 所示。

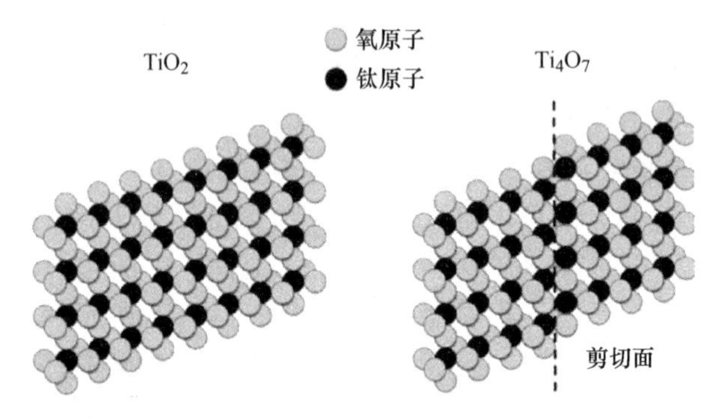

图 1-14　Ti_4O_7 结构示意图

研究发现，Ti_4O_7 最突出的物理性能就是室温下导电性能优异，它的单晶导电率可以达到 1500S/cm，虽然实际制备的 Ti_4O_7 是多晶材料，导电性不能达到单晶导电率，但是因为其导电率优于石墨，完全可以满足电极材料以及导电陶瓷材料的应用。

由于 Ti_4O_7 没有磁性，在水中分散性很好，经分散后不易再次团聚，使得它作为导电添加剂时，便于与其他电池活性物的均匀混合，有利于工作电流的均匀分布。另外，Ti_4O_7 密度较小且耐磨损性很强，抗冲刷，制备出的块体材料机械强度高，尺寸稳定，并且具有很高的有机聚合物相容性，容易与各种高分子聚合物混合成型，这样可以克服陶瓷材料韧性较差的缺点，可以通过加工制备成所需的各种形状的电极材料。

化学性能方面，Ti_4O_7 具有非常显著的化学稳定性和抗腐蚀能力，在强酸强碱环境下都能稳定存在，这一点超越了绝大多数现有的常用工业电极材料。另外，电化学研究发现，其析氢及析氧电位很高，可以作为优异的电池正极或者负极材料，并且在用于化学电镀时，化学沉积或者涂覆的各种金属氧化物或贵金属催化剂与其能很好地结合，可以保持催化活性。

1.68.2　Ti_4O_7 粉末的制备方法

Ti_4O_7 亚氧化钛的生产特别容易受到反应条件的影响，在制备过程中一定要保证条件的精确。一般来说，反应物、温度曲线及处理时间等都能影响产物的还原程度和产物组分，其中反应物包括组分、粒径、密度及混料的均匀性。生产过程中，同一原料可以生成任何一种亚氧态，所以需要精确控制反应条件以利于反应生成预期的产物。制备过程中实验条件的精确性在一定程度上限制了 Magnel 相的发展及应用，成为制约其实际应用研究及工业化生产的瓶颈。目前较为常见的制备方法主要有热化学合成法、气相沉积法和 SPS 烧结法。

1.68.2.1　热化学合成法

热化学合成法是现有的制备 Ti_4O_7 亚氧化钛的主要方法，即用还原性物质（如 H_2、C、Ti）在一定的条件下还原 TiO_2 制得。

（1）H_2 还原法。H_2 是一种广泛使用的还原剂，20 世纪 80 年代，P. C. S. Hayfield 就将二氧化钛与粘接剂混合后在空气氛围中高温加热玻璃化，然后在氢气氛围中在 1150℃还原 4h，最终制得 Ti_4O_7。随后，H. Harada 采用超细 TiO_2 粉末作为原料，在氢气气氛中 1050℃下还原 4h 制得粉末。接下来对于氢气还原的研究，侧重于氢气流速及还原温度的精确控制。2008 年，W. Q. Han 等人以氢氧化钠及二氧化钛为原料，在一定温度下的高压反应釜中反应 2~5 天，得到 $H_2Ti_3O_7$ 纳米线，然后置于氢气气氛中还原，在 1050℃反应 1~4h后，最终获得短纤维状的 Ti_4O_7，但是低温化学合成的纳米线存在一定缺陷，所以在经过高温处理时，在缺陷聚集处易发生断裂。2010 年，加拿大的 X. X. Li 等人在 950℃下采用 200mL/min 的氢气流速，950℃加热 4h 还原 TiO_2 粉末，制得了粒径为 500~1000nm 的 Ti_4O_7 颗粒，图 1-15 所示为他们制备的 Ti_4O_7 的扫描电镜照片。由图可以看出，由于小颗粒经过高温处理，颗粒间发生粘接，形成孔洞的结构组织，这一结构有利于传质，可应用在空气电池中。

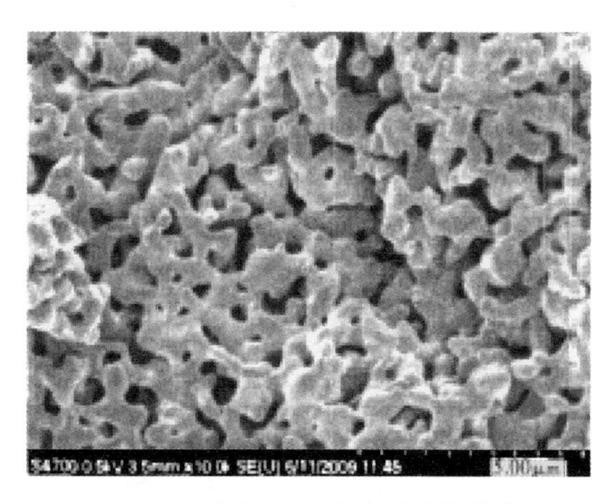

图 1-15　合成 Ti_4O_7 的扫描电镜形貌

（2）碳还原法。碳还原法是指单质碳以及可提供碳源的聚合物等作为还原剂。2004 年，T. Tsumura 等人采用四异丙基钛水解得到 TiO_2，并与等质量的 C 的前驱体聚乙烯醇（PVA）混合，在氮气气氛中加热到 900℃还原制得 Ti_4O_7，但是由于碳过量，在制得的 Ti_4O_7 中含有少量碳，但这并不影响尝试用作低温的电池催化剂载体材料。2009 年，M. Toyoda 等人将 TiO_2 与 PVA 直接混合后，在 1100℃下热处理其混合物，通过改变配比，获得各种 Ti-O Magneli 相的条件，其中当 TiO_2 与 PVA 质量比为 1∶1 时获得了单相 Ti_4O_7，从热处理前后的 SEM 形貌（图 1-16）可以看出，反应前驱体 TiO_2 的平均粒径为 70~

90nm，而碳热还原得到的 Ti_4O_7 的粒径增大到 500～1000nm，可见，在高温还原时，固体颗粒间会发生严重的团聚现象。

以碳作为还原剂，成本较低，但是不易于控制添加量，可能导致最终产物含碳量较高或者还原度不够等情况的出现。

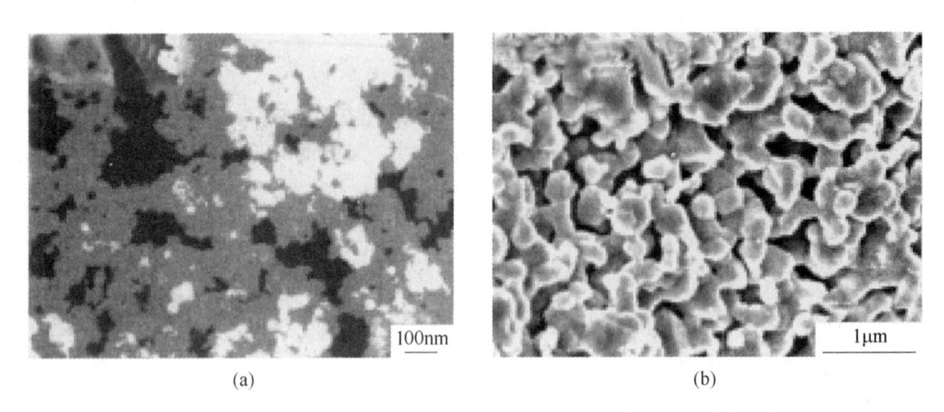

图 1-16　TiO_2 和 $m(TiO_2):m(PVA)=1:1$，1000℃ 热处理后样品的 SEM 形貌

（a）TiO_2，TP100；（b）热处理后的样品，TP50-1100

（3）机械活化 Ti 还原。A. A. Gusev 等人采用金属 Ti 作为还原剂来还原 TiO_2。首先将 Ti 与 TiO_2 球磨 15min，取出粉末加入 25%的甘油水溶液黏合压片，然后在氢气气氛中，采用不同温度、不同保温时间退火。图 1-17 所示为机械活化后 Ti 和 TiO_2 在 H_2 气氛中经不同温度退火后产物的 XRD 分析结果。由图可知，随着温度逐步从 800℃ 升高到 1000℃，产物中 Ti_4O_7 所占比例也逐渐增多，1000℃保温 1h 得到几乎是单相的 Ti_4O_7。但是要获得完全的单相 Ti_4O_7，还有待继续深入研究及实验条件。

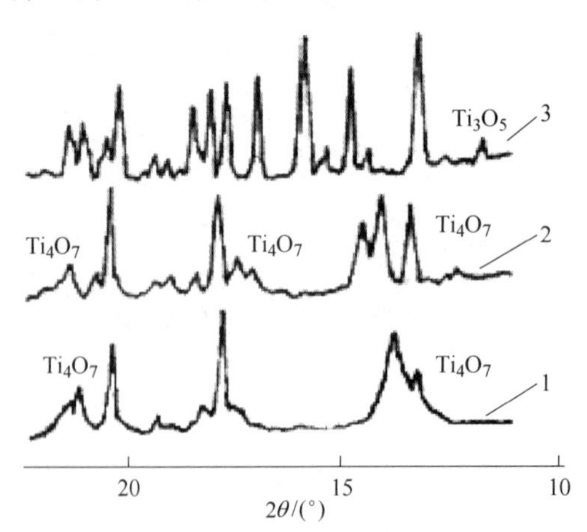

图 1-17　活化后的 Ti 与 TiO_2 在 H_2 中不同退火温度下产物的 XRD 图

1—800℃×40min；2—900℃×1h；3—1000℃×1h

（4）NH_3 还原法。2012 年，C. Tang 等人采用氨气作为还原气氛制备 Ti_4O_7 粉末。研究发现，在 1050℃ 还原 3h 可以得到单相 Ti_4O_7。与传统氢气还原一样，该方法存在同样的问题，因为处理温度过高，颗粒之间发生粘接，并且团簇现象发生，颗粒分散性不好，这

必然限制了在导电添加剂方面的应用。

1.68.2.2 气相沉积法

气相沉积法（chemical vapor deposition，CVD），即指高温下的气相反应，例如，有机金属、金属卤化物、碳氢化合物等的热分解，氢还原或者让它的混合气体在高温下发生化学反应以析出氧化物、金属、碳化物等无机材料的方法。这种技术开始是作为涂层的手段开发的，但不只应用于耐热物质的涂层，还可应用于高纯度金属的精制、半导体薄膜、粉末合成等，是一个颇具特征的技术领域。

Eva Fredriksson 等在 1015℃，硅保温管 6666.12Pa(50Torr) 总压下，通过气相沉积法制备出了单相的 Ti_4O_7 亚氧化物。反应过程中的混合气体是 $TiCl_4$、CO_2 和 H_2，这三种气体的摩尔质量分数是影响反应生成物的主要因数。在该反应中，CO_2 和 H_2 充当载气气体，单相的 Ti_4O_7 在 0.33% CO_2、6.5% $TiCl_4$(摩尔分数) 及相应摩尔质量的 H_2 条件下生成。Ti_4O_7 的生成条件要求较精确，其生成反应只存在于 0.33%~0.114% CO_2 的范围内。该方法下制备的 Ti_4O_7 亚氧化物颗粒为圆柱形，尺寸均匀，但颗粒粗大。

目前，采用气相沉积法在低温下可以合成高熔点物质，在节能方面做出了巨大贡献，作为一种新技术是大有前途的。但是，存在设备复杂、耗能高和产量低等显著的缺陷。

1.68.2.3 SPS 烧结法

SPS(spark plasma sintering) 即放电等离子烧结，是利用直流脉冲电流直接通电烧结的加压烧结方法，并通过对脉冲直流电的大小的调节来达到控制烧结温度和升温速率的目的。整个烧结过程可在真空环境或者保护气氛中进行。在烧结过程中，脉冲电流直接通过上下压头和石墨模具或烧结粉体，因此加热系统的热容很小，传热速度和升温较快，进而使快速升温烧结成为可能。

Yun Lu 等按 Ti 的体积分数 0~30%的不同配比，混合 TiO_2 与金属 Ti。混合物放在石墨模具中进行 SPS 烧结，反应温度为 1373K，压力 27MPa，保温时间 5min。加入 Ti 粉末后，发现烧结块中出现了 Ti_nO_{2n-1} 相。表明添加的 Ti 进入了金红石型 TiO_2 的晶格中，在 SPS 烧结过程中形成了固溶体。当 Ti 的体积分数为 8%和 20%时可制备出含大量 Ti_4O_7 相的固溶体。

放电等离子烧结由于强脉冲电流加在粉末颗粒间，从而可产生诸多有利于快速烧结的效应。该方法烧结时间短、升温速度快、烧结温度低、晶粒均匀、有利于获得高致密度的材料、控制烧结体的细微结构，缺点是成本高、难以获得高纯粉末，以及钛氧比不易准确控制等。

1.69 钛的毒性

金属钛和 TiO_2(钛白) 是生物惰性物质，无毒。钛材已通过外科手术植入人体。TiO_2 已作为化妆品的添加剂。钛在人体元素中排列于第十四位，但至今尚无证据证明钛属于人体或动物所必需的元素。一般认为钛及二氧化钛在生物学上呈惰性，而碳化钛、硼化钛、氮化钛、氢化钛、氯化钛及钛的一些有机化合物则有一定的毒性。

氢化钛、碳化钛、氮化钛等不溶性化合物毒性很低，可使动物肺部轻微纤维化。$TiCl_4$ 能引起皮肤灼伤，是眼睛的强刺激物，有明显的毒副作用。

参 考 文 献

[1] 罗远辉，等．钛化合物［M］．北京：冶金工业出版社，2011.

[2] 莫畏．钛冶金［M］．北京：冶金工业出版社，1998.

[3] 申泮文，罗裕基．钛分族 钒分族 铬分族［M］．北京：科学出版社，2011.

[4] 周芝骏，宁崇德．钛的性质及应用［M］．北京：高等教育出版社，1993.

[5] 杨绍利，刘国钦，陈厚生．钒钛材料［M］．北京：冶金工业出版社，2009.

[6] 邹建新，李亮，彭富昌，等．钒钛产品生产工艺与设备［M］．北京：化学工业出版社，2014.

[7] ［德］C. 莱茵斯，M. 皮特尔斯．钛与钛合金［M］．北京：化学工业出版社，2003.

[8] 张益都．硫酸法钛白粉生产技术创新［M］．北京：化学工业出版社，2010.

[9] ［美］E. P. 普鲁特曼．硅烷和钛酸酯偶联剂［M］．梁发思，谢世杰，译．上海：上海科学技术文献出版社，1987.

[10] 黄伯云．钛铝基金属间化合物［M］．长沙：中南工业大学出版社，1998.

[11] Spicer P T, Chaoul O, Tsantilis S. Titania formation by $TiCl_4$ gas phase oxidation, surface growth and coagulation [J]. Journal of Aerosol Science, 2002, 33 (1): 17-34.

[12] 张熹，王群骄，莫畏，等．钛的金属学和热处理［M］．北京：冶金工业出版社，2009.

[13] 日本钛协会．钛材料及其应用［M］．周连在，译．北京：冶金工业出版社，2008.

[14] Guo Aiyun, Xue Yiyu. Effects of different titanium sub-oxide on the properties of titanium dioxide thin films prepared by E-beam evaporation deposition with ion auxiliary [J]. Journal of Wuhan University of Technology (Materials Science Edition), 2006, 21 (2): 101-104.

[15] 邓国珠．钛冶金［M］．北京：冶金工业出版社，2010.

[16] ［英］R. M. 邓肯，B. H. 汉森．钛的应用与选择［M］．周光爵，王桂生，等译．北京：冶金工业出版社，1988.

[17] Karunagaran B, Rajendra Kumar R T, Viswanathan C, Man-galaraj D, Narayandass Sa K, Mohan Rao G. Optical constants of DC magnetron sputtered titanium dioxide thin films measured by spectroscopic ellipsometry [J]. Cryst. Res. Technol., 2003, 38 (9): 773-778.

[18] 莫畏．钛［M］．北京：冶金工业出版社，2008.

[19] ［日］草道英武．金属钛及其应用［M］．程敏，赵克德，屈翠芬，译．北京：冶金工业出版社，1989.

[20] 徐搏．材料科学与工程［M］．北京：原子能出版社，1987.

[21] Li X X, Zhu A L, Qu W, Wang H J, Hui R, Zhang L, Zhang J J. Magneli phase Ti_4O_7 electrode for oxygenre ductionreaction and its implication for zincair rechargeable batteries [J]. Electrochem. Acta., 2010, 55 (20): 5891-5898.

[22] Tsumura T, Hattori Y, Kaneko K, Hirosed Y, Inagakid M, Toyoda M. Formation of the Ti_4O_7 phase through interaction between coated carbon and TiO_2 [J]. Desalination, 2004, 169 (3): 269-275.

[23] Han W Q, Zhang Y. Magnli phases Ti_nO_{2n-1} nanowires: Formation, optical, and transport properties [J]. Appl. Phys. Lett., 2008, 92: 117-120.

[24] Toyoda M, Yano T, Tryba B, Mozia S, Tsumura T, Inagaki M. Preparation of carboncoated Magneli phases Ti_nO_{2n-1} and their photocatalytic activity under visible light [J]. Appl. Catal. B.: Envir., 2009, 88 (12): 160-164.

[25] Banakh O, Schmid P E, Sanjines R. Electrical and optical properties of TiO_x thin films deposited by reactive magnetron sputtering [J]. Surface and Coatings Technology, 2002, 151-152 (1): 272.

2 钒化合物的性质及其化学反应

2.1 单质钒

2.1.1 物理性质

钒是一种单晶金属，呈银灰色，具有体心立方晶格，曾发现在1550℃以及−28～−38℃时有多晶转变。钒的力学性质与其纯度及生产方法密切相关。O、H、N、C 等杂质会使其性质变脆，少量则可提高其硬度及剪切力，但会降低其延展性。钒的主要物理性质见表 2-1，钒的力学性质见表 2-2。

表 2-1 金属钒的物理性质

性质	数值	性质	数值
原子序数	23	热导率（100℃）/W·(cm·K)$^{-1}$	0.31
原子量	50.9415	外观	浅灰
晶格结构	体心立方	外电子层	$3d^3 4s^2$
晶格常数 a/mm	0.3024	焓（298K）/kJ·mol^{-1}	5.27
密度/kg·m^{-3}	6110	熵（298K）/J·(mol·K)$^{-1}$	29.5
熔点/℃	1890～1929	热容 C_p(298K 液态)/J·(mol·K)$^{-1}$	24.35～25.59 47.43～47.51
沸点/℃	3350～3409		
熔化热/kJ·mol^{-1}	16.0～21.5	热容 $C_p^{①}$(298～990K)/J·(mol·K)$^{-1}$	a. 24.134 b. 6.196×10^{-3} c. -7.305×10^{-7} d. -1.3892×10^{5}
蒸气压/Pa	1.3×10^{-6}(1200℃) 1.3(2067℃)		
	3.73(2190K)		
	207.6(2600K)		
蒸发热/kJ·mol^{-1}	444～502	热容 $C_p^{②}$（990～2200K）/J·(mol·K)$^{-1}$	a. 25.9 b. -1.25×10^{-4} c. 4.08×10^{-6}
线膨胀系数（20～200℃）/K^{-1}	$(7.88～9.7)\times10^{-6}$		
比电阻（20℃）/μΩ·cm	24.8	温度系数（100℃）/cm·K^{-1}	0.0034

钒同位素	^{46}V	^{47}V	^{48}V	^{49}V	^{50}V	^{51}V	^{52}V	^{53}V	^{54}V
半衰期	0.426s	33min	16.0d	330d	6×10^{15}a	稳定	3.75min	2.0min	55s
丰度/%					0.25	99.75			

① $C_p=a+bT+cT^2+dT^{-2}$；② $C_p=a+bT+cT^2$，式中，T 为温度，K。

表 2-2　金属钒的力学性质

性　质	工业纯品		高纯品
抗拉强度 σ_b/MPa	245~450	210~250	180
延展性/%	10~15	40~60	40
维氏硬度（HV）/MPa	80~150	60	60~70
弹性模量/GPa	137~147	120~130	
泊松比	0.35	0.36	
屈服强度/MPa	125~180		

2.1.2　钒的化学性质

由图 2-1 可见，钒在周期表中位于第 4 周期、VB 族，属于过渡金属元素中的高熔点元素。过渡金属元素包括 Ti、Zr、Hf、V、Nb、Ta、Cr、Mo、W、Re 等 10 个元素。它们的特点是：具有很高的熔点，例如钨的熔点是 3180℃，钼的熔点是 2610℃，它们主要是用作合金的添加剂，有些也可以单独使用，其中某些金属在高温下具有抗氧化性、高硬度、高耐磨性。但这些金属的力学性质与其纯度和制备方法密切相关，少量的晶间杂质会使其硬度和强度明显提高，但却使其延展性下降。在原子结构方面，这些元素的外电子层具有相同的电子数，一般有两个电子（少数是一个电子），而在次外电子层的电子数目则依次递增，其化学性质介于典型金属与弱典型金属之间，处于过渡状态，具有彼此相互接近的性质，其共同的特点是：

（1）这些元素外电子层的电子比较稳定，但较易失去次外电子层的电子，而形成不同价态的离子，例如钒可以形成+2、+3、+4、+5 的价态，而 Ti 则可以形成+2、+3、+4 的价态。图 2-2 所示为钒原子核的结构图。

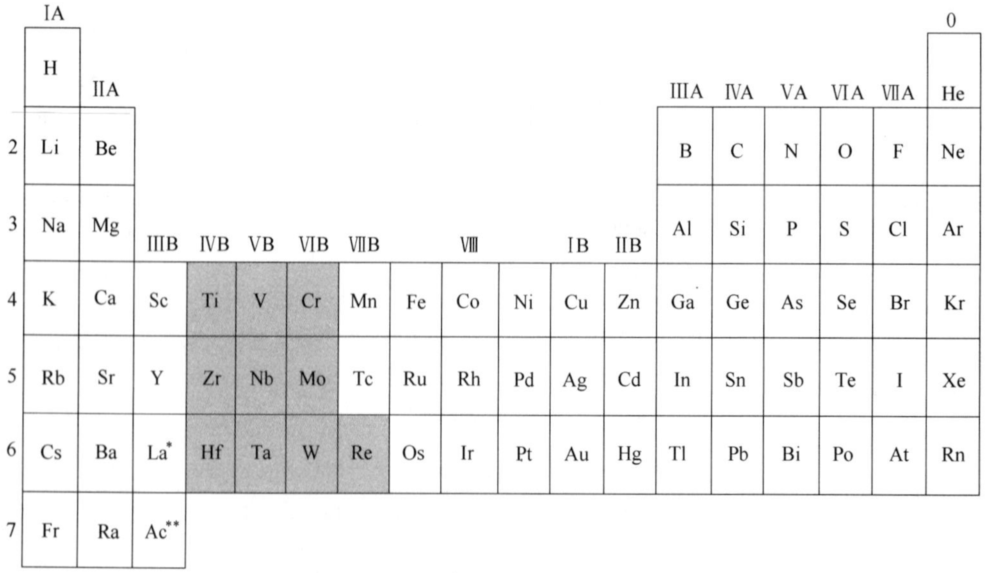

	ⅠA	ⅡA	ⅢB	ⅣB	ⅤB	ⅥB	ⅦB	Ⅷ			ⅠB	ⅡB	ⅢA	ⅣA	ⅤA	ⅥA	ⅦA	0
	H																	He
2	Li	Be											B	C	N	O	F	Ne
3	Na	Mg											Al	Si	P	S	Cl	Ar
4	K	Ca	Sc	Ti	V	Cr	Mn	Fe	Co	Ni	Cu	Zn	Ga	Ge	As	Se	Br	Kr
5	Rb	Sr	Y	Zr	Nb	Mo	Tc	Ru	Rh	Pd	Ag	Cd	In	Sn	Sb	Te	I	Xe
6	Cs	Ba	La*	Hf	Ta	W	Re	Os	Ir	Pt	Au	Hg	Tl	Pb	Bi	Po	At	Rn
7	Fr	Ra	Ac**															

图 2-1　高熔点元素在周期表中的位置

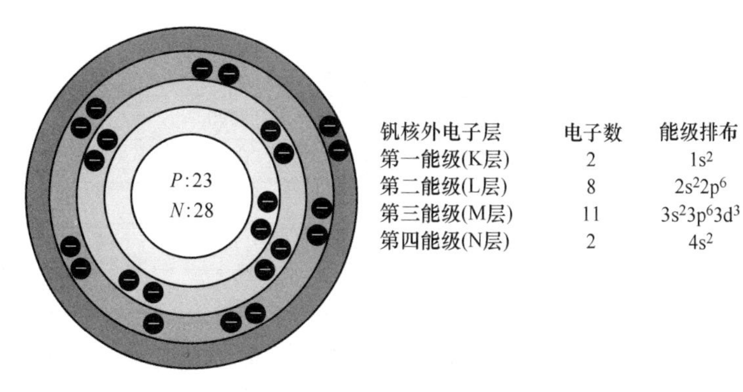

图 2-2　钒原子核的结构图（质子数 $P=23$，中子数 $N=28$）

（2）这些元素按其顺序，次外电子层的电子数目依次增加，由于电子的静电引力作用，遂使原子的半径也渐趋缩小。

（3）这些元素的水溶液，由于电子的转移作用形成的光谱，都会使其离子呈现颜色，只有少数例外。

（4）这些元素会形成硼化物、碳化物、氮化物、氢化物，它们多数都具有金属性质，只有少数例外。

钒在空气中 250℃以下是稳定的，呈浅银灰色，有良好的可塑性和可锻性。长期保存表面会呈现蓝灰、黑橙色，超过 300℃会有明显的氧化。超过 500℃，钒吸附氢于晶格间隙，使其变得易脆，易成粉末。真空下 600～700℃加热，氢可逸出。低温下存在氢化物 VH。钒在 400℃开始吸收氮气，800℃以上钒与氮反应生成氮化钒，在高真空、1700～2000℃下，发生氮化钒的分解，但是氮不可能完全从金属中释出。钒对碳有较高亲和力，800～1000℃下可形成碳化物。

钒对稀硫酸、稀盐酸、稀磷酸保持相对稳定。但在硝酸、氟氢酸中溶解。金属钒对自来水抗蚀性良好，对海水抗蚀性中等，但未出现点腐蚀。钒能抗 10%NaOH 溶液腐蚀，但不能抗热 KOH 溶液的腐蚀。钒及其合金对低熔点金属或合金的熔融体有良好的抗蚀性，特别是对碱金属（它们在核反应堆中用作冷却剂或热交换介质）。表 2-3 为钒的抗腐蚀性能。

表 2-3　钒对某些介质的抗腐蚀性能

溶液	腐蚀速度/$mg\cdot(cm^2\cdot h)^{-1}$	腐蚀速度/$nm\cdot h^{-1}$	材料
10%H_2SO_4(沸)	0.055	20.5（70℃）	钒板
30%H_2SO_4(沸)	0.251		
10%HCl(沸)	0.318	25.4（70℃）	钒板
17%HCl(沸)	1.974		
溶液	腐蚀速度（35℃）/$\mu m\cdot a^{-1}$	腐蚀速度（60℃）/$\mu m\cdot a^{-1}$	材料
4.8%H_2SO_4	15.2	53.3	
3.6%HCl	15.2	48.3	
20.2%HCl	132	899	
3.1%HNO_3	25.4	1100	

续表 2-3

溶液	腐蚀速度（35℃）/μm · a^{-1}	腐蚀速度（60℃）/μm · a^{-1}	材料
11.8%HNO_3	68.6	88390	
10%H_3PO_4	10.2	45.7	
85%H_3PO_4	25.4	160	
溶液	腐蚀速度/mg ·（cm^2 · 月）$^{-1}$		材料
液体 Na(500℃)	0.2		

钒的化合物从广义上来说，可以包括化学化合物、晶间化合物、金属间物、取代基合金等。这种区分主要是基于化学键的性质和晶体结构。通常，化学化合物指的是一类化合价态比较明确的化合物，对钒而言，就是价态在+2～+5之间的化合物。钒的价态或氧化态决定该化合物的性质，即使其物理性质也与它的价态密切相差。例如+5价钒是抗磁性的，形成的化合物常为无色或淡黄色；而低价钒则为顺磁性的，有颜色，在钒原子的第三能级（M电子层）中，有一个或多个电子处于游离状态，这些未配合的电子，在游离过程中产生的光谱，即呈现为不同的颜色。

许多具有实际应用的钒化合物，是一类晶隙间化合物，如钒的碳化物、氮化物、硅化物等，这类含钒的化合物，作为添加剂在合金中可以起到细化晶粒的作用，以获取优异的性质。但它们并无确切的价态，而不是真正意义上的化合物。本章侧重介绍有确切价态的化合物。

2.1.3 钒氧化物，氢氧化物的性质

常见的钒氧化物为+2、+3、+4、+5价的氧化物VO、V_2O_3、VO_2、V_2O_5，钒的氧化物从低价（二价）到高价（五价），从强还原剂到强氧化剂，其水溶液由强碱性逐渐变成弱酸性。其间的关系如图2-3所示。

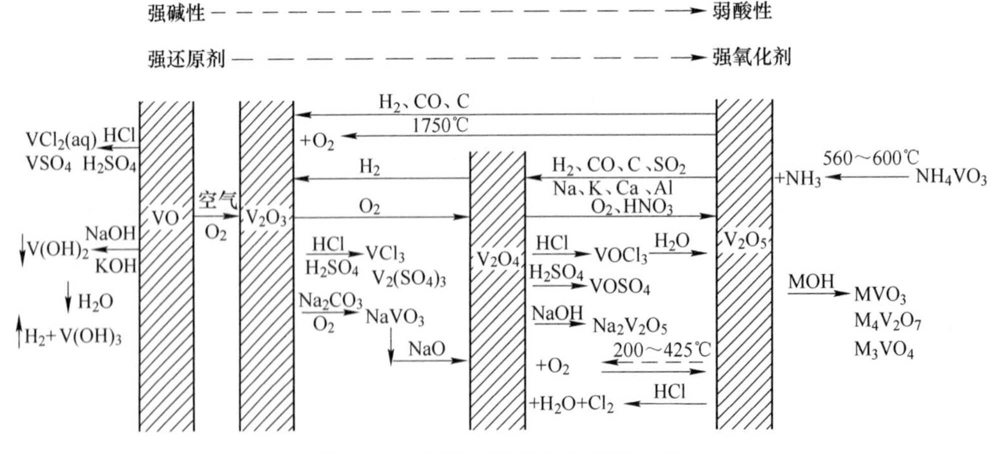

图2-3 不同价态钒氧化物间的关系

低价氧化钒不溶于水，但遇强酸会形成强酸盐，如VCl_2、VSO_4；如遇强碱则形成$V(OH)_2$，$V(OH)_2$水解会放出H_2。低价氧化钒在空气中易被氧化成高价氧化钒；反之，

五价氧化钒则可借还原性气体还原成四、三、二价的氧化钒。它们的物理与化学性质以及热力学性质等见表 2-4~表 2-6。钒氧的系统相图如图 2-4 所示。从这个相图中可以看出，除 VO 外，其他的氧化物都有一个明确的相变点，其中还包括多个氧化物构成的配合物；而 VO 则系没有明确的化学计量的配合物，故有多个假稳态点，系统相当复杂。

表 2-4 钒氧化物的性质

性质	VO	V_2O_3	VO_2	V_2O_4	V_2O_5
晶系	面心立方	菱形	单斜	α	斜方
颜色	浅灰	黑	深蓝		橙黄
密度/$kg \cdot m^{-3}$	5550~5760	4870~4990	4330~4339		3352~3360
熔点/℃	1790	1970~2070	1545~1967		650~690
分解温度/℃					1690~1750
生成热 $\Delta H_{298}^{\ominus}$ /$kJ \cdot mol^{-1}$	-432	-1219.6	-718	-1428	-1551
绝对熵 $S_{298}^{\ominus}$ /$J \cdot (mol \cdot K)^{-1}$	38.91	98.8	62.62	102.6	131
自由能 $\Delta G_{298}^{\ominus}$ /$kJ \cdot mol^{-1}$	-404.4	-1140.0	-659.4	-1319	-1420
水溶性	无	无	微		微
酸溶性	溶	HF、HNO_3	溶		溶
碱溶性	无	无	溶		溶
氧化还原性	还原	还原	两性		氧化
酸碱性	碱	碱	碱		两性

表 2-5 钒氧化物的热容

化合物	C_p/$kJ \cdot (mol \cdot K)^{-1}$	适用温度 T/K
V_2O_5	128.2	298
V_2O_5	$194.81-16.32\times10^{-3}T-55.34\times10^{5}T^{-2}$	298~熔点
VO_2	62.62	298~345
VO_2	$74.72+7.116\times10^{-3}T-16.58\times10^{5}T^{-2}$	345~熔点
V_2O_3	103.8	298
V_2O_3	$122.8+19.92\times10^{-3}T-22.69\times10^{5}T^{-2}$	298~1800
VO	45.47	298
VO	$47.38+13.48\times10^{-3}T-5.27\times10^{5}T^{-2}$	298~1700

表 2-6 钒氧化物的标准生成自由能（$\Delta G^{\ominus}=A+BT$）

反应式	A/$kJ \cdot mol^{-1}$	B/$kJ \cdot (mol \cdot K)^{-1}$	适用温度 T/K
$V(s)+1/2O_2(g) = VO(s)$	-412.8	0.0817	298~2000
$2V(s)+3/2O_2(g) = V_2O_3(s)$	-1220	0.2364	600~2000
$2V(s)+2O_2(g) = V_2O_4(\beta)$	-1402	0.3066	600~1818
$6V(s)+13/2O_2(g) = V_6O_{13}(s)$	-4368.4	1.0042	600~1000
$2V(s)+5/2O_2(g) = V_2O_5(s)$	-1554.6	0.4224	298~943

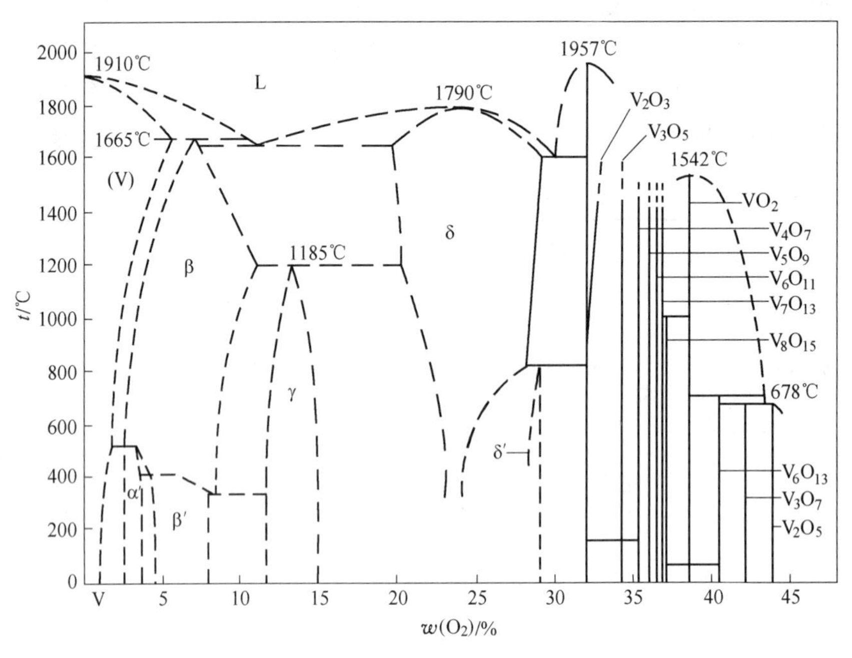

图 2-4 钒氧系相图

2.2 一氧化钒

VO 可在 1700℃下用 H_2 气还原 V_2O_5 制得，也可以在真空下用 V_2O_3 加金属 V 制得。在钒的氧化物中，随氧含量的降低，其中的金属—金属键增加，从图 2-4 的钒氧系相图中可以看出，一氧化钒是非化学剂量化合物，具有广泛的非均一性范围，它具有 NaCl 缺陷性结构。

2.3 二氧化钒（四氧化二钒）

VO_2 或 V_2O_4 的制备方法如下：V_2O_5 在 600℃于回转窑中，在硫、碳或含碳物如糖、草酸等气氛下，缓慢还原可得。四价钒在空气中被缓慢氧化，加热则快速被氧化；四价钒的氧化物也是两性物质，在热酸中溶解形成稳定的 VO^{2+}，如与硫酸形成 $VOSO_4$；在碱性溶液中则形成次钒酸盐 $HV_2O_5^-$，而次钒酸 $H_2V_4O_9$ 或 $H_2O \cdot 4VO_2$ 是一种异聚酸，它是 $M(Ⅱ)V_4O_9 \cdot 7H_2O$ 的配合物。

2.4 三氧化二钒

三价钒化合物不溶于水，能缓慢溶解于酸，形成 V^{3+}；三价钒化合物是良好的催化剂，用于加氢反应，而且它不会受有机硫化物的毒害。

V_2O_3 的制备：可用 H_2、C 等还原剂还原 V_2O_5 制得。例如，将 H_2 气加入少许水蒸气（每 1LH_2 加水蒸气 48~130mg），在 600~650℃下通过 V_2O_5，其反应如下：

$$V_2O_5 + 2H_2 = V_2O_3 + 2H_2O$$

通常 V_2O_5 含有 VN 杂质，加入水蒸气是为了脱出杂质中的 N_2，其反应如下：

$$2VN + 3H_2O = V_2O_3 + 3H_2 + N_2$$

V_2O_3 的熔点高，在空气中不易氧化，但 Cl_2 可使其迅速氧化，形成 $VOCl_3$，其反应如下：

$$3V_2O_3 + 6Cl_2 = V_2O_5 + 4VOCl_3$$

根据氧-钒二元相图可知，钒有多种氧化物。V_2O_3 和 V_2O_4 之间存在着可用通式 V_nO_{2n-1}（$3 \leqslant n \leqslant 9$）表示的同族氧化物，在 V_2O_4 到 V_2O_5 之间，已知有 V_3O_5、V_3O_7、V_4O_7、V_4O_9、V_5O_9、V_6O_{11}、V_6O_{13}等。工业上钒氧化物主要是以五氧化二钒、四氧化二钒和三氧化二钒，特别是五氧化二钒的生产尤为重要。

图 2-5 V_2O_3 粉末

V_2O_3 是灰黑色有光泽的结晶粉末；不溶于水及碱；是强还原剂。熔点很高（2070℃）。具有导电性。常温下暴露于空气中数月后，会被氧化变成靓青蓝色的 VO_2。如图 2-5 所示。工业制取方法：用氢气、一氧化碳、氨气、天然气、煤气等气体还原 V_2O_5 或钒酸铵。

2.5 五氧化二钒

V_2O_5 可用偏钒酸铵在空气中于 500℃ 左右分解制得。V_2O_5 是最重要的钒氧化物，工业上用量最大。工业五氧化二钒的生产，用含钒矿石、钒渣、含碳的油灰渣等提取，制得粉状或片状五氧化二钒（图 2-6）。它大量作为制取钒合金的原料，少量作为催化剂。

图 2-6 片状五氧化二钒

V_2O_5 是钒氧化物中最重要的，也是最常用钒化工制品。工业上首先是制取 NH_4VO_3，然后加热至 500℃，即可制得 V_2O_5。其反应如下：

$$2NH_4VO_3 \longrightarrow 2NH_3 + H_2O + V_2O_5$$

另一个方法是用 $VOCl_3$ 水解，反应如下：

$$2VOCl_3 + 3H_2O = V_2O_5 + 6HCl$$

V_2O_5 是原子缺失型半导体，其中的缺失型是 V^{4+} 离子，在 700~1125℃，V_2O_5 存在下列可逆反应：

$$V_2O_5 = V_2O_{5-x} + (x/2)O_2$$

式中，x 随温度的升高而增大，此一性质使其呈现为催化性质。V_2O_5 微溶于水，溶解度在 0.01~0.08g/L，大小取决于其前期生成的历史。如果是自水溶液中沉淀生成的，则其溶解度会大些。

V_2O_5 与 Na_2CO_3 一起共熔得到不同的可溶性钒酸钠。

$$V_2O_5 + 3Na_2CO_3 \longrightarrow 2Na_3VO_4 + 3CO_2$$

$$V_2O_5 + 2Na_2CO_3 \longrightarrow Na_4V_2O_7 + 2CO_2$$

$$V_2O_5 + Na_2CO_3 \longrightarrow 2NaVO_3 + CO_2$$

因为在 V_2O_5 晶格中比较稳定地存在着脱除氧原子而得的阴离子空穴，因此在 700~1125℃范围内，可逆地失去氧，这种现象可解释为 V_2O_5 的催化性质。

$$2V_2O_5 \rightleftharpoons 2V_2O_4 + O_2$$

V_2O_5 是两性化合物，但其碱性弱，酸性强，易溶于碱性溶液构成钒酸盐，强酸也能溶解 V_2O_5。在酸、碱溶液中，生成物的形态取决于溶液的钒浓度和 pH 值，当溶液处于强碱性（pH>13），会以单倍体 VO_4^{3-} 存在；若处于强酸性溶液中（pH<3），而且钒浓度较低时（<0.1mmol/L），则主要以 VO_2^+ 存在，如果钒的浓度较高（>50mmol/L），则析出固相 V_2O_5；如果处在中间 pH 值的状态，则会以下列配合物存在：VO_3^-、HVO_4^{2-}、$V_3O_9^{3-}$、$V_4O_{12}^{4-}$、$V_{10}O_{28}^{6-}$、$V_2O_7^{4-}$；当 pH=1.8 时，V_2O_5 的溶解度最小，约为 2.2mmol/L。为此，在酸性条件下沉钒时，多选择在 pH 值为 1.8 左右，如图 2-7 所示。

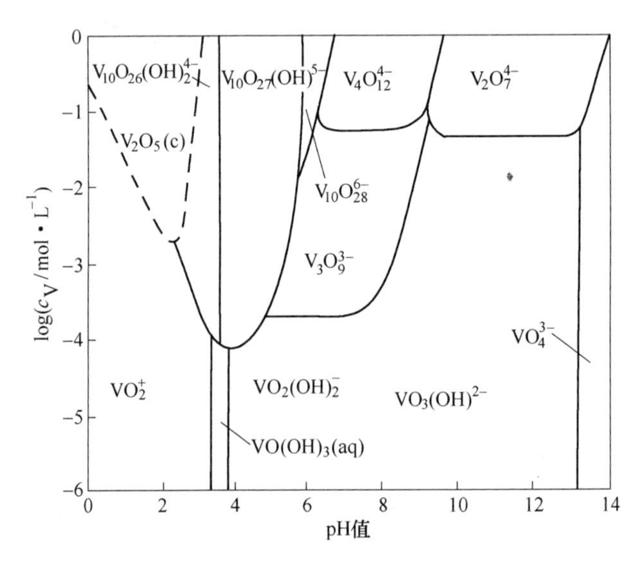

图 2-7 水溶液中五价钒离子的形态与钒浓度及 pH 值的关系

2.6 钒的过氧化物

在偏钒酸盐的非酸性水溶液中加入双氧水会生成过氧化钒酸盐，如偏钒酸铵会生成过氧化钒酸铵，可认为系过氧化钒酸（$H_4V_2O_{10}$）与铵离子 NH^{4+} 形成的盐，但是过氧化钒酸不会在水中游离存在。在酸性水溶液中，双氧水会与钒离子形成砖红色配合物，这是个敏感反应，可用在钒浓度极低时的定性试验。

2.7 钒酸

钒酸的存在形式基本上与两个因素有关：一个是溶液的酸度，另一个是钒酸盐的浓度。在高碱度下，主要以正钒酸根 VO_4^{3-} 存在，当水溶液逐渐酸化时，其钒酸根会发生一系列水解作用。

钒的含氧酸在水溶液中形成钒酸根阴离子或钒氧基离子，它能以多种聚集态存在，使之形成各种组成的钒氧化合物，其性质对钒的生产极为重要。

当钒的浓度很低时，如小于 1mmol/L，在各种 pH 值条件下均以单核存在。但钒酸根有很强的聚合性能，当质子化的钒酸根浓度升高时，会发生一系列聚合作用。此种性质亦随 pH 值降低而加强。

分析状态图可知，从碱性或弱碱性溶液析出的钒酸盐是正钒酸盐或焦钒酸盐。当溶液接近中性时，析出的是四聚 $V_4O_{12}^{4-}$ 或三聚体 $V_3O_9^{3-}$；当溶液呈弱酸性或酸性时，析出的是多聚钒酸盐，如 $V_{10}O_{28}^{6-}$。

温度为 40℃，pH = 2 ~ 8，钒酸存在的主要形式是 $V_3O_9^{3-}$、$V_4O_{12}^{4-}$、$HV_6O_{17}^{3-}$、$HV_{10}O_{28}^{5-}$。当 pH 值降低到 2 以下时，十钒酸盐会变成十二钒酸盐，其反应如下：

$$6H_6V_{10}O_{28} = 5H_2V_{12}O_{31} + 13H_2O$$

研究证明，水合 V_2O_5 就是 $H_2V_{12}O_{31}$的多聚体，其中的质子可被其他金属正离子取代，取代的顺序如下：$K^+ > NH^{4+} > Na^+ > H^+ > Li^+$。

当含钒溶液的酸度增加到 $pH<3$，特别是 $pH<1$ 时，多聚体会受到质子的破坏，而呈 VO^{2+}形式存在，其反应如下：$H_2V_{12}O_{31} + 12H^+ = 12VO_2^+ + 7H_2O$ 。钒酸根离子也能与其他酸根离子，如钨、磷、砷、硅等的酸根生成复盐，这也就构成钒酸盐杂质的来源之一。

2.8 氢氧化钒

三价的钒可以在碱性或氨性溶液中形成绿色 $V(OH)_3$ 沉淀，它在空气中易氧化；二价的钒盐，加碱也会形成 $V(OH)_2$ 沉淀，但不稳定，迅即氧化。

2.9 二价钒盐

二价钒盐只有水合硫酸钒 $VSO_4 \cdot 6H_2O$，可在硫酸溶液中电解 V_2O_5 制得（此时应使用 Hg 阴极）。该水合物系浅红紫色单斜晶体，易被空气氧化，溶于水呈紫色，由于它是强还原剂，溶于水会放出氢气。

2.10 三价钒的钠盐

三价钒的钠盐有 $NaVO_2$，系六方晶系。经电解还原可形成三价钒的绿色溶液。在适宜浓度下，可获得绿色针丝状化合物 $VO(SO_4)_3 \cdot H_2SO_4 \cdot 12H_2O$ 沉淀，此化合物在 180℃加热可得中性三价钒硫酸盐 $V_2(SO_4)_3$，黄色粉末，不溶于水、硫酸、酒精和乙醚，系强氧化剂，可用作漂白剂。

2.11 四价钒的钠盐

四价钒的钠盐有 Na_2VO_3、$Na_2V_2O_5$，系四方晶系，不溶于水，溶于稀硫酸。另外 V_2O_5 在硫酸溶液中，使用 SO_2 作还原剂，可制得四价钒化合物——无水硫酸氧钒，$VOSO_4 \cdot 5H_2O$，系深蓝色固体，易溶于水。

2.12 五价钒酸盐

钒酸盐中含有五价钒的有偏钒酸盐、正钒酸盐、焦钒酸盐以及多钒酸盐。偏钒酸盐是最稳定的，其次是焦钒酸盐，而正钒酸盐是比较少的，即使在温度较低的情况下，也会迅速水解，转化为焦钒酸盐，以钒酸钠为例，其反应如下：

$$2Na_3VO_4 + H_2O = Na_4V_2O_7 + 2NaOH$$

而在沸腾的溶液中，焦钒酸盐又会转化为偏钒酸盐，其反应如下：

$$Na_4V_2O_7 + H_2O = 2NaVO_3 + 2NaOH$$

但是焦钒酸铵是不存在的，当把氯化铵加入到焦钒酸钠溶液中时，得到的则是偏钒酸铵沉淀，其反应如下：$4NH_4Cl + Na_4V_2O_7 = 2NH_4VO_3 + 4NaCl + 2NH_3 + H_2O$。偏钒酸盐：碱金属的氢氧化物与 V_2O_5 作用，可得到碱金属的偏钒酸盐；其他金属的可溶性盐与碱金属钒酸盐的中性溶液作用，可按复分解反应制得该金属的钒酸盐。偏钒酸盐溶液加入氯化铵，即可制得偏钒酸铵，其反应如下：$NH_4Cl + NaVO_3 = NH_4VO_3 + NaCl$。

偏钒酸铵是最普通的钒酸盐，为白色结晶，若不纯则略呈黄色，微溶于水和乙醇，在空气中灼烧，最终分解产物为 V_2O_5，其反应如下：$2NH_4VO_3 = V_2O_5 + 2NH_3 + H_2O$。

此外还有 $V_3O_9^{3-}$ 和 $V_4O_{12}^{4-}$，是偏钒酸根的三、四聚体，再有就是十钒酸根 $V_{10}O_{28}^{4-}$，实为正钒酸根的十聚体。大多数金属离子都能与这些钒酸根结合，包括碱土金属、重金属、贱金属、贵金属等，如 Bi、Ca、Cd、Cr、Co、Cu、Fe、Mg、Mn、Mo、Ni、Ag、Sn、Zn，此类盐在水中的溶解度都比较低，均可用水溶液沉淀法制取（也可用金属氧化物与钒氧化物在高温下熔融制取）。

某些金属的五价钒酸盐的性质见表 2-7。

表 2-7　五价钒酸盐的物理及化学性质

化合物	分子式	状态	熔点/℃	水溶性	$\Delta H_{298}^{\ominus}$ /kJ·mol^{-1}	$\Delta S_{298}^{\ominus}$ /J·(mol·K)$^{-1}$	$\Delta G_{298}^{\ominus}$ /kJ·mol^{-1}
偏钒酸	HVO_3	黄色垢状/固		溶于酸碱			
偏钒酸铵	NH_4VO_3	淡黄色/固（2326kg/m^3）	200（分解）	微溶于水	-1051	140.7	-886
偏钒酸钠	$NaVO_3$	无色/固/单斜晶体	630	溶于水	-1145	113.8	-1064
		水溶液（<1mol/L）			-1129	108.9	-1046
偏钒酸钾	KVO_3	固		溶于热水			
正钒酸钠	Na_3VO_4	无色/固/六方晶系	850~856	溶于水	-1756	190.1	-1637
		水溶液（<1mol/L）			-1685		
	NaH_2VO_4	水溶液（<1mol/L）			-1407	180.0	-1284
焦钒酸钠	$Na_4V_2O_7$	无色/固/六方晶系	632~654	溶于水	-2917	318.6	-2720
偏钒酸钙	CaV_2O_6	固	778		-2330	179.2	-2170
焦钒酸钙	$Ca_2V_2O_7$	固	1015		-3083	220.6	-2893
正钒酸钙	$Ca_3V_2O_8$	固	1380		-3778	275.1	-3561
偏钒酸铁	FeV_2O_6				-1899		-1750
焦钒酸铅	$Pb_2V_2O_7$	固	722		-2133		-1946
正钒酸铅	$Pb_3V_2O_8$	固	960		-2375		-2161
偏钒酸镁	MgV_2O_6	固			-2201	160.8	-2039
焦钒酸镁	$Mg_2V_2O_7$	固	710		-2836	200.5	-2645
偏钒酸锰	MnV_2O_6				-2000		-1849

Na_2O-V_2O_5-H_2O 系的溶解度如图 2-8 所示。图中自上而下画出了 0~80℃之间的 6 个等温切面。同时自左至右的 5 条虚线分别代表 $25Na_2O \cdot 8V_2O_5$、$3Na_2O \cdot V_2O_5$、$2Na_2O \cdot V_2O_5$、$Na_2O \cdot V_2O_5$、$3Na_2O \cdot 5V_2O_5$，不同水合物的析出曲线。例如 $Na_4V_2O_7 \cdot 18H_2O$、$Na_3VO_4 \cdot 17H_2O$、$4Na_3VO_4 \cdot NaOH \cdot 48H_2O$ 三者的饱和液相面交点位于 38.5℃、23% V_2O_5、17.7%Na_2O 的交点上。

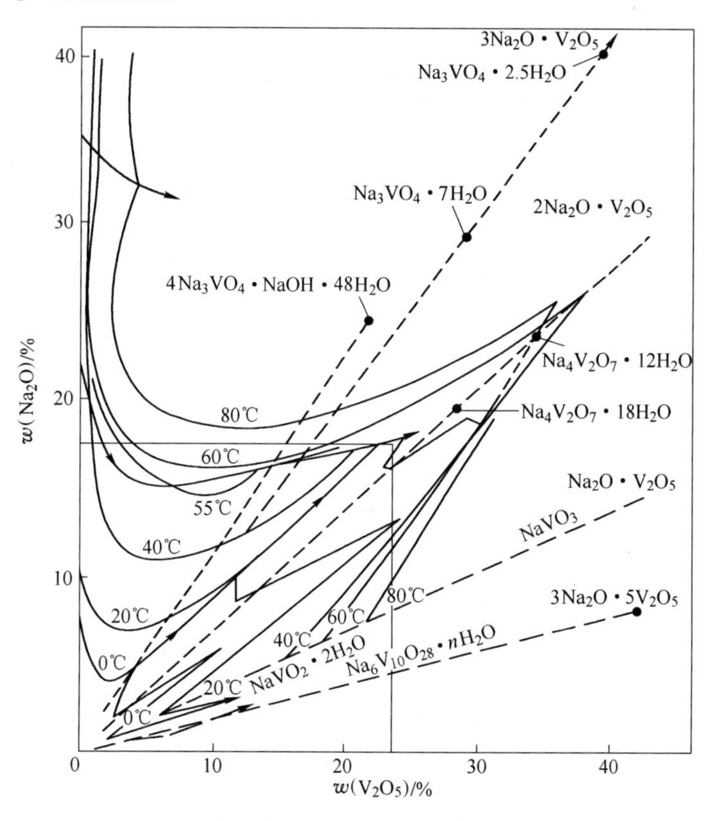

图 2-8　Na_2O-V_2O_5-H_2O 系溶解度图

生产上最重要的五价钒酸盐是偏钒酸钠。它易溶于水，并易成水合物，35℃以上它能以无水结晶析出，而在 35℃以下则析出为 $NaVO_3 \cdot 2H_2O$，其溶解度随温度的降低而下降，详见表 2-8。

表 2-8　偏钒酸钠在水中的溶解度

温度/℃	25	40	60	70	75
$w(NaVO_3)$/%	21.1	26.2	33	36.9	38.8
$w(NaVO_3 \cdot 2H_2O)$/%	15.2	29.9	69.9		

偏钒酸铵：钒酸铵是重要的中间产物，其中偏钒酸铵在生产上更为重要。偏钒酸铵的简要性质如下：

颜色、形状	白、浅黄色粉末
分解温度	220℃
$\Delta H^{\ominus}_{298}$	1051kJ/mol

$\Delta G_{298}^{\ominus}$	886.6kJ/mol
$S_{298}^{\ominus}$	140.6J/(mol · K)
C_p(298~550K)	$190-54.0\times10^5T^{-2}$kJ/(mol · K)

偏钒酸铵在水中的溶解度与温度的关系见表 2-9 和图 2-9。五价的钒酸铵盐，除了偏钒酸铵外，还有几种多聚体，它们可表示为：$\alpha[(NH_4)_2O]\cdot\beta[V_2O_5]\cdot\gamma[H_2O]$，其中，$\alpha$ 仅为 1、2、3；β 为 0.3~5；γ 为 0~6。

表 2-9　偏钒酸铵在水中的溶解度

温度/℃	0	20	25	35	45	55	60	70
溶解度/%	0.066	0.51	0.608	1.08	1.57	2.00	2.55	3.05

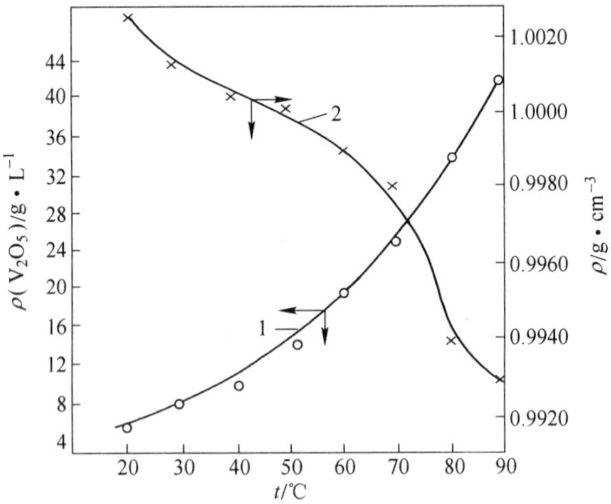

图 2-9　NH_4VO_3 在水中的溶解度、密度与温度的关系

1—溶解度与温度；2—饱和溶液的密度与温度

另外还有+4 价钒酸盐及+3、+4 价钒酸盐的复盐，其多聚体及结晶水也多种多样。

钒青铜：钒酸盐也可用钒的氧化物与金属氧化物在高温下合成，根据前人对 Na_2O-V_2O_5 二元相图的研究，在 600~700℃，$x(V_2O_5)/x(Na_2O)$ =(100~35)/(0~65)，可析出 4 种钠盐，它们依次是 NaV_6O_{15}、$Na_8V_{24}O_{53}$、$NaVO_3$、$Na_4V_2O_7$。

在 700~1300℃，$x(V_2O_5)/x(Na_2O)$=(35~20)/(65~80)，则析出 Na_3VO_4。以上的 NaV_6O_{15} 实际上是 $Na_2O\cdot xV_2O_4\cdot(6-x)V_2O_5$ 的复盐（x=0.85~1.06），而 $Na_8V_{24}O_{53}$ 则为 $5Na_2O\cdot yV_2O_4\cdot(12-y)V_2O_5$ 的复盐（y=0~2），称为钒青铜，不溶于水，在空气中氧化可转变成水溶性钒酸盐。而可溶性钒酸盐缓慢冷却结晶时脱氧则又会转变成钒青铜。

偏钒酸铵是工业上生产 V_2O_5 的中间产物。偏钒酸铵在真空中加热到 135℃开始分解，超过 210℃时分解生成 V_2O_4 和 V_2O_5，见表 2-10。

除了偏钒酸铵外，五价钒（V^{5+}）的铵盐还有很多种，如 $(NH_4)_2V_4O_{11}$、$(NH_4)_2V_6O_{16}$、$(NH_4)_4V_6O_{17}$、$(NH_4)_4V_{10}O_{27}$、$(NH_4)_6V_{10}O_{33}$、$(NH_4)_2V_{12}O_{31}$、$(NH_4)_6V_{14}O_{38}$、$(NH_4)_{10}V_{18}O_{40}$、$(NH_4)_6V_{20}O_{53}$、$(NH_4)_8V_{26}O_{69}$ 等。

表 2-10　偏钒酸铵热分解条件及产物

温度/℃	气氛	分解产物
250	空气和氧气 NH_3	V_2O_5
250	空气	$(NH_4)_2O \cdot 3V_2O_5$
340	空气	$(NH_4)_2O \cdot V_2O_4 \cdot 5V_2O_5$
420~440	空气	NH_3，V_2O_5
310~325	氧气	V_2O_5
约 320	氢气	$(NH_4)_2O \cdot 3V_2O_5$
约 400	氢气	$(NH_4)_2O \cdot V_2O_4 \cdot 5V_2O_5$
约 1000	氢气	V_6O_{13}，V_2O_3，V_2O_4
350	二氧化碳、氮或氩	$(NH_4)_2O \cdot V_2O_4 \cdot 5V_2O_5$
400~500	二氧化碳、氮或氩	V_6O_{13}
200~240	氮气和氢气	$(NH_4)_2O \cdot 3V_2O_5$
320	氮气和氢气	$(NH_4)_2O \cdot V_2O_4 \cdot 5V_2O_5$
400	氮气和氢气	V_6O_{13}
225	水蒸气	$(NH_4)_2O \cdot 3V_2O_5$

工业生产五氧化二钒，采用酸性铵盐沉钒时，在不同钒浓度和 pH 值等沉钒条件下，可以得到上述的钒酸铵沉淀，通常称为多钒酸铵（英文缩写为 APV），是制取 V_2O_5 的中间产品，多为橙红色或橘黄色，也称为“黄饼”。纯净的偏钒酸铵粉末是白色。

APV 在水中的溶解度较小，随着温度升高，溶解度降低。APV 在空气中煅烧脱氨后，得到工业五氧化二钒。

2.13　二氟化钒

使用 VF_3+H_2+HF（不含水）在 1150℃下控制还原程度，可制得 VF_2。也可用 V_2O_5 在氮气氛下，在 HF 水溶液中电解还原制得 $VF_3 \cdot 4H_2O$，将它加热到 120℃，可脱水得 $VF_3 \cdot 2H_2O$，但即使继续加热至 200℃，也得不到无水化合物。

2.14　三氟化钒

将 VCl_3 或 VBr_3 置于铂坩埚中，加热至 600℃，通入含 HF 的无水 N_2 气，即可得 VF_3。VF_4 在 100~120℃进行歧化反应，也可得 VF_3。另外将金属钒直接在 200℃通 F_2 气氛化，也可得 VF_3 及其他氟化物。

由于 VF_3 是不挥发物，故新生成的 VF_3 会包裹在原料的表面，阻碍反应继续进行，故最好的方法是采用六氟钒酸铵热分解，首先在铂坩埚中，在 210~250℃下通纯氩气 2h，按下式制取六氟钒酸铵：$V_2O_3 + 6NH_4HF_2 = 2(NH_4)_3VF_6 + 3H_2O$。得到的六氟钒酸铵再于 600~700℃下，在纯氩气氛下分解：$(NH_4)_3VF_6 = VF_3 + 3NH_4F$。此外 VF_3 也可以将 V_2O_5 在 HF 水溶液中电解还原制得。VF_3 不溶于水，是黄绿色固体，在 1406℃熔化而不分解。

2.15　四氟化钒

VF_4 的制备方法很多。最初是利用 VCl_4 与 HF 在-28℃下反应制得，这个反应如果令其在一个如 $CClF_3$ 的惰性溶液中，在-78℃下进行，则效果更佳，制得的 VF_4 产品更纯。也可以在150℃下用 F_2 气（在 Ar 气氛下）加热 VCl_3 制得 VF_4。

纯 VF_4 是浅绿色固体，VF_4 若暴露于湿环境下，则会水解变成红褐色粉，最后形成蓝色糊。VF_4 具有热不稳定性，在室温下会缓慢分解为 VF_3 和 VF_5，真空下在150℃以上会加快分解。

2.16　五氟化钒

五氟化钒化学式为 VF_5，不稳定，熔点19.5℃，系强氧化剂与氟化剂，五价钒的卤化物更多的是以卤氧钒存在，更为稳定，如 VOF_3、$VOCl_3$ 和 $VOBr_3$。

VF_5 的制备，是在20世纪初用 VF_4 在氮气氛下，在600℃下缓慢加热而制得。VF_4 经歧化反应，产物经分馏，得到 VF_3 和 VF_5。也可用金属钒在300℃下与 F_2 气体（用 N_2 稀释）反应制得。

VF_5 溶于水、乙醇、丙酮、四氯化碳，形成红黄色液，VF_5 在湿空气中迅速水解，它是强氧化剂、氟化剂，VF_5 可被多种还原剂（如 PF_3）还原成 VF_4，SO_2 则与 VF_5 在室温下反应形成 VOF_3。

2.17　氧钒氟化物

钒可形成若干个氧钒氟化物。五价钒可形成 VOF_3、VO_2F，四价钒与三价钒则可分别形成 VOF_2、VOF，制备的方法如下。

VOF_3：使用 V_2O_5 在铂坩埚中，450℃下通入 F_2+N_2（体积比为1∶1）的气体，或通入 BrF_3 或 ClF_3 气体制得。VOF_3 是浅黄色挥发性固体，可氧化为单质，加热时会腐蚀玻璃。

VO_2F：使用 F_2+N_2（体积比为1∶1）的气体，在75~85℃下流过 $VOCl_2$。它是红褐色晶体，不稳定，易水解，加热至300℃，分解为 VOF_3 和 V_2O_5。

VOF_2：使用 $VOBr_2$ 在600~700℃，通入无水 HF 气体，可制得 VOF_2；或用 VO_2 加入70%的 HF 水溶液，或用 V_2O_5 在 HF 水溶液中还原电解，可制得 VOF_2，系黄色固体。

钒的氟化物的性质见表2-11。

表2-11　钒的氟化物的性质

钒氟化物	VF_5	VF_4	VF_3	VF_2	VOF_3	VO_2F	VOF_2
外观	白色固体	浅绿色固体	黄绿色固体	蓝色针状晶体	暗黄固体	棕色固体	黄色固体
晶体结构		六方晶系	菱形晶系	四方晶系			
密度/$kg \cdot m^{-3}$	2500	3150	3360	3960	2459		3396
熔点/℃	19.5		1406			300	
沸点/℃	48						
升华温度/℃		100			110		

续表 2-11

钒氟化物	VF_5	VF_4	VF_3	VF_2	VOF_3	VO_2F	VOF_2
分解温度/℃		100					
$\Delta H_{298}^{\ominus}$ /kJ · mol^{-1}	-1433.8 (g)	-1403.3	-1150.6				
$S_{298}^{\ominus}$ /J · (mol · K)$^{-1}$	320.8 (g)	121.3	96.985				
$\Delta G_{298}^{\ominus}$ /kJ · mol^{-1}	-1369.8 (g)	-1251.0	-1080.2				

注：(g) 表示气相。

2.18 二氯化钒

VCl_2 是浅绿色晶体，熔点 1350℃，热稳定性好。二价钒的卤化物是有色的顺磁性固体，为强还原剂，易吸潮，溶于水形成 $V(H_2O)_6^{2+}$ 离子。有两个主要制取方法：一个方法是在 500℃下用氢气还原 VCl_3：$2VCl_3 + H_2 = 2VCl_2 + 2HCl$；另一个方法是在 500℃下使 VCl_3 歧化：$2VCl_3 = VCl_4 + VCl_2$。由于对湿度极为敏感，故制备时必须避免暴露于湿空气中。

2.19 三氯化钒

VCl_3 是红紫色晶体，易吸潮，溶于酸性溶液，若不接触空气，可制得六水合物 $VCl_3 \cdot 6H_2O$，当在 HCl 热气流下欲使其脱水时，则会水解。VCl_3 受热不稳定，加热至 400℃以上会歧化，其反应如下：$2VCl_3 = VCl_4 + VCl_2$。

三价卤化物也是有色的晶体，有的也呈聚合体。三氯化钒不溶于水及普通有机溶剂，而其他三价卤化物易吸潮，溶于水形成 $V(H_2O)_6^{3+}$ 离子，易水解，易被氧化成 V^{4+} 氧化物离子。除 VF_3 外，其他在空气中易氧化。加热后三氟化钒直接升华。三氯化钒、三溴化钒升华的同时，还产生歧化反应，而三碘化钒则歧化为 VI_2 和 I_2。

三氯化钒的制备有几种方法，最重要的是热分解法，是在 VCl_4 的沸点下用 CO_2 缓慢分馏，温度 148℃，大约回流 70h；此一反应经改进后，加入 ICl 作催化剂（用量约为 VCl_4 的 1%），则于 100℃下，8h 即可获得 95%的转化率。反应为：$2VCl_4 = 2VCl_3 + Cl_2$。

其他制取 VCl_3 的方法有：将 V_2O_5 与氯化硫醯 $SOCl_2$ 在反应釜中 200℃加热 24h：

$$V_2O_3 + 3SOCl_2 \longrightarrow 2VCl_3 + 3SO_2$$

反应后，开釜放出 SO_2，用 CS_2 洗涤 VCl_3，然后在 80℃真空下干燥。

2.20 四氯化钒

VCl_4 是红褐色液体，极易水解，受潮即熔化，室温下受热分解为 VCl_3 和 Cl_2，高温、光照会加速其分解。四价卤化钒中以 VCl_4 较稳定，它在水中激烈水解产生 $VOCl_2$。四价卤化钒熔点都比较低，受热则升华或歧化。

VCl_4 的制备方法是在 800℃下用氯气与碳还原 V_2O_5，但同时生成的还有氯氧钒 $VOCl_3$，后者再进一步氯化，也可获得 VCl_4。也可以用金属钒或钒铁氯化，在 250~300℃下制取 VCl_4。

2.21 一氯氧钒

VOCl 是褐色结晶，受热分解为 V_2O_5、VCl_2 和 $VOCl_3$。在 N_2 气流中将 $VOCl_2$ 加热至

300℃；在密闭管道中将 V_2O_5 和 VCl_3 加热至 620～720℃；或用氢气在 600℃下还原 $VOCl_3$，均可制得 VOCl。钒的氯化物及氯化氧钒的性质见表 2-12。

表 2-12　钒的氯化物及氯化氧钒的性质

化合物	VCl_4	VCl_3	VCl_2	$VOCl_3$	VO_2Cl	$VOCl_2$	VOCl
外观	红棕色 液体	红紫色 固体	暗绿色 固体	黄色 液体	橙色 固体	绿色 固体	棕色 固体
晶体结构		六方晶系	六方晶系			正交晶系	正交晶系
密度/$kg \cdot m^{-3}$	1816	3000	3090	1829	2290	2880	3440
熔点/℃	-28	分解	1350	-77			
沸点/℃	148.5			126.7			
分解温度/℃		425			180	320	620
$\Delta H^{\ominus}_{298}$ $/kJ \cdot mol^{-1}$	-569.96（l） -530.50（g）	-560.66	-489.5	-740.5（l） -735（l） -696（g）	-766.7 -756	-690.4 -703	-602.5 -607
$S^{\ominus}_{298}$ $/J \cdot (mol \cdot K)^{-1}$	257.4（l） 351.46（g）	130.96	97.07	344（l） 205（l） 344（g）	96.3	119 130	75 75
$\Delta G^{\ominus}_{298}$ $/kJ \cdot mol^{-1}$	-503.75（l） -491.20（g）	-516.52	-443.1	-669（l） -659.7（g）	-702.5	-636	-556.8

注：（l）表示液体；（g）表示气体。

2.22　二氯氧钒

$VOCl_2$ 是绿色晶体，受热不稳定，300℃以上分解为 $VOCl_3$ 和 VOCl。制备方法有：将 V_2O_5 在 HCl 中用 Hg 催化还原，可得 $VOCl_2 \cdot xH_2O$；或使 V_2O_5、HCl、C_2H_5OH 完全反应，然后蒸发，也可得水合物。如果将 $VOCl_2$ 的酸性水溶液与氯化亚硫醯（氯化亚砜）$SOCl_2$ 在 600℃下一起回馏，则可得无水化合物，在冷凝液中收集。

2.23　三氯氧钒

$VOCl_3$ 是柠檬黄色液体，易水解，在湿空气中冒红烟。它也是一个溶剂，$VOCl_3$ 能溶解硫，可与非金属卤化物如 CCl_4 及多数碳水化合物完全互溶。在钒的卤化物中，$VOCl_3$ 有重要用途。

$VOCl_3$ 的制备方法如下：将 Cl_2 气在 300～350℃下通过 V_2O_5+C 层，则 86%的 V_2O_5 可转化为 $VOCl_3$。如果温度太高，超过 400℃，则会生成 VCl_4。另一个生成 $VOCl_3$ 的方法是钒渣氯化，即将铁钒渣置于 $x(KCl):x(NaCl)=4:1$ 的熔盐中，700～720℃通入氯气，约 93%的钒可转化为 $VOCl_3$。

2.24　一氯二氧钒

VO_2Cl 是深橙色固态晶体，不溶于水，溶于四氢呋喃、醋酸，但不分解，加热至180℃，VO_2Cl 分解为 $VOCl_3$ 和 V_2O_5。下列途径可以制取 VO_2Cl：

（1）使用臭氧流过沸腾的 $VOCl_3$，其反应为：$VOCl_3 + O_3 = VO_2Cl + Cl_2 + O_2$。

（2）室温下将 Cl_2O 用 O_2 稀释，流过 $VOCl_3$，其反应为：$VOCl_3 + Cl_2O = VO_2Cl + 2Cl_2$。

（3）使 $VOCl_3$ 与 As_2O_3 反应，其反应为：$3VOCl_3 + As_2O_3 = 3VO_2Cl + 2AsCl_3$。

2.25　一溴氧钒

将 $VOBr_2$ 在360℃真空下加热分解，可制得 VOBr。也可以在密闭管道中，在400℃下将 As_2O_3 和 VBr_3 加热6天，制得 VOBr。钒的溴化物及溴化氧钒的性质见表2-13。

表2-13　钒的溴化物及溴化氧钒的性质

化合物	VBr_4	VBr_3	VBr_2	$VOBr_3$	$VOBr_2$	VOBr
外观	绛红色固体	灰褐色固体	棕橙色固体	深红色液体	黄褐色固体	紫色固体
密度/$kg \cdot m^{-3}$		4200	4520	2993		4000
晶型		六方晶系	六方晶系			正交晶系
熔点/℃				-59		
沸点/℃				170		
分解温度/℃	-23	400		480	320	480
$\Delta H^{\ominus}_{298}$ /$kJ \cdot mol^{-1}$	-393.3（g）	-447.7	-159.0			
$S^{\ominus}_{298}$ /$J \cdot (mol \cdot K)^{-1}$	334.7（g）	142.3	125.5			

注：（g）表示气体。

2.26　二溴氧钒

$VOBr_2$ 是黄棕色固体。制备方法为：Br_2 在600℃通过 V_2O_3；或改用 BBr_3 流过 V_2O_5；也可用 $VOBr_3$ 在180℃下热分解；此外，V_2O_5 和S的混合物在密闭的管道中，520~620℃下在 Br_2 气氛中加热，得到 $VOBr_2$ 升华，然后在冷凝器中260℃收集。

2.27　三溴氧钒

$VOBr_3$ 是深红色液体，熔点为-59℃，沸点为170℃，易吸潮，即使在黑暗下，也易分解，加热即分解加快。制备方法为：Br_2 在600℃下通入 V_2O_5+C；或 Br_2 在200℃通入 V_2O_3+C 反应。

2.28　二溴化钒

VBr_2 是橙色固体，易吸潮，热稳定性好，800~900℃下加热升华，而不分解。在流动系统中加热至450℃，用氢气还原 VBr_3 可制得 VBr_2。

2.29 三溴化钒

VBr_3 是黑色固态晶体，受热不稳定，分解为 VBr_2 和 Br_2，也将歧化为 VBr_4 和 VBr_2。制备方法如下：Br_2 气流在 550℃下流过金属钒可生成 VBr_3；也可用干燥的 Br_2 与 VN 在红热状态下反应；VC 在 500~600℃与钒铁在红热状态下反应；或 V_2O_5 和 CBr_4 在密闭管道中在 350℃下反应生成。

2.30 四溴化钒

VBr_4 是绛红色固体，在-45℃下稳定，高于-23℃即缓慢分解为 VBr_3 和 Br_2。制备的方法是利用 VBr_3 的歧化反应，然后再于-76℃下冷凝收集形成的 VBr_4。

2.31 二碘化钒

VI_2 是黑紫色固体，在真空下 750℃升华，高于 1000℃则开始分解为 I_2 和金属钒。制备方法如下：在真空下 280℃令 VI_3 分解，至 400℃可完全分解，此时将产生的 I_2 不断排除，可得 VI_2 固体。此外，如果将 I_2 与金属钒在低于 800℃下反应，可同时生成 VI_3 和 VI_2，在此温度下，只有 VI_2 是可挥发的，借此可以回收。

钒的碘氧化物，只有二碘氧钒 VOI_2，其制备的方法是将 V_2O_5 溶于 HI 酸性溶液中即可制得。碘化钒的性质列于表 2-14。

表 2-14 碘化钒的性质

化合物	VI_3	VI_2
外观	暗棕色固体	暗紫色固体
晶体结构	六方晶系	六方晶系
相对分子质量	431.64	304.74
密度/$kg \cdot m^{-3}$	5140	5000
熔点/℃		775（分解或升华）
升华温度/℃	280（真空下分解）	750~800（真空下）
$\Delta H_{298}^{\ominus}$ /$kJ \cdot mol^{-1}$	-280.33	-263.59
$S_{298}^{\ominus}$ /$J \cdot (mol \cdot K)^{-1}$	202.9	146.4
$\Delta G_{298}^{\ominus}$ /$kJ \cdot mol^{-1}$	-215.6	-220.9

2.32 三碘化钒

VI_3 是红黑色晶体，易吸潮，易溶于水，呈橙色，会逐渐变绿。受热易分解，300℃分解为 VI_2 和 I_2。制备的方法为：在密闭的容器中，用片状的金属钒，300℃下用 I_2 加热 1~2 天，则在金属钒表面生成 VI_3。易于取出，多余的 I_2 可在 80~100℃真空下升华。此外，在密闭管道中将 VI_2 和 I_2 加热至 300℃，或将 V_2O_3 和 AlI_3 加热至 330℃，也可制得 VI_3。

2.33　钒的氢化物

钒吸收氢后可形成不同的氢化物。氢在钒中的溶解度随温度升高而减少，见表 2-15。

表 2-15　氢在钒中的溶解度

温度/℃	20	150	300	400	600	800	1000
溶解度/$L \cdot kg^{-1}$	15	8.2	6	3.8	1	0.45	0.24

钒吸收氢后，可以生成不同的氢化物相，如无序的体心立方的固溶体，V_2H、V_3H_2、VH、VH_2 等，但 VH_2 很不稳定，常温下即易分解为 VH 和 H_2。钒的氢化物为灰色金属状物，金属钒吸氢后晶格膨胀，性质变脆，密度变小，在真空中加热到 600~700℃，钒的氢化物即会分解，氢含量降低到 0.001%~0.002%，随着氢含量的下降，钒的脆性下降，塑性恢复。

2.34　钒的硫化物

钒的硫化物主要有二元硫化物、硫酸盐和硫代钒酸盐。钒的二元硫化物有 V_2S_5、VS_2、V_2S_3、VS、VS_4、VS_5 等。V_2S_5 在稀盐酸、稀硫酸及稀氨、碱溶液中微溶。高价的硫化钒在高温下用氢气还原可制得低价的硫化钒。

硫代钒酸盐：V_2S_5 与碱金属硫化物溶液反应，可以生成硫代钒酸盐或 $(NH_4)VO_3$ 与 $(NH_4)_2S$，反应如下：$(NH_4)VO_3 + 4(NH_4)_2S + 3H_2O = (NH_4)_3VS_4 + 6NH_4OH$ 。式中的 VS_4^{3-} 即为硫代钒酸根。除了正硫代钒酸盐外，还可以生成焦硫代钒酸盐。正硫代钒酸盐与强酸作用会发生复分解反应，再生成硫化钒，其反应如下：

$$2(NH_4)_3VS_4 + 6HCl = V_2S_5 + 3H_2S + 6NH_4Cl$$

硫酸氧钒：四价钒及五价钒易生成硫酸氧钒 $VOSO_4$ 和 $(VO)_2(SO_4)_3$，二者均不活泼，不溶于水。硫酸钒：二价和三价的钒易生成硫酸钒 $V_2(SO_4)_3$ 和 VSO_4。$V_2(SO_4)_3$ 不溶于水，比较稳定；$VSO_4 \cdot 7H_2O$ 溶于水，易氧化，易与 $FeSO_4$ 等形成复盐，此时趋于稳定。

2.35　钒的碳化物

碳在金属钒中的溶解度随温度的升高而增加，1000℃时约为 0.2%，1650℃时可达到 5.5%（按摩尔分数）。碳原子在金属钒中的间隙化合物形成两个物相：VC 和 V_2C。

V_2C 的熔点为 2200℃，密度为 $5665kg/m^3$，钒的碳化物具有金属特征，其电阻率较低，为 $156\mu\Omega \cdot cm$。

即使在平衡状态下，碳化钒晶格内仍有一定的空位，这些空位比较容易为氮、氧原子，偶尔为硼、硅原子所填补，从而使制备高纯度的碳化钒极为困难。

VC 呈深绿色，很硬，呈金属光泽，熔点为 2830℃，VC 不溶于水、盐酸和硫酸，但溶于硝酸。密度为 $5649kg/m^3$，在空气中加热至 800~1000℃时，开始强烈氧化、燃烧。在 500~700℃时，碳化钒与卤素反应；在氮气中或氨气中，碳化钒加热至红热时，转化为氮化钒。

2.36 钒的氮化物

氮能溶解在钒中，能形成两种化合物：VN 和 V_2N，VN 又叫钒氮合金，是工业上重要的合金添加剂。VN 可以通过下列反应制备（温度约为 900~1300℃）：

$$V + 1/2N_2 = VN$$

$$V + NH_3 = VN + 3/2H_2$$

氮化钒 VN 的均匀范围：$VN_{0.71}$~VN_1。氮化钒 VN 的熔点为 2050℃，在此温度下，氮化钒会显著分解为 V 和 N_2，但在 1271℃氮化钒的分解压不会超过 199Pa，常温下氮化钒 VN 是一个稳定的化合物，不被水分解，对硫酸、硝酸、盐酸、碱溶液也都稳定。

氮化钒 V_2N 的均匀范围：$VN_{0.37}$~$VN_{0.5}$，V_2N 属于六方晶系，不溶于水、碱和盐酸，但能溶于硫酸和硝酸。

工业化制取氮化钒的方法主要有如下几种：

（1）原料为 V_2O_3 或偏钒酸铵，还原气体为 H_2、N_2 和天然气的混合气体或 N_2 与天然气、NH_3 与天然气、纯 NH_3 气体或含 20%（体积）CO 的混合气体等，在流动床或回转管中高温还原制取氮化钒，物料可连续进出。

（2）用 V_2O_3 及铁粉和碳粉在真空炉内得到碳化钒后，通入氮气渗氮，并在氮气中冷却，得到氮化钒。

（3）将 V_2O_3 和炭混好，在推板窑内加热、通入氮气渗氮，制得氮化钒。

（4）原料为钒酸铵或氧化钒，与炭黑混合，用微波炉加热含氮或氨气氛下高温处理，制得氮化钒。

2.37 钒铁

钒和铁之间可形成连续的固溶体。V-Fe 化合物为正方晶系，晶格常数为 $a = 0.859$nm、$c = 0.452$nm，$c/a = 0.516$。最低共熔点为 1468℃（含 $w(V) = 31\%$）。形状如图 2-10 所示。

图 2-10 钒铁

工业上钒铁牌号根据含钒量分为低钒铁：FeV35~50，一般用硅热法生产；中钒铁：FeV55~65；高钒铁：Fe70~80，一般用铝热法生产。电硅热法冶炼钒铁的主要反应为：

$$2/5V_2O_5(l) + Si + CaO = 4/5V + CaO \cdot SiO_2 \quad \Delta G_T^{\ominus}(Si) = -419340 + 49.398T \quad (J/mol)$$

$$2/5V_2O_5(l) + Si + 2CaO = 4/5V + 2CaO \cdot SiO_2 \quad \Delta G_T^{\ominus}(Si) = -445640 + 35.588T \quad (J/mol)$$

$$2/3V_2O_3 + Si + 2CaO = 4/3V + 2CaO \cdot SiO_2 \quad \Delta G_T^{\ominus}(Si) = -341466.67 - 5.43T \quad (J/mol)$$

2.38 钒铝

VAl 合金常温下为银灰色金属。VAl 化合物有不同的晶系：（1）VAl_3：正方晶格，晶格常数为 $a=0.5345$nm，$c=0.8322$nm，$c/a=1.577$。（2）VAl_{11}：面心立方晶格，晶格常数

$a=1.4586$nm。(3) VAl_6：六方晶格，晶格常数为 $a=0.7718$nm，$c=1.715$nm。(4) V_5Al_8：体心立方晶格，晶格常数 $a=0.9270$nm。

钒和铝之间可形成连续的固溶体；最低共熔点为1600℃（含V40%）。钒铁和钒铝两种钒合金的密度及熔化温度见表2-16。

表 2-16 钒合金的密度及熔化温度

合金	主要成分/%				密度 /g · cm^{-3}	熔化温度 /℃
	V	Al	Si	C		
FeV40	45~55	<4.0	<2.0	<0.2	6.7	1450
FeV60	50~65	2.0	1.5	0.15	7.0	1450~1600
FeV80	78~82	1.5	1.5	0.15	6.4	1680~1800
V99	>99	<0.01	<0.1	<0.06	6.1	1910
V80Al	75~85	15~20	0.4	0.05	5.2	1850~1870
V40Al	40~45	55~60	0.3	0.1	3.8	1500~1600

2.39 钒的毒性

钒作为一种微量元素存在于所有的动植物的组织中，钒是人体内必需的微量元素之一，对人体的正常代谢有促进作用，极少数钒化合物还是药物。

钒及其化合物通常具有一定的毒性，随化合物价态升高而毒性增大，其中五价钒（V）的化合物毒性最大。一般从事钒工艺生产的工作人员，并未明显发现致癌和致畸变的记载。

参考文献

[1] 陈厚生．钒化合物［M］．北京：化学工业出版社，1993.

[2] 杨守志．钒冶金［M］．北京：冶金工业出版社，2010.

[3] 申泮文，罗裕基．钛分族 钒分族 铬分族［M］．北京：科学出版社，2011.

[4] 黄道鑫．提钒炼钢［M］．北京：冶金工业出版社，2000.

[5] 杨绍利，刘国钦，陈厚生．钒钛材料［M］．北京：冶金工业出版社，2009.

[6] 胡木成，张革．钒市场［N］．科技日报，2001-07-20.

[7] 邹建新，李亮，彭富昌，等．钒钛产品生产工艺与设备［M］．北京：化学工业出版社，2014.

[8] ［苏］Л. А. 斯米尔偌夫．钒钢和钒合金手册［M］．陈厚生，译．莫斯科：冶金出版社，1985.

[9] 廖世明，柏谈论．国外钒冶金［M］．北京：冶金工业出版社，1985.

[10] 刘茂盛，国强．国外钒钛［M］．北京：科学技术文献出版社，1983.

[11] ［苏］Н. Л. 利亚基舍夫．钒及其在黑色冶金中的应用［M］．崔可忠，译．北京：科学技术文献出版社，1987.

[12] 杨保祥，何金勇，张桂芳．钒基材料制造［M］．北京：冶金工业出版社，2014.

[13] 陈鉴，何晋秋，林京．钒及钒冶金 [R]. 攀枝花：攀枝花资源综合利用领导小组办公室，1983.
[14] Habas F. Handbook of Extractive Metallurgy，Vol. 3，Refractory Metals，32 Vanadium [M]. Weinheim：Wiley VCH，1997，1470-1489.
[15] 陈家镛．湿法冶金手册：钒、铬的湿法冶金 [M]. 北京：冶金工业出版社，2005.
[16] Gupta C K，Krisnamurthy N. Extractive Metallurgy of Vanadium [M]. Amsterdam：Elsevier，1992.
[17] Dean J A. 兰氏化学手册 [M]. 尚久力，译．北京：科学出版社，1991.
[18] 陈厚生．碳化钒与氮化钒 [J]. 钢铁钒铁，2000 (1)：3-16.
[19] 杨才福，张永权．钒钢冶金原理与应用 [M]. 北京：冶金工业出版社，2012.
[20] 陈友善．钒钛矿冶金化学物相分析 [M]. 成都：四川人民出版社，1982.

3 钒钛热力学理论基础

3.1 钒钛热力学函数（C_p、H、S、G）

3.1.1 函数的物理化学意义

各种热力学函数在相关书中均有介绍。本节诸多表格中包括热力学函数（C_p、H、S、G）在各不同温度下的数值。物质的相变温度、相变热和相变熵也可查到。表中，g、l、s分别表示气、液、固态；A、B 等表示 α、β 等相。表中：

C_p为标准恒压摩尔热容，J/(K·mol)，表示为：

$$C_p = a + b \times 10^{-3}T + c \times 10^5 T^{-2} + d \times 10^{-6} T^2 \tag{3-1}$$

式中 a，b，c，d——物质的特性常数，称为物质的热容温度系数。a，b，c，d 的单位分别为 J/(K·mol)、J/(K^2·mol)、J·K/mol 和 J/(K^3·mol)。

H 为标准摩尔焓，$H_i^\ominus$（T），kJ/mol，其定义为：

$$H_i^\ominus(T) = \Delta H_i^\ominus + \int_{298}^{T} C_{p,i} \mathrm{d}T + \sum \Delta H_i^t \tag{3-2}$$

式中 $\Delta H_i^\ominus$——纯物质 B_i在 298K 时的标准生成热；

ΔH_i^t ——纯物质 B_i的标准相变热。

S 为标准摩尔熵（绝对熵），$S_i^\ominus(T)$，J/(K·mol)；在绝对零度（0K）时，任何纯物质完整晶体的熵都等于零，即 $S_0=0$，通过计算可得出标准状态下 1mol 的纯物质 B_i的绝对熵 $S_i^\ominus$（标准摩尔熵）。$S_i^\ominus$与温度的关系式为：

$$S_i^\ominus(298) = \int_0^{298} C_{p,i} \mathrm{d}\ln T + \sum (\Delta H_i^t / T_i) \tag{3-3}$$

298K 温度以上时的 $S_i^\ominus(T)$ 计算公式为：

$$S_i^\ominus(T) = S_i^\ominus(298) + \int_{298}^{T} C_{p,i} \mathrm{d}\ln T + \sum (\Delta H_i^t / T_i) \tag{3-4}$$

G 为标准摩尔自由能，$G_i^\ominus(T)$，kJ/mol；即物质 B_i在标准状态下的自由能 $G_i^\ominus$。

$$G_i^\ominus(T) = H_i^\ominus(T) - TS_i^\ominus(T) \tag{3-5}$$

表中所列化合物的自由能 $G_i^\ominus$，与此化合物的标准生成自由能 $\Delta G_i^\ominus$ 不同，它们的关系是：

$$\Delta G_i^{\ominus} = G_i^{\ominus} - \sum \nu_j G_j(\text{单质}) \tag{3-6}$$

式中　$\sum \nu_j G_j$——生成此化合物的单质 G_j 的代数和。

化学反应的标准自由能变化 $\Delta G^{\ominus}$ 除可按本节表中数据代入上述公式计算外，还可按照关系式 $\Delta G^{\ominus} = A + BT$ 来计算。

表中所有函数都是标准态的，其中“$\ominus$”符号已省略。表中的所有数据已编入热力学数据库，表中所有数据是每隔200K温度计算的，未列出温度的各种数据可采用插入法作图求出，也可通过上述公式计算得出。

以下通过实例说明如何通过查表求出化学反应的焓变 ΔH 和自由能变化 ΔG。

例1　求非恒温反应 $4H_2(298K) + Fe_3O_4(1400K) = 3Fe(1400K) + 4H_2O(1000K)$ 的 ΔH。

从热力学函数表中查出各物质的 H 如下：

	H_2	Fe_3O_4	Fe	H_2O
温度/K	298	1400	1400	1000
H/kJ · mol^{-1}	0	-893.10	42.51	-215.80

$$\Delta H = 3 \times 42.51 - 4 \times 215.80 + 893.10 = 157.43\text{kJ/mol}$$

例2　求化学反应 $C_{\text{石墨}} + CO_2(g) = 2CO(g)$ 在1000K时的 $\Delta G^{\ominus}$ 和平衡常数 $K^{\ominus}$。

从热力学函数表中查出各物质在1000K时的标准自由能 G：

G_{CO}	G_{CO_2}	G_C	
-323.42	-629.46	-12.70	kJ/mol

$$\Delta G^{\ominus} = \sum \nu_j G_j = 2G_{CO} - G_C - G_{CO_2}$$
$$= -4.68\text{kJ/mol} = -4680\text{J/mol}$$

又由于 $\Delta G^{\ominus} = -RT\ln K^{\ominus}$，故 $\ln K^{\ominus} = -\Delta G^{\ominus}/(RT) = 4680/(8.314\times1000) = 0.5629$

$$K^{\ominus} = 1.76$$

另一计算方法是利用 $\Delta G^{\ominus} = A + BT$ 的关系式，查得：

$$C_{\text{石墨}} + O_2 = 2CO \qquad \Delta G_1^{\ominus} = -228800 - 171.54T$$

$$C_{\text{石墨}} + O_2 = CO_2 \qquad \Delta G_2^{\ominus} = -395350 - 0.54T$$

两式相减可得：

$$C_{\text{石墨}} + CO_2 = 2CO \qquad \Delta G^{\ominus} = 166570 - 171.0T$$

以1000K代入得 $\Delta G^{\ominus} = -4430\text{J/mol}$

$$\ln K^{\ominus} = -\Delta G^{\ominus}/(RT) = 4430/(8.314 \times 1000) = 0.5328$$

$$K^{\ominus} = 1.70$$

以上两例给出了查表求 ΔH 和 $\Delta G^{\ominus}$ 的方法。需要说明的是，本书表中数据只涉及钒钛相关化合物的热力学函数值，查阅其他化合物或单质的热力学函数值还需通过其他资料查找。

3.1.2 钛化合物热力学函数（C_p、H、S、G）

3.1.2.1 单质 Ti（表 3-1）

表 3-1 单质 Ti 的热力学函数值

C_p	a	b	c	d
s-A	22. 158	10. 284		
	(298. 15~1155)			
s-B	19. 828	7. 924		
	(1155~1933)			
l	35. 564			
	(1933~3000)			

T	C_p	H	S	G
298	25. 22	0. 00	30. 65	-9. 14
400	26. 27	2. 62	38. 21	-12. 66
600	28. 33	8. 08	49. 25	-21. 47
800	30. 39	13. 95	57. 68	-32. 19
1000	32. 44	20. 24	64. 68	-44. 44
1155	34. 04	25. 39	69. 47	-54. 85
		4. 14	3. 59	
	28. 98	29. 53	73. 05	-54. 85
1200	29. 34	30. 84	74. 17	-58. 16
1400	30. 92	36. 87	78. 81	-73. 47
1600	32. 51	43. 21	83. 04	-89. 66
1800	34. 09	49. 87	86. 96	-106. 66
1933	35. 15	54. 48	89. 43	-118. 39
		18. 62	9. 63	
	35. 56	73. 10	99. 06	-118. 39
2000	35. 56	75. 48	100. 27	-125. 07
2200	35. 56	82. 59	103. 66	-145. 47
2400	35. 56	89. 70	106. 76	-166. 52
2600	35. 56	96. 82	109. 61	-188. 16
2800	35. 56	103. 93	112. 24	-210. 34
3000	35. 56	111. 04	114. 69	-233. 04

3.1.2.2　TiH_2 化合物（表 3-2）

表 3-2　TiH_2 化合物的热力学函数值

C_p	a	b	c	d
s	77.509	0.510	-122.687	24.020
	(298.15~2000)			

T	C_p	H	S	G
298	30.28	-144.35	29.71	-153.21
400	38.56	-140.91	39.57	-156.74
600	54.86	-131.41	58.60	-166.57
800	63.44	-119.49	75.69	-180.04
1000	68.15	-106.29	90.40	-196.69
1200	70.99	-92.35	103.10	-216.07
1400	72.84	-77.96	114.19	-237.82
1600	74.12	-63.25	124.00	-261.66
1800	75.05	-48.33	132.79	-287.36
2000	75.76	-33.25	140.74	-314.72

注：表中 $C_p(T)=a+b\times10^{-3}T+c\times10^{5}T^{-2}+d\times10^{8}T^{-3}$。

3.1.2.3　TiF（g）化合物（表 3-3）

表 3-3　TiF(g)化合物的热力学函数值

C_p	a	b	c	d
g	43.484	0.335	-7.565	
	(298.15~2000)			

T	C_p	H	S	G
298	35.07	-66.94	237.23	-137.67
400	38.89	-63.15	248.15	-162.41
600	41.85	-55.05	264.54	-213.77
800	42.57	-46.62	276.66	-267.95
1000	43.06	-38.05	286.21	-324.27
1200	43.36	-29.41	294.09	-382.32
1400	43.57	-20.71	300.79	-441.83
1600	43.72	-11.98	306.62	-502.58
1800	43.85	-3.23	311.78	-564.43
2000	43.96	5.56	316.41	-627.26

3.1.2.4　TiF_2（g）化合物（表 3-4）

表 3-4　TiF_2(g)化合物的热力学函数值

C_p	*a*	*b*	*c*	*d*
g	59.467	2.561	-6.485	
	(298.15~2000)			

T	C_p	*H*	*S*	*G*
298	52.94	-688.27	255.64	-764.49
400	56.44	-682.67	271.76	-791.38
600	59.20	-671.07	295.26	-848.22
800	60.50	-659.08	312.48	-909.07
1000	61.38	-646.89	326.08	-972.97
1200	62.09	-634.54	337.34	-1039.35
1400	62.72	-622.06	346.96	-1107.80
1600	63.31	-609.46	355.37	-1178.05
1800	63.88	-596.74	362.86	-1249.88
2000	64.43	-583.91	369.62	-1323.14

3.1.2.5　TiF_3 化合物（表 3-5）

表 3-5　TiF_3 化合物的热力学函数值

C_p	*a*	*b*	*c*	*d*
s	79.391	29.619	3.397	
	(298.15~1310)			

T	C_p	*H*	*S*	*G*
298	92.04	-1435.53	87.86	-1461.73
400	93.36	-1426.10	115.06	-1472.13
600	98.11	-1406.98	153.76	-1499.24
800	103.62	-1386.81	182.73	-1533.00
1000	109.35	-1365.52	206.47	-1571.99
1200	115.17	-1343.07	226.92	-1615.37
1310	118.39	-1330.22	237.16	-1640.90

3.1.2.6　TiF_3（g）化合物（表 3-6）

表 3-6　TiF_3(g)化合物的热力学函数值

C_p	*a*	*b*	*c*	*d*
g	85.546		-18.179	
	(298.15~2000)			

续表 3-6

T	C_p	H	S	G
298	65. 10	-1188. 67	291. 21	-1275. 50
400	74. 18	-1181. 51	311. 80	-1306. 23
600	80. 50	-1165. 92	343. 33	-1371. 92
800	82. 71	-1149. 57	366. 84	-1443. 04
1000	83. 73	-1132. 91	385. 41	-1518. 33
1200	84. 28	-1116. 11	400. 73	-1596. 99
1400	84. 62	-1099. 21	413. 75	-1678. 47
1600	84. 84	-1082. 27	425. 07	-1762. 38
1800	84. 98	-1065. 28	435. 07	-1848. 41
2000	85. 09	-1048. 28	444. 03	-1936. 33

3. 1. 2. 7　TiF_4 化合物（表 3-7）

表 3-7　TiF_4 化合物的热力学函数值

C_p	a	b	c	d
s	123. 315	36. 238	-17. 640	
	(298. 15~559)			
T	C_p	H	S	G
298	114. 28	-1649. 33	133. 97	-1689. 28
400	126. 79	-1636. 99	169. 49	-1704. 79
559	137. 93	-1615. 88	213. 83	-1735. 41

3. 1. 2. 8　TiF_4（g）化合物（表 3-8）

表 3-8　TiF_4(g) 化合物的热力学函数值

C_p	a	b	c	d
g	104. 249	1. 979	-18. 041	
	(298. 15~2000)			
T	C_p	H	S	G
298	84. 54	-1551. 43	314. 80	-1645. 29
400	93. 76	-1542. 28	341. 13	-1678. 73
600	100. 42	-1522. 74	380. 66	-1751. 13
800	103. 01	-1502. 36	409. 95	-1830. 32
1000	104. 42	-1481. 61	433. 10	-1914. 71
1200	105. 37	-1460. 62	452. 23	-2003. 30
1400	106. 10	-1439. 47	468. 53	-2095. 42
1600	106. 71	-1418. 19	482. 74	-2190. 57
1800	107. 25	-1396. 79	495. 34	-2288. 40
2000	107. 76	-1375. 29	506. 67	-2388. 52

3.1.2.9 TiCl（g）化合物（表 3-9）

表 3-9 TiCl(g)化合物的热力学函数值

C_p	a	b	c	d
g	44.062	0.126	-6.418	
	(298.15~2000)			

T	C_p	H	S	G
298	36.88	154.39	248.78	80.32
400	40.10	158.33	260.14	54.28
600	42.35	166.62	276.91	0.48
800	43.16	175.19	289.22	-56.19
1000	43.55	183.86	298.90	-115.04
1200	43.77	192.59	306.86	-175.64
1400	43.91	201.36	313.62	-237.71
1600	44.01	210.15	319.49	-301.03
1800	44.09	218.97	324.68	-365.46
2000	44.15	227.79	329.33	-430.86

3.1.2.10 $TiCl_2$ 化合物（表 3-10）

表 3-10 $TiCl_2$ 化合物的热力学函数值

C_p	a	b	c	d
s	68.382	18.025	-3.456	
	(298.15~1582)			
g	60.128	2.218	-2.770	
	(1582~2000)			

T	C_p	H	S	G
298	69.85	-515.47	87.36	-541.52
400	73.41	-508.16	108.42	-551.53
600	78.22	-492.97	139.15	-576.46
800	82.24	-476.92	162.21	-606.69
1000	86.04	-460.09	180.97	-641.06
1200	89.75	-442.51	196.99	-678.89
1400	93.42	-424.19	211.10	-719.73
1582	96.74	-406.89	222.71	-759.22
		248.53	157.10	
	63.53	-158.36	379.81	-759.22
1600	63.57	-157.21	380.53	-766.07
1800	64.03	-144.45	388.05	-842.94
2000	64.49	-131.60	394.82	-921.23

3.1.2.11　$TiCl_2$（g）化合物（表 3-11）

表 3-11　$TiCl_2$(g)化合物的热力学函数值

C_p	a	b	c	d
g	60.128	2.218	-2.770	
	(298.15~2000)			
T	C_p	H	S	G
298	57.67	-282.42	278.24	-365.38
400	59.28	-276.45	295.44	-394.63
600	60.69	-264.44	319.78	-456.31
800	61.47	-252.22	337.35	-522.10
1000	62.07	-239.86	351.14	-591.00
1200	62.60	-227.39	362.50	-662.40
1400	63.09	-214.82	372.19	-735.89
1600	63.57	-202.16	380.64	-811.19
1800	64.03	-189.40	388.16	-888.08
2000	64.49	-176.54	394.93	-966.40

3.1.2.12　$TiCl_3$ 化合物（表 3-12）

表 3-12　$TiCl_3$ 化合物的热力学函数值

C_p	a	b	c	d
s	95.814	11.062	-1.791	
	(298.15~1104)			
T	C_p	H	S	G
298	97.10	-721.74	139.75	-763.41
400	99.12	-711.74	168.58	-779.17
600	101.95	-691.62	209.33	-817.22
800	104.38	-670.98	239.00	-862.18
1000	106.70	-649.88	262.54	912.42
1104	107.88	-638.72	273.16	-940.28

3.1.2.13　$TiCl_3$（g）化合物（表 3-13）

表 3-13　$TiCl_3$(g)化合物的热力学函数值

C_p	a	b	c	d
g	87.257	-0.715	-12.937	
	(298.15~2000)			

续表 3-13

T	C_p	H	S	G
298	72.49	-539.32	316.73	-633.75
400	78.89	-531.56	339.06	-667.19
600	83.23	-515.26	372.05	-738.49
800	84.66	-498.45	396.23	-815.43
1000	85.25	-481.45	415.19	-896.64
1200	85.50	-464.37	430.76	-981.28
1400	85.60	-447.26	443.95	-1068.79
1600	85.61	-430.14	455.38	-1158.74
1800	85.57	-413.02	465.46	-1250.85
2000	85.50	-395.91	474.47	-1344.86

3.1.2.14 Ti_2Cl_6（g）化合物（表 3-14）

表 3-14 Ti_2Cl_6(g) 化合物的热力学函数值

C_p	a	b	c	d
g	134.616	4.435	5.540	
	(298.15~2000)			
T	C_p	H	S	G
298	142.17	-1248.51	481.16	-1391.96
400	139.85	-1234.16	522.56	-1443.19
600	138.82	-1206.34	578.99	-1553.73
800	139.03	-1178.56	618.94	-1673.71
1000	139.61	-1150.70	650.02	-1800.72
1200	140.32	-1122.71	675.53	-1933.35
1400	141.11	-1094.57	697.22	-2070.68
1600	141.93	-1066.26	716.12	-2212.05
1800	142.77	-1037.79	732.88	-2356.98
2000	143.62	-1009.16	747.97	-2505.10

3.1.2.15 $TiCl_4$ 化合物（表 3-15）

表 3-15 $TiCl_4$ 化合物的热力学函数值

C_p	a	b	c	d
l	142.787	8.711	-0.163	
	(298.15~409)			
T	C_p	H	S	G
298	145.20	-804.16	252.40	-879.42
400	146.17	-789.33	295.21	-907.41
409	146.25	-788.01	298.46	-910.08

3.1.2.16 $TiCl_4$（g）化合物（表 3-16）

表 3-16　$TiCl_4$(g)化合物的热力学函数值

C_p	a	b	c	d
g	107.177	0.473	-10.552	
	(298.15~2000)			

T	C_p	H	S	G
298	95.45	-763.16	354.80	-868.95
400	100.77	-753.13	383.71	-906.61
600	104.53	-732.53	425.43	-987.78
800	105.91	-711.46	455.72	-1076.04
1000	106.59	-690.21	479.43	-1169.64
1200	107.01	-668.84	498.90	-1267.53
1400	107.30	-647.41	515.42	-1369.00
1600	107.52	-625.93	529.76	-1473.55
1800	107.70	-604.41	542.44	-1580.80
2000	107.86	-582.85	553.80	-1690.44

3.1.2.17 TiBr（g）化合物（表 3-17）

表 3-17　TiBr(g)化合物的热力学函数值

C_p	a	b	c	d
g	43.915	0.343	-5.502	
	(298.15~2000)			

T	C_p	H	S	G
298	37.83	212.56	260.16	134.98
400	40.61	216.56	271.73	107.87
600	42.59	224.92	288.65	51.73
800	43.33	233.52	301.01	-7.29
1000	43.71	242.23	310.73	-68.50
1200	43.94	251.00	318.72	-131.46
1400	44.11	259.80	325.51	-195.90
1600	44.25	268.64	331.41	-261.61
1800	44.36	277.50	336.62	-328.42
2000	44.46	286.39	341.30	-396.22

3.1.2.18 $TiBr_2$ 化合物（表 3-18）

表 3-18 $TiBr_2$ 化合物的热力学函数值

C_p	a	b	c	d
s	76.086	10.757	-0.510	
	(298.15~1209)			

T	C_p	H	S	G
298	78.72	-405.43	108.37	-437.74
400	80.07	-397.34	131.69	-450.02
600	82.40	-381.09	164.61	-479.85
800	84.61	-364.39	188.61	-515.28
1000	86.79	-347.25	207.73	-554.98
1200	88.96	-329.67	223.75	-598.17
1209	89.06	-328.87	224.41	-600.18

3.1.2.19 $TiBr_2$（g）化合物（表 3-19）

表 3-19 $TiBr_2$(g)化合物的热力学函数值

C_p	a	b	c	d
g	60.279	2.138	-0.615	
	(298.15~2000)			

T	C_p	H	S	G
298	60.22	-179.08	308.78	-271.14
400	60.75	-172.91	326.56	-303.54
600	61.39	-160.69	351.32	-371.49
800	61.89	-148.36	369.05	-443.60
1000	62.36	-135.94	382.91	-518.85
1200	62.80	-123.42	394.32	-596.61
1400	63.24	-110.82	404.03	-676.47
1600	63.68	-98.13	412.51	-758.14
1800	64.11	-85.35	420.03	-841.41
2000	64.54	-72.48	426.81	-926.10

3.1.2.20 $TiBr_3$ 化合物（表 3-20）

表 3-20 $TiBr_3$ 化合物的热力学函数值

C_p	a	b	c	d
s	-10.803	284.340	34.179	-119.286
	(298.15~1067)			

续表 3-20

T	C_p	H	S	G
298	101.82	-550.20	176.56	-602.84
400	105.21	-539.76	206.65	-622.42
600	126.35	-516.68	253.15	-668.57
800	145.67	-489.38	292.28	-723.21
1000	157.67	-458.91	326.23	-785.14
1067	159.78	-448.27	336.53	-807.34

3.1.2.21 $TiBr_3$(g)化合物（表 3-21）

表 3-21 $TiBr_3$(g)化合物的热力学函数值

C_p	a	b	c	d
g	88.190	-1.197	-7.481	
	(298.15~2000)			
T	C_p	H	S	G
298	79.42	-374.89	358.99	-481.92
400	83.04	-366.59	382.91	-519.75
600	85.39	-349.69	417.13	-599.97
800	86.06	-332.53	441.81	-685.98
1000	86.25	-315.30	461.04	-776.33
1200	86.23	-298.05	476.76	-870.16
1400	86.13	-280.81	490.05	-966.88
1600	85.98	-263.60	501.54	-1066.06
1800	85.81	-246.42	511.66	-1167.40
2000	85.61	-229.27	520.69	-1270.65

3.1.2.22 $TiBr_4$ 化合物（表 3-22）

表 3-22 $TiBr_4$ 化合物的热力学函数值

C_p	a	b	c	d
s	80.931	169.624		
	(298.15~311)			
l	151.879			
	(311~504)			
T	C_p	H	S	G
298	131.50	-617.98	243.51	-690.58
311	133.68	-616.27	249.10	-693.74
		12.89	41.44	
	151.88	-603.39	290.54	-693.74
400	151.88	-589.87	328.76	-721.37
504	151.88	-574.07	363.86	-757.46

3.1.2.23 $TiBr_4$(g)化合物（表3-23）

表3-23 $TiBr_4$(g)化合物的热力学函数值

C_p	*a*	*b*	*c*	*d*
g	107.763	0.167	-6.364	
	(298.15~2000)			

T	C_p	*H*	*S*	*G*
298	100.65	-550.20	398.53	-669.02
400	103.85	-539.76	428.62	-711.21
600	106.10	-518.72	471.24	-801.46
800	106.90	-497.41	501.89	-898.92
1000	107.29	-475.98	525.79	-1001.78
1200	107.52	-454.50	545.38	-1108.95
1400	107.67	-432.98	561.96	-1219.73
1600	107.78	-411.43	576.35	-1333.59
1800	107.87	-389.87	589.05	-1450.15
2000	107.94	-368.29	600.42	-1569.12

3.1.2.24 TiI(g)化合物（表3-24）

表3-24 TiI(g)化合物的热力学函数值

C_p	*a*	*b*	*c*	*d*
g	43.932	0.469	-5.155	
	(298.15~2000)			

T	C_p	*H*	*S*	*G*
298	38.27	274.05	268.70	193.94
400	40.90	278.10	280.37	165.96
600	42.78	286.51	297.38	108.08
800	43.50	295.14	309.80	47.31
1000	43.89	303.89	319.55	-15.66
1200	44.14	312.69	327.57	-80.40
1400	44.33	321.54	334.39	-146.61
1600	44.48	330.42	340.32	-214.10
1800	44.62	339.33	345.57	-282.69
2000	44.74	348.26	350.28	-352.29

3.1.2.25　TiI_2 化合物（表 3-25）

表 3-25　TiI_2 化合物的热力学函数值

C_p	a	b	c	d
s	84.057	7.280	0.004	
	(298.15~1359)			
g	60.191	2.197		
	(1359~2000)			

T	C_p	H	S	G
298	86.23	-266.10	122.59	-302.65
400	86.97	-257.28	148.04	-316.50
600	88.43	-239.74	183.57	-349.89
800	89.88	-221.91	209.21	-389.28
1000	91.34	-203.79	229.42	-433.21
1200	92.79	-185.38	246.21	-480.82
1359	93.95	-170.53	257.82	-520.91
		216.73	159.48	
	63.18	46.20	417.30	-520.91
1400	63.27	48.79	419.18	-538.06
1600	63.71	61.49	427.66	-622.76
1800	64.14	74.27	435.19	-709.06
2000	64.58	87.15	441.97	-796.79

3.1.2.26　$TiI_2(g)$ 化合物（表 3-26）

表 3-26　$TiI_2(g)$ 化合物的热力学函数值

C_p	a	b	c	d
g	62.321	0.021	-1.565	
	(298.15~2000)			

T	C_p	H	S	G
298	60.57	-57.74	329.32	-155.93
400	61.35	-51.52	347.25	-190.42
600	61.90	-39.19	372.25	-262.54
800	62.09	-26.79	390.09	-338.86
1000	62.19	-14.36	403.95	-418.31
1200	62.24	-1.92	415.30	-500.27
1400	62.27	10.54	424.89	-584.31
1600	62.29	22.99	433.21	-670.14
1800	62.31	35.45	440.55	-757.53
2000	62.32	47.92	447.11	-846.31

3.1.2.27 TiI_3 化合物（表 3-27）

表 3-27 TiI_3 化合物的热力学函数值

C_p	a	b	c	d
s	114.600	7.280		
	(298.15~1000)			
g	86.768	-0.481		
	(1000~2000)			

T	C_p	H	S	G
298	116.77	-322.17	192.46	-379.55
400	117.51	-310.24	226.88	-400.99
600	118.97	-286.59	274.80	-451.47
800	120.42	-262.65	309.23	-510.03
1000	121.88	-238.42	336.26	-574.68
		148.66	148.66	
	86.29	-89.76	484.92	-574.68
1200	86.19	-72.51	500.64	-673.28
1400	86.09	-55.28	513.92	-774.77
1600	86.00	-38.07	525.41	-878.73
1800	85.90	-20.88	535.54	-984.85
2000	85.81	-3.71	544.58	-1092.87

3.1.2.28 $TiI_3(g)$ 化合物（表 3-28）

表 3-28 $TiI_3(g)$ 化合物的热力学函数值

C_p	a	b	c	d
g	89.521	-2.540	-7.088	
	(298.15~800)			
	86.768	-0.481		
	(800~2000)			

T	C_p	H	S	G
298	80.79	-149.76	382.00	-263.66
400	84.08	-141.34	406.28	-303.85
600	86.03	-124.28	440.84	-388.78
800	86.38	-107.03	465.65	-479.55
	86.38	-107.03	465.65	-479.55
1000	86.29	-89.76	484.92	-574.68
1200	86.19	-72.51	500.64	-673.28

续表 3-28

T	C_p	H	S	G
1400	86.09	-55.28	513.92	-774.77
1600	86.00	-38.07	525.41	-878.73
1800	85.90	-20.88	535.53	-984.84
2000	85.81	-3.71	544.58	-1092.87

3.1.2.29 TiI_4 化合物（表 3-29）

表 3-29 TiI_4 化合物的热力学函数值

C_p	a	b	c	d
s-A	78.249	158.992		
	(298.15~379)			
s-B	148.114			
	(379~428)			
l	156.482			
	(428~653)			
g	108.014	0.042	-3.360	
	(653~2000)			
T	**C_p**	**H**	**S**	**G**
298	125.65	-375.72	246.02	-449.07
379	138.51	-365.04	277.65	-470.27
		9.92	26.16	
	148.11	-355.13	303.81	-470.27
400	148.11	-352.02	311.80	-476.74
428	148.11	-347.87	321.82	-485.61
		19.83	46.34	
	156.48	-328.04	368.16	-485.61
600	156.48	-301.12	421.02	-553.74
653	156.48	-292.83	434.26	-576.40
		56.48	86.50	
	107.25	-236.35	520.76	-576.40
800	107.52	-220.56	542.57	-654.61
1000	107.72	-199.03	566.59	-765.62
1200	107.83	-177.48	586.24	-880.96
1400	107.90	-155.90	602.86	-999.91
1600	107.95	-134.32	617.28	-1121.96
1800	107.99	-112.72	629.99	-1246.71
2000	108.01	-91.12	641.37	-1373.87

3.1.2.30 $TiI_4(g)$化合物（表 3-30）

表 3-30 $TiI_4(g)$化合物的热力学函数值

C_p	a	b	c	d
g	108.014	0.042	-3.360	
	(298.15~2000)			

T	C_p	H	S	G
298	104.25	-287.02	432.96	-416.11
400	105.93	-276.31	463.87	-461.85
600	107.11	-254.98	507.09	-559.23
800	107.52	-233.51	537.97	-663.88
1000	107.72	-211.98	561.98	-773.97
1200	107.83	-190.43	581.63	-888.39
1400	107.90	-168.85	598.26	-1006.42
1600	107.95	-147.27	612.67	-1127.54
1800	107.99	-125.68	625.39	-1251.38
2000	108.01	-104.08	636.77	-1377.61

3.1.2.31 TiOF(g)化合物（表 3-31）

表 3-31 TiOF(g)化合物的热力学函数值

C_p	a	b	c	d
g	59.735	1.351	-10.736	
	(298.15~2000)			

T	C_p	H	S	G
298	48.06	-433.04	250.57	-507.75
400	53.57	-427.83	265.58	-534.06
600	57.56	-416.64	288.20	-589.56
800	59.14	-404.95	305.00	-648.96
1000	60.01	-393.03	318.30	-711.33
1200	60.61	-380.97	329.30	-776.13
1400	61.08	-368.79	338.68	-842.95
1600	61.48	-356.54	346.86	-911.52
1800	61.48	-344.21	354.12	-981.63
2000	62.17	-331.81	360.66	-1053.12

3.1.2.32　$TiOF_2(g)$化合物（表3-32）

表3-32　$TiOF_2(g)$化合物的热力学函数值

C_p	a	b	c	d
g	79.977	1.632	−16.175	
	(298.15~2000)			

T	C_p	H	S	G
298	62.27	−924.66	284.58	−1009.51
400	70.52	−917.84	304.20	−1039.52
600	76.46	−903.03	334.15	−1103.52
800	78.76	−887.48	356.50	−1172.68
1000	79.99	−871.60	374.22	−1245.82
1200	80.81	−855.51	388.88	−1322.17
1400	81.44	−839.28	401.39	−1401.23
1600	81.96	−822.94	412.30	−1482.62
1800	82.42	−806.51	421.98	−1566.06
2000	82.84	−789.98	430.68	−1651.34

3.1.2.33　TiOCl(g)化合物（表3-33）

表3-33　TiOCl(g)化合物的热力学函数值

C_p	a	b	c	d
g	60.501	0.954	−8.372	
	(298.15~2000)			

T	C_p	H	S	G
298	51.37	−244.35	263.56	−322.93
400	55.65	−238.86	279.34	−350.60
600	58.75	−227.37	302.61	−408.93
800	59.96	−215.48	319.70	−471.24
1000	60.62	−203.42	333.15	−536.57
1200	61.06	−191.25	344.25	−604.34
1400	61.41	−179.00	353.69	−674.16
1600	61.70	−166.69	361.91	−745.74
1800	61.96	−154.32	369.19	−818.86
2000	62.20	−141.91	375.73	−893.36

3.1.2.34 $TiOCl_2(g)$化合物（表 3-34）

表 3-34 $TiOCl_2(g)$化合物的热力学函数值

C_p	a	b	c	d
g	81.475	0.862	-8.929	
	(298.15~2000)			
T	C_p	H	S	G
298	71.69	-545.59	320.90	-641.27
400	76.24	-538.03	342.70	-675.11
600	79.51	-522.39	374.36	-747.00
800	80.77	-506.35	397.43	-824.29
1000	81.44	-490.12	415.53	-905.65
1200	81.89	-473.78	430.42	-990.29
1400	82.23	-457.37	443.07	-1077.67
1600	82.51	-440.90	454.07	-1167.40
1800	82.75	-424.37	463.80	-1259.21
2000	82.98	-407.80	472.53	-1352.86

3.1.2.35 TiO 化合物（表 3-35）

表 3-35 TiO 化合物的热力学函数值

C_p	a	b	c	d
s-A	44.225	15.062	-7.782	
	(298.15~1264)			
s-B	56.480	8.326		
	(1264~2023)			
l	54.392			
	(2023~3000)			
T	C_p	H	S	G
298	39.96	-519.61	34.27	-529.83
400	45.39	-515.23	46.86	-533.98
600	51.10	-505.53	66.45	-545.40
800	55.06	-494.90	81.71	-560.27
1000	58.51	-483.54	94.37	-577.91
1200	61.76	-471.51	105.33	-597.91
1264	62.78	-467.53	108.56	-604.75
		3.47	2.75	
	67.00	-464.06	111.31	-604.75
1400	68.14	-454.87	118.21	-620.37

续表 3-35

T	C_p	H	S	G
1600	69. 80	-441. 07	127. 42	-644. 95
1800	71. 47	-426. 95	135. 74	-671. 28
2000	73. 17	-412. 49	143. 55	-699. 20
2023	73. 32	-410. 80	144. 19	-702. 50
		54. 39	26. 89	
	54. 39	-356. 41	171. 08	-702. 50
2200	54. 39	-346. 79	175. 64	-733. 19
2400	54. 39	-335. 91	180. 37	-768. 80
2600	54. 39	-325. 03	184. 73	-805. 32
2800	54. 39	-314. 15	188. 76	-842. 67
3000	54. 39	-303. 27	192. 51	-880. 80

3. 1. 2. 36　TiO(g)化合物（表 3-36）

表 3-36　TiO（g）化合物的热力学函数值

C_p	a	b	c	d
g	36. 677	0. 862	-3. 941	
	(298. 15~3000)			
T	C_p	H	S	G
298	32. 50	15. 69	234. 30	-54. 17
400	34. 56	19. 12	244. 18	-78. 55
600	36. 10	26. 21	258. 54	-128. 91
800	36. 75	33. 50	269. 03	-181. 72
1000	37. 14	40. 90	277. 27	-236. 38
1200	37. 44	48. 36	284. 07	-292. 53
1400	37. 68	55. 87	289. 86	-349. 94
1600	37. 90	63. 64	294. 91	-408. 43
1800	38. 11	71. 03	299. 39	-467. 87
2000	38. 30	78. 67	303. 41	-528. 15
2200	38. 49	86. 35	307. 07	-589. 21
2400	38. 68	94. 07	310. 43	-650. 96
2600	38. 86	101. 82	313. 53	-713. 36
2800	39. 04	109. 61	316. 42	-776. 36
3000	39. 22	117. 44	319. 12	-839. 91

3.1.2.37 Ti_2O_3 化合物（表 3-37）

表 3-37 Ti_2O_3 化合物的热力学函数值

C_p	a	b	c	d
s-A	152.431		-50.041	
	(298.15~473)			
s-B	145.109	5.439	-42.706	
	(473~2112)			
l	156.900			
	(2112~3000)			
T	C_p	H	S	G
298	96.14	-1520.84	78.78	-1544.33
400	121.16	-1509.59	111.07	-1554.02
473	130.06	-1500.39	132.17	-1562.91
		0.90	1.90	
	128.59	-1499.49	134.07	-1562.91
600	136.51	-1482.61	165.66	-1582.00
800	142.79	-1454.60	205.90	-1619.32
1000	146.28	-1425.67	238.17	-1663.83
1200	148.67	-1396.16	265.06	-1714.23
1400	150.55	-1366.23	288.12	-1769.60
1600	152.14	-1335.96	308.33	-1829.29
1800	153.58	-1305.39	326.33	-1892.79
2000	154.92	-1274.54	342.59	-1959.71
2112	155.64	-1257.14	351.05	-1998.55
		110.46	52.30	
	156.90	-1146.69	403.35	-1998.55
2200	156.90	-1132.88	409.75	-2034.33
2400	156.90	-1101.50	423.40	-2117.67
2600	156.90	-1070.12	435.96	-2203.62
2800	156.90	-1038.74	447.59	-2291.99
3000	156.90	-1007.36	458.41	-2382.60

3.1.2.38 Ti_3O_5 化合物（表 3-38）

表 3-38 Ti_3O_5 化合物的热力学函数值

C_p	a	b	c	d
s-A	231.028	-24.773	-61.254	
	(298.15~450)			

续表 3-38

C_p	a	b	c	d
s-B	174. 699	33. 740	0. 025	
	(450~2047)			
l	234. 304			
	(2047~3000)			

T	C_p	H	S	G
298	154. 73	−2459. 15	129. 43	−2497. 74
400	182. 83	−2441. 73	179. 49	−2513. 52
450	189. 63	−2432. 40	201. 44	−2523. 05
		11. 76	26. 13	
	189. 89	−2420. 65	227. 57	−2523. 05
600	194. 95	−2391. 78	282. 89	−2561. 52
800	201. 69	−2352. 12	339. 90	−2624. 04
1000	208. 44	−2311. 11	385. 63	−2696. 74
1200	215. 19	−2268. 74	424. 23	−2777. 82
1400	221. 94	−2225. 03	457. 91	−2866. 10
1600	228. 68	−2179. 97	487. 98	−2960. 74
1800	235. 43	−2133. 56	515. 31	−3061. 11
2000	242. 18	−2085. 80	540. 46	−3166. 72
2047	243. 67	−2074. 38	546. 11	−3192. 26
		138. 07	67. 45	
	234. 30	−1936. 30	613. 56	−3192. 26
2200	234. 30	−1900. 46	630. 45	−3287. 44
2400	234. 30	−1853. 60	650. 83	−3415. 60
2600	234. 30	−1806. 73	669. 59	−3547. 66
2800	234. 30	−1759. 87	686. 95	−3683. 34
3000	234. 30	−1713. 01	703. 12	−3822. 37

3. 1. 2. 39 TiO_2(金红石型)化合物(表 3-39)

表 3-39 TiO_2(金红石型)化合物的热力学函数值

C_p	a	b	c	d
s	62. 856	11. 360	−9. 958	
	(298. 15~2143)			
l	87. 864			
	(2143~3000)			

续表 3-39

T	C_p	H	S	G
298	55.04	-944.75	50.33	-959.75
400	61.18	-938.79	67.47	-965.78
600	66.91	-925.91	93.50	-982.02
800	70.39	-912.17	113.25	-1002.77
1000	73.32	-897.80	129.27	-1027.07
1200	75.80	-882.90	142.85	-1054.32
1400	78.25	-867.49	254.72	-1084.10
1600	80.64	-851.60	165.32	-1116.12
1800	83.00	-835.24	174.96	-1150.16
2000	85.33	-818.40	183.82	-1186.05
2143	86.98	-806.08	189.77	-1212.77
		66.94	31.24	
	87.86	-739.14	221.01	-1212.77
2200	87.86	-734.13	223.32	-1225.43
2400	87.86	-716.56	230.96	-1270.87
2600	87.86	-698.99	238.00	-1317.77
2800	87.86	-681.41	244.51	-1366.03
3000	87.86	-663.84	250.57	-1415.55

3.1.2.40 TiO_2(锐钛型)化合物（表 3-40）

表 3-40 TiO_2(锐钛型)化合物的热力学函数值

C_p	a	b	c	d
s	75.036		-17.627	
	(298.15~2000)			
T	C_p	H	S	G
298	55.21	-933.03	49.92	-947.91
400	64.02	-926.90	67.56	-953.92
600	70.14	-913.36	94.92	-970.31
800	72.28	-899.08	115.44	-991.44
1000	73.27	-884.52	131.69	-1016.20
1200	73.81	-869.80	145.10	-1043.92
1400	74.14	-855.01	156.50	-1074.11
1600	74.35	-840.16	166.42	-1106.42
1800	74.49	-825.27	175.18	-1140.60
2000	74.60	-810.36	183.04	-1176.44

3.1.2.41　TiS 化合物（表 3-41）

表 3-41　TiS 化合物的热力学函数值

C_p	a	b	c	d
s	45.898	7.364		
	(298.15~2200)			
T	C_p	H	S	G
298	48.09	-271.96	56.48	-288.80
400	48.84	-267.02	70.72	-295.31
600	50.32	-257.11	90.81	-311.59
800	51.79	-246.90	105.48	-331.28
1000	53.26	-236.39	117.20	-353.59
1200	54.74	-225.59	127.04	-378.04
1400	56.21	-214.50	135.59	-404.32
1600	57.68	-203.11	143.19	-432.21
1800	59.15	-191.43	150.07	-461.54
2000	60.63	-179.45	156.37	-492.20
2200	62.10	-167.17	162.22	-524.06

3.1.2.42　TiS(g) 化合物（表 3-42）

表 3-42　TiS(g) 化合物的热力学函数值

C_p	a	b	c	d
s	36.995	0.222	-2.954	
	(298.15~2200)			
T	C_p	H	S	G
298	33.74	330.54	246.40	257.07
400	35.24	334.06	256.55	231.44
600	36.31	341.23	271.08	178.58
800	36.71	348.54	281.59	123.27
1000	36.92	355.91	289.81	66.10
1200	37.06	363.31	296.55	7.44
1400	37.15	370.73	302.27	-52.45
1600	37.23	378.17	307.24	-113.42
1800	37.30	385.62	311.63	-175.31
2000	37.36	393.09	315.56	-238.04
2200	37.42	400.57	319.13	-301.51

3.1.2.43 TiS_2 化合物（表 3-43）

表 3-43 TiS_2 化合物的热力学函数值

C_p	a	b	c	d
s-A	33.807	114.391		
	(298.15~420)			
s-B	62.718	21.506		
	(420~1000)			
T	C_p	H	S	G
298	67.91	-407.10	78.37	-430.47
400	79.56	-399.59	99.95	-439.57
420	81.85	-397.98	103.89	-441.61
	71.75	-397.98	103.89	-441.61
600	75.62	-384.72	130.13	-462.79
800	79.92	-369.16	152.47	-491.14
1000	84.22	-352.75	170.77	-523.52

3.1.2.44 TiN 化合物（表 3-44）

表 3-44 TiN 化合物的热力学函数值

C_p	a	b	c	d
s	49.831	3.933	-12.385	
	(298.15~3223)			
l	66.944			
	(3223~3500)			
T	C_p	H	S	G
298	37.07	-337.86	30.29	-346.89
400	43.66	-333.70	42.24	-350.60
600	48.75	-324.37	61.08	-361.02
800	51.04	-314.37	75.45	-374.73
1000	52.53	-304.01	87.01	-391.02
1200	53.69	-293.38	96.69	-409.41
1400	54.71	-282.54	105.05	-429.61
1600	55.64	-271.51	112.41	-451.37
1800	56.53	-260.29	119.02	-474.52
2000	57.39	-248.90	125.02	-498.93
2200	58.23	-237.33	130.53	-524.50
2400	59.06	-225.61	135.63	-551.12

续表 3-34

T	C_p	H	S	G
2600	59. 87	-213. 71	140. 39	-578. 72
2800	60. 69	-201. 66	144. 86	-607. 25
3000	61. 49	-189. 44	149. 07	-636. 65
3200	62. 30	-177. 06	153. 06	-666. 87
3223	62. 39	-175. 63	153. 51	-670. 39
		62. 76	19. 47	
	66. 94	-112. 87	172. 98	-670. 39
3400	66. 94	-101. 02	176. 56	-701. 33
3500	66. 94	-94. 32	178. 50	-719. 08

3. 1. 2. 45 TiC 化合物（表 3-45）

表 3-45 TiC 化合物的热力学函数值

C_p	a	b	c	d
s	49. 953	0. 979	-14. 774	
	(298. 15~3290)			
l	62. 760			
	(3290~3500)			

T	C_p	H	S	G
298	33. 79	-184. 10	24. 23	-191. 32
400	41. 41	-180. 21	35. 38	-194. 36
600	47. 12	-171. 26	53. 45	-203. 33
800	49. 64	-161. 56	67. 39	-215. 47
1000	51. 34	-151. 46	78. 65	-230. 11
1200	52. 82	-141. 04	88. 14	-246. 81
1400	54. 27	-130. 33	96. 40	-265. 28
1600	55. 77	-119. 33	103. 74	-285. 31
1800	57. 37	-108. 01	110. 40	-306. 73
2000	59. 09	-96. 37	116. 53	-329. 43
2200	60. 93	-84. 37	122. 25	-353. 32
2400	62. 92	-71. 99	127. 64	-378. 31
2600	65. 04	-59. 19	132. 75	-404. 35
2800	67. 30	-45. 96	137. 66	-431. 40
3000	69. 71	-32. 27	142. 38	-459. 41
3200	72. 26	-18. 07	146. 96	-488. 34

续表 3-45

T	C_p	H	S	G
3290	73.46	-11.51	148.98	-501.66
		71.13	21.62	
	62.76	59.61	170.60	-501.66
3400	62.76	66.52	172.66	-520.54
3500	62.76	72.79	174.48	-537.90

3.1.2.46　TiC 化合物（表 3-46）

表 3-46　TiC 化合物的热力学函数值

C_p	a	b	c	d
s	49.953	0.979	-14.774	
	(298.15~3290)			
l	62.760			
	(3290~3500)			
T	**C_p**	**H**	**S**	**G**
298	33.79	-184.10	24.23	-191.32
400	41.41	-180.21	35.38	-194.36
600	47.12	-171.26	53.45	-203.33
800	49.64	-161.56	67.39	-215.47
1000	51.34	-151.46	78.65	-230.11
1200	52.82	-141.04	88.14	-246.81
1400	54.27	-130.33	96.40	-265.28
1600	55.77	-119.33	103.74	-285.31
1800	57.37	-108.01	110.40	-306.73
2000	59.09	-96.37	116.53	-329.43
2200	60.93	-84.37	122.25	-353.32
2400	62.92	-71.99	127.64	-378.31
2600	65.04	-59.19	132.75	-404.35
2800	67.30	-45.96	137.66	-431.40
3000	69.71	-32.27	142.38	-459.41
3200	72.26	-18.07	146.96	-488.34
3290	73.46	-11.51	148.98	-501.66
		71.13	21.62	
	62.76	59.61	170.60	-501.66
3400	62.76	66.52	172.66	-520.54
3500	62.76	72.79	174.48	-537.90

3.1.2.47　Ti_5Si_3 化合物（表 3-47）

表 3-47　Ti_5Si_3 化合物的热力学函数值

C_p	a	b	c	d
s	196.439	44.769	-20.083	
	(298.15~2300)			
T	C_p	H	S	G
298	187.19	-579.07	217.99	-644.06
400	201.79	-559.18	275.25	-669.28
600	217.72	-517.09	360.37	-733.31
800	229.12	-472.37	424.61	-812.06
1000	239.20	-425.53	476.84	-902.37
1200	248.77	-376.73	521.30	-1002.29
1400	258.09	-326.04	560.35	-1110.53
1600	267.28	-273.50	595.41	-1226.11
1800	276.40	-219.13	627.42	-1348.49
2000	285.47	-162.94	657.01	-1476.97
2200	294.52	-104.94	684.65	-1611.16
2300	299.03	-75.26	697.84	-1680.29

3.1.2.48　TiSi 化合物（表 3-48）

表 3-48　TiSi 化合物的热力学函数值

C_p	a	b	c	d
s	48.116	11.422	-5.439	
	(298.15~2000)			
T	C_p	H	S	G
298	45.40	-129.70	48.95	-144.30
400	49.29	-124.86	62.90	-150.02
600	53.46	-114.55	83.75	-164.80
800	56.40	-103.55	99.54	-183.19
1000	58.99	-92.01	112.41	-204.42
1200	61.45	-79.97	123.38	-228.03
1400	63.83	-67.44	133.04	-253.69
1600	66.18	-54.44	141.71	-281.18
1800	68.51	-40.97	149.64	-310.32
2000	70.82	-27.03	156.98	-340.99

3.1.2.49 $TiSi_2$ 化合物（表 3-49）

表 3-49 $TiSi_2$ 化合物的热力学函数值

C_p	a	b	c	d
s	70.417	17.573	-9.037	
	(298.15~1800)			
T	C_p	H	S	G
298	65.49	-134.31	61.09	-152.52
400	71.80	-127.28	81.31	-159.81
600	78.45	-112.19	111.81	-179.28
800	83.06	-96.03	135.03	-204.05
1000	87.09	-79.01	154.00	-233.01
1200	90.88	-61.21	170.22	-265.47
1400	94.56	-42.66	184.50	-300.97
1600	98.18	-23.39	197.37	-339.18
1800	101.77	-3.39	209.14	-379.84

3.1.2.50 TiB 化合物（表 3-50）

表 3-50 TiB 化合物的热力学函数值

C_p	a	b	c	d
s	54.066	-0.033	-21.631	
	(298.15~2500)			
T	C_p	H	S	G
298	29.72	-160.25	34.73	-170.60
400	40.53	-156.59	45.20	-174.67
600	48.04	-147.58	63.36	-185.60
800	50.66	-137.67	77.60	-199.75
1000	51.87	-127.41	89.05	-216.45
1200	52.52	-116.96	98.57	-235.24
1400	52.92	-106.42	106.69	-255.79
1600	53.17	-95.81	113.78	-277.85
1800	53.34	-85.15	120.05	-301.25
2000	53.46	-74.47	125.68	-325.83
2200	53.55	-63.77	130.78	-351.48
2400	53.61	-53.06	135.44	-378.11
2500	53.64	-47.70	137.63	-391.76

3.1.2.51　TiB_2 化合物（表 3-51）

表 3-51　TiB_2 化合物的热力学函数值

C_p	a	b	c	d
s	56.379	25.857	−17.464	−3.347
	(298.15~3193)			
l	108.784			
	(3193~3500)			
T	C_p	H	S	G
298	44.15	−323.84	28.49	−332.34
400	55.27	−318.71	43.21	−336.00
600	65.84	−306.48	67.87	−347.20
800	72.19	−292.64	87.74	−362.83
1000	77.14	−277.69	104.39	−382.08
1200	81.38	−261.83	118.84	−404.44
1400	85.13	−245.17	131.67	−429.51
1600	88.50	−227.80	143.26	−457.03
1800	91.54	−209.79	153.87	−486.75
2000	94.27	−191.21	163.65	−518.52
2200	96.70	−172.11	172.76	−552.17
2400	98.85	−152.55	181.26	−587.58
2600	700.72	−132.58	189.25	−624.64
2800	102.31	−112.27	196.78	−663.25
3000	103.63	−91.68	203.88	−703.32
3193	104.64	−71.57	210.38	−743.30
		100.42	31.45	
	108.78	28.84	241.83	−743.30
3200	108.78	29.60	242.06	−745.00
3400	108.78	51.36	248.66	−794.08
3500	108.78	62.24	251.81	−819.10

3.1.2.52　TiAl 化合物（表 3-52）

表 3-52　TiAl 化合物的热力学函数值

C_p	a	b	c	d
s	55.940	5.941	−7.531	
	(298.15~1733)			

续表 3-52

T	C_p	H	S	G
298	49.24	-72.80	52.30	-88.39
400	53.61	-67.54	67.46	-94.52
600	57.41	-56.38	90.02	-110.40
800	59.52	-44.68	106.85	-130.15
1000	61.13	-32.61	120.31	-152.91
1200	62.55	-20.24	131.58	-178.13
1400	63.87	-7.59	141.32	-205.44
1600	65.15	5.31	149.93	-234.59
1733	65.99	14.03	155.17	-254.88

3.1.2.53 $TiAl_3$ 化合物（表 3-53）

表 3-53 $TiAl_3$ 化合物的热力学函数值

C_p	a	b	c	d
s	103.512	16.736	-8.996	
	(298.15~1613)			

T	C_p	H	S	G
298	98.38	-142.26	94.56	-170.45
400	104.58	-131.89	124.43	-181.66
600	111.05	-110.26	168.19	-211.17
800	115.50	-87.59	200.77	-248.20
1000	119.35	-64.10	226.96	-291.06
1200	122.97	-39.87	249.04	-338.72
1400	126.48	-14.92	268.26	-390.49
1600	129.94	10.72	285.38	-445.88
1613	130.16	12.42	286.43	-449.60

3.1.3 钒化合物热力学函数（C_p、H、S、G）

3.1.3.1 单质 V（表 3-54）

表 3-54 单质 V 的热力学函数值

C_p	a	b	c	d
s	26.489	2.632	-2.113	
	(298.15~600)			
	16.711	12.669	11.431	
	(600~1400)			
	95.320	-50.459	-362.887	14.690
	(1400~2175)			

续表 3-54

C_p	a	b	c	d
l	41. 840			
	(2175~3200)			

T	C_p	H	S	G
298	24. 90	0. 00	28. 91	-8. 62
400	26. 22	2. 61	36. 44	-11. 96
600	27. 48	8. 00	47. 34	-20. 41
	27. 49	8. 00	47. 34	-20. 41
800	28. 63	13. 59	55. 37	-30. 17
1000	30. 52	19. 50	61. 69	-42. 46
1200	32. 71	25. 82	67. 71	-55. 44
1400	35. 03	32. 59	72. 93	-69. 51
	34. 96	32. 59	72. 93	-69. 51
1600	38. 02	39. 90	77. 80	-84. 58
1800	40. 89	47. 78	82. 44	-100. 61
2000	44. 09	56. 27	86. 91	-117. 55
2175	47. 39	64. 27	90. 74	-133. 09
		20. 93	9. 62	
	41. 84	85. 20	100. 36	-133. 09
2200	41. 84	86. 24	100. 84	-135. 61
2400	41. 84	94. 61	104. 48	-156. 15
2600	41. 84	102. 98	107. 83	-177. 38
2800	41. 84	111. 35	110. 93	-199. 26
3000	41. 84	119. 72	113. 82	-221. 74
3200	41. 84	128. 08	116. 52	-244. 78

3. 1. 3. 2 VF_3 化合物（表 3-55）

表 3-55 VF_3 化合物的热力学函数值

C_p	a	b	c	d
s	82. 425	26. 861		
	(298. 15~1000)			

T	C_p	H	S	G
298	90. 43	-1150. 60	96. 99	-1179. 52
400	93. 17	-1141. 25	123. 94	-1190. 83
600	98. 54	-1122. 08	162. 74	-1219. 72
800	103. 91	-1101. 83	191. 82	-1255. 29
1000	109. 29	-1080. 51	215. 58	-1296. 10

3.1.3.3　VF_4 化合物（表 3-56）

表 3-56　VF_4 化合物的热力学函数值

C_p	a	b	c	d
s	95.186	39.748		
	(298.15~1000)			

T	C_p	H	S	G
298	107.04	−1403.31	121.34	−1439.49
400	111.09	−1392.21	153.36	−1453.55
600	119.03	−1369.19	199.90	−1489.13
800	126.98	−1344.59	235.23	−1532.78
1000	134.93	−1318.40	264.42	−1582.82

3.1.3.4　VF_5(g)化合物（表 3-57）

表 3-57　VF_5(g)化合物的热力学函数值

C_p	a	b	c	d
g	130.457	0.628	−28.744	
	(298.15~2000)			

T	C_p	H	S	G
298	98.31	−1433.86	320.79	−1529.50
400	112.74	−1423.00	352.00	−1563.80
600	122.85	−1399.24	400.03	−1639.26
800	126.47	−1374.26	435.94	−1723.02
1000	128.21	−1348.78	464.37	−1813.15
1200	129.21	−1323.03	487.84	−1908.44
1400	129.87	−1297.11	507.81	−2008.05
1600	130.34	−1271.09	525.19	−2111.39
1800	130.70	−1244.98	540.56	−2217.99
2000	130.99	−1218.81	554.35	−2327.51

3.1.3.5　VCl_2 化合物（表 3-58）

表 3-58　VCl_2 化合物的热力学函数值

C_p	a	b	c	d
s	72.174	11.380	−2.971	
	(298.15~1300)			

T	C_p	H	S	G
298	72.23	−460.24	97.07	−489.18
400	74.87	−452.74	118.69	−500.22

续表 3-58

T	C_p	H	S	G
600	78. 18	−437. 41	149. 72	−527. 24
800	80. 81	−421. 51	172. 58	−559. 57
1000	83. 26	−405. 10	190. 88	−595. 98
1200	85. 62	−388. 21	206. 27	−635. 73
1300	86. 79	−379. 59	213. 17	−656. 70

3. 1. 3. 6 VCl_3 化合物（表 3-59）

表 3-59 VCl_3 化合物的热力学函数值

C_p	a	b	c	d
s	96. 190	16. 401	−7. 029	
	(298. 15~900)			
T	C_p	H	S	G
298	93. 17	−560. 66	130. 36	−599. 70
400	98. 36	−550. 88	159. 14	−614. 53
600	104. 08	−530. 58	200. 20	−650. 70
800	108. 21	−509. 34	230. 73	−693. 92
900	110. 08	−498. 43	243. 58	−717. 65

3. 1. 3. 7 VCl_4 化合物（表 3-60）

表 3-60 VCl_4 化合物的热力学函数值

C_p	a	b	c	d
s	161. 712			
	(298. 15~425)			
g	96. 399	8. 870	−5. 690	
	(425~2000)			
T	C_p	H	S	G
298	161. 71	−569. 86	221. 75	−635. 98
400	161. 71	−553. 39	269. 27	−661. 10
425	161. 71	−549. 35	279. 08	−667. 96
		38. 07	89. 59	
	97. 02	−511. 27	368. 66	−667. 96
600	100. 14	−494. 00	402. 67	−735. 60
800	102. 61	−473. 71	431. 83	−819. 18
1000	104. 70	−452. 98	454. 96	−907. 94
1200	106. 65	−431. 84	474. 22	−1000. 91
1400	108. 53	−410. 32	490. 80	−1097. 45

续表 3-60

T	C_p	H	S	G
1600	110. 37	-388. 43	505. 42	-1197. 10
1800	112. 19	-366. 18	518. 52	-1299. 52
2000	114. 00	-343. 56	530. 44	-1404. 43

3. 1. 3. 8 VBr_2 化合物（表 3-61）

表 3-61 VBr_2 化合物的热力学函数值

C_p	a	b	c	d
s	73. 638	12. 552		
	(298. 15~900)			
T	**C_p**	**H**	**S**	**G**
298	77. 38	-347. 27	125. 52	-384. 70
400	78. 66	-339. 33	148. 44	-398. 70
600	81. 17	-323. 34	180. 81	-431. 83
800	83. 68	-306. 86	204. 50	-470. 46
900	84. 94	-298. 43	214. 43	-491. 41

3. 1. 3. 9 VBr_3 化合物（表 3-62）

表 3-62 VBr_3 化合物的热力学函数值

C_p	a	b	c	d
s	92. 048	32. 217		
	(298. 15~1000)			
T	**C_p**	**H**	**S**	**G**
298	101. 65	-447. 69	142. 26	-490. 10
400	104. 93	-437. 17	172. 59	-506. 20
600	111. 38	-415. 54	216. 35	-545. 35
800	117. 82	-392. 62	249. 28	-592. 04
1000	124. 26	-368. 41	276. 26	-644. 67

3. 1. 3. 10 VBr_4(g)化合物（表 3-63）

表 3-63 VBr_4(g)化合物的热力学函数值

C_p	a	b	c	d
g	107. 738	0. 837	-7. 322	
	(298. 15~1000)			
T	**C_p**	**H**	**S**	**G**
298	99. 75	-393. 30	334. 72	-493. 09
400	103. 50	-382. 92	364. 64	-528. 77

续表 3-63

T	C_p	H	S	G
600	106.21	-361.90	407.22	-606.23
800	107.26	-340.54	437.93	-690.88
1000	107.84	-319.02	461.94	-780.96

3.1.3.11 VI_2 化合物（表 3-64）

表 3-64 VI_2 化合物的热力学函数值

C_p	a	b	c	d
s	72.341	8.368		
	(298.15~1100)			
T	C_p	H	S	G
298	74.84	-263.59	146.44	-307.25
400	75.69	-255.93	168.55	-323.35
600	77.36	-240.62	199.56	-360.36
800	79.04	-224.98	222.04	-402.61
1000	80.71	-209.01	239.86	-448.86
1100	81.55	-200.89	247.59	-473.24

3.1.3.12 VI_3 化合物（表 3-65）

表 3-65 VI_3 化合物的热力学函数值

C_p	a	b	c	d
s	97.236	8.368		
	(298.15~600)			
T	C_p	H	S	G
298	99.73	-280.33	202.92	-340.83
400	100.58	-270.13	232.35	-363.07
600	102.26	-249.84	273.45	-413.91

3.1.3.13 $VOCl_3$ 化合物（表 3-66）

表 3-66 $VOCl_3$ 化合物的热力学函数值

C_p	a	b	c	d
l	150.624			
	(298.15~400)			
g	107.947		-8.368	
	(400~1000)			

续表 3-66

T	C_p	H	S	G
298	150.62	-719.65	205.02	-780.77
400	150.62	-704.31	249.28	-804.02
		33.47	83.68	
	102.72	-670.83	332.96	-804.02
600	105.62	-649.94	375.28	-875.11
800	106.64	-628.70	405.82	-953.36
1000	107.11	-607.32	429.67	-1037.00

3.1.3.14 VO 化合物（表 3-67）

表 3-67 VO 化合物的热力学函数值

C_p	a	b	c	d
s	47.363	13.472	-5.272	
	(298.15~1973)			
T	C_p	H	S	G
298	45.45	-430.95	38.91	-442.55
400	49.46	-426.10	52.88	-447.25
600	53.98	-415.72	73.87	-460.04
800	57.32	-404.58	89.87	-476.47
1000	60.31	-392.81	102.98	-495.80
1200	63.16	-380.47	114.23	-517.54
1400	65.96	-367.55	124.18	-541.40
1600	68.71	-354.09	133.17	-567.15
1800	71.45	-340.07	141.42	-594.62
1973	73.81	-327.50	148.08	-619.67

3.1.3.15 V_2O_3 化合物（表 3-68）

表 3-68 V_2O_3 化合物的热力学函数值

C_p	a	b	c	d
s	122.800	19.916	-22.677	
	(298.15~2200)			
T	C_p	H	S	G
298	103.23	-1225.91	98.32	-1255.23
400	116.59	-1214.63	130.77	-1266.94
600	128.45	-1189.97	180.61	-1298.34
800	135.19	-1163.57	218.54	-1338.40
1000	140.45	-1135.99	249.29	-1385.28

续表 3-68

T	C_p	H	S	G
1200	145.12	-1107.43	275.31	-1437.80
1400	149.53	-1077.96	298.02	-1495.18
1600	153.78	-1047.63	318.26	-1556.85
1800	157.95	-1016.45	336.62	-1622.36
2000	162.07	-984.45	353.47	-1691.40
2200	166.15	-951.63	369.11	-1763.67

3.1.3.16 VO_2 化合物（表 3-69）

表 3-69 VO_2 化合物的热力学函数值

C_p	a	b	c	d
s-A	62.593			
	(298.15~345)			
s-B	74.684	7.113	-16.527	
	(345~1633)			
l	106.692			
	(1633~2200)			

T	C_p	H	S	G
298	62.59	-717.56	51.46	-732.90
345	62.59	-714.62	60.60	-735.53
		4.31	12.49	
	63.25	-710.31	73.09	-735.53
400	67.20	-706.72	82.75	-739.82
600	74.36	-692.45	111.59	-759.40
800	77.79	-677.20	133.49	-784.00
1000	80.14	-661.40	151.11	-812.51
1200	82.07	-645.17	165.90	-844.25
1400	83.80	-628.58	178.68	-878.74
1600	85.42	-611.66	189.98	-915.63
1633	85.68	-608.84	191.72	-921.93
		56.90	34.85	
	106.69	-551.94	226.57	-921.93
1800	106.69	-534.12	236.96	-960.64
2000	106.69	-512.78	248.20	-1009.18
2200	106.69	-491.44	258.37	-1059.85

3.1.3.17 V_2O_5 化合物（表 3-70）

表 3-70 V_2O_5 化合物的热力学函数值

C_p	a	b	c	d
s	194.723	-16.318	-55.312	
	(298.15~943)			
l	190.790			
	(943~3000)			
T	C_p	H	S	G
298	127.63	-1557.70	130.96	-1596.75
400	153.63	-1543.17	172.69	-1612.25
600	169.57	-1510.47	238.78	-1653.74
800	173.03	-1476.12	288.17	-1706.66
943	173.12	-1451.35	316.65	-1749.96
		65.27	69.22	
	190.79	-1386.08	385.87	-1749.96
1000	190.79	-1375.21	397.07	-1772.27
1200	190.79	-1337.05	431.85	-1855.27
1400	190.79	-1298.89	461.26	-1944.66
1600	190.79	-1260.73	486.74	-2039.51
1800	190.79	-1222.57	509.21	-2139.15
2000	190.79	-1184.42	529.31	-2243.04
2200	190.79	-1146.26	547.50	-2350.75
2400	190.79	-1108.10	564.10	-2461.93
2600	190.79	-1069.94	579.37	-2576.30
2800	190.79	-1031.78	593.51	-2693.61
3000	190.79	-993.63	606.67	-2813.64

3.1.3.18 $VN_{0.465}$化合物（表 3-71）

$VN_{0.465}$化合物的热力学函数值如表 3-71 所示。

表 3-71 $VN_{0.465}$化合物的热力学函数值

C_p	a	b	c	d
s	31.526	11.397	-5.402	
	(298.15~2000)			
T	C_p	H	S	G
298	28.85	-132.21	26.71	-140.18
400	32.71	-129.06	35.79	-143.37
600	36.86	-122.06	49.91	-152.01

续表 3-71

T	C_p	H	S	G
800	39. 80	-114. 39	60. 93	-163. 13
1000	42. 38	-106. 37	70. 09	-176. 26
1200	44. 83	-97. 44	78. 04	-191. 09
1400	47. 21	-88. 24	85. 13	-207. 42
1600	49. 55	-78. 56	91. 58	-225. 10
1800	51. 87	-68. 42	97. 56	-244. 02
2000	54. 19	-57. 81	103. 14	-264. 10

3. 1. 3. 19　VN 化合物（表 3-72）

表 3-72　VN 化合物的热力学函数值

C_p	a	b	c	d
s	45. 773	8. 786	-9. 247	
	(298. 15~1600)			
T	C_p	H	S	G
298	37. 99	-217. 15	37. 24	-228. 25
400	43. 51	-212. 96	49. 27	-232. 67
600	48. 48	-203. 70	67. 98	-244. 49
800	51. 36	-193. 70	82. 35	-259. 58
1000	53. 63	-183. 20	94. 06	-277. 26
1200	55. 67	-172. 26	104. 02	-297. 09
1400	57. 60	-160. 94	112. 75	-318. 78
1600	59. 47	-149. 23	120. 56	-342. 13

3. 1. 3. 20　V_2C 化合物（表 3-73）

表 3-73　V_2C 化合物的热力学函数值

C_p	a	b	c	d
s	62. 342	21. 004	-8. 786	
	(298. 15~2000)			
T	C_p	H	S	G
298	58. 72	-147. 28	59. 83	-165. 12
400	65. 25	-140. 93	78. 09	-172. 17
600	72. 50	-127. 09	106. 05	-190. 72
800	77. 77	-112. 05	127. 65	-214. 17
1000	82. 47	-96. 02	145. 51	-241. 54
1200	86. 94	-79. 08	160. 95	-272. 21
1400	91. 30	-61. 26	174. 68	-305. 80

续表 3-73

T	C_p	H	S	G
1600	95.60	-42.56	187.15	-342.00
1800	99.88	-23.02	198.66	-380.60
2000	104.13	-2.61	209.40	-421.41

3.1.3.21　$VC_{0.8}$化合物（表 3-74）

表 3-74　$VC_{0.8}$化合物的热力学函数值

C_p	a	b	c	d
s	34.518	12.426	-7.343	
	(298.15~1700)			
T	C_p	H	S	G
298	29.96	-102.51	28.45	-110.99
400	34.90	-99.18	38.03	-114.39
600	39.93	-91.64	53.23	-123.58
800	43.31	-83.31	65.20	-135.47
1000	46.21	-74.35	75.18	-149.53
1200	48.92	-64.83	83.85	-165.45
1400	51.54	-54.79	91.59	-183.01
1600	54.11	-44.22	98.64	-202.04
1700	55.39	-38.75	101.96	-212.07

3.1.3.22　VC 化合物（表 3-75）

表 3-75　VC 化合物的热力学函数值

C_p	a	b	c	d
s	36.401	13.389	-7.113	
	(298.15~2000)			
T	C_p	H	S	G
298	32.39	-100.83	27.61	-109.07
400	37.31	-97.26	37.90	-112.42
600	42.46	-89.23	54.10	-121.69
800	46.00	-80.37	66.82	-133.83
1000	49.08	-70.86	77.42	-148.28
1200	51.97	-60.75	86.62	-164.70
1400	54.78	-50.08	94.85	-182.86
1600	57.55	-38.84	102.34	-202.59
1800	60.28	-27.06	109.28	-223.76
2000	63.00	-14.73	115.77	-246.27

3.1.3.23 V_3Si 化合物（表 3-76）

表 3-76 V_3Si 化合物的热力学函数值

C_p	a	b	c	d
s	93.755	18.276	-6.950	
	(298.15~1400)			
T	C_p	H	S	G
298	91.39	-150.62	101.46	-180.87
400	96.72	-141.02	129.14	-192.67
600	102.79	-121.02	169.60	-222.78
800	107.29	-100.00	199.81	-259.84
1000	111.34	-78.13	224.19	-302.32
1200	115.20	-55.48	244.83	-349.27
1400	118.99	-32.06	262.87	-400.08

3.1.3.24 V_5Si_3 化合物（表 3-77）

表 3-77 V_5Si_3 化合物的热力学函数值

C_p	a	b	c	d
s	188.447	118.826	-17.280	
	(298.15~1800)			
T	C_p	H	S	G
298	204.44	-461.91	208.78	-524.16
400	225.18	-439.97	271.94	-548.75
600	254.94	-391.84	369.12	-613.31
800	280.81	-338.23	446.05	-695.07
1000	305.54	-279.59	511.38	-790.96
1200	329.84	-216.05	569.23	-899.13
1400	353.92	-147.67	621.89	-1018.31
1600	377.89	-74.48	670.71	-1147.63
1800	401.80	-3.49	716.61	-1286.40

3.1.3.25 VSi_2 化合物（表 3-78）

表 3-78 VSi_2 化合物的热力学函数值

C_p	a	b	c	d
s	71.459	11.657	-9.414	
	(298.15~1950)			
l	119.244			
	(1950~2100)			

续表 3-78

T	C_p	H	S	G
298	64. 34	−125. 52	80. 26	−149. 45
400	70. 24	−118. 63	100. 10	−158. 67
600	75. 84	−103. 96	129. 77	−181. 82
800	79. 31	−88. 43	152. 08	−210. 09
1000	82. 17	−72. 27	170. 09	−242. 37
1200	84. 79	−55. 57	185. 31	−277. 95
1400	87. 30	−38. 36	198. 57	−316. 36
1600	89. 74	−20. 66	210. 39	−357. 28
1800	92. 15	−2. 47	221. 10	−400. 44
1950	93. 94	11. 49	228. 54	−434. 17
		158. 28	81. 17	—
	119. 24	169. 77	309. 71	−434. 17
2000	119. 24	175. 73	312. 73	−449. 73
2100	119. 24	187. 66	318. 55	−481. 30

3. 1. 3. 26 VB 化合物（表 3-79）

表 3-79 VB 化合物的热力学函数值

C_p	a	b	c	d
s	37. 886	22. 615	−7. 335	−4. 033
	（298. 15～1200）			
	44. 589	6. 799	−1. 117	4. 280
	（1200～2500）			

T	C_p	H	S	G
298	36. 02	−138. 49	29. 29	−147. 22
400	41. 70	−134. 50	40. 75	−150. 80
600	47. 97	−125. 48	58. 96	−160. 85
800	52. 25	−115. 44	73. 37	−174. 14
1000	55. 73	−104. 63	85. 41	−190. 05
1200	58. 71	−93. 18	95. 84	−208. 19
	58. 83	−93. 18	95. 84	−208. 19
1400	62. 44	−81. 06	105. 18	−228. 31
1600	66. 38	−68. 18	113. 77	−250. 22
1800	70. 66	−54. 49	121. 83	−273. 78
2000	75. 28	−39. 90	129. 51	−298. 92
2200	80. 24	−24. 35	136. 92	−325. 57
2400	85. 54	−7. 78	144. 12	−353. 68
2500	88. 32	0. 91	147. 67	−368. 27

3.1.3.27　VB_2 化合物（表 3-80）

表 3-80　VB_2 化合物的热力学函数值

C_p	a	b	c	d
s	50.053	44.497	-13.548	-12.347
	(298.15~1200)			
	63.459	12.866	-1.117	4.280
	(1200~2500)			

T	C_p	H	S	G
298	46.98	-203.67	30.12	-212.74
400	57.41	-198.39	45.54	-216.61
600	68.54	-185.69	71.15	-228.38
800	75.63	-171.23	91.89	-244.74
1000	80.85	-155.56	109.36	-264.92
1200	84.73	-138.98	124.46	-288.33
	84.98	-138.98	124.46	-288.33
1400	89.80	-121.50	137.92	-314.59
1600	94.96	-103.03	150.24	-343.42
1800	100.45	-83.50	161.74	-374.63
2000	106.28	-62.83	172.62	-408.08
2200	112.46	-40.96	183.04	-443.65
2400	118.97	-17.83	193.10	-481.27
2500	122.36	-5.76	198.03	-500.83

3.1.3.28　V_3B_2 化合物（表 3-81）

表 3-81　V_3B_2 化合物的热力学函数值

C_p	a	b	c	d
s	101.491	45.965	-15.790	-3.787
	(298.15~1200)			
	114.897	14.334	-3.360	12.841
	(1200~2500)			

T	C_p	H	S	G
298	97.10	-303.76	86.94	-329.68
400	109.40	-293.18	117.37	-340.13
600	123.32	-269.80	164.59	-368.55
800	133.37	-244.09	201.49	-405.29
1000	142.09	-216.53	232.21	-448.74

续表 3-81

T	C_p	H	S	G
1200	150. 10	-187. 30	258. 83	-497. 90
	150. 10	-187. 30	258. 83	-497. 90
1400	159. 96	-156. 29	282. 72	-552. 09
1600	170. 57	-123. 25	304. 76	-610. 87
1800	182. 20	-87. 99	325. 51	-673. 91
2000	194. 84	-50. 31	345. 35	-741. 01
2200	208. 51	-9. 99	364. 56	-812. 01
2400	223. 20	33. 17	383. 32	-886. 80
2500	230. 93	55. 87	392. 59	-925. 60

3. 1. 3. 29 V_2B_3 化合物（表 3-82）

表 3-82 V_2B_3 化合物的热力学函数值

C_p	a	b	c	d
s	87. 939	67. 116	-20. 887	-16. 380
	(298. 15～1200)			
	108. 048	19. 669	-2. 238	8. 560
	(1200～2500)			

T	C_p	H	S	G
298	83. 00	-345. 18	59. 41	-362. 89
400	99. 11	-335. 83	86. 29	-370. 34
600	116. 51	-314. 10	130. 10	-392. 16
800	127. 88	-289. 60	165. 26	-421. 81
1000	136. 59	-263. 12	194. 77	-457. 89
1200	143. 44	-235. 09	220. 31	-499. 45
	143. 82	-235. 09	220. 31	-499. 45
1400	152. 25	-205. 49	243. 10	-545. 83
1600	161. 35	-174. 14	264. 02	-596. 57
1800	171. 12	-140. 91	283. 58	-651. 35
2000	181. 57	-105. 65	302. 14	-709. 93
2200	192. 71	-68. 23	319. 96	-772. 16
2400	204. 52	-28. 52	337. 23	-837. 88
2500	210. 69	-7. 76	345. 71	-872. 03

3.1.3.30　V_3B_4 化合物（表 3-83）

表 3-83　V_3B_4 化合物的热力学函数值

C_p	a	b	c	d
s	125.825	89.734	-28.225	-20.414
	(298.15~1200)			
	152.637	26.468	-3.360	12.841
	(1200~2500)			

T	C_p	H	S	G
298	119.01	-486.60	88.66	-513.03
400	140.81	-473.26	126.99	-524.06
600	164.48	-442.51	189.02	-555.92
800	180.14	-407.97	238.59	-598.84
1000	192.32	-370.68	280.14	-650.82
1200	202.15	-331.20	316.11	-710.53
	202.66	-331.20	316.11	-710.53
1400	214.69	-289.48	348.24	-777.01
1600	227.73	-245.25	377.75	-849.65
1800	241.78	-198.32	405.37	-927.99
2000	256.85	-148.47	431.62	-1011.70
2200	272.95	-95.51	456.84	-1100.57
2400	290.06	-39.23	481.32	-1194.39
2500	299.01	-9.78	493.34	-1243.13

3.1.3.31　V_5B_6 化合物（表 3-84）

表 3-84　V_5B_6 化合物的热力学函数值

C_p	a	b	c	d
s	201.598	134.967	-42.894	-28.480
	(298.15~1200)			
	241.814	40.074	-5.602	21.401
	(1200~2500)			

T	C_p	H	S	G
298	191.05	-763.58	76.15	-786.28
400	224.22	-742.27	137.40	-797.23
600	260.41	-693.47	235.84	-834.97
800	284.64	-638.85	314.24	-890.24
1000	303.80	-579.94	379.88	-959.83

续表 3-84

T	C_p	H	S	G
1200	319.57	-517.56	436.71	-1041.61
	320.33	-517.56	436.71	-1041.61
1400	339.58	-451.59	487.52	-1134.12
1600	360.50	-381.61	534.21	-1236.35
1800	383.11	-307.28	577.96	-1347.60
2000	407.43	-228.25	619.57	-1467.39
2200	433.44	-144.20	659.60	-1595.33
2400	461.17	-54.76	698.50	-1731.15
2500	475.67	-7.92	717.61	-1801.96

3.1.4　钒钛复合化合物热力学函数（C_p、H、S、G）

3.1.4.1　$Al_2O_3 \cdot TiO_2$ 化合物（表 3-85）

表 3-85　$Al_2O_3 \cdot TiO_2$ 化合物的热力学函数值

C_p	a	b	c	d
s	152.548	22.175	-46.903	
	(298.15~2133)			

T	C_p	H	S	G
298	136.40	-2625.46	109.62	-2658.14
400	162.10	-2610.08	153.80	-2671.60
600	182.82	-2575.27	224.11	-2709.73
800	192.96	-2537.61	278.21	-2760.17
1000	200.03	-2498.28	322.06	-2820.34
1200	205.90	-2457.67	359.06	-2888.54
1400	211.20	-2415.95	391.20	-2963.64
1600	216.20	-2373.21	419.73	-3044.79
1800	221.02	-2329.49	445.48	-3131.35
2000	225.73	-2284.81	469.01	-3222.83
2133	228.82	-2254.58	483.64	-3286.19

3.1.4.2　$BaO \cdot TiO_2$ 化合物（表 3-86）

表 3-86　$BaO \cdot TiO_2$ 化合物的热力学函数值

C_p	a	b	c	d
s-A	125.855	5.523	-26.501	
	(298.15~393)			

续表 3-86

C_p	a	b	c	d
s-B	125.855	5.523	-26.501	
	(393~1978)			
T	**C_p**	**H**	**S**	**G**
298	97.69	-1651.84	107.95	-1684.03
393	110.87	-1641.87	136.91	-1695.67
		0.20	0.50	
	110.87	-1641.67	137.41	-1695.67
400	111.50	-1640.90	139.37	-1696.64
600	121.81	-1617.38	186.90	-1729.52
800	126.13	-1592.54	222.60	-1770.62
1000	128.73	-1567.04	251.05	-1818.08
1200	130.64	-1541.09	274.69	-1870.72
1400	132.23	-1514.80	294.95	-1927.74
1600	133.66	-1488.21	312.71	-1988.54
1800	134.98	-1461.35	328.52	-2052.69
1978	136.10	-1437.22	341.31	-2112.32

3.1.4.3　$2BaO \cdot TiO_2$ 化合物（表 3-87）

表 3-87　$2BaO \cdot TiO_2$ 化合物的热力学函数值

C_p	a	b	c	d
s	181.795	9.874	-34.803	
	(298.15~2133)			
T	**C_p**	**H**	**S**	**G**
298	145.59	-2243.04	196.65	-2301.67
400	163.99	-2227.15	242.38	-2324.10
600	178.05	-2192.70	312.02	-2379.91
800	184.26	-2156.41	364.18	-2447.76
1000	188.19	-2119.14	405.74	-2524.89
1200	191.23	-2081.19	440.33	-2609.59
1400	193.84	-2042.68	470.01	-2700.69
1600	196.23	-2003.67	496.05	-2797.35
1800	198.49	-1964.20	519.30	-2898.93
2000	200.67	-1924.28	540.32	-3004.92
2133	202.09	-1897.49	553.29	-3077.66

3.1.4.4　$CaO \cdot TiO_2$ 化合物（表 3-88）

表 3-88　$CaO \cdot TiO_2$ 化合物的热力学函数值

C_p	a	b	c	d
s-A	127.486	5.690	-27.991	
	(298.15~1530)			
s-B	134.014			
	(1530~2243)			
T	C_p	H	S	G
298	97.69	-1658.54	93.72	-1686.48
400	112.27	-1647.74	124.77	-1697.65
600	123.12	-1624.01	172.74	-1727.65
800	127.66	-1598.88	208.85	-1765.96
1000	130.38	-1573.06	237.65	-1810.71
1200	132.37	-1546.78	261.60	-1860.70
1400	134.02	-1520.14	282.13	-1915.12
1530	135.00	-1502.65	294.08	-1952.59
		2.30	1.50	
	134.01	-1500.35	295.58	-1952.59
1600	134.01	-1490.97	301.58	-1973.49
1800	134.01	-1464.16	317.36	-2035.41
2000	134.01	-1437.36	331.48	-2100.32
2200	134.01	-1410.56	344.25	-2167.91
2243	134.01	-1404.80	346.85	-2182.77

3.1.4.5　$3CaO \cdot 2TiO_2$ 化合物（表 3-89）

表 3-89　$3CaO \cdot 2TiO_2$ 化合物的热力学函数值

C_p	a	b	c	d
s	299.240	15.899	-57.237	
	(298.15~1998)			
T	C_p	H	S	G
298	239.59	-3999.07	234.72	-4069.05
400	269.83	-3972.91	309.97	-4096.90
600	292.88	-3916.24	424.55	-4170.97
800	303.02	-3856.56	510.33	-4264.82
1000	309.42	-3795.28	578.68	-4373.95
1200	314.34	-3732.88	635.54	-4495.53
1400	318.58	-3669.58	684.32	-4627.63

续表 3-89

T	C_p	H	S	G
1600	322. 44	−3605. 48	727. 12	−4768. 86
1800	326. 09	−3540. 62	765. 31	−4918. 17
1998	329. 57	−3475. 71	799. 52	−5073. 14

3. 1. 4. 6　$4CaO \cdot 3TiO_2$ 化合物（表 3-90）

表 3-90　$4CaO \cdot 3TiO_2$ 化合物的热力学函数值

C_p	a	b	c	d
s	424. 048	21. 589	−82. 383	
	(298. 15~2028)			
T	C_p	H	S	G
298	337. 81	−5664. 72	328. 44	−5762. 64
400	381. 19	−5627. 80	434. 66	−5801. 66
600	414. 12	−5547. 69	596. 62	−5905. 66
800	428. 45	−5463. 29	717. 92	−6037. 63
1000	437. 40	−5376. 66	814. 54	−6191. 20
1200	444. 23	−5288. 47	894. 92	−6362. 37
1400	450. 07	−5199. 03	963. 84	−6548. 41
1600	455. 37	−5108. 48	1024. 29	−6747. 34
1800	460. 37	−5016. 90	1078. 22	−6957. 69
2000	465. 17	−4924. 34	1126. 97	−7178. 29
2028	465. 83	−4911. 31	1133. 44	−7209. 93

3. 1. 4. 7　$CaO \cdot V_2O_5$ 化合物（表 3-91）

表 3-91　$CaO \cdot V_2O_5$ 化合物的热力学函数值

C_p	a	b	c	d
s	135. 227	119. 106		
	(298. 15~1051)			
T	C_p	H	S	G
298	170. 75	−2335. 51	179. 08	−2388. 90
400	182. 89	−2317. 50	230. 95	−2409. 88
600	206. 72	−2278. 54	309. 61	−2464. 31
800	230. 56	−2234. 81	372. 35	−2532. 69
1000	254. 39	−2186. 32	426. 35	−2612. 67
1051	260. 46	−2173. 19	439. 16	−2634. 74

3.1.4.8 $2CaO \cdot V_2O_5$ 化合物（表 3-92）

表 3-92 $2CaO \cdot V_2O_5$ 化合物的热力学函数值

C_p	a	b	c	d
s	177.820	121.001		
	(298.15~1288)			
T	C_p	H	S	G
298	213.90	-3088.63	220.50	-3154.37
400	226.22	-3066.22	285.08	-3180.25
600	250.42	-3018.55	381.38	-3247.38
800	274.62	-2966.05	456.73	-3331.43
1000	298.82	-2908.70	520.61	-3429.32
1200	323.02	-2846.52	577.23	-3539.20
1288	333.67	-2817.62	600.46	-3591.02

3.1.4.9 $3CaO \cdot V_2O_5$ 化合物（表 3-93）

表 3-93 $3CaO \cdot V_2O_5$ 化合物的热力学函数值

C_p	a	b	c	d
s	226.815	101.336		
	(298.15~1653)			
T	C_p	H	S	G
298	257.03	-3782.55	274.89	-3864.50
400	267.35	-3755.84	351.86	-3896.59
600	287.62	-3700.34	464.10	-3978.80
800	307.88	-3640.79	549.61	-4080.49
1000	328.15	-3577.19	620.49	-4197.68
1200	348.42	-3509.53	682.11	-4328.07
1400	368.69	-3437.82	737.34	-4470.11
1600	388.95	-3362.06	787.90	-4622.70
1653	394.32	-3341.30	800.66	-4664.80

3.1.4.10 $CdO \cdot TiO_2$ 化合物（表 3-94）

表 3-94 $CdO \cdot TiO_2$ 化合物的热力学函数值

C_p	a	b	c	d
s-A	116.106	9.623	-18.200	
	(298.15~1100)			
s-B	116.106	9.623	-18.200	
	(1100~1600)			

续表 3-94

T	C_p	H	S	G
298	98. 50	-1231. 85	105. 02	-1263. 16
400	108. 58	-1221. 24	135. 57	-1275. 47
600	116. 82	-1198. 57	181. 41	-1307. 42
800	120. 96	-1174. 76	215. 63	-1347. 27
1000	123. 91	-1150. 26	242. 95	-1393. 22
1100	125. 19	-1137. 81	254. 82	-1418. 11
		14. 98	13. 62	
	125. 19	-1122. 83	268. 44	-1418. 11
1200	126. 39	-1110. 55	279. 38	-1445. 51
1400	128. 65	-1084. 74	299. 04	-1503. 40
1600	130. 79	-1058. 80	316. 36	-1564. 97

3. 1. 4. 11　CoO · TiO_2 化合物（表 3-95）

表 3-95　CoO · TiO_2 化合物的热力学函数值

C_p	a	b	c	d
s	123. 470	9. 707	-16. 527	
	(298. 15~1700)			
T	C_p	H	S	G
298	107. 77	-1219. 64	96. 86	-1248. 51
400	117. 02	-1208. 13	130. 00	-1260. 13
600	124. 70	-1183. 84	179. 14	-1291. 32
800	128. 65	-1158. 48	215. 59	-1330. 95
1000	131. 52	-1132. 45	244. 62	-1377. 07
1200	133. 97	-1105. 89	268. 82	-1428. 48
1400	136. 22	-1078. 87	289. 64	-1484. 37
1600	138. 36	-1051. 41	307. 97	-1544. 17
1700	139. 40	-1037. 53	316. 39	-1575. 39

3. 1. 4. 12　FeTi 化合物（表 3-96）

表 3-96　FeTi 化合物的热力学函数值

C_p	a	b	c	d
s	53. 011	9. 623	-8. 117	
	(298. 15~1590)			

续表 3-96

T	C_p	H	S	G
298	46.75	-40.58	52.72	-56.30
400	51.79	-35.54	67.25	-62.44
600	56.53	-24.65	89.26	-78.20
800	59.44	-13.04	105.94	-97.79
1000	61.82	-0.91	119.46	-120.37
1200	64.00	11.68	130.93	-145.44
1400	66.07	24.69	140.95	-172.65
1590	67.99	37.42	149.48	-200.25

3.1.4.13 $FeO \cdot TiO_2$ 化合物（表 3-97）

表 3-97 $FeO \cdot TiO_2$ 化合物的热力学函数值

C_p	a	b	c	d
s	116.608	18.242	-20.041	
	(298.15~1743)			
l	199.158			
	(1743~2000)			
T	C_p	H	S	G
298	99.50	-1235.46	105.86	-1267.02
400	111.38	-1224.65	136.97	-1279.43
600	121.99	-1201.17	184.42	-1311.82
800	128.07	-1176.13	220.40	-1352.45
1000	132.85	-1150.03	249.50	-1399.53
1200	137.11	-1123.03	274.10	-1451.95
1400	141.12	-1095.20	295.54	-1508.96
1600	145.01	-1066.58	314.64	-1570.01
1743	147.74	-1045.65	327.17	-1615.91
		90.79	52.09	
	199.16	-954.86	379.26	-1615.91
1800	199.16	-943.51	385.67	-1637.71
2000	199.16	-903.67	406.65	-1716.98

3.1.4.14 $Li_2O \cdot TiO_2$ 化合物（表 3-98）

表 3-98 $Li_2O \cdot TiO_2$ 化合物的热力学函数值

C_p	a	b	c	d
s-A	143.377	13.226	-33.485	
	(298.15~1485)			

续表 3-98

C_p	a	b	c	d
s-B	126. 357	33. 472		
	(1485~1820)			
l	200. 832			
	(1820~2200)			
T	C_p	H	S	G
298	109. 65	-1670. 67	91. 76	-1698. 03
400	127. 74	-1658. 46	126. 87	-1709. 20
600	142. 01	-1631. 25	181. 83	-1740. 35
800	148. 73	-1602. 12	223. 69	-1781. 07
1000	153. 25	-1571. 90	257. 39	-1829. 29
1200	156. 92	-1540. 87	285. 66	-1883. 67
1400	160. 18	-1509. 16	310. 10	-1943. 30
1485	161. 50	-1495. 48	319. 58	-1970. 06
		11. 51	7. 75	
	176. 06	-1483. 98	327. 33	-1970. 06
1600	179. 91	-1463. 51	340. 60	-2008. 47
1800	186. 61	-1426. 86	362. 18	-2078. 78
1820	187. 28	-1423. 12	364. 24	-2086. 05
		110. 04	60. 46	
1820	200. 83	-1313. 08	424. 71	-2086. 05
2000	200. 83	-1276. 93	443. 65	-2164. 22
2200	200. 83	-1236. 76	462. 79	-2254. 90

3. 1. 4. 15 MgO · TiO_2 化合物（表 3-99）

表 3-99 MgO · TiO_2 化合物的热力学函数值

C_p	a	b	c	d
s	118. 537	13. 590	-27. 899	
	(298. 15~1903)			
l	163. 176			
	(1903~3000)			
T	C_p	H	S	G
298	91. 20	-1571. 09	74. 48	-1593. 30
400	106. 54	-1550. 92	103. 72	-1602. 41
600	118. 94	-1538. 18	149. 66	-1627. 97
800	125. 05	-1513. 73	184. 78	-1661. 55
1000	129. 34	-1488. 27	213. 16	-1701. 44

续表 3-99

T	C_p	H	S	G
1200	132.91	−1462.04	237.07	−1746.52
1400	136.14	−1435.13	257.80	−1796.05
1600	139.19	−1407.60	276.18	−1849.49
1800	142.14	−1379.46	292.75	−1906.41
1903	143.63	−1364.75	300.70	−1936.97
		90.37	47.49	
	163.18	−1274.37	348.19	−1936.97
2000	163.18	−1258.54	356.30	−1971.14
2200	163.18	−1225.91	371.85	−2043.98
2400	163.18	−1193.27	386.05	−2119.79
2600	163.18	−1160.64	399.11	−2198.33
2800	163.18	−1128.00	411.20	−2279.37
3000	163.18	−1095.37	422.46	−2362.75

3.1.4.16 $MgO \cdot 2TiO_2$ 化合物（表 3-100）

表 3-100 $MgO \cdot 2TiO_2$ 化合物的热力学函数值

C_p	a	b	c	d
s	170.414	38.371	−31.309	
	(298.15~1963)			
l	261.082			
	(1963~3000)			

T	C_p	H	S	G
298	146.63	−2509.35	135.60	−2549.78
400	166.19	−2493.31	181.76	−2566.01
600	184.74	−2458.00	253.10	−2609.86
800	196.22	−2419.85	307.90	−2666.16
1000	205.65	−2379.64	352.72	−2732.36
1200	214.29	−2337.64	390.98	−2806.82
1400	222.54	−2293.95	424.64	−2888.44
1600	230.59	−2248.63	454.88	−2976.45
1800	238.52	−2201.72	482.50	−3070.22
1963	244.93	−2162.32	503.45	−3150.60
		146.44	74.60	
	261.08	−2015.88	578.05	−3150.60

续表 3-100

T	C_p	H	S	G
2000	261.08	−2006.22	582.93	−3172.07
2200	261.08	−1954.01	607.81	−3291.19
2400	261.08	−1901.79	630.53	−3415.05
2600	261.08	−1849.57	651.42	−3543.28
2800	261.08	−1797.36	670.77	−3675.52
3000	261.08	−1745.14	688.79	−3811.50

3.1.4.17 $2MgO \cdot TiO_2$ 化合物（表 3-101）

表 3-101 $2MgO \cdot TiO_2$ 化合物的热力学函数值

C_p	a	b	c	d
s	152.369	34.049	−30.526	
	(298.15~2005)			
l	228.446			
	(2005~3000)			

T	C_p	H	S	G
298	128.18	−2164.38	115.10	−2198.70
400	146.91	−2150.26	155.72	−2212.55
600	164.32	−2118.93	219.01	−2250.33
800	174.84	−2084.96	267.79	−2299.19
1000	183.37	−2049.12	307.75	−2356.86
1200	191.11	−2011.66	341.87	−2421.91
1400	198.48	−1972.70	371.89	−2493.34
1600	205.66	−1932.28	398.86	−2570.46
1800	212.72	−1890.44	423.49	−2652.73
2000	219.70	−1847.20	446.26	−2739.73
2005	219.88	−1846.10	446.81	−2741.96
		129.70	64.69	
	228.45	−1716.40	511.50	−2741.96
2200	228.45	−1671.85	532.71	−2843.81
2400	228.45	−1626.16	552.58	−2952.36
2600	228.45	−1580.47	570.87	−3064.73
2800	228.45	−1534.78	587.80	−3180.62
3000	228.45	−1489.09	603.56	−3299.77

3.1.4.18 $MgO \cdot V_2O_5$ 化合物（表 3-102）

表 3-102 $MgO \cdot V_2O_5$ 化合物的热力学函数值

C_p	a	b	c	d
s	231.292	-6.130	-64.777	-2.908
	(298.15~1500)			
T	C_p	H	S	G
298	156.34	-2208.32	160.67	-2256.22
400	187.89	-2190.54	211.71	-2275.23
600	208.57	-2150.44	292.73	-2326.08
800	214.41	-2108.03	353.70	-2390.99
1000	215.78	-2064.97	401.74	-2466.71
1200	215.25	-2021.84	441.06	-2551.11
1400	213.71	-1978.93	474.13	-2642.72
1500	212.68	-1957.61	488.84	-2690.88

3.1.4.19 $2MgO \cdot V_2O_5$ 化合物（表 3-103）

表 3-103 $2MgO \cdot V_2O_5$ 化合物的热力学函数值

C_p	a	b	c	d
s	284.596	4.058	-74.241	
	(298.15~1500)			
T	C_p	H	S	G
298	201.77	-2842.19	200.00	-2901.82
400	238.89	-2819.47	265.28	-2925.58
600	264.31	-2768.63	368.01	-2989.44
800	272.52	-2714.81	445.37	-3071.11
1000	275.41	-2659.96	506.55	-3166.52
1200	275.94	-2604.80	556.84	-3273.01
1400	275.09	-2549.68	599.33	-3383.73
1500	274.30	-2522.21	618.28	-3449.63

3.1.4.20 $MnO \cdot TiO_2$ 化合物（表 3-104）

表 3-104 $MnO \cdot TiO_2$ 化合物的热力学函数值

C_p	a	b	c	d
s	121.671	9.288	-21.882	
	(298.15~1633)			

续表 3-104

T	C_p	H	S	G
298	99.82	-1355.62	105.86	-1387.18
400	111.71	-1344.76	137.09	-1399.60
600	121.17	-1321.32	184.48	-1432.01
800	125.68	-1296.60	220.01	-1472.61
1000	128.77	-1271.14	248.40	-1519.54
1200	131.30	-1245.13	272.11	-1571.66
1400	133.56	-1218.64	292.52	-1628.17
1600	135.68	-1191.71	310.49	-1688.50
1633	136.02	-1187.23	313.27	-1698.80

3.1.4.21 $2MnO \cdot TiO_2$ 化合物（表 3-105）

表 3-105 $2MnO \cdot TiO_2$ 化合物的热力学函数值

C_p	a	b	c	d
s	168.155	17.405	-25.564	
	(298.15~1723)			
T	C_p	H	S	G
298	144.59	-1753.10	169.45	-1803.62
400	159.14	-1737.53	214.25	-1823.23
600	171.50	-1704.29	281.47	-1873.18
800	178.08	-1669.29	331.78	-1934.71
1000	183.00	-1633.17	372.06	-2005.23
1200	187.27	-1596.13	405.81	-2083.10
1400	191.22	-1558.28	434.98	-2167.25
1600	195.01	-1519.65	460.76	-2256.87
1723	197.28	-1495.53	475.29	-2314.45

3.1.4.22 $Na_2O \cdot TiO_2$ 化合物（表 3-106）

表 3-106 $Na_2O \cdot TiO_2$ 化合物的热力学函数值

C_p	a	b	c	d
s-A	105.353	86.730		
	(298.15~560)			
s-B	108.575	71.128		
	(560~1303)			
l	196.230			
	(1303~2000)			

续表 3-106

T	C_p	H	S	G
298	131.21	-1576.11	121.75	-1612.41
400	140.05	-1562.30	161.55	-1626.92
560	153.92	-1538.78	210.87	-1656.87
		1.67	2.99	
	148.41	-1537.11	213.86	-1656.87
600	151.25	-1531.12	224.20	-1665.63
800	165.48	-1499.44	269.66	-1715.17
1000	179.70	-1464.92	308.11	-1773.04
1200	193.93	-1427.56	342.13	-1838.12
1303	201.25	-1407.21	358.40	-1874.20
		70.29	53.95	
	196.23	1336.92	412.35	-1874.20
1400	196.23	-1317.88	426.44	-1914.89
1600	196.23	-1278.64	452.64	-2002.86
1800	196.23	-1239.39	475.75	-2095.74
2000	196.23	-1200.15	496.43	-2193.00

3.1.4.23　$Na_2O \cdot 2TiO_2$ 化合物（表 3-107）

表 3-107　$Na_2O \cdot 2TiO_2$ 化合物的热力学函数值

C_p	a	b	c	d
s	206.355	29.539	-19.246	
	(298.15~1258)			
l	286.604			
	(1258~2000)			

T	C_p	H	S	G
298	193.51	-2539.69	173.64	-2591.46
400	206.14	-2519.26	232.47	-2612.25
600	218.73	-2476.64	318.71	-2667.87
800	226.98	-2432.04	382.81	-2738.29
1000	233.97	-2385.93	434.23	-2820.16
1200	240.47	-2338.48	477.46	-2911.44
1258	242.30	-2324.48	488.86	-2939.46
		109.62	87.14	
	286.60	-2214.86	576.00	-2939.46
1400	286.60	-2174.16	606.65	-3023.47
1600	286.60	-2116.84	644.92	-3148.71
1800	286.60	-2059.52	678.68	-3281.14
2000	286.60	-2002.20	708.87	-3419.95

3.1.4.24　$Na_2O \cdot 3TiO_2$ 化合物（表 3-108）

表 3-108　$Na_2O \cdot 3TiO_2$ 化合物的热力学函数值

C_p	a	b	c	d
s	265.517	44.518	-23.598	
	(298.15～1401)			
l	393.924			
	(1401～2000)			

T	C_p	H	S	G
298	252.24	-3489.46	233.89	-3559.19
400	268.58	-3462.85	310.55	-3587.07
600	285.67	-3407.26	423.01	-3661.06
800	297.44	-3348.90	506.87	-3754.40
1000	307.67	-3288.38	574.35	-3862.73
1200	317.30	-3225.87	631.31	-3983.44
1400	326.64	-3161.48	680.92	-4114.77
1401	326.68	-3161.15	681.16	-4115.45
		155.23	110.80	
	393.92	-3005.92	791.95	-4115.45
1600	393.92	-2927.53	844.27	-4278.37
1800	393.92	-2848.75	890.67	-4451.95
2000	393.92	-2769.96	932.17	-4634.31

3.1.4.25　$Na_2O \cdot V_2O_5$ 化合物（表 3-109）

表 3-109　$Na_2O \cdot V_2O_5$ 化合物的热力学函数值

C_p	a	b	c	d
s	260.412	6.276	-55.312	
	(298.15～1000)			

T	C_p	H	S	G
298	200.06	-2302.87	227.61	-2370.74
400	228.35	-2280.85	290.95	-2397.23
600	248.81	-2232.75	388.19	-2465.66
800	256.79	-2182.09	461.00	-2550.89
1000	261.16	-2130.27	518.81	-2649.07

3.1.4.26 $2Na_2O \cdot V_2O_5$ 化合物（表 3-110）

表 3-110 $2Na_2O \cdot V_2O_5$ 化合物的热力学函数值

C_p	a	b	c	d
s	326.101	28.870	-55.312	
	(298.15~800)			
T	C_p	H	S	G
298	272.49	-2934.66	318.40	-3029.59
400	303.08	-2905.14	403.35	-3066.48
600	328.06	-2841.64	531.74	-3160.69
800	340.55	-2774.69	627.97	-3277.06

3.1.4.27 $3Na_2O \cdot V_2O_5$ 化合物（表 3-111）

表 3-111 $3Na_2O \cdot V_2O_5$ 化合物的热力学函数值

C_p	a	b	c	d
s	391.790	51.463	-55.312	
	(298.15~800)			
T	C_p	H	S	G
298	344.91	-3535.90	379.07	-3648.92
400	377.80	-3498.89	485.62	-3693.14
600	407.30	-3419.99	645.17	-3807.09
800	424.32	-3336.74	764.81	-3948.58

3.1.4.28 Ni_3Ti 化合物（3-112）

表 3-112 Ni_3Ti 化合物的热力学函数值

C_p	a	b	c	d
s	108.951	16.862	-18.200	
	(298.15~1651)			
T	C_p	H	S	G
298	93.50	-140.16	104.60	-171.35
400	104.32	-130.02	133.79	-183.54
600	114.01	-108.06	178.17	-214.97
800	119.60	-84.67	211.78	-254.10
1000	123.99	-60.30	238.96	-299.26
1200	127.92	-35.10	261.91	-349.40
1400	131.63	-9.15	281.91	-403.82
1600	135.22	17.54	299.73	-462.02
1651	136.12	24.46	303.98	-477.41

3.1.4.29 NiTi 化合物（表 3-113）

表 3-113 NiTi 化合物的热力学函数值

C_p	a	b	c	d
s	53.011	9.623	-8.117	
	(298.15~1513)			
T	C_p	H	S	G
298	46.75	-66.53	53.14	-82.37
400	51.79	-61.48	67.67	-88.54
600	56.53	-50.59	89.68	-104.39
800	59.44	-38.98	106.36	-124.06
1000	61.82	-26.85	119.88	-146.73
1200	64.00	-14.26	131.35	-171.88
1400	66.07	-1.25	141.37	-199.17
1513	67.22	6.28	146.54	-215.44

3.1.4.30 $NiTi_2$ 化合物（表 3-114）

表 3-114 $NiTi_2$ 化合物的热力学函数值

C_p	a	b	c	d
s	67.990	23.430		
	(298.15~1288)			
T	C_p	H	S	G
298	74.98	-83.68	83.68	-108.63
400	77.36	-75.92	106.05	-118.34
600	82.05	-59.98	138.30	-142.96
800	86.73	-43.10	162.55	-173.14
1000	91.42	-25.29	182.40	-207.69
1200	96.11	-6.53	199.49	-245.92
1288	98.17	2.01	206.36	-263.78

3.1.4.31 $NiO \cdot TiO_2$ 化合物（表 3-115）

表 3-115 $NiO \cdot TiO_2$ 化合物的热力学函数值

C_p	a	b	c	d
s	115.102	15.983	-18.326	
	(298.15~1700)			
T	C_p	H	S	G
298	99.25	-1202.27	99.30	-1231.88
400	110.04	-1191.55	130.17	-1243.61

续表 3-115

T	C_p	H	S	G
600	119. 60	−1168. 45	176. 86	−1274. 57
800	125. 02	−1143. 96	212. 05	−1313. 60
1000	129. 25	−1118. 52	240. 42	−1358. 94
1200	133. 01	−1092. 29	264. 32	−1409. 47
1400	136. 54	−1065. 33	285. 09	−1464. 46
1600	139. 96	−1037. 68	303. 55	−1523. 35
1700	141. 64	−1023. 60	312. 08	−1554. 14

3. 1. 4. 32 PbO · TiO_2 化合物（表 3-116）

表 3-116 PbO · TiO_2 化合物的热力学函数值

C_p	a	b	c	d
s-A	119. 537	17. 908	−18. 200	
	(298. 15~763)			
s-B	109. 077	22. 803	−13. 347	
	(763~1443)			
T	**C_p**	**H**	**S**	**G**
298	104. 40	−1198. 72	111. 92	−1232. 09
400	115. 32	−1187. 46	144. 32	−1245. 19
600	125. 23	−1163. 28	193. 21	−1279. 21
763	130. 07	−1142. 45	223. 90	−1313. 28
		4. 81	6. 31	
	124. 18	−1137. 64	230. 20	−1313. 28
800	125. 23	−1133. 03	236. 11	−1321. 91
1000	130. 54	−1107. 44	264. 63	−1372. 07
1200	135. 51	−1080. 83	288. 83	−1427. 48
1400	140. 32	−1053. 24	310. 13	−1487. 42
1443	141. 34	−1047. 19	314. 39	−1500. 85

3. 1. 4. 33 SrO · TiO_2 化合物（表 3-117）

表 3-117 SrO · TiO_2 化合物的热力学函数值

C_p	a	b	c	d
s	122. 005	5. 858	−25. 757	
	(298. 15~2183)			
T	**C_p**	**H**	**S**	**G**
298	94. 78	−1680. 71	108. 37	−1713. 02
400	108. 25	−1670. 28	138. 38	−1725. 63

续表 3-117

T	C_p	H	S	G
600	118.37	−1647.44	184.55	−1758.17
800	122.67	−1623.29	219.25	−1798.69
1000	125.29	−1598.48	246.92	−1845.40
1200	127.25	−1573.22	269.95	−1897.15
1400	128.89	−1547.60	289.69	−1953.16
1600	130.37	−1521.67	307.00	−2012.87
1800	131.75	−1495.46	322.43	−2075.84
2000	133.08	−1468.97	336.38	−2141.74
2183	134.25	−1444.51	348.08	−2204.38

3.1.4.34　$2SrO \cdot TiO_2$ 化合物（表 3-118）

表 3-118　$2SrO \cdot TiO_2$ 化合物的热力学函数值

C_p	a	b	c	d
s	169.034	10.544	−33.313	
	(298.15~2128)			

T	C_p	H	S	G
298	134.70	−2309.15	163.72	−2357.96
400	152.43	−2294.40	206.14	−2376.86
600	166.11	−2262.32	271.00	−2424.92
800	172.26	−2228.42	319.71	−2484.20
1000	176.25	−2193.55	358.61	−2552.16
1200	179.37	−2157.98	391.02	−2627.21
1400	182.10	−2121.83	418.88	−2708.26
1600	184.60	−2085.16	443.36	−2794.54
1800	186.98	2048.00	465.24	−2885.44
2000	189.29	−2010.37	485.07	−2980.50
2128	190.73	−1986.05	496.85	−3043.35

3.1.4.35　$4SrO \cdot 3TiO_2$ 化合物（表 3-119）

表 3-119　$4SrO \cdot 3TiO_2$ 化合物的热力学函数值

C_p	a	b	c	d
s	432.082	22.259	−84.826	
	(298.15~2000)			

续表 3-119

T	C_p	H	S	G
298	343.29	-5690.24	376.56	-5802.51
400	387.97	-5652.69	484.60	-5846.52
600	421.87	-5571.11	649.52	-5960.82
800	436.63	-5485.11	773.12	-6103.61
1000	445.86	-5396.81	871.60	-6268.41
1200	452.90	-5306.91	953.53	-6451.15
1400	458.92	-5215.72	1023.81	-6649.05
1600	464.38	-5123.38	1085.45	-6860.10
1800	469.53	-5029.99	1140.45	-7082.79
2000	474.48	-4935.58	1190.17	-7315.93

3.1.4.36 $2ZnO \cdot TiO_2$ 化合物（表 3-120）

表 3-120 $2ZnO \cdot TiO_2$ 化合物的热力学函数值

C_p	a	b	c	d
s	166.607	23.179	-32.175	
	(298.15~2000)			
T	C_p	H	S	G
298	137.32	-1644.73	144.77	-1687.89
400	155.77	-1629.69	188.04	-1704.90
600	171.58	-1596.73	254.65	-1749.52
800	180.12	-1561.50	305.26	-1805.71
1000	186.57	-1524.81	346.17	-1870.98
1200	192.19	-1486.93	380.69	-1943.75
1400	197.42	-1447.96	410.71	-2022.96
1600	202.44	-1407.97	437.40	-2107.81
1800	207.34	-1367.00	461.53	-2197.75
2000	212.16	-1325.04	483.62	-2292.29

3.2 钒钛化学反应的 $\Delta G^{\ominus}=A+BT$ 关系式

化学反应的标准自由能变化 $\Delta G^{\ominus}$ 除了可按公式 $\Delta G^{\ominus} = \sum \nu_j G_j$ 查找上述表中数据计算外，还可利用 $\Delta G^{\ominus}$ 与温度的关系式 $\Delta G^{\ominus}=A+BT$ 来计算，有些计算问题采用这种公式较为方便。

表中，m 为熔点，b 为沸点，s 为升华点，d 为分解温度。s、l、g 分别表示固体、液体和气体。α 表示 α 相，β 表示 β 相。

3.2.1 涉钛基本化学反应的 $\Delta G^{\ominus}=A+BT$ 关系式（表 3-121）

表 3-121　有钛参与的 $\Delta G^{\ominus}=A+BT$ 关系式

反　应	A	B	误差	温度范围
	$J \cdot mol^{-1}$	$J \cdot mol^{-1} \cdot K^{-1}$	±kJ	℃
Ti(s) = Ti(l)	15480	-7.95	—	1670m
Ti(l) = Ti(g)	426800	-120.0	—	1670~3290b
$Ti(s)+2Br_2(g) = TiBr_4(g)$	-614600	123.30	12	25~1670
$Ti(s)+2Cl_2(g) = TiCl_4(g)$	-764000	121.46	12	25~1670
$Ti(s)+Cl_2(g) = TiCl_2(s)$	-512500	140.2		25~927
$Ti(s)+1.5Cl_2(g) = TiCl_3(s)$	-712300	208.4		25~927
$Ti(s)+2F_2(g) = TiF_4(g)$	-1553900	124.14	12	286b~1670
$Ti(s)+2I_2(g) = TiI_4(g)$	-401700	117.6	20	380b~1670
Ti(s)+B(s) = TiB(s)	-163200	5.9	40	25~1670
$Ti(s)+2B(s) = TiB_2(s)$	-284500	20.5	20	25~1670
Ti(s)+C(s) = TiC(s)	-184800	12.55	6	25~1670
$Ti(s)+0.5N_2(g) = TiN(s)$	-336300	93.26	6	25~1670
$Ti(s)+0.5O_2(g) = TiO(s,\beta)$	-514600	74.1	20	25~1670
$Ti(s)+O_2(g) = TiO_2(s,rutile)$	-941000	177.57	2	25~1670
$2Ti(s)+1.5O_2(g) = Ti_2O_3(s)$	-1502100	258.1	10	25~1670
$3Ti(s)+2.5O_2(g) = Ti_3O_5(s)$	-2435100	420.5	20	25~1670
$Al_2O_3(s)+TiO_2(s) = Al_2O_3 \cdot TiO_2(s)$	-25300	3.93	—	25~1860m
$2BaO(s)+TiO_2(s) = 2BaO \cdot TiO_2(s)$	-194600	-5.02	16	25~1860m
$BaO(s)+TiO_2(s) = BaO \cdot TiO_2(s)$	-156500	15.69	12	25~1705m
$3CaO(s)+2TiO_2(s) = 3CaO \cdot 2TiO_2(s)$	-207100	-11.51	10	25~1400
$4CaO(s)+3TiO_2(s) = 4CaO \cdot 3TiO_2(s)$	-292900	-17.57	8	25~1400
$CaO(s)+TiO_2(s) = CaO \cdot TiO_2(s)$	-79900	-3.35	3.2	25~1400
$CdO(s)+TiO_2(s) = CdO \cdot TiO_2(s,\alpha)$	-28000	0.8	20	25~827
$CdO \cdot TiO_2(s,\alpha) = CdO \cdot TiO_2(s,\beta)$	15000	-13.64	2	827
$2CoO(s)+TiO_2(s) = 2CoO \cdot TiO_2(s)$	-22300	-1.1	12	25~1575m
$CoO(s)+TiO_2(s) = CoO \cdot TiO_2(s)$	-24700	6.28	3.2	500~1400
$2FeO(s)+TiO_2(s) = 2FeO \cdot TiO_2(s)$	-33900	5.86	8	25~1100
$FeO(s)+TiO_2(s) = FeO \cdot TiO_2(s)$	-33500	12.13	4	25~1300
$Li_2O(s)+TiO_2(s) = Li_2O \cdot TiO_2(s)$	-129700	-3.35	10	25~900
$2MgO(s)+TiO_2(s) = 2MgO \cdot TiO_2(s)$	-25500	1.26	2	25~1500
$MgO(s)+TiO_2(s) = MgO \cdot TiO_2(s)$	-26400	3.14	3	25~1500
$2MnO(s)+TiO_2(s) = 2MnO \cdot TiO_2(s)$	-37700	-1.7	20	25~1450
$MnO(s)+TiO_2(s) = MnO \cdot TiO_2(s)$	-24700	1.25	20	25~1360

续表 3-121

反　应	A	B	误差	温度范围
	$J \cdot mol^{-1}$	$J \cdot mol^{-1} \cdot K^{-1}$	±kJ	℃
$Na_2O(s)+TiO_2(s)=Na_2O \cdot TiO_2(s)$	-209200	-1.26	20	25~1030m
$Na_2O \cdot TiO_2(s)=Na_2O \cdot TiO_2(l)$	70300	-53.93	—	1030m
$Na_2O \cdot 2TiO_2(s)=Na_2O \cdot 2TiO_2(l)$	109600	-87.15	—	985m
$Na_2O(s)+2TiO_2(s)=Na_2O \cdot 2TiO_2(s)$	-230100	-1.7	20	25~985m
$Na_2O(s)+3TiO_2(s)=Na_2O \cdot 3TiO_2(s)$	-234300	-11.7	20	25~1128m
$Na_2O \cdot 3TiO_2(s)=Na_2O \cdot 3TiO_2(l)$	155200	-110.8	—	1128m
$3Ni(s)+Ti(s)=Ni_3Ti(s)$	-146400	26.4	20	25~1378m
$Ni(s)+Ti(s)=NiTi(s)$	-66900	11.7	20	25~1240m
$NiO(s)+TiO_2(s)=NiO \cdot TiO_2(s)$	-18000	8.4	3.3	477~1427
$PbO(s)+TiO_2(s)=PbO \cdot TiO_2(s)$	-30500	-4.6	—	25~885
$SrO(s)+TiO_2(s)=SrO \cdot TiO_2(s)$	-137200	2.1	10	25~900
$2SrO(s)+TiO_2(s)=2SrO \cdot TiO_2(s)$	-165300	11.5	10	25~1200
$4SrO(s)+TiO_2(s)=4SrO \cdot TiO_2(s)$	-456100	15.7	14	25~1200
$2ZnO(s)+TiO_2(s)=2ZnO \cdot TiO_2(s)$	-840	-13.22	12	25~1700

3.2.2 涉钒基本化学反应的 $\Delta G^{\ominus}=A+BT$ 关系式（表 3-122）

表 3-122 有钒参与的 $\Delta G^{\ominus}=A+BT$ 关系式

反　应	A	B	误差	温度范围
	$J \cdot mol^{-1}$	$J \cdot mol^{-1} \cdot K^{-1}$	±kJ	℃
$V(s)=V(l)$	22840	-10.42	—	1920m
$V(l)=V(g)$	463300	-125.77	12	1920~3420b
$V(s)+B(s)=VB(s)$	-138100	5.86	—	25~2000
$2V(s)+C(s)=V_2C(s)$	-146400	3.35	—	25~1700
$V(s)+C(s)=VC(s)$	-102100	9.58	12	25~2000
$V(s)+0.73C(s)=VC_{0.73}$	-97000	6.79	—	620~832
$V(s)+0.5N_2(g)=VN(s)$	-214640	82.43	—	25~2346d
$V(s)+0.5O_2(g)=VO(s)$	-424700	80.04	8	25~1800
$2V(s)+1.5O_2(g)=V_2O_3(s)$	-1202900	237.53	8	20~2070m
$V(s)+O_2(g)=VO_2(s)$	-706300	155.31	12	25~1360m
$V_2O_5(s)=V_2O_5(l)$	64430	-68.32	3.3	670m
$2V(s)+2.5O_2(g)=V_2O_5(l)$	-1447400	321.58	8	670~2000
$V(s)+Cl_2(g)=VCl_2(s)$	-451900	144.8	—	25~1000
$V(s)+Cl_2(g)=VCl_2(l)$	-403300	106.7	—	1000~1373
$V(s)+Cl_2(g)=VCl_2(g)$	-243100	9.2	—	1377~1917

续表 3-122

反　应	A	B	误差	温度范围
	J · mol^{-1}	J · mol^{-1} · K^{-1}	±kJ	℃
$V(l)+Cl_2(g) = VCl_2(g)$	-258150	16.3	—	1971~2000
$V(s)+1.5Cl_2(g) = VCl_3(s)$	-402900	219.7	—	25~627
$3CaO(s)+V_2O_5(s) = 3CaO \cdot V_2O_5(s)$	-332.200	0.0	5	25~670
$2CaO(s)+V_2O_5(s) = 2CaO \cdot V_2O_5(s)$	-264850	0.0	5	25~670
$CaO(s)+V_2O_5(s) = CaO \cdot V_2O_5(s)$	-146000	0.0	5	25~670
$CoO(s)+V_2O_3(s) = CoO \cdot V_2O_3(s)$	-18830	0.0	—	927~1127
$Fe(s)+0.5O_2+V_2O_3(s) = FeO \cdot V_2O_3(s)$	-288700	62.34	1.2	750~1536
$Fe(l)+0.5O_2+V_2O_3(s) = FeO \cdot V_2O_3(s)$	-301250	70.0	1.2	1536~1700
$2MgO(s)+V_2O_5(s) = 2MgO \cdot V_2O_5(s)$	-721740	0	6	25~670
$MgO(s)+V_2O_5(s) = MgO \cdot V_2O_5(s)$	-53350	8.4	6	25~670
$MnO(s)+V_2O_5(s) = MnO \cdot V_2O_5(s)$	-65900	0	6	25~670
$Na_2O(s)+V_2O_5(s) = Na_2O \cdot V_2O_5(s)$	-325500	-15.06	16	25~527
$2Na_2O(s)+V_2O_5(s) = 2Na_2O \cdot V_2O_5(s)$	-536000	-29.3	20	25~627
$3Na_2O(s)+V_2O_5(s) = 3Na_2O \cdot V_2O_5(s)$	-721740	0	20	25~670
$PbO(s)+V_2O_5(s) = 3PbO \cdot V_2O_5(s)$	-177820	0	10	25~670

3.3 与钒钛相关化学反应的 $\Delta G^{\ominus}=A+BT$ 关系式

在计算涉钒涉钛的化学反应的 $\Delta G^{\ominus}$时，往往遇到一些很基本的、常见的化学反应，这些反应方程式的 $\Delta G^{\ominus}$在一些专业书籍中大都能查到，为了方便起见，本节专门列出了主要的这些化学反应。见表 3-123。

表 3-123　某些基本化学反应的 $\Delta G^{\ominus}=A+BT$ 关系式

反　应	A	B	误差	温度范围
	J · mol^{-1}	J · mol^{-1} · K^{-1}	±kJ	℃
$Al(s) = Al(l)$	10795	11.55	0.2	660m
$Al(l) = Al(g)$	304640	-109.50	2	660~2520b
$Al(l)+1.5Cl_2(g) = AlCl_3(g)$	-602120	67.95	8	660~2000
$2Al(l)+1.5O_2(g) = Al_2O_3(l)$	-1574100	275.01		2042~2494b
$C(s) = C(g)$	713500	-155.48	4	1750~3800s
$C(s)+O_2(g) = CO_2(g)$	-395350	-0.54	0.08	500~2000
$C(s)+0.5O_2(g) = CO(g)$	-114400	-85.77	0.4	500~2000
$Ca(l)+0.5O_2(g) = CaO(s)$	-640150	108.57	1.2	839~1484
$CaO(s) = CaO(l)$	79500	-24.69	—	2927m
$Co(s) = Co(l)$	16200	-9.16	0.4	1495m
$Co(l) = Co(g)$	387200	-121.17	4	1495~2828b

续表 3-123

反　应	A	B	误差	温度范围
	J · mol^{-1}	J · mol^{-1} · K^{-1}	±kJ	℃
$Co(s)+0.5O_2(g) = CoO(s)$	−245600	78.66	12	25~1495
$Cr(s) = Cr(l)$	16950	−7.95	—	1857m
$Cr(l) = Cr(g)$	348500	−118.37	4	1857~2672b
$2Cr(s)+1.5O_2(g) = Cr_2O_3(s)$	−1110140	247.32	0.8	900~1650
$Cu(s) = Cu(l)$	13050	−9.62	1.6	1083m
$Cu(l) = Cu(g)$	308150	−108.87	1.6	1083~2563b
$Cu(s)+Cl_2(g) = CuCl_2(s)$	−203100	140.02		25~493
$Cu(s)+0.5O_2(g) = CuO(s)$	−152260	85.35	4	25~1083
$Fe(s) = Fe(l)$	13800	−7.61	0.8	1536m
$Fe(l) = Fe(g)$	363600	−116.23	1.2	1536~2862b
$Fe(s)+Cl_2(g) = FeCl_2(g)$	−167150	−25.1	4	1074~2000
$Fe(s)+1.5Cl_2(g) = FeCl_3(g)$	−259900	26.44	4	332~2000
$FeCl_2(s) = FeCl_2(l)$	43010	−45.27	0.2	677m
$FeCl_2(l) = FeCl_2(g)$	109900	−84.73	8	1074b
$Fe(l)+0.5O_2(g) = FeO(l)$	−256060	53.68	2	1371~2000
$3Fe(s)+2O_2(g) = Fe_3O_4(s)$	−1103120	307.38	2	25~1597m
$2Fe(s)+1.5O_2(g) = Fe_2O_3(s)$	−815023	251.12	2	25~1462
$H_2O(l) = H_2O(g)$	41086	−110.12	0.12	100b
$H_2(g)+0.5O_2(g) = H_2O(g)$	−247500	55.86	1.2	25~2000
$K(s) = K(l)$	2335	−6.95	0.32	63m
$K(l) = K(g)$	84470	−82.0	0.4	63~759b
$KCl(s) = KCl(l)$	26300	−25.19	0.4	771m
$K(g)+0.5Cl_2(g) = KCl(l)$	−474050	131.84	0.4	771~1437b
$Mg(s) = Mg(l)$	8950	−9.71	0.4	649m
$Mg(l) = Mg(g)$	129600	−95.14	1.6	649~1090b
$Mg(s)+Cl_2(g) = MgCl_2(l)$	−649200	157.74	2	714~1437b
$MgCl_2(s) = MgCl_2(l)$	43100	−43.68	0.4	714m
$Mg(l)+0.5O_2(g) = MgO(s)$	−609570	116.52		649~1090b
$Mn(s) = Mn(l)$	12130	−7.95		1244m
$Mn(l) = Mn(g)$	238800	−101.17	4	1244~2062b
$Mn(s)+Cl_2(g) = MnCl_2(s)$	−478200	127.70	12	25~650m
$MnCl_2(s) = MnCl_2(l)$	37660	−40.79	0.8	650m

续表 3-123

反　应	A	B	误差	温度范围
	$J \cdot mol^{-1}$	$J \cdot mol^{-1} \cdot K^{-1}$	±kJ	℃
$Mn(s)+O_2(g) = MnO_2(s)$	-519700	180.83		25~727
$Na(s) = Na(l)$	2594	-6.99	0.16	98m
$Na(l) = Na(g)$	101340	-87.91	0.8	98~883b
$NaCl(s) = NaCl(l)$	28160	-26.23	0.16	801m
$Na(l)+0.5Cl_2(g) = NaCl(s)$	-411600	93.09	0.4	98~801m
$Si(s) = Si(l)$	50540	-30.0	1.6	1412m
$Si(l) = Si(g)$	395400	-111.38	4	1412~3280b
$Si(s)+2Cl_2(g) = SiCl_4(g)$	-660200	128.78	4	61b~1412
$Si(s)+O_2(g) = SiO_2(s, quarts)$	-907100	175.73		25~1412m
$Si(l)+O_2(g) = SiO_2(l)$	-921740	185.91		1723~3241b

3.4 钒钛元素在铁液中的标准溶解自由能

恒温下，组元 B_i溶解过程的标准吉布斯自由能变称为 B_i的标准溶解自由能，以 $\Delta G_i^{\ominus}$表示，即：

$$B_i = [B_i] \quad \Delta G_i^{\ominus} \tag{3-7}$$

$\Delta G_i^{\ominus}$为 $[B_i]$ 的标准化学势与纯 B_i的化学势之差，其值与 B_i的标准态有关。当 $[B_i]$ 的标准态是亨利定律直线上浓度为 1%的溶液时，

$$B_i = [B_i]_{\%} \qquad \Delta G_i^{\ominus} = RT\ln\ (\gamma_i^{\ominus} M_1/100M_i) \tag{3-8}$$

式中，M_i和 M_1分别表示溶质 B_i和溶剂 B_1的摩尔质量；$\gamma_i^{\ominus}$为以纯 B_i为标准态含 B_i无限稀时的活度系数。这种标准态在实际工作中得到广泛应用，但在计算 $\Delta G^{\ominus}$和 $K^{\ominus}$时，要计入标准溶解自由能。

例　已知 1873K 的铁液中含钒为 0.08%，采用 1%溶液为标准态，计算下列反应的 $K^{\ominus}$：

$$2[V]_{\%} + 3/2O_2 = V_2O_3(s)$$

由本节表中可查得反应的自由能变和标准溶解自由能：

(1)　$2V(s) + 3/2O_2 = V_2O_3(s)$　　$\Delta G_1^{\ominus} = -1202900 + 237.53T$　(J/mol)

(2)　$V(s) = [V]_{\%}$　　$\Delta G_2^{\ominus} = -20710 - 45.61T$　(J/mol)

对以上两反应作线性组合 (1)-2 (2) 得：

(3)　$2[V]_{\%} + 3/2O_2 = V_2O_3(s)$　　$\Delta G_3^{\ominus} = -1161480 + 328.75T$　(J/mol)

在 $T=1873K$ 时，$\Delta G_3^{\ominus} = -545.7kJ/mol$

$$K_3^{\ominus} = \exp[545700/(8.314 \times 1873)] = 1.66 \times 10^{15}$$

当按照亨利定律，以 1%溶液为标准态时，钒钛元素在铁液中的标准溶解自由能见表 3-124。

表 3-124 钒钛及相关元素在铁液中的标准溶解自由能

反 应	$\gamma_i^{\ominus}$ (1873K)	$\Delta G^{\ominus}$/J · mol^{-1}
Ti(l) ═ [Ti]	0.074	−40580−37.03T
Ti(s) ═ [Ti]	0.077	−25100−44.98T
V(l) ═ [V]	0.08	−42260−35.98T
V(s) ═ [V]	0.1	−20710−45.6T
C(gr) ═ [C]	0.57	22590−42.26T
1/2O_2(g) ═ [O]	—	−117150−2.89T

3.5 钒钛化合物蒸气压与温度的关系式

本节表中蒸气压与温度的关系式中“〈〉”表示固体，“{ }”表示液体，物质的熔点、沸点、熔化热和熔化熵等相变函数参见本节前面的相关表格。

* 表示表观蒸气压，随温度升高，V_2O_5 会发生分解反应而失氧。

钒钛及其化合物蒸气压与温度的关系见表 3-125。

表 3-125 钒钛及化合物蒸气压与温度的关系

($\lg(p/\text{kPa}) = A \times 10^3 T^{-1} + B\lg T + C \times 10^{-3} T + D$)

物质	lg (p/kPa)				温度范围/K
	A	B	C	D	
〈Ti〉$_\beta$	−24.400	−0.91	—	12.30	1155~1943
{Ti}	−23.200	−0.66	—	10.86	1943~3558
〈TiF_4〉	−5.332	−2.57	—	18.64	298~升华点
〈$TiCl_2$〉	−15.230	−2.51	—	18.48	298~熔点
{$TiCl_2$}	−13.110	−2.51	—	17.06	熔点~沸点
{$TiCl_4$}	−2.919	−5.788	—	24.254	298~410
{$TiBr_4$}	−3.621	—	—	10.38	275~311
〈TiI_2〉	−12.500	−1.51	—	16.02	298~1000
{TiI_4}	−3.054	—	—	−6.701	430~643
〈V〉	−26.900	+0.33	−0.265	9.24	298~2175
{VF_5}	−2.423	—	—	9.56	熔点~321
〈VCl_2〉	−9.720	—	—	7.74	1183~1373
{VCl_4}	−2.875	−6.07	—	24.68	298~433
{$VOCl_3$}	−1.921	—	—	6.82	298~400
{V_2O_5} *	−7.100	—	—	4.18	943~1500

3.6 难溶钒钛化合物的溶度积

表 3-126 所列溶度积 K_{sp} 为 18～25℃的数值，pK_{sp} 是 K_{sp} 的负对数。难溶钒钛化合物的溶度积如表 3-126 所示。

表 3-126 难溶钒钛化合物的溶度积

物质	溶度积 K_{sp}	pK_{sp}	物质	溶度积 K_{sp}	pK_{sp}
$Ti(OH)_3$	1×10^{-40}	40	$V(OH)_3$	4×10^{-35}	34.4
$TiO(OH)_2$	1×10^{-29}	29	$VO(OH)_2$	5.9×10^{-23}	22.13
$V(OH)_2$	4×10^{-16}	15.4	$(VO)_3PO_4$	8×10^{-25}	24.1

3.7 钒钛标准电极电势

表 3-127 中所列数值为标准还原电势（25℃），单位为 V，*M* 代表浓度（mol/L）。主要钒钛及其化合物反应的标准电极电势见表 3-127。

表 3-127 钒钛及其化合物反应的标准电极电势

反　应	电势/V	反　应	电势/V
$Ti^{2+}+2e = Ti$	-1.63	$V^{5+}+e = V^{4+}$（1M 的 NaOH）	-0.74
$Ti^{3+}+e = Ti^{2+}$	-2.0	$VO^{2+}+2H^{+}+e = V^{3+}+H_2O$	0.337
$TiO_2+4H^{+}+4e = Ti+2H_2O$	-0.86	$VO_2^{+}+2H^{+}+e = VO^{2+}+H_2O$	1.00
$Ti(OH)^{3+}+H^{+}+e = Ti^{3+}+H_2O$	0.06	$V(OH)_4^{+}+2H^{+}+e = VO^{2+}+3H_2O$	1.00
$V^{2+}+2e = V$	-1.2	$V(OH)_4^{+}+4H^{+}+5e = V+4H_2O$	-0.25
$V^{3+}+e = V^{2+}$	-0.255		

3.8 钒钛化合物的物理性质

钒钛化合物的常用物理性质一般包括密度、熔点、沸点及溶解度等。密度是指常温下的值，除非用上标特别注明，例如，2.487^{15}表示一种物质在 15℃时的密度为 2.487g/cm^3，在下角标 4 上角标 20，表示一种物质在 20℃时的密度与水在 4℃时的密度的相对值，气体的密度用 g/L 表示。沸点一般都是 1atm（约 0.1MPa）下的沸点，除非另有标明，如 82^{15mm}表示压力为 15mmHg 下的沸点是 82℃。溶解度是指在室温下每 100 份质量溶剂所含溶质的质量分数，另一个常用单位是每 100mL 溶剂所含溶质的质量，对于液体和气体则是 mL/100mL。

表 3-128 中一些缩写符号的含义是：a——酸，abs——绝对的，aq——含水的，atm——大气，alc——乙醇，bz——苯，c——固态，conc——浓缩的，chl——氯仿，d——分解，dil——稀释，eth——醚，fus——熔化，g——气体，h——热的，i——不溶的，lq——液体，s——可溶的，satd——饱和的，sl——轻微，soln——溶液，solv——溶

剂，subl——升华，sl——轻微的，v——非常，vac——真空，pyr——吡啶。

某些钒钛化合物的物理性质见表3-128。

表3-128　钒钛化合物的常用物理性质

名称	分子式	分子量	密度	熔点/℃	沸点/℃	溶解度
钛(六角)	Ti	47.867	4.506	1668	3287	s hot acid, HF
碘化钛(Ⅳ)	TiI_4	555.49	4.3	150	377	s dry nonpolar solvents
二氢化钛	TiH_2	49.88	3.752	d 450		
氟化钛(Ⅳ)	TiF_4	123.86	2.798	>400	subl 285.5	s aq(slow hyd); s alc, pyr
硫酸钛(Ⅲ)	$Ti_2(SO_4)_3$	383.93				s dilute HCl, dilute H_2SO_4
硫酸氧钛	$TiOSO_4$	159.94				d aq
氯化钛(Ⅱ)	$TiCl_2$	118.77	3.13	1035	1500	d aq; s alc
氯化钛(Ⅲ)	$TiCl_3$	154.23	2.64	425 d		s aq(heat evolved), alc
氧化钛(Ⅱ)	TiO	63.87	4.95	1750	3660	s H_2SO_4
氧化钛(Ⅲ)	Ti_2O_3	143.73	4.486	1842		s H_2SO_4, hot HF
氧化钛(Ⅳ)	TiO_2	79.87	4.23	1843		s HF, hot conc H_2SO_4
溴化钛(Ⅲ)	$TiBr_3$	287.58	4.24	Subl 794		
异丙醇钛(Ⅳ)	$Ti[OCH(CH_3)_2]_4$	284.22	0.9711_4^{20}	~20	220	d aq;s bz,chl,eth
钒	V	50.9415	6.11^{19}	1917	3421	s HF,HNO_3,hot H_2SO_4,aq reg
二氯氧化钒	VCl_2O	137.86	2.88	disprop 384		Hyd(slow)aq;s abs alc, HOAc
氟化钒(Ⅲ)	VF_3	107.94	3.363	1400	subl 800	i almost all organic solvents
氟化钒(Ⅳ)	VF_4	126.94	3.15	Subl 120(vac)& disprop		s aq,acet,HOAc
氟化钒(Ⅴ)	VF_5	145.93	2.50	19.5	48	hyd aq;v s anhyd HF,acet,alc
硫化钒(Ⅲ)	V_2S_3	198.08	4.72	d 600		s hot acids,alkali sulfides
硫酸钒(Ⅳ)	$V_2(SO_4)_3$	390.07		410(vac)		s (slow)aq,HNO_3
硫酸氧钒	$VOSO_4$	163.00				s aq
氯化钒(Ⅳ)	VCl_4	192.75	1.82	-25.7	148	hyd aq;s nonpolar solvents
氧化钒(Ⅱ)	VO	66.94	5.76	1790		s HCl
氧化钒(Ⅲ)	V_2O_3	149.88	4.87	1940		sl s acids
氧化钒(Ⅳ)	VO_2	82.94	4.34	1967		s acids, alkalis
氧化钒(Ⅴ)	V_2O_5	181.88	3.35	670	d 1800	0.07 aq;sconc acids, alkalis

3.9 钒钛原子、自由基和键的性质

3.9.1 钒钛元素的电子组态及性质

元素的基态电子组态是一种简化表示形式，即用惰性气体核（用方括号注明）外每个允许能级（s、p、d、f）上的电子数（上角标）来表示。同时还给出了热导率、电阻率和线性热膨胀系数。参见表 3-129。

表 3-129　钒钛元素的电子组态及性质

元素	英文名称	符号	原子序数	电子组态	热导率（25℃）/W·(m·K)$^{-1}$	电阻率（20℃）/μΩ·cm	线性热膨胀系数（25℃）/m·m^{-1}
钛	Titanium	Ti	22	[Ar] $3d^2 4s^2$	21.9	42.0	8.6×10^{-6}
钒	Vanadium	V	23	[Ar] $3d^3 4s^2$	30.7	19.7	8.4×10^{-6}

3.9.2 钒钛元素及其化合物的电离能

从气态原子或离子中，移去束缚最弱的电子所需的最低能量叫做电离能，以 MJ/mol 表示。需要注意的是 1.000eV = 96.485kJ = 23.0605kcal。钒钛元素的逐级电离能见表 3-130。表中的表头为各级电离的级次，Ⅰ为中性原子的一级电离，即：

$$M(g) \longrightarrow M^+(g) + e$$

Ⅱ为单电离原子的二级电离，以此类推。

表 3-130　钒钛元素的逐级电离能

原子序数	元素	逐级电离能/MJ·mol^{-1}					
		Ⅰ	Ⅱ	Ⅲ	Ⅳ	Ⅴ	Ⅵ
22	Ti	0.658	1.310	2.652	4.175	9.573	11.516
23	V	0.650	1.414	2.828	4.507	6.299	12.362

表 3-131 分别以 MJ/mol 和 eV 为单位列出了钒钛化合物的第一电离能，以及在 25℃（298K）时的离子生成焓。

表 3-131　钒钛化合物的电离能

化合物	电离能		离子生成焓/kJ·mol^{-1}
	MJ·mol^{-1}	eV	
二氧化钛（Ⅳ）	0.920	9.54	623
氯化钒（Ⅳ）	0.89	9.2	210
氯化钛（Ⅳ）	1.124	11.65	363
氯氧化钒（Ⅴ）$VOCl_3$	1.120	11.61	425
溴化钛（Ⅳ）	0.99	10.3	375

3.9.3 电子亲和势

原子（分子或自由基）的电子亲和势定义为在气相中，中性原子的最低能量（基态能量）与相应的负离子的最低能量之间的差值。

$$A(g) + e = A^-(g)$$

电子亲和势见表3-132，表中数据显示的是具有正电子亲和势的稳定负离子。

表3-132 钒钛原子、分子的电子亲和势

原子或分子	电子亲和势	
	eV	$kJ \cdot mol^{-1}$
钒	0.525	50.7
钛	0.079	7.6
V_4O_{10}	4.2	405

3.9.4 原子半径和有效离子半径

元素的原子半径是指两个相同原子之间的最短距离。在金属中，这个距离是指一个原子中心到另一个原子中心的距离，金属的原子半径通常被称为金属半径。除了镧系（配位数CN=6）以外，金属元素的CN=12。钒钛元素的原子半径和有效离子半径见表3-133。

表3-133 钒钛元素的原子半径和有效离子半径

元素	原子半径/pm	有效离子半径/pm				
		离子电荷	配位数，CN			
			4	6	8	12
钒	134	2+		79		
		3+		64.0		
		4+		58	72	
		5+	35.5	54		
钛	147	2+		86		
		3+		67.0		
		4+	42	60.5	74	

3.9.5 键的离解能

键A—B的离解能（焓变）定义为键的断裂反应：

$$AB \longrightarrow A+B$$

在298K下的标准焓变，即：

$$\Delta H_{f298} = \Delta H_{f298}(A) + \Delta H_{f298}(B) - \Delta H_{f298}(AB) \tag{3-9}$$

所有数值均来自298K下的气态物质，在0K时的值由298K时的值减去$3/2RT$得到。含钒钛键的离解能如表3-134所示。

表 3-134　钒钛键的离解能

键	ΔH_{f298}/kJ · mol^{-1}	键	ΔH_{f298}/kJ · mol^{-1}
Ti—Ti	141	Ti—Te	289
Ti—Br	439	V—V	242
Ti—C	435	V—Br	439
Ti—Cl	494	V—C	469
Ti—F	569	V—Cl	477
Ti—H	159	V—F	590
Ti—I	310	V—N	477
Ti—N	464	V—O	644
Ti—O	662	V—S	490
Ti—S	426	V—Se	347
Ti—Se	381		

3.9.6　核素

核素以元素名称和质量数 A（等于原子核中质子数 Z 和中子数 N 之和）表示。半衰期的时间单位缩写为：y——年，d——天，h——小时，min——分钟，s——秒，ms——毫秒，ns——纳秒。天然丰度是指稳定核素占地壳中赋存的天然元素的“原子百分数”。热中子吸收截面表示一种核素吸收一个热中子（能量≤0.025eV）而变成另一种核素的难易程度。表中吸收截面的单位为靶恩（$1b=10^{-24}cm^2$）。

表中最后一栏为主要衰变方式和辐射能量，辐射能量的单位为兆电子伏（MeV），各种衰变方式的表示符号为：α——α 粒子放射，β^-——β 粒子，负电子，β^+——正电子，γ——γ 射线，K——电子捕获，x——所指元素的 X 射线。

钒钛元素的核素见表 3-135。

表 3-135　钒钛元素的核素

元素	A	半衰期	天然丰度/%	吸收截面/barns	辐射能/MeV
钛	44	47.3y			k，γ(0.68，0.078)
	45	3.08h			β^+(1.044)；k，Sc-x
	48		73.72	7.9	
	49		5.41	1.9	
	50		5.18	0.179	
	51	5.76min			β^-(2.14,1.50);γ(0.320,0.928)
钒	48	16.0d			β^+(0.698);γ(0.511,0.945,0.983,1.312,2.24)
	49	330d			k，Ti-x
	50	>1.4×10^{17}y	0.250	40.2	
	51		99.750	4.9	
	52	3.75min			β^-(2.47);γ(1.434)

3.9.7 天然同位素的相对丰度

同上，天然同位素的相对丰度，是指稳定核素占地壳中赋存的天然元素的“原子百分数”。钒钛元素天然同位素的相对丰度如表 3-136 所示。

表 3-136 钒钛元素的天然同位素的相对丰度

元素	质量数	百分数	元素	质量数	百分数
钒	50	0.250	钛	46	8.25
	51	99.750		47	7.44
				48	73.72
				49	5.41
				50	5.4

参 考 文 献

[1] [美] J . A . 迪安 . 兰氏化学手册 [M]. 魏俊发，等译 . 北京：科学出版社，2003.
[2] 梁英教，车荫昌 . 无机物热力学数据手册 [M]. 沈阳：东北大学出版社，1993.
[3] 黄道鑫，陈厚生，杨根土，等 . 提钒炼钢 [M]. 北京：冶金工业出版社，2002.
[4] 梁连科，车荫昌，杨怀，等 . 冶金热力学与动力学 [M]. 沈阳：东北工学院出版社，1990.
[5] 傅献彩，沈文霞，姚天扬，等 . 物理化学（第五版）[M]. 北京：高等教育出版社，2005.
[6] 孙康 . 钛提取冶金物理化学 [M]. 北京：冶金工业出版社，2001.
[7] 邹建新，李亮，彭富昌，等 . 钒钛产品生产工艺与设备 [M]. 北京：化学工业出版社，2014.
[8] 邹建新 . 钒钛物理化学 [M]. 北京：化学工业出版社，2016.
[9] 金世勋 . 物理化学 [M]. 北京：高等教育出版社，1989.
[10] 曹宗顺 . 物理化学 [M]. 北京：人民卫生出版社，2000.
[11] 郭汉杰 . 冶金物理化学教程 [M]. 北京：冶金工业出版社，2004.
[12] 万惠霖 . 固体表面物理化学若干研究前沿 [M]. 厦门：厦门大学出版社，2006.
[13] 印永嘉 . 物理化学简明手册 [M]. 北京：高等教育出版社，1988.
[14] 乔芝郁 . 冶金和材料计算物理化学 [M]. 北京：冶金工业出版社，1999.
[15] 蒋汉瀛 . 湿法冶金过程物理化学 [M]. 北京：冶金工业出版社，1984.
[16] 李钒，李文超 . 冶金与材料热力学 [M]. 北京：冶金工业出版社，2012.
[17] 徐瑞，荆天辅 . 材料热力学与动力学 [M]. 哈尔滨：哈尔滨工业大学出版社，2003.
[18] 林传仙，白正华 . 矿物及有关化合物热力学数据手册 [M]. 北京：科学出版社，1985.
[19] 张鉴 . 冶金熔体和溶液的计算热力学 [M]. 北京：冶金工业出版社，2007.
[20] [苏] Я. И. 盖拉西莫夫，等著 . 有色冶金化学热力学手册 [M]. 刘崇志，译 . 北京：中国工业出版社，1966.
[21] 王海川，董元篪 . 冶金热力学数据测定与计算方法 [M]. 北京：冶金工业出版社，2005.

4 钒钛相图（状态图）结构与解析

4.1 相图（状态图）概论

4.1.1 相图基本概念

根据多相平衡的实验结果，制成几何图形来描述温度、压力、组分的浓度在平衡状态下的变化关系，这种图形就称为相图，又叫状态图或平衡图。相图对应于英文 phase diagram（或者 equilibrium diagram）。状态图来源于德语 Zustandsschaubild。使用哪一个用语一般随科学领域不同而不同，在金属科学领域多数使用状态图。

Gustav Tammna 等人的德意志学派认为，状态图与其说是表示相的平衡关系，还不如说是它给出了有关存在状态的信息。简单说相图就是表示温度、压力、组分的浓度之间关系的图形，由点、线、面、体构成，以温度、压力、组分的浓度为坐标表示。相图上可以反映出许多与我们工业生产、科学研究有重要价值的内容。通过对相图研究，可以帮助我们预测化合物的生成、控制相组成、选择最佳配料点，从而制定合理生产工艺过程，生产出所需要性能的产品，因此具有重要的实际意义。

4.1.2 相图的应用

必须指出，相平衡是在平衡条件下去研究讨论问题的，所研究的是完全达平衡状态的体系，而实际生产中，体系往往达不到真正的平衡状态，使得从相图上分析的结果与实际生产有一定误差。尽管如此，应用相图来分析、研究生产中的问题，特别是对于科学研究仍具有重要指导意义。它被形象地比喻为“冶金学家的地图”。

狭义相图（phase diagram），也称相态图、相平衡状态图，是用来表示相平衡系统的组成与一些参数（如温度、压力）之间关系的一种图。它在物理化学、矿物学和材料科学中具有很重要的地位。

广义相图是在给定条件下体系中各相之间建立平衡后热力学变量、强度变量的轨迹的集合表达，相图表达的是平衡态，严格说是相平衡图。

对于多相体系，各相间的相互转化、新相的形成、旧相的消失与温度、压力、组成有关。相图表示相变规律，从相图上可以直观看出多相体系中各种聚集状态和它们所处的条件（温度、压力、组成）。

金属及其他工程材料的性能取决于其内部的组织、结构，金属等材料的组织又由基本的相所组成。由一个相所组成的组织叫单相组织，两个或两个以上的相组成的叫两相或多相组织。

相图就是用来表示材料相的状态和温度及成分关系的综合图形，其所表示的相的状态是平衡状态。

表达混合材料性质的一种很简便的方式就是相图。二元相图可以看作是标示出两种材料混合物稳定相区域的一种图，这些相区域是组成百分比和温度的函数。相图也可能依赖于气压。

简单二元相图表示形式如图 4-1 所示。

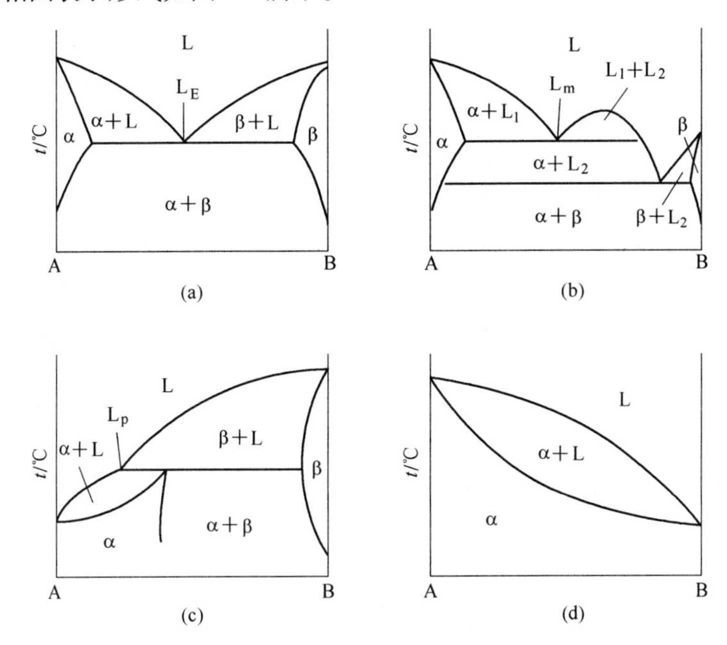

图 4-1 二元相图基本表示形式
（a）共晶；（b）偏晶；（c）包晶；（d）连续固溶体

4.1.3 相律

所谓相律是指在某个体系中，有两个以上的相处于平衡时，必须满足下面的关系：

$$P + F = C + 2$$

式中 P——平衡状态的相的数目；

F——体系的自由度，在相的组成、压力、温度的变数中能任意变化的数目；

C——独立组元的数目，表示存在相的组成的必要而充分的能独立变化的化学成分的最小数目。

对于二元系合金，组元的数目是构成合金的 A、B 金属两种成分。对于 Al_2O_3-SiO_2 系陶瓷，可以把 Al_2O_3 和 SiO_2 分别看成一种组元。

对于金属和陶瓷等许多体系，因为蒸气压都极低，压力和气相都可以从考虑的对象中排除，所以其相律变为：

$$P + F = C + 1$$

4.1.4 相关说明

（1）为了使读者在查找不同元素的钛（钒）系相图（状态图）时更加方便，钛

（钒）系相图（状态图）按非钛（钒）元素符号的字母顺序排列。

（2）部分合金系平衡状态图存在疑问与争议。本书将尽可能指出问题所在之处，或者参考资料给出最妥当的结果。并且对于大多数合金系给出简单的说明，如其中的“?”表示不确定。

（3）温度的单位为℃，组成轴的横轴为原子数分数，纵轴为温度。

（4）随研究者不同，各种反应和转变温度不一致的情况是很多的，本书将尽可能列出不同情况。对于结构随温度的变化，本书略记为低温（L）、中温（M）、高温（H）。

（5）关于各相的晶体结构、结构类型和结晶系，用 Strukuturberihit 符号表示。

4.2　钛系相图（状态图）结构与解析

金属钛与其他元素组成的合金（化合物）的二元系相图，钛氧化物与其他元素化合物构成的三元系相图，简称钛系相图（状态图）。本书收录整理了常用或有重要意义的钛系相图。主要是钛与其他金属的二元合金相图（状态图），也包括钛化合物与相关元素化合物构成的三元系状态图。

4.2.1　Ag-Ti 系（图 4-2）

AgTi：正方，CuAuI($L1_0$）型。$AgTi_2$：正方，$MoSi_2$(C11b）型。液相线不确定。

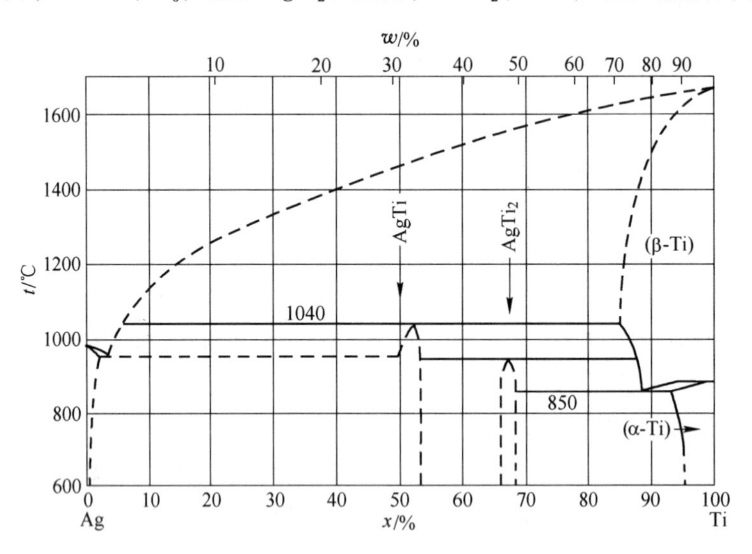

图 4-2　Ag-Ti 系

4.2.2　Al-Ti 系（图 4-3）

石田清仁等（2000 年）研究了从 Ti 侧到（Al）= 40%附近的相关系。Ti_3Al(2)：六方，Ni_3Sn($D0_{19}$）型。TiAl：正方，CuAuI（$L1_0$）型，是高熔点金属间化合物的代表。$TiAl_2$：正方，与 $HfGa_2$ 同型。Ti_2Al_5：存在于 900℃以上？$TiAl_3$：（L）正方，$D0_{22}$型的代表性化合物，在 600℃以上（H），有序结构的周期发生变化。

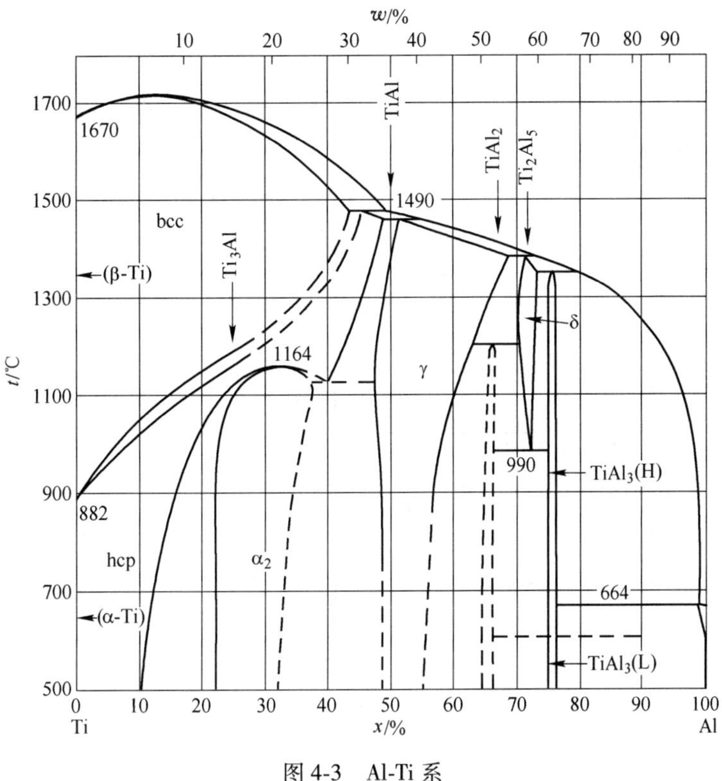

图 4-3 Al-Ti 系

4.2.3 Au-Ti 系（图 4-4）

Ti_3Au：立方，Cr_3Si(A15）型。TiAu：（Au 侧）：正方，TiCu(B11）型；（Ti 侧）：斜方，AuCd(B19）型；（600℃以上）：立方，CsCl(B2）型。$TiAu_2$：正方，$MoSi_2$(C11b）型。$TiAu_4$：正方，Ni_4Mo(D1）型。

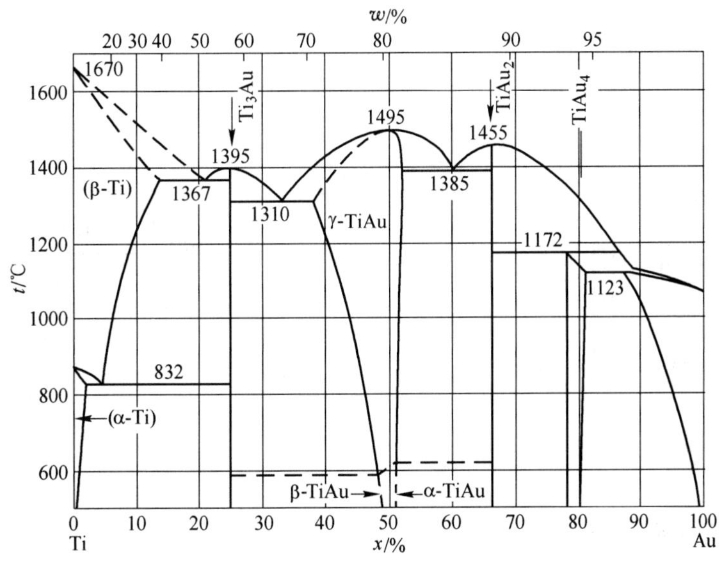

图 4-4 Au-Ti 系

4.2.4　B-Ti 系（图 4-5）

TiB_2：六方，AlB_2(C32) 型。TiB：斜方，FeB(B27) 型。据报道，存在 Ti_2B(正方)、Ti_2B_5（六方，W_2B_5 型）。B 侧不清楚。

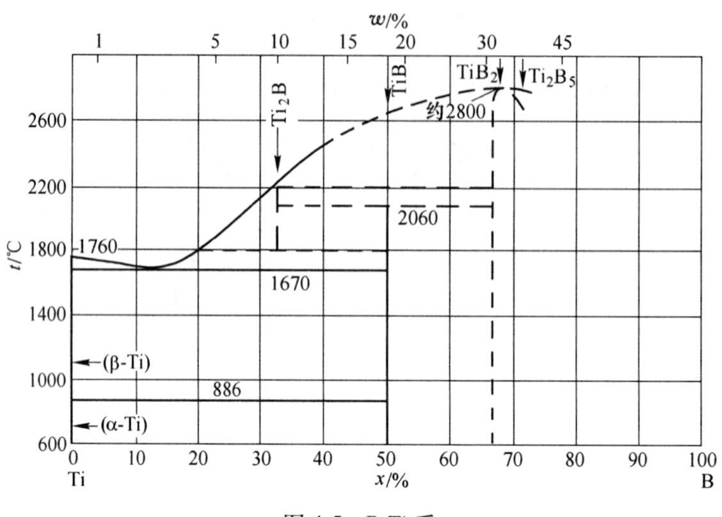

图 4-5　B-Ti 系

4.2.5　Be-Ti 系（图 4-6）

$Be_{12}Ti$：正方，与 $Mn_{12}Th$ 同型。$Be_{17}Ti_2$：六方，与 $B_{17}Nb_2$ 同型；Be_3Ti：复杂菱面体。Be_2Ti：立方，Cu_2Mg(C15) 型。液相线不清楚。

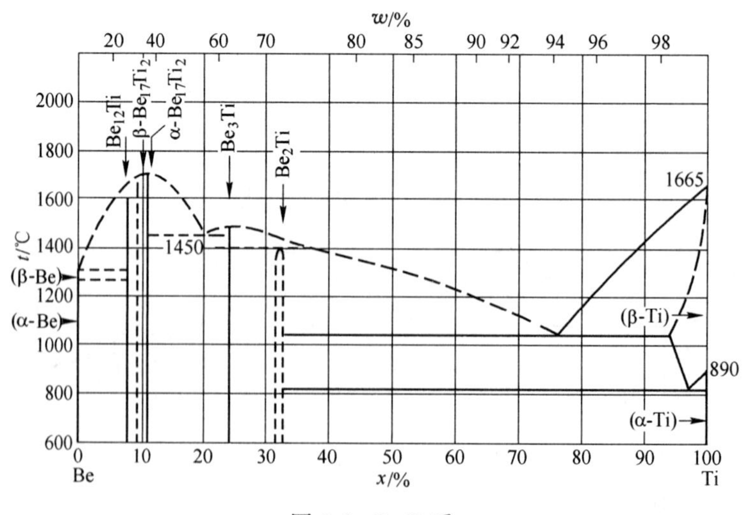

图 4-6　Be-Ti 系

4.2.6　Co-Ti 系（图 4-7）

Co_3Ti：立方，Cu_3Au($L1_2$) 型。Co_2Ti：Ti 侧：立方，Cu_2Mg(C15) 型；Co 侧：六方，

Ni_2Mg(C36）型。CoTi：立方，CsCl(B2）型。$CoTi_2$：立方，与 $NiTi_2$ 同型。液相线不确定。

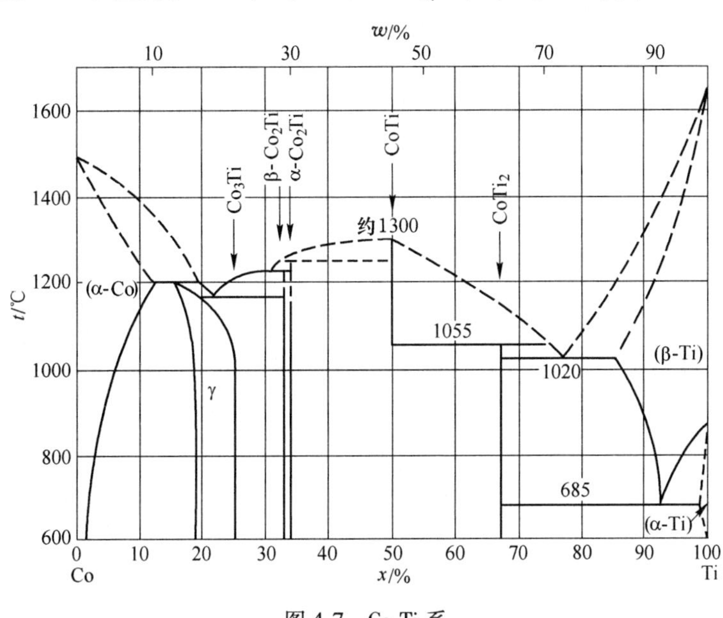

图 4-7　Co-Ti 系

4.2.7　Cr-Ti 系（图 4-8）

Cr_2Ti：低温（L）：立方，Cu_2Mg(C15）型；高温（H）：六方，Zn_2Mg(C14）型。

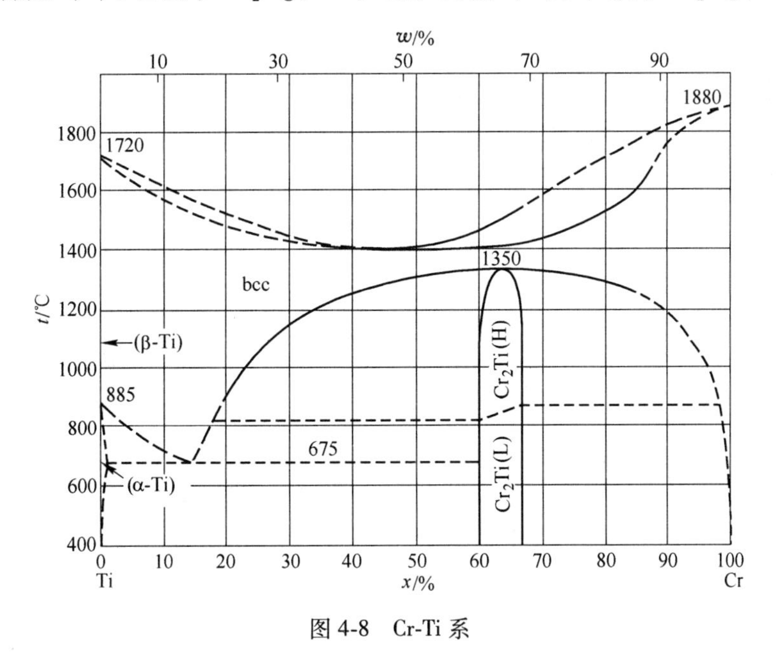

图 4-8　Cr-Ti 系

4.2.8　Cu-Ti 系（图 4-9）

报道有许多化合物，但其结构和组成基本是确定的。在（Ti）= 25%~70%区域，液相急冷时形成非晶，也能形成亚稳定化合物。Cu_4Ti：低温：正方，Ni_4Mo(D1α) 型；高温：斜方，与 Au_4Zr 同型。Cu_2Ti：斜方？Cu_3Ti_2：正方。Cu_4Ti_3：正方，存在于 500～925℃。CuTi：正方，B11 型的代表性化合物。$CuTi_2$：正方，$MoSi_2$(C11b) 型。此外，还有报道说，作为亚稳定相 β-Cu_3Ti 是斜方，D0α 型；CuTi：正方，CuAuI($L1_0$) 型。

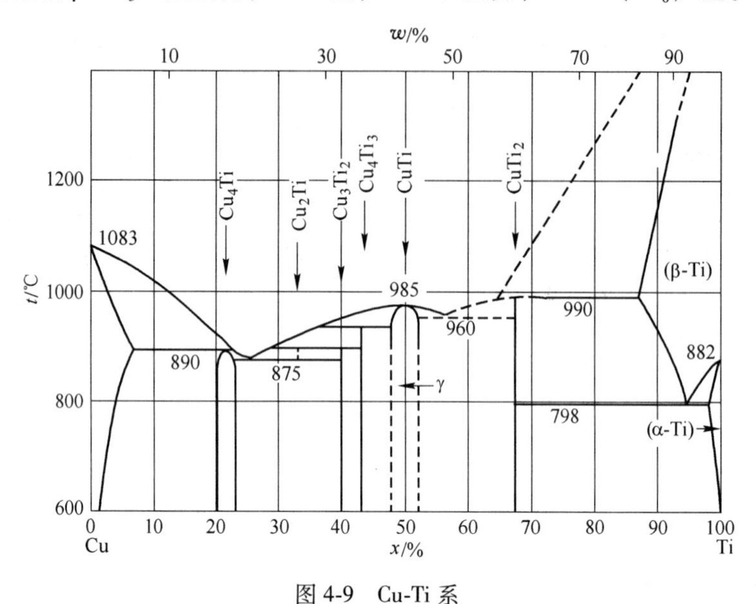

图 4-9　Cu-Ti 系

4.2.9　Fe-Ti 系（图 4-10）

Fe_2Ti：六方，$MgZn_2$(C14 型)。FeTi：立方，CsCl(B2) 型。作为吸氢材料受到关注，关于添加元素的影响等，已有许多研究工作。有报道说存在 $FeTi_2$，但认为氧有影响。在 (Ti)＝70%附近急冷形成非晶。

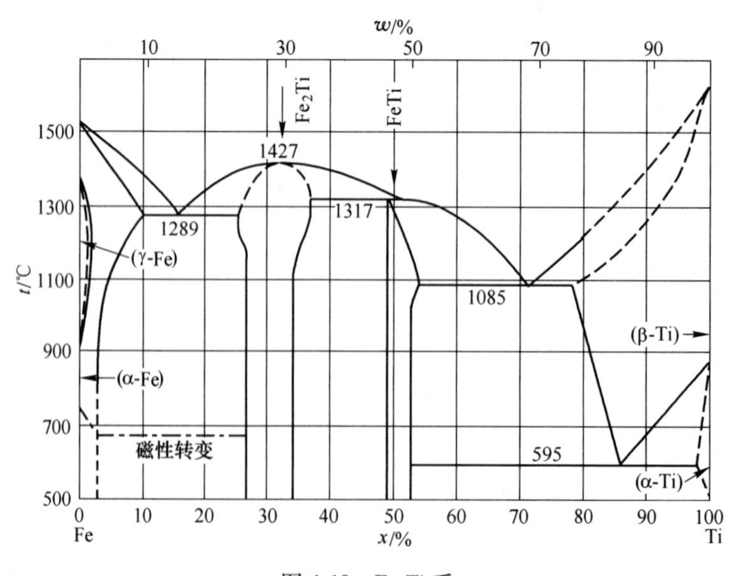

图 4-10　Fe-Ti 系

4.2.10 Hf-Ti 系（图 4-11）

此图较常规、典型。

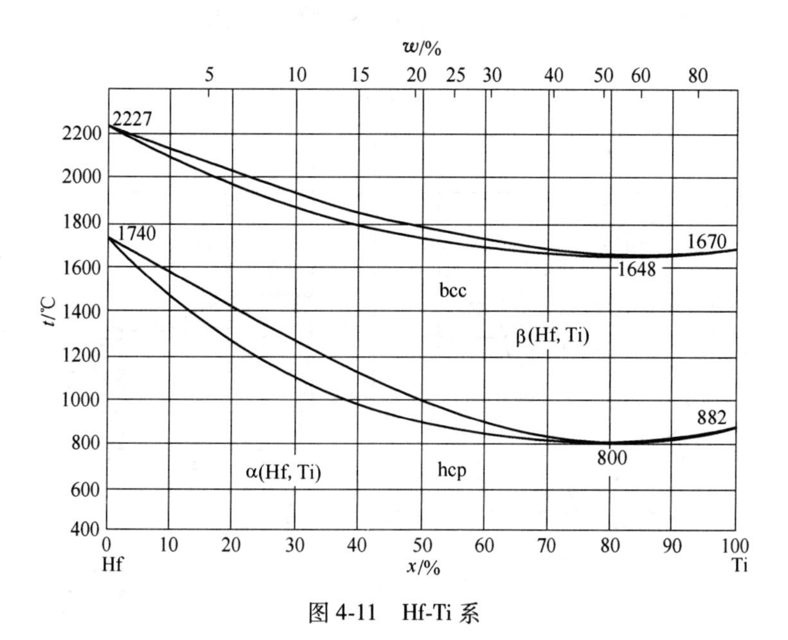

图 4-11 Hf-Ti 系

4.2.11 Ir-Ti 系（图 4-12）

（Ir_3Ti）：立方，Cu_3Au（$L1_2$）型。（IrTi）：正方，CuAuI（$L1_0$）型。（$IrTi_3$）：立方，Cr_3Si（A15）型的均匀相区域的宽度不清楚。

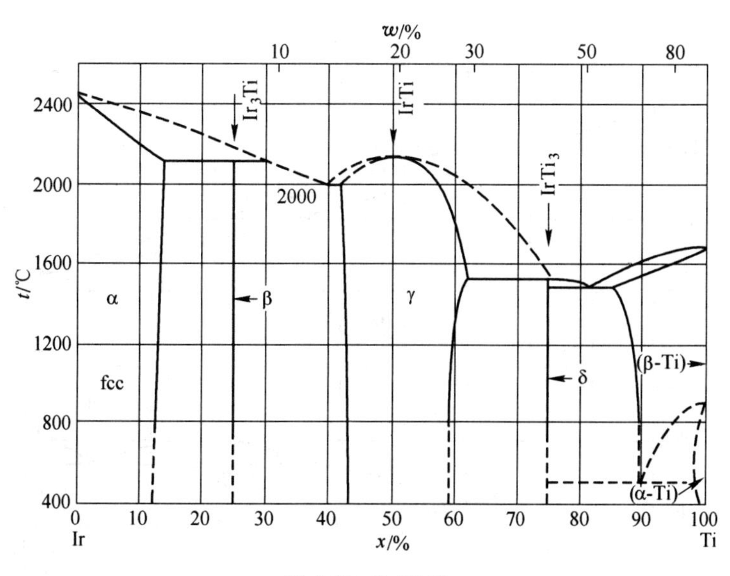

图 4-12 Ir-Ti 系

4.2.12　Mn-Ti 系（图 4-13）

TiMn：正方？有人提出，在 950℃ 和 1200℃ 时分解为两种化合物。$TiMn_2$：六方，$MgZn_2$(C14）型。$TiMn_3$：斜方？$TiMn_4$：六方？Mn 侧未确定。

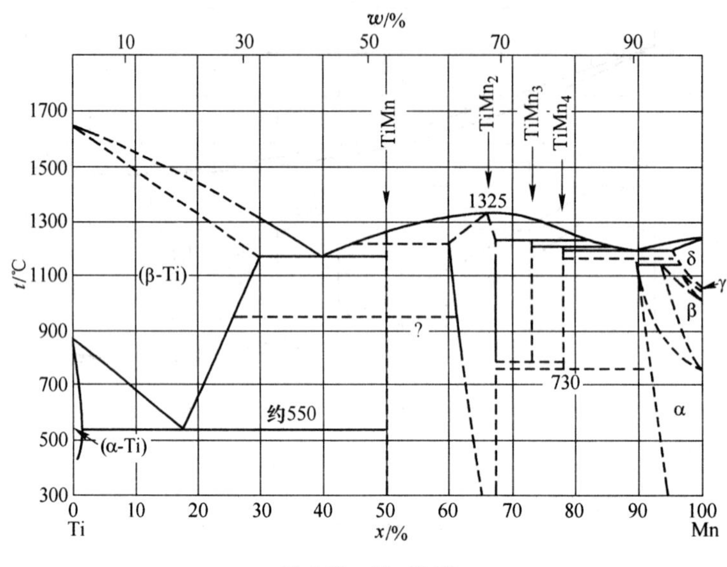

图 4-13　Mn-Ti 系

4.2.13　Mo-Ti 系（图 4-14）

体心立方（A2 型）的固溶体经偏析（monotectoid）反应而分解。

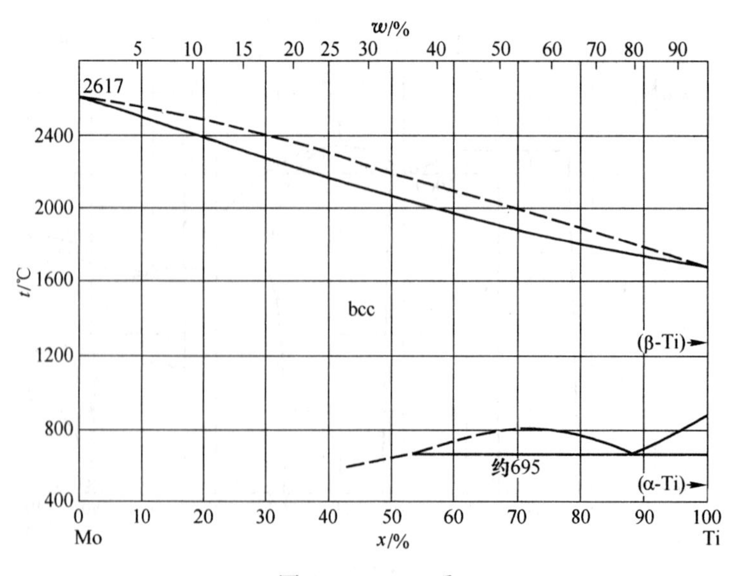

图 4-14　Mo-Ti 系

4.2.14 Nb-Ti 系（图 4-15）

Ti 的 α-β 转变温度随 Nb 的固溶而降低。在（Ti）= 60%～90%的范围内，450℃以下时生成亚稳相。（Ti）= 50%～75%的合金是重要的超导材料（$T_S \approx 10K$）。

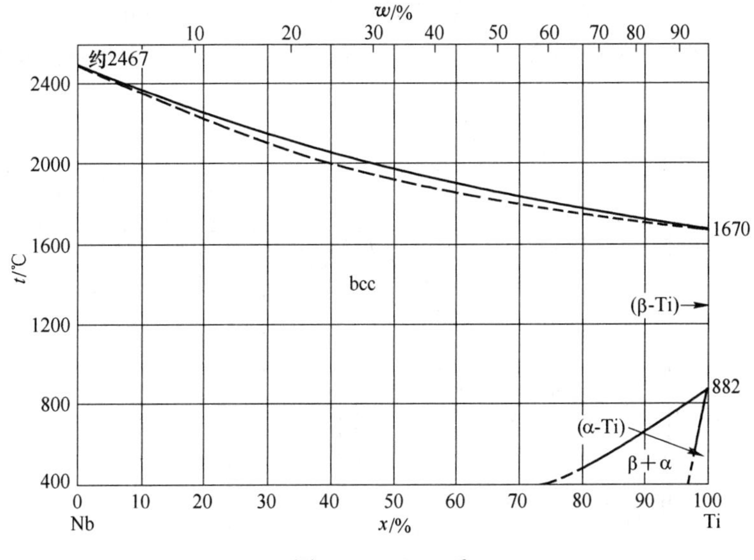

图 4-15 Nb-Ti 系

4.2.15 Ni-Ti 系（图 4-16）

$NiTi_2$：六方。NiTi：立方，CsCl(B2) 型。在 630℃以下分解为 $NiTi_2$ 和 Ni_3Ti。急冷时，由于马氏体转变（M_s=−50～100℃），变为斜方，AuCd(B19) 型。是有名的形状记忆合金（镍钛，Nitinol）。Ni_3Ti：六方，DO_{24}型的代表化合物。

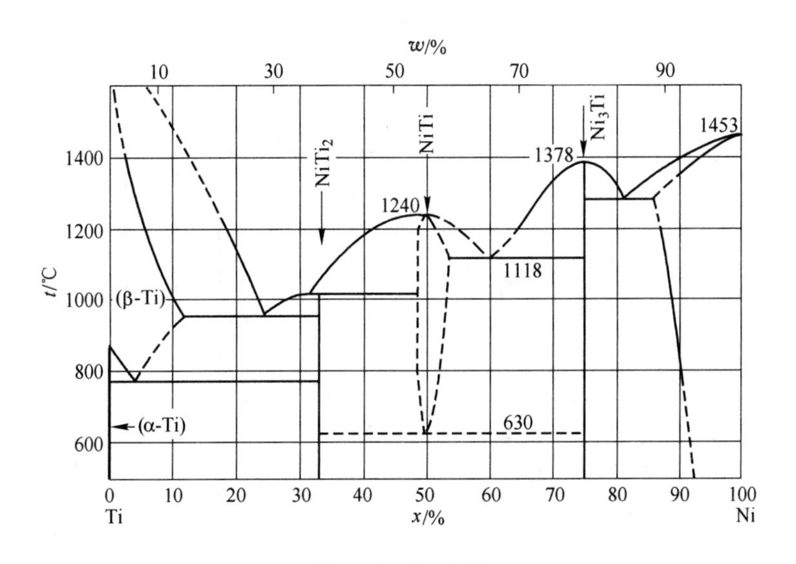

图 4-16 Ni-Ti 系

4.2.16 Pd-Ti 系（图 4-17）

Ti_3Pd 和 Ti_4Pd：立方，Cr_3Si(A15）型。Ti_2Pd：正方，$MoSi_2$(C11b）型。TiPd：低温（L)：斜方，AuCd(B19）型；高温（H)：立方，CsCl(B2）型。Ti_2Pd_3 和 Ti_3Pd_5 尚有疑问。$TiPd_2$：六方，Ni_2In($B8_2$）型，在 1200℃ 附近有转变。$TiPd_3$：六方，Ni_3Ti(DO_{24})型。在急冷的 Pd 侧 fcc 相内形成 Cu_3Au($L1_2$）型的亚稳定相。这个区域用虚线表示。

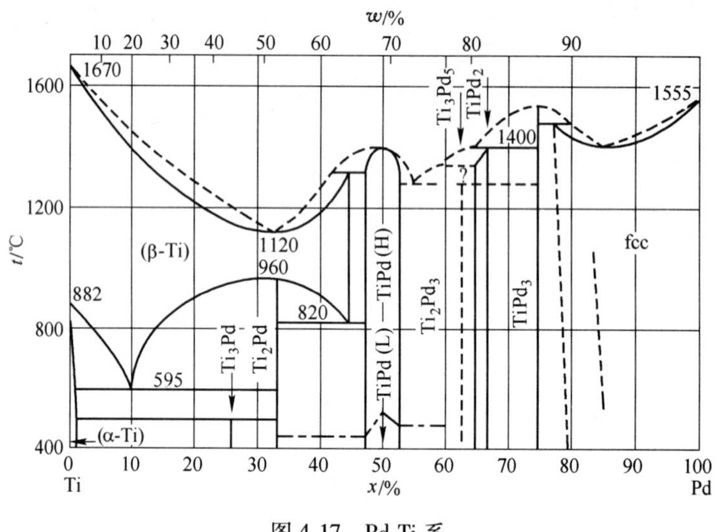

图 4-17 Pd-Ti 系

4.2.17 Pt-Ti 系（图 4-18）

西村秀雄等（1957 年）进行过研究。$PtTi_3$：立方，Cr_3Si(A15）型。PtTi：低温（L)：斜方，AuCd(B19）型；高温（H)：立方，CsCl(B2）型。PtTi：斜方。Pt_3Ti：六方，Ni_3Ti(DO_{24}）型。Pt_8Ti：正方，Ni_4Mo(D1）型。? 为尚有不明之处。

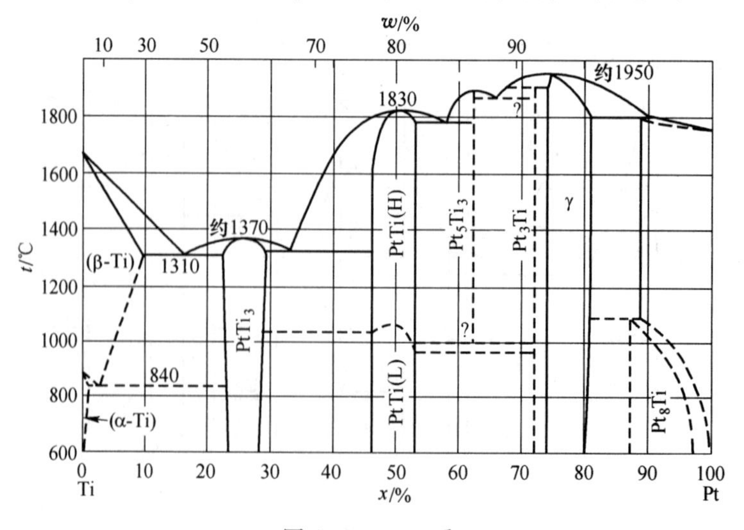

图 4-18 Pt-Ti 系

4.2.18　Ru-Ti 系（图 4-19）

TiRu：立方，CsCl(B2) 型。

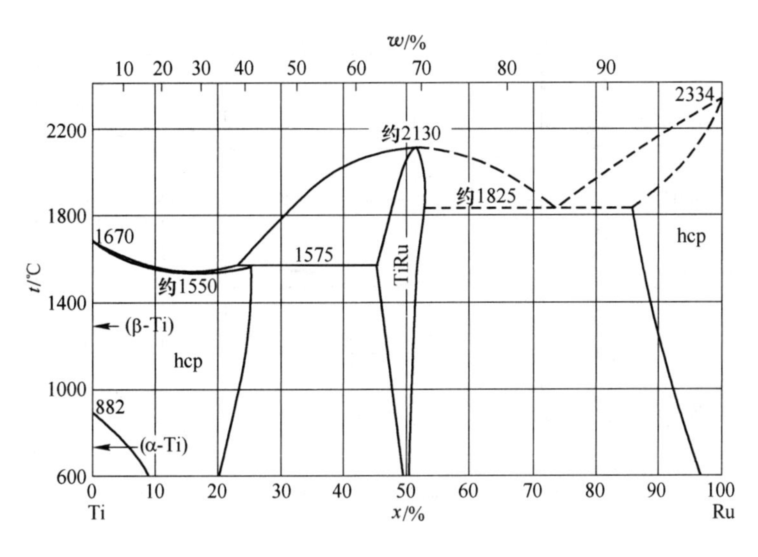

图 4-19　Ru-Ti 系

4.2.19　S-Ti 系（图 4-20）

Ti_6S：六方，亚稳定？TiS：正方。Ti_2S：不明。TiS：六方，NiAs($D8_1$) 型。$Ti_{1+x}S$：935℃以上为六方。从 Ti_8S_9 到 TiS_2 存在一系列无公度化合物。

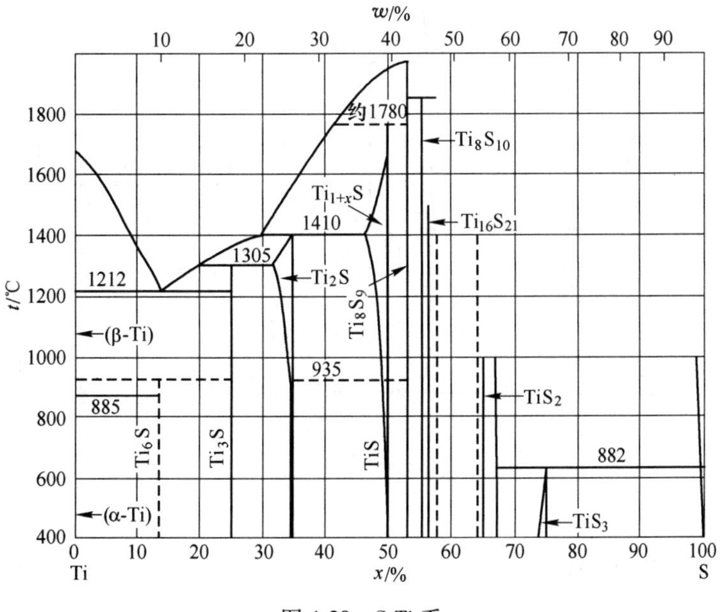

图 4-20　S-Ti 系

4.2.20　Sc-Ti 系（图 4-21）

是否有偏析（monotectoid）反应不能确定。

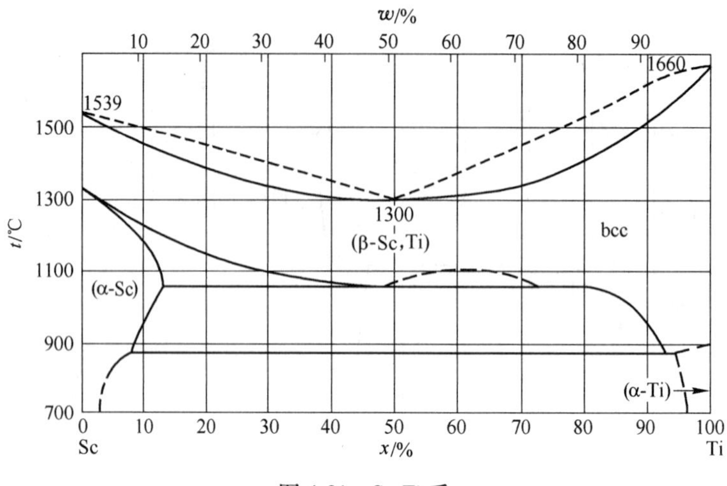

图 4-21　Sc-Ti 系

4.2.21　Si-Ti 系（图 4-22）

Ti_3Si：正方，与 Ti_3P 同型。Ti_5Si_3：六方，Mn_5Si_3(D8_8) 型。Ti_5Si_4：正方，与 Zr_5Si_4 同型。TiSi：斜方，FeB(B27) 型。$TiSi_2$：斜方，C54 型的代表化合物。

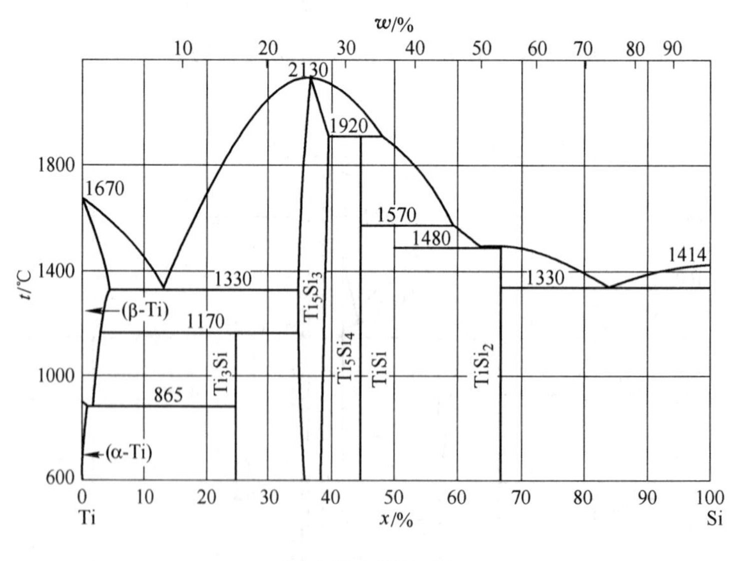

图 4-22　Si-Ti 系

4.2.22　Sn-Ti 系（图 4-23）

Ti_3Sn：六方，Ni_3Sn(DO_{19}) 型。Ti_2Sn：六方，Ni_2In(B8_2) 型。Ti_5Sn_3：六方，Mn_5Si_3

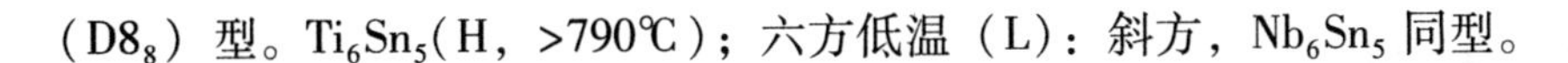
（$D8_8$）型。Ti_6Sn_5(H，>790℃)；六方低温（L）：斜方，Nb_6Sn_5 同型。

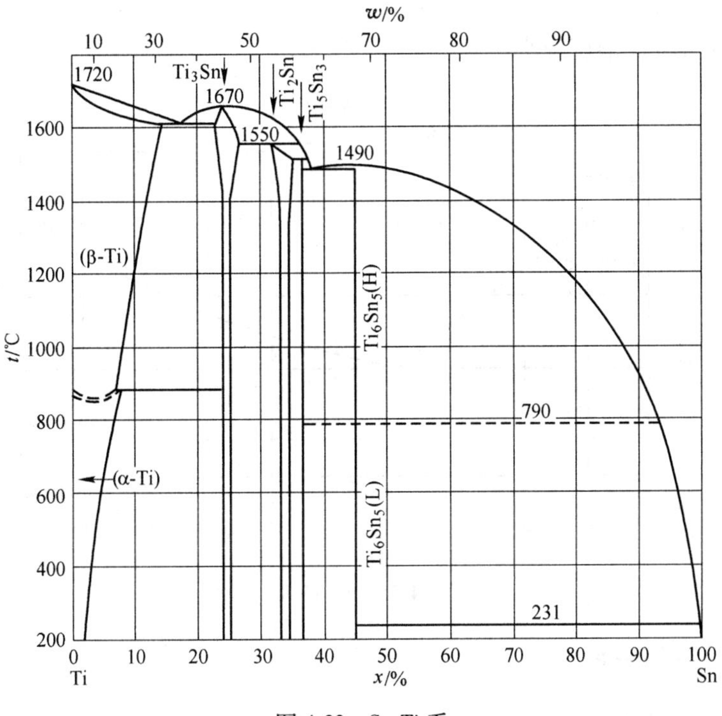

图 4-23　Sn-Ti 系

4.2.23　Ta-Ti 系（图 4-24）

高温时是体心立方（A2 型）的完全固溶体。在 600℃，Ta 在 α-Ti 中的固溶限约为 3%（原子数分数）。使（Ta）= 70%附近的相急冷时，转变为马氏体（密排六方和斜方）。

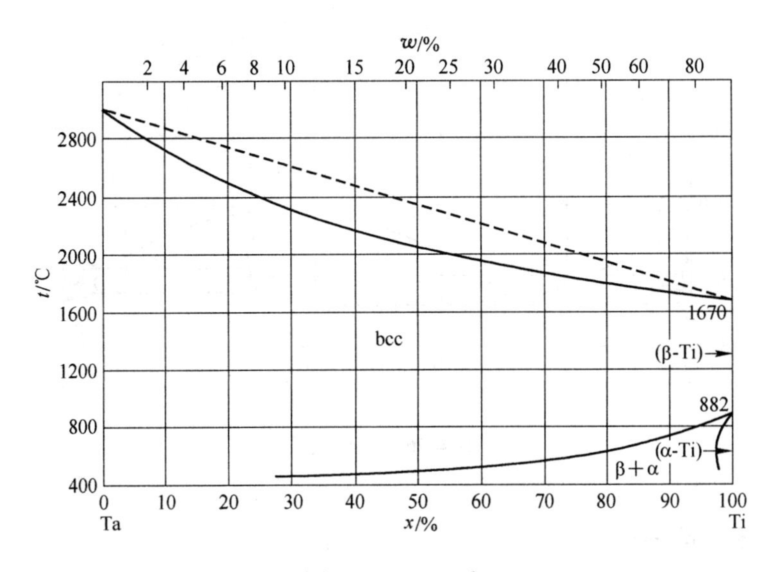

图 4-24　Ta-Ti 系

4.2.24　Th-Ti 系（图 4-25）

共晶系。相互的固溶度很小。

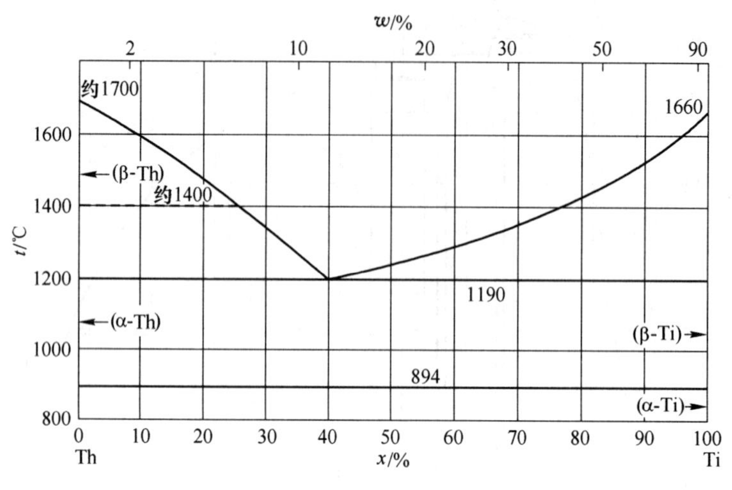

图 4-25　Th-Ti 系

4.2.25　Ti-U 系（图 4-26）

TiU_2：六方，AlB_2(C32）型。

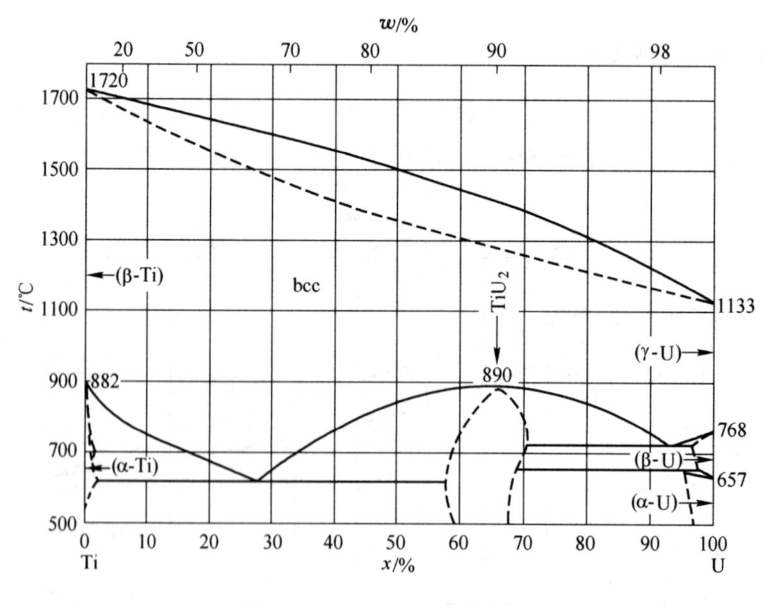

图 4-26　Ti-U 系

4.2.26　Ti-V 系（图 4-27）

高温时为体心立方（A2 型）的完全固溶体。低温时两相（+）区域扩展。

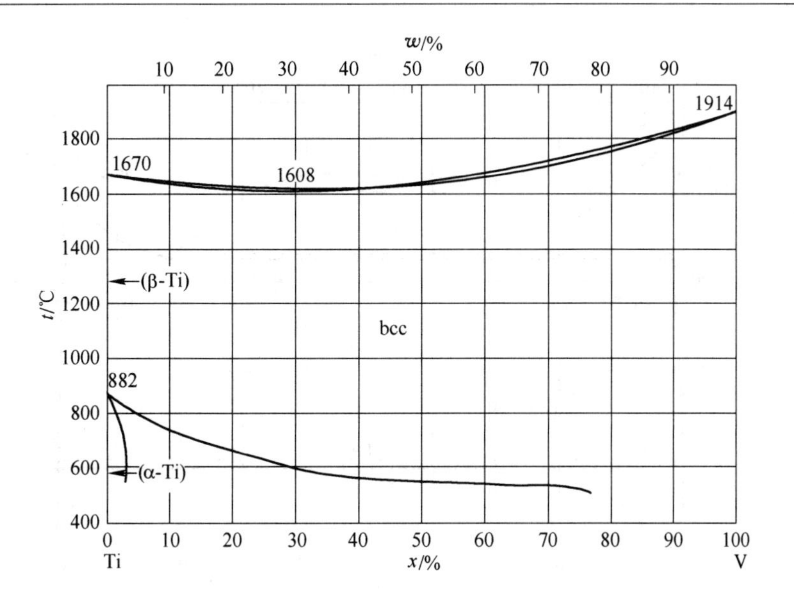

图 4-27　Ti-V 系

4.2.27　Ti-W 系（图 4-28）

高温的体心立方（A2 型）的完全固溶体经偏析（monotectoid）反应分离成两相。

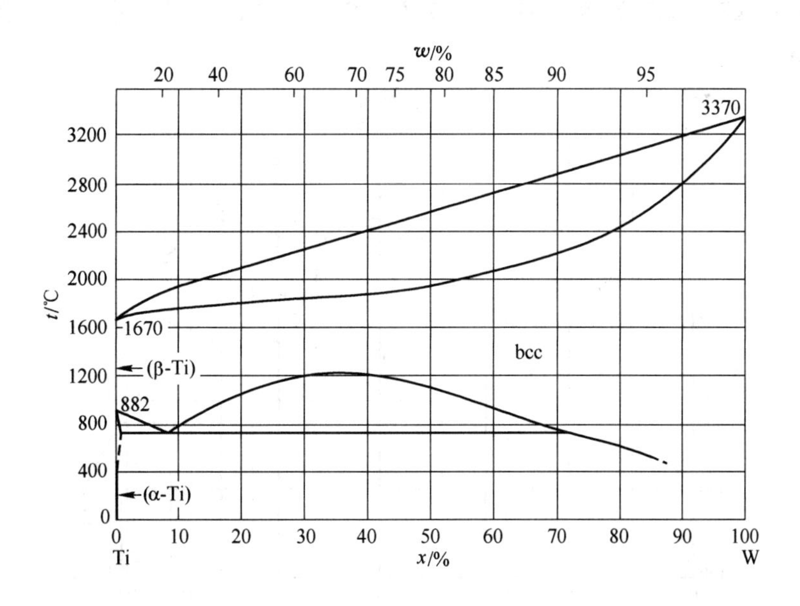

图 4-28　Ti-W 系

4.2.28　Ti-Y 系（图 4-29）

中央的二液相区域不确定。

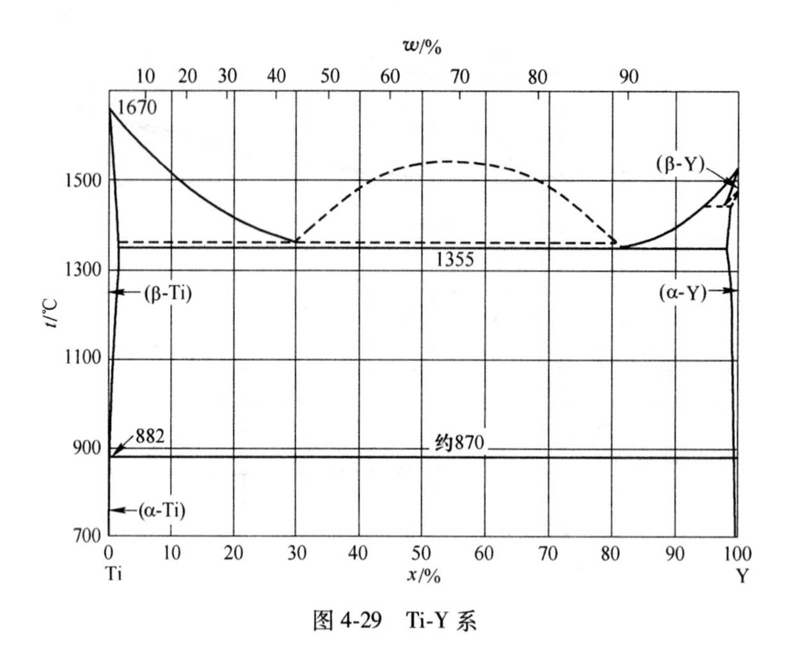

图 4-29　Ti-Y 系

4.2.29　Ti-Zn 系（图 4-30）

Ti 侧和液相线不清楚。Ti_2Zn：正方，$MoSi_2$(C11b) 型。TiZn：立方，CsCl(B2) 型。$TiZn_2$：六方，$MgZn_2$(C14) 型。$TiZn_3$：立方，Cu_3Au($L1_2$) 型。另外，还存在 $TiZn_5$、$TiZn_{10}$、$TiZn_{15}$。

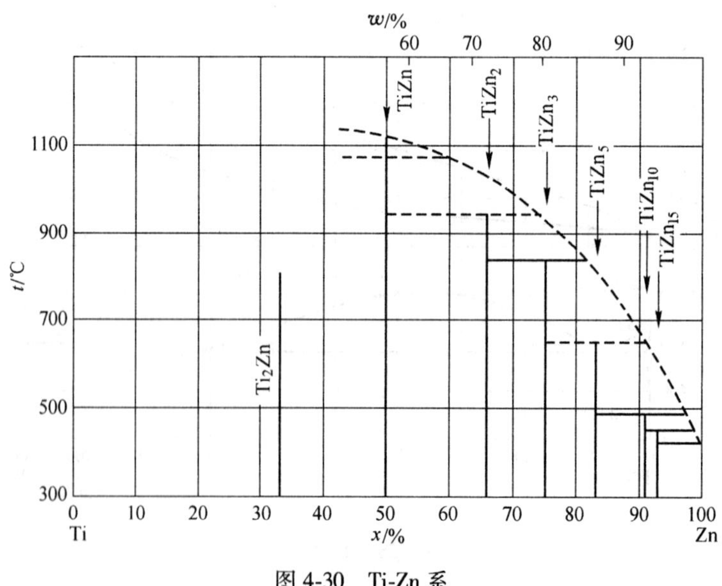

图 4-30　Ti-Zn 系

4.2.30　Ti-Zr 系（图 4-31）

高温 β 相（A2 型）和低温 α 相（A3 型）都是完全固溶体。

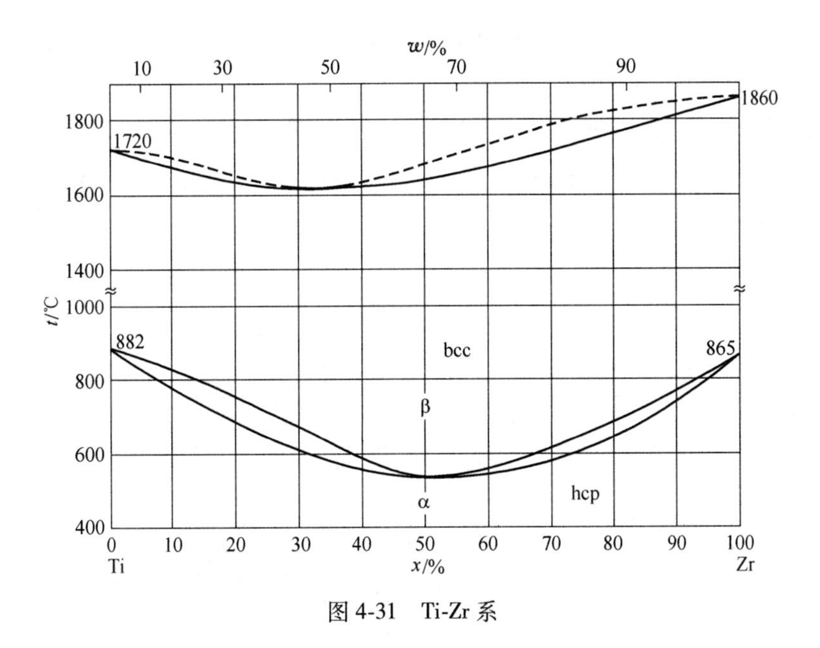

图 4-31 Ti-Zr 系

4.2.31 Ti-C 系（图 4-32）

(TiC_{1-x})：立方，NaCl(B1) 型。(Ti_2C)：立方。

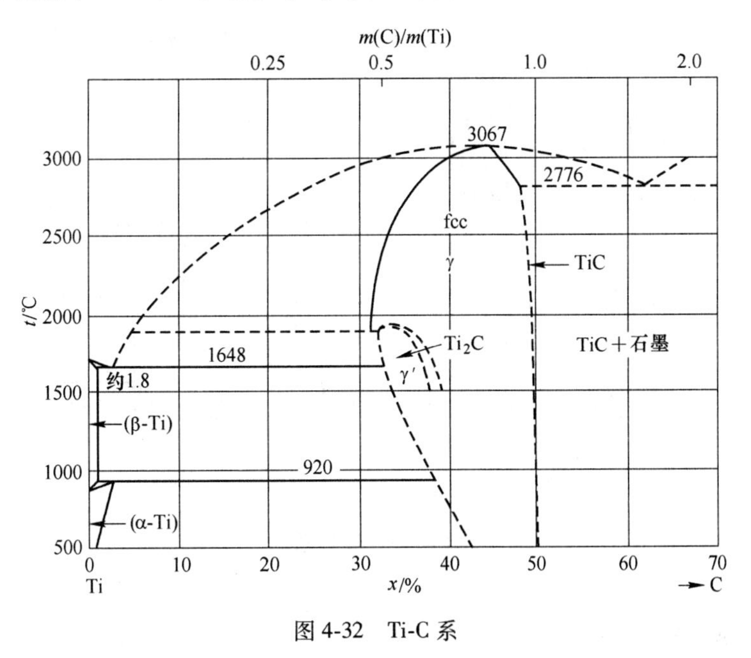

图 4-32 Ti-C 系

4.2.32 Ti-H 系（图 4-33）

此部分有 3 个图。

(a) 温度-组成投影图。Ti 为密排六方（A3 型），H 的固溶限为 m(H) m(Ti)≤1。

δ：H 在面心立方（A1 型）Ti 的四面体位置。TiH_2：CaF_2（C1）型。ε：TiH_2 的低温相，面心立方（$c/a \approx 0.95$），ThH_2（L′2b）型。

（b）等温压力-组成图。$p_{H_2}=10^2 \sim 10^5 Pa$，$t=427 \sim 933℃$。

（c）高氢压 $p_{H_2}=5\times10^9 Pa$ 下温度-组成图。κ（$TiH_{0.7}$）：体心立方。δ（$TiH_{\sim2.7}$）：面心立方（深井有等，1995 年）。

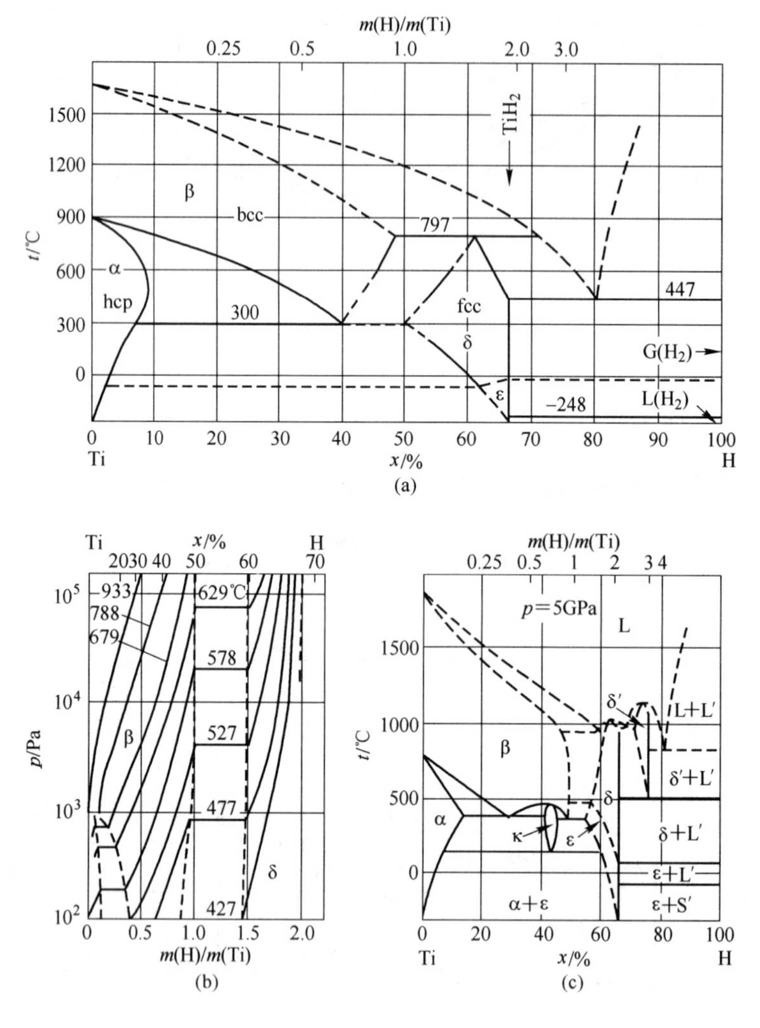

图 4-33　Ti-H 系

4.2.33　Ti-N 系（图 4-34）

N 在 Ti 中的固溶延伸到 25%（原子数分数）附近。N 分布在面心立方（A2 型）Ti 的八面体位置，Ti 为 NaCl（B1）型。（Ti_2N）：正方，逆-TiO_2（C4）型。报道还有 Ti_5N_2、Ti_3N_{2-x}、Ti_4N_{3-x}。

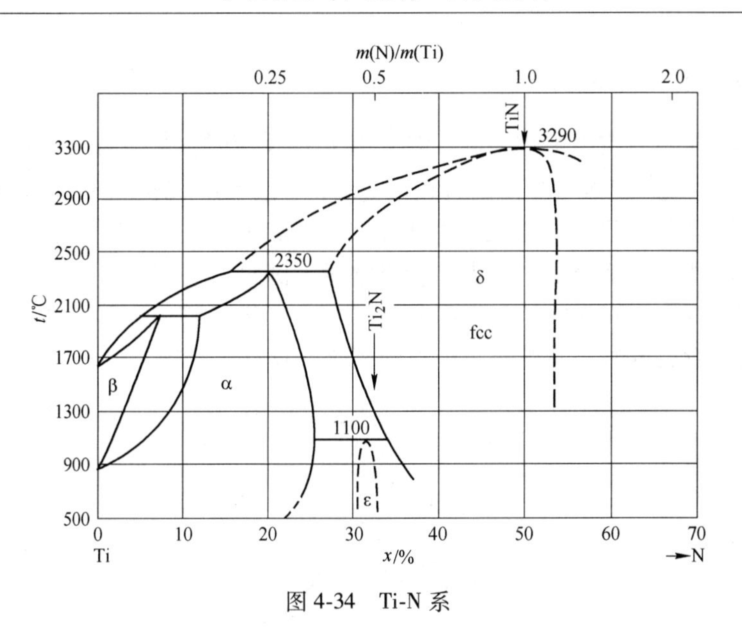

图 4-34 Ti-N 系

4.2.34 Ti-O 系（图 4-35）

在很宽的固溶体（-Ti）范围内，Ti 为密排六方（A3 型），O 无序分布在它的八面体位置，在 600℃以下，转变成以 Ti_3O 为代表的 α 和 α″的有序相（小岩昌宏等，1969 年）。Ti_3O_2：正方。TiO：（L）单斜；（H）：立方，NaCl(B1）型。在 $m(O)/m(Ti)=0.6\sim1.2$ 的宽度范围内，存在 Ti 和 O 的结构空位。对于-$Ti_{1-x}O$、β-$Ti_{1-x}O$，空位有序分布。从 Ti_2O_3 到 TiO_2（金红石），存在记为 Ti_nO_{2n-1}的一系列化合物（Magneli 相）。

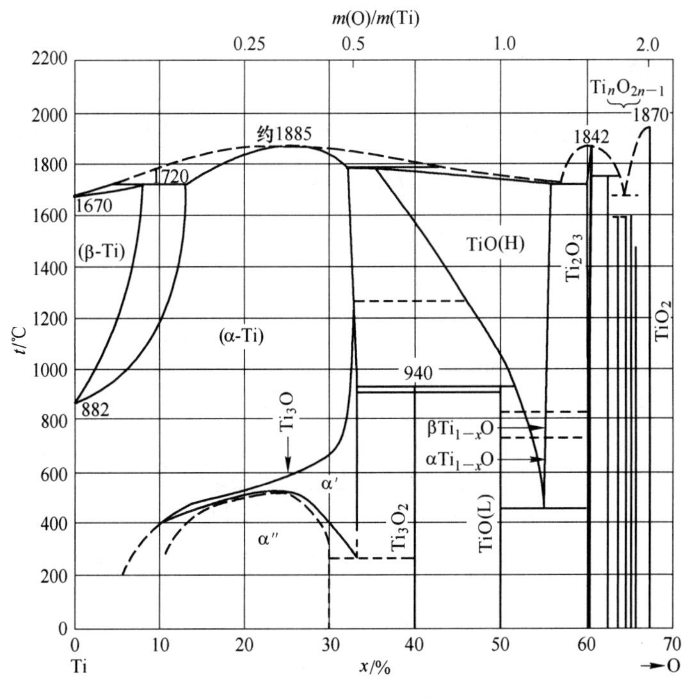

图 4-35 Ti-O 系

4.2.35　Ti-O-C 系（图 4-36）

通常在 2200℃ 的真空电弧炉中进行碳与 TiO_2 的反应时，其产物是 Ti-C-O 固溶体混合物，其中钛含量可比 TiC 或 TiO 中的含钛量更高，一般可达 82%～83%。图 4-36 是 2127℃ 下 Ti-C-O 三元等温平衡图，这是从理论计算和实验得到的结果。图中的 *A*、*B* 和 *C* 点说明碳与 TiO_2 反应产物可经重熔而提高其中的钛含量。例如，*A* 点产物（81.9%Ti）在钨电极电弧炉（即无碳存在时）中重熔，得到相应于 *B* 点产物（87.2%Ti）；如果 *A* 点的产物在石墨坩埚中（即存在碳时）重熔时，则得到相应于 *C* 点的产物。

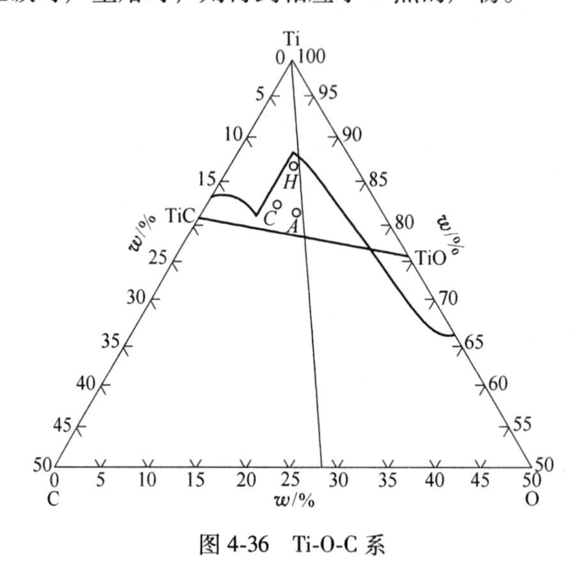

图 4-36　Ti-O-C 系

4.2.36　$TiCl_4$-Cl_2 系（图 4-37）

$TiCl_4$ 与液氯可按任意比例混合，也可溶解气体氯。在 $TiCl_4$-Cl_2 系统中有一个低共熔点（-108℃），其组成（摩尔分数）为 77.8%Cl_2。

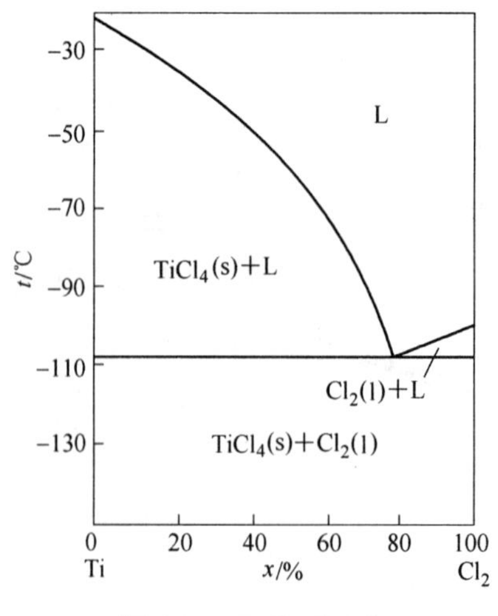

图 4-37　$TiCl_4$-Cl_2 系

4.2.37 NaCl-$TiCl_3$ 系（图 4-38）

在 NaCl-$TiCl_3$ 系统中，会生成一种化合物 Na_3TiCl_6（固液不同成分熔点 553℃）。

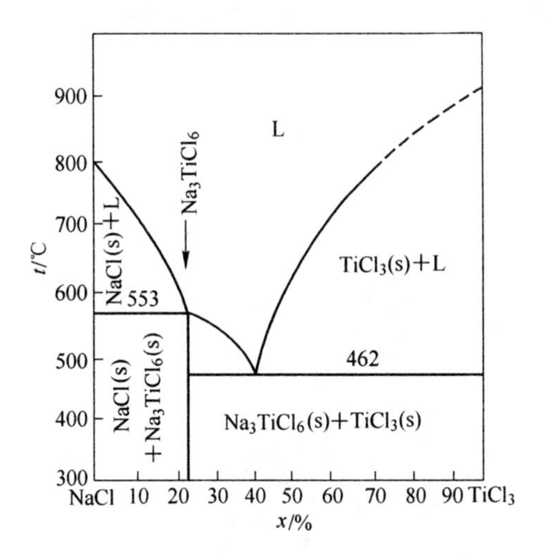

图 4-38 NaCl-$TiCl_3$ 系

4.2.38 KCl-$TiCl_3$ 系（图 4-39）

在 $TiCl_3$-KCl 系统中，生成两种化合物，即 K_2TiCl_5（固液异成分熔点 605℃）和 K_3TiCl_6（固液同成分熔点 783℃）。$TiCl_3$ 的盐酸溶液与 KCl 混合时，则析出水化五氯钛（Ⅲ）酸钾，加热至 112℃时便脱去其水分子。

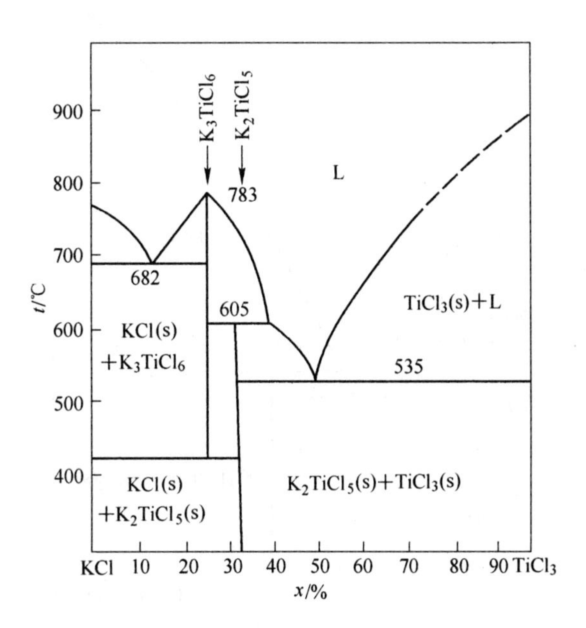

图 4-39 KCl-$TiCl_3$ 系

4.2.39　$TiCl_3$-$TiCl_2$-NaCl 系（图 4-40）

在 $TiCl_3$-$TiCl_2$-NaCl 三元系统中可形成最低共熔点化合物，其组成（摩尔分数）为 40%$TiCl_3$、7%$TiCl_2$、53%NaCl，最低共熔点温度为 443℃。

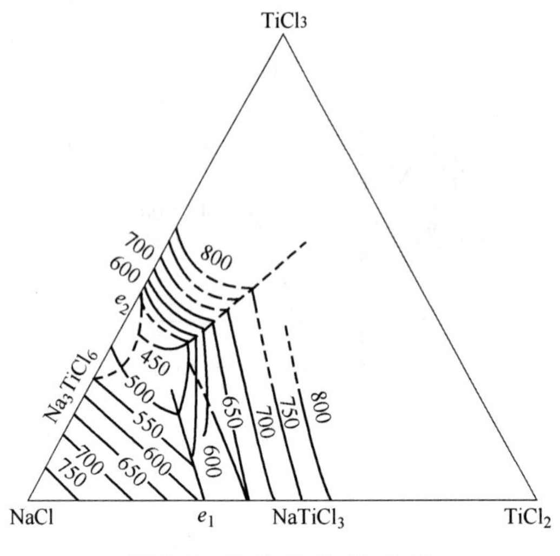

图 4-40　$TiCl_3$-$TiCl_2$-NaCl 系

4.2.40　NaCl-$TiCl_2$ 系（图 4-41）

在 NaCl-$TiCl_2$ 系统中形成 $NaTiCl_3$ 和 Na_2TiCl_4 两种化合物，并有一个最低共熔点 605℃（NaCl+$NaTiCl_3$）和一个包晶点（$NaTiCl_3$+$TiCl_2$）。

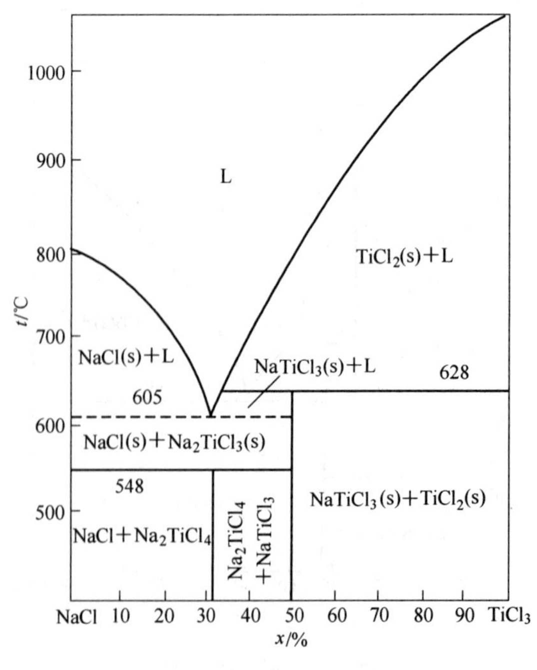

图 4-41　NaCl-$TiCl_2$ 系

4.2.41 $KCl\text{-}TiCl_2$ 系（图 4-42）

在 $KCl\text{-}TiCl_2$ 系统中，生成 $KTiCl_3$（固液同成分熔点 762℃）和 K_2TiCl_4（固液异成分熔点 671℃）两种化合物，并且有两个最低共熔点 632℃（$KCl+K_2TiCl_4$）和 730℃（$KTiCl_3+TiCl_2$）。

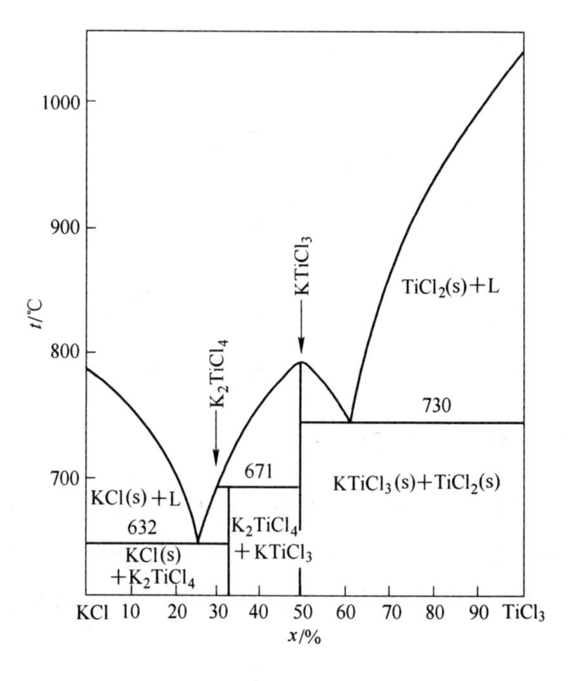

图 4-42 $KCl\text{-}TiCl_2$ 系

4.2.42 $MgCl_2\text{-}TiCl_2$ 系（图 4-43）

$MgCl_2\text{-}TiCl_2$ 系统不生成化合物，包晶点约为 716℃（$MgCl_2$+0.3%$TiCl_2$）。

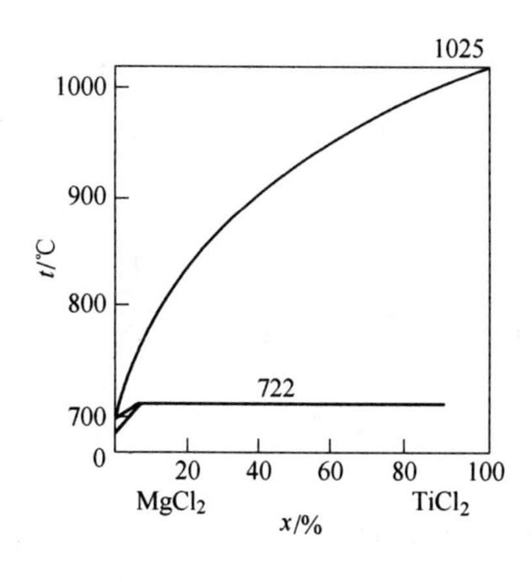

图 4-43 $MgCl_2\text{-}TiCl_2$ 系

4.2.43 FeO-Fe_2O_3-TiO_2 系（图 4-44）

从 FeO-Fe_2O_3-TiO_2 系统三元相图可见，它们三者可形成无限固溶体，按照它们的不同比例形成许多矿物。

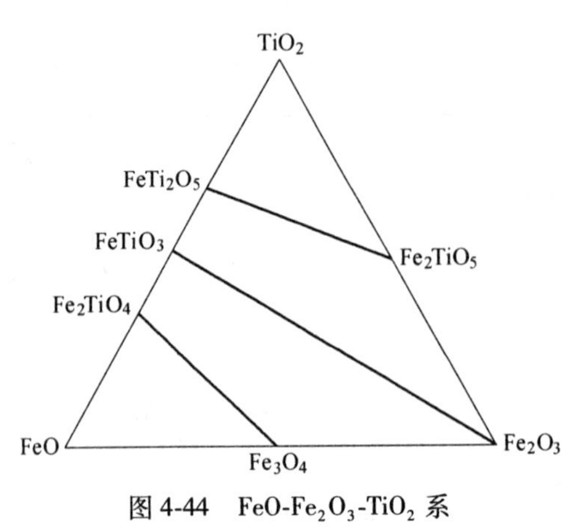

图 4-44　FeO-Fe_2O_3-TiO_2 系

4.2.44 FeO-TiO_2-Ti_2O_3 系（图 4-45）

在（FeO+脉石成分）-TiO_2-Ti_2O_3 三元图中 $FeTiO_3$ 的还原反应基本上是沿着 $FeTiO_3$-$FeTi_2O_5$-Ti_3O_5 这条线或接近这条线进行的，而不是沿着 $FeTiO_3$-TiO_2 线进行。也就是说，钛铁矿的还原过程必然导致 TiO_2 的部分还原，不可能获得不含低价钛而纯含 Ti^{+4}的钛渣。

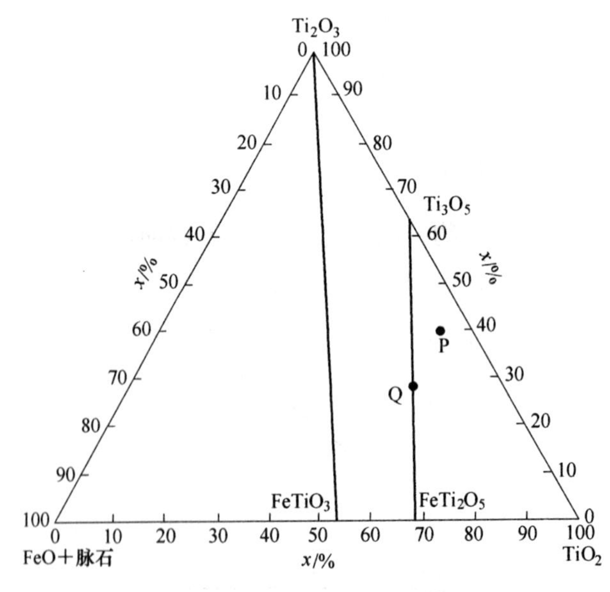

图 4-45　FeO-TiO_2-Ti_2O_3 系

4.2.45 Ti-H 系及其 p-T-x 图（图 4-46）

图 4-46 反映了温度和氢压对钛吸氢量的影响。

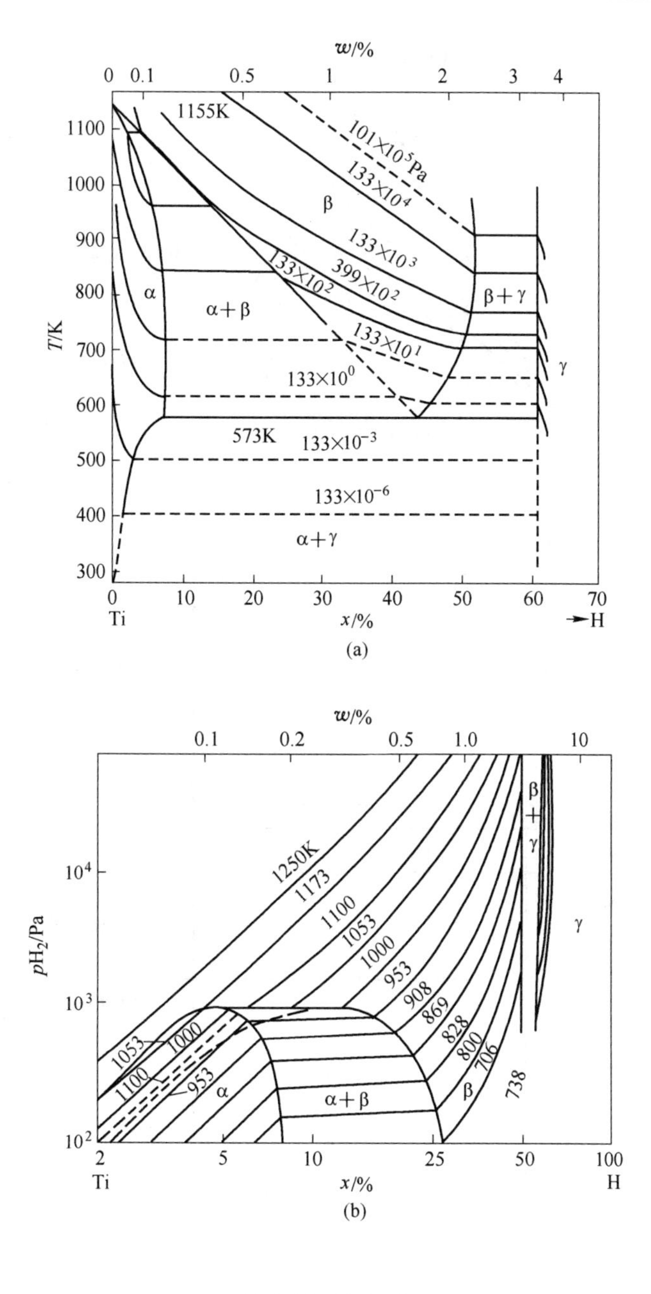

图 4-46 Ti-H 系

（a）Ti-H 系状态图；（b）Ti-H 系的 *p-T-x* 图

4.2.46 Mg-TiCl$_4$-Ti 系（图 4-47）

图 4-47 是 Ti-Cl-Mg 系在 1073K 时的等温截面图的示意图，它揭示了在还原反应达到平衡时各相之间的平衡关系；以及在还原反应过程中，各相之间的平衡关系随氯位的变化情况的状态图。

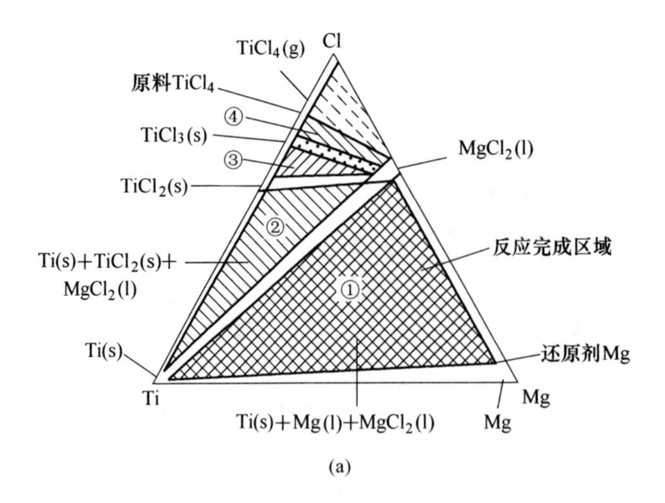

(a)

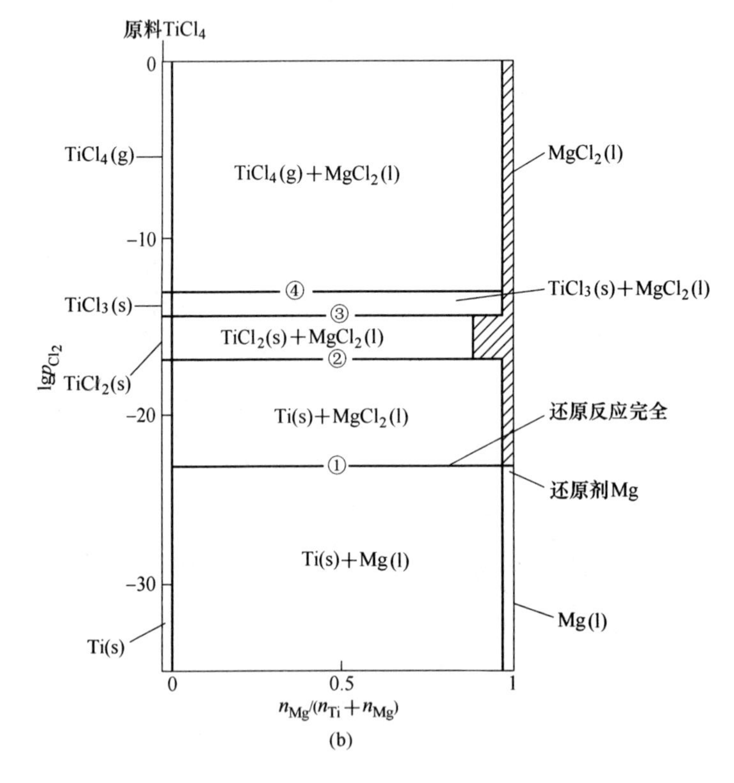

(b)

图 4-47 Ti-Cl-Mg 系

（a）Ti-Cl-Mg 系等温平衡关系示意图；

（b）各相之间的平衡关系随氯位的变化情况

4.2.47 CaO-TiO_2-SiO_2 系熔化等温线图（图 4-48）

由 CaO-TiO_2-SiO_2 系熔化等温线图，可见，CaO-SiO_2 系中加入 TiO_2，炉渣熔化温度向 TiO_2 这一角下降，形成了一个 1400℃的低温区。

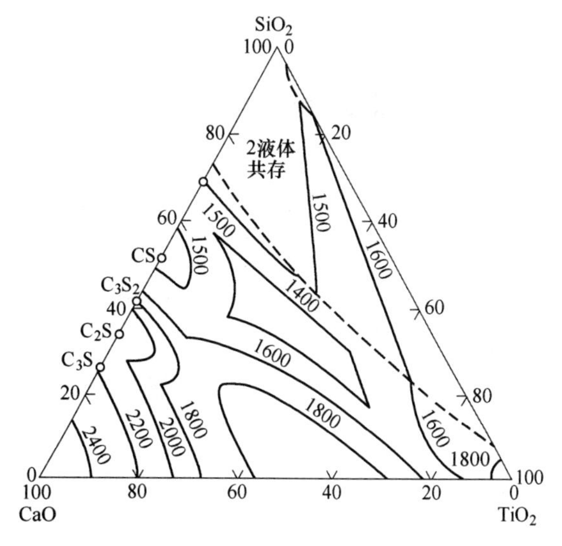

图 4-48 $CaO-TiO_2-SiO_2$ 系熔化等温线图

4.2.48 TiO_2-FeO 系（图 4-49）

由 TiO_2 与 FeO 组成的二组分体系可看出，钛矿石中由于 Ti、Fe 共生，可用 FeO-TiO_2 系相图表示。TiO_2、FeO 之间可以形成无限固溶体。按照不同的配比分别组成各种铁和三价铁的钛酸盐，自然界的矿物中常有这些钛酸盐存在。

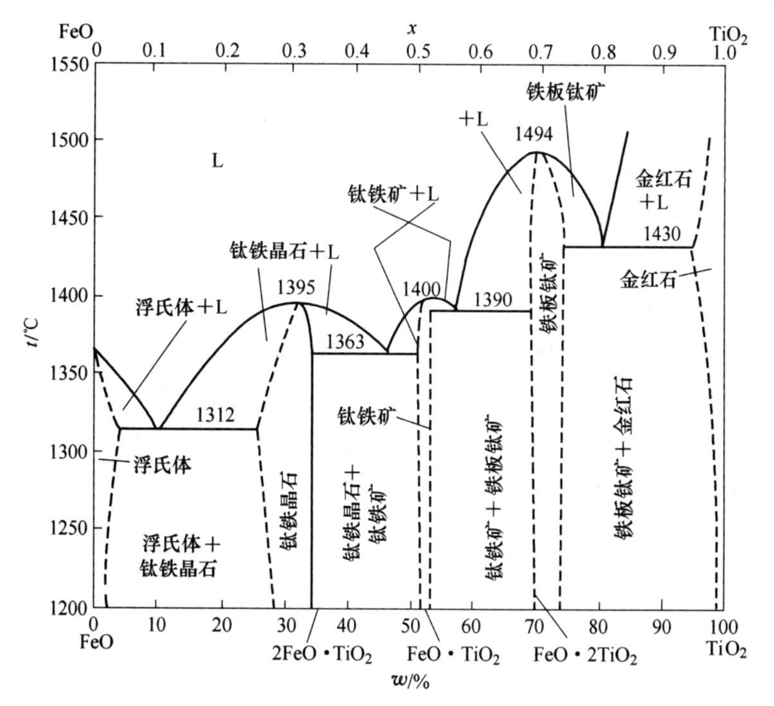

图 4-49 TiO_2-FeO 系

4.2.49 TiO_2-SiO_2 系（图 4-50）

TiO_2 与 SiO_2 形成具有双液相分层的二组分体系。

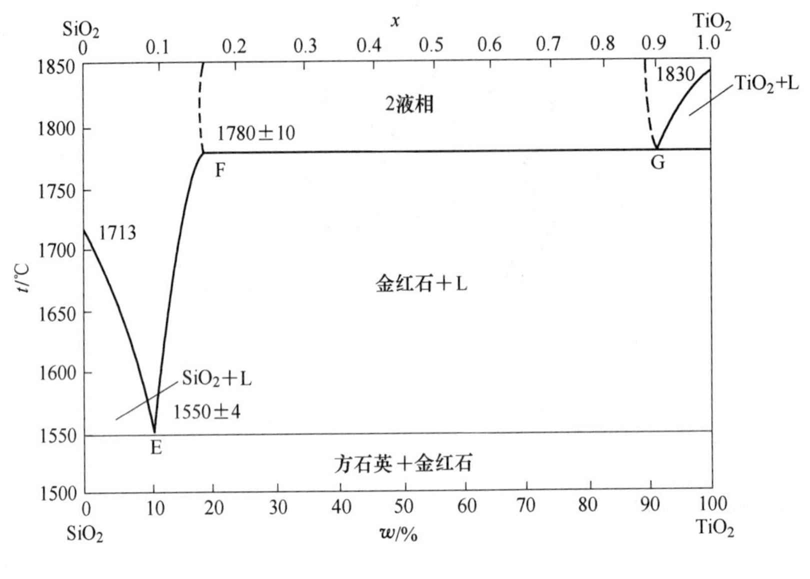

图 4-50 TiO_2-SiO_2 系

4.2.50 TiO_2-MgO 系（图 4-51）

TiO_2-MgO 系可生成 5 种化合物：

（1）正钛酸镁 Mg_2TiO_4（或 2MgO · TiO_2），由 1mol TiO_2 和 2mol MgO 的比例混合在 10mol 比例的 $MgCl_2$ 熔剂中熔融便可制得。它是一种亮白色晶体，正方晶系，晶格常数 $a=8.42\times10^{-10}$m。稳定化合物，熔点 1732℃，相对密度 3.52。不溶于水，在硝酸、盐酸中长时间加热则发生分解。

（2）偏钛酸镁 $MgTiO_3$（或 MgO · TiO_2），由 TiO_2 与 MgO 的混合物加热至 1500℃ 即可生成，在高温下 TiO_2 与 $MgCl_2$ 反应可以生成。六方晶系，晶格常数 $a=5.45\times10^{-10}$m。稳定化合物，熔点 1630℃，相对密度 3.91。在 1050℃ 的 H_2 气流中被还原为 $Mg(TiO_2)_2$，与碳混合并加热至 1400℃ 也发生相应的还原。缓慢地溶于稀盐酸中，在浓盐酸中快速地溶解，也溶于硫酸氢铵熔液中，自然界存在于镁钛矿中。

（3）二钛酸镁 $MgTi_2O_5$（或 MgO · $2TiO_2$），在 TiO_2-MgO 体系中形成二钛酸镁，是一种白色结晶，稳定化合物，熔点 1652℃，相对密度 3.85。1400℃ 被碳还原为 $Mg(TiO_2)_2$。不溶于水和稀酸。

（4）三钛酸镁 $Mg_2Ti_3O_8$（或 2MgO · $3TiO_2$），由偏钛酸（H_2TiO_3）与硫酸镁烧结即可生成，稳定化合物，白色晶体，具有较大的介电常数。

（5）四钛酸镁 $MgTi_4O_9$（或 MgO · $4TiO_2$），不稳定化合物。

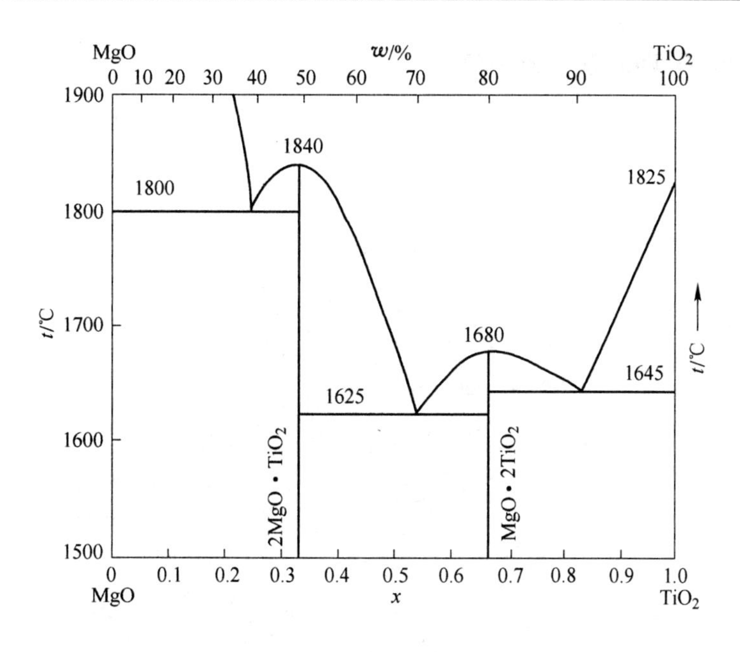

图 4-51 TiO_2-MgO 系

4.2.51 TiO_2-Al_2O_3 系（图 4-52）

TiO_2 和 Al_2O_3 组成在固相中有化合物 Al_2O_3 · TiO_2 生成和分解的二组分体系。

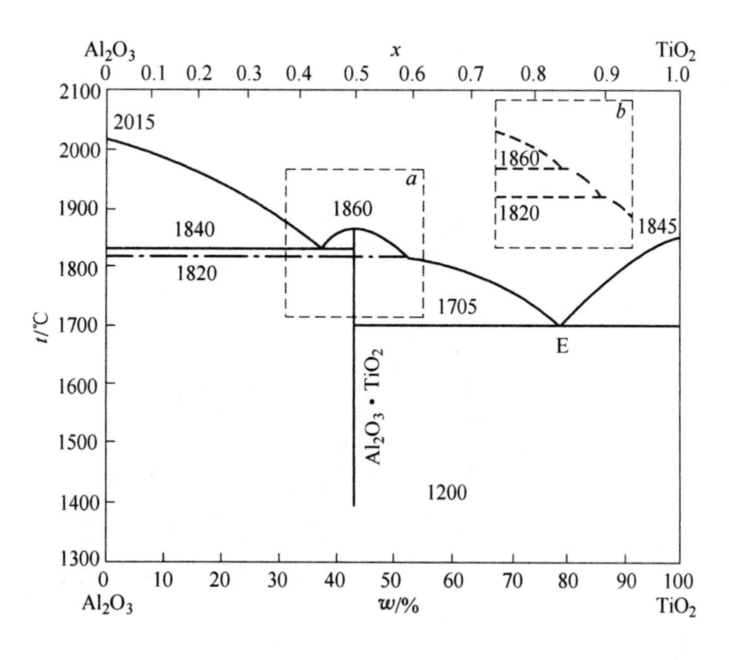

图 4-52 TiO_2-Al_2O_3 系

4.2.52　CaO-Fe_xO-TiO_2 系（图 4-53）

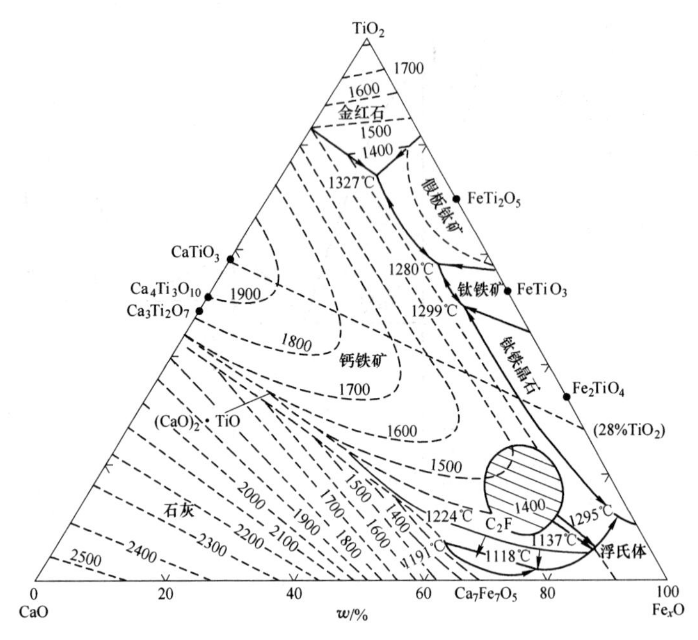

图 4-53　CaO-Fe_xO-TiO_2 系相图

4.2.53　MgO-SiO_2-TiO_2 系（图 4-54）

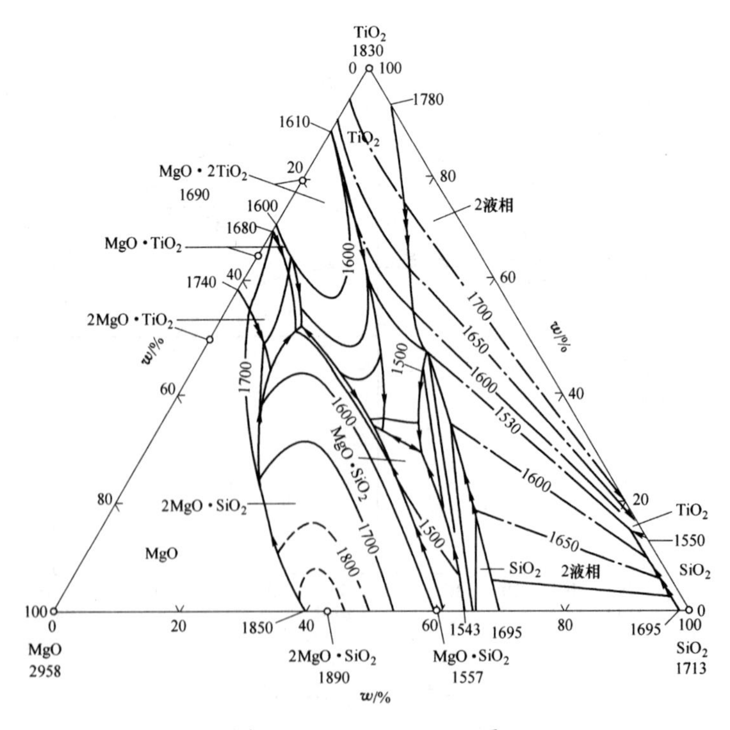

图 4-54　MgO-SiO_2-TiO_2 系

4.2.54 $CaO-SiO_2-TiO_2$ 系（图 4-55）

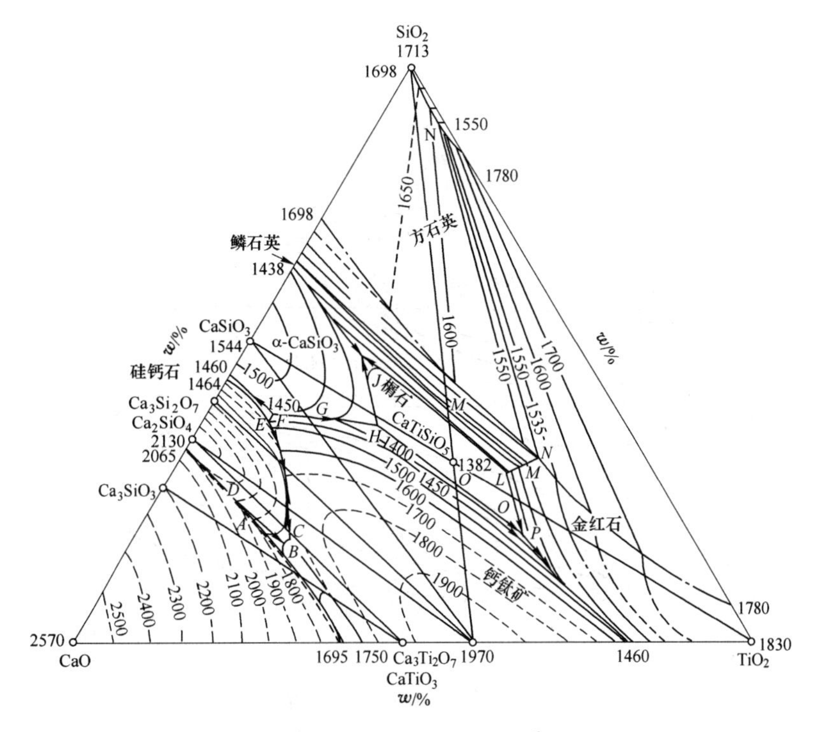

图 4-55 $CaO-SiO_2-TiO_2$ 系

4.2.55 $Al_2O_3-TiO_2-SiO_2$ 系（图 4-56）

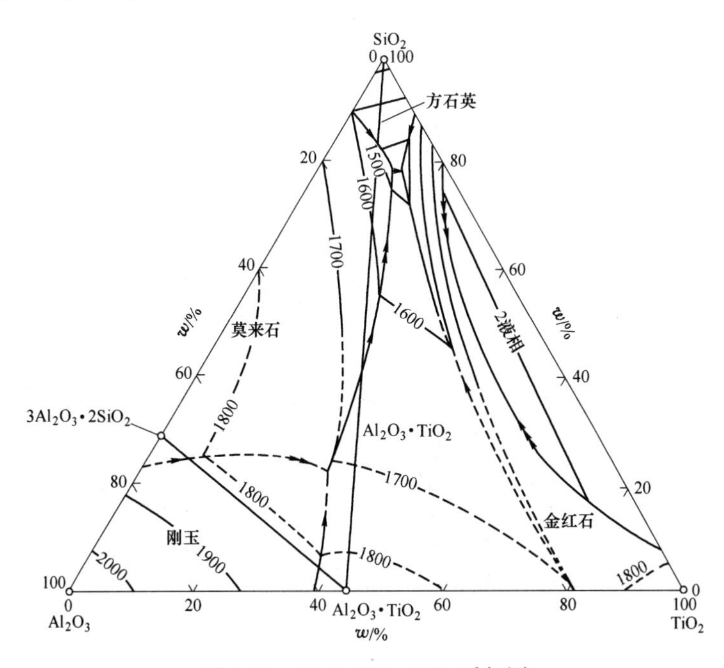

图 4-56 $Al_2O_3-TiO_2-SiO_2$ 系相图

4.2.56　MnO-FeO-TiO_2 系（图 4-57）

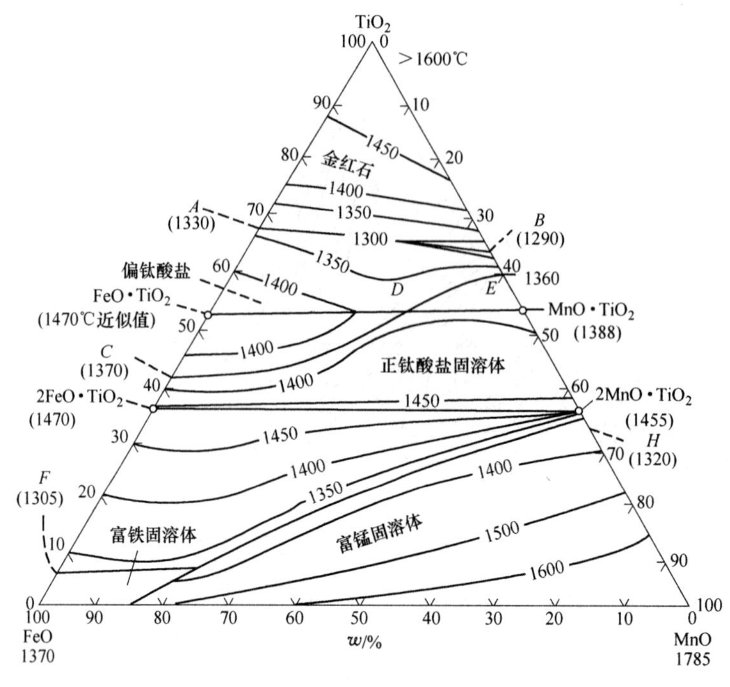

图 4-57　MnO-FeO-TiO_2 系

4.2.57　Al_2O_3-MgO-TiO_2 系（图 4-58）

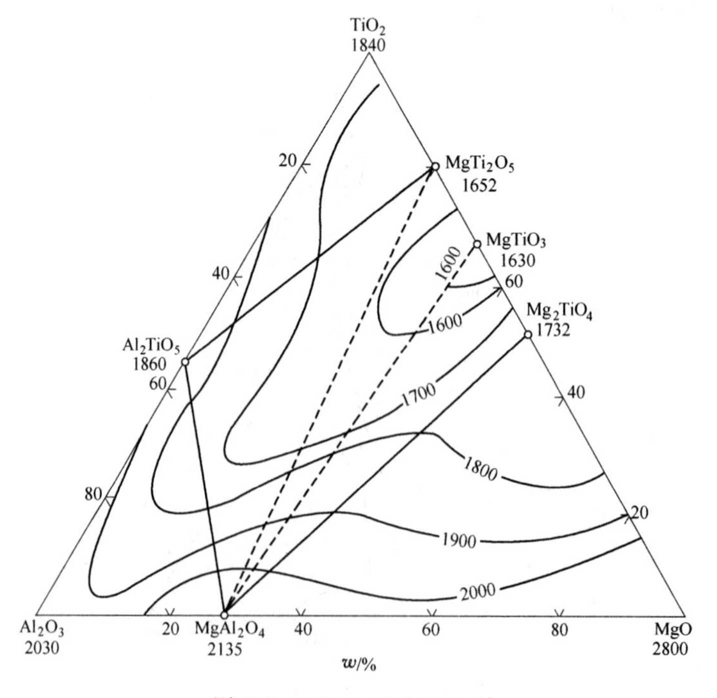

图 4-58　Al_2O_3-MgO-TiO_2 系

4.3 钒系相图（状态图）结构与解析

金属钒及其他元素的二元系相图，钒氧化物及其他元素化合物的三元系相图，简称钒系相图（状态图）。本书收录了常用或有重要意义的钒系相图。主要是钒与其他金属的二元合金相图（状态图），也包括含钒化合物的三元系状态图。

4.3.1 Al-V 系（图 4-59）

Al 侧合金从液相急冷时，可能形成准晶（i 相）。$Al_{10}V$ 和 $Al_{11}V$：立方？$Al_{45}V_7$ 和 Al_7V：单斜。$Al_{23}V_4$ 和 Al_6V：与 Co_2Al_5(D8$_{11}$型）类似，总是具有与准晶相似的局域排列。Al_3V：正方，Al_3Ti(D0$_{22}$）型。Al_8V_5：立方，Cu_5Zn_8（—黄铜，D8$_2$）型。在 V 侧，在 600℃以下能形成 AlV_3，其结构为立方，Cr_3Si(A15）型。液相线不确定。

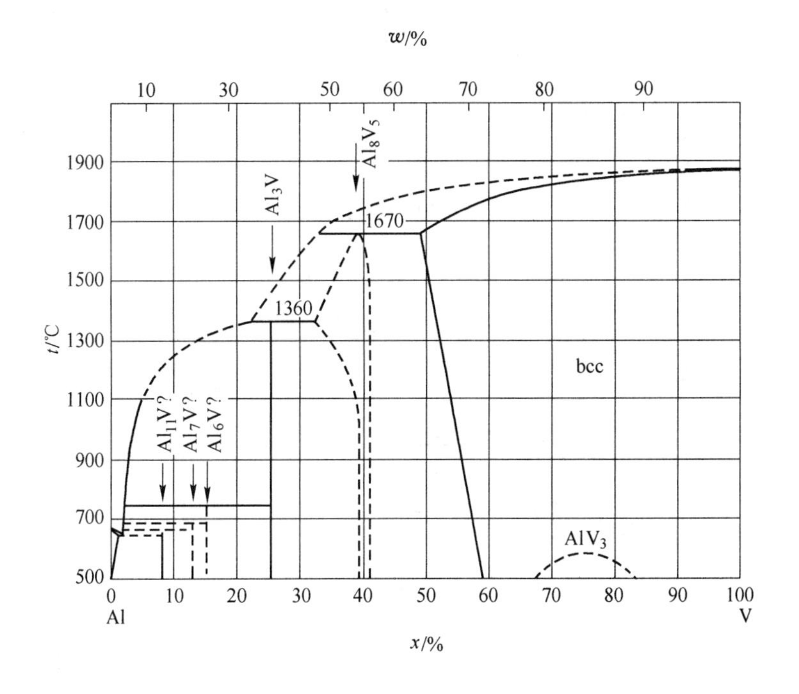

图 4-59 Al-V 系

4.3.2 Au-V 系（图 4-60）

Au_4V：正方，Ni_4Mo(D1）型。Au_2V：正方，$MoSi_2$(C11b）型。AuV_3：立方，Cr_3Si(A15）型。在低温为超导体。

4.3.3 Co-V 系（图 4-61）

Co_3V：六方，类似于 Cu_3Au(L1$_2$）型的有序结构（6H，hP24）。在高温时变成立方，Cu_3Au 型？CV：正方，δ-CrFe(D8b）型。CoV_3：立方，Cr_3Si(A15）型。

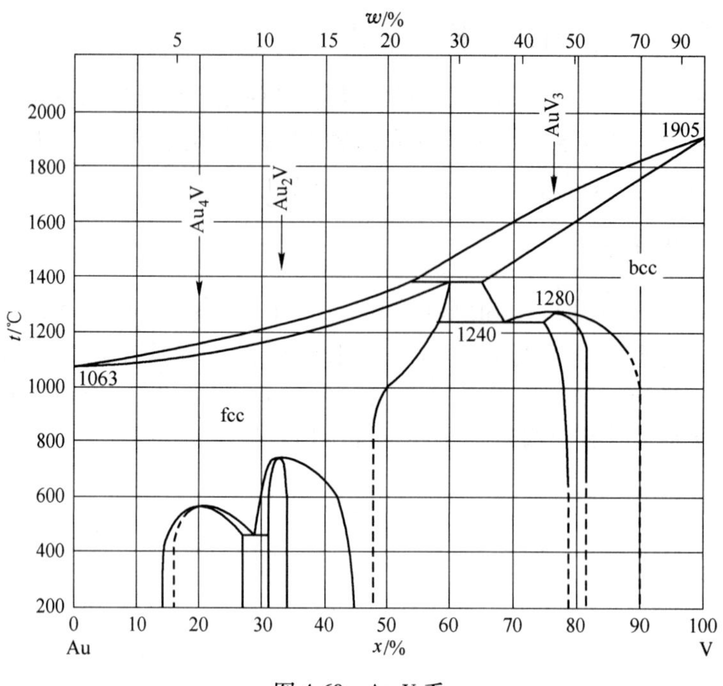

图 4-60　Au-V 系

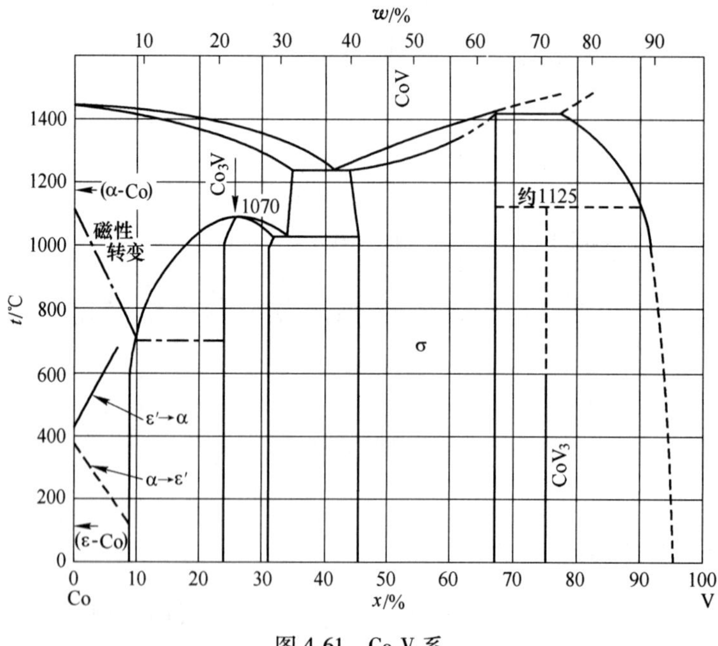

图 4-61　Co-V 系

4.3.4　Cr-V 系（图 4-62）

体心立方（A2 型）完全固溶体。在低温，相分离?

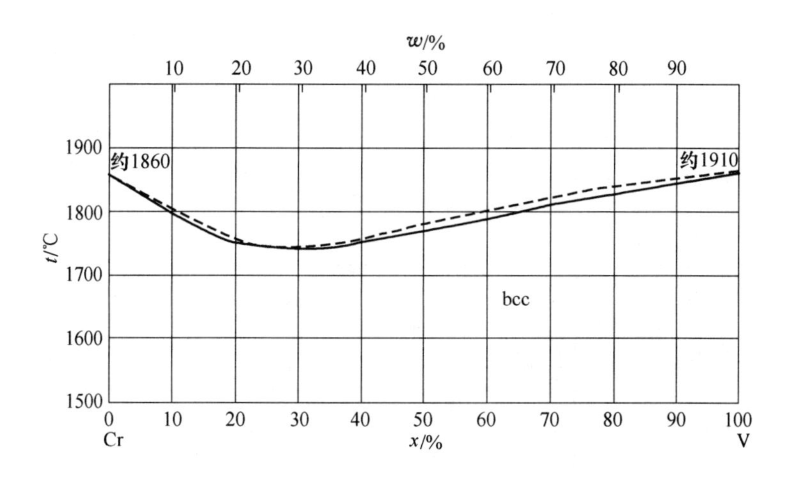

图 4-62 Cr-V 系

4.3.5 Cu-V 系（图 4-63）

属偏晶反应系。

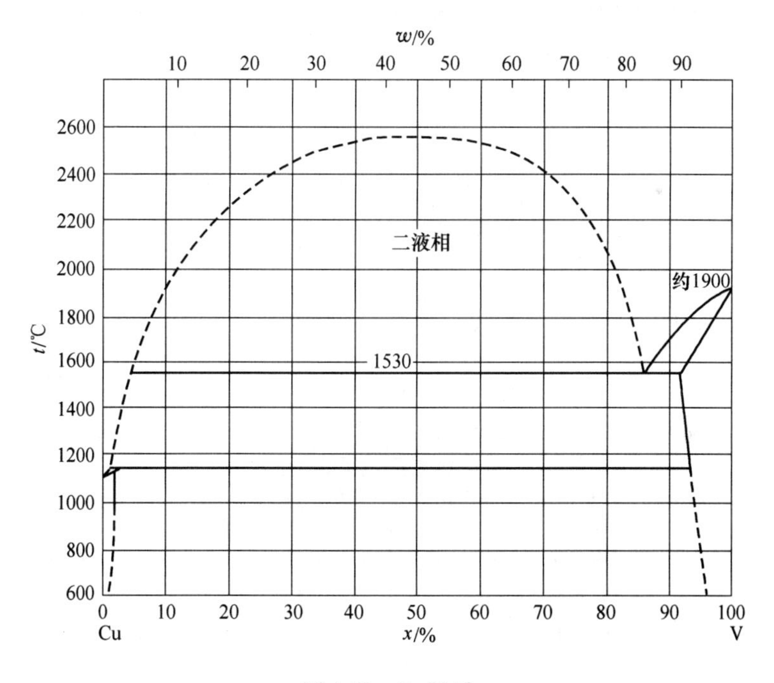

图 4-63 Cu-V 系

4.3.6 Fe-V 系（图 4-64）

FeV(δ)：正方，δ-CrFe(D8b）型。如果使 50%（原子数分数）附近的试样从 α 相急冷后在 550~650℃保持，它将先转变为 δ 相，然后形成立方 CsCl(B2）型。

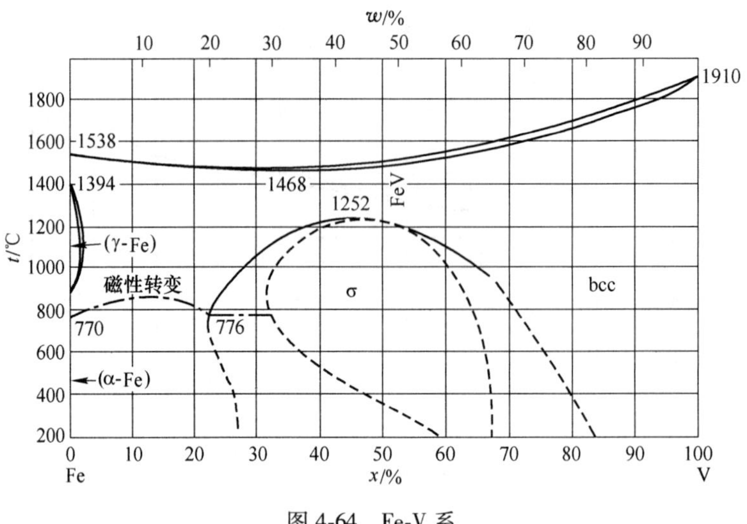

图 4-64　Fe-V 系

4.3.7　Ga-V 系（图 4-65）

V_3Ga：立方，Cr_3Si(A15) 型，超导体（$T_s \approx 16.5K$）。V_6Ga_5：六方，与 Ti_6Sn_5 同型。V_6Ga_7：立方，Ga_5Zn_8(D8_2) 型。V_2Ga_5：正方，与 Mn_2Hg_5 同型。V_8Ga_{41}：六方，与 V_8Hg_{41}同型。

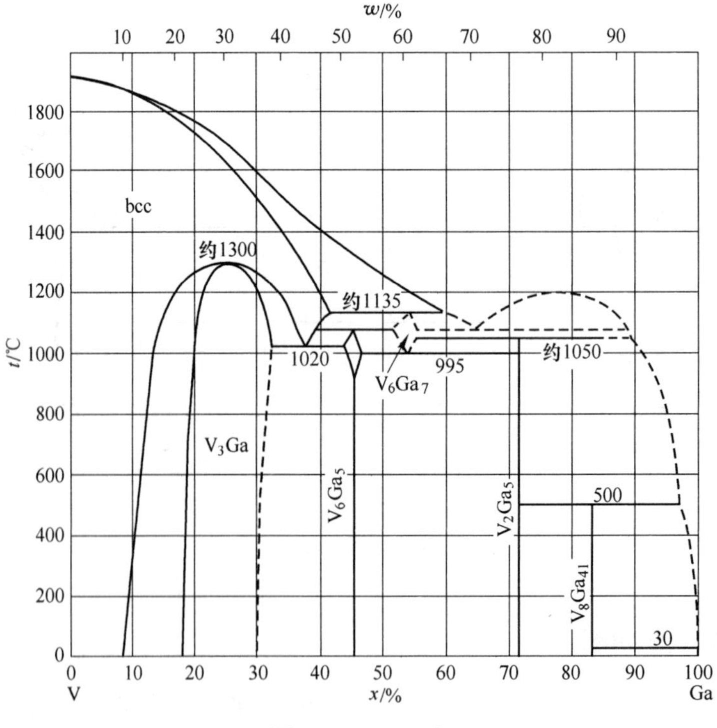

图 4-65　Ga-V 系

4.3.8 Mn-V 系（图 4-66）

体心立方（A2 型）的 δ-Mn 相区域很宽。Mn_3V(δ)：正方，δ-CrFe(D8b）型。MnV（δ)：立方，CsCl(B2）型。

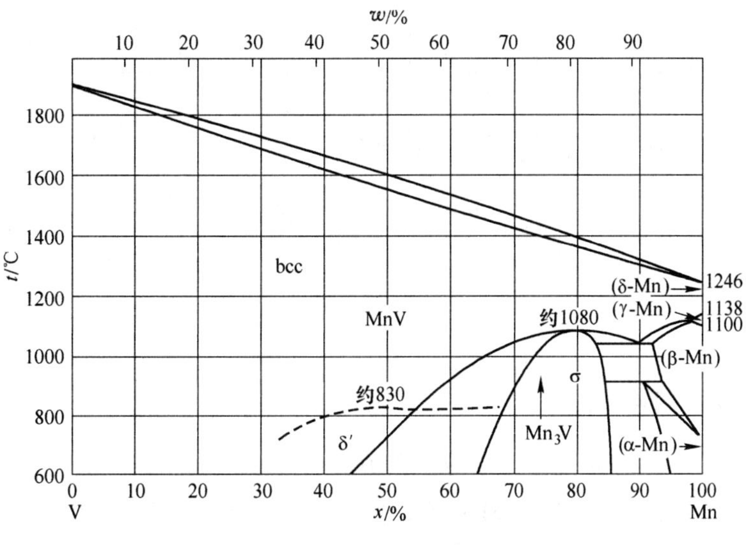

图 4-66 Mn-V 系

4.3.9 Mo-V 系（图 4-67）

体心立方（A2 型）的完全固溶体。

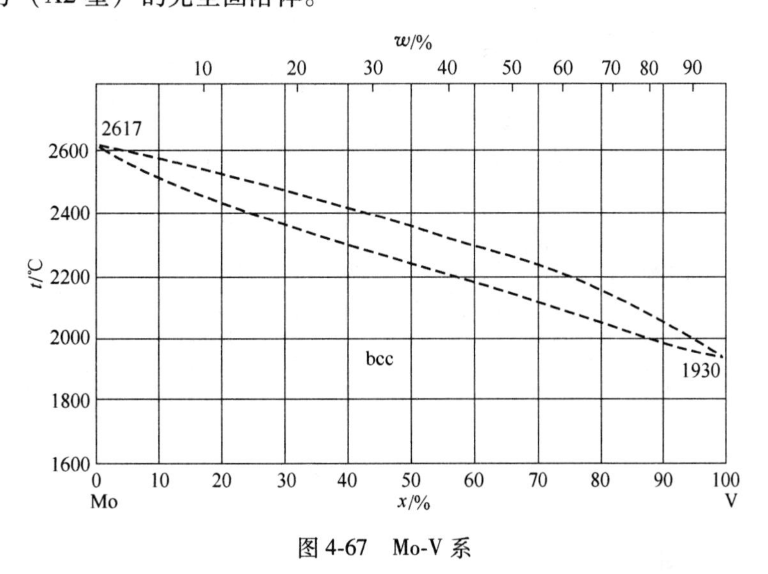

图 4-67 Mo-V 系

4.3.10 Nb-V 系（图 4-68）

体心立方（A2 型）的完全固溶体。

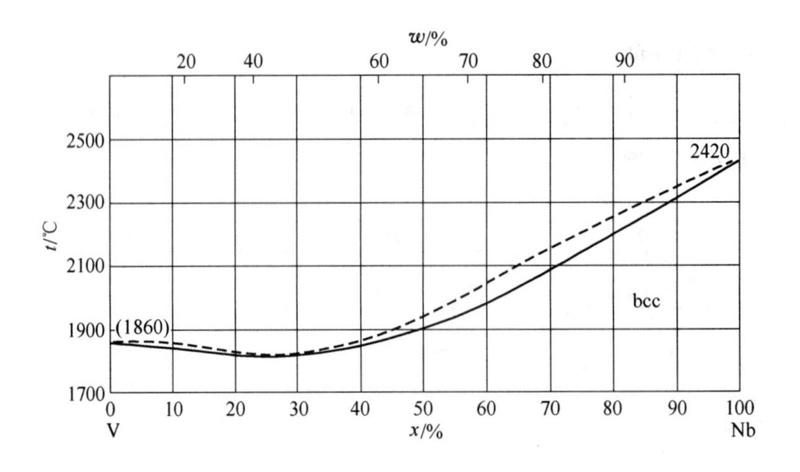

图 4-68　Nb-V 系

4.3.11　Ni-V 系（图 4-69）

Ni_8V：正方，与 Ni_8Nb 同型。Ni_3V：正方，Al_3Ti(DO_{22}）型。Ni_2V：斜方，与 $MoPt_2$ 同型。NiV_2：(L)：正方，CrFe(D8b）型；(H)：无序相。NiV_3：立方，Cr_3Si(A15）型。

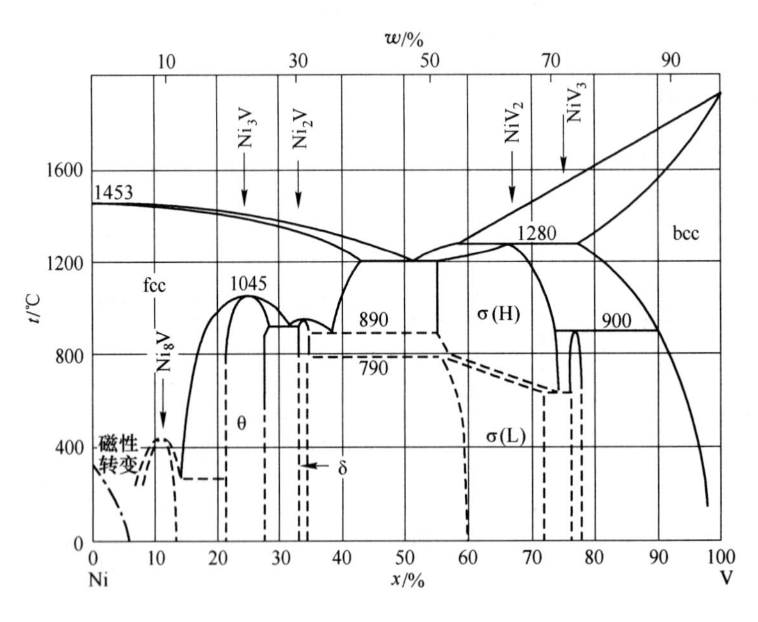

图 4-69　Ni-V 系

4.3.12　Pd-V 系（图 4-70）

Pd_3V：正方，Al_3Ti（DO_{22}）型。Pd_2V：正方，$MoPt_2$ 型。Pdv_3：立方，Cr_3Si（A15）型。

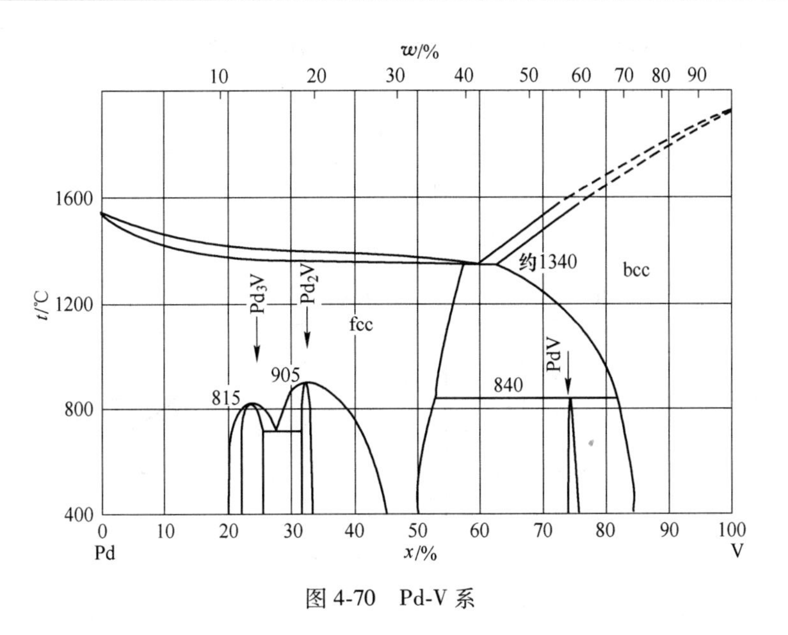

图 4-70　Pd-V 系

4.3.13　Ru-V 系（图 4-71）

在 RuV 附近存在立方的 CsCl(B2) 型有序相，它与 V 侧体心立方（A2 型）固溶体的边界不清楚。在低温，经马氏体转变，形成体心正方（$c/a>1$）。超导体（$T_s \leqslant 5K$）（大西直之等，1990 年）。

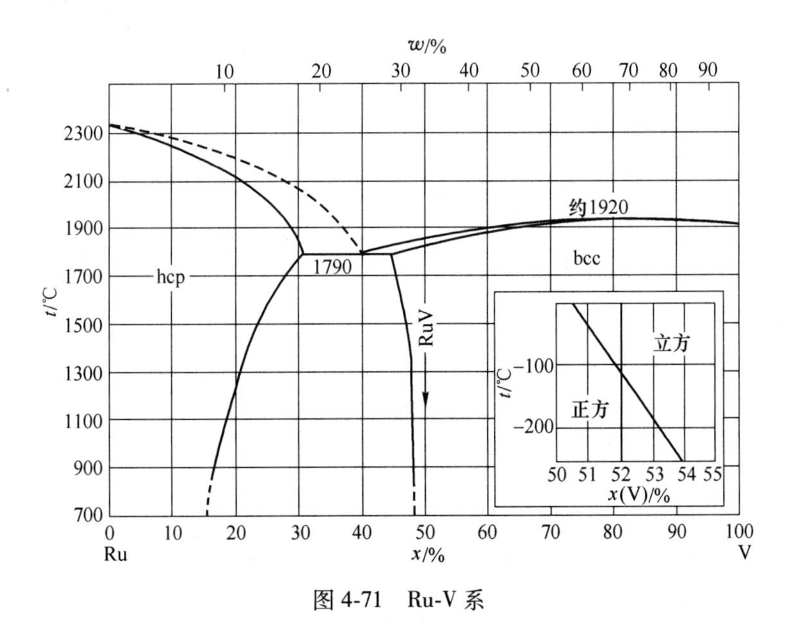

图 4-71　Ru-V 系

4.3.14　Si-V 系（图 4-72）

V_3Si：立方，Cr_3Si(A15) 型，低温时转变为正方，超导体（$T_S \approx 17K$）。V_5Si_3：正

方，W_5Si_3(D8m) 型。V_6Si_5：斜方，Nb_6Sn_5 型，存在于 1160℃以下。VSi_2：六方，$CrSi_2$ (C40) 型。

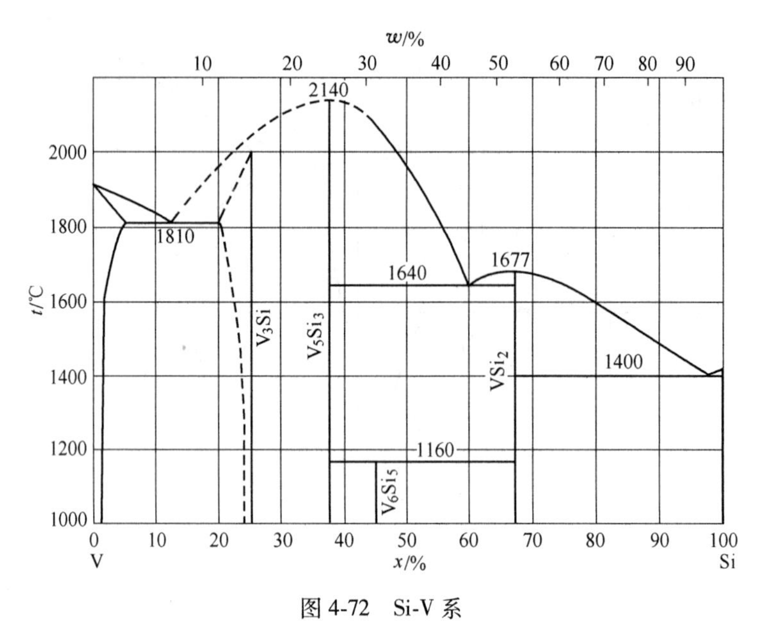

图 4-72　Si-V 系

4.3.15　Sn-V 系（图 4-73）

V_3Sn：立方，Cr_3Si(A15) 型，存在区域为 (Sn)= 20%~21%，超导体 ($T_S \approx 3.8K$)。V_2Sn_3：斜方，$CuMg_2$(Cb) 型，存在区域为 (Sn)= 60%~62%。液相线不确定。

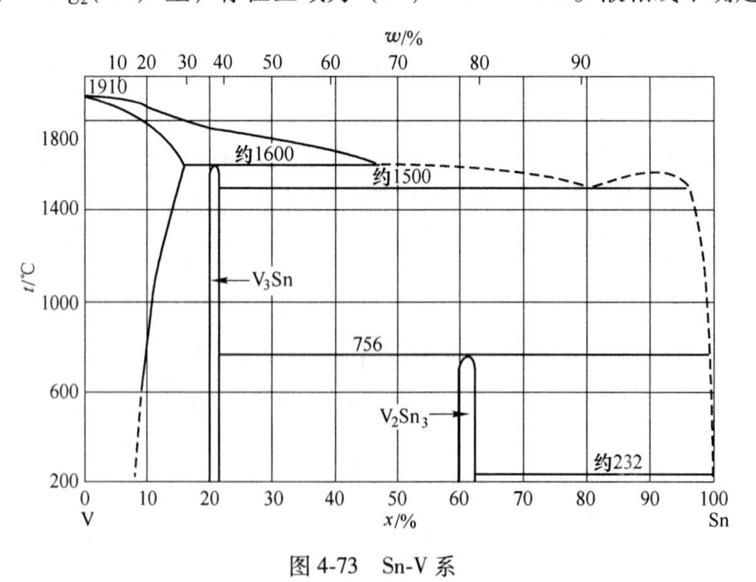

图 4-73　Sn-V 系

4.3.16　Ta-V 系（图 4-74）

TaV_2：立方，Cu_2Mg(C15) 型。

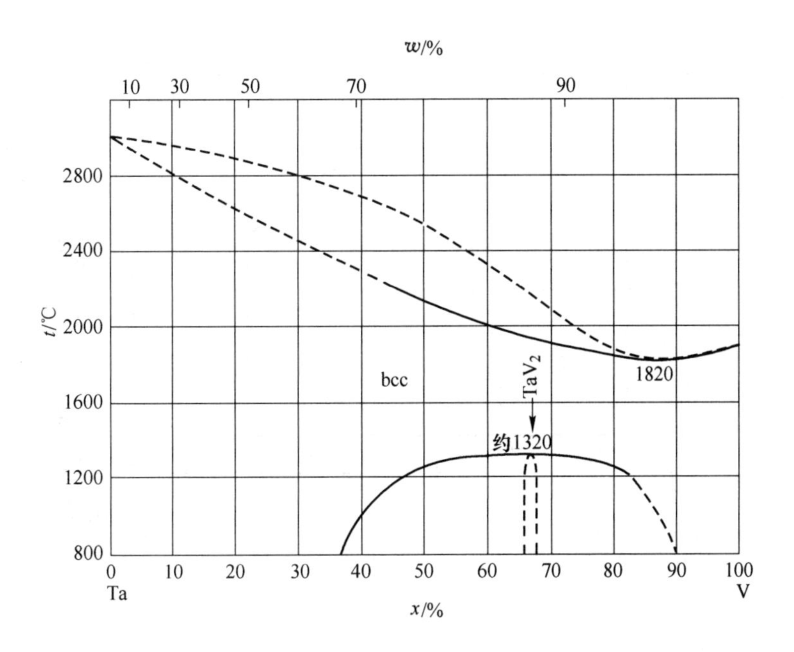

图 4-74 Ta-V 系

4.3.17 Th-V 系（图 4-75）

可以认为是共晶系。液相线不确定。

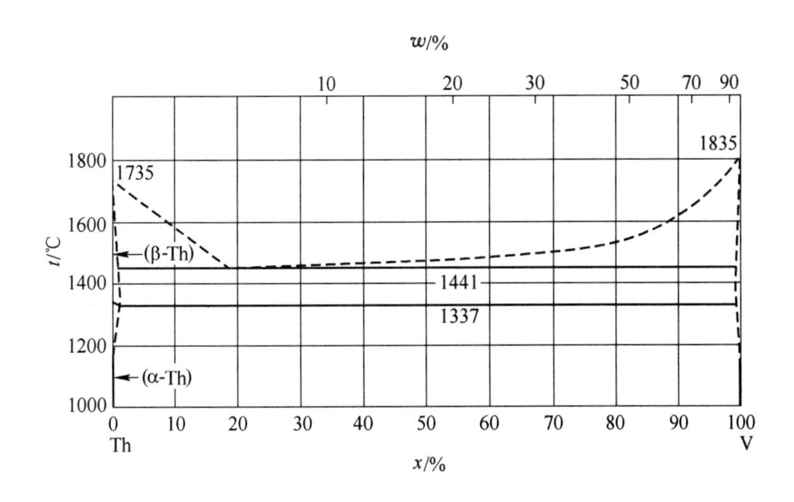

图 4-75 Th-V 系

4.3.18 U-V 系（图 4-76）

共晶系。液相线不清楚。

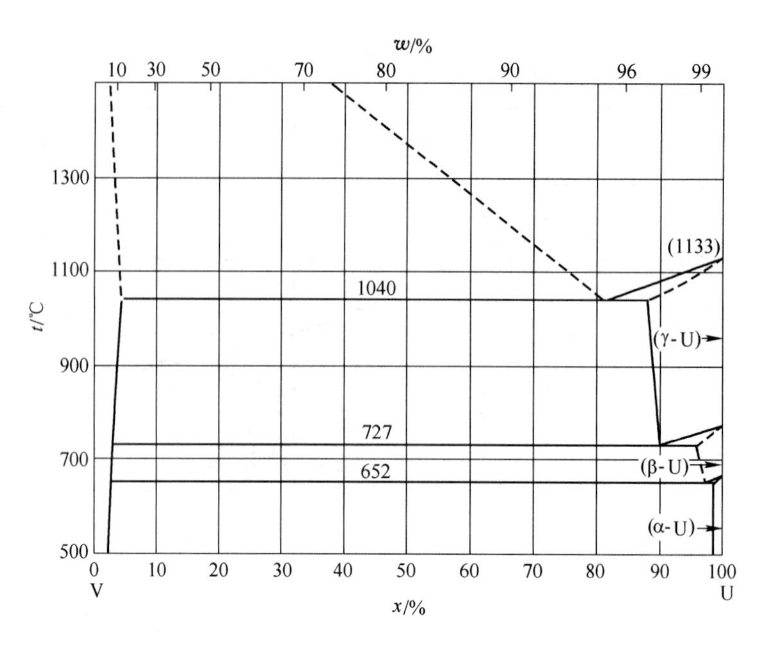

图 4-76　U-V 系

4.3.19　V-W 系（图 4-77）

体心立方（A2 型）的完全固溶体。

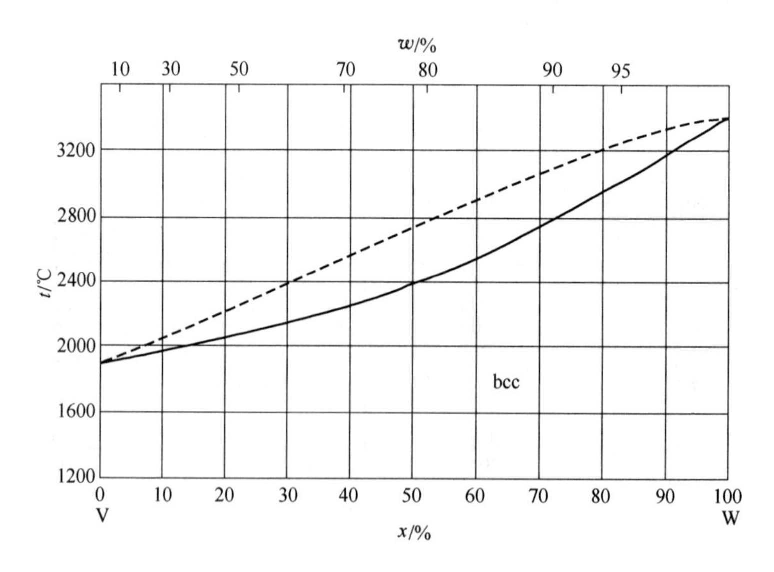

图 4-77　V-W 系

4.3.20　V-Zr 系（图 4-78）

V_2Zr：立方，Cu_2Mg(C15) 型。

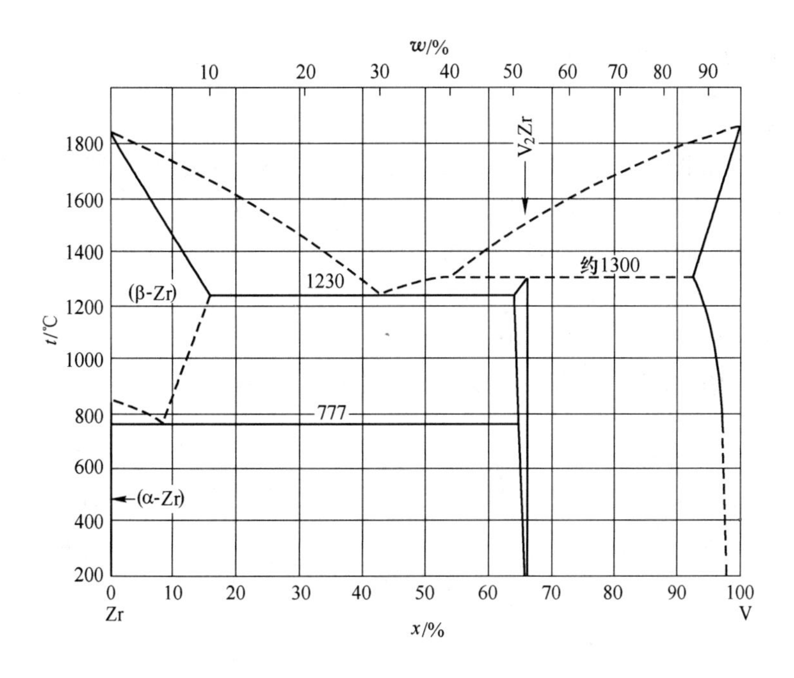

图 4-78 V-Zr 系

4.3.21 V-C 系（图 4-79）

为密排六方（A3 型）和面心立方（A1 型）。C 分布在它们的八面体位置。V_2C(H)：与 W_2C（H）同型，L3 型。V_2C(L)：C 有序排列，与 $-Fe_2N$ 同型。（V_6C_5）和（V_8C_7）是 NaClB1）型，结构空位有序排列。（V_4C_{3-x}）：菱面体。

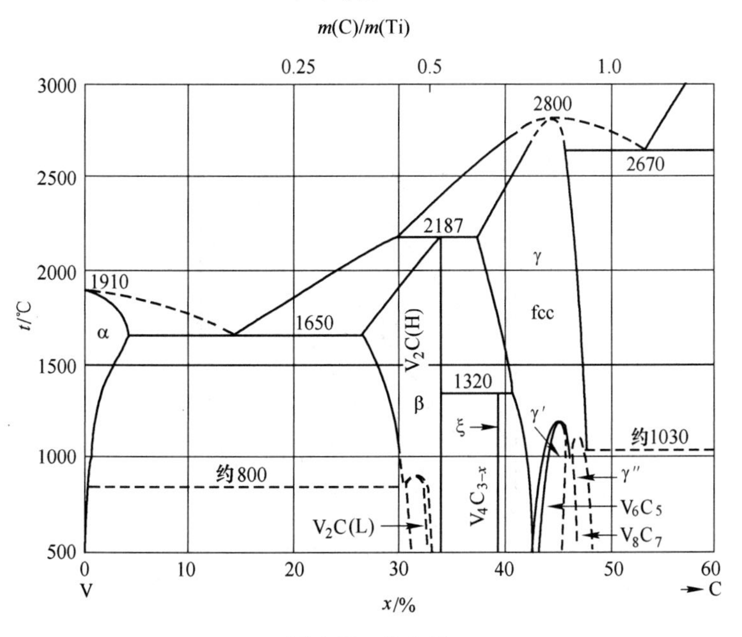

图 4-79 V-C 系

4.3.22　V-H，D 系（图 4-80）

有 4 幅图：

（a）温度-组成图　$p_{H_2}=5MPa$。α：H 无序分布在体心立方（A2 型）V 的四面体位置 β1(v_2H)：H 有序分布在八面体位置，V 为近似正方（$c/a>I$）。β2(VH_{1-x})：H 无序分布在体心立方 V 的八面体位置。(VH_2)：立方，CaF_2(C1) 型。δ(V_3H_2)：斜方，H 有序分布。$\beta_1\beta_2$?

（b）等温压力-组成图 $t=80\sim700$℃，$p_{H_2}=10^{-1}\sim10^4Pa$。

（c）$p_{H_2}=5\times10^9Pa$ 下的温度一组成图（深井有等，1994 年）。

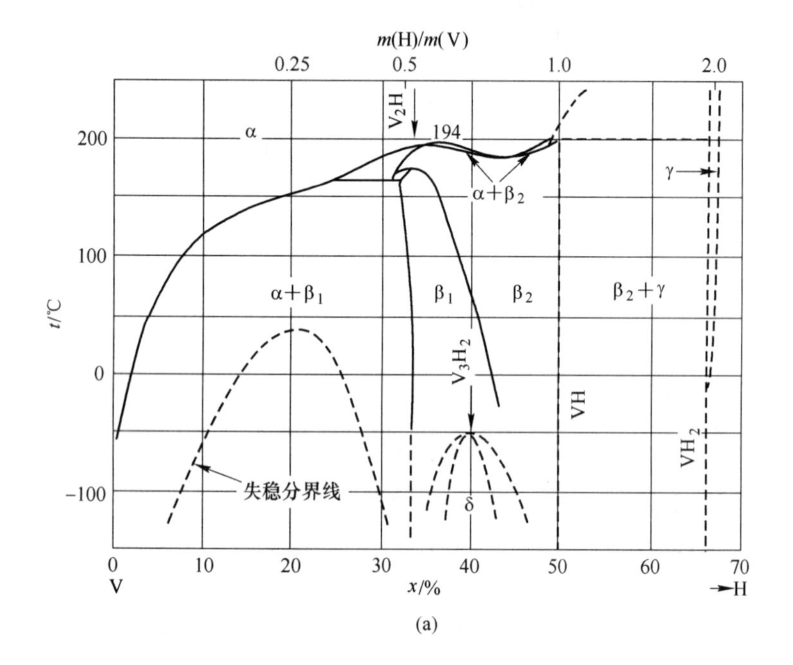

(a)

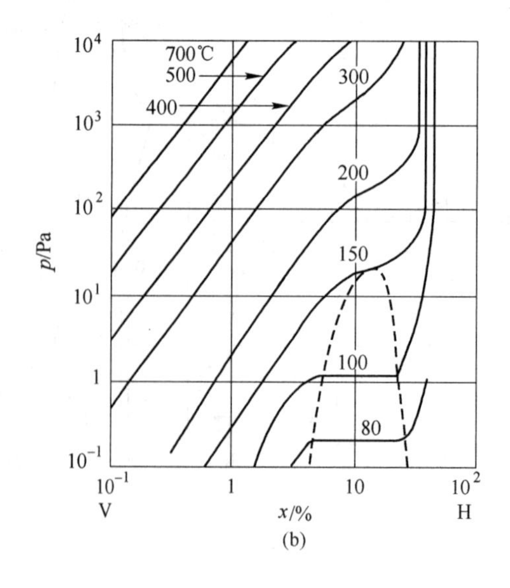

(b)

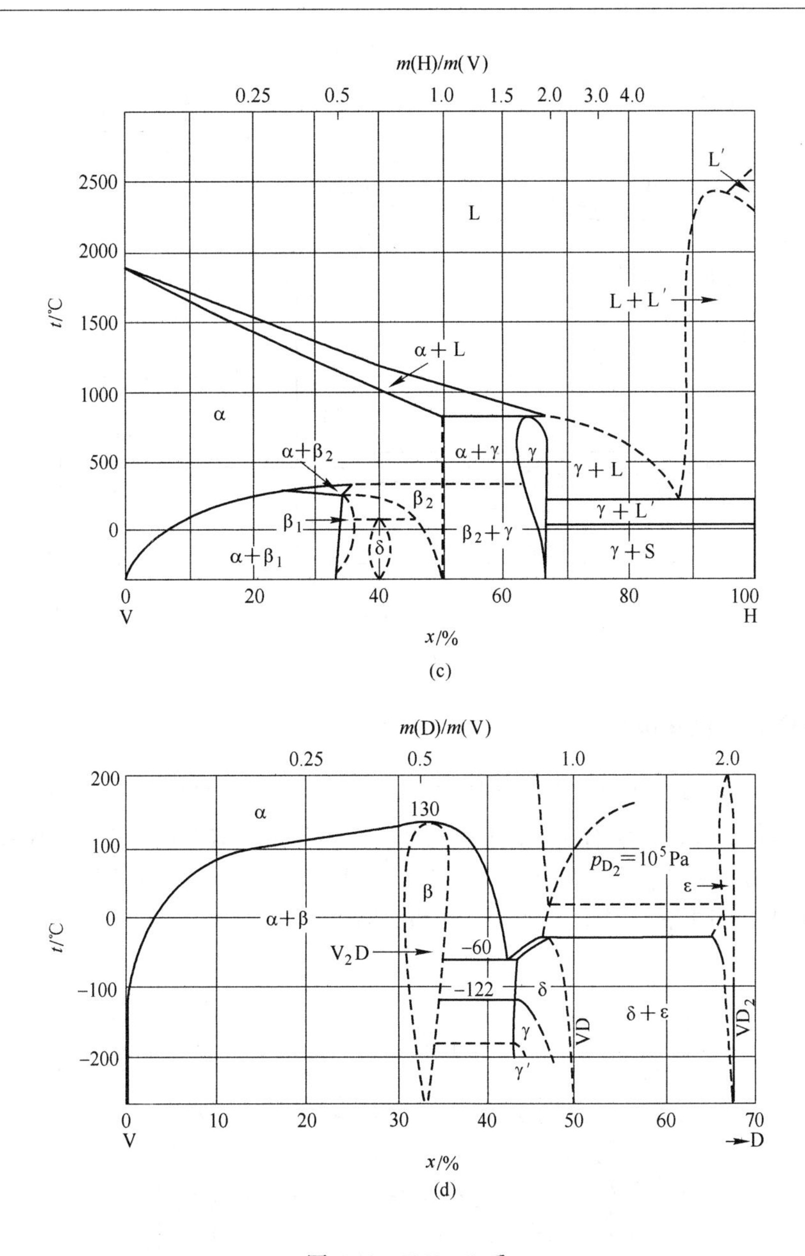

图 4-80 V-H，D 系

（d）V-D 系的温度一组成投影图 显示出与 V-H 系不同的相关系。β（V_2D）：与 β_1（V_2H）同型。γ（V_4D_3）和 δ（VD_{1-x}）：D 有序分布在体心立方 V 的四面体位置（浅野肇等，1979 年）。γ″:?（VD_2）：与（VH_2）同型。细的虚线是 $p_{D2}=10^5$Pa 的等压曲线。

4.3.23 V-N 系（图 4-81）

α、β、γ 相的 V 分别为体心立方（A2 型）、密排六方（A3 型）、面心立方（A1 型）。N 分布在八面体位置。VN（γ）：立方，NaCl（B1）型。$V_{32}N_{26}$（γ′）：斜方，N 的结构空位有序分布。据报道，存在 N 有序分布的 V_8N（斜方）、$V_{27}N_4$（正方）。

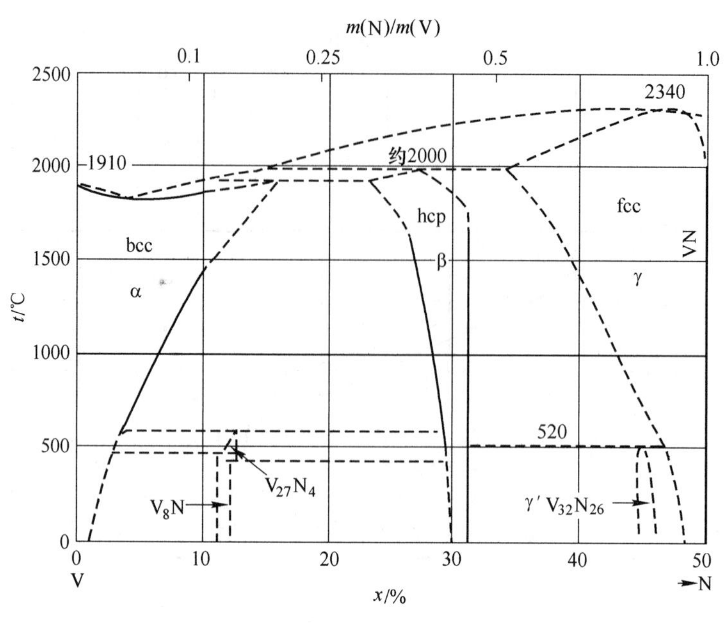

图 4-81　V-N 系

4.3.24　V-O 系（图 4-82）

β：V 为体心正方，O 分布在八面体位置，$c/a>1$。$\beta(V_8O)$ 和 $\beta(V_{16}O_3)$：O 都是有序分布（平贺贸二等，1980 年）。$\gamma(V_2O)$：六方，L3 型。$\delta(VO)$：立方，NaCl(B1) 型。$\delta(V_{1-x}O)$：正方，$V_{52}O_{64}$ 型。V_2O_3：菱面体，α-Al_2O_3 刚玉（$D5_1$）型。与 Ti-O 系一样，存在一系列 Magneli 相的 V_nO_{2n-1}。VO_2：正方，TiO_2（金红石）。

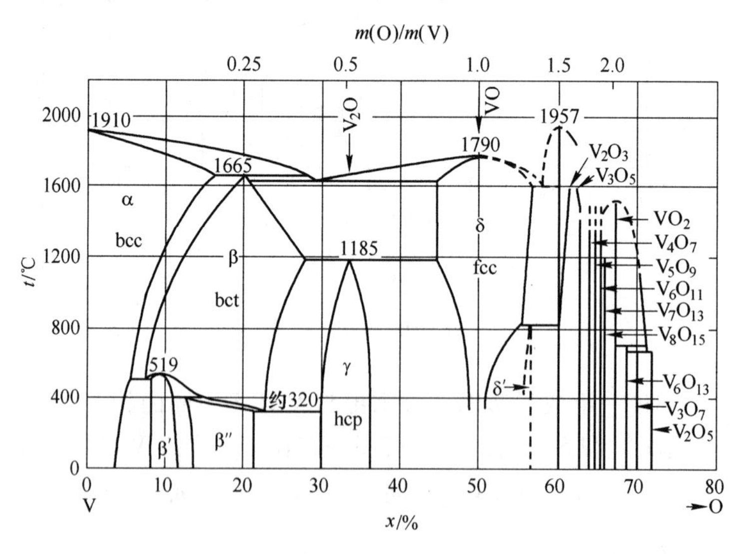

图 4-82　V-O 系

4.3.25　V_2O_3-V_2O_5 系（图 4-83）

由 V_2O_3-V_2O_5 系相图可知，钒有多种氧化物。

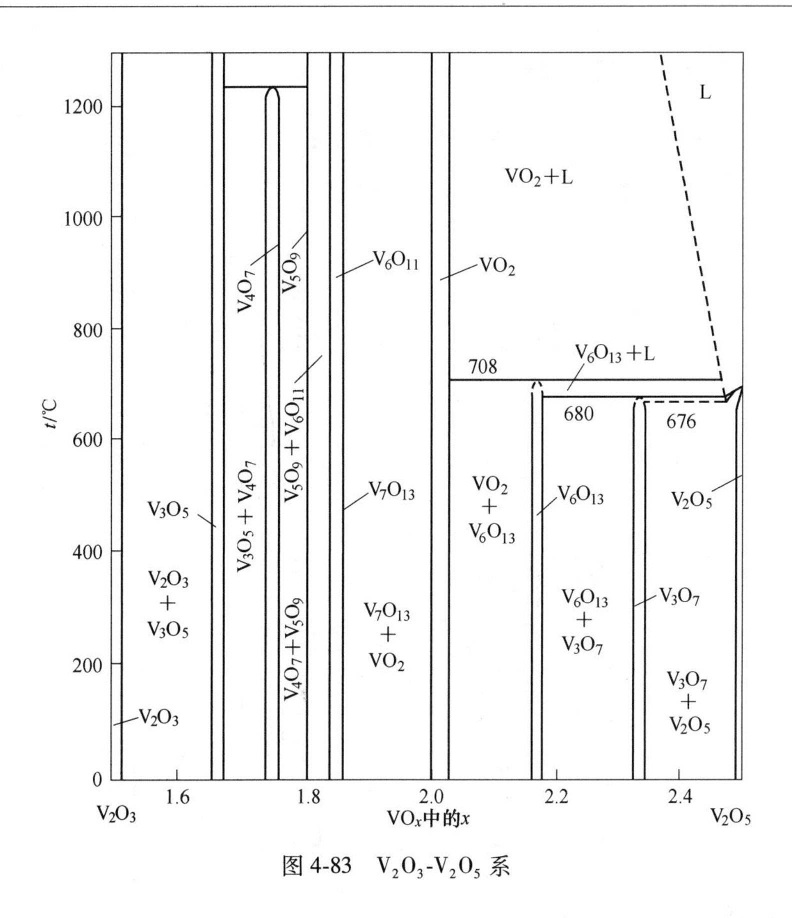

图 4-83 V_2O_3-V_2O_5 系

4.3.26 溶液中（V）的离子状态图（图 4-84）

钒酸具有较强的缩合能力。在碱性钒酸盐溶液酸化时，将发生一系列的水解-缩合反应，形成不同组成的酸及其盐，并与溶液的钒浓度和 pH 值有关。

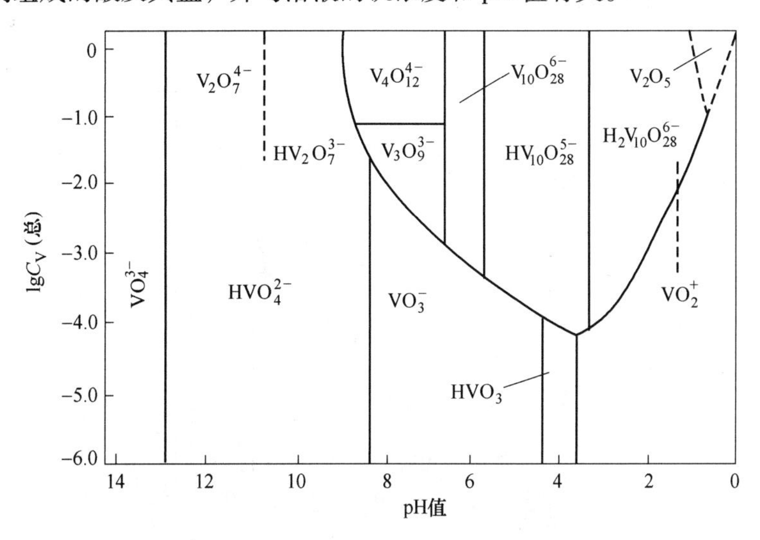

图 4-84 溶液中 V 的离子状态图

4.3.27　V_2O_5-Na_2O 系（图 4-85）

由 V_2O_5-Na_2O 系相图可知，有多种钒的钠盐生成。

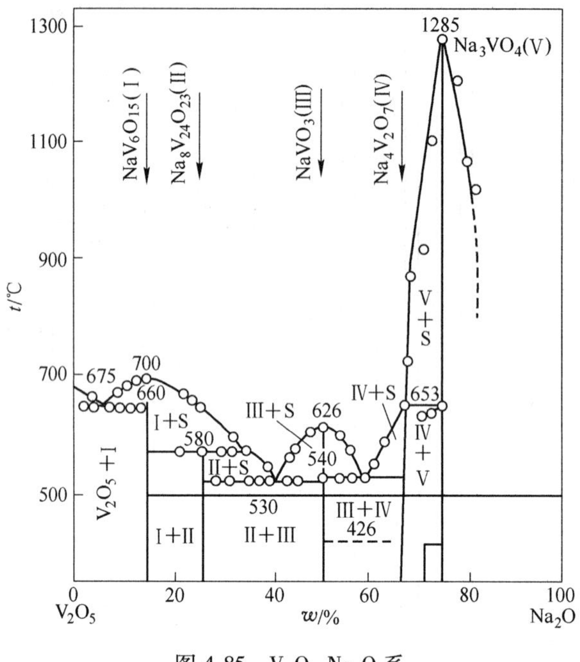

图 4-85　V_2O_5-Na_2O 系

4.3.28　V_2O_5-CaO 系（图 4-86）

在 V_2O_5-CaO 体系中有三种钒酸钙、偏钒酸钙（$CaO \cdot V_2O_5$）、焦钒酸钙（$2CaO \cdot V_2O_5$）和正钒酸钙（$3CaO \cdot V_2O_5$），它们的熔点分别为 778℃、1015℃和 1380℃。在水中溶解度都很小，但溶解于稀硫酸和碱溶液。

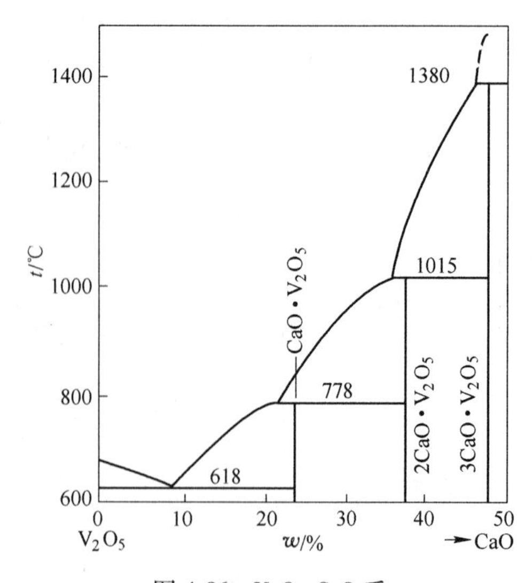

图 4-86　V_2O_5-CaO 系

4.3.29 $CaO-Fe_2O_3-V_2O_5$ 系（图 4-87）

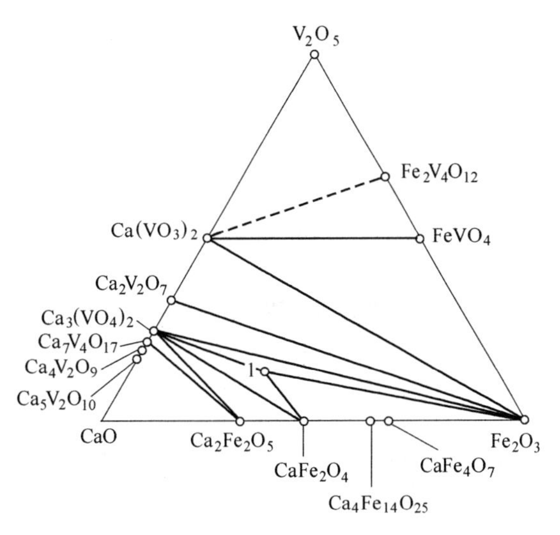

图 4-87 $CaO-Fe_2O_3-V_2O_5$ 系

4.3.30 $V_2O_5-Na_2CO_3$ 系（图 4-88）

由 $V_2O_5-Na_2CO_3$ 系相图可见，它们可以生成五种钒酸盐，其中偏钒酸钠（$NaVO_3$）、焦钒酸钠（$Na_4V_2O_7$）和正钒酸钠（Na_3VO_4）是可溶解于水的钒酸盐，另外两种钒酸盐（$Na_2V_{12}O_{31}$和 NaV_3O_8）称作钒青铜，是在高温下，偏钒酸钠冷却到 500℃结晶时脱出一部分氧后生成的，同时含有五价钒和四价钒的化合物，它们不溶解于水中，因此这两种钒酸盐在焙烧过程中是不希望生成的。

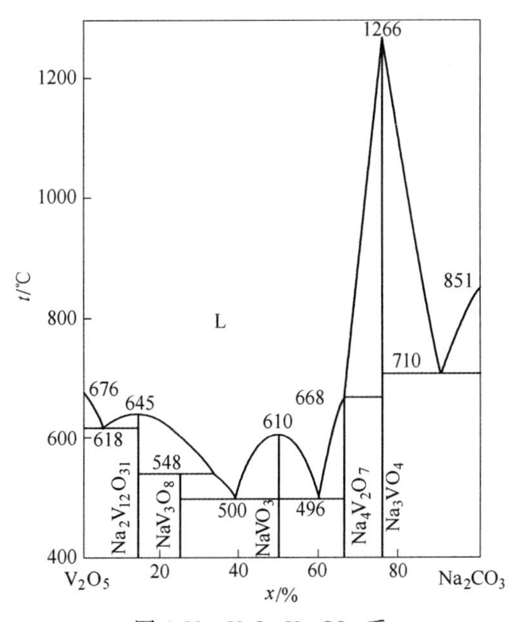

图 4-88 $V_2O_5-Na_2CO_3$ 系

参 考 文 献

[1] [日] 长崎诚三，平林真．二元合金状态图集 [M]．刘安生，译．北京：冶金工业出版社，2004.

[2] 姚文静，王建元，翟薇．非平衡条件下二元合金液固相变过程中的热物理行为 [M]．西安：西北工业大学出版社，2013.

[3] 申泮文，罗裕基．钛分族 钒分族 铬分族 [M]．北京：科学出版社，2011.

[4] 郭宇峰．钒钛磁铁矿固态还原强化及综合利用研究 [D]．长沙：中南大学，2007.

[5] 莫畏，罗远辉．钛化合物 [M]．北京：化学工业出版社，2010.

[6] 陈厚生．钒化合物 [M]．北京：化学工业出版社，1993.

[7] 莫畏．钛冶金 [M]．北京：冶金工业出版社，1998.

[8] 杨守志．钒冶金 [M]．北京：冶金工业出版社，2010.

[9] 周芝骏，宁崇德．钛的性质及应用 [M]．北京：高等教育出版社，1993.

[10] 黄道鑫．提钒炼钢 [M]．北京：冶金工业出版社，2000.

[11] 杨绍利，刘国钦，陈厚生．钒钛材料 [M]．冶金工业出版社，2009.

[12] 傅献彩，沈文霞，姚天扬，等．物理化学（第五版）[M]．北京：高等教育出版社，2005.

[13] 张家芸．冶金物理化学 [M]．北京：冶金工业出版社，2004.

[14] 颜肖慈，罗明道，周晓海．物理化学 [M]．武汉：武汉大学出版社，2004.

[15] 赵慕愚，宋利珠．相图的边界理论及其应用 相区及其边界构成相图的规律 [M]．北京：科学出版社，2004.

[16] 陈国发，李运刚．相图原理与冶金相图 [M]．北京：冶金工业出版社，2002.

[17] 陈树江．相图分析及应用 [M]．北京：冶金工业出版社，2007.

[18] 殷辉安．多体系相图 [M]．北京：北京大学出版社，2002.

[19] 胡德林，张帆．三元合金相图 [M]．西安：西北工业大学出版社，1995.

[20] 陆学善．相图与相变 [M]．合肥：中国科学技术大学出版社，1990.

[21] 张圣弼，李道子．相图原理、计算及在冶金中的应用 [M]．北京：冶金工业出版社，1986.

[22] 刘长俊．相律及相图热力学 [M]．北京：高等教育出版社，1995.

[23] 葛志明．钛的二元系相图 [M]．北京：国防工业出版社，1977.

[24] 贾成珂．多元系相图 [M]．北京：冶金工业出版社，2011.

[25] 顾菡珍，叶于浦．相平衡和相图基础 [M]．北京：北京大学出版社，1991

[26] 侯增寿，陶岚琴．实用三元合金相图 [M]．上海：上海科学技术出版社，1983.

[27] 梁敬魁．相图与相结构 [M]．北京：科学出版社，1993.

[28] [日] 清水要藏．合金状态图的解说 [M]．北京：国防工业出版社，1958.

[29] 德国钢铁工程师协会．渣图集 [M]．北京：冶金工业出版社，1989.

[30] 牛自得，程芳琴．水盐体系相图及其应用 [M]．天津：天津大学出版社，2002.

[31] 郭培民，赵沛．从相图分析含钛高炉渣选择性分离富集技术 [J]．钢铁钒钛，2005（2）：12-17.

[32] 曾晓兰．钒渣物化性质与相图研究 [D]．重庆：重庆大学，2012.

[33] 张生芹．钒渣体系物化性能及相平衡的研究 [D]．重庆：重庆大学，2012.

5 钛制取过程热力学

5.1 高钛型高炉渣中钙钛矿的浮选

钒钛磁铁矿经高炉冶炼后的含钛高炉渣，TiO_2 含量为25%，渣中主要含钛物相为钙钛矿、攀钛透辉石、富钛透辉石和尖晶石，TiO_2 弥散于各矿物相中，即使含钛量最多的钙钛矿相中 TiO_2 含量也只占渣中总 TiO_2 量的50%，而且钙钛矿晶粒细小，只有几到十几微米，无法将其提取出来。东北大学采用选择性富集的方法将 TiO_2 富集在钙钛矿中，具体方法大致为：将原渣破碎成粉末，调整渣的组成，在高温炉中熔化并保温一段时间，然后以一定速度降温，优化热处理条件，使 TiO_2 富集在钙钛矿相中并使钙钛矿相选择性析出并长大，得到改性渣。改性渣中80%的 TiO_2 富集在钙钛矿中，钙钛矿晶粒平均达80μm左右，晶体形貌由原来弥散的星点状、云雾状变为柱状、块状，为选别分离创造了条件。

文献研究了捕收剂油酸、羟肟酸、十二烷胺双甲基膦酸，抑制剂氟硅酸钠、水玻璃对改性渣中钙钛矿浮选的影响，并通过浮选溶液化学计算、矿物动电电位等探讨了羟肟酸在钙钛矿表面的作用和水玻璃抑制钛辉石的作用机理。

5.1.1 矿物晶体化学特征与可浮性的关系

钙钛矿晶体是理想的立方晶格，Ca^{2+} 离子位于立方体的顶点，Ti^{4+} 离子位于立方体的中心位置，O^{2-} 离子则构成面心立方体排列。钙钛矿具有平行｛100｝中等解理，质点分布密度为：Ti^{4+} 2.45个/nm^2，Ca^{2+} 2.45个/nm^2。

攀钛透辉石和富钛透辉石均为透辉石的类质同象固溶体，其中含有大量的 Al^{3+}、Ti^{4+} 类质同象质点。它们的晶体结构都与透辉石相近，都属单斜辉石。为简便起见，将其统称为钛辉石。钛辉石为单链结构的硅酸盐矿物，它是由［SiO_4］四面体共两个角顶构成的直线单 SiO_3 连接而成的，其晶体结构中，［Si_2O_6］连接成无限延伸的二元单链，链与链之间通过活性氧与阳离子相连接。钛辉石解理平行于链延伸方向的｛210｝和｛110｝，两组完全解理。在解理面上，根据类质同象取代量的不同，计算得｛110｝面上质点密度为：Al^{3+} 1.65个/nm^2，Ti^{4+} 0.62个/nm^2，Mg^{2+} 0.85个/nm^2，Ca^{2+} 1.47个/nm^2，Si^{4+} 2.94个/nm^2，故钛辉石解离面上主要活性质点为 Ca^{2+}、Mg^{2+}、Si^{4+}、Al^{3+}，而 Ti^{4+} 含量相对较小。

由矿物表面的质点组成看，钙钛矿和钛辉石均含有Ca质点，同时，由于类质同象的存在，钛辉石表面也具有Ti质点，这将使它们的浮游性有一定的相似性，但由于它们的晶体表面Ca和Ti质点密度不同，Ca和Ti质点所处的位置及活性不同，因此其可浮性存在一定差异。钛辉石表面具有钙钛矿表面所没有的Mg、Al质点和 SiO_3^{2-}，且Si—O键极性较强，可以采用对这些质点具有选择性抑制作用的抑制剂，使钛辉石表面活性质点密度降低，增大与钙钛矿的浮游性差距。

5.1.2　矿物表面电性与可浮性的关系

纯水中钙钛矿和钛辉石的 ζ 电位的测定结果如图 5-1 所示。图中曲线 2 所示为钛辉石的 ζ-pH 曲线，其特点是随着 pH 值的下降，矿物的动电电位的负值逐渐减小，经过等电点，最终由负值变为正值，其 PZC 为 2.4 左右；曲线 1 为钙钛矿的 ζ-pH 曲线，其特点是随着 pH 值减小，钙钛矿动电电位绝对值逐渐减少，但在整个测量的范围内钙钛矿动电电位不变号，始终为负值。这是由于在钙钛矿中，Ca^{2+} 和 TiO^{2-} 水化能及氧键的解离能相差不大，因此 Ca^{2+} 和 Ti^{4+} 都从矿物表面部分溶解，使矿物表面带负电。钙钛矿表面 ζ 电位为负值，且随 pH 增大，ζ 电位单调减小，这一方面是由于钛铁矿表面两性的 Ti 的羟基配合物离解生成 TiO_3^{2-}，另一方面是由于 OH^- 的吸附。

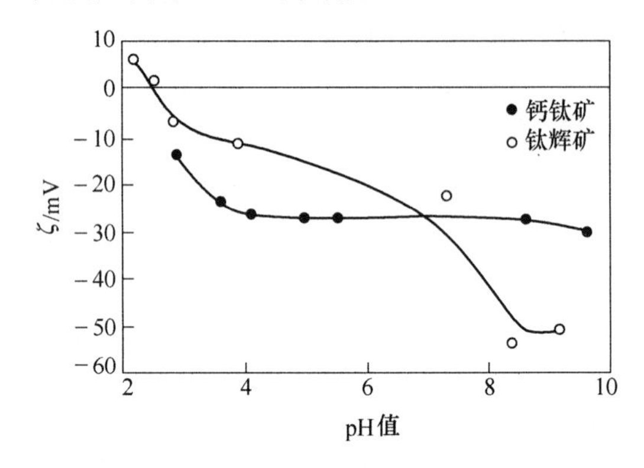

图 5-1　纯水中矿物的 ζ-pH 关系

在整个试验范围内，钙钛矿的 ζ 电位为负值，而它在阴离子捕收剂 $C_{5\sim9}$ 羟肟酸的作用下，浮游性很好。由图 5-2 可以看出，与钙钛矿在水中的 ζ 电位相比，在 $C_{5\sim9}$ 羟肟酸溶液中，钙钛矿的 ζ 电位向负值方向移动，且随着羟肟酸用量增加，ζ 电位单调减小。由此可以推断，钙钛矿表面吸附了带负电荷的捕收剂离子，$C_{5\sim9}$ 羟肟酸根离子不是靠静电引力在钙钛矿表面上吸附，而是进入钙钛矿双电层的紧密层，发生了化学吸附。

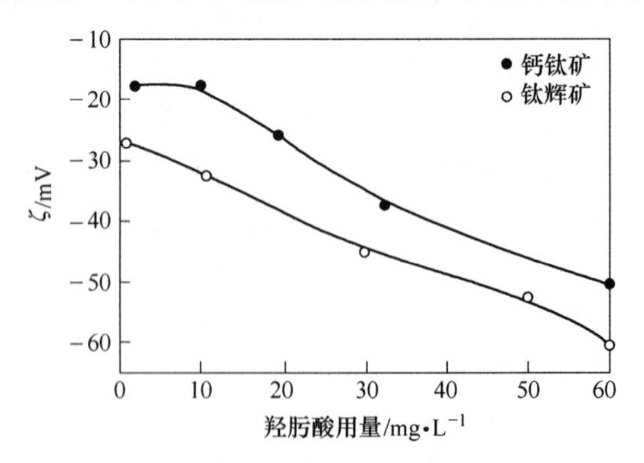

图 5-2　羟肟酸对矿物 ζ 电位的影响

5.1.3　浮选溶液化学计算

根据溶液化学理论，钙钛矿颗粒表面的 Ca 和 Ti 质点在水溶液中发生溶解和水化反应，生成各种羟基配合物。根据羟基配合物的稳定性常数和溶液平衡关系，绘制出钙钛矿溶解组分的溶解度对数图（LSD）示于图5-3。可见，在 pH = 4 ~ 6 范围内，Ti^{4+} 主要以 $Ti(OH)_3^+$ 及$Ti(OH)_2^{2+}$ 的形式存在。而 $C_{5\sim9}$羟肟酸为阴离子捕收剂，故在 pH = 4 ~ 6 范围内，其活性基团很容易与带正电的 $Ti(OH)_3^+$ 和 $Ti(OH)_2^{2+}$ 结合。可以认为 $C_{5\sim9}$羟肟酸与钙钛矿表面的作用方式为：矿物表面 Ti^{4+}首先水解成 $Ti(OH)_3^+$ 及 $Ti(OH)_2^{2+}$，然后羟肟酸再与之作用，生成羟肟酸钛表面螯合物。

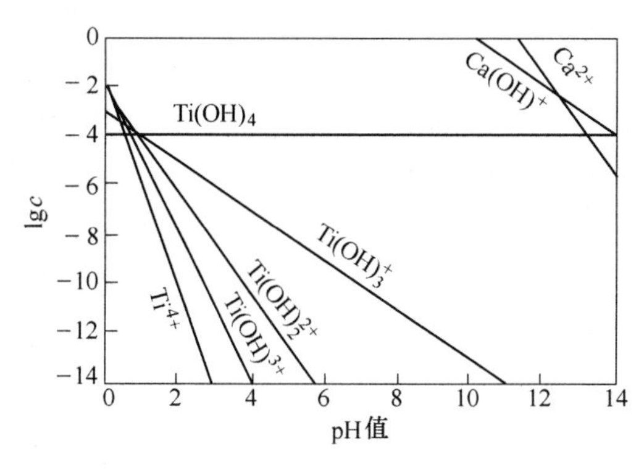

图 5-3　钙钛矿的 LSD

研究表明，羟肟酸与碱土金属 Ca^{2+}、Mg^{2+}形成的配合物稳定性较差，而与 Ti^{4+}、Cu^{2+}、Fe^{3+}和 Al^{3+}等高价金属离子形成的配合物稳定性较强。钙钛矿表面主要为 Ti^{4+}和 Ca^{2+}，而钛辉石表面主要为 Ca^{2+}和 Mg^{2+}，只有少量类质同象取代的 Ti^{4+}，因此 $C_{5\sim9}$羟肟酸对钙钛矿具有选择性捕收作用。

5.1.4　水玻璃抑制钛辉石的作用机理

水玻璃与酸反应第一步的产物是 H_4SiO_4，而且易发生聚合。在碱性或弱酸性溶液中，硅酸的聚合主要是通过硅酸分子和硅酸负离子之间的氧联反应实现：

$$\begin{array}{ccc} O & & OH^- \\ & \diagup\ \diagdown & \\ & Si & \\ & \diagdown\ \diagup & \\ HO & & OH_2 \end{array} + \left[\begin{array}{ccc} O & & OH^- \\ & \diagup\ \diagdown & \\ & Si & \\ & \diagdown\ \diagup & \\ HO & & OH_2 \end{array}\right] \rightleftharpoons$$

$$\left[\begin{array}{ccccc} & H & & H & \\ & O & & O & \\ & | & & | & \\ HO- & Si & -O- & Si & -OH \\ & | & & | & \\ & O & & O & \\ & H & & H & \end{array}\right] + OH^- \qquad (5\text{-}1)$$

聚硅酸通式可表示为 $H_{2n+2}Si_nO_{3n+1}$或 $xSiO_2 \cdot yH_2O$，所成溶胶带负电。因此水玻璃对矿物的抑制作用主要是：在弱酸性条件或碱性条件下，通过氧联反应聚合而成的、带负电荷的胶态硅酸以及 $SiO(OH)_3^-$ 在矿物表面吸附后，使矿物强烈亲水，其吸附强度与抑制作用强度密切相关。使用抑制剂后钙钛矿和钛辉石浮选速度都变慢就是很好的说明。

钙钛矿受到轻微抑制，钛辉石受到强烈抑制，是由于胶态硅酸和 $SiO(OH)_3^-$ 离子与硅酸盐矿物具有相同的酸根，比较容易吸附在这些矿物表面，且吸附比较牢固，由于它们的吸附，阻止了捕收剂羟肟酸与钛辉石表面金属离子的键合。所以水玻璃是硅酸盐矿物的良好抑制剂。

5.2　磁化焙烧钛铁矿的热力学

钛铁矿直接/间接磁化焙烧，关键步骤在于如何有效地把钛铁矿磁化焙烧成四氧化三铁和二氧化钛，之后进行球磨，再通过磁选手段即可获得铁精矿粉和钛渣，达到铁钛分离的目的。中国钢研科技集团刘云龙、郭培民等为了探讨钛铁矿以 Fe_3O_4 和 TiO_2 分离路线的可能性，对钛铁矿低温下的氧化与还原热力学进行了分析研究。结果表明：若通过直接磁化焙烧的方法，氧气能够将 $FeTiO_3$ 氧化成 Fe_3O_4，但实际操作会难于控制反应条件，易过氧化成 Fe_2O_3 和 Fe_2TiO_5；使用 CO_2 和 H_2O 气体将 $FeTiO_3$ 氧化生成 Fe_2O_3 和 Fe_2TiO_5 的反应更容易发生，而非生成 Fe_3O_4，因此这两种气体也无法直接将钛铁矿磁化；若通过间接磁化焙烧的方法，先用氧气或空气将 $FeTiO_3$ 氧化，而后无需较高浓度的 CO 以及较低的温度即可将 Fe_2O_3 和 Fe_2TiO_5 还原成 Fe_3O_4。

5.2.1　氧气直接磁化焙烧钛铁矿的热力学分析

$FeTiO_3$ 可能会被氧气氧化成 Fe_3O_4、Fe_2O_3 或 Fe_2TiO_5，其反应的方程式和标准吉布斯自由能变化为：

$$6FeTiO_3 + O_2(g) = 2Fe_3O_4 + 6TiO_2 \qquad \Delta G_T^{\ominus} = -464197 + 189T(J/mol) \qquad (1)$$

$$4FeTiO_3 + O_2(g) = 2Fe_2O_3 + 4TiO_2 \qquad \Delta G_T^{\ominus} = -469774 + 221T(J/mol) \qquad (2)$$

$$4FeTiO_3 + O_2(g) = 2Fe_2TiO_5 + 2TiO_2 \qquad \Delta G_T^{\ominus} = -450644 + 201T(J/mol) \qquad (3)$$

而 Fe_3O_4 氧化生成 Fe_2O_3 的反应及其标准吉布斯自由能变化：

$$4Fe_3O_4 + O_2(g) = 6Fe_2O_3 \qquad \Delta G_T^{\ominus} = -479500 + 267T(J/mol) \qquad (4)$$

同时，钛铁矿中也含有少量的 Fe_2O_3（或新生成的 Fe_2O_3）可能会与 TiO_2 发生反应生成 Fe_2TiO_5，其反应方程式和反应的标准吉布斯自由能变化为：

$$Fe_2O_3 + TiO_2 = Fe_2TiO_5 \qquad \Delta G_T^{\ominus} = 9565 - 9.92T(J/mol) \qquad (5)$$

由于钛铁矿中含有的其他杂质成分如 MgO、SiO_2、Al_2O_3 等，并不会被再次氧化，所以之后的热力学计算中不再予以考虑。

根据上述反应的 $\Delta G_T^{\ominus}-T$ 关系式，作 O_2 氧化 $FeTiO_3$ 的 $\Delta G_T^{\ominus}-T$ 图，如图 5-4 所示。根据氧势图的理论，在同一温度时，位置最低的元素最先氧化。

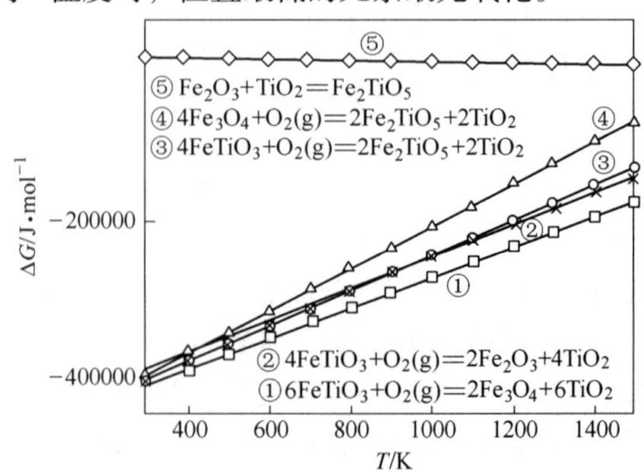

图 5-4　O_2 氧化 $FeTiO_3$ 的 $\Delta G_T^{\ominus}-T$ 关系

由图5-4可以看出，在标准状态下，生成 Fe_3O_4 和 Fe_2O_3 的反应（1）、（2）和（4）以及钛铁矿直接生成 Fe_2TiO_5 的反应（3）的 $\Delta G_T^\ominus$-T 线非常接近，而反应（5）的 $\Delta G_T^\ominus$ 负值最小，这说明在一定条件下钛铁矿与氧气发生反应时，Fe_2O_3 与 TiO_2 反应生成 Fe_2TiO_5 的反应驱动力最大，而 $FeTiO_3$ 将被逐步氧化成 Fe_3O_4 和 Fe_2O_3，Fe_3O_4 也将被 O_2 氧化成 Fe_2O_3，但由于这几条 $\Delta G_T^\ominus$-T 线区分度不明显，试验条件苛刻，很难控制试验条件将 $FeTiO_3$ 氧化成 Fe_3O_4 而不被氧化成 Fe_2O_3。

由于反应（1）~（4）前后气体的摩尔量有改变，所以改变压力对气相平衡成分有影响，利于钛铁矿的氧化，这可根据勒夏特列原理来判断，但气体压力增加，促使反应（1）~（3）的平衡均向右移动，仍难以将这三个反应区分开来。

由于氧化钛铁矿时，在不同的氧化温度和时间下，钛铁矿物相会发生转变。在600~800℃时，钛铁矿开始发生氧化反应生成 $Fe_2O_3 \cdot 2TiO_2$；由于 $Fe_2O_3 \cdot 2TiO_2$ 在一定的温度下不稳定，在600~1000℃，同时会发生 $Fe_2O_3 \cdot 2TiO_2$ 的分解反应。发生的反应如下：

$$2FeTiO_3 + 1/2O_2 = Fe_2O_3 + 2TiO_2$$

$$Fe_2O_3 + 2TiO_2 = Fe_2O_3 + 2TiO_2$$

而在1000℃以上，则生成稳定的假板钛矿：$Fe_2O_3 + TiO_2 = Fe_2TiO_5$。

这与图5-3分析的结果是一致的，因此在实际操作中，使用氧气将钛铁矿氧化成四氧化三铁是很难行得通的，需要找一种氧化性弱于氧气的气体氧化剂。

5.2.2　二氧化碳直接磁化钛铁矿热力学分析

二氧化碳气体具有相对较弱的氧化性，那么能否将钛铁矿氧化成为四氧化三铁？根据上述方法，计算 $FeTiO_3$ 与 CO_2 反应生成 Fe_3O_4、Fe_2O_3 或 Fe_2TiO_5 的反应方程式及其标准吉布斯自由能变化 $\Delta G^\ominus$：

$$3FeTiO_3 + CO_2(g) = Fe_3O_4 + 3TiO_2 + CO(g) \qquad \Delta G_T^\ominus = 71812 - 11.59T(J/mol) \tag{1}$$

$$2FeTiO_3 + CO_2(g) = Fe_2O_3 + 2TiO_2 + CO(g) \qquad \Delta G_T^\ominus = 48119 - 23.22T(J/mol) \tag{2}$$

$$2FeTiO_3 + CO_2(g) = Fe_2TiO_5 + TiO_2 + CO(g) \qquad \Delta G_T^\ominus = 57684 - 33.14T(J/mol) \tag{3}$$

对比反应（1）~（3），可发现反应（2）和（3）的 $\Delta G_T^\ominus$ 要明显小于反应（1）的 $\Delta G_T^\ominus$，这说明在热力学上，使用 CO_2 氧化 $FeTiO_3$ 的反应会更容易生成 Fe_2O_3 或 Fe_2TiO_5 而非 Fe_3O_4。在反应（1）~（3）中，气体组元仅有 CO_2 和 CO 两项，选纯 $FeTiO_3$ 作为标准态，平衡常数 $K = (p_{CO}/p^\ominus)/(p_{CO_2}/p^\ominus)$，又 $p_{CO}/p^\ominus + p_{CO_2}/p^\ominus = 1$，当压力不高时，可用 CO 气体的体积分数 CO 代替其分压 $p_{CO}/p^\ominus$，代入上式中，则：

$$\Delta G^\ominus = -RT\ln\frac{p_{CO}/p^\ominus}{p_{CO_2}/p^\ominus} = -RT\ln\frac{\varphi_{CO}}{1-\varphi_{CO}} \tag{5-2}$$

即：

$$\varphi_{CO} = 1 + \exp\left(\frac{-\Delta_r G^\ominus}{RT}\right)$$

根据反应（1）~（3）的 $\Delta G_T^\ominus$，取不同的 T 即可得到不同的 φ_{CO} 值，如图5-5所示。

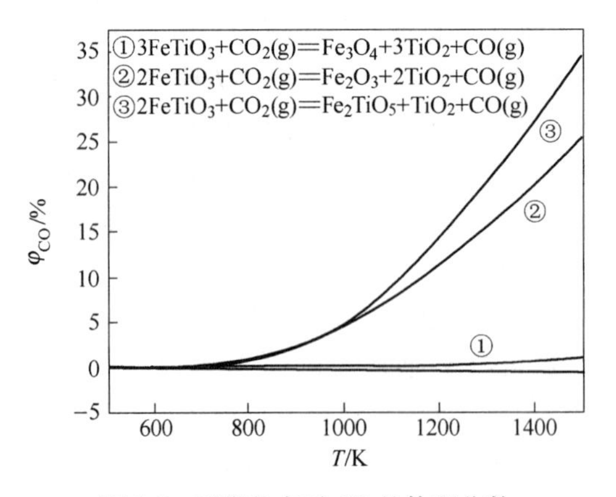

图 5-5　平衡状态时 CO 的体积分数

由图 5-5 可以看出，平衡状态时在 700K 温度以下，反应（1）~（3）中的 CO 气体的体积分数都几乎为 0，这说明低温下这几个反应很难发生，随着温度的升高，生成 Fe_2O_3 和 Fe_2TiO_5 的反应（2）和（3）平衡时的生成物 CO 浓度逐渐升高，也就是反应时所需的 CO_2 的浓度逐渐降低，当温度高于 964K 后，反应（3）生成的 CO 的浓度还要高于反应（2）生成的 CO 的浓度，但即使温度升高，生成 Fe_3O_4 的反应（1）所需的 CO_2 的浓度一直接近 100%，也说明了该反应难以发生。同时，由于反应前后气体的摩尔量没有改变，所以改变压力对气相平衡成分没有影响，气体压力增加，各个反应的平衡均不会发生移动。

由此可见，用 CO_2 氧化 $FeTiO_3$ 的反应在热力学上会优先生成 Fe_2TiO_5 和 Fe_2O_3 而非 Fe_3O_4，因此想使用 CO 直接将 $FeTiO_3$ 磁化成为 Fe_3O_4 也是非常困难的。

5.2.3　水蒸气直接磁化钛铁矿热力学分析

根据上述方法，继续分析 H_2O 气体能否将钛铁矿氧化成为四氧化三铁。通过计算可得出如下反应方程式的标准吉布斯自由能变化 $\Delta G_T^{\ominus}$：

$$3FeTiO_3 + H_2O(g) = Fe_3O_4 + 3TiO_2 + H_2(g) \qquad \Delta G_T^{\ominus} = 38365 + 18.97T(\text{J/mol}) \tag{1}$$

$$2FeTiO_3 + H_2O(g) = Fe_2O_3 + H_2(g) + 2TiO_2 \qquad \Delta G_T^{\ominus} = 14072 + 7.34T(\text{J/mol}) \tag{2}$$

$$2FeTiO_3 + H_2O(g) = Fe_2TiO_5 + H_2(g) + TiO_2 \qquad \Delta G_T^{\ominus} = 23637 - 2.58T(\text{J/mol}) \tag{3}$$

$$2Fe_3O_4 + H_2O(g) = 3Fe_2O_3 + H_2(g) \qquad \Delta G_T^{\ominus} = 15547 + 74.4T(\text{J/mol}) \tag{4}$$

根据反应（1）~（4）的 $\Delta G_T^{\ominus}-T$ 关系式可知，在预定温度段内，各个反应的标准吉布斯自由能变化 $\Delta G_T^{\ominus}$ 均大于 0，从热力学上来看，在标准状态下，这些反应在一定的温度条件下都是难以发生的，但考虑在一定的气氛条件下，$p_{H_2O(g)}/p_{H_2}$ 将是一个比较高的比值，对于上述反应式，考虑其在非标准状态下的自由能变化，有：

$$\Delta G_T = \Delta G_T^{\ominus} - 2.303RT\lg(p_{H_2O(g)}/p_{H_2}) \tag{5-3}$$

在一般条件下，$p_{H_2O(g)}/p_{H_2}=10^2$ 是比较容易达到的，当 $p_{H_2O(g)}/p_{H_2}=10^2$，可得各个反应在非标准状态下的自由能变化为：

$$\Delta G_T = 38365 - 19.324T \tag{1}$$

$$\Delta G_T = 14072 - 30.95T \tag{2}$$

$$\Delta G_T = 23637 - 41.32T \tag{3}$$

由此可见，使用 H_2O 气体氧化 $FeTiO_3$ 与用 CO_2 氧化 $FeTiO_3$ 的反应在性质上是比较相似的，都会优先生成 Fe_2TiO_5 与 Fe_2O_3 而非 Fe_3O_4，即使用 H_2O 气体一步将 $FeTiO_3$ 磁化为 Fe_3O_4 也是不可行的。

5.2.4　间接磁化焙烧热力学

由于使用 O_2 氧化 $FeTiO_3$ 的反应难于控制，容易过氧化生成 Fe_2O_3，而使用 CO_2 和 H_2O 气体氧化 $FeTiO_3$ 则更容易生成 Fe_2TiO_5 与 Fe_2O_3 而非 Fe_3O_4，所以，这三种气体想直接磁化 $FeTiO_3$ 是难以行得通的。因此可以考虑将磁化反应分两步进行，即间接磁化焙烧：第一步先使用 O_2 或者空气将 $FeTiO_3$ 氧化为 Fe_2O_3 或 Fe_2TiO_5，第二步控制条件，用 CO 气体将 Fe_2O_3 和 Fe_2TiO_5 还原为 Fe_3O_4。想将 Fe_2O_3 还原为 Fe_3O_4 是很容易的，根据氧化铁还原气态平衡图可知（图 5-6），该反应所需的温度和 CO 的体积分数存在一个较大的范围。

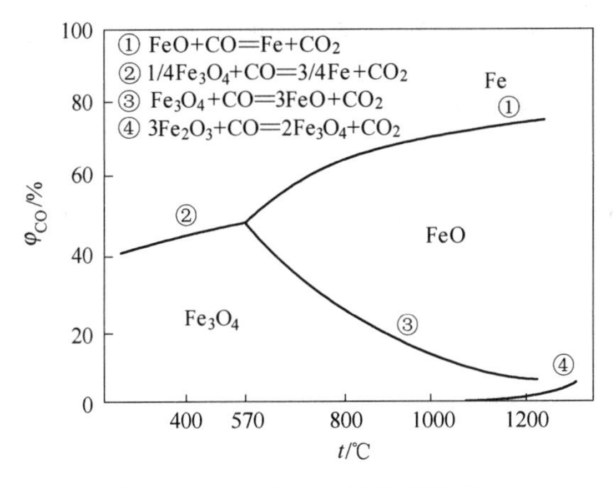

图 5-6　氧化铁还原气态平衡示意

通过计算可得，用 CO 还原 Fe_2TiO_5 可能会发生的反应方程式和反应式的标准吉布斯自由能变化为：

$$3Fe_2TiO_5 + CO = 2Fe_3O_4 + 3TiO_2 + CO_2 \qquad \Delta G_T^{\ominus} = -47829 - 45.45T(\text{J/mol}) \tag{1}$$

$$Fe_2TiO_5 + CO = 2FeO + TiO_2 + CO_2 \qquad \Delta G_T^{\ominus} = -8988 - 24.17T(\text{J/mol}) \tag{2}$$

$$1/3Fe_2TiO_5 + CO = 2/3Fe + 1/3TiO_2 + CO_2 \qquad \Delta G_T^{\ominus} = -45176 + 18.36T(\text{J/mol}) \tag{3}$$

由上述三个反应的标准吉布斯自由能变化式计算其在平衡时 CO 气体的体积分数，可得 CO 还原 Fe_2TiO_5 还原气态平衡图，如图 5-7 所示。

由图 5-7 可知，用 CO 将 Fe_2TiO_5 还原成 Fe_3O_4 的反应所需的温度和 CO 的体积分数也

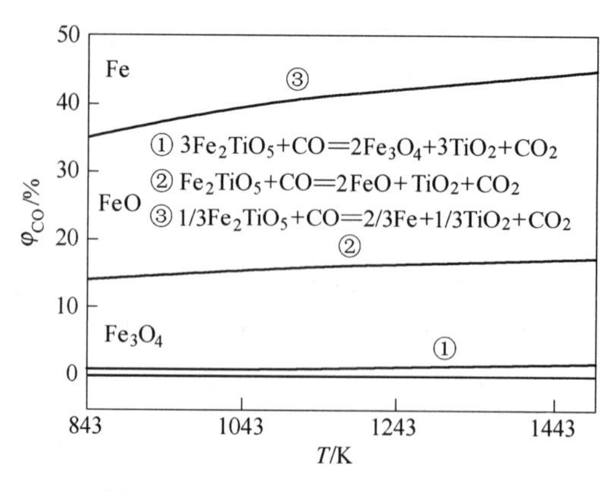

图 5-7 Fe_2TiO_5还原气态平衡示意

同样存在一个较大的范围，与用 CO 将 Fe_2O_3 还原为 Fe_3O_4 的反应存在的范围有着较大的重合，这说明通过间接磁化焙烧的方式，是可以将钛铁矿磁化的。

5.3 钛铁矿熔炼钛渣还原过程中的热力学

钛铁矿的熔炼过程热力学研究最重要的就是建立 Fe-Ti-O 系的相平衡关系，许多学者经过多年来的研究证实，在 1100℃以上的条件下，Fe-Ti-O 系的相平衡关系已经得到明确。在钛氧化物及固态还原等方面对钛精矿还原过程的热力学进行分析和归纳如下。

5.3.1 $FeTiO_3$ 还原成各阶段钛化合物的热力学

由于 $FeTiO_3$ 是一种复杂的多晶固溶体，其还原过程将会是一个非常复杂的过程，根据还原剂的组成和反应温度的不同，该还原过程将会有可能有几种不同的走向，相应的反应方程式和标准自由能变如下：

$$FeTiO_3 + C \xlongequal{} Fe + TiO_2 + CO \quad \Delta G_T^{\ominus} = 190900 - 161T\ (298 \sim 1943K)$$

$$FeTiO_3 + 4/3C \xlongequal{} Fe + 1/3Ti_3O_5 + 4/3CO \quad \Delta G_T^{\ominus} = 278666.67 - 224T\ (298 \sim 1943K)$$

$$FeTiO_3 + 3/2C \xlongequal{} 1/2Ti_2O_3 + Fe + 3/2CO \quad \Delta G_T^{\ominus} = 319500 - 256.5T\ (298 \sim 1943K)$$

$$FeTiO_3 + 2C \xlongequal{} TiO + Fe + 2CO \quad \Delta G_T^{\ominus} = 505200 - 354T\ (298 \sim 1943K)$$

$$FeTiO_3 + 3C \xlongequal{} Ti + Fe + 3CO \quad \Delta G_T^{\ominus} = 913800 - 519T\ (298 \sim 1943K)$$

$$FeTiO_3 + 4C \xlongequal{} Fe + TiC + 3CO \quad \Delta G_T^{\ominus} = 730000 - 508T\ (298 \sim 1943K)$$

$$FeTiO_3 + 3C + 1/2N_2 \xlongequal{} Fe + TiN + 3CO \quad \Delta G_T^{\ominus} = 569818 - 418.35T\ (298 \sim 1943K)$$

根据上述反应式的标准自由能变的表达式，可计算出在不同温度下的标准自由能变化值。各反应均为吸热反应，随着温度的升高，其 $\Delta G_T^{\ominus}$越负。可以看出：在温度 1873K 以内，生成单质 Ti 的 $\Delta G_T^{\ominus}>0$，可以认为该反应难于发生，所以单质钛在还原过程中难以获得。而其他反应的开始反应温度依次分别为 1186K、1244K、121427K、1437K 和 1362K，均小于 1873K，从热力学上说明这些反应都有可能进行。从反应进行的趋势上来看，在 973～1373K 温度范围内，生成 TiO_2 的 $\Delta G_T^{\ominus}$负值最小，即 $FeTiO_3$ 还原成 TiO_2 的反应驱动力最大，最有可能发生；在 1373～1573K 温度范围内，生成 TiO 的 $\Delta G_T^{\ominus}$负值最小，即 $FeTiO_3$ 还原成 TiO 的反应驱动力最大，最有可能发生；在 1573～1773K 温度范围内，生成

TiN 的 $\Delta G_T^\ominus$ 负值最小，即 $FeTiO_3$ 还原成 TiN 的反应驱动力最大，最有可能发生。

5.3.2 钛的各阶氧化物碳热还原的热力学

钛铁矿经 C 还原后，就有可能生成钛的各阶氧化物，这些氧化物在石墨和 N_2 的还原作用下同样也要发生还原反应。首先是钛的各阶氧化物将会被石墨还原成低价 Ti 氧化物，其反应方程式和标准自由能变如下：

$$3TiO_2 + C = Ti_3O_5 + CO \quad \Delta G_T^\ominus = 274989 - 198.729T \quad (298 \sim 1943K)$$
$$2TiO_2 + C = Ti_2O_3 + CO \quad \Delta G_T^\ominus = 267031 - 183.583T \quad (298 \sim 1943K)$$
$$TiO_2 + C = TiO + CO \quad \Delta G_T^\ominus = 313473 - 190.026T \quad (298 \sim 1943K)$$
$$2Ti_3O_5 + C = 3Ti_2O_3 + CO \quad \Delta G_T^\ominus = 251115 - 153.291T \quad (298 \sim 1943K)$$
$$Ti_3O_5 + 2C = 3TiO + 2CO \quad \Delta G_T^\ominus = 665430 - 371.349T \quad (298 \sim 1943K)$$
$$Ti_2O_3 + C = 2TiO + CO \quad \Delta G_T^\ominus = 359915 - 196.469T \quad (298 \sim 1943K)$$

从上述反应式可以看出：在 1832K 以下，最下面一个反应式的 $\Delta G_T^\ominus>0$，可以认为在该温度该反应难于发生，即在该温度范围内 Ti_2O_3 还原成 TiO 在热力学上是不可行的。而其他反应方程式的开始反应温度依次分别为 1384K、1618K、1647K、1638K 和 1792K，均小于 1873K，从热力学上说明这些反应都有可能进行。从反应进行的趋势上来看，在 1384~1573K 温度范围内，第一个反应式的 $\Delta G_T^\ominus$ 负值最小，TiO_2 还原成 Ti_3O_5 的反应驱动力最大，最有可能发生。

5.3.3 CO 还原钛的各阶段氧化物的热力学

由于在反应过程中石墨与氧化气氛存在如下平衡：

$$C + 1/2O_2 = CO \quad \Delta G_T^\ominus = - 112877 - 86.514T \quad (298 \sim 2500K)$$
$$CO_2 + C = 2CO \quad \Delta G_T^\ominus = 169008 - 172.192T \quad (298 \sim 2500K)$$

因此钛的各阶氧化物有可能与 CO 发生还原反应，其反应方程式和标准自由能变如下：

$$3TiO_2 + CO = Ti_3O_5 + CO_2 \quad \Delta G_T^\ominus = 105981 - 26.537T \quad (298 \sim 1943K)$$
$$2TiO_2 + CO = Ti_2O_3 + CO_2 \quad \Delta G_T^\ominus = 98023 - 11.281T \quad (298 \sim 1943K)$$
$$TiO_2 + CO = TiO + CO_2 \quad \Delta G_T^\ominus = 144468 - 17.834T \quad (298 \sim 1943K)$$
$$2Ti_3O_5 + CO = 3Ti_2O_3 + CO_2 \quad \Delta G_T^\ominus = 82107 + 18.937T \quad (298 \sim 1943K)$$
$$Ti_3O_5 + 2CO = 3TiO + 2CO_2 \quad \Delta G_T^\ominus = 327414 - 26.965T \quad (298 \sim 1943K)$$
$$Ti_2O_3 + CO = 2TiO + CO_2 \quad \Delta G_T^\ominus = 190907 - 24.277T \quad (298 \sim 1943K)$$
$$TiO_2 + 4CO = TiC + 3CO_2 \quad \Delta G_T^\ominus = 23439 + 178.531T \quad (298 \sim 1943K)$$
$$Ti_3O_5 + 11CO = 3TiC + 8CO_2 \quad \Delta G_T^\ominus = - 35664 + 562.13T \quad (298 \sim 1943K)$$

从上式中可以看出，上述反应都是在实际生产的温度范围内，其标准自由能 $\Delta G_T^\ominus$ 均大于 0，从热力学上来看，在标准状态下这些反应在限定的温度条件下都是不可行的。

5.3.4 钛精矿固态还原反应的热力学

电炉冶炼钛渣已成为钛精矿制取富钛料的主要技术手段，而钛精矿的固态还原在电炉冶炼钛渣过程中具有重要的作用，而且对于以还原法作为技术手段的钛精矿制取富钛料的现行工艺革新以及新工艺开发来说，研究钛精矿固态还原具有重要的意义。

以攀枝花钛精矿为典型研究对象，该矿是一种多组分复杂固溶体，它的物相是以钛铁矿（$FeTiO_3$）为主，还含有磁铁矿、镁橄榄石和钛尖晶石等。在钛精矿还原反应的热力学研究中，为简化起见，一般将钛铁矿看作 $FeTiO_3$。表 5-1 是莫畏和邓国珠等给出 C 和 CO 还原钛精矿在标准状态下可能发生的化学反应和反应的 $\Delta G^{\ominus}$-T 关系式及开始发生反应的温度。钛精矿中铁氧化物在 1185K 就开始被碳还原；随着温度的升高，高价钛被还原为低价钛。在电炉冶炼钛渣过程中，最高温度可达 2000K，所以编号为（1-1）~（1-7）的反应是有可能发生的。但在标准状态下，由编号为（1-8）~（1-10）的反应 $\Delta G^{\ominus}$-T 关系式可知，这些反应是不可能发生的，只有在 CO 浓度非常高时，这类反应才能进行。

表 5-1　C 和 CO 还原钛铁矿的化学反应方程式、$\Delta G^{\ominus}$及开始反应温度（298~1700K）

编号	化学反应方程式	$\Delta G^{\ominus}$/J · mol^{-1}	开始反应温度/K
（1-1）	$FeTiO_3+C = Fe+TiO_2+CO$	190900−161T	1185
（1-2）	$3/4FeTiO_3+C = 3/4Fe+1/4Ti_3O_5+CO$	209000−168T	1244
（1-3）	$2/3FeTiO_3+C = 2/3Fe+1/3Ti_2O_3+CO$	213000−171T	1246
（1-4）	$1/2FeTiO_3+C = 1/2Fe+1/2TiO+CO$	252600−177T	1427
（1-5）	$2FeTiO_3+C = Fe+FeTi_2O_5+CO$	185000−155T	1193
（1-6）	$1/4FeTiO_3+C = 1/4Fe+1/4TiC+3/4CO$	182500−127T	1437
（1-7）	$1/3FeTiO_3+C = 1/3Fe+1/3Ti+CO$	304600−173T	1760
（1-8）	$FeTiO_3+CO = Fe+TiO_2+CO_2$	3934+19. 54T	—
（1-9）	$3/4FeTiO_3+CO = 3/4Fe+1/4Ti_3O_5+CO_2$	24613+15. 78T	—
（1-10）	$2/3FeTiO_3+CO = 2/3Fe+1/3Ti_2O_3+CO_2$	33232+11. 94T	—

在工厂冶炼还原过程中有 $FeTi_2O_5$、$MgTi_2O_5$、Ti_3O_5、Ti_2O_3、TiO 等物质形成，它们与未反应的 $FeTiO_3$ 形成固溶体，尤其由 Mg、Mn 形成的假板钛矿固溶体使铁氧化物还原变得更加困难；另外，为了保证钛渣有较好的流动性，需要保持渣中含有 10%左右的 FeO。这些物质的存在都将对钛铁矿的还原产生影响，而一般在讨论钛铁矿还原的热力学时，基本都忽略了这些物质在整个还原过程的影响以及这些反应所产生的化学耦合作用。因此，在研究热力学时，应全面综合考虑这些因素才能更合理地给予生产理论指导。

5.4　直接还原钛磁铁矿球团的历程与热力学分析

5.4.1　钛磁铁矿球团的直接还原历程

通过实验研究，可以弄清楚钛磁铁矿球团的还原历程。钛磁铁矿球团的含铁物相为赤铁矿和铁板钛矿（Fe_2TiO_5），在氧化焙烧过程中，原矿里的磁铁矿氧化成赤铁矿，原矿中的钛铁矿（$FeTiO_3$）和钛铁晶石（Fe_2TiO_4）在 260~900℃氧化成铁板钛矿，即：

$$Fe_2TiO_4 + 1/2O_2 = Fe_2TiO_5$$

$$2FeTiO_3 + 1/2O_2 = Fe_2TiO_5 + TiO_2$$

氧化阶段生成 Fe_2O_3 和 Fe_2TiO_5，在 1150℃ 开始形成含钛固溶体，温度越高，固溶量越大，最后可固溶 TiO_2 达 11.53%，钛铁矿的氧化产物于 1200℃ 生成 Fe_2TiO_5-TiO_2 固溶体。当球团氧化焙烧不充分时，主要含铁物相为钛赤铁矿固溶体（Fe_2O_3-$FeTiO_3$），其次为铁板钛矿。

钛磁铁矿球团的物质组成和结构特点，决定了它的还原历程的复杂性。比如，在回转窑中用煤粉还原钛磁铁矿球团时，950℃ 时赤铁矿还原为磁铁矿，铁板钛矿还原为钛铁晶石，随着物料向窑内高温区运动，Fe_3O_4-Fe_2TiO_4 固溶体不断还原分离出 FeO 和 Fe_2TiO_4，1070℃ 时 FeO 全部还原为 Fe^0，1200℃ 时 Fe_2TiO_4 全部消失，最后出现含铁黑钛石 [$(Fe, Mg)Ti_2O_5$]。若还原剂采用 H_2，则在 500℃ 时，Fe_2TiO_4 开始被 H_2 还原成 Fe^0 和 $FeTiO_3$，700℃ 时 $FeTiO_3$ 部分被还原成 Fe^0 和 TiO_2。在 800℃ 用适当比例的 CO-CO_2 混合气体还原钛磁铁精矿，经 30min 发现 $FeTiO_3$ 消失，出现大量浮士体和以 Fe_2TiO_4 为基的均一相固溶体。

通过热天平上用 CO-CO_2、H_2-H_2O 及 CO-CO_2-H_2-H_2O 混合气体对钛磁铁矿球团进行阶段性还原实验，得到了其金属化率及物相组成，见表 5-2。实验用球团含 TFe 55.97%，FeO 0.98%，TiO_2 11.22%，V_2O_5 0.62%，MgO 3.16%。

表 5-2 不同金属化率试样的含铁物相

试样号	T33	T28	T18	T38	T32	T36	T35	T30	T24	T26	T19
金属化率/%	59.0	67.7	75.0	77.0	81.0	84.5	87.0	90.5	93.0	97.0	100.0
含铁物相	金属铁增加 →										
	钛铁晶石	钛铁晶石	钛铁矿，少量钛铁晶石	钛铁矿，少量钛铁晶石	钛铁矿	钛铁矿	钛铁矿	钛铁矿，含铁黑钛石	含铁黑钛石	含铁黑钛石	黑钛石

表 5-2 中数据说明，钛磁铁矿球团中的两种铁矿物——赤铁矿和铁板钛矿，在还原过程中是按照两条途径逐级还原的，即赤铁矿按照 $Fe_2O_3 \rightarrow Fe_3O_4 \rightarrow FeO \rightarrow Fe$ 的途径还原，这已为大家熟知，铁板钛矿则按照 $Fe_2TiO_5 \rightarrow Fe_2TiO_4 \rightarrow FeTiO_3 \rightarrow FeTi_2O_5 \rightarrow Ti_3O_5$ 的途径还原。钛磁铁矿中固溶的 TiO_2，在还原过程中除了一部分 MgO、MnO 化合而成 $(Mg, Mn)_2TiO_4$ 外，其余部分要与 Fe_3O_4 大量还原阶段产生的浮士体化合，即：

$$2FeO + TiO_2 = Fe_2TiO_4$$

另外，在氧化不充分的球团中，钛赤铁矿固溶体里的 $FeTiO_3$ 或原矿中的 $FeTiO_3$，在还原的该阶段也要与浮士体反应：

$$FeTiO_3 + FeO = Fe_2TiO_4$$

由于固溶的 TiO_2 或 $FeTiO_3$ 在矿物颗粒中与新生的浮士体紧密共生，这就为上述固-固反应创造了良好的空间条件。综上，可将钛磁铁矿球团中铁矿物的相变历程描述如图 5-8 所示。

5.4.2 钛磁铁矿球团的还原过程的热力学

通过热力学分析有助于解决竖炉、回转窑、流态化还原等还原反应器在工艺操作中的问题。钛磁铁矿球团中各铁矿物还原反应的标准自由能可从本书基础数据查得。根据等温

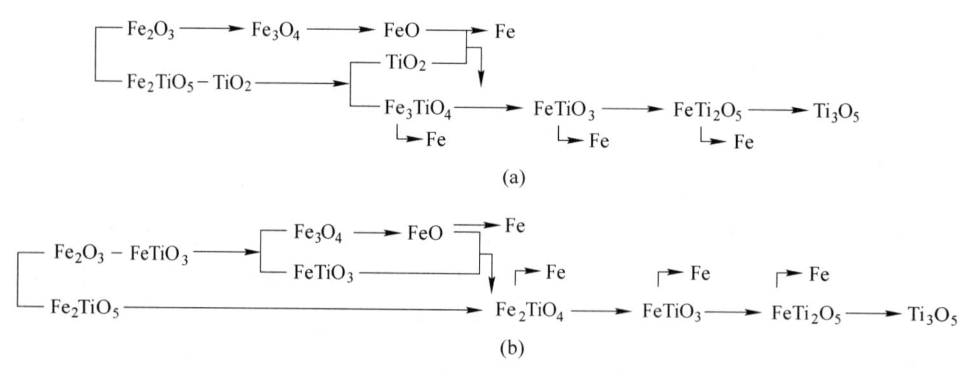

图 5-8 钛磁铁矿球团中铁矿物的相变历程
（a）球团氧化充分时；（b）球团氧化不充分时

方程可计算出某温度下铁矿物能否被还原的热力学条件。

比如，在 1200℃时，铁矿物的还原条件是：

Fe_2TiO_4 还原时，$p_{CO_2}/p_{CO} < 0.256$，$p_{H_2O}/p_{H_2} < 0.256$；

$FeTiO_3$ 还原时，$p_{CO_2}/p_{CO} < 0.085$，$p_{H_2O}/p_{H_2} < 0.108$；

这是还原气氛控制的最低要求。

此外，用 CO 和 H_2 还原时，还原体系的氧压由以下关系确定：

$$2CO + O_2 = CO_2 \qquad \Delta G_T^{\ominus} = -133400 + 40.1T$$

则
$$\lg p_{O_2} = 8.765 - 29158/T + 2\lg p_{CO_2}/p_{CO}$$

$$2H_2 + O_2 = 2H_2O \qquad \Delta G_T^{\ominus} = -119300 + 27.3T$$

则
$$\lg p_{O_2} = 5.96 - 26076/T + 2\lg p_{H_2O}/p_{H_2}$$

当体系达到平衡时，C-O 或 H-O 系与 Fe-O 系（Fe-Ti-O 系）的氧压相等，即可求出铁矿物的氧压，然后得出铁矿物还原的难度按以下顺序增加：

$$Fe_2O_3 \rightarrow Fe_2TiO_5 \rightarrow Fe_3O_4 \rightarrow FeO \rightarrow Fe_2TiO_4 \rightarrow FeTi_2O_5$$

可知，钛磁铁矿球团中 Fe_2O_3 和 Fe_2TiO_5 的两条还原途径并非完全并列进行，含钛铁矿的还原除了 $Fe_2TiO_5 \rightarrow FeTi_2O_4$ 阶段极易还原外，其余步骤需在浮士体还原成金属铁后才能进行。工厂中大量采用 C-H-O 系还原剂，此时除氧交换反应外，还有水煤气参与副反应：

$$CO + H_2O = CO_2 + H_2 \qquad \Delta G_T^{\ominus} = -7050 + 6.4T$$

$$K = p_{CO_2}p_{H_2}/p_{CO}p_{H_2O} = \exp(-\Delta G_T^{\ominus}/RT) \tag{5-4}$$

根据平衡常数关系式可以作出用 C-H-O 系还原剂还原钛磁铁矿球团的平衡图，如图 5-9 所示。

图 5-9 中 *ACB* 以左为 Fe_3O_4 的热力学稳定区，*ACD* 以下为浮士体稳定区，*EF* 以下为 Fe_2TiO_4 稳定区，*EF* 和 *IJ*、*GH* 之间为 $FeTiO_3$ 稳定区。还可以看出，在 1100℃以上，FeO、Fe_2TiO_4、$FeTiO_3$ 还原的 $(p_{H_2}/p_{H_2O})_{平} < (p_{CO}/p_{CO_2})_{平}$，说明高温下 H_2 的还原能力和利用率都高于 CO，同时，用 H_2 还原的动力学条件远优于 CO，实验测得 1000℃下用 H_2 还原钛磁铁矿球团的速度比 CO 快 5~6 倍，还原速度随气体中 H_2/CO 的升高而显著加快。因此，竖炉和流态化床采用富氢还原气操作，必利于难还原的含钛铁矿的还原。高还原位气体和

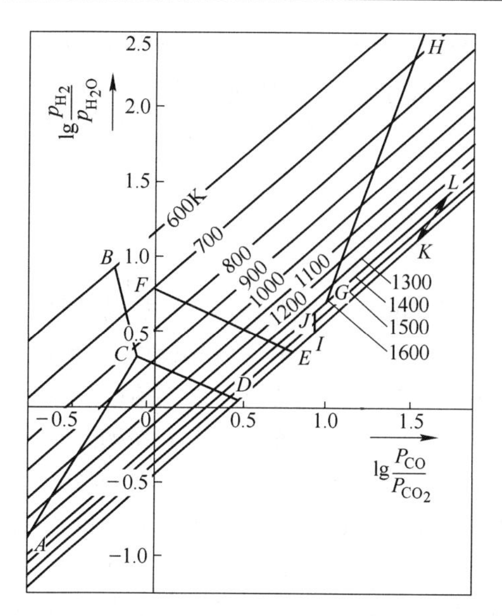

图 5-9 钛磁铁矿球团中各铁矿物用 C-H-O 系还原剂还原的平衡图

AC—$Fe_3O_4 + CO(H_2) = 3FeO + CO_2(H_2O)$；

BC—$1/4\ Fe_3O_4 + CO(H_2) = 3/4Fe + CO_2(H_2O)$；

CD—$FeO + CO(H_2) = Fe + CO_2(H_2O)$；

EF—$Fe_2TiO_4 + CO(H_2) = Fe + FeTiO_3 + CO_2(H_2O)$；

GH—$FeTiO_3 + CO(H_2) = Fe + TiO_2 + CO_2(H_2O)$；

IJ—$2FeTiO_3 + CO(H_2) = Fe + FeTi_2O_5 + CO_2(H_2O)$；

KL—$3/5FeTi_2O_5 + CO(H_2) = 3/5Fe + 2/5Ti_3O_5 + CO_2(H_2O)$

较高温度，是钛磁铁矿球团直接还原制取高金属化产品的两个必要条件。

5.5 高钛型炉渣选择性富集钛的工艺矿物学与热力学

许多学者结合我国复合矿中赋存多种有价元素的资源特性，针对其选、冶后二次资源（如攀钢高炉渣、高钛渣中钛、丹东硼镁铁矿冶炼的硼渣以及包头稀土渣）的综合利用，提出了“选择性析出技术”。基本思想是：（1）创造适宜的物理化学条件，促使散布于各矿物相内的有价元素在化学位梯度的驱动下，选择性地转移并富集于设计的矿物相内，完成“选择性富集”；（2）合理控制相关因素，促进富集相的“选择性析出与长大”；（3）将处理后的改性渣经磨矿与分选，完成“富集相”的“选择性分离”。其技术路线是：选择性富集→选择性析出与长大→选择性分离。

由于高钛渣中钛组分选择性析出研究处在起步阶段，因而，实现钛组分选择性析出的关键在于寻找适合的富钛相，并创造适当的物理化学条件，使高钛渣中钛组分选择性富集于富钛相；然后，选择相关的热处理条件，使富钛相得到富集和长大；最后寻找适当的分离手段，使富钛相得到选择性分离。

之所以设计钙钛矿为富钛相，一是因为钙钛矿相中 TiO_2 含量高。攀钢含钛高炉渣碱度较高，钙钛矿为渣中主要含钛物相，钙钛矿中所含 TiO_2 品位较高（55.81%），TiO_2 在其中的分布率也较高（48%）；二是因为钙钛矿相结晶早。含钛高炉渣中矿物结晶的顺序为：Ti(C，N）固溶体→少量一期镁铝尖晶石→钙钛矿→二期镁铝尖晶石→富钛透辉石→攀钛透辉石。尽管 Ti(C，N）固溶体和一期尖晶石这两种矿物先于钙钛矿结晶，但它们的结晶量有限，除部分可能起到钙钛矿相结晶核心的作用外，不会对钙钛矿的析出产生大的影响。

5.5.1 含钛高炉渣的工艺矿物学

攀钢高钛炉渣是一种高熔点炉渣，钛渣熔体具有强腐蚀性、高电导性、黏度在接近熔化性温度时剧增的短渣特性，而且这些性能在熔炼过程中可随组成发生剧烈的变化。钛渣的熔化性温度很高，约 1580~1700℃。这是因为钛渣的结晶温度范围很窄，温度接近熔点时少量结晶固体析出悬浮在熔体中，使熔体变得十分黏稠。

高钛炉渣中，几乎所有的矿物相都含 Ti，并且组成非常复杂，大多数为结晶性很强的高熔点矿物。经研究发现组成高钛渣的矿物分别是黑钛石固溶体、钛铁晶石固溶体、钛铁矿、镁铝尖晶石、硅酸盐玻璃隐晶质、三氧化二钛、碳氮化钛、渣中夹杂金属铁。其中主要物相为黑钛石固溶体，其余为少见或偶见矿物。这些矿物在渣中的结晶顺序为：Ti(C，N）→尖晶石→Ti_2O_3、黑钛石→钛铁晶石→钛铁矿→硅酸盐结晶相玻璃质。

（1）黑钛石（安诺石）。渣中大多为黑钛石矿物。薄片中为黑色或黑褐色，呈长柱状或针状，其化学式为 $m[(Ti, Al, Fe)_2O_3 \cdot TiO_2] \cdot n[(Ti, Mg, Fe)O_2 \cdot TiO_2]$，由于上述二价或三价阳离子半径相近，形成极复杂的固溶体。矿物是渣中最主要的含钛物相，含量 70%~85%。反射光下多为斜方柱状，结晶能力强，晶体较大，黑色不透明，金刚光泽或半金刚光泽，显非均质性，呈黑白反射色。它是晶出较早的矿物相。

黑钛石固溶体密度为 4.14~4.18g/m^3，介电常数 81 左右，无磁性或弱磁性，质脆，显微硬度 260.300kg/mm^3。

（2）钛铁晶石固溶体。化学式为 $m[2(Fe, Mg, Mn)O \cdot (Ti, V)O_2] \cdot n[(Fe, Mg, Mn)O \cdot (Fe, V)_2O_3]$，它以钛铁晶石（$2FeO \cdot TiO_2$）为晶格的固溶体，属等轴晶系。钛铁晶石固溶体不透明，弱磁性，密度为 4.5~4.7g/cm^3。

（3）钛铁矿。化学式为 $(Fe, Mg, Mn)O \cdot (Ti, V)O_2$，属三方晶系，渣中含量少，一般小于 5%，出现于高 FeO 钛渣中，多以镶边结构出现在黑钛石或钛铁晶石边缘，或以细针状从硅酸盐渣池中析出。

（4）镁铝尖晶石。化学式为（$MgO \cdot Al_2O_3$），属等轴晶系，在 FeO 含量低的钛渣中出现，含量 1%~5%，粒度为 12~40μm，是析晶较早的物相。

（5）三氧化二钛固溶体。化学式为（$Ti_2O_3 \cdot MgO \cdot TiO_2$），属三方晶系，在渣中多以粒状集合分散于黑钛石之间，粒度 5~15μm，相对硬度与黑钛石相近，易氧化为金红石。

（6）TiC、TiN 及其固溶体。TiC 为灰白色，均质体。多呈粒状或集合体，分布在铁珠周围。TiN 反射色为黄、鲜黄，呈正方形，长方形或粒状分布。Ti(C，N）系 TiC，TiN 的固溶体，呈玫瑰色、橙黄色等，反射率低于金属铁。Ti(C，N）固溶体和低价钛氧化物是高熔点物相（熔点为 3140℃和 1600℃），是渣黏稠的主要原因。

（7）金红石（TiO_2）。在渣中少见，一般存在于过还原渣中。

（8）硅酸盐玻璃隐晶质。它是渣中含 SiO_2 的主要物相，充填于黑钛石、钛铁晶石之间。

（9）金属铁。是渣中机械夹杂金属相。绝大部分铁经细磨磁选可以回收。

重庆大学以及昆明理工大学等单位，曾试图用选矿的方法，将渣中的 TiO_2 分离出来，但最终效果不理想。原因在于含钛渣中的钛以多价态形式分散在不同的矿物相中（表5-3），即便是 TiO_2 相对集中的钙钛矿相也因嵌布粒度小而难以分选。

表 5-3 攀钢高炉渣中各含钛矿物相含量（质量分数）及 TiO_2 分布率

矿物名称	矿物含量/%	矿相中 TiO_2 含量/%	TiO_2 分布率/%
钙钛矿	20.70	55.81	48.02
攀钛透辉石	58.90	15.47	37.87
富钛透辉石	5.80	23.61	5.69
镁铝尖晶石	3.60	22.00	1.08
Ti(C, N)	1.00	95.74	3.98
其　他	10.00		

事实上，攀钢高炉渣中含 TiO_2 23.25%左右；Ti 弥散于多种矿物相中，主要包括钙钛矿、攀钛透辉石、富钛透辉石以及少量镁铝尖晶石、碳化钛、氮化钛及其固溶体，这些矿相之间嵌布关系复杂。即使在含钛量较高的钙钛矿中，TiO_2 含量也只占渣中钛总含量的48%左右，且钙钛矿结晶粒度细小（<10μm），传统的选冶技术难以将 Ti 提取出来。改性渣中物相组成基本未变，但各物相结晶量、晶体粒度和形貌有了较大变化。钙钛矿晶体粒度平均可达 80μm 左右，其中 TiO_2 含量占渣中总钛量的 80%。钙钛矿由弥散的星点状、云雾状、树枝状的雏晶变为晶界光滑的棒状、粒状、十字状的自形晶；其主要伴生脉石矿物钛辉石由原来大小相差悬殊的粒状变为细丝状、羽毛状，构成基底。改性渣的粒度分析表明：钙钛矿属于细粒为主的不均匀嵌布；大于 38μm 各粒级中钙钛矿单体解离度不高，同一粒级中，钙钛矿单体解离度小于脉石矿物。

5.5.2 含钛高炉渣的热力学研究

Schreiber 等研究了 $CaO\text{-}SiO_2\text{-}TiO_x\text{-}Al_2O_3\text{-}MgO$ 五元渣系中 Ti^{4+}/Ti^{3+} 的平衡，研究得到了渣系中 Ti^{4+}/Ti^{3+} 比值与平衡氧分压的关系，作者认为渣系中 Ti^{3+}/Ti^{4+} 的比值与熔渣碱度有关。

B. O. Mysen 等研究了 Ti^{4+} 在熔渣中的化学属性。作者认为：尽管 Ti^{4+} 可以形成网状结构，有玻璃性能，但 Ti^{4+} 通常被认为是两性氧化物。TiO_2 所形成的网状结构排斥 SiO_2，可以与 CaO、MnO 和 FeO 等碱性氧化物结合。从 TiO_2 对熔渣黏度、导电性和硫化物容量的影响来看，TiO_2 可以使 Si—O 键解体，破坏网状结构。

Tanabe 和 Suito 等研究了 $CaO\text{-}TiO_x$ 渣系 Ti^{3+}/Ti^{4+} 的分布，实验采用渣-气平衡技术，渣中含有（56%~75%）的 TiO_x，氧分压分别为 10^{-9}Pa 和 10^{-6}Pa，平衡温度分别为 1823K、1873K 和 1923K。研究发现，渣中的 Ti^{3+}/Ti^{4+} 比值随 CaO 减少而增加，这一结果与 Schreiber 的研究结果一致。Tanabe 和 Suito 得到了 Ti^{3+}/Ti^{4+} 比值与平衡氧分压的关系。

Н. Л. Жило 根据文献与实验结果讨论了含钛五元高炉熔渣 $CaO\text{-}SiO_2\text{-}TiO_2\text{-}Al_2O_3\text{-}MgO$ 的性质。具体包括：Ti(C, N)、渣的氧化状态、不同价态钛氧化物相对含量、碱度及作

为添加剂 CaF_2 的含量对熔渣的黏度、熔化性温度影响的规律。作者认为：还原态渣的黏度及熔化性温度高于氧化态渣，高价钛氧化物的浓度增大时，熔渣黏度及熔化性温度随之降低。

G. Tranell 等研究了五元渣系（$CaO-MgO-Al_2O_3-SiO_2-TiO_x$）中钛的热力学行为。实验采用渣-气平衡技术。氧位用 $CO-CO_2-Ar$ 混合气体控制；TiO_2 的含量范围是 $w=7\%\sim21\%$；二元碱度为 $w(CaO)/w(SiO_2)=0.55\sim1.25$，讨论了钛氧化物浓度，氧分压和温度等因素的影响。渣中 Ti^{3+} 和 Ti^{4+} 的氧化还原反应可用下式表示：

$$(TiO_4^{4+})=(Ti^{3+})+7/2(O^{2-})+1/4O_2(g)$$

该研究给出了一些非常有意义的结果，其中包括：添加 MgO 可使熔渣中 Ti^{3+}/Ti^{4+} 减小，而 Al_2O_3 几乎对其不起作用；随着 Ti^{3+}/Ti^{4+} 的增大，Ti^{3+}/Ti^{4+} 与氧位之间由正比例的关系逐步变为 0.21±0.1 的指数方次关系；钛氧化物的含量低于 $w=14\%$ 时，增加其含量将降低 Ti^{3+}/Ti^{4+} 的数值，如继续增大，则 Ti^{3+}/Ti^{4+} 变化不再明显，作者认为这是高 TiO_x 含量产生钛氧化物的复合阴离子所致。

G. Tranell 等还研究了 $CaO-SiO_2-TiO_x$ 渣系中 Ti^{3+} 和 Ti^{4+} 的热力学行为。实验采用渣-气平衡技术。氧位用 $CO-CO_2-Ar$ 混合气体控制氧分压为 $10^{-12}\sim10^{-7}$ Pa，温度范围为 1783～1903K，渣中 CaO/SiO_2 范围为 0.55～1.35，TiO_x 范围为 7%～50%。研究结果表明，渣中 Ti^{3+}/Ti^{4+} 的比值随氧分压和碱度的减小而增加。提高 CaO/SiO_2 的比值，也就等于提高 $TiO_{1.5}$ 的活度系数，而整个 TiO_x 含量的影响比较复杂。

上述这些基础的实验研究在渣中钛的价态变化及其影响因素等方面所取得的结果对熔渣中钛的氧化及钛的富集具有重要的指导意义。

5.5.3 含钛高炉渣中钛组分选择性析出

通过对高炉渣中钛组分选择性析出的研究，改变渣相组成及氧位，可以创造适宜的物理化学条件，使钛组分在化学位梯度的驱动下，转移于钙钛矿中实现选择性富集。理论上主要对熔渣氧化过程的热力学、动力学展开系统研究，以期为合理控制相关因素，最大程度实现钛组分选择性富集提供理论基础，同时也为建立相关理论提供科学依据；确定熔渣氧化过程中的氧化动力学规律以及熔渣氧化过程中钙钛矿析出、长大与粗化规律，实现钙钛矿选择性析出、长大与粗化；研究反应器内保温涂层，控制降温速率，实现钙钛矿选择性析出与粗化；选择合适的吹氧方式、气体种类和氧枪，提高吹氧效率和氧枪寿命。

5.5.3.1 熔渣熔融氧化过程中的化学组成变化及氧化动力学规律

在前期的基础研究中，张力等研究了富钛熔渣体系中各组分的热力学性质，如：组元的活度及相互作用规律、熔渣黏度、熔化温度、氧化性及不同温度、氧位条件对熔渣性能的影响等。由于以上研究是在实验室规模下进行的，为了考察接近生产规模熔渣氧化规律，分别从以下几个方面研究了氧化过程的热力学性质和动力学规律：考察氧化过程中，气体流量、吹氧时间和气体种类（氧气和空气）与氧化过程中的热效应、熔渣温度上升的关系；考察氧化过程中，熔渣中全 Fe，单质 Fe、Fe^{2+}、Fe^{3+} 和低价钛含量的变化规律，为制定合适的吹氧条件提供科学依据；确定熔渣中全 Fe，单质 Fe、Fe^{2+}、Fe^{3+} 含量变化与熔渣黏度的关系；根据氧化过程中熔渣黏度变化，确定熔渣氧化时间与熔化性温度的关系；分别以 Ti^{3+}、Fe^{3+} 为研究对象，研究熔渣动态氧化动力学规律，确定氧化反应限速步骤，进而为工业化试验确定最佳动力学条件。

5.5.3.2 熔渣氧化过程中钙钛矿析出、长大与粗化规律

在前期的基础研究中，基于对熔渣离子结构和矿物组成的分析，控制必要的条件，使富钛相以主晶相的形式大量析晶，并迅速生长，抑制非晶相的析出，实现了钙钛矿的选择性析出与粗化。与基础研究相比，在工业化试验中，随着试验条件的改变，钙钛矿的选择性析出与粗化规律可能有所不同，从以下几方面研究了熔渣氧化过程中钙钛矿析出、长大与粗化规律。考察氧化过程中，氧化时间、熔渣黏度与钙钛矿结晶量与晶粒度之间的关系，并从降低熔渣黏度的角度出发，确定合理的氧化时间，使钙钛矿得到充分生长，达到粗化；考察氧化过程中，熔渣黏度变化与钙钛矿结晶量和晶粒度的关系，进而选择合适的黏度条件，促进钙钛矿粗化；考察熔渣氧化过程中，钙钛矿形核率和长大速率的变化规律，确定合适钙钛矿析晶温度范围，为钙钛矿的析出与长大创造条件；考察渣罐中不同部位钙钛矿的结晶规律，进而确定适当的保温制度，为钙钛矿的析出与长大创造条件。

攀钢高钛性炉渣的工艺矿物学表明，钛渣中 TiO_2 主要集中在黑钛石中，黑钛石性脆，杂质含量高，采用选矿方法很难将钛从渣中分离出来。根据熔渣离子结构理论和晶体化学原理，基于“选择性富集、选择性长大、选择性分离”学术思想，经过预氧化，黑钛石转变为金红石和铁板钛矿，然后采取热处理措施，控制熔渣的结晶过程，有可能人为地使分散在多种矿物相中的钛富集到富钛相-金红石相，实现选择性析出，并获得粗大晶体，以利于选择性分离。金红石晶体的析出过程主要涉及形核及晶体长大，粗化过程，结晶量、晶粒度均与此有关，而结晶过程直接受热处理条件的影响。

研究结果表明：金红石的结晶组织具有“遗传性”特征，提高熔化温度可以破坏“遗传”效应，有利于提高金红石的结晶量，促进金红石粗化；降温速率显著影响金红石晶粒度，但结晶量不变，缓慢冷却有利于平均晶粒尺寸的提高；保温时间影响金红石晶粒度和平均晶粒尺寸，但结晶量不变；金红石析晶过程中，体积分数基本不变，处于近平衡状态，因此，可用平衡状态下由扩散控制的弥散颗粒的粗化动力学来描述，其扩散控制的表观活化能为 $30.9\mu m^3/min$；通过选择性浸出，TiO_2 品位可达到95%以上；影响浸出的因素主要有温度、时间、盐酸浓度、搅拌强度等，搅拌强度虽然不影响渣的浸出，但可使渣的颗粒悬浮在溶液中，浸出温度为 50～70℃，浸出时间为 15min，盐酸浓度一般控制在 6%～8%；高温改性有利于浸出产物 TiO_2 品位的提高，约提高 20%，而预氧化渣仅提高 10%，X 射线衍射证实溶出产物中金红石是主要物相，但有少量铁存在。

采用向熔渣鼓入气泡的方法研究含钛还原性熔渣动态氧化的动力学行为，可以得到不同条件下熔渣氧化的规律。结果表明：(1) 含钛高炉熔渣等温氧化过程中，随氧化温度的提高和氧化时间的延长，渣中单质铁急剧减少；氧化亚铁的变化分为三个阶段，氧化前期氧化亚铁含量减少，氧化中期氧化亚铁含量上升，氧化后期氧化亚铁含量减少。全铁变化分为两个阶段，氧化前期全铁含量减少，氧化后期全铁含量平稳略增，三氧化二铁含量增加，低价钛含量减少。(2) 提高空气流量，熔渣氧化加剧，熔渣中单质铁、氧化亚铁、全铁、三氧化二铁及低价钛变化趋势加快。(3) 含钛高炉渣的动态氧化，是高温多相反应，渣中 Ti^{3+} 和 Fe^{2+} 的氧化反应同时发生。气-渣界面铁和钛的氧化反应是限速步骤。分别以

Ti^{3+}的氧化速率和 Fe^{3+}的生成速率建立了熔渣动态氧化的表观速率方程和动力学方程：

$$\ln k_{Ti} = -55490/T - 30.35 \tag{5-5}$$

$$\ln k_{Fe} = -437300/T - 29.34 \tag{5-6}$$

并由此得出表观活化能分别为：461.1kJ/mol，437.3kJ/mol。

关于氧化对钙钛矿相富集与长大的影响，获得的结论是：还原性高炉渣高温氧化，用空气作氧化介质，随氧化时间延长，熔渣黏度降低较为缓慢，但 12min 后，黏度增大，用氧气作为氧化介质时，黏度降低较为迅速，随时间延长，熔渣黏度降低；熔渣氧化过程中，Ti^{4+}/Ti^{3+}、Fe^{3+}/Fe^{2+}增大，熔渣氧位升高，熔渣中钙钛矿相析出量增加；熔渣氧化过程中，钙钛矿形核温度降低，长大线速率提高，空气氧化时，长大线速率的数量级由原渣的 10^{-6}提高到 10^{-5}，纯氧氧化时，长大线速率的数量级由原渣的 10^{-6}提高到 10^{-4}；等温氧化渣样的 XRD 分析表明，通过氧化，熔渣中低价钛物相富钛透辉石和攀钛透辉石减少或消失，利于钙钛矿的富集。

5.5.4　氧化过程中钙铁矿富集的热力学分析

钙钛矿析出可由下述反应来表述：

$$(CaO) + (TiO_2) = CaTiO_3$$

渣中 CaO 和 TiO_2 含量的提高促进钙钛矿的析出反应向右移动，提高钙钛矿析出量。氧化使熔渣的平衡氧位由 10^{-14}kPa 升高到 10^{-1}kPa，使熔渣由强还原性变为氧化性渣，渣中 Ti^{4+}/Ti^{3+}的比例急剧增加，张力等的研究结果表明，500g 攀钢高炉渣，氧化 12min，渣中 Ti^{4+}/Ti^{3+}可达到 40 以上。高价钛氧化物的增加促进反应向右进行，提高了钙钛矿的析出量。熔渣内进行的氧化反应有：

$$TiC(s) + 2O_2 = (TiO_2) + CO_2$$

$$\Delta G^{\ominus} = -757000 + 160.02T\ ,\ \Delta G^{\ominus}_{1693} = -486086.14\text{J/mol}$$

$$TiN(s) + O_2 = (TiO_2) + 1/2N_2$$

$$\Delta G^{\ominus} = -604700 + 84.31T\ ,\ \Delta G_{1693}{}^{\ominus} = -461963.17\text{J/mol}$$

$$(Ti_2O_3) + 1/2O_2 = 2(TiO_2)$$

$$\Delta G^{\ominus} = -379900 + 97.04T\ ,\ \Delta G_{1693}{}^{\ominus} = -215611.28\text{J/mol}$$

$$(TiO) + 1/2O_2 = (TiO_2)$$

$$\Delta G^{\ominus} = -426400 + 103.47T\ ,\ \Delta G_{1693}{}^{\ominus} = -251225.29\text{J/mol}$$

1693K 时，熔渣中主要的氧化反应（TiO 氧化）：

$$\Delta G = \Delta G^{\ominus} + RT\ln J_a = -215.6 + RT\ln J_a$$

$$= -215.6 + RT\ln\left[\frac{a^2_{TiO_2}}{a_{Ti_2O_3}} \cdot \left(\frac{p}{p^{\ominus}}\right)^{1/2}\right] \tag{5-7}$$

式中，a_{TiO_2}、$a_{Ti_2O_3}$分别代表渣中 TiO_2、$TiO_{1.5}$的活度。当反应达到平衡时，$\Delta G=0$，将反应氧分压及温度代入，得到平衡状态下 $a_{TiO_2}/a_{Ti_2O_3}$比值：

$$\frac{a_{TiO_2}}{a_{Ti_2O_3}} = 4489646 \times \left(\frac{p}{p^{\ominus}}\right)^{1/2} \tag{5-8}$$

在氧分压（$p/p^{\ominus}$）= 10^{-2}时，平衡时熔渣中 $a_{TiO_2}^2/a_{Ti_2O_3}$ 的值为 4.4×10^5，表明 Ti^{3+} 数量很小；同样地，当熔渣氧化达平衡时，渣中 Ti^{2+} 也基本消失。表明在实验条件下，上述反应均很完全，平衡时，渣中的钛几乎全转变为（Ti^{4+}），TiO_2 活度增大并促进钙钛矿相析出反应的进行。不同氧势的渣中 $a_{TiO_2}^2/a_{Ti_2O_3}$ 的值如表 5-4 所示。

表 5-4 不同氧势下渣中 $a_{TiO_2}^2/a_{Ti_2O_3}$ 的值

$p/p^{\ominus}$	10^{-1}	10^{-2}	10^{-3}	10^{-4}	10^{-5}	10^{-6}	10^{-7}
$\frac{a_{TiO_2}^2}{a_{Ti_2O_3}}$	1.4×10^6	4.4×10^5	1.4×10^5	4.4×10^4	1.4×10^4	4.4×10^3	1.4×10^3

由表 5-4 可知，随着熔渣氧势的提高，$a_{TiO_2}^2/a_{Ti_2O_3}$ 的值增大，氧化有助于 Ti^{3+} 的减少，促进钙钛矿富集度提高。

5.6 选择氯化法制备人造金红石的热力学

钛铁矿选择氯化法是生产人造金红石的主要方法之一，该法有多种工艺流程，如日本三菱金属公司的“氧化焙烧—预热物料—选择氯化”，美国、印度等国的“氧化焙烧—还原焙烧—选择氯化”等，均需要三个工序，又称三步法流程。温旺光、赵中伟等通过热力学计算和分析，研究了“通氧一步选择氯化法”，即物料不需经过预处理或预热，仅用选择氯化一个工序便可制得人造金红石，并探讨了动力学过程。以钛铁矿（$FeO\cdot TiO_2$）为原料，用选择性氯化法制取人造金红石（TiO_2）和副产物三氯化铁（$FeCl_3$）是一种流程短、设备简单、生产率较高、成本较低的工艺。早已用于工业生产。对于选择性氯化而言，关键问题是正确控制系统的氧位和氯位，以保证铁优先氯化，而钛以 TiO_2 形态保留于渣中。因此，掌握过程的热力学条件是非常重要的。

选择氯化是利用钛铁矿加碳氯化时钛和铁热力学性质上的差异，即在中性或弱还原性气氛中铁优先被氯化，以三氯化铁的形式挥发出来，而钛不被氯化或很少被氯化，但在高温下却发生晶型转变而生成人造金红石。在高温下，选择氯化按下列反应式进行：

$$FeO\cdot TiO_2(s) + CO(g) + Cl_2(g) = TiO_2(s) + FeCl_2(s) + CO_2(g)$$

$$Fe_2O_3\cdot TiO_2(s) + 3CO(g) + 2Cl_2(g) = TiO_2(s) + 2FeCl_2(s) + 3CO_2(g)$$

生成的 $FeCl_2$ 再进一步氯化生成 $FeCl_3$，然后挥发分离。从反应式可以看出，反应过程受炉内 CO_2 和 CO 的分压比所制约。

CO_2 分压增大，则反应的平衡向左移动，只有 p_{CO_2}/p_{CO} 比值减小，反应的平衡右移，才有利于金红石的生成。在温度 1285K 时，有利于优先还原并氯化钛铁矿中的氧化铁，这是因为温度高于 1285K 时，$FeCl_2$ 也气化挥发的缘故。温度高，有利于优质金红石的生成。然而，计算自由能的结果表明，过高的温度，又将使 TiO_2 氯化为 $TiCl_4$，造成钛的损失。

进一步讨论氯化过程通氧的热力学。为实现氯化过程，首先需在给定条件下作氯化炉的热平衡计算，若发现热量不足，则应采取措施补充热量，以实现过程的“自热”反应。

选择氯化在 1173K 时反应才比较完全。虽然反应是放热的，但不能维持正常反应所需的温度。经对反应过程热平衡的计算，得出反应过程所放热量仅能满足所需热量的 50%左右。因此这一方法能否在工业上付诸实施，关键在于解决氯化过程的自热问题。因此，便形成了各种技术路线。

通氧一步选择氯化法流程的思路：设想在氯气中加入适量的氧气或空气，并在物料中配加相应量的碳，使碳在炉内燃烧放热，补充维持正常反应所需热量，以解决自热这个难题。当然，其前提应当是不会干扰选择氯化过程。为此做了热力学研究，研究了某些氯化物和氧气相互作用的自由能变化 $\Delta G^{\ominus}$ 与温度的关系，以及 C 和 CO 分别与 O_2 作用的 $\Delta G^{\ominus}$，其结果绘于图 5-10。由图 5-10 得知，C 和 CO 分别与 O_2 反应的 $\Delta G^{\ominus}$ 值（在 1300K 时，分别为 -396.42kJ/mol O_2 和 -339.43kJ/mol O_2），比 $FeCl_3$ 等氯化物的 $\Delta G^{\ominus}$ 值（$FeCl_3$ 在 1300K 时为-24.02kJ/mol O_2）更负，因而碳有“优先氧化”的可能性。其关键在于通入适量的氧气或空气，并加相应量的碳与之反应，既可维持足够高的温度使氯化反应正常，又不致于干扰氯化过程的选择性。

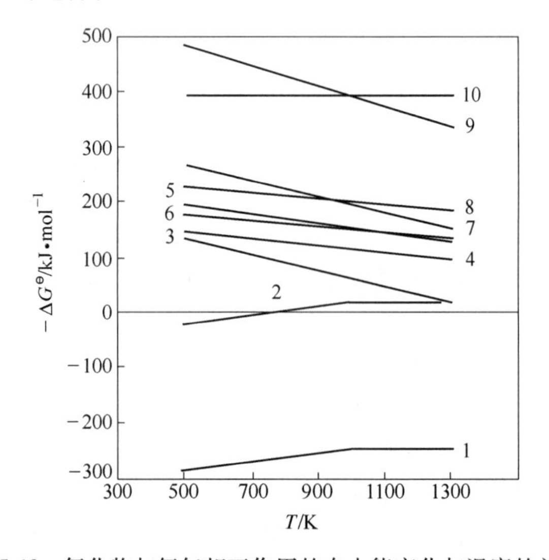

图 5-10　氯化物与氧气相互作用的自由能变化与温度的关系

1—$2CaCl_2 + O_2 = 2CaO + 2Cl_2$；2—$2MgCl_2 + O_2 = 2MgO + 2Cl_2$；

3—$2FeCl_3 + O_2 = 2FeO + 3Cl_2$；4—$TiCl_4 + O_2 = TiO_2 + 2Cl_2$；

5—$ZrCl_4 + O_2 = ZrO_2 + 2Cl_2$；6—$HfCl_4 + O_2 = HfO_2 + 2Cl_2$；

7—$4/3AlCl_3 + O_2 = 2/3Al_2O_3 + 2Cl_2$；8—$SiCl_4 + O_2 = SiO_2 + 2Cl_2$；

9—$2CO + O_2 = 2CO_2$；10—$C + O_2 = CO_2$

5.7　加碳氯化法制取 $TiCl_4$ 的热力学

工业上生产四氯化钛的主要原料为钛渣或金红石，其主要成分为 TiO_2。在加碳氯化时二氧化钛的主要反应为：

$$TiO_2 + C + 2Cl_2 = TiCl_4 + CO_2$$

$$TiO_2 + 2C + 2Cl_2 = TiCl_4 + 2CO$$

同时还认为也发生下列反应：

$$TiO_2 + 2CO + 2Cl_2 = TiCl_4 + 2CO_2$$

$$CO_2 + C = 2CO$$

$$2TiCl_4 = 2TiCl_3 + Cl_2$$

这些氯化过程一般是利用微粉原料（TiO_2、固体 C）在流化床内 1273K 附近进行。与固体碳相关的氯化反应式如上，两反应的差异仅为产物 CO 和 CO_2 的不同。以上两反应式可合写为：

$$TiO_2 + 2Cl_2 + (2q + 2)/(2q + 1)C = TiCl_4 + (2q)/(2q + 1)CO_2 + 2/(2q + 1)CO$$

式中，q 表示生成气体的 CO/CO_2 摩尔比，它受碳的气化反应方程式的影响。

5.7.1 加碳氯化反应的 Gibbs 自由能理论值

李文兵、袁章福等采用 HSC（焓、熵和热容）软件对含钛矿物加碳氯化的多元、多相、多反应的复杂体系进行了还原平衡组分的计算与分析。热力学计算表明，一定组成的含钛矿物在 200℃的较低温条件下可完全转化为四氯化钛，在理论配比条件下，含钛矿物均可完全反应，在 800~1600℃的温度范围内，反应的产物均为气相。

针对攀枝花含二氧化钛 47%左右的钛精矿加碳氯化反应，采用 HSC 计算化学软件考察了不同组分反应的 Gibbs 自由能变化，所得结果如图 5-11 所示。

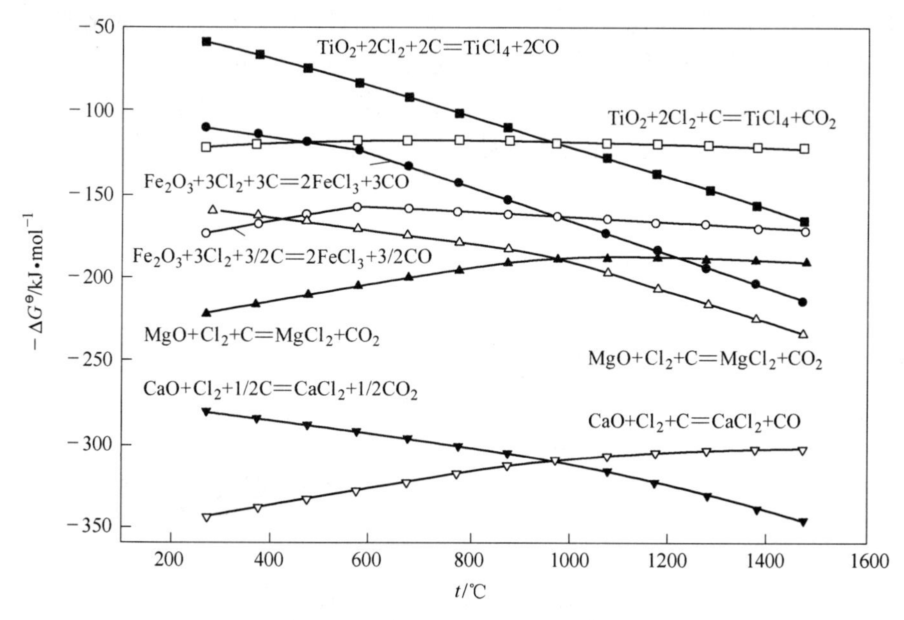

图 5-11 攀枝花钛精矿加碳氯化时 $\Delta G^{\ominus}$ 与温度关系

从图 5-11 可看出，攀枝花钛精矿各种成分加碳氯化反应的 $\Delta G^{\ominus}$ 都小于零，说明反应均可自发进行，组成一定的含钛矿物在 200℃的较低温条件下可完全转化为四氯化钛。在 800~1600℃的温度范围内，反应的主要产物均为气相，但各种成分加碳氯化反应的 $\Delta G^{\ominus}$ 各不相同。从热力学分析，加碳氯化反应的 $\Delta G^{\ominus}$ 越小，越容易发生氯化反应；反之 $\Delta G^{\ominus}$ 越大，反应越难。

钛精矿中各组分在 800℃ 以下优先氯化的顺序为：$CaO>MgO>Fe_2O_3>TiO_2$。生产实践表明，主要杂质在 800℃ 的相对氯化率 Fe_2O_3 为 100%，CaO>80%，MgO>60%，而 TiO_2 则处于中间状态。

在 800℃以上，TiO_2 完全反应时，上述杂质也能完全反应，这样，在目前常规的沸腾氯化炉中，生成的低熔点 $MgCl_2$（熔点 714℃，沸点 1418℃）和 $CaCl_2$（熔点 782℃，沸点 1800℃）将形成黏结，因此，高温直接氯化攀枝花钛精矿不仅需要消耗大量氯气，而且会形成黏结，在当前工艺上不可行。

TiO_2、Ti_2O_3 和 Ti_3O_5 等低价钛氧化物在一定的温度条件下都能发生氯化反应，其反应如下：

$$1/2TiO_2 + CO + Cl_2 = 1/2TiCl_4 + CO_2$$
$$1/4TiO_2 + 1/2C + Cl_2 = 1/4TiCl_4 + 1/2COCl_2$$
$$1/6Ti_3O_5 + 5/6C + Cl_2 = 1/2TiCl_4 + 5/6CO$$
$$1/6Ti_3O_5 + 5/12C + Cl_2 = 1/2TiCl_4 + 5/12CO_2$$
$$1/4Ti_2O_3 + 3/4C + Cl_2 = 1/2TiCl_4 + 3/4CO$$
$$1/4Ti_2O_3 + 3/8C + Cl_2 = 1/2TiCl_4 + 3/8CO_2$$
$$1/2TiO + 1/2C + Cl_2 = 1/2TiCl_4 + 1/2CO$$
$$1/2TiO + 1/4C + Cl_2 = 1/2TiCl_4 + 1/4CO_2$$

李文兵等采用 HSC 计算化学软件考察了钛矿物的各种氧化物加碳氯化的难易程度，即 钛矿物的各种氧化物加碳氯化反应的 $\Delta G^{\ominus}$变化，所得结果如图 5-12 所示。从图 5-12 可以看 出，在 1100℃之前，低价钛的氧化物的 $\Delta G^{\ominus}$ 均小于二氧化钛的 $\Delta G^{\ominus}$，因此在低于 1100℃温度范围内，低价钛的氧化物更容易被氯化，不会产生低价钛的氧化物，这个结论得到了实验验证。

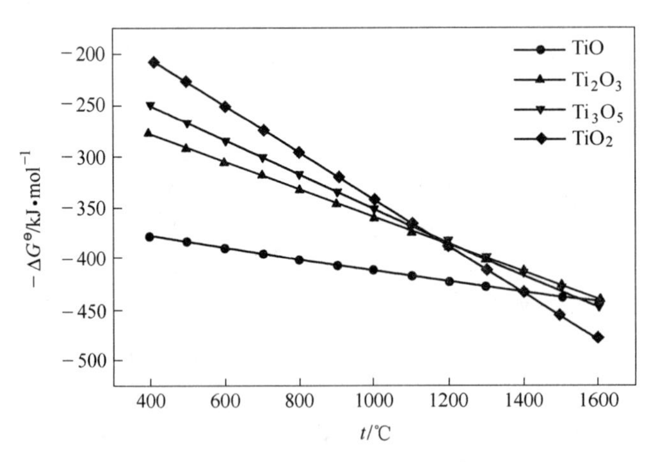

图 5-12 各种钛氧化物加碳氯化时 $\Delta G^{\ominus}$ 与温度关系

针对二氧化钛加碳氯化的 CO/CO_2 比值、配碳比等问题，中国科学院过程工程研究所王玉明、刘瑞丰等的研究表明，低温下加碳氯化反应的相关产物为 CO_2，而高温下为 CO。产物 $TiCl_4$ 含量在整个温度范围内保持稳定。当配碳比较高时，碳的反应不完全，存在过量，较低时，不利于 TiO_2 的完全反应。富钛料氯化炉气组成中 CO/CO_2 比值不仅是氯化过程反 应机理的反映，也是控制氯化过程稳定性的一个重要指标，据此可以有效地确定并调节不同氯化方法工艺制度，因此实际生产过程中对其比值控制非常重要。

5.7.2 熔盐氯化中加碳氯化反应热力学

目前工业上制备 $TiCl_4$ 的方法主要有两种，即沸腾氯化法和熔盐氯化法。熔盐氯化是目前针对钙镁含量较高的高钛渣最为有效和成熟的提炼工艺。因为熔盐具有诸多优越性质，如高温下的稳定性、在较宽范围内的低蒸气压、低的黏度、良好的导电性、较高的离子迁移和扩散速度、高热容量、具有溶解不同材料的能力等。所以将熔盐作为高钛渣加碳氯化反应的介质，不仅能够提供良好的反应界面，而且是提高反应区氯浓度的有效催化剂，可降低 $CaCl_2$、$MgCl_2$ 的不利影响。高钛渣加碳氯化主要产物的熔点及沸点见表 5-5。

表 5-5 高钛渣加碳氯化主要产物的熔点及沸点

氯化产物	熔点/K	沸点/K	氯化产物	熔点/K	沸点/K
$TiCl_4$	249	409	$FeCl_2$	950	1285
$VOCl_3$	194	400	$MnCl_2$	923	1504
$SiCl_4$	203	334	$MgCl_2$	987	1691
$AlCl_3$	466	454（T sb）	$CaCl_2$	1045	2273
$FeCl_3$	577	605			

通过对高钛渣各组分氧化物加碳氯化反应的热力学计算与分析，可以发现，循环氯气中的氧气与石油焦的燃烧反应是影响熔盐氯化炉温度的主要因素，而炉温的稳定控制是提高熔盐氯化炉运行效率的关键。在 900～1500K 时，高钛渣加碳氯化热力学趋势表明：所有氧化物在氯化过程中全部转变为氯化物，但实际反应中 Al_2O_3，尤其是 SiO_2 仅有很小一部分被氯化，同时确定了此温度区间各组分氧化物加碳氯化难易顺序；热力学条件对 TiO_2 和 SiO_2 氯化率的影响近于一致，所以从热力学角度不能进一步有效降低 SiO_2 的氯化率而减少 $TiCl_4$ 中 Si 含量。

采用叶大伦的方法可以计算出标准摩尔生成焓及标准反应吉布斯自由能。首先获得了反应热的一些规律。高钛渣中氧化物杂质 V_2O_5 加碳氯化反应生成 CO_2 时放出的热量最高为 471852J/mol，其次为碳（石油焦）燃烧反应，TiO_2 比 CaO、MnO、MgO 等加碳氯化反应放出的热量低，且锐钛矿加碳氯化反应放出的热量要稍大于金红石放出的热量；高钛渣加碳氯化生成 CO_2 时放出的热量均显著高于相应生成 CO 时的热量。高钛渣中氧化物夹杂含量相对较低，且与 TiO_2 加碳氯化反应的热效应相差不大，因此氧化物夹杂加碳氯化反应放出的热量对氯化炉内熔盐介质的温度影响相对较小。

通过计算并绘图表明，在 900～1500K 温度范围内，高钛渣各组分加碳氯化反应的 $\Delta G^{\ominus}$ 值均为负值，表明在标准状态下，这些反应均能自发地正向进行；当温度低于 976.6K 时，加碳氯化反应体系优先生成 CO_2；温度高于 976.6K 时，加碳氯化反应体系优先生成 CO；在 900～1100K 高钛渣加碳氯化反应时，各组分在标准状态下加碳氯化反应的热力学趋势由大到小依次为：CaO>MnO>FeO($FeCl_2$)>MgO>V_2O_5>Fe_2O_3>FeO($FeCl_3$)>Anatase（锐钛矿）>Rutile（金红石）>Al_2O_3>SiO_2。由此可见，若不考虑高钛渣中各组分的固溶效应，TiO_2 以前的氧化物在氯化过程中全部转变为氯化物，但 Al_2O_3，尤其是 SiO_2 仅能部分被氯化。

由于热力学对 TiO_2、SiO_2 氯化率的影响规律是一致的，因此单从热力学方面改变加碳氯化反应温度降低 SiO_2 氯化率是不可行的，只能从 TiO_2、SiO_2 两者加碳氯化反应的动力学差异解决这一难题。熔盐氯化正常生产时，熔盐介质实测温度约为 977K，此温度与高钛渣加碳氯化反应的布多尔点非常接近，说明实际生产时熔盐温度的控制是合理的。但考虑到石油焦的利用率，熔盐温度应略低于 976.6K，这样可在保证高钛渣正常氯化速率的同时提高原料的综合利用率。

5.8 钛白前驱体偏钛酸制备过程中硫酸氧钛的水解

5.8.1 形核与聚集

硫酸钛溶液添加晶种水解后所得水合二氧钛是一种三次粒子。一次粒子是直径平均约为 6nm 的锐钛微晶体；二次粒子是由大约 1000 个微晶体组成的平均直径约 60nm 的聚集粒子，称为胶束。微晶体在胶束内通过它们的边界和角以一定的方向排列着，数目不等的胶束通过硫酸根离子结合成尺寸范围很大的三次粒子，称为絮凝粒子。J. E. Latty 的研究认为，胶束是处在 0.08~0.10μm 直径尺寸范围的扁平体，其平均厚度约 0.025μm。

硫酸法钛白生产过程中，水解过程主要通过如下三阶段完成：（1）结晶中心的形成（晶核的形成阶段），这是可以测出来的最小粒子，它不能被打碎，只能被溶解，它的大小主要取决于晶种的浓度。（2）晶核的成长与水合二氧化钛开始析出阶段，晶核成长形成一次聚集体，聚集体大小取决于水解条件，它直接影响颜料的性能，可被化学和机械力打碎。（3）水合二氧化钛的凝聚沉淀及沉淀物组成改变的阶段，此时凝聚颗粒大小影响偏钛酸的过滤和洗涤性能，对颜料影响不大。

第一阶段是晶核形成阶段，水解开始，首先从澄清的钛液中析出一批极微细的晶核的结晶中心，这批晶核的数量、性质、结构、组成为最后水解产物的性质和组成奠定了基础。为了正确引导水解过程，在溶液中必须具有一批相当数量、具有一定组成结构的晶核作为结晶中心。由于这部分晶核的数量和组成往往不固定，因此，有时化学组成完全相同的钛液在完全相同的条件下水解，由于晶种的不同也会得到不同的水解产物。

在第二阶段，也就是粒子的成长阶段，钛以水合二氧化钛的形式在已经形成的结晶体基础上逐渐长大成为水合二氧化钛颗粒，但不足以沉淀下来，这个阶段就是在水解时正好变灰色的阶段，此时溶液的化学组成未发生变化。

第三阶段，水合二氧化钛颗粒逐步凝聚长大而沉淀下来，这些凝聚粒子的大小、分散程度对以后的水解操作具有了较大的影响。这个阶段中由于从溶液中析出了固体偏钛酸颗粒，打破了原来溶液中的水解平衡，使水解以较大的速度进行，液相中的二氧化钛组分，不断地转变成固体偏钛酸的沉淀，溶液中的二氧化钛浓度不断降低，游离酸浓度急剧升高，直至水解结束。

$TiOSO_4$ 溶液水解过程如图 5-13 所示。

钛液的水解是液-固反应，有三种可能的控制步骤限制反应历程：（1）液相中的反应物向固相界面扩散；（2）反应物在界面发生化学反应；（3）由反应物向界面的扩散与界面上的反应联合控制。硫酸氧钛溶液是很复杂的体系，溶于硫酸溶液中的 Ti^{4+} 具有多种羟基配合物形式，化学式为 $Ti(OH)_p^{(4-p)+}$，$p<4$。p 值随钛液浓度、酸度、温度的变化而改

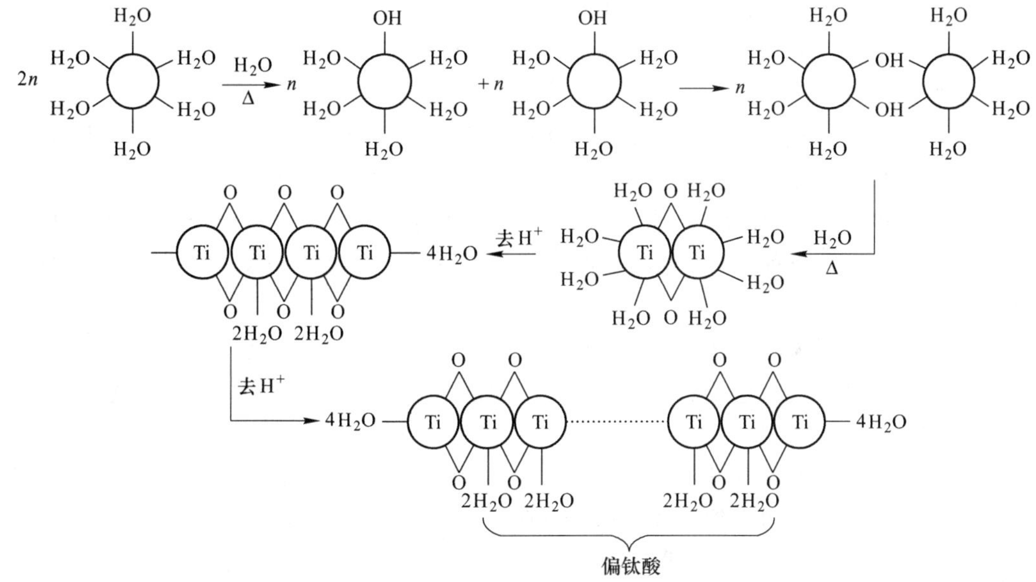

图 5-13　$TiOSO_4$ 溶液水解过程示意图

变。当温度接近沸点时，化学式为 $[Ti_2O_2(OH)_3]^+$ 和 $[Ti_4O_6(OH)_3]^+$，此时 $p<1$。Jerman 等在低温和高温时都观测到了聚合物的存在，低温时以羟基桥为主，高温时以氧桥形式为主。但低温钛液水解非常缓慢。溶液中的 SO_4^{2-} 可与配合物形成稳定的桥，形式为 $>Ti<\begin{matrix}SO_4\\SO_4\end{matrix}>Ti<$，这种桥在沉淀过程中利于保持分子取向，促进反应进行，因此，钛液在高温时，Ti(Ⅳ) 的配合物以一定的速度形成多钛聚合物后在晶种表面沉积下来。

汪礼敏等研究认为，在水解粒子的表面存在着均匀分布的活性中心，反应物在活性中心上成键，使晶体不断长大而析出沉淀，同时产生新的活性中心；粒子表面上的化学反应是整个过程的控制步骤。反应机理主要分为如下四个步骤：

$$\mathrm{Ti(IV)}+p\mathrm{OH^-} \xrightleftharpoons{K_1} \mathrm{Ti(OH)}_p^{(4-p)+}$$

$$2\mathrm{Ti(OH)}_p^{(4-p)+} \xrightleftharpoons{K_1} (2p-2)\,\mathrm{OH^-} + >\mathrm{Ti}\begin{matrix}\mathrm{OH}\\\mathrm{OH}\end{matrix}\mathrm{Ti}< + >\mathrm{Ti}\begin{matrix}\mathrm{OH}\\\mathrm{OH}\end{matrix}\mathrm{Ti}< \rightleftharpoons$$

$$>\mathrm{Ti}-\mathrm{O}-\mathrm{Ti}<+\mathrm{H_2O}$$

$$\equiv\mathrm{Ti}-\mathrm{O}-\mathrm{Ti}\equiv+\text{晶种} \rightarrow \mathrm{TiO_2}\text{晶体}$$

硫酸钛液的热水解过程可分成以下几个阶段加以讨论：

（1）诱导期。在此阶段水解尚未真正开始，硫酸钛液中没有固体物质析出，但此时硫酸钛液内部进行着复杂的变化，主要是 Ti^{4+} 的配合物 $Ti(OH)_p^{(4-p)+}$ 以适当的速度缩合，其主要形式为 $\equiv Ti-O-Ti\equiv$，聚合物之间进一步形成多聚物。

（2）过渡期（水解率 $\alpha \leqslant 10\%$）。此阶段中水解已经开始，反应物以≡Ti—O—Ti≡的形式在晶种表面沉积，使晶体不断长大，同时聚合物之间进一步缩合，产生新的晶种。

（3）水解期。此阶段中硫酸钛液的热水解遵循假设的四步反应机理。单位体积内硫酸钛液中的晶粒数不再增加，反应物不断在晶体表面的活性中心上成键，同时产生新的活性中心，晶体逐渐长大析出沉淀，同时也发生粒子间的相互凝聚，但凝聚着的粒子间也在相互独立的生长。这一过程水解很快，硫酸钛液浓度下降，有效酸浓度不断增大，水解反应逐渐缓慢。

（4）絮凝期（水解率 $\alpha \geqslant 80\%$）。这一阶段反应不遵循假设的反应机理，硫酸钛液浓度很低，酸度较高，反应趋于平衡，转化率增加很小，但由于粒子间的相互絮凝，因而粒子不断增大。

有关钛液加热水解反应机理的报道还很多，一般认为在酸度系数 F 值低、总钛高的钛液中以胶凝过程为主；而 F 值高、总钛低的钛液中以离子间的反应为主。

由于钛在元素周期表中位于ⅣB 族，它正四价离子的粒子半径很小，所以四价钛在水溶液中很难以简单的离子形式存在，而是与水形成配合物，以水和配离子的形式存在，通常是一个 6 配位的水和配离子 $[Ti(H_2O)_6]^{4+}$。水解的第一步是从一个水分子中脱去一个 H^+，这样就形成了一个由 5 个水分子和一个 OH^- 所组成的配合离子，从而降低了钛的电荷，OH^- 起着“桥基”的作用。

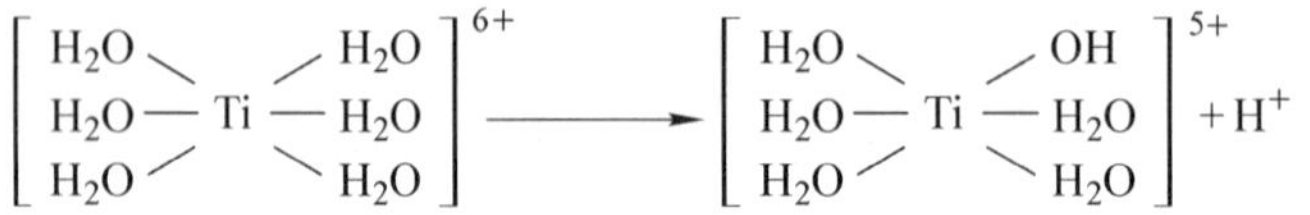

$$\left[\begin{array}{c} H_2O \diagdown \quad \diagup H_2O \\ H_2O - Ti - H_2O \\ H_2O \diagup \quad \diagdown H_2O \end{array}\right]^{6+} \longrightarrow \left[\begin{array}{c} H_2O \diagdown \quad \diagup OH \\ H_2O - Ti - H_2O \\ H_2O \diagup \quad \diagdown H_2O \end{array}\right]^{5+} + H^+$$

随着溶液中酸度的逐渐增高，这是由于钛的“羟桥”配合物上 H^+ 的继续转移而形成更稳定的“氧桥”，这种 H^+ 的转移随着水解过程的继续而形成多核配合物。这种依次增多的多核配合物，呈锁状或者网状胶粒结构，最后凝结成大颗粒，当聚集粒子达到 10μm 左右就可以沉淀下来。也有人认为这种以氧为链桥的多核配合物，在溶液中实际上呈如下长链结构：

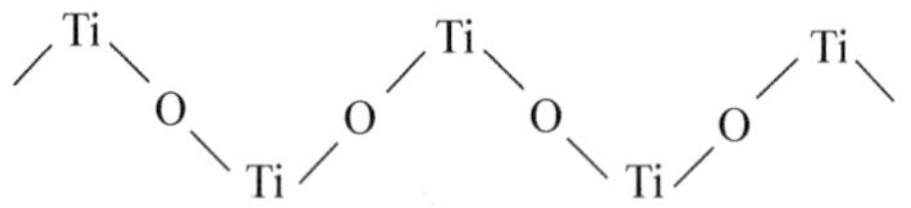

$$\diagup Ti \diagdown O \diagdown Ti \diagup O \diagup Ti \diagdown O \diagdown Ti \diagup O \diagup Ti \diagdown$$

随着热水解的进行，链长越来越长，在加热和搅拌的作用下互相缠绕在一起发生凝聚而沉淀。这种凝聚即使在较高的酸度下也能进行，不断重复上述凝聚沉淀过程，使水解反应继续进行，直到绝大部分钛离子水解生成水合二氧化钛胶粒从母液中沉析分离出来。

国内外学者一般将水解过程分为三个时期，即水解诱导期、水解期、水解成熟期。水解生成的偏钛酸具有锐钛型微晶结构，有学者认为微晶直径为 3~10nm，它们按一定的方向（20~30 个）配位成胶粒。胶粒在硫酸盐的作用下加速凝聚，构成凝聚体沉淀下来。它决定了二氧化钛的粒子大小。凝聚体的大小为 0.4~2.0μm。也有报道认为凝聚体的大小仅为 0.6~0.7μm，这些颗粒由大约 1000 个 60~75nm 的小微粒胶凝而成，每个微粒约含有 20 个 2nm 的微晶体，此为加到溶液中去的晶种。有文献认为，沉淀生成的 0.2~0.5μm 的聚结体，是由更小的 6~8nm 的晶体构成的。也有人认为聚结体由 5~10μm 的晶体构成。

但普遍认为沉淀过程主要包含四个阶段，即成核、生长、聚结（团聚）、破碎。

有关研究阐述了粒子的团聚机理，并将粉末的团聚分为硬团聚和软团聚。粉末的软团聚主要是由于颗粒之间的范德华力和库仑力所致，该团聚可以通过一些化学的作用或施加机械能的方式来消除。粉末的硬团聚体内除了颗粒之间的范德华力和库仑力外，还存在化学键作用。因此，硬团聚体在粉末的加工成型过程中其结构不易被破坏。这两种团聚就等同于水解的一次和二次聚结，而一次聚结体决定了钛白的颜料性能。有文献研究了硫酸钛溶液水解沉淀，锐钛型二氧化钛粒子的形成过程，并区别了该过程中的聚结和团聚机理。将水解沉淀过程分为一次聚结和二次聚结过程，并通过 SEM 照片和实验方法，得到一次聚结体粒子大约是由 80～100nm 的粒子组成。

5.8.2 晶种的作用

关于晶种在水解中的作用的研究很多。晶种的质量（活性）直接影响水解率，晶种的数量直接影响水合二氧化钛的原级粒子大小，而晶种本身胶粒的均匀程度，又直接影响水合二氧化钛的粒子分布。

水解过程中硫酸氧钛在加热和晶种的诱导作用下发生水解，所生成的水合二氧化钛就沉析在这些晶种的表面，只要钛液中有足够数量的晶种，且升温速率、搅拌速率、稀释得当，那么所生成的水合二氧化钛就沉析在这些结晶中心上，不会发生新的结晶中心，这样不仅水解能进行得更完全，水合二氧化钛的粒径比较均匀，而且可以获得颜料性能优越的二氧化钛，过滤水解也比较容易，穿滤损失少。

晶核的形成是水解的第一步，是从完全澄清的钛液中析出极为微小的晶体的过程。不同的水解条件，得到不同数量和不同组成的晶核，是水解过程的关键因素。晶种在水解过程中可以加快水解速度，缩短水解周期，提高水解率，控制水合二氧化钛原级粒子的大小，直接影响产品的消色力、遮盖力等颜料性能。晶种的活性和数量对钛液的水解过程有很大影响。一般情况下晶种加量多，水解速度快，水解率也高；晶种加入量过少，在钛液热水解时会自身形成一些不规则的结晶中心，造成粒子大小不均，降低产品的消色力，严重时还会出现牛奶状的偏钛酸浆液，使过滤水洗十分困难。通过控制晶种加入量的多少，可以调节水解后水合二氧化钛原级粒子的大小，这是工业生产中控制产品粒径大小，调节产品品种的主要手段。

有学者认为，沉淀的速度主要依赖于二次成核，而且外加晶种量的增加更加强了二次成核过程。文献报道，通过采用工业原料研究水合二氧化钛的沉析过程。实验证明，在整个水解反应沉淀过程中，微晶粒尺寸和水解率的关系为：微晶直径（D）与水解率的三次方根（$\eta^{1/3}$）成正比，过程基本遵循阿累尼乌斯方程。且水解诱导期是晶核的数量和大小逐渐达到满足需要的数量与大小的过程，诱导成核是该阶段的控制步骤。还有文献研究认为，晶种可以加速水解沉淀的进程，最初加入的晶种大约为 4～5nm 锐钛型晶种，正是这些晶种的诱导作用，使水解继续进行，形成一次聚结体，粒度在 60～100nm，再聚集成 1～2μm 的粒子。最终沉淀中晶体的大小为 7～8nm。

有学者对水解沉淀过程中粒子粒度的控制问题所进行的研究表明：两个尺寸，即最终晶体的大小和初次聚结体的大小，是决定二氧化钛颜料性质的关键尺寸。因此，这两个尺寸必须控制在一定的最优的范围之内。最终聚结体的大小影响的是粒子的过滤性能，但不影响粒子的颜料性质。通过控制晶种的大小，在使晶体和一次聚结体大小保持在最优的粒度范围内的同时，提高二次聚结体的粒度，来优化产品的过滤性能。并认为最终聚结产品的粒度随加入晶种数量的变化并不显著。

关于水解产物偏钛酸的微晶体结构问题，人们早已做过检测。由于钛的氢氧化物具有两性的特征，且偏酸性，故可把它们看成是钛酸，H_4TiO_4 就是正钛酸或 α 钛酸 H_4TiO_4，$TiO(OH)_2$ 就是偏钛酸或 β 钛酸 H_2TiO_3。经 X 射线分析表明，正钛酸是无定形化合物，而偏钛酸具有一定的晶体结构，它与锐钛型二氧化钛的晶型结构完全相同。据此可以认为偏钛酸实质上是高分散和活性状态的二氧化钛，它牢固地吸附着一定数量的水。可以认为水合二氧化钛（偏钛酸）是由与锐钛型晶体具有同样晶体结构的微晶体组成。

5.8.3　晶粒成长过程的监测

郝琳等利用在线聚焦光束反射测量仪（FBRM）对水解过程中粒子的变化情况进行监测研究，实时观察了整个水解过程中粒子的变化情况。首次将水解过程分为诱导水解期、聚结水解期、破碎再水解期和熟化期四个时期，并对四个时期粒子总数和平均粒径随时间的变化过程进行了模型化。研究结果表明，水解过程粒子的增长满足 S 形曲线的生长模型，呈现 S 形增长—减少—再增长，并最终趋于稳定不变的四个过程。

FBRM 可以测定不同通道（弦长范围）内激光探头扫过的不同粒度范围内的粒子个数，并计算出粒子的平均弦长。接近球形的粒子弦长与真实的粒子粒径比较接近。而通过 SEM 观测二氧化钛聚结粒子基本上是球形，因此用弦长来表征粒子粒径是具有实际意义的。

图 5-14 为整个实验检测过程中的平均粒径随时间变化图。图中显示，从第 2500 个记录点开始，粒子总数开始迅速增加，短时间内粒子总数达到峰值，平均弦长也持续增大。该时段为快速水解期，主要为粒子的一次聚结。

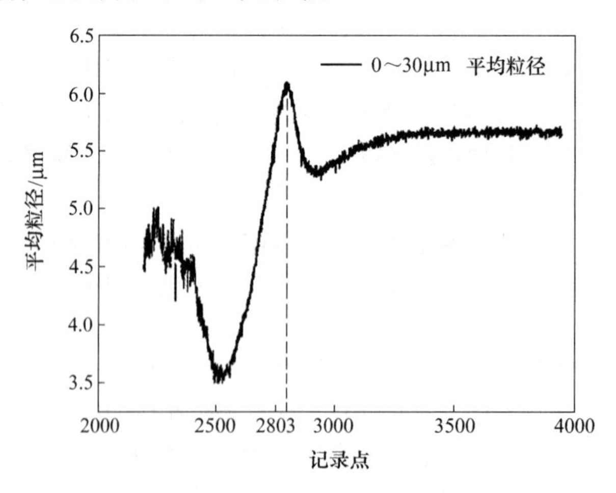

图 5-14　偏钛酸颗粒平均粒径随时间变化图

从峰值的第 2500 个记录点以后小粒子数开始迅速下降，10 ~ 30μm 的粒子还持续增长，平均弦长仍然在增大。当粒子总数降到最低点，从图 5-14 看到，此时粒子的平均弦长增到最大值，此时为第 2803 个记录点的时刻。可以推测 2500 ~ 2803 时刻，随着水解反应的不断进行，钛液的浓度不断降低，反应速率比水解期迅速降低。生成的大量的水合二氧化钛胶粒（一次聚结体）在硫酸根离子的作用下团聚在一起（发生二次聚结），从溶液中沉淀下来。因此，总粒子数减少，平均粒径增加。

粒子团聚到一定程度，即平均弦长达到5.28μm左右时，各个粒度的粒子总数达到平衡状态，大的团聚粒子不再继续增加。因为整个过程中水解和聚结是一个相互竞争相互平衡的过程，最初反应速度很快，聚结过程相对较慢，因而总粒子数明显增长。当溶液中的小粒子迅速增加，钛液浓度逐渐降低，则反应速率减慢，则聚结速率加快。聚结到一定时刻，聚结速率减慢，水解反应进一步朝正方向进行。粒子总数又开始增加，大粒子的团聚体的数量保持不变，平均弦长减小。减小到一定值，粒子进入熟化期，粒度进行调整，直到粒子总数和平均弦长达到稳定。

5.8.4　粒子数随时间变化

从开始加料到水解开始一段时间，为水解的诱导期。从图5-14上看不出粒子的变化，但不同的工艺条件下，诱导期的时间不同。尤其晶种的加入数量和质量对诱导期的时间有着至关重要的影响。一般情况下晶种的加入量多、质量高，诱导期的时间就短。通过多次试验发现，不同的工艺条件下，不同区域的停留时间可能不同，但均经历这几个步骤，曲线的基本图形也是不变的。图5-15给出水解过程不同时期总粒子数变化的示意图，具有普遍意义。

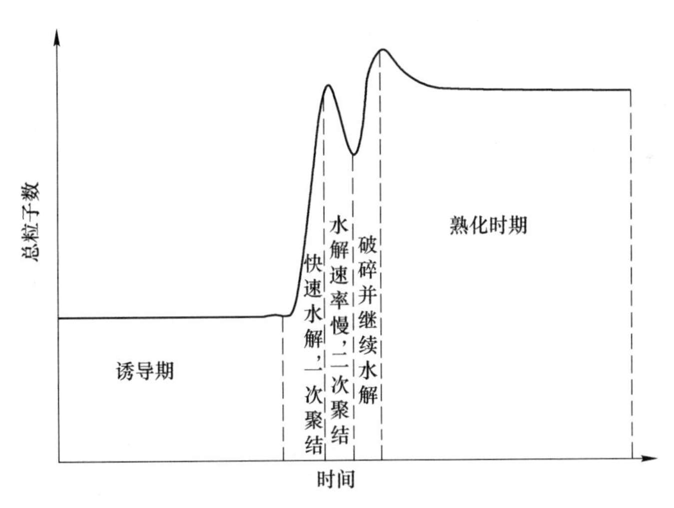

图5-15　水解过程不同阶段总粒子数变化示意图

对于二氧化钛水解过程，可测的粒子总数在诱导期增长十分缓慢，进入快速水解反应阶段，粒子总数在短期内显著增大；在下一个阶段，由于水解反应不断进行，溶液中的胶体粒子迅速增加，受表面力和电荷的作用，小的胶体粒子很容易发生聚结，并沉析出来。因此总粒子数又出现一个较为迅速的下降过程。有文献认为，一次聚结体是靠晶桥紧密地结合在一起，而一次聚结体形成二次聚结体又是靠SO_4^{2-}较为紧密地结合在一起的。还有文献认为，SO_4^{2-}在粒子聚结过程中，会以配位基的形式与Ti^{4+}、OH^-相当稳固地桥连在一起。水解过程是一个水解反应与粒子聚结过程相互竞争、达到平衡的过程。当小粒子聚结达到平衡时，聚结速率减慢，大的聚结粒子在外加能量的作用下，发生破碎。且水合二氧化钛粒子从溶液中沉析出来，又促进了水解的继续进行，在该阶段小粒子迅速增多，大粒子有减少的趋势。因此，该阶段主要为再次快速水解和破碎阶段。当反应一段时间后，此时水解率已基本达到90%以上，水解进入成熟期。粒子进行调整，粒度基本不再改变（图5-15）。水解一段时间，尽可能地提高水解率，可使聚结体内的晶核进一步生长，保持一定晶型；也可使聚结粒度变得均匀，提高过滤性能。

采用 Sigmoidal-Boltzmann 方程，对各阶段曲线进行回归、拟合（表5-6），结果吻合程度均很高。

表 5-6　水解过程中不同时期粒子数对时间曲线拟合结果

时　期	起止时间/s		N_0	N_∞	t_0	dt	方差 R^2
	开始	结束					
诱导快速水解期	0	2224	3396. 8	71488	2081. 9	99. 047	0. 99661
二次聚结期	2224	2496	55796	42996	150. 88	37. 242	0. 96562
再水解期	2496	2770	41957	60443	85. 918	33. 866	0. 99252
成熟期	2770	4816	61863	55421	216. 28	165. 28	0. 91555

对水解反应总粒子数随时间的变化，可采用式（5-9）进行模型化：

$$N = \frac{N_0 - N_\infty}{1 + e^{(t-t_0)/dt}} + N_\infty \tag{5-9}$$

式中，t_0为中点；dt 表示变化宽度；N_0为最初总粒子数；N_∞为最终时刻总粒子数；$N_{(t0)} = (N_0 + N_\infty)/2$；$t$ 为时间，s。

因此，不同阶段总粒子数随时间变化为：

诱导、快速水解期：$N = -68091.2/\{1 + \exp[(t - 2081.9)/99.047]\} + 71488$

二次聚结期：$N = 12800/\{1 + \exp[(t - 150.88)/37.242]\} + 42996$

再水解期：$N = -18486/\{1 + \exp[(t - 85.918)/33.866]\} + 60443$

成熟期：$N = 6443/\{1 + \exp[(t - 216.28)/165.28]\} + 55421$

5. 8. 5　平均粒度随时间变化

水解过程中粒子的平均粒度随时间的变化也很显著，如图5-14所示。在水解、聚结阶段，平均粒度呈现持续快速的增长。粒度由最初的平均粒度3. 51μm左右，经快速的水解反应达到4. 67μm，再经二次聚结，平均粒度达到峰值6. 1μm左右。平均粒度值的最高点，与总粒子数经过二次聚结后的最低点相对应（见图5-14、图5-15）。再次水解过程，小粒子数又不断增加，还有少量的团聚的大粒子的破碎，因此，平均粒径开始下降。当反应进行到一定程度，即水解率达到90%左右，由于 H^+的抑制作用，水解速率又变得很慢。部分小粒子发生聚结，平均粒径缓慢降低，最后达到平衡，进入水解熟化期。

郝琳等采用 Sigmoidal-Boltzmann 方程，对各阶段曲线进行了回归、拟合，结果如表5-7所示。并对水解反应粒度随时间的变化规律进行了模型化：

$$L = \frac{L_0 - L_\infty}{1 + e^{(t-t_0)/dt}} + L_\infty \tag{5-10}$$

式中，t_0 为中点；dt 表示变化宽度；L_0为最初时刻粒子平均粒度；L_∞为最终时刻粒子平均粒度；$L_{(t0)}=(L_0+L_\infty)/2$；$t$ 为时间，s；L 的单位为 μm。

表 5-7 水解不同时期平均粒度对时间曲线拟合结果

时 期	起止时间/s		L_0	L_∞	t_0	dt	方差 R^2
	开始	结束					
水解、聚结期	0	536	3.3196	6.67	339.02	130.93	0.99777
破碎、水解期	536	758	6.1654	5.3145	66.076	33.868	0.98194
成熟期	758	2834	5.1648	5.6613	199.29	209.29	0.93107

综上，水解过程中不同阶段平均粒度随时间变化情况如下：

水解、聚结期：$L=-3.4409/\{1+\exp[(t-339.02)/130.93]\}+6.67$

破碎、水解期：$L=0.8509/\{1+\exp[(t-66.076)/33.868]\}+5.3145$

成熟期：$L=-0.4965/\{1+\exp[(t-199.29)/209.29]\}+5.6613$

5.8.6 钛液的成分

某些研究者认为，在 TiO_2-SO_3-H_2O 三元体系的平衡溶液中，存在有五种钛的硫酸盐和一种钛的氧化物，即 $TiOSO_4\cdot 2H_2O$、$TiOSO_4\cdot H_2O$、$TiOSO_4\cdot H_2SO_4\cdot 2H_2O$、$TiOSO_4\cdot H_2SO_4\cdot 2H_2O$、$Ti(SO_4)_2$ 和 $TiO_2\cdot xH_2O$。重庆大学向斌等采用磷钼酸铵酸碱滴定法对钛液中游离硫酸和结合硫酸进行测定，证实在钛液中，尤其是二氧化钛浓度较大而 F 值在 1.95 左右的钛液中，钛主要以硫酸氧钛的形式存在，并对这种样品进行了稀释，观察了稀释对钛液成分变化的影响。钛液中硫酸氧钛和硫酸钛的成分含量见表 5-8。

表 5-8 钛液中硫酸氧钛的含量

编号		1	2	3	4	5
有效酸/g · L^{-1}		467.01	413.06	434.67	474.12	457.67
总钛/g · L^{-1}		244.34	130.63	255.14	222.74	247.02
F 值		1.91	3.16	1.70	2.13	1.85
$TiOSO_4$	g/L	177.09	80.01	240.19	196.39	240.45
	%	72.48	61.25	94.14	88.17	97.34
$Ti(SO_4)_2$	g/L	67.20	50.56	14.42	26.31	6.53
	%	27.50	38.70	5.56	11.81	2.64

在钛液中，尤其是当二氧化钛浓度在 230g/L 左右，F 值为 1.95 时，硫酸氧钛所占的比例相当大，硫酸钛的比例比较小。这是因为硫酸氧钛水合物在水中的溶解度很大（26.78%TiO_2）。因此，在工业上钛液的水解被称为硫酸氧钛的水解就不奇怪了。

表 5-9 为向斌等对钛液稀释的结果，其中 1~5 号用 0.0622mol/L 的硫酸稀释，6~8 号用蒸馏水稀释。

表 5-9　稀释对钛液成分的影响

编　号		1	2	3	4	5	6	7	8
稀释倍数		0	1	2	3	4	5	10	20
总酸/$g \cdot L^{-1}$		434.67	217.65	145.30	109.13	87.43	86.93	43.47	21.73
TiO_2/$g \cdot L^{-1}$		255.14	127.57	85.05	63.79	51.03	51.03	25.51	12.76
游离酸/$g \cdot L^{-1}$		112.89	62.16	44.07	36.08	28.66	30.39	17.13	8.97
$TiOSO_4$	g/L	240.19	126.77	82.53	59.56	47.92	46.10	21.50	10.40
	%	94.14	99.37	97.04	93.37	93.90	90.33	84.28	81.50
$Ti(SO_4)_2$	g/L	14.42	—	—	—	—	—	—	—
	%	5.65	—	—	—	—	—	—	—
$TiO_2 \cdot xH_2O$	g/L	—	0.88	2.52	4.23	3.11	4.93	4.01	2.36
	%	—	0.63	2.96	6.63	6.10	9.66	15.72	18.50

从钛液稀释结果看来，随着硫酸氧钛溶液被稀释，溶液的组成发生了一定的变化。在浓缩原液中，基本没有水合二氧化钛，随着稀释倍数的增加，溶液中水合二氧化钛比例逐渐增加，硫酸氧钛的比例逐渐减少，硫酸钛消失。有资料认为，在 SO_3 浓度为 0.10%的范围内才生成水合二氧化钛，在 SO_3 浓度为 37%～45%的范围内，才生成二水硫酸氧钛。水合二氧化钛的溶解度随着温度的升高而降低。当温度升高时，二水硫酸氧钛的溶解度增大。硫酸钛的溶解度则随着温度增加而降低。这就解释了为什么稀释时有水合二氧化钛胶体生成，而在加热水解时有水合二氧化钛沉淀的生成。

5.8.7　水解条件对 $TiOSO_4$ 水解效果的影响

钛液浓度、水解温度、铁钛比、*F* 值、水解时间、加热方式、搅拌速度等对水解效果如水解率和偏钛酸粒径均有影响。中南大学于延芬等通过热水解法制备纳米二氧化钛的前驱体偏钛酸，研究了钛液酸度、钛液浓度、水解时间和水解温度等主要因素对 $TiOSO_4$ 溶液水解率和偏钛酸粒径的影响。

$TiOSO_4$ 浓度对钛液水解的影响。当水解时间、水解温度和酸度保持不变时，钛液浓度对 $TiOSO_4$ 水解率和偏钛酸粒径的影响如图 5-16 所示。

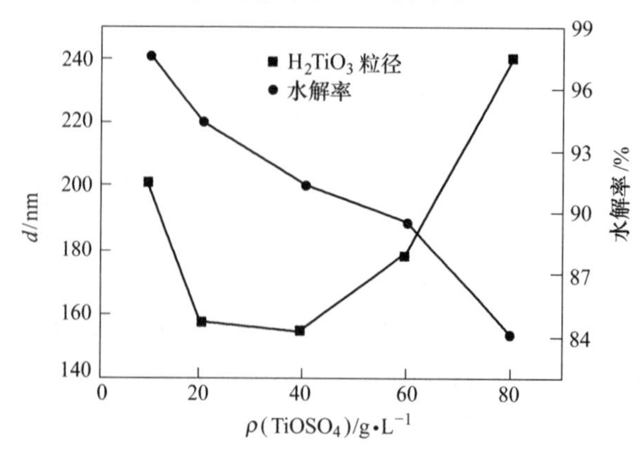

图 5-16　$TiOSO_4$ 浓度对钛液水解率和偏钛酸粒径的影响

由图 5-16 可以看出，$TiOSO_4$ 浓度对其水解率和偏钛酸粒径的影响都很大。随着 $TiOSO_4$ 浓度的增加，其水解率降低，生成偏钛酸的粒径先减小后增大，这是因为当钛液浓度增加时反应迅速发生，H^+迅速转移，溶液的酸性变化很大。根据水解原理，平衡左移，不利于水解反应的正常进行，水解率随之降低。同时，增加 $TiOSO_4$ 浓度相当于增加了反应体系中沉淀离子的过饱和度，增强了偏钛酸的成核推动力。在反应开始瞬间，晶核形成速率远大于晶核生长速率，溶液中迅速形成大量晶核，这些晶核聚集成细小的胶粒和沉淀颗粒。

向斌等考查了钛液中二氧化钛浓度对着色力、水解率和粒径的影响。当水解钛液中硫酸氧钛浓度较低时，随着硫酸氧钛浓度的提高，最终产品的着色力相应提高，但是提高热水解时硫酸氧钛浓度会减慢水解速度。表 5-10 给出了钛液中 TiO_2 浓度对水解结果的影响数据。

表 5-10　钛液浓度对水解率和水解产物粒径的影响

水解钛液浓度/g·L^{-1}	水解开始时间/min	1h 水解率/%	1h 偏钛酸粒径/μm	2h 水解率/%	2h 偏钛酸粒径/μm
158	27	94	7.185	95.3	6.429
163	40	93.9	3.457	94.5	3.252
173.5	45	90.8	1.682	94	1.721
181	53	90.3	1.704	93.9	1.960
186	67	81.5	1.744	92.7	1.890
205	68	61.5	1.364	86.8	1.576
210	71	51.9	1.529	68.6	1.676

从以上数据不难发现，随着水解钛液中二氧化钛浓度的增加，水解开始时间逐渐增加；在水解相同的时间后，水解率逐渐降低，水解产物偏钛酸的粒径基本上也是逐渐降低；水解 1h 和水解 2h 的水解率之间的差异基本上也呈变大趋势，即在浓度较低时，水解进行 1h 就基本完成；而在浓度较高时，水解 1h，水解程度却不高。因此，浓度高于 190g/L 时，需延长水解时间以提高水解率。另外，在低浓度水解时，随着水解时间延长，偏钛酸粒径有减小趋势；当浓度较高时，随着水解时间延长，偏钛酸粒径却有逐渐增加趋势。因此，可以推测，水解率达到 85%左右后，水解进入粒子调整阶段。

水解时间对 $TiOSO_4$ 水解的影响。当钛液浓度、水解温度和酸度保持不变时，水解时间对 $TiOSO_4$ 水解率和偏钛酸粒径的影响如图 5-17 所示。

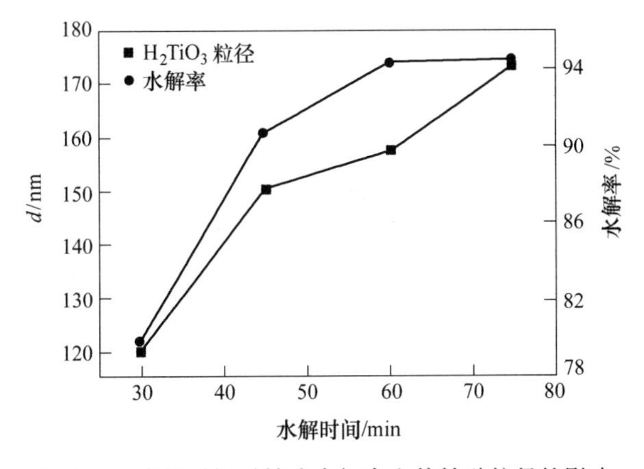

图 5-17　水解时间对钛液水解率和偏钛酸粒径的影响

$TiOSO_4$ 的水解率随着水解时间的延长而升高。因此要得到高水解率就必须维持一定的反应时间。可以看出，当水解时间少于 45min 时，$TiOSO_4$ 的水解率随水解时间延长而迅速上升，之后水解率增加相对缓慢。在 60min 时水解反应趋于平衡，再延长水解时间，水解率的变化不大。随着水解时间的延长，偏钛酸的粒径增加，且一直呈增长趋势，这是因为晶核随时间的延长逐渐长大，到一定时间，晶核长大速率大于生成速率，同时多个晶核聚集在一起形成团聚体，导致沉淀的平均粒径增大，因此水解的时间也不宜太长。水解时间为 60min 时水解率达到 94%以上，偏钛酸平均粒径为 75nm，其软团聚颗粒的粒径为 164nm。

水解时间的长短可决定水解过程进行的完全程度。水解时间适当延长，能提高水解率，但对偏钛酸的大小和均匀度也有显著影响。从理论上来讲，随着水解的进行，水解生成的偏钛酸粒子的粒度要进行自我调整而趋于集中。因此，水解时间的适当延长可以使偏钛酸粒度分布趋于集中。但是，如果水解时间太长，偏钛酸粒子就会聚集而生长成部分大粒子，使得集中程度再一次降低。

表 5-11 是向斌等通过研究后得出的一组钛液在不同时间的水解率。开始阶段水解率变化较缓慢，接着水解率迅速上升，当水解率到达 85%左右时，水解率又变缓慢。可以推测，硫酸氧钛水解有一个诱导期，这一阶段内，水解体系中形成某些类似结晶中心一类的物质；这一阶段结束后，偏钛酸大量沉积出来，使得水解率迅速上升；然后，由于钛液浓度的骤降使得水解率变化缓慢。因此，水解开始阶段条件的控制就显得非常重要。水解 TiO_2 浓度在 200g/L 以下时，水解率在 3~3.5h 后达到 85%~95%，此后水解率随时间增加而缓慢增加。

表 5-11 水解时间与水解率的典型关系数据

水解时间/h	0	0.5	1	1.5	2	3
水解率/%	13.5	42.2	63.3	78.8	83.1	90.2

水解温度对 $TiOSO_4$ 水解的影响。当钛液浓度、水解时间和酸度保持恒定时，水解温度对 $TiOSO_4$ 水解率和偏钛酸粒径的影响如图 5-18 所示。

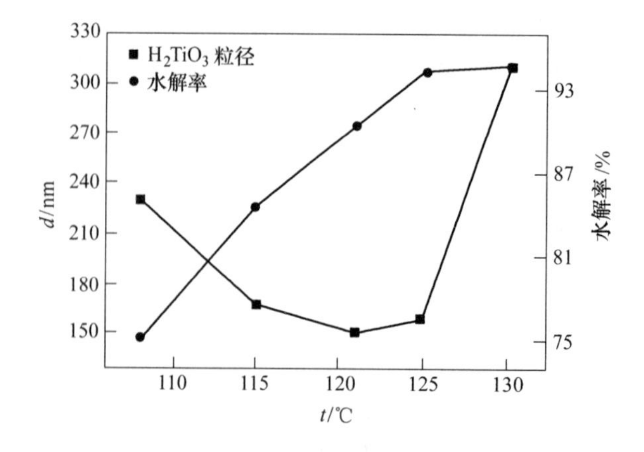

图 5-18 水解温度对 $TiOSO_4$ 水解率和偏钛酸粒径的影响

随着水解温度的升高，$TiOSO_4$ 水解率增加。开始水解率增加很快，温度升至 125℃以后，水解率的提高不很明显，水解率基本维持在 95%左右。偏钛酸粒子的粒径随着水解温度的升高先减小后增加。当温度很低时，晶粒的生成速度很小，缓慢的生成使得小颗粒有时间聚合长大，表现为低温时粒径较大。随着温度的升高，晶粒的生成速度增大直至极大值。随着反应温度的升高，晶粒生成速度迅速增加，颗粒来不及长大，表现为粒径较小的一段区间。因此，水解温度选择 125℃比较适宜，此时获得的偏钛酸颗粒呈球形，粒径为 90nm，其软团聚颗粒的平均粒径为 157nm。

温度的控制对于研究反应速率、反应历程以及化工生产是非常重要的。根据向斌等的研究结果（表 5-12），在水解液中初始浓度（以二氧化钛计）相近的条件下，水解开始时间随水解温度升高而减少，而当水解开始后，随着水解温度的升高，水解率增大，水解速率加快。在沸腾下，水解在 1h 后就基本完成，而在温度较低的条件下，1h 的水解率却只有 50%左右，证实了硫酸氧钛溶液的水解是吸热反应。

表 5-12　温度对水解的影响

水解温度/℃	沸点	100	95
水解浓度/$g \cdot L^{-1}$	176.5	171	169
开始时间/min	57	70	82
变色点水解率/%	76.8	15.8	8.2
1h 水解率/%	92.6	60.5	42.6
1h 粒径/μm	1.837	2.884	1.780
标准偏差	0.280	0.253	0.335
2h 水解率/%	94.9	83.3	69.5
2h 粒径/μm	1.786	3.401	3.394
标准偏差	0.276	0.189	0.210

从水解产物偏钛酸的粒径看，100℃时水解生成的偏钛酸粒径最大，而且在此温度下生成的偏钛酸粒度分布也是最集中的，因为这种条件下的偏钛酸粒径分布的标准偏差最小，分别为 0.253 和 0.189。因此，从理论上来讲，水解温度控制在 100℃最好。但是，由于水解钛液的沸点一般在 105~110℃的范围内，与 100℃相差不大，且生产中要实现精确控制水解温度在 100℃也不容易，所以工业上全都采用在沸点下水解。

酸度对 $TiOSO_4$ 水解的影响。当钛液浓度、水解时间和水解温度保持恒定时，钛液酸度对 $TiOSO_4$ 水解率和偏钛酸粒径的影响如图 5-19 所示。

钛盐水解时，溶液的 $c(H^+)$ 对水解程度和生成的偏钛酸粒径都有很大影响，可以看出，偏钛酸的粒径随体系中 $c(H^+)$ 增大而增大。当 $c(H^+)<3.2mol/L$ 时，偏钛酸粒径的增加很缓慢，水解率变化不很明显。当 $c(H^+)>3.2mol/L$ 时，偏钛酸的粒径迅速增大，水解率也急剧下降。综合考察偏钛酸粒径和钛液水解率，当 $c(H^+)=2.6\sim2.8mol/L$ 时，粒径和水解率的影响存在最佳结合点，获得的偏钛酸的粒径为 30~40nm。

酸度系数（F 值）指钛液中与钛结合的硫酸及游离硫酸质量之和与二氧化钛的质量之比。硫酸氧钛溶液的酸度值对水解反应有一定的影响，如水解开始的快慢、水解率的高低以及偏钛酸粒度等。钛液的酸度值对钛液稳定性也有影响，酸度值太低，它的稳定性便大

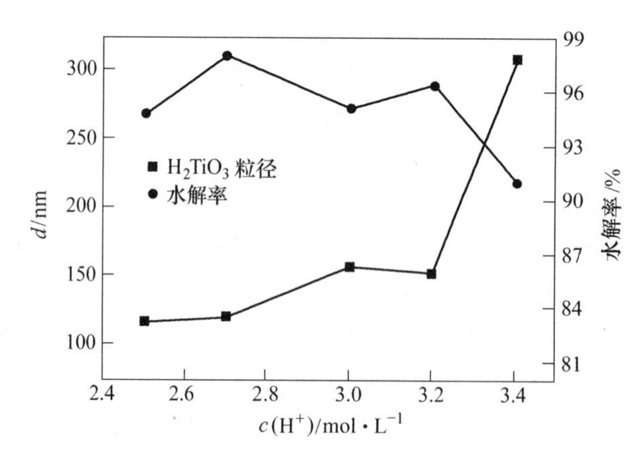

图 5-19　酸度对 $TiOSO_4$ 水解率和偏钛酸粒径的影响

大降低，造成过早的水解，导致偏钛酸粒径分布不均匀，小粒子多，水洗困难，收率低以及最终产品颜料性能差，如色差不好、散射力低、着色力低。

有关学者进行了在恒定二氧化钛浓度（水解液中二氧化钛浓度分别为 1.0mol/L、1.2mol/L、1.4mol/L 和 1.6mol/L）下的四组实验，通过逐渐增加硫酸浓度（酸钛比从 2.2 到 3.0），记录水解反应开始时间，测定水解率的变化情况，得到水解率对时间的曲线，并对各次试验的动力学数据进行了求解。结果表明，随着硫酸浓度的增加，水解开始时间也增加，而水解速率减小。水解开始阶段水解速率有如下规律：在钛浓度（以二氧化钛计）较高时，水解平均速率与硫酸浓度间有近似的线性关系，在钛液浓度较低时，水解平均速率与硫酸浓度间不呈线性关系，斜率为负，其绝对值随硫酸浓度增加而减小。说明硫酸可能参与了水解反应，而且与钛之间以某种或某些种配合物形式存在。Matijevicl 等人也认为，在水解的晶核形成阶段，可能存在硫酸根-金属的配合物。

表 5-13 是向斌等人研究得出的部分酸度下偏钛酸粒径的实验结果。可以发现，在铁钛比基本相同、二氧化钛浓度基本相同的情况下，水解相同时间后，水解率随着硫酸浓度增加而降低，而水解生成的偏钛酸的粒径则逐渐增大。这表明硫酸可能在水解过程中参与反应，而且硫酸根对于偏钛酸微粒的生长可能起某种交联或联结等作用。因为硫酸根具有作为配位体的能力，因此在钛液水解中硫酸根可能以钛原子为中心原子形成配合物。国外研究者研究了硫酸钛溶液水解的盐效应，即通过加入硫酸盐来研究是否硫酸钛水解也有其他盐类所具有的盐效应。结果发现，硫酸钛水解同样具有盐效应，从而证明硫酸根有影响，水解样中有硫酸根存在。

表 5-13　酸度对偏钛酸粒径的影响

水解钛液浓度/$g \cdot L^{-1}$	F 值	铁钛比	1h 水解率/%	1h 偏钛酸粒径/μm	2h 水解率/%	2h 偏钛酸粒径/μm
186	1.91	0.31	91.5	1.744	92.7	1.890
185.5	2.19	0.31	73.9	2.115	88.9	2.167
187	1.91	0.32	88	1.960	93.3	2.007
186.5	2.29	0.34	58.4	2.294	73.5	2.669

5.9 高温煅烧偏钛酸过程的热力学

5.9.1 差热分析与热重分析

作者对偏钛酸煅烧过程的热力学进行了研究。针对特定组成的偏钛酸 $TiO_2 \cdot 2.5H_2O \cdot 0.3SO_3$，分别进行了差热分析与热重分析，如图 5-20 所示。

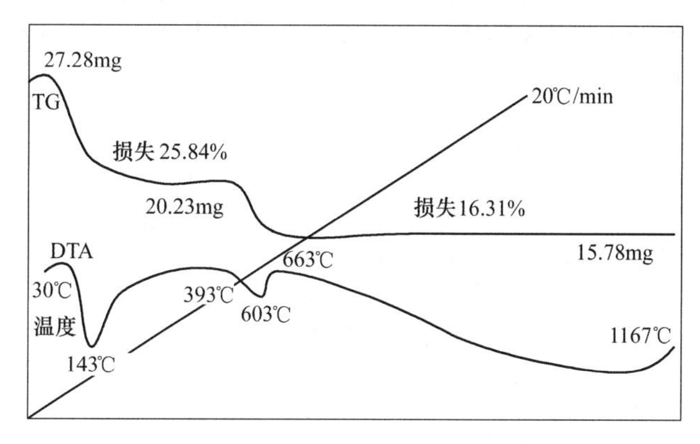

图 5-20 偏钛酸煅烧时的差热曲线和热重曲线

由热重曲线可以看出，偏钛酸中吸水量为 25.84%，SO_3 含量为 16.31%。

由差热曲线可以看出，偏钛酸在 30℃附近开始脱水，在 143℃附近水分已基本脱除，进入能量积聚阶段，在 393℃附近开始脱硫，在 603℃附近脱硫过程基本完成，之后进行短暂能量积聚。在 663℃以后开始的晶型转化过程中无热效应峰，说明 TiO_2 粒子由无定型转化为锐钛型的晶型转化是一个基本连续的过程。此过程中还同时进行粒子长大。在 1167℃附近出现了一个较平稳的热效应峰，说明此时 TiO_2 可能开始由锐钛型往金红石型转化。

在脱水过程，偏钛酸吸收的热量全部用于脱水。脱水完成后，表示为 $TiO_2 \cdot 0.3SO_3$ 的粒子开始吸热聚集分子动能，当达到 603℃时，吸收的热量全部用于脱硫。脱硫完成后，TiO_2 粒子呈无定型，并再次进行能量积聚，到达 663℃时，吸收的热量全部用于由无定型向锐钛型的晶型转化，完成后开始边吸热边进行粒子凝聚长大，最后达到成品钛白粒度要求。

钛白在回转窑中煅烧时，高温冶金反应过程极其复杂。通过差热分析（DTA）和热重分析（TG）可以从宏观面了解到整个反应的大致过程，如图 5-20 所示。进入转窑的偏钛酸是由羟基和 SO_4^{2-} 桥连接起来的水合 TiO_2，其 H_2O 和 SO_3 含量随温度、时间、杂质元素等的不同而有所变化。在 143℃前大量脱水，出现一较大吸热峰，质量也发生较大变化，减少 25.84%。在 400~600℃附近同样出现一较小吸热峰，实验中此时可嗅到刺鼻的 SO_3 气味，伴随着 16.13%的失重，显然是由于 SO_4^{2-} 分解释放出 SO_3 气体的缘故，在以后的晶型转化和粒子成长过程中没有明显吸热峰或放热峰出现，说明该过程比较平稳而连续。之后 1167℃的转折点可能是金红石型出现的标志，因而在煅烧试验的 850℃温度下没有金红石型 TiO_2 产生。

5.9.2　偏钛酸的脱水与脱硫

水解生成的偏钛酸具有无定型结构或者不明显的锐钛型微晶体结构，其直径为 2~10nm，它们按一定的方向配位成为胶粒，胶粒在硫酸盐离子作用下进一步凝聚，构成凝聚体偏钛酸而沉析出来，其大小为 0.4~2.0μm（多数为 0.55~0.75μm）。它的比表面积很大（60~70m^2/g），吸附了相当数量的水和硫酸根离子。因水解工艺不同，原料质量不同，会导致偏钛酸的粒子大小、组成各异。偏钛酸的分子式大致可以用 $TiO_2 \cdot xH_2O \cdot ySO_3$ 来表示，分子结构可以描述如下：

```
           |                                                        6+
 ┌         O            H2O          H2O                          ┐
           |             |            |
           |     O       |      O     |      O
      (H2O)2Ti       Ti          Ti          Ti(H2O)4
           |     O       |      O     |      O
           O            H2O          H2O
           |            H2O          H2O
           |     O       |            |
      (H2O)2Ti       Ti           Ti
           |     O       |     O      |      O
           O            H2O          H2O          Ti(H2O)4
 └         |                   O             O                    ┘n
```

其中 n 随处理工艺条件不同而改变，它决定了凝聚体粒子的大小。此种多核配合物中，残存的硫酸并非是沉淀的化学结构部分，而是紧密牢固地吸附在沉淀物分子之间，经过长时间漂洗可以除去部分 SO_3，在加热至一定温度时会从分子之间释放出来。

偏钛酸作为一种多核配合沉淀物，在热分解过程中，因其本身的组成多样化，对整个过程的动力学反应、热力学变化有很大影响，进而影响产品的颜料、光学性能。

在低温阶段发生的化学反应可用方程式表示如下：

$$TiO_2 \cdot 2.5H_2O \cdot 0.3SO_3 = TiO_2(\text{无}) + 2.5H_2O\uparrow + 0.3SO_3\uparrow$$

随着温度的升高，反应逐渐向右进行。事实上，该反应还应分解为两个独立的方程式，即先期只进行脱水，如下式所示：

$$TiO_2 \cdot 2.5H_2O \cdot 0.3SO_3 = TiO_2 \cdot 0.3SO_3 + 2.5H_2O\uparrow$$

$$TiO_2 \cdot 0.3SO_3 = TiO_2(\text{无}) + 0.3SO_3\uparrow$$

总反应的自由焓 ΔG 变化可由式（5-11）来描述：

$$\Delta G = \Delta G^{\ominus} + RT\ln(a_{TiO_2} \cdot p_{H_2O}^{2.5} \cdot p_{SO_3}^{0.3} / a_{TiO_2 \cdot 2.5H_2O \cdot 0.3SO_3}) \tag{5-11}$$

式中，$\Delta G^{\ominus}$ 为反应标准生成自由焓；a 为活度；p 为气体分压；R 为气体常数；T 为绝对温度。

煅烧过程中水蒸气和 SO_3 气体不断排出，始终保持 $\Delta G<0$，因此反应得以不断进行，直到脱水脱硫完成。

5.9.3　晶型转化

由于无定型 TiO_2 中各原子间排序杂乱无章，处于无序状态，属于非晶体结构，因此采用 X 射线衍射分析时不能照出无定型 TiO_2 的衍射图谱。

无定型 TiO_2 转化锐钛型 TiO_2 可用方程式表述如下：

$$TiO_2(\text{无}) = TiO_2(\text{锐})$$

由于 TiO_2 属于离子晶体，Ti 和 O 间通过离子键结合。无定型 TiO_2 的化学键在吸热发生破裂时，原子积累了足够的能量使原有键能消失，重新发生有效碰撞，形成活化分子，并首先形成不稳定的中间活化体（活化配合物），它是一种过渡状态。中间活化体寿命较短，一经生成便很快分解为生成物。其过程如图 5-21 所示。

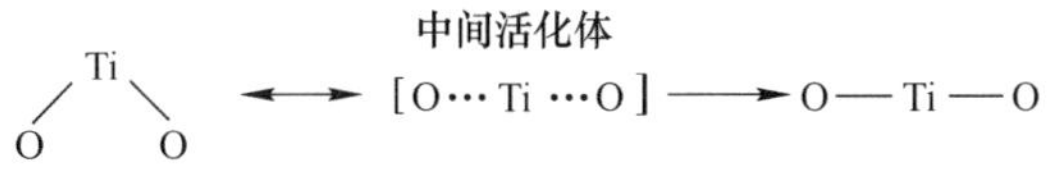

中间活化体

Ti(/O \O) ⟷ [O··· Ti ···O] ⟶ O—Ti—O

图 5-21 TiO_2 键的破裂与重组过程

Ti—O 离子键的键能可用晶格能的大小来衡量，晶格能可通过热化学循环来计算。晶格能越大，表明离子键越牢固，反应在晶体的物理性质上必然是有较高的熔点、沸点和硬度，金红石 TiO_2 的熔点高达 1842±6℃。

无定型 TiO_2 要变成中间活化体，首先要获得足够的活化能 ΔE_1。$\Delta H = \Delta E_2 - \Delta E_1$，即为反应的热效应。

多数化学反应的活化能在 63～250kJ/mol 之间。活化能小于 42kJ/mol，反应速度很大，以致用一般方法不能测定。活化能大于 42kJ/mol，反应速度非常小。文献报道，无定型 TiO_2 转化为锐钛型 TiO_2 的活化能约在 42～45J/mol 之间，锐钛型 TiO_2 转化为金红石型 TiO_2 的活化能约在 46kJ/mol 左右。可见，TiO_2 发生晶型转化时必然需要较长时间。

在 TiO_2 晶型转化过程中，自由焓变化可表述为：

$$\Delta G = \Delta H - T\Delta S$$

式中，ΔG 为反应的生成热；ΔS 为反应的生成熵。

由于 TiO_2 煅烧相变是一个由热力学亚稳定状态变为稳定状态的过程，所以该相变是个自发过程，属于不可逆相变。文献报道，由锐钛型 TiO_2 转化为金红石型 TiO_2 伴随有 31.35kJ/mol 的放热现象，可以推测由无定型 TiO_2 转化为锐钛型 TiO_2 也是放热反应，且 ΔH 与 31.35kJ/mol 处在同一数量级。文献显示，金红石型 TiO_2 标准生成熵 $S_{298}^{\ominus} = 50.33\text{J/(mol·K)}$，可以估计，锐钛型 TiO_2 的 $S_{298}^{\ominus}$ 也与金红石型 TiO_2 的 $S_{298}^{\ominus}$ 在同一数量级，且相差不大。那么可以认为 $|\Delta S|$ 很小，约在 10^1J/(mol·K) 数量级。由于物质越致密，越稳定，其熵值越小，因而晶型转化过程的 $\Delta S < 0$，则 $-T\Delta S = 1000\text{K} \times 10^1\text{J/(mol·K)} = 10\text{kJ/mol}$ 左右。$\Delta H = -31.35\text{kJ/mol}$ 左右，似乎 $\Delta G = \Delta H - T\Delta S = -21.35\text{kJ/mol}$ 左右，即 $\Delta G < 0$，反应能自发进行。然而上述分析只是粗略估算，所得的 $\Delta G = -21.35\text{kJ/mol}$ 很小，也可能为正值，但事实上反应是能正常进行的，即必然有 $\Delta G < 0$。事实上，在上述分析中，还应考虑到环境熵变 $\Delta S'$，由于转窑内温度可达上千 K，其环境熵变必然很大，即 $\Delta S \gg 0$，从而可以肯定地得出 $\Delta G < 0$ 的结论。即无定型转化为锐钛型、锐钛型转化为金红石型必然自发进行。

锐钛型转化为金红石型 TiO_2 的过程可表述如下：

$$TiO_2(\text{锐}) = TiO_2(\text{金})$$

其转化过程及原理与无定型转化为锐钛型基本相同，以上分析已做了考虑。

5.9.4 TiO_2 相图

在不考虑微量杂质元素情况下，由于 TiO_2 仅有一个组元，因而在煅烧过程中存在单元系相图。对单元系，体系的状态只由温度、压力两个变量决定。当温度、压力一定时，可在图上找到相应的一点。反之，图上任意一点也对应着体系的某一状态。

根据 TiO_2 晶型转变过程和金红石的熔点、沸点，可以大致描绘出 TiO_2 相图的形貌，如图 5-22 所示。

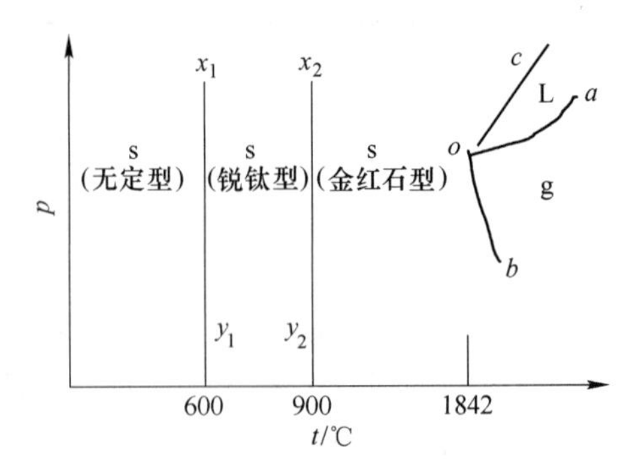

图 5-22　TiO_2 单元系相图的大致形貌

图中三种固相不随压强 p 变化，只随温度 t 而改变，因而 x_1y_1 与 x_2y_2 直线均垂直于温度轴，横轴上温度点仅为大概值。

固液两相平衡的 oc 线，其斜率可由克莱贝龙方程式确定：

$$dp/dt = \Delta H_m/(t\Delta V) \qquad (5\text{-}12)$$

式中，ΔH_m 为金红石型 TiO_2 固态时的熔化热，为正值。$\Delta V=V_l-V_s$。由于 TiO_2 熔化时，$\Delta V>0$，故 $dp/dt>0$，oc 线向右倾斜。

5.9.5 粒子成长

理论上，无定型 TiO_2 完全转化为锐钛型时，开始进行粒子长大。事实上，煅烧过程中伴随着无定型 TiO_2 转化为锐钛型 TiO_2 粒子就已开始长大。

煅烧过程中粒子长大有三种机制，一是依靠转变体系之间的自由能 F 之差长大，如无定型水合二氧化钛转变为锐钛型二氧化钛晶粒的过程就是一个晶粒长大的过程。二是大粒子靠吸纳和溶解小粒子而长大，长大的动力是两个粒子自由能之差 ΔF。三是粒子间的烧结，长大的动力是粒子存在表面能，烧结长大得到的可能是一个晶粒，也可能是两个晶粒或多个晶粒简单地黏结在一起，烧结引起的粒子生长是无限长大，烧结过程首先是界面的融合，其机制是界面扩散。

在粒子主要生长区，粒子长大是靠吸附小粒子而完成。吸附的动力是靠粒子表面自由焓 G 减小。表面自由焓变 ΔG 如下式所示：

$$\Delta G = \delta\Delta A \quad 或 \quad \Delta G = A\Delta\delta$$

式中，δ 是表面张力；A 是粒子表面积。当表面张力减小或表面积缩小时，粒子均能自发长大。TiO_2 粒子在煅烧过程中随着温度升高，体积膨胀，固相中分子距离增大，内部分子对表面层分子的吸引力减弱，从而表面张力 δ 降低，即 $\Delta\delta<0$，$\Delta G<0$，此时粒子自发长大。

较大 TiO_2 粒子溶解小粒子的过程实际上是吸附过程，既有物理吸附，又有化学吸附，但主要是化学吸附。化学吸附时同样需要一定活化能，因在煅烧高温下容易进行。

由电镜照片可看出，380℃时，粒子间存在明显的黏结现象，粒径约为 4nm。当进一步长大到 500℃时，黏结现象减少，颗粒长大到 20nm；750℃时，颗粒处于较分散状态，可以明显区分出大颗粒和小颗粒两种类型；850℃时，呈现出分散性很好的 TiO_2 粒子，中间只有少量小粒子存在，TiO_2 粒径达到 180nm。

由于电镜、X 射线衍射仪和粒度分布仪分析方法的不同，检测出的粒径存在一定差异。当仅作对比分析时，采用三种数据均合理，但当确定 TiO_2 粒子实际粒径时，粒度分布仪的结果比较准确、合理。电镜分析得到的四组粒径通常均比粒度分布仪分析的粒径偏低。

对于 TiO_2 粒度分布曲线，采用某文献所述模型可以做出比较合理的解释。该模型认为：

（1）水解产物的原级粒子是以晶核为中心，由水解产生的胶束包裹形成的。晶核是具有一定晶型结构的内核，胶束包裹层是无定型结构。

（2）二次粒子是由原级粒子凝聚形成的，凝聚作用包括范德华力、双电层排斥力，以及 SO_4^{2-} 桥、OH^- 桥，甚至 O^{2-} 桥连接。原级粒子之间的作用与水解条件以及母液的性质有关。原级粒子依附有晶型结构的晶核形成，外层是结构相对松散的无定型胶束，大量的原级粒子聚集形成二次粒子沉淀，估计每个二次粒子中包含 10^3 ~ 10^5 个原级粒子。

（3）原级粒子之间存在 SO_4^{2-} 桥、OH^- 桥，甚至 O^{2-} 桥连接，连接作用可能是通过外层松散的胶束接枝作用形成的。连接桥的类型和数量与母液电解质浓度及温度有关，如 SO_4^{2-} 浓度高，则 SO_4^{2-} 桥连接点的数量多，否则 OH^- 桥的连接增加，提高温度则促使 SO_4^{2-} 桥向 OH^- 桥转化，甚至由 OH^- 桥缩合形成 O^{2-} 桥连接。

根据以上物理模型，对 TiO_2 粒度分布曲线可解释如下：

由于晶核具有一定晶型结构，而胶束层是无定型的。低温下煅烧，胶束层没有完全转化成晶体，因此测定的晶粒尺寸实际上是晶核的尺寸，所以 380℃时，晶粒尺寸与晶核大小相当，为 $d_1 = 4$nm（有文献介绍晶核微晶体的大小在 4 ~ 12nm 之间），也有文献介绍其实验测得的晶粒尺寸为 5.5 ~ 7nm。

当温度逐渐升高，以及随着时间的推移，胶束层完全转化为晶体，晶粒尺寸逐渐长大。当温度升高到 500℃左右时，大量的原级粒子（约 10^3 ~ 10^5 个）聚集形成二次粒子，由于二次粒子之内的原级粒子结合紧密，高温下二次粒子内部就会发生烧结，使纳米粒子聚集为微米级的大粒子。因此，此时所示粒径实际上是二次粒子的粒径，约为 $d_2 =$ 4000nm，正好是 10^3 个原级粒子粒径（$d_1 = 4$nm）的和。

当温度继续升高时，二次粒子内部的凝聚力遭到破坏，SO_4^{2-} 桥向 OH^- 桥转化，最后缩合形成 O^{2-} 桥连接，聚集成二次粒子的原级粒子数越来越少，最后达到约 10^2 个原级粒子，此时二次粒子粒径大大缩小。当 750℃保温 2h 后，粒径主要分布在 0.8 ~ 0.2μm 之间，当温度升至 850℃时，此粒度区间粒度分布的几率增大，平均粒径也有所增加。

5.10 二氧化钛表面包覆纳米膜的热力学

由于 TiO_2 表面存在晶格缺陷，因而具有光化学活性，通过无机包膜，可以堵塞其晶格缺陷，遮蔽其表面上的光活化点，从而提高颜料抵抗紫外线的耐候性。无机表面处理使用的离子通常有 Si、Al、Zr、Ce、Ti、Zn 等。

包铝：氧化铝包膜通常采用 $NaAlO_2$ 或 $Al_2(SO_4)_3$，在酸性或碱性条件下发生中和反应，水合 Al_2O_3 膜沉淀到 TiO_2 表面，反应式如下所示：

$$Al_2(SO_4)_3 + 6NaOH + (x-3)H_2O \longrightarrow Al_2O_3 \cdot xH_2O + 3Na_2SO_4$$

$$2NaAlO_2 + H_2SO_4 + (x-1)H_2O \longrightarrow Al_2O_3 \cdot xH_2O + Na_2SO_4$$

包硅：氧化硅包膜通常采用 Na_2SiO_3（水玻璃），在酸性条件下发生中和反应，水合 SiO_2 膜沉淀到 TiO_2 表面，反应式如下所示：

$$Na_2SiO_3 + H_2SO_4 + (x-1)H_2O \longrightarrow SiO_2 \cdot xH_2O + Na_2SO_4$$

包锆：氧化锆包膜通常采用 $Zr(SO_4)_2$，在碱性条件下发生中和反应，水合 ZrO_2 膜沉淀到 TiO_2 表面，反应式如下所示：

$$Zr(SO_4)_2 + 4NaOH + (x-2)H_2O \longrightarrow ZrO_2 \cdot xH_2O + 2Na_2SO_4$$

包铈：氧化铈包膜通常采用 $Ce(NO_3)_3$，在碱性条件下发生中和反应，水合 CeO_2 膜沉淀到 TiO_2 表面，反应式如下所示：

$$2Ce(NO_3)_3 + 6NaOH + (x-2)H_2O \longrightarrow 2CeO_2 \cdot xH_2O + 6NaNO_3$$

有机包膜：经过水洗后的浆液在高速搅拌下加入有机包膜剂三羟甲基丙烷（TMP），使其沉积在颗粒表面，增强 TiO_2 颜料的湿润性和分散性。浆料经过滤、干燥后其含水量需控制在 0.5%以下。

通过研究二氧化钛表面包覆氧化硅纳米膜的热力学，计算结果表明，氧化硅的临界成核半径为 2.8nm。由起伏引起的核胚如果小于 2.8nm，则不会形成晶核而继续生长。上述热力学分析虽然是半理想化的，但是非常有效。可以找到这样一个体系，其溶液条件不发生均匀成核，而是异相表面成核。这在理论上为氧化硅包覆在二氧化钛表面形成均匀膜而不生成单独的氧化硅相提供了可能性。

吉布斯等认为，任意两相都可形成表面，其中一相中的物质或溶解于该相中的溶质在另一相表面上的密集现象称为吸附。若一物质被吸附，则此物质在体系中的量与均相且界限绝对分明的假想体系中的量有所不同时，这种假想界面被称为吉布斯界面。溶胶—吸附—凝胶—成膜机制是基于下述两个主要过程提出的：（1）二氧化钛均匀地分散在水中，控制加入硅酸钠和酸量，使之生成硅溶胶。由于二氧化钛表面具有一定活化能，并且其晶体表面有多种结构缺陷，导致表面有一定数量的羟基，新生成的具有活性的硅酸溶胶立刻被吸附在其表面，这是一个快速的物理吸附过程。（2）在一定温度和浓度下，大量硅溶胶吸附在二氧化钛表面后，开始胶凝成膜。首先在二氧化钛表层的硅溶胶凝胶化成氧化硅膜，随着时间增长，硅凝胶膜由里往外逐渐变厚，干燥脱水后生成均匀致密的无机氧化硅膜。膜生长过程即陈化过程受硅溶胶的凝胶化速度控制，为慢过程，该过程是包膜的速度控制步骤。

实验过程中，在一定量二氧化钛浆液中加入一定浓度的硅酸钠和稀硫酸，经分散后开始取样，分别陈化 30min、60min 和 120min，用高分辨透射电镜分析硅溶胶凝胶化后氧化硅膜的厚度变化，陈化开始时氧化硅膜厚度增加较快，随着陈化时间的增加，膜厚度增加逐渐减慢，陈化 120min 后，膜厚度变化趋于平稳，表明凝胶化过程在 2h 内基本完成。

均相成核过程的热力学分析。液体由于热运动引起组成和结构上的起伏，部分粒子从高的自由能态转变为低的自由能态，新生成系统的体积自由能 G_V 减少，同时，新生相和液相之间形成新的界面，导致系统界面自由能 G_s 的增加。对整个系统而言，自由能的变化应是这两项之代数 $\Delta G_r = \Delta G_V + \Delta G_s$。形成颗粒太小时，界面面积对体积的比例大，系统自由能增加，新生相的饱和蒸气压和溶解度都增大。由于蒸发或溶解而使其消失于母相中。

这种较小且不能稳定长大成新相的区域称为核胚。随着核胚起伏的增大，界面对体积的比例减小。当起伏达到临界值时，系统自由能由正值变为负值。这部分起伏有可能稳定生长出新相即晶核。液体析晶分两步完成：第一步形成稳定的晶核（核化），第二步晶核生长，其速率决定于晶核的生成速率和晶体生长速率。均态核化在液相中形成晶核，不仅发生液-固相的转变，还需要形成固-液界面。假定在恒温恒压下，从液体中形成的新相呈球形，若不考虑应变能，则其自由能的变化为：

$$\Delta G_{\mathrm{r}} = 4\pi r^2\gamma_{\mathrm{LS}} + (4/3)\pi r^3\Delta G_V \tag{5-13}$$

式中，r 为球形核胚新相区的半径；γ_{LS}为液-固界面能（假定没有方向性）；ΔG_V为液-固相变时，除去界面能时单位体积自由能的变化。

上式中 $4\pi r^2\gamma_{\mathrm{LS}}$代表形成液-固界面需要的能量，即界面能。界面能始终为正值，因为核胚越大，形成表面积越大，表面自由能增大也越多。上式中 $(4/3)\pi r^3\Delta G_V$表示液-固相转变时自由能的变化，对于自发反应为负值，核胚越大，自由能减小越多。对于颗粒很小的新相区，颗粒表面积对体积的比率大，等式右侧第一项占优势，形成新相所需自由能随着这些小颗粒的增大而增加，总的自由能变化为正值。对于颗粒较大的新相区，等式右侧第二项占优势，总的自由能变化为负值。在自由能变化过程中存在一个临界半径 r^*，r^* 可通过自由能变化对 r 微分，并使其等于零求得。

$$\mathrm{d}\Delta G_{\mathrm{r}}/\mathrm{d}r = 8\pi r\gamma_{\mathrm{LS}} + 4\pi r^2\Delta G_V = 0 \tag{5-14}$$

$$r^* = -2\gamma_{\mathrm{LS}}/\Delta G_V \tag{5-15}$$

但并不是所有瞬间出现的新相区都能稳定存在和长大。颗粒半径比 r^* 小的核胚（称为亚临界核胚）不稳定，这是由于其尺寸减小时，自由能降低原因。颗粒半径大于 r^* 的超临界晶核稳定，是由于晶核长大时，自由能减小之故。形成临界晶核时，系统自由能变化要经历一个极大值，此值可由式（5-16）求得：

$$\Delta G_{\mathrm{r}}^* = 16\pi\gamma_{\mathrm{LS}}/[3(\Delta G_V)^2] \tag{5-16}$$

异相表面成核过程的热力学分析。除均相核化过程外，常见的多是异相核化过程。异相核化在异相界面，如容器壁或外加物质表面（颗粒）上发生，新生核通常在和液体相接触的固体界面上生成，该固体表面通过表面能的作用使核化的势垒减少，促进核化，如图5-23 所示。假设核的形状为球体的一部分，其曲率半径为 R，核在固体表面上的半径为 r，液体-核（LX）、核-固体（XS）和液体-固体（LS）的各界面能为 γ_{LX}、γ_{XS}和 γ_{LS}，液体-核界面的面积为 A_{LX}，形成这些新界面的自由能变化为：

$$\Delta G_{\mathrm{s}} = \gamma_{\mathrm{LX}}A_{\mathrm{LX}} + \pi r^2(\gamma_{\mathrm{XS}} - \gamma_{\mathrm{LS}}) \tag{5-17}$$

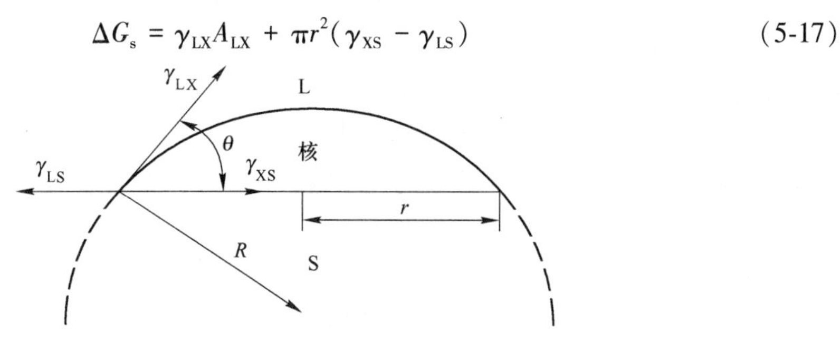

图 5-23　固-液界面形核示意图

当形成新界面 LX 和 XS 时，液固界面（LS）减少了 πr^2。若 $\gamma_{LS} > \gamma_{XS}$，则 $\Delta G_s < \gamma_{LX}A_{LX}$，说明在固体上形成晶核所需的总表面能小于均态核化所需要的能量。接触角 θ 和界面的关系为：

$$\cos\theta = (\gamma_{LS} - \gamma_{XS})/\gamma_{LX} \tag{5-18}$$

将该式代入 ΔG_s 式有：

$$\Delta G_s = \gamma_{LX}A_{LX} - \pi r^2\gamma_{LX}\cos\theta \tag{5-19}$$

图 5-23 中假设的晶核（球形圆帽）体积和表面积分别为：

$$V = \pi R^3[(2 - 3\cos\theta + \cos^3\theta)/3] \tag{5-20}$$

$$A_{LX} = 2\pi R^2(1 - \cos\theta) \tag{5-21}$$

接触面的半径是 $r = R\cos\theta$，非均态晶核形成时，系统自由能变化计算与均相成核雷同。

$$\Delta G_h = \Delta G_s + V\Delta G_V$$

$$\Delta G_h = \gamma_{LX}A_{LX} - \pi r^2\gamma_{LX}\cos\theta + V\Delta G_V,\ d(\Delta G)/dR = 0 \tag{5-22}$$

则可以求得非均态晶核的临界半径：$r^* = -2\gamma_{LX}/\Delta G_V$，代入 ΔG_h式获得：

$$\Delta G_h^* = \frac{16\pi\gamma_{LX}^3}{3(\Delta G_V)^2}[(2 + \cos\theta)(1 - \cos\theta)^2/4] \tag{5-23}$$

设 $f(\theta) = (2 + \cos\theta)(1 - \cos\theta)^2/4$，有 $\Delta G_h^* = \Delta G_r^* f(\theta)$。将该式和均相成核比较，发现非均态与均态核化自由能变化只差一个系数 $f(\theta)$。当接触角 $\theta = 0°$（指有液相存在时，固体被晶体完全润湿），$\cos\theta = 1$，$f(\theta) = 0$，$\Delta G_h^* = 0$，不存在势垒；当 $\theta = 90°$，$\cos\theta = 0$ 时，核化势垒降低一半；当 $\theta = 180°$，不润湿，$\cos\theta = -1$，非均态自由能变化转变为均态自由能变化。一般 θ 值在 0°~180°之间，即 $\Delta G_h^* < \Delta G_r^*$，$\theta$ 越小，ΔG_h值越小。

因此，晶核在异相晶体表面形成时所增加的表面能比在均相形成时的小，即异相表面成核优先于均相，这为异相表面成膜包覆而不产生均相自身成核创造了最有利条件。当晶核和核化剂原子排列相似时，θ 越小，ΔG_h^* 值越小，越有利于异相表面成核，说明氧化物表面包覆氧化物在热力学上更有利。所以，金红石型纳米 TiO_2 表面包覆无机氧化物，比较容易形成致密的膜，这也是为什么 TiO_2 在包覆有机物之前，先包覆一层无机氧化物的原因之一。

二氧化钛表面包硅膜的临界半径计算。当表面包覆硅酸钠时，因 Na_2SiO_3的表面能为 0.25J/m²，单位体积自由能为 -1.76×10^8J/m³，发生液-固相变时，除去界面能，单位体积自由能的变化为 $\Delta G_V = \Delta G/V = -1.76\times10^8$ J/m³。根据临界半径的公式可以求得硅酸钠生成硅溶胶的成核临界半径 $r^* = -2\gamma_{LX}/\Delta G_V = 2.8$nm。

二氧化钛表面包膜还存在表面化学键合机理之说。这种机理认为，基体与包覆物之间不是简单的结合，而是形成了牢固的化学键。在金红石型纳米 TiO_2颗粒表面有很多未键合的羟基，与水合氧化物的羟基聚合成羟桥，生成氢氧化物包覆层。在包覆层和纳米 TiO_2 颗粒之间形成了化学键，生成了均匀致密包覆层，与纳米 TiO_2 颗粒之间结合牢固，不易脱落。Xuedong 等研究纳米 TiO_2 颗粒的表面包覆改性时，发现粒子表面羟基与硬脂酸的羧基间发生了缩合反应，形成了类酯产物，实际上就是粒子与硬脂酸形成了较强的相互作用，即化学键。表面化学键合机理研究得相对比较成熟，它很好地解释了粒子经包覆后，其稳定性较好现象。

表面静电吸引机理：这种机理认为，包覆剂与基体表面带有相反的电荷，靠库仑引力使包覆剂吸附到被包覆的基体表面。Homola 等研究发现，在一定的 pH 值范围内，包覆剂与基体所带的电荷正好相反，可靠静电引力吸附成膜。堀野政章等将超细颗粒与表面处理剂的混合物靠高压气流喷出，使粉体颗粒与表面处理剂相混合、碰撞，利用静电引力在粉体表面上吸附一层表面活性剂。表面静电机理能较好地解释金红石型纳米 TiO_2 的表面有机包覆，不过这种机理有其局限性，它不能解释包覆剂在基体表面形成一层包覆层后，表面电性发生变化，但膜继续生长增厚的动力。另外，它也不能说明由于这种靠静电吸附形成的膜与基体的结合强度远小于化学键的强度，这样的膜是否容易脱落。

氧化铝的包膜：Rochelle、M. Comelle 等人的研究表明，氧化铝包膜时，在 pH=8 的情况下，硫酸铝中和后的沉淀物凝胶呈有序的细棒状结构，X 射线衍射图呈勃母石型结构；在 pH=4~8.5 的情况下，硫酸铝沉淀出来的氧化铝凝胶呈网状结构，而且在碱性条件下的沉淀产物比表面积明显高于酸性条件下沉淀物的比表面积，但是在碱性过强的情况系（pH=12）沉淀，得到的氧化铝包膜既不致密，又不均匀，电子显微镜下呈网状结构伸展在粒子之间。铝盐包膜时所形成的水合氧化铝，实际组成是勃母石或假勃母石型氧化铝（γ-AlOOH）、水铝石（α-AlOOH）和三羟铝石（γ-$Al(OH)_3$）的混合物，但工艺要求最好形成勃母石或假勃母石型水和氧化铝，因为他们成丝状或者带状结构，有利于 TiO_2 颜料的分散。

对 TiO_2 无机包膜的热力学分析计算表明：通过对在不同 pH 值、不同温度时离子的浓度进行计算，得到了离子浓度的理论值，并与实验值进行比较，结果表明实验结果与计算结果基本吻合。

在二氧化钛悬浮液中，不仅存在沉淀反应，而且还存在各种配合反应。对于［Al^{3+}］，生成氢氧化铝的反应为：$Al^{3+} + 3OH^- = Al(OH)_3(s)$，$K_{sp} = [Al^{3+}][OH^-]$。

$$[Al^{3+}] = [1 + 10^{pH+3.305} + 10^{2pH-10.966} + 10^{4pH-23.052}]$$

当配合剂存在时，将会对体系的沉淀反应平衡产生影响。对于溶液中的金属离子 Al^{n+}，可形成各级配离子。

$$Al + L \Longrightarrow AlL \quad \beta_1 \quad [AlL] = \beta_1[Al][L]$$

$$Al + 2L \Longrightarrow AlL_2 \quad \beta_2 \quad [AlL] = \beta_2[Al][L]^2$$

$$\vdots \qquad \vdots$$

$$Al + nL \Longrightarrow AlL_n \quad \beta_n \quad [AlL] = \beta_n[Al][L]^n$$

式中，β_1，β_2，…，β_n为各级配合物的生成常数，［L］为溶液中游离配合剂浓度，在二氧化钛无机包膜过程中发生的反应及平衡常数见表 5-14，近似以浓度代替活度进行计算。$[Al]_T$、$[Si]_T$、$[Ti]_T$表示溶液中各种形式的离子总浓度。

表 5-14　反应方程式及平衡常数（25℃）

序号	反应式	$\lg K(\beta)$	质量方程
1	$H_2O = H^+ + OH^-$	−14.0	$[H^+][OH^-] = 10^{-14}$
2	$Al^{3+} + 3OH^- = Al(OH)_3(s)$	31.428	$\frac{1}{[Al^{3+}][OH^-]^3} = 10^{31.428}$

续表 5-14

序号	反 应 式	lgK(β)	质 量 方 程
3	$Al^{3+} + OH^- = Al(OH)^{2+}$	9.034	$\frac{[Al(OH)^{2+}]}{[Al^{3+}][OH^-]} = 10^{9.034}$
4	$Al^{3+} + 2OH^- = Al(OH)_2^+$	17.075	$\frac{[Al(OH)_2^+]}{[Al^{3+}][OH^-]^2} = 10^{17.075}$
5	$Al^{3+} + 4OH^- = AlO_2^- + H_2O$	32.948	$\frac{[AlO_2^-]}{[Al^{3+}][OH^-]^4} = 10^{32.948}$
6	$H_2SO_4 = H^+ + HSO_4^-$	11.521	$\frac{[H^+][HSO_4^-]}{[H_2SO_4]} = 10^{11.521}$
7	$HSO_4^- = H^+ + SO_4^{2-}$	-1.981	$\frac{[H^+][SO_4^{2-}]}{[HSO_4^-]} = 10^{-1.981}$
8	$SiO_3^{2-} + 2H^+ + (n-1)H_2O = SiO_2 \cdot nH_2O\downarrow$	26.085	$\frac{1}{[SiO_3^{2-}][H^+]^2} = 10^{26.085}$
9	$H_2SiO_3 = HSiO_3^- + H^+$	-3.574	$\frac{[HSiO_3^-][H^+]}{[H_2SiO_3]} = 10^{-3.574}$
10	$HSiO_3^- = SiO_3^{2-} + H^+$	-0.362	$\frac{[H^+][SiO_3^{2-}]}{[HSiO_3^-]} = 10^{-0.362}$
11	$Ti^{4+} + 3OH^- = TiO(OH)_2(s) + H^+$	29	$\frac{[H^+]}{[Ti^{4+}][OH^-]^3} = 10^{29}$

根据质量守恒定律，金属离子 Me 总浓度为：

$$[Al]_T = [Al] + [AlL] + \cdots + [AlL_n] = [Al]\{1 + \sum \beta_n [L]^n\}$$

配合剂总浓度为：

$$[L]_T = [L] + [AlL] + 2[AlL_2] + \cdots + n[AlL_n] = [L]\{1 + [Al]\sum n\beta_n [L]^{n-1}\}$$

由于溶液中的硅酸根离子总浓度 $[C]_T$与配合剂总浓度 $[L]_T$为一常数，且各离子的浓度均与 pH 值有一定的关系，因此可得到不同 pH 值下的金属离子总浓度。根据不同 pH 值所对应的金属离子总浓度，从而可以绘制 $[Al]_T$-pH 关系图。

由表 5-14 的平衡方程式及平衡常数，可获得体系中各种离子浓度与 pH 值的关系为：

Al^{3+}的总浓度为：$[Al^{3+}]_T = [Al^{3+}] + [Al(OH)_2^+] + [Al(OH)^{2+}] + [AlO^{2-}]$

于是有：

$$\begin{aligned}&[Al^{3+}] + [Al(OH)_2^+] + [Al(OH)^{2+}] + [AlO^{2-}]\\ &= [Al^{3+}] + [Al^{3+}][OH^-] \times 10^{9.034} + [Al^{3+}][OH^-]^2 \times 10^{17.075} + [Al^{3+}][OH^-]^4 \times 10^{32.948}\\ &= [Al^{3+}] \cdot [1 + 10^{pH+3.305} + 10^{2pH-10.966} + 10^{4pH-23.052}]\end{aligned}$$

可以得到：

$$\begin{aligned}[Al^{3+}]_T &= [Al^{3+}] + [Al(OH)^{2+}] + [Al(OH)_2^{2+}] + [AlO_2^-]\\ &= [Al^{3+}] \cdot [1 + 10^{pH-4.966} + 10^{2pH-10.925} + 10^{4pH-23.052}]\end{aligned}$$

其中：$[Al]_T = [Al^{3+}] \cdot [1 + 10^{pH+3.305} + 10^{2pH-10.966} + 10^{4pH-23.052}]$

解得：$[Al^{3+}]=10^{-31.428}\times[OH^-]^{-3}=10^{-31.428}\times[10^{pH-14}]^{-3}=10^{-31.428+42-3pH}=10^{10.572-3pH}$

$$[H_2SiO_3]+[HSiO_3^-]+[SiO_3^{2-}]$$

$$=10^{-3.754}\times[H^+]\times[H^+]\times10^{0.362}\times[SiO_3^{2-}]+[H^+]\times10^{0.362}\times[SiO_3^{2-}]+[SiO_3^{2-}]$$

$$=[SiO_3^{2-}]\cdot[10^{-2pH-3.212}+10^{pH+0.362}+1]$$

得到：$[SiO_3^{2-}]_T=[H_2SiO_3]+[HSiO_3^-]+[SiO_3^{2-}]$

$$=[SiO_3^{2-}]\cdot[10^{-2pH-3.212}+10^{pH+0.362}+1]$$

其中：$[SiO_3^{2-}]_T=[SiO_3^{2-}]\cdot[10^{-2pH-3.212}+10^{pH+0.362}+1]$

还可解得：$[SiO_3^{2-}]=[H^+]^{-2}\times10^{-26.085}=10^{-2pH-26.085}$，$[Ti^{4+}]=10^{13-4pH}$

相关结果列于表 5-15。

表 5-15　不同 pH 值下的离子浓度（25℃）

pH 值	$[Al^{3+}]$	$[SiO_3^{2-}]$
3	37.72910478	1.89317×10^{-29}
4	0.041405834	1.89243×10^{-30}
5	8.21588×10^{-5}	1.89235×10^{-31}
6	1.21571×10^{-6}	1.89234×10^{-32}
7	3.35975×10^{-6}	1.89234×10^{-33}
8	3.31176×10^{-5}	1.89234×10^{-34}
9	0.000331132	1.89234×10^{-35}
10	0.003311311	1.89234×10^{-36}
11	0.033113112	1.89234×10^{-37}
12	0.331131121	1.89234×10^{-38}
13	3.311311215	1.89234×10^{-39}
14	33.11311215	1.89234×10^{-40}

由表 5-15 的计算结果可以看出，在 pH<12 时溶液中的 Al 离子含量较高，碱性条件下 Al 离子含量较低；由表绘制得到 $[Al]_T$-pH、$[SiO_3^{2-}]_T$-pH 关系图。

由图 5-24 可知，在 pH＝4～12 时溶液中的 Al^{3+}离子浓度较低，说明此时生成的沉淀物质较多。这与硫酸铝溶液在不同 pH 值下生成氢氧化铝量的吸光度相符。在氢氧化铝的生成试验中，所得结果见图 5-24。由图研究发现，随着体系 pH 值的增大，氢氧化铝的吸光度值先逐渐变大而后变小，pH＝6～11 范围内，氢氧化铝的吸光度数值较大。这表明氢氧化铝在此 pH 值下能够生成较多的凝胶。这是因为氢氧化钠逐渐滴加入到硫酸铝溶液中生成氢氧化铝，而氢氧化铝为典型的两性氧化物，加入强酸溶解生成铝盐，或加入强碱溶解生成铝酸盐。

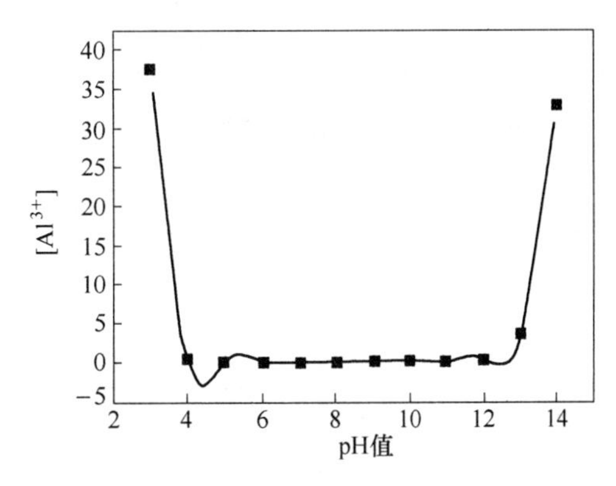

图 5-24　pH 值与铝离子浓度关系

由图 5-25 可知，在 pH>4 时，溶液中的 [SiO_3^{2-}]$^-$离子浓度较低，说明此时生成的沉淀物质较多。硅酸的溶解度较低，所以溶液中的硅酸离子的浓度较低。与硅酸 pH 值-A 关系相比较，可以看出 pH<4 时，生成的硅酸很少，这与图 5-25 中 pH<4 时硅酸离子浓度较高相符。

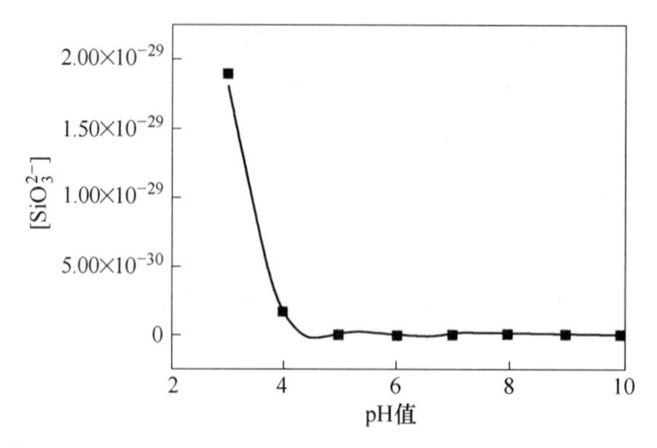

图 5-25　pH 值与硅酸离子浓度关系

此外，对不同温度下的离子浓度进行分析计算，结果见表 5-16。

表 5-16　反应方程式及不同温度下的平衡常数

序号	反应式	lg*K*(β)			
		25℃	50℃	70℃	90℃
1	$H_2O = H^+ + OH^-$	-14.0	-13.268	-12.804	-12.422
2	$Al^{3+} + 3OH^- = Al(OH)_3(s)$	31.428	30.881	30.615	30.465
3	$Al^{3+} + OH^- = Al(OH)^{2+}$	9.034	9.052	9.104	9.181
4	$Al^{3+} + 2OH^- = Al(OH)_2^+$	17.075	17.168	17.311	17.496
5	$Al^{3+} + 4OH^- = AlO_2^- + H_2O$	32.948	32.487	32.309	32.257
6	$H_2SO_4 = H^+ + HSO_4^-$	11.521	10.483	9.737	9.051
7	$HSO_4^- = H^+ + SO_4^{2-}$	-1.981	-2.303	-2.579	-2.862
8	$SiO_3^{2-} + 2H^+ + (n-1)H_2O = SiO_2 \cdot nH_2O\downarrow$	26.085	26.923	27.485	28.003
9	$H_2SiO_3 = HSiO_3^- + H^+$	-3.574	-3.767	-3.916	-4.601
10	$HSiO_3^- = SiO_3^{2-} + H^+$	-0.362	-0.294	-0.246	-0.200

根据上述算法计算不同温度下 $[Al]_T$及 $[SiO_3^{2-}]_T$。结果见表 5-17。

表 5-17　不同温度下离子浓度的计算方式

温度/℃	$[Al]_T$	$[SiO_3^{2-}]_T$
25	$[Al^{3+}] \cdot [1+10^{pH-4.966}+10^{2pH-10.925}+10^{4pH-23.513}]$	$[SiO_3^{2-}] \cdot [10^{-2pH-3.212}+10^{pH+0.362}+1]$
50	$[Al^{3+}] \cdot [1+10^{pH-4.948}+10^{2pH-10.832}+10^{4pH-23.052}]$	$[SiO_3^{2-}] \cdot [10^{-2pH-3.563}+10^{pH+0.215}+1]$
70	$[Al^{3+}] \cdot [1+10^{pH-4.896}+10^{2pH-10.689}+10^{4pH-23691}]$	$[SiO_3^{2-}] \cdot [10^{-2pH-3.795}+10^{pH+0.201}+1]$
90	$[Al^{3+}] \cdot [1+10^{pH-4.819}+10^{2pH-10.504}+10^{4pH-23.747}]$	$[SiO_3^{2-}] \cdot [10^{-2pH-4.064}+10^{pH+0.187}+1]$

此时 [Al^{3+}] 以及 [SiO_3^{2-}] 的浓度表达式见表 5-18。

表 5-18 不同温度下离子浓度的表达式

离子	25℃	50℃	70℃	90℃
[Al^{3+}]	$10^{10.572-3pH}$	$10^{11.119-3pH}$	$10^{11.385-3pH}$	$10^{11.535-3pH}$
[SiO_3^{2-}]	$10^{-2pH-26.085}$	$10^{-2pH-26.923}$	$10^{-2pH-27.485}$	$10^{-2pH-28.003}$

进一步解得不同温度下的 [Al]$_T$，见表 5-19。

表 5-19 不同温度下的 [Al]$_T$

pH 值	25℃	50℃	70℃	90℃
3	37.72910478	133.0069377	245.7491634	347.9784864
4	0.041405834	0.14654131	0.273989486	0.395841382
5	8.21588×10^{-5}	0.000299179	0.000600688	0.000970224
6	1.21571×10^{-6}	3.95411×10^{-6}	8.78608×10^{-6}	1.68964×10^{-5}
7	3.35975×10^{-6}	4.24505×10^{-6}	5.47077×10^{-6}	7.26395×10^{-6}
8	3.31176×10^{-5}	4.03841×10^{-5}	4.9481×10^{-5}	6.14841×10^{-5}
9	0.000331132	0.000403647	0.000494316	0.000613773
10	0.003311311	0.004036454	0.004943107	0.006137621
11	0.033113112	0.040364539	0.049431069	0.061376201
12	0.331131121	0.403645393	0.494310687	0.613762005
13	3.311311215	4.03645393	4.94310687	6.137620052
14	33.11311215	40.3645393	49.4310687	61.37620052

进一步解得不同温度下的 [SiO_3^{2-}]$_T$，见表 5-20。

表 5-20 不同温度下的 [SiO_3^{2-}]$_T$

pH 值	25℃	50℃	70℃	90℃
3	1.89317×10^{-29}	1.39317×10^{-29}	8.63463×10^{-30}	5.64327×10^{-30}
4	1.89243×10^{-30}	1.39243×10^{-30}	8.63463×10^{-31}	5.64327×10^{-31}
5	1.89235×10^{-31}	1.39235×10^{-31}	8.63463×10^{-32}	5.64327×10^{-32}
6	1.89234×10^{-32}	1.39234×10^{-32}	8.63463×10^{-33}	5.64327×10^{-33}
7	1.89234×10^{-33}	1.39234×10^{-33}	8.63463×10^{-34}	5.64327×10^{-34}
8	1.89234×10^{-34}	1.39234×10^{-34}	8.63463×10^{-35}	5.64327×10^{-35}
9	1.89234×10^{-35}	1.39234×10^{-35}	8.63463×10^{-36}	5.64327×10^{-36}
10	1.89234×10^{-36}	1.39234×10^{-36}	8.63463×10^{-37}	5.64327×10^{-37}
11	1.89234×10^{-37}	1.39234×10^{-37}	8.63463×10^{-38}	5.64327×10^{-38}
12	1.89234×10^{-38}	1.39234×10^{-38}	8.63463×10^{-39}	5.64327×10^{-39}
13	1.89234×10^{-39}	1.39234×10^{-39}	8.63463×10^{-40}	5.64327×10^{-40}
14	1.89234×10^{-40}	1.3234×10^{-40}	8.63463×10^{-41}	5.64327×10^{-41}

由表5-19、表5-20可知，随着温度的提高溶液中铝离子的浓度上升，但在pH=6~11时浓度上升不明显，王韫、严继康等认为，这与实验现象不相符，原因尚待查清；而硅离子的浓度下降，下降幅度较大，所以应选择反应温度为90℃，而这与实验规律相符。

5.11　氯化法钛白制取过程中四氯化钛氧化的热力学

氯化法钛白生产过程中，氧化反应器是非常重要的环节。四氯化钛氧化的速率非常迅速，温度较高，氧化反应控制的好坏决定了氯化法是否顺行及钛白产品质量的高低。四氯化钛在纯净氧中燃烧是制造颜料钛白的基础化学反应，在高温状态下，呈气相的四氯化钛（$TiCl_4$）与氧气（O_2）进行快速反应生成结晶二氧化钛（TiO_2）。与普通燃烧反应相比，这一过程的特殊性在于：作为目的产物的颜料钛白呈所需要的结晶型态自燃烧产物中析出、长大，呈固态存于燃烧产物之中，过程既受化学反应动力学规律控制，又受结晶热力学规律制约。

5.11.1　反应热

根据反应式：$TiCl_4 + O_2 = TiO_2 + 2Cl_2$，可查得各物质在25℃、0.1MPa(1atm）下的生成热为：

$$\Delta H^{\ominus}_{TiCl_4} = -764.94\text{kJ/mol}$$

$$\Delta H^{\ominus}_{TiO_2} = -942.59\text{kJ/mol}$$

由此算得反应之标准生成热为：$\Delta H^{\ominus}_{反} = -177.65\text{kJ/mol}$。不同反应温度下的反应热根据下式计算：

$$\Delta H(t) = (\Delta H^{\ominus}_{TiO_2} - \Delta H^{\ominus}_{TiCl_4}) + [(C_{pTiO_2} + 2C_{pCl_2}) - \int_{298}^{t}(C_{pTiCl_4} + C_{pO_2})]\mathrm{d}T \quad (5\text{-}24)$$

查得各物的热容（J/(mol · K)）为：

$$C_{pTiO_2} = 71.65 + 4.096 \times 10^{-3}t - 1.463 \times 10^{6}t^{-2} \quad (298 \sim 1800\text{K})$$

$$C_{pTiCl_4} = 103.96 + 4.556 \times 10^{-8}t - 8.694 \times 10^{5}t^{-2} \quad (273 \sim 750\text{K})$$

$$C_{pCl_2} = 36.87 + 0.251 \times 10^{-3}t - 2.842 \times 10^{5}t^{-2} \quad (298 \sim 3000\text{K})$$

$$C_{pO_2} = 29.93 + 4.18 \times 10^{-3}t - 1.672 \times 10^{5}t^{-2}$$

故 $\Delta C_p = (C_{pTiO_2} + 2C_{pCl_2}) - (C_{pTiCl_4} + C_{pO_2}) = 11.495 - 4.138 \times 10^{-3}T - 9.948 \times 10^{5}T^{-2}$

由此可得：

$$\Delta H(t) = \Delta H^{\ominus}_{反} + \int_{298}^{t}\Delta C_p\,\mathrm{d}t \quad (5\text{-}25)$$

以 t=1150℃(1425K）为例，算得反应热为 $\Delta H_{反} = -171.38\text{kJ/mol}$。

5.11.2　反应自由能与平衡常数

TiO_2 的标准生成自由能变化与绝对温度的关系式为：

$$\Delta G^{T}_{TiO_2} = -917092 - 14.463T\lg T + 226.35T \quad (298 \sim 2000\text{K})$$

$TiCl_4$(g）标准生成自由能变化与绝对温度的关系式为：

$$\Delta G^{T}_{TiCl_4} = -725648 - 14.212T\lg T + 165.11T$$

由此可算得 $TiCl_4(g) + O_2(g) = TiO_2(s) + 2Cl_2(g)$ 反应的自由能变化为：

$$\Delta G_{反}^{T} = (\Delta G_{TiO_2}^{T} + \Delta G_{Cl_2}^{T}) - (\Delta G_{TiCl_4}^{T} + \Delta G_{O_2}^{T}) = -191444 - 0.251T\lg T + 61.24T$$

而反应平衡常数为：

$$K_p^T = \exp(-\Delta G_{反}^{T}/RT)$$

由此可算得不同温度下之反应自由能变化及平衡常数 K_p^T，见表 5-21。

表 5-21 不同温度下 $TiCl_4$ 氧化反应自由能变化及平衡常数

温 度		$\Delta G_{反}^{T}$ /kJ · mol^{-1}	K_p^T
℃	K		
800	1073	−124.982	1.2×10^6
1150	1423	−103.246	6.2×10^3
1200	1473	−99.902	3.6×10^3
1250	1523	−96.976	2.3×10^3
1300	1573	−94.05	1.3×10^3

Sehegrov 等人计算了 $TiCl_4$ 与 O_2 反应的自由能及 $TiCl_4$ 转化为 TiO_2 的可能程度，其结果与实验数据作了比较，指出反应在 500~600℃时候缓慢开始，高于此温度时，转化率随温度与氧气浓度的增加而迅速增加。Meleltev 计算的反应自由能与平衡常数分别为：1073K 时，$\Delta G_{反}^{T}=-126.57$kJ/mol，$K_p^T=1.35\times10^6$；1573K 时，$\Delta G_{反}^{T}=-96.391$kJ/mol，$K_p^T=1.44\times10^3$。

氧化反应开始于 700℃，随温度升高而迅速加快。1100~1150℃时，送入反应区的 $TiCl_4$ 几乎全被氧化了。TiO_2 晶粒不断形成并长大。在 1150℃，小于 1μm 的 TiO_2 颗粒的比例逐渐达到极大。类似的研究指出，在 1100~1150℃几乎全部 TiO_2 被氧化了。

针对 $TiCl_4$ 在氧中燃烧获得 TiO_2 的管式反应器特点，可以建立氧化过程的热力学研究方法，并导出系统平衡温度和平衡转化率计算式，推定反应表观频率因子，得出在不同边界散热条件下反应流动过程的 TiO_2 平衡转化率和介质平衡温度。

当 $TiCl_4$ 在管式反应器中氧化时，假设反应物在入口截面已充分混合，反应管任意截面上的物理参数均匀。管内任一截面 x 处反应流体中 A 成分转化率 f_A 为：

$$f_A = [1 + F_{V0}/(kA_T C_{A0} x)]^{-1} \tag{5-26}$$

式中，F_{V0}为体积流量，m^3/h；k 为表观反应速度常数；A_T为反应管截面积，m^2；C_{A0}为摩尔浓度，mol/m^3。

管式反应器系统的最终温度决定化学反应平衡常数。在一定压力和成分组成条件下，由动力学关系预测的化学反应转化率将受到平衡常数决定的转化率的限制。温度对平衡常数的影响由 Van't Hoff 方程确定，对于 $TiCl_4$ 燃烧反应，可导出：

$$\Delta H_T^{\ominus} = (-1.884 + 1.176\times10^{-4}T - 2.072\times10^{-8}T^2 + 9.965/T)\times10^8$$

$$\Delta S_{298}^{\ominus} = -6.188\times10^4,\ \Delta G_{298}^{\ominus} = -1.633\times10^8,\ \ln K_{298} = 65.87$$

积分 Van't Hoff 方程得：

$$\ln K_T = -17.431 + 1.414\ln T - 2.49\times10^{-4}T + 2.2643\times10^4 T^{-1} - 5.989\times10^4 T^{-2} \tag{5-27}$$

由此，可对一定组分及压力的反应流动体系计算出反应平衡转化率f_{AT}。其计算式为：

$$(K-4)f_{AT}^2-(1+\alpha)Kf_{AT}+\alpha K=0 \quad (5\text{-}28)$$

式中，K为平衡常数；α为传热系数，W/(m^2·K)。

通过计算，可求得$TiCl_4$在氧中燃烧的反应平衡转化率与温度的关系，如图5-26所示。

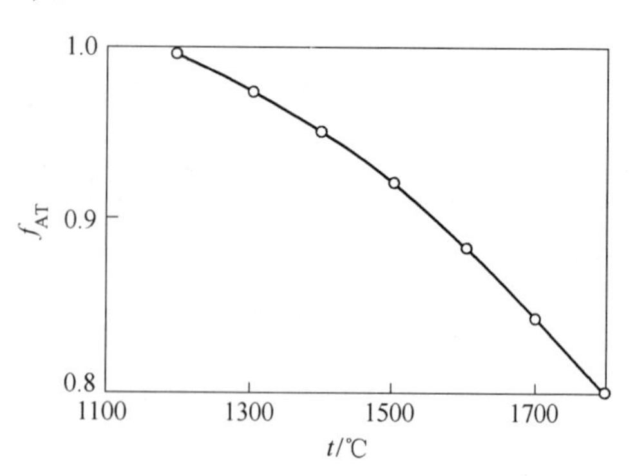

图5-26　平衡转化率与温度的关系

针对表观反应频率因子k_0，据资料推测以及工业试验结果分析，在$TiCl_4$燃烧制造颜料钛白的生产条件下，反应在10^{-1}s数量级内完成，由此可反算出k_0。假设表观化学反应经0.1s达到平衡，这时反应物质A成分的摩尔浓度由C_{A0}变化至达到平衡转化率下的残余浓度$(1-f_{AL})C_{A0}$。对于二级反应有：

$$k_0=10f_{AL}/[(1-f_{AL})C_{A0}\exp(-E/RT)] \quad (5\text{-}29)$$

根据资料记载的实验结果，取$E=7.66\times10^4$，可计算得$k_0=1.066\times10^8$。

5.12　镁热还原法制取海绵钛的热力学

5.12.1　镁与$TiCl_4$的相互作用的热力学分析

镁和$TiCl_4$的相互作用，按照热力学计算，可用其可能的反应热效应值和自由能的变化量来确定。此外，热力学还可以计算反应的理论温度。所有这些，可在绝热条件下进行观测，就是说，加热的反应容器与周围介质应没有热量损失。

由于钛是典型过渡金属，因此还原它的一些化合物通常是分步进行，即从高价化合物到低价化合物，最后到金属。当金属与其表面形成的新相（低价化合物）之间的晶格常数相等，并且两种结构具有同样的单位晶胞时，相之间的几何界面就消逝了。新相乃是老相的不断延续，最低尺寸在几个晶面间距之间。这就使低价化合物与金属间的表面连接十分牢固。因此，它们是很难分离的。在一个单层范围内，甚至在高温下，一直到金属的熔点，低价化合物也不可能有解吸作用。因为这些化合物的非金属（X）靠构成表面一部分的金属原子（Me）与表面相联系，由低价化合物逐步过渡到金属；MeX-Me系中，增加了增强物理化学稳定性的混合物，换而言之，低价氯化物型的化合物所含的氯要低于$TiCl_2$。因此，必须弄清楚生成低价化合物的自由能。在还原反应器内，可能有下列反应：

$$2TiCl_4+Mg=2TiCl_3+MgCl_2$$

$$TiCl_4+Mg=TiCl_2+MgCl_2$$

$$TiCl_4+2Mg=Ti+2MgCl_2$$

$$2TiCl_3+Mg=2TiCl_2+MgCl_2$$

$$2/3TiCl_3+Mg=2/3Ti+MgCl_2$$

$$TiCl_2+Mg=Ti+MgCl_2$$

同时，还存在二次反应：

$$3TiCl_4+Ti=4TiCl_3$$

$$2TiCl_4 + Ti = 2TiCl_3 + TiCl_2$$
$$TiCl_4 + Ti = 2TiCl_2$$
$$2TiCl_3 + Ti = 3TiCl_2$$
$$TiCl_4 + TiCl_2 = 2TiCl_3$$

钛的氯化物与镁的主要杂质（铁、硅、铬、锰、镍、氧、氮等）的相互作用，以及金属镁与钛氯化物的杂质（$SiCl_4$、$AlCl_3$、$CrCl_3$、$CrCl_2$、$FeCl_3$、VCl_4、VCl_3 等）相互作用的比率不大，没有引起主要反应热力学的本质差别。但是这些杂质给生成海绵钛的质量造成很大影响。

表 5-22 归纳了镁和钛以及其化合物的热力学性质，这些数据对于 298~2500K 温度区间内的反应，可足够正确地进行热力学计算。

表 5-22　参与镁还原过程的物质的热力学性质

物质	ΔH_{298} /kJ · mol^{-1}	S_{298}/kJ · (mol · K)$^{-1}$	C_p(s) /J · (mol · K)$^{-1}$	转变温度 /K	$-\Delta H_{转变}$ /kJ · mol^{-1}	C_p/J · (mol · K)$^{-1}$
$TiCl_4$	804.65	252.47	—	—	—	—
$TiCl_3$	713.53	143.79	$86.53+30.93\times10^{-3}T$	—	—	—
$TiCl_2$	504.11	103.25	$65.21+20.06\times10^{-3}T$	—	—	—
Ti	0	30.64	$21.95+10.53\times10^{-3}T$	1155	0.95	7.5
$MgCl_2$	640.38	89.45	$79.00+5.94\times10^{-3}T-8.61\times10^{-5}T$	—	—	—
Mg	0	32.48	$22.28+10.24\times10^{-3}T-0.445\times10^{-2}T$	—	—	—
物质	**熔化温度/K**	**$-\Delta H_{熔化}$ /kJ · mol^{-1}**	**C_p(l) /J · (mol · K)$^{-1}$**	**沸腾温度/K**	**$\Delta H_{沸腾}$ /kJ · mol^{-1}**	**C_p(g) /J · (mol · K)$^{-1}$**
$TiCl_4$	250	9.36	149.23	409	36.16	$106.38+1\times10^{3}T-986.5\times10^{5}T^{-2}$
$TiCl_3$	1123 升华	153.82 升华	—	—	—	83.6
$TiCl_2$	1300 升华	40.76	96.14	1170	210.25	58.52
Ti	1933	19.23	32.6	3533	422.18	—
$MgCl_2$	991	43.05	92.38	1691	136.69	244.6
Mg	293	9.20	33.44	1393	131.67	20.78

表 5-23 中的数据，是假定在绝热条件下，四氯化钛和镁相互作用的理论温度。在原料参加反应前，将其加热到 800℃和 1107℃，并按化学计量的比例配料。实验证实，如果在同一时间内，在相应的温度下，往反应器内加还原刘，是可以达到理论温度的。

表 5-23　绝热条件下镁与 $TiCl_4$ 作用的理论温度

温度/K	反　应　式	热效应 /kJ · mol^{-1}	理论温度/K
1073	$TiCl_4(g) + 1/2Mg(l) = TiCl_3(g) + 1/2MgCl_2(g)$	231.57	2530
	$TiCl_4(g) + Mg(l) = TiCl_2(l\text{-}s) + MgCl_2(g)$	326.88	1770
	$TiCl_4(g) + 2Mg(l) = Ti(s) + 2MgCl_2(g)$	425.94	1691

续表 5-23

温度/K	反应式	热效应 /kJ · mol^{-1}	理论温度/K
1393	$TiCl_4(g) + 1/2Mg(g) = TiCl_3(g) + 1/2MgCl_2(g)$	150.06	1993
	$TiCl_4(g) + Mg(g) = TiCl_2(g) + MgCl_2(g)$	412.98	1770
	$TiCl_4(g) + 2Mg(g) = Ti(g\text{-}l) + 2MgCl_2(g)$	672.14	3533

表 5-23 中的数据，可以证实在温度区间为 298～1700K，镁与钛的氯化物相互作用的热效应超过了镁的蒸发热。当镁与钛的氯化物相互作用时，反应的热力学概率（自由能）随温度而变化，根据这些反应，所得到的自由能的变化值，以及钛的氯化物与生成的海绵钛可能发生的二次反应，可以将还原过程区分为两个温度区：低温区为 1690K 以下，高温区高于 1690K。

在低温区，$TiCl_4$ 与 Mg 相互反应经过低价氯化物，生成金属钛，在热力学上占优势。在高温区，$TiCl_4$ 与 Mg 生成钛的低价化合物的反应，在热力学上占优势。在温度为 1000～2200K 的区间内，用热力学判断镁和钛与 $TiCl_4$ 相互反应时，可见，生成 $TiCl_3$ 不是镁和钛与 $TiCl_4$ 直接相互作用的结果，而是二次反应的结果。这个从热力学上得来的结论，是指符合于均衡条件下的情况，不适于实际条件，实际条件是反应器内有过量的镁，而生成的氯化镁是要由反应器放出的。$TiCl_4$ 与 Mg 相互作用，其主要反应的理论温度是很高的，生成产品的部分应该处于气相状态。在 Mg 还原过程中，大量放热使镁剧烈地蒸发，在气态中它和 $TiCl_4$ 相互作用。

在绝热条件下，反应物在气相状态下相互作用的热平衡见表 5-24。

表 5-24　反应区的热平衡

序号	热收入项目	热量/kJ · mol^{-1}	序号	热支出项目	热量/kJ · mol^{-1}
1	在 136℃ 时，以气态 $TiCl_4$ 带入	51.41	1	在绝热条件下反应器产品的热焓	868.19
2	以气态 Mg 带入，略去由 900℃加热到沸点	341.92			
3	反应的热效应	474.85			
总计		868.19	总计		868.19

如果假定反应产品的生成温度相当于氯化镁的沸点（1418℃），而后者又处于气态，那么消耗的热量是：在 1418℃时的气态氯化镁的热含量 586.454kJ/mol 减去在 1418℃时钛的热含量 50.578kJ/mol，等于 637.032kJ/mol。其余的热量（868.19−637.032 = 231.16kJ/mol）把生成的反应产品升温到高于 1418℃。

5.12.2　镁热法还原钛的主要规律

关于镁热法还原钛的主要规律，已经有许多文献做了讨论，并指出了该组分相互作用机理的复杂性。在 $TiCl_4$ 变成金属钛之前，或者结束该过程时，都有附着、蒸发、冷凝、扩散、溶解和结晶的物理过程，其放热性、动力学的不均衡性和还原的周期性，给研究它的机理带来很大困难。

研究 $TiCl_4$ 与镁相互作用的机理，应该首先确定可能进行反应的范围和它们的次序，如果相互作用是分段进行，就要规定出还原阶段的限定条件，来研究还原的机理。可以认为生成金属钛呈海绵状，是气态 $TiCl_4$ 与液体镁相互作用的结果，或者是冷凝相互作用的结果。有文献否认了在一般采用的镁热法还原过程中，反应物在气相中相互作用的可能性，认为只有在熔融的镁液面上加入 $TiCl_4$ 才能反应，组分在气相中作用的优势，只有当镁的利用率达 60%~80%之后，也就是在过程的末期，此时它的反应速度才开始下降。相反，气相中的相互作用仅发现在过程的开始阶段，此时，在加 $TiCl_4$ 之前反应空间有镁蒸气。也有文献认为，在还原过程的一定条件下，反应物在气相中相互作用较为突出。但是，他们的实验资料，关于在气相中的主要工艺参数——$TiCl_4$ 加入速度对组分相互作用的影响程度，是很矛盾的。许多研究者用在还原时间内由于 $TiCl_4$ 分压的改变而改变了反应器内压力来解释。只有少数研究者认为，在反应器内形成的总压中，$MgCl_2$ 的分压应予以重视。

В. А. Резниченко 将还原作为一个自催化过程来研究。在他们所指的过程中，生成的海绵钛是催化剂，由于海绵钛吸收了 $TiCl_4$ 的分子，而避开低价氯化物直接还原成金属钛，同时减弱了 $TiCl_4$ 分子的内部联系。应用自催化机理的论据之一，是海绵钛出现的细微结构。对此，也有人给予了注意，并指出了海绵钛组织内部粘壁的倾向；并且，它优先在垂直方向成长。当镁利用率为 10%，$TiCl_4$ 加料速度为 195kg/(m^2·h) 时，在海绵钛粘壁部分的照片上，可以明显看出钛的树枝方向向下，而不是向上，这恰好验证了作者的假说。在一定的镁利用率范围内，提高还原过程的速度，按 Р. А. Санллер 的解释，是由于海绵钛生成后，被镁浸湿的表面上升了。因此，提高 $TiCl_4$ 的加料速度可使过程加快。他的解释是由于在气相下增加了四氯化钛的浓度。在还原过程中，于气相中生成低价氯化物和金属镁。

在镁热法还原以后，海绵状的金属钛存在于反应器内液体镁不与之接触的部位。这与一些研究人员的解释是矛盾的。这些人的看法是，钛的海绵结构，是气态 $TiCl_4$ 与液体镁相互作用的结果，或者是相的冷凝结果。和惯例一样，在工业反应器的盖上，海绵钛不和反应器壁相连接，在过程停后，发现钛是呈树枝状结晶，像钟乳石（“石须”）和普通的海绵状。有文献关注了工业还原器的盖子，发现其上有生成的反应物。还原过程是在 $TiCl_4$ 加料速度为 195kg/(m^2·h) 时和镁的利用率为 55%时结束的。反应器在冷凝以后打开。前苏联列夫等人通过试验，发现气态镁和 $TiCl_4$ 相互作用时，生成细而分散的金属钛。生成海绵钛的颗粒大小，是其在反应器内停留时间的函数，而且钛的粒子很倾向于黏结和重结晶。列夫等人的方法曾被建议作为连续制钛的方法。生成产品的运送问题，作者靠氩气流迅速使产品从反应器排到冷却罐来解决，在该罐中使产品急剧地冷却。通常情况下，$TiCl_4$ 加完以后，在炉内冷却反应罐和打开反应器，根据该过程产品分布的状况，不能达到判断该过程机理的目的，因为反应产品要经受冷却、结晶和烧结等许多变化。但是，这并不意味着这种方法不可能作为镁热法整个机理的组成部分，用来研究海绵钛成型的机理。

5.12.3 Mg-$TiCl_4$ 系统相互作用的热交换和临界条件

在用镁热法从 $TiCl_4$ 还原钛的过程中，同时产生大量热量，这种热量影响该过程的机理。在这个过程中，反应具有很大的热效应，在宏观动力学中，热交换起很主要的作用。

如果忽视了热量的放出，可能会得到与该过程机理完全错误的概念。遗憾的是，许多主要著作没有提到镁热法的热效应对还原机理的影响。虽然有些作者指出过，在他们的试验中，$TiCl_4$ 的加料速度受到了反应器温度上升的限制（低于 1050～1060℃）。Санллер 首先指出，镁与 $TiCl_4$ 的放热反应的机理，其主要影响是热交换。

1990 年亨吉尔实现了在钢弹筒中用钠热法还原 $TiCl_4$ 制取钛。当加热装有原料的钢弹筒时发生了爆炸，针对这种情况，当用镁代替钠时也出现过。克劳尔的主要功绩在于，在研究镁热法时，通过调整 $TiCl_4$ 的加料速度，来避免爆炸的发生。但是，在这样的条件下，还原过程中热量的放出，以及以后的热交换，对反应的机理有很大影响。当把一种反应物加到放有第二种反应物并有一定壁温的反应器中时，放热反应的结果产生了温度梯度，从本质上来看，它应该加快还原过程。依靠热传导，移去放出的热量，并达到相对稳定态，这时导出热量平衡放出的热量，在反应器内的温度梯度可以得到保持。如果用热传导、对流和辐射的途径不足以尽快地把反应热量移出，这时放热速度高于散热速度，就会发生不稳定状态。这样，过程的速度就要受反应物加料速度的限制。

Mg-$TiCl_4$ 系统的热稳定性，一方面表现在温度为 650～710℃时反应物之间没有明显相互作用；另一方面，反应时有大量放热性能，所以可以作为热燃烧来研究镁热还原。热燃烧被称为放热反应，其速度随着温度的上升而迅速增加。热燃烧的特点是：为使反应剂之间迅速发生相互作用，该过程必须具有高温和热燃烧的外观现象，即出现火燃。在还原开始的孕育期以后，把反应器中气相导入充有氩气的透明槽中，则有火苗出现。在工业反应器中，当 $TiCl_4$ 加料速度为 195kg/(m^2·h) 时，可发现很清晰的火燃。当出现火燃时，会放出大量灰黑色的烟，此烟是氯化镁和钛的低价氯化物的混合物。这种烟给直接观察反应物的相互作用带来了困难，以致只能在热区用伸入的观察管来观察。热燃烧的主要特点是：在现有的还原临界条件内，会剧烈地改变过程的制度（正常的制度变成不正常）；由于热传导，使该过程具有向空间扩散的能力。

在反应器中加热 $TiCl_4$ 和致密的镁会使还原器的压力升高。当温度为 310～410℃时，伴随着 $TiCl_4$ 的加入，发现温度-压力曲线由直线变成倾斜，表明 $TiCl_4$ 与镁开始了反应，并证明在镁的表面上生成了低价氯化钛、金属钛和氯化镁。在 Mg-$TiCl_4$ 系加热时，当温度达到 700～710℃以后，发现温度迅速上升了 120～300℃（曲线），与此同时，压力降到 0。温度和压力的突然变化，证明反应制度由稳定态变成了不稳定态，放热也开始超过散热，使温度上升。因此，促使反应过程的速度加快，并继续增加放热量等。换而言之，也就是自加热引起了自加热过程。作为镁热法组分之一的 $TiCl_4$，需要控制其加入速度，因为它决定了整个过程的速度。如果在卧式反应器中加入镁条，与镁条同时装入镁屑，使其不与镁条相接触，抽空反应器后，往其中通入 $TiCl_4$ 蒸气，并将反应器加热到 350℃，镁屑与 $TiCl_4$ 就开始了剧烈的反应，这时可观测到放屑区内的温度升高了，然后这个过程的特点扩展到整个空间，同时顺着镁条集中。温度从靠近镁屑那端开始升高，证明了这一过程的空间扩展。因此，在镁与 $TiCl_4$ 相互作用期间，放出大量热，紧接着反应产物与原料之间发生热交换，从而决定了还原过程的特性。B. B. Сергеев 则认为，从反应区到熔体表面的传热，主要是靠反应物的冷凝来实现。即当出现反应产物时，这种现象是促使反应过程加快的主要原因之一。

5.12.4 镁与四氯化钛相互作用时气相的组成

在镁还原时间内，测定气相的组成和组成的变化是研究镁与 $TiCl_4$ 相互作用机理的主要问题，可用于判断该过程均匀反应的特点。P. A. Санллер 用水冷却中空的管道，发现在气相中有金属镁、钛的低价氯化物、氯化镁和钛。显然，在过程开始阶段，在向反应坩埚中加 $TiCl_4$ 之前，气相中是含有镁的，含镁量与其在相应温度下的蒸气压相当，当加入 $TiCl_4$ 时，它首先要和气相镁反应，该过程的后期也就是原有的气态镁耗尽时，要测定 $TiCl_4$ 相互作用的位置是很复杂的。随着钛的氯化物和镁的相互作用，将放出大量热，因此，反应坩埚的最高温区应该和反应的进行区域吻合。如果这些反应是在相的分界面上进行，那么，由于冷却相的大量热传导，最高温度应该表现在这些相中。反之，如果反应在气体空间进行，那么最高温度应该和这个空间相吻合。由于进行热交换，应该对冷却相加热。

由于 $TiCl_4$ 呈液相加到反应罐中，在加料时间内，它来不及蒸发到气相空间去，并直接奔泻于熔池的表面上，导致在反应罐中形成了温度低而 $TiCl_4$ 高的区域。在工业反应罐内，以不同的镁利用率还原 $TiCl_4$ 时，考查温度和气相的组成，在距反应罐内壁 1/4 处测温并取样，当把 $TiCl_4$ 加料速度陡高到 5kg/(m^2 · h) 时，则反应气体空间中的温度场和组成有所改变。研究发现，在气相中镁和 $TiCl_4$ 相反应的所有组成都存在，其中也有钛的低价氯化物，其含量随着熔池表面的消逝而增长。在气相中出现了钛的低价氯化物，不能认为是活化海绵钛的吸附使其解离所致。上述实验证实，$TiCl_4$ 具有经过低价氯化物还原到金属钛的阶段性。对于钛还原的阶段性，B. M. Мапвшин 的解释是有说服力的，他为了研究镁与 $TiCl_4$ 相互作用的动力学性能，使用了流动的反应器。还原的第一个过渡阶段，应该是生成二氯化钛，用镁从 $TiCl_4$ 中还原钛的反应的连续性，取决于孕育期的需要，该期涉及二氯化钛的聚集。

5.12.5 镁热法生产海绵钛还原熔池温度场的分布

高成涛、吴复忠等建立了海绵钛生产还原过程的传热和流动模型，在数值模拟计算的基础上对还原过程的温度场进行了分析。通过数值模拟计算输出结果得知，当 $TiCl_4$ 加料速度为 510kg/h 时，$TiCl_4$ 气化区、$TiCl_4$ 镁热还原化学反应区和 Mg-$MgCl_2$ 两相流动区的温度沿反应器水平径向的变化如图 5-27~图 5-29 所示。

在图 5-27 中出现了 M、N 两段温度明显变化区，M 区域的温度比同一水平线上其他区域的温度高 70~80℃，且温度变化的梯度较大。主要原因是，气态物料在反应器壁面反应生成爬（粘）壁钛，释放出热量使反应器边缘温度出现变化；N 区温度较同一水平线上其他区域的温度低 60~70℃，温度变化的梯度大，但变化后温度区域稳定，因为液态的 $TiCl_4$ 加入反应器后呈伞状散开，吸收热量，沸腾蒸发，导致周围的气体温度降低。

在图 5-28 中，所选取水平线上的温度波动幅度较小，也出现了两个温度波动区 M 和 N。未沸腾蒸发的液态 $TiCl_4$ 与液态镁在气-液界面发生化学反应，释放热量使 N 区温度升高。M 区域的温度升高是因为生成的 $MgCl_2$ 所处区域温度高，由于物质的循环流动，高温 $MgCl_2$ 随物质流动到反应器壁面。

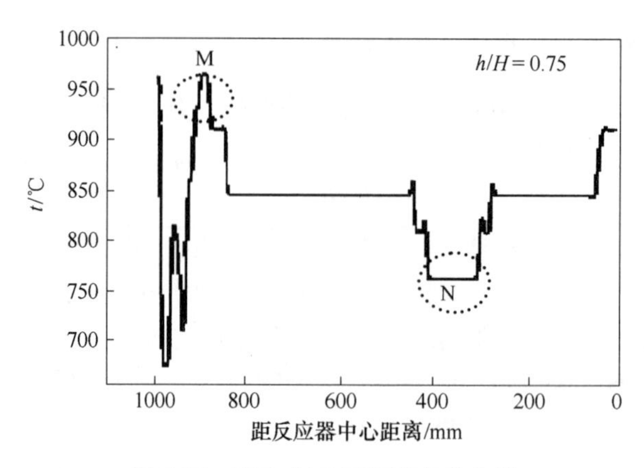

图 5-27　$TiCl_4$ 气化区温度变化曲线

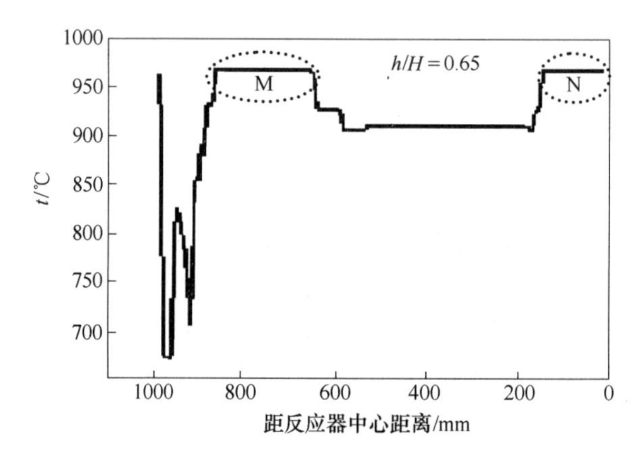

图 5-28　Mg 和 $TiCl_4$ 化学反应区温度变化曲线

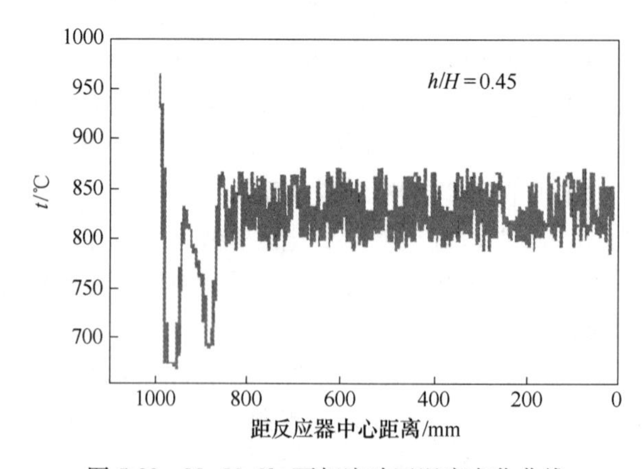

图 5-29　Mg-$MgCl_2$ 两相流动区温度变化曲线

在图 5-29 中，传热与流动过程相互耦合、相互影响。同时温度高的 $MgCl_2$ 下行，与上行的温度低的液态镁发生热传导，使流动处于不规则流动状态。

关于镁热还原过程竖向温度的分布规律，同样通过数值模拟可以得出。还原中期反应器内温度在竖向上的分布规律如图 5-30~图 5-32 所示。其中 r 是指测温点的半径，R 是指反应罐的半径。

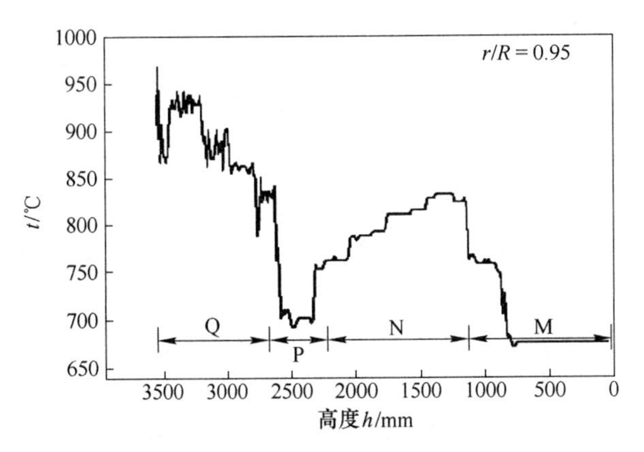

图 5-30　反应器边缘位置上的竖向温度分布

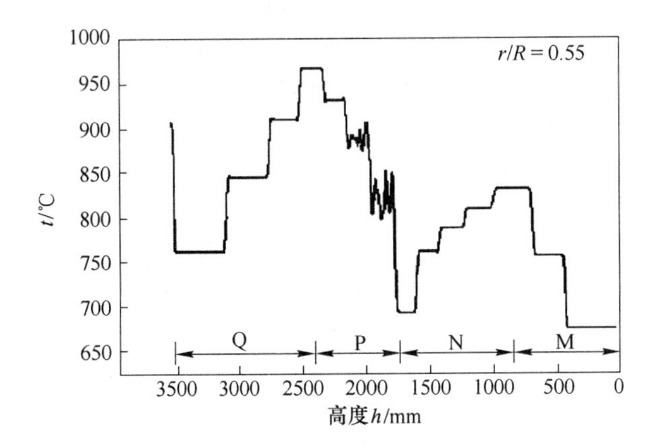

图 5-31　反应器熔池内部的竖向温度分布

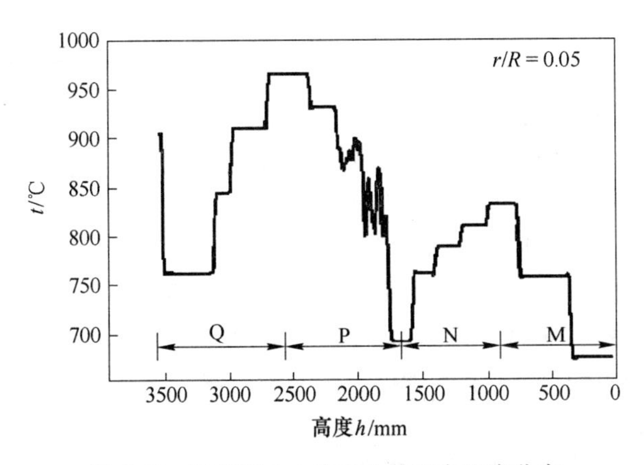

图 5-32　反应器中心位置上的竖向温度分布

从图 5-30~图 5-32 中可以看出，竖向位置上温度随着高度的增加呈现升高的趋势，在反应区域附近基本达到最高。在图 5-30 中，熔池底部 M 区域内温度保持在较低的水平，$MgCl_2$ 浓度随高度的增加逐渐升高，反应器温度也逐渐升高；在 N 区域温度有降低的趋势，因为反应器边缘传热方式为传导，热传递速度慢，热通量小，物质流动速率小，且随高度增加，反应器表面的散热强度增加；P 区域基本上处于反应核心区域，反应器边缘的温度出现一个谷底，可能是由于物质流动性差，同时处于两相界面造成的；由于反应器上部气态镁与气态 $TiCl_4$ 发生反应，在 Q 区域内反应器边缘的温度有升高的趋势。通过数值计算，获得的反应器的壁面温度函数为：

$$t_{壁面} = -1.3436h^4 + 24.32h^3 - 145.43h^2 + 329.34h + 530.9 \quad (5\text{-}30)$$

式中，t 为温度,℃；h 为反应器壁面上的考察点距离反应器底端的距离，取值范围 0~3.78m。

在图 5-31 和图 5-32 中，竖向温度的变化趋势基本一致，在反应核心区域内温度达到最高。M 段和 N 段区域内温度变化基本与图 5-30 相同。P 段区域内反应器内的温度逐渐升高，但由于两相流的剧烈，区域内的温度在较小区域内发生频繁的振荡，但振荡幅度较小，温度总体上呈现升高的趋势。

王文豪、吴复忠等以多相湍流模型为基础，研究了还原过程反应熔池的传热，揭示了还原熔池内部的传热与流动状态，为研究和改善反应釜内的能量传递与质量流动过程提供了一定依据。研究结果表明，计算得到的温度场分布与实测值吻合较好。研究涉及的各物质物性参数见表 5-25。模拟计算采用单孔加料，加料孔直径 20mm，反应釜熔池液面上部为气相，采用氩气填充（图 5-33）。

表 5-25　不同物质的物性参数

物质名称	密度/kg · m^{-3}	比热容/J · kg^{-1} · K^{-1}	导热系数/W · m^{-1} · K^{-1}	黏度/Pa · s
Mg	1544	1323.7	99.24	2.51×10^{-4}
$TiCl_4$	566	562.6	0.50	3.95×10^{-4}
Ti	4850	544.3	7.44	—
$MgCl_2$	1688	972.4	3.25	3.22×10^{-4}

图 5-34 给出了不同 $TiCl_4$ 加料速度下，还原熔池中部温度场的计算结果。由图 5-34 可以看出，还原熔池在两种加料速度下的温度场分布基本一致，由于氯化镁的导热性差，海绵钛的导热性也差，致使整个反应体系的温度从上到下、从中心向圆周方向依次递减。反应区域中心温度比较稳定，在反应的液面中心部位温度最高，为 950℃，还原温度由反应液面至反应釜底部逐渐降低，反应釜底部温度为 815℃。核心反应区域传热与流动条件好，温度梯度小；熔池下部传热与流动的条件相对较差，温度梯度较大。

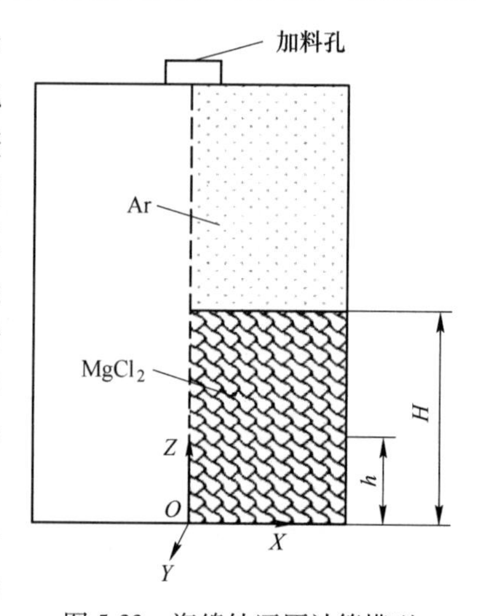

图 5-33　海绵钛还原计算模型

比较图 5-34（a）和图 5-34（b）可以看出，加料速度快，对还原熔池的冲击较大，从而改善了熔池传热与流动的条件，化学反应产生的热量能够充分向熔池边界传递。因此，图 5-34（a）较图 5-34（b）中高温区域的分布范围更广，核心区温度梯度更小。

图 5-35 给出了反应釜表面不同位置的温度模拟值与计算值的比较。从图 5-35 可以看出，在 $h/H=0.55$ 处的温度比 $h/H=0.40$ 处高出约 70~80℃。主要是由于 $h/H=0.55$ 位置大概处于核心反应区，在海绵钛还原反应过程中，核心反应区的化学反应能够迅速完成，并且在核心反应区熔池的传质条件好，化学反应产生的热量能够很快向外传递。而在远离核心反应区的区域，传质传热条件较差，温度场温度梯度大，因此导致 $h/H=0.55$ 处的温度变化率较小，温度比较稳定，而 $h/H=0.40$ 处温度的变化较为明显，温度波动范围大。

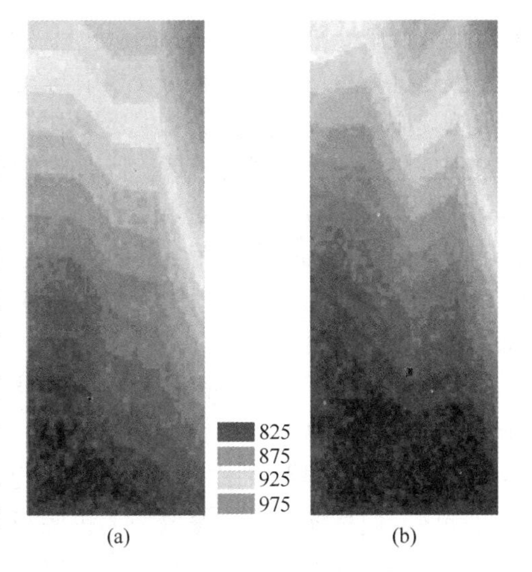

图 5-34 不同 $TiCl_4$ 加料速度下反应釜熔池的温度分布

（a）585kg/h；（b）510kg/h

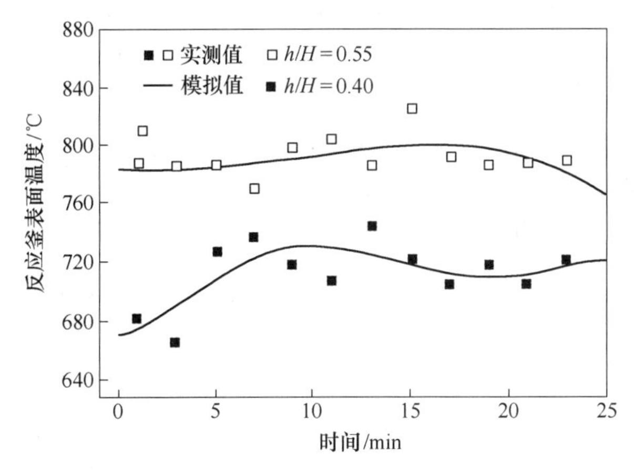

图 5-35 反应釜外表面温度随时间的变化

图 5-36 是不同加料速度下，还原熔池中心温度的计算值和实测值对比。由图 5-36 可看出，随着加料速度的变化，反应熔池中心温度也随之改变，还原熔池中心温度的计算值和实测值的吻合度较好。

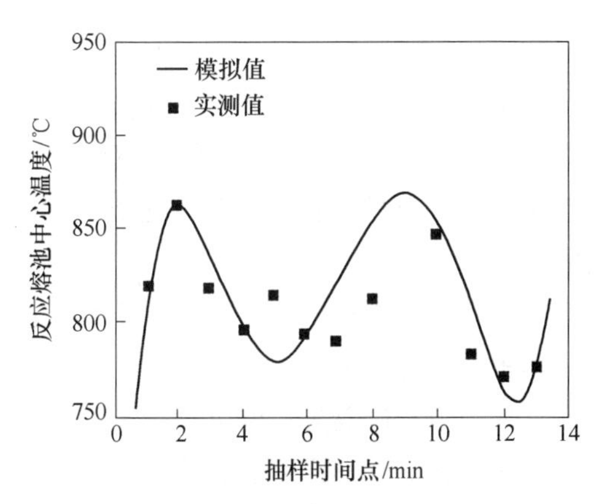

图 5-36 还原熔池中心的温度变化

5.12.6 还原反应器内的传热

海绵钛生产过程主要采用从反应器中心加入液体四氯化钛的方法，较为合理的反应机理为液体四氯化钛加入后在自由下落过程中部分气化，未气化部分直接落入液面中心部位的液镁中，落入液镁中的四氯化钛一部分在液镁表面区域内与液镁发生反应，另一部分则气化进入反应液面上部的气相中与气化的镁蒸气以飘浮的细小微粒为中心发生反应，在大型反应器中，该部分反应主要集中在液面以上 200~300mm 处的范围内。由于实际还原过程反应液面处的温度较高，特别是在四氯化钛加入速度较高的情况下，镁液面温度可达 1000℃，此时镁的饱和蒸气压远高于反应器内所要求的压力，因此造成液镁表面大量的镁不断气化，进入反应液面上部的气相空间与气态四氯化钛发生反应。由于生成大量反应热，最终造成实际还原过程中大中型反应器内最高温度出现在液面以上 200~300mm 处，而并非在反应液面处。

狄伟伟、刘正红等对镁还原四氯化钛生产海绵钛还原过程中的传热进行了数值模拟分析，提出了强化传热的方案，并对强化传热的效果进行了模拟分析。结果表明，通过降低反应器壁及大盖底板温度来强化传热效果明显，强化后的传热作用可以达到强化前的 2 倍。图 5-37 为还原反应过程反应传热的示意图。图中 Q_1 作用为反应热以热辐射及对流方式传递至反应液面，再通过反应液体以自然对流和传导方式传递至下部反应液体及反应器壁，再经冷却方式传出反应器；Q_2 作用为反应热以热辐射及对流方式传递至液面以上气相空间的反应器壁处，然后经冷却方式传出反应器；Q_3 作用为反应热以热辐射及对流方式传递至大盖下底面，然后经冷却方式传出反应器。

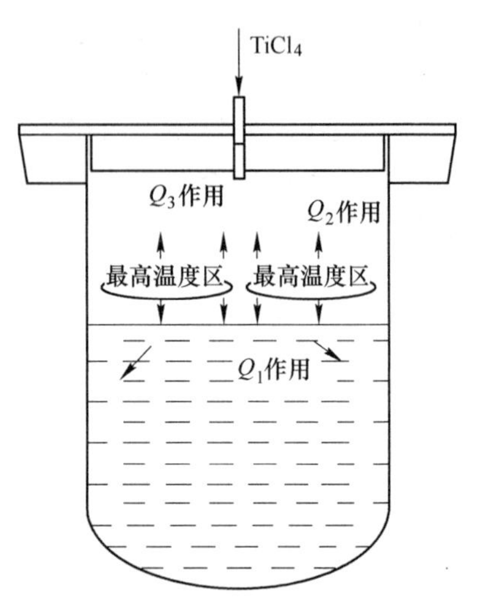

图 5-37　还原反应传热示意图

海绵钛实际生产过程中，随着反应的不断进行，反应器内物料结构及性质发生变化，各种方式传递出的反应热的大小也受到影响，具体镁还原 $TiCl_4$ 生产海绵钛过程涉及材料的导热系数见表 5-26。

表 5-26　镁还原 $TiCl_4$ 生产海绵钛过程涉及材料的导热系数（参考温度 900℃）

物料名称	金属镁	海绵钛	氯化镁	碳钢	工业钛
导热系数/$W \cdot (m \cdot K)^{-1}$	99.2	8.0	3.3	29.0	24.5

为了分析各个阶段中各种方式传递出反应热的变化情况，按实际生产设备及过程数据建立了图 5-38 所示的分析模型进行有限元法数值模拟分析。图中反应器大盖由碳钢制作，内腔中填充绝热材料；反应液面上部气相空间的主要成分为氩气、四氯化钛气体、镁蒸气等。

在镁热还原过程前中期，由于镁量充足，反应平稳，四氯化钛加入速度稳定，实际生产过程中，料速为 120kg/(h · m²) 时，散热段反应器外壁温度一般通过冷却控制在 810℃左右，保温段反应器外壁温度一般控制在 770℃左右，实测大盖上面温度为 80℃，反应液面上 200~300mm 处温度可达到 1150℃。通过加料提前结束的实验情况来看，此阶段液面以上气相空间反应器内壁生成的粘壁钛较少（此处数值模拟分析不考虑气相空间反应器内壁生成粘壁钛对传热的影响）。

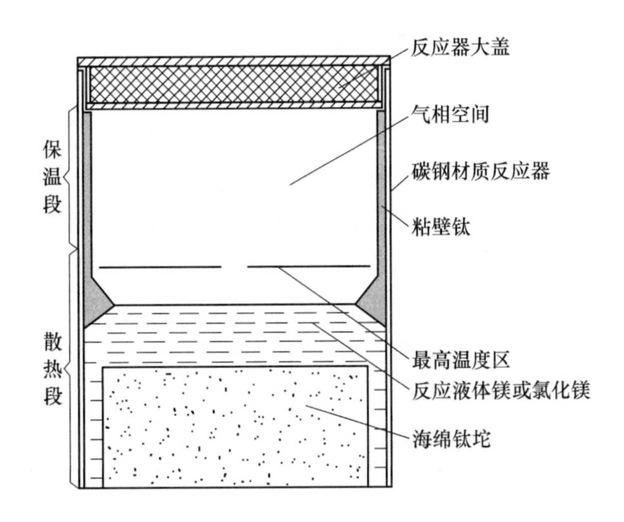

图 5-38 还原过程传热分析模型

模拟结果表明，经反应液体部分反应器壁的传热功率为 38.2kW，气相部分反应器壁的传热功率为 32.9kW，经数值模拟分析大盖的传热功率为 15.1kW，经过模型的底部横截面的传热功率为 10.6kW。实际 Q_1、Q_2 及 Q_3 作用见表 5-27，传热总功率与实际反应余热功率基本相当。

表 5-27 镁还原 $TiCl_4$ 前中期传热项目对比

项　目	功率/kW	比例/%
Q_1 作用	48.8	50.4
Q_2 作用	32.9	34.0
Q_3 作用	15.1	15.6
合　计	96.8	100

在镁热还原中后期，随着液镁自由表面的消失，反应器内液体主要为氯化镁，此时生成的海绵钛较高，实际生产过程中液面一般高于钛坨约 400mm。另外进入中后期后，上部气相空间的反应器内壁一般会生成一层粘壁钛，厚度一般在 5~10cm，此处模拟分析取 5cm。而在实际生产过程中，此阶段散热段反应器外壁温度一般通过冷却控制在 820℃左右，保温段反应器外壁温度一般控制在 800℃左右，实测大盖上面温度为 80℃，反应液面上 200~300mm 处温度可达到 1250℃。

模拟结果表明，反应经液体部分反应器壁的传热功率减少至 5.2kW，经气相部分反应器壁的传热功率为 50.8kW，经数值模拟分析大盖的传热功率为 14.3kW，经过模型的底部横截面的传热功率减少至 1.3kW。实际 Q_1、Q_2 及 Q_3 作用见表 5-28，传热总功率与此阶段实际反应余热功率基本相当。

表 5-28 镁还原 $TiCl_4$ 后期传热项目对比

项 目	功率/kW	比例/%
Q_1 作用	6.5	9.1
Q_2 作用	50.8	70.9
Q_3 作用	14.3	20.0
合 计	71.6	100

从对反应有利的角度而言，目前反应器外壁温度控制在 800~850℃是偏高的，可以将外壁温度降至氯化镁熔点 714℃附近，这样既可使目前的生产状况下传热达到最大值，同时也可以保证反应体系内温度高于 714℃，镁和氯化镁呈液态，保证反应的正常进行。

通过施加温度及辐射传热载荷对模型进行数值模拟分析，可以得出还原过程前中期将反应器壁及大盖底板温度降至 714℃时各项传热作用大小，其结果见表 5-29。

表 5-29 镁还原 $TiCl_4$ 强化传热前中期传热项目对比

项 目	功率/kW	比例/%
Q_1 作用	106.1	54.8
Q_2 作用	56.9	29.4
Q_3 作用	30.6	15.8
合 计	193.6	100

通过施加温度及辐射传热载荷对模型进行数值模拟分析，可以得出还原过程后期将反应器壁及大盖底板温度降至 714℃时各项传热作用大小，其结果见表 5-30。

表 5-30 镁还原 $TiCl_4$ 强化传热后期传热项目对比

项 目	功率/kW	比例/%
Q_1 作用	11.1	7.8
Q_2 作用	67.0	47.0
Q_3 作用	64.4	45.2
合 计	142.5	100

详细分析海绵钛还原过程各阶段热平衡的特点，可以明确还原过程强化工艺可供选择的途径。对于还原反应：

$$TiCl_4 + 2Mg \xlongequal{\quad} Ti + 2MgCl_2$$

该式为放热反应，以生成 1mol 钛为反应物料进行热平衡粗算，反应热为 ΔH_T，则绝热条件下的净发热量 Q_T 为：$Q_T = \Delta H_T + Q_{T吸}$。当 $T = 1100K$（827℃）时，$\Delta H_T = -502.0kJ/mol$，$Q_T = -307.6kJ/mol$。说明在绝热过程中除去物料吸热外，释放出的余热量相当多，其热效应很大。生产过程中，随着镁利用率的增加，海绵钛的形成及氧化镁的产生，还原过程的状况呈现阶段性的特点，其特点往往取决于热平衡的状况，见表 5-31。

表 5-31 还原过程前期、中期及后期的主要特点

阶段	持续时间	$TiCl_4$ 的料速	反应区中心温度/℃	镁利用率/%
前期	短	小	800~900	5~10
中期	长	大	900~1050	45~50
后期	较长	小	1000~1200	65~67

如图5-39~图5-41所示，还原的前期和中期反应是在镁的液面上进行，以气体的$TiCl_4$和液体的镁的反应为主，后期则以气体$TiCl_4$和镁蒸气反应为主。反应产生的余热以传导和辐射为主要形式向反应器和大盖底板传递，之后再排出炉体，同时少部分余热沿着相同的路径通过气体或液体的对流传热从反应器内排出。以反应器向四周传热的方向来区分，可分为三股热流，Q_1为由反应区向下传递的热流，包括液体传导及对流的传热，以及沿反应器器壁向下的传导传热；Q_2为反应区向器壁四周传递的热量，以辐射传热和对流传热为主；Q_3为反应器向大盖底部的传热，以辐射和对流传热的方式传递热量。

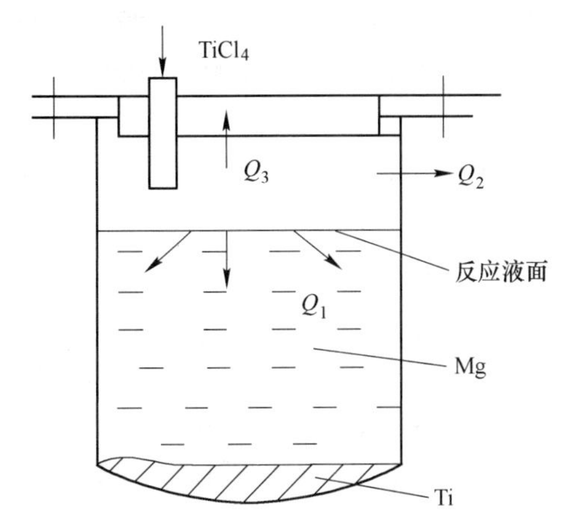

图5-39　还原反应前期热平衡示意图

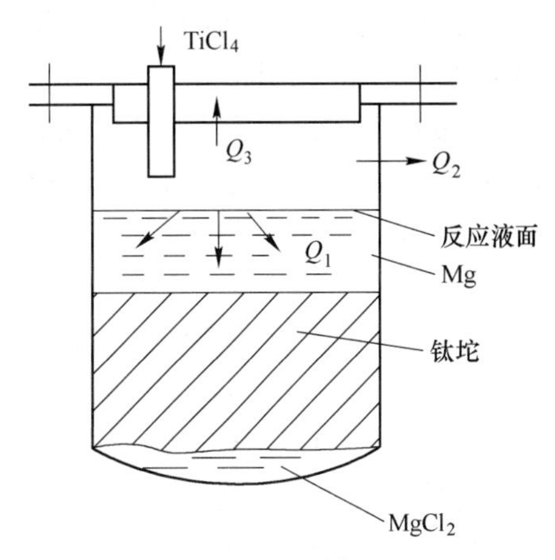

图5-40　还原反应中期热平衡示意图

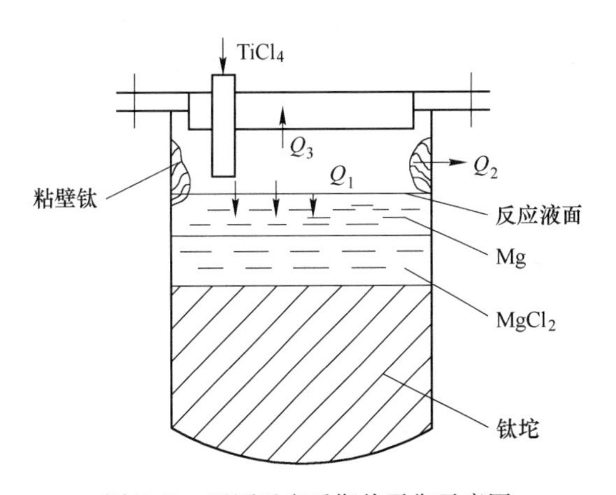

图5-41　还原反应后期热平衡示意图

还原过程绝热导体下的净发热量$Q_T=\Delta H_T+Q_{T吸}$，由此得：

$$Q_T=\Delta H_T+Q_{T吸}=Q_1+Q_2+Q_3$$

该式表明了还原过程余热的来源和去向，为了使还原反应维持在所需要的温度，必须将余热从反应器中排出，否则就会引起超温，导致产品含铁超标，给产品质量带来非常不利的影响。

在还原反应前期，$TiCl_4$的料速低，镁的利用率低，反应器内有大量的液体镁，镁的导热性好，能很快将反应产生的余热向下传递。此外，初始液面相对较低，反应区间大，向四周传热的能力也大，这一阶段是 Q_1、Q_2表现充分的阶段。该段的热平衡特点为：产生的热量少，排热快，反应器中心温度不高，介于 800～900℃，所以 Q_2 的作用有限。

在还原反应中期，$TiCl_4$ 料速大，反应器内有充足的液体镁，液面基本上保持与前期大致相同的水平，Q_1、Q_2 仍是传热的主要方向，该段热平衡的特点是：产生的热多、排热快，反应器中心温度比较稳定，介于 900～1050℃之间，Q_2 的作用有所增强。

在还原反应后期，$TiCl_4$ 料速减小，镁的利用率高，反应器内余镁相对不足，氯化镁的液面逐渐上升，高于钛坨的表面，由于氯化镁的导热性很差，Q_1 的作用受到很大的限制。同时，爬壁钛开始大量形成，海绵钛的导热性也差，Q_2 的作用也明显减弱，该阶段特点为：产生热量少，排热能力衰减快，反应器温度明显升高，介于 1000～1200℃，此时 Q_3 的力量发挥到极致，是整个还原期间的最高值。

对于 Q_3，降低大盖底板温度十分重要，大盖底板主要以辐射形式传热，传热能力可以用式（5-31）计算：

$$Q_3 = \varepsilon_1 \varepsilon_2 C_0 A[(T_1/100)^4 + (T_2/100)^4] \tag{5-31}$$

式中，ε_1，ε_2 分别为熔体液面和大盖底板的黑度；C_0为绝对黑体辐射系数，$C_0 = 5.669\mathrm{W/(m^2 \cdot K^4)}$；$A$ 为辐射面积；T_1，T_2 为熔体和大盖底板的平均温度。在实际生产过程中，ε_1、ε_2 可取 0.8，当还原反应器直径按 2.0m 计算时，辐射面积为 $A = 3.14\mathrm{m^2}$，熔体的平均温度为 900℃，大盖底板的温度若按 700℃ 计，则 $T_1 = 1173\mathrm{K}$，$T_2 = 973\mathrm{K}$，可求出 $Q_3 = 113.53\mathrm{kW}$。所以降低大盖底板温度，是充分发挥 Q_3 散热效果的有效途径之一。

针对镁热法生产海绵钛还原过程散热慢和还原周期长的问题，采用强制散热的方法研究了海绵钛散热量对海绵钛质量 $TiCl_4$ 加料速度和还原生产周期的影响。研究表明，强制散热是海绵钛还原中期降低反应釜壁温、提高海绵钛质量、增加 $TiCl_4$ 加料速度、缩短还原周期的有效方法。

作者还针对镁热还原法制备海绵钛过程中的热传导及散热问题进行了研究，提出了采用强制风冷进行散热、多次加镁方式、改进 $MgCl_2$ 排放装置、选择磷酸盐复合耐火黏土砖作为加热炉内衬材质、改变加热炉电阻丝的排布等措施。

耐火材料的选择：通常作为耐火材料使用的黏土砖称为耐火黏土砖，一般分为耐火黏土砖、轻质耐火黏土砖、超轻质耐火黏土砖和磷酸盐复合耐火黏土砖，另外硅砖和镁砖也可用于耐火材料。通过比较这几种耐火砖单位面积的传热量可看出哪种耐火砖的传热能力更佳。利用傅里叶定律计算可得出每种耐火砖的传热量：

$$q = -\lambda \frac{\mathrm{d}t}{\mathrm{d}x}$$

式中，q 为单位面积的热流量，$\mathrm{W/m^2}$；λ 为导热系数，$\mathrm{W/(m \cdot K)}$；x 为热流方向上耐火砖的厚度，m；t 为反应温度与外界温度的温度差，℃。

例如用傅里叶定律求解硅砖导热量有：

$$q = 0.93\mathrm{W/(m \cdot K)} \times \frac{1050℃ - 20℃}{0.02} = 47895(\mathrm{W/m^2})$$

注：一般室温为 20℃，反应的最高温度可达到 1050℃，硅砖的厚度取 20mm。

表 5-32 列出了几种耐火砖的最高耐火温度、导热系数和导热量。通过对比可知，单位面积内磷酸盐复合耐火黏土砖的导热量更高，在还原反应过程中，不仅能够耐热，还能

够起到一定的散热效果。因此，磷酸盐复合耐火黏土砖可作为加热炉内衬材质的最佳选择。

表 5-32　不同耐火材料的导热能力

耐火材料种类	材料最高允许温度 /℃	导热系数 λ/W·(m·K)$^{-1}$	导热量 /W·m^{-2}
磷酸盐复合耐火黏土砖	1770	1.84	94760
耐火黏土砖	1350~1450	0.7~0.84	38625
轻质耐火黏土砖	1250~1300	0.29~0.41	18025
超轻质耐火黏土砖	1150~1300	0.093	4789.5
硅　砖	1700	0.93	47895

5.13　氢化脱氢法制备钛粉的热力学

钛粉制备方法较多，如 HDH 法、金属还原法、雾化法、电解法等。目前工业上产量最大的钛粉主要采用氢化脱氢（HDH）法生产。关于海绵钛氢化脱氢的动力学，Wasilewski 和 Kehl 报道了在 650~1000℃，氢在 α-Ti 和 β-Ti 中扩散的活化能分别为 51.8kJ/mol 和 27.6kJ/mol。黄刚在研究金属钛的吸放氢同位素效应中得到金属钛吸、放氢表观活化能分别为 55.6±2.4kJ/mol 与 27.1±0.4kJ/mol。刘文科等研究得到氘化钛在 600~800℃的热解吸活化能为 24.9±1.0kJ/mol。黄利军等测得钛块材吸放氢激活能分别为 78.6kJ/mol 和 105.6kJ/mol，认为 α-β 相界面的推进影响钛的吸氢反应，而表面机制影响脱氢过程。

钛吸氢的反应式为：

$$Ti + H_2 \longrightarrow TiH_2$$

对于吸氢反应有：

$$-(dp/dt)dt = k_a(p_i - p_f)$$

式中，p_i 为系统初始压力；p_f 为反应平衡压力；k_a 为吸氢反应的速率常数；t 为反应时间；任意 t 时刻的压强为 p。

吸氢反应速率的指数形式为：

$$k_a = A\exp(-E_a/RT) \tag{5-32}$$

式中，k_a 为吸氢反应的速率常数；A 为指前因子；E_a 为吸氢反应的表观活化能，J/mol；R 为摩尔气体常数，J/(mol·K)；T 为绝对温度。同理，氢化钛脱氢有：

$$\ln k_d = \ln A - (E_d/RT) \tag{5-33}$$

式中，k_d 为脱氢反应的速率常数；E_d 为脱氢反应的表观活化能，J/mol。

金属的吸氢过程一般可分为以下四个步骤：（1）金属表面吸附氢气，氢分子在金属表面分解成氢原子；（2）氢原子向金属内部扩散，在金属中形成氢的固溶体；（3）超过固溶点的氢与氢固溶体金属反应，形成氢化物；（4）氢向氢化物层进一步扩散。与此对应，放氢过程是吸氢过程的逆过程。

通过压力组成等温曲线测试仪（PCT）测试工业海绵钛在 400~600℃ 温度下的吸放氢特性。应用反应速率分析方法计算实验温度下的反应速率常数，并通过阿伦尼乌斯方程计算出实验条件下海绵钛吸放氢表观活化能。在经过完全活化后，海绵钛吸氢的表观活化能为34.42±0.02kJ/mol，氢化钛粉的脱氢表观活化能为29.93±0.01kJ/mol。海绵钛的吸氢曲线如图5-42所示。

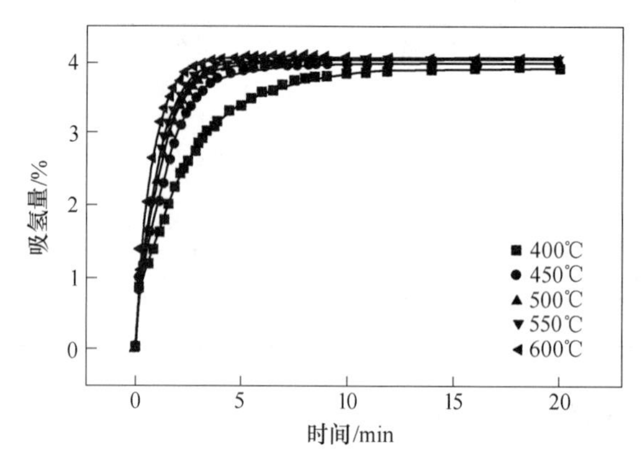

图5-42　海绵钛吸氢曲线

可以看出，完全活化的海绵钛在极短的时间内完成吸氢，吸氢总量均达到4.0%（质量分数）。吸氢段曲线斜率表明吸氢速率也随温度的升高而增加，在550~600℃温度间海绵钛均能在10min完成吸氢，且该温度范围内温度的变化对于海绵钛吸氢速率的影响较小。

针对氢化海绵钛粉脱氢过程，脱氢反应中，随反应的进行，试样中的氢原子浓度成指数形式减少，最后达到实验温度下的平衡值。在400~600℃温度条件下，氢化钛无法完全脱氢。钛中所含氢的完全脱出需要较高的温度与较高的真空度。

对氢化钛粉脱氢过程伴随脱氮行为的热力学进行分析，结果表明：氢化钛脱氢过程产生的单原子氢还原钛中氮，其反应的吉布斯自由能在标准状态下为负值，反应获得很大的驱动力，易自发进行，而在脱氢温度的标准状态下，TiH_2脱氢生成单原子氢的反应不能自发进行，必须在非平衡状态下，通过降低脱氢系统的分压及提高温度才能进行，因此，TiH_2脱氢生成单原子氢的反应是制约氢化钛脱氢过程脱氮行为的主要环节，并且这一反应主要发生在非平衡状态下系统的分压较低及温度较高的脱氢后期。

在脱氢温度下可能进行的反应式如下：

$$TiH_2(s) = Ti(s) + 2H(g) \tag{a}$$

$$3H(g) + TiN(s) = Ti(s) + NH_3(g) \tag{b}$$

反应（a）的标准自由能变化与温度的关系为：

$$\Delta G^{\ominus}_{T,(a)} = 583.44 \times 10^3 + 13.75T\ln T - 4.87T^2 - 586.52T$$

当$T = 1180$K时，反应（a）的$\Delta G^{\ominus}_{1180,(a)} = -670.79$J/mol，表明反应（a）在1180K的标准状态下能自发地向右进行，即TiH_2在脱氢系统的温度为1180K、分压为1.013×10^5Pa时能自发地离解为Ti和原子氢H（g）。

反应（b）的标准自由能变化与温度的关系为：

$$\Delta G^{\ominus}_{T,(b)} = -1020.28 \times 10^3 + 60.28T\ln T + 15.7 \times 10^{-3}T^2 - 4424.11T$$

在脱氢温度$T=1050$K时，反应（b）的$\Delta G^{\ominus}_{1050,(b)} = -5242.5$kJ/mol，表明反应（b）在1050K的标准状态下能够自发地向右进行，即在脱氢系统的温度为1050K、分压为

1.013×10^5Pa 时 TiH_2中的 TiN 易被单原子氢 H(g) 还原成 Ti。

通过采用定容法研究 550~780℃范围内钛的吸氢和放氢动力学，发现放氢的孕育期比吸氢的长。吸氢和放氢的激活能分别为 78.6kJ/mol 和 105.6kJ/mol。吸氢由相界面过程控制，而氢原子穿过表面氧化膜是放氢速率控制步骤。钛吸氢和放氢可用一级反应形式描述。

在 t 时刻，吸（放）氢的速率比例于此时的压力 p 与平衡时的压力 p_e 的差。吸（放）氢速率可用压力变化 dp/dt 表示。因此，吸氢和放氢反应分别有如下两方程：

$$-dp/dt=k_a(p-p_e)$$

$$dp/dt=k_d(p_e-p)$$

式中，k_a，k_d 分别为吸氢和放氢的速率常数。引入反应分数 F，用压力变化表示反应分数，则：

$$F=(p_i-p)/(p_i-p_e)=(p-p_i)/(p_e-p_i)$$

式中，p_i 为初始压力，整理后，吸氢和放氢反应方程有统一的形式：

$$-\ln(1-F)=kt \qquad (5\text{-}34)$$

式中，k 为速率常数。吸氢实验在 550~750℃温度范围内进行。初始压力 1.3×10^4Pa，试样中氢浓度呈指数形式增加，很快达到平衡。吸氢曲线如图 5-43 所示。

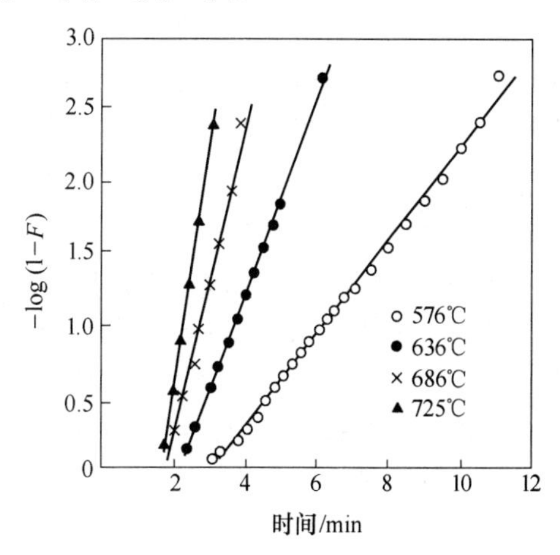

图 5-43 吸氢曲线

由此确定出的速率常数列于表 5-33 中。吸氢速率常数的阿累尼乌斯曲线如图 5-44 所示。吸氢激活能为 78.6kJ/mol。

在 600~700℃温度范围内进行放氢实验，试样中的初始浓度为 0.9H/M 左右。随反应进行，试样中的浓度呈指数形式减少，最后达到给定温度下的平衡值。$-\ln(1-F)$ 与 t 之间也呈很好的线性，相应的放氢激活能为 105.6kJ/mol。

表 5-33 吸氢实验结果

温度/℃	576	636	686	725
速率常数/min^{-1}	0.307	0.658	1.161	1.684

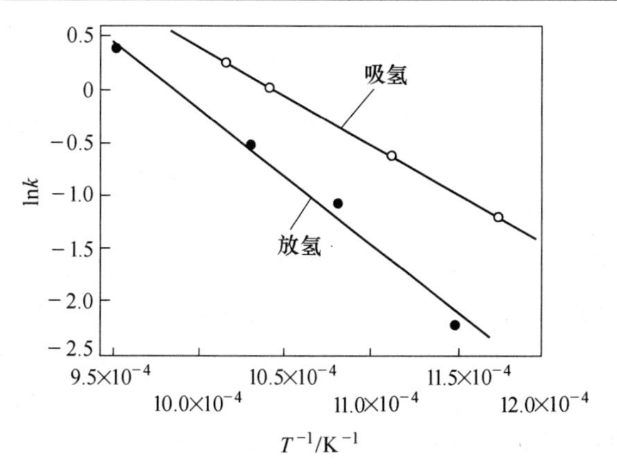

图 5-44 吸放氢阿累尼乌斯曲线

5.14　海绵钛熔炼制取高纯钛（合金）锭的物理化学

5.14.1　VAR 熔炼过程中电弧及熔滴的热传输行为

熔炼电弧作为 VAR 过程的能量来源，对熔池表面的能量分配和受力情况产生直接影响：一方面，熔池的内部组织及其表面形貌均受到电弧等离子体能量传输和各种力的平衡控制；另一方面，保持熔炼电弧在两极间的稳定性，可以防止边弧、扩散弧和辉光放电的产生，从而减少意外事故的发生。VAR 过程中，运动的熔滴与熔炼电弧及熔池构成了一个有机整体。熔滴的间断性掉落，会改变电弧等离子体的热传输行为，同时会对阳极熔池表面产生冲击作用。因此，电弧等离子体及熔滴的热传输行为对铸锭的组织和性能都有重要影响。

陈庆红、徐世珍等对电弧等离子体区的热传输行为进行了数值模拟，结果表明：电弧区最高温度位于阳极熔池表面的中心部位，当熔炼电压 30V 和弧长 50mm 时，熔池表面最高温度为 2235K；掉落的熔滴对整个电弧区温度分布产生扭曲作用，但其本身没有受到电弧过热的影响；铸锭内合金元素成分不均对电弧区温度分布的影响很大；低熔点金属掉落时其上部仍保持高温环境，而其下部会出现低温的柱状区。

图 5-45 所示为 VAR 过程电弧区示意图及尺寸参数，模型主要包括阴极、电弧区和阳极三部分，采用正极性熔炼。其中 *A-B-C-F-A* 为阳极区，*C-D-E-F-C* 为电弧区，*E-D* 为阳极熔池表面，*F-E* 为熔滴掉落所在轴线，分别选取轴线上的 10 个有限单元作为熔滴模型。熔炼电极采用纯钛，炉内为氩气保护。由于整个电弧区温度变化范围很大，模拟过程需要考虑氩气的物理性能参数（密度、导电率、导热率、比热及黏度）随温度的变化关系。

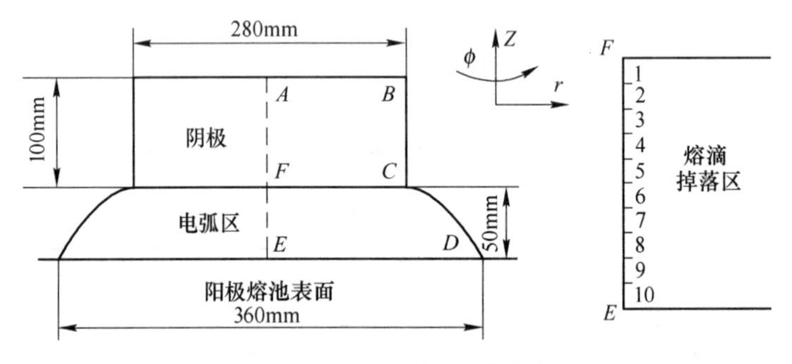

图 5-45　电弧计算区域示意

电弧等离子体可以看作是一种带电的流动导体，其数学模型是基于磁流体动力学理论的，整个模拟过程涉及电场、磁场、流场及温度场 4 个物理场，需要对这些场进行耦合分析。ANSYS 有限元软件提供了多场顺序耦合的方法，即电、磁、流 3 个物理场顺序直接耦合，同时每个物理场与温度场间接耦合，物理模型及网格划分均保持不变，整个过程要经过若干次迭代以实现模拟结果收敛，涉及电场、磁场、流场及温度场 4 个物理场，需要对这些场进行耦合分析。ANSYS 有限元软件提供了多场顺序耦合的方法，即电、磁、流 3 个物理场顺序直接耦合，同时每个物理场与温度场间接耦合，物理模型及网格划分均保持不变，整个过程要经过若干次迭代以便实现模拟结果的收敛。

在电场环境中，两极间加载 30V 的电压，其他部位电势梯度为 0。在磁场环境中，需要在模型的外围施加远场边界；在流场环境中，在电极表面和电弧外围圆周方向（即铜坩埚内壁）施加无滑移边界，同时在熔炼电极表面和坩埚壁赋予一定的对流换热系数。在温度场环境中，考虑到氩气在较低温度条件下电导率非常小，为了保证气体处于导电状态，初始化温度设为10000K。

熔滴的温度场模拟是在电弧等离子体模拟的基础上进行的，分别提取中心轴 E-F 上不同高度的10个有限单元（单元体积大约 $1cm^3$）作为熔滴模型，对其分别施加初始温度载荷。熔滴通过影响等离子体区的温度分布来影响电磁场的焦耳产热，从而影响整个顺序多场耦合过程。

图5-46为计算得到的电弧区温度分布云图。可以看出，电弧区最高温度为2235K，位于阳极熔池表面的中心部位。在气体直流（DC）放电的过程中，带电粒子受到电磁场作用在两极间加速运动，由于高速电子的强烈轰击作用，使得阳极熔池表面趋于白热化，温度急剧升高。该结果也解释了为何真空自耗熔炼过程中阳极斑温度会普遍高于阴极斑。

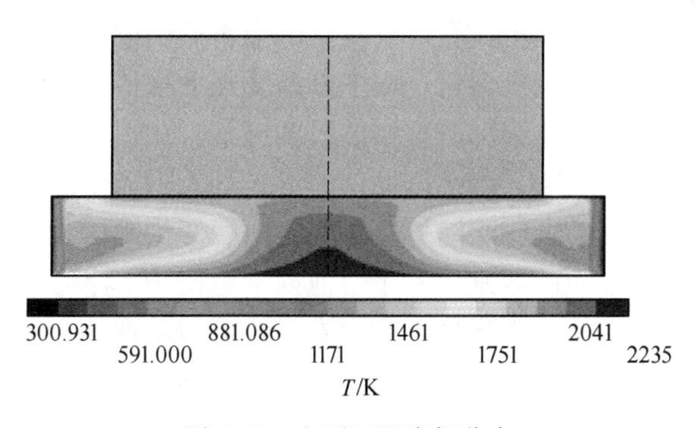

图5-46　电弧区温度场分布

Kondrashov等的研究表明，电弧等离子体区的过热度决定了阳极熔池表面的温度，即：

$$T = T_L + \Delta T(I,\ D_c),\ 0 < r \leqslant 0.5D_c$$

式中，ΔT 为熔池顶部的过热度，K；$\Delta T(I,\ D_c)$ 可写为：

$$\Delta T(I,\ D_c) = 400\exp(-12D_c/I) \tag{5-35}$$

式中，I 为电流，kA；D_c 为铸锭的直径，m。从以上公式可估算出熔池表面温度为2217K，该结果与模拟计算得到的结果相差不到1%。

熔滴掉落时整个电弧区温度分布的变化：尽管处于较高的温度环境中，熔滴的温度基本会维持在自身的熔点附近，约为1930K。金属熔滴以这样的温度与熔炼电极脱离，在电磁力、重力、压力及表面张力等作用下，向阳极熔池表面运动。当熔滴进入熔池表面的高温区时，会对电弧温度场产生驱散作用，使其在轴线周围形成一道环形峰，该环形峰会随着熔滴的掉落而不断变化。当熔滴刚接触熔池表面时，接触位置的温度迅速降低，如图5-47所示。金属熔滴在整个掉落过程中对电弧区温度场造

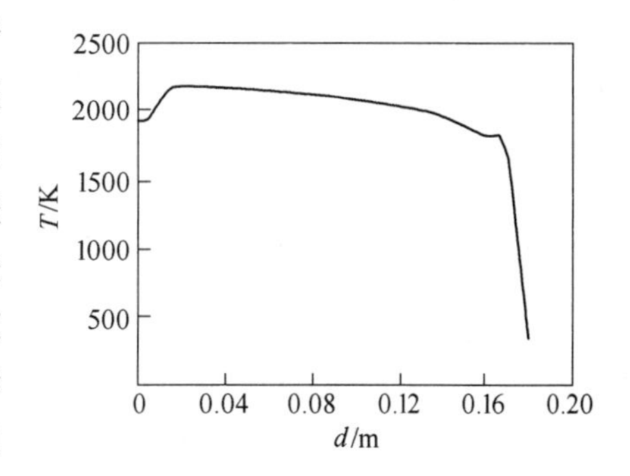

图5-47　熔滴刚接触熔池表面时的径向温度分布

成强烈的扭曲作用，尤其是刚刚接触熔池表面的瞬间，熔池表面的温度梯度发生短暂的扰动，可能会导致铸锭内部成分不均、偏析等缺陷产生。

Kondrashov 等认为，电弧等离子体区的过热度决定了阳极熔池表面的温度。然而，电弧的过热行为并没有对金属熔滴产生影响。首先，晶态金属熔化时，其温度基本上会维持在熔点附近，在熔滴掉落的短暂时间内，过热行为还来不及对其产生较大影响；其次，根据 Tsai 等对 GMAW 过程电弧区热传输行为的研究，金属熔滴在掉落过程中，电弧等离子体流动会围绕着熔滴表面流动，带电粒子几乎不会穿越熔滴内部。因此，熔滴本身几乎不会产生焦耳热，最终保持不变的温度掉落至熔池表面。通过耦合计算得到的电弧区等离子体区的速度矢量分布表明，等离子体流动过程是围绕着熔滴表面进行的，熔滴内部没有粒子流经过。

钛合金配料过程中，大多数难熔金属，如 Mo、Nb、Ta、V 等，通常以中间合金的形式加入，但由于选料不当或者意外情况所造成的难熔金属夹杂，会对熔炼铸锭的质量和性能造成十分不利的影响。通过模拟试验，发现难熔金属掉块过程的温度分布和金属熔滴的掉落过程十分相似。由于自耗电极熔化过程中其温度几乎维持在熔点附近，使得难熔金属在此温度下难于熔化，金属块体会保持这样的温度掉落。在短暂的掉落过程中，其仍然不会受到高温电弧过热作用的影响，最终以固体的形式落入阳极熔池表面。

虽然难熔金属掉块过程与金属熔滴掉落过程的温度变化规律相似，但其对铸锭质量的影响与熔滴掉落过程有着本质的区别。由于熔池内部电磁力、浮力和重力等因素的共同作用，会导致难熔合金元素在熔池内集聚，产生宏观偏析和微观偏析等缺陷。这些难熔残留物一旦在一次铸锭中产生，即使经二次或者三次重熔也不能完全消除。

在电弧熔炼过程中，同样会出现低熔点金属的掉落现象。与难熔金属掉块过程不同的是，低熔点金属掉落前会被熔化成金属熔滴，其温度会维持在自身熔点附近。低熔点金属熔滴的掉落对电弧区温度分布影响更加明显，弧柱区中心部位的温度分布在掉落的不同阶段会发生强烈的扭曲现象。当熔滴还没有与熔炼电极脱离，其底部已经形成了一个柱状的低温区；熔滴与熔炼电极脱离后，其顶部与熔炼电极之间仍然会恢复之前的高温环境，而其底部与阳极熔池之间则形成了较为明显的低温柱状区，随着熔滴掉落的进行，该柱状区逐渐缩短。

Tsai 等的研究证明了该模拟结果的正确性。另外，Jones 等的试验结果表明，电弧等离子体趋向于沿着掉落的熔滴周围流动，在熔滴底部不会形成高温区域，进一步证明了模拟结果的可靠性。低熔点金属掉落至熔池表面，对铸锭质量的影响较难熔金属要小得多，但由于其熔点较低，在熔炼过程中较早熔化，如果在熔池内部没有很好地扩散，还是会产生铸锭成分不均匀、偏析等不良影响。

5.14.2　真空自耗电弧炉熔炼钛合金的熔炼与补缩过程温度场变化

补缩过程中存在诸多影响因素，其中温度场的影响最为明显。补缩是成品熔炼时提高铸锭成品率的有效措施，通过逐渐降低电流，可以使得铸锭中气孔不断上升。补缩过程可具体分为两个阶段，分别是降电流阶段和小电流保温阶段。降电流阶段是指电流由稳定熔炼时刻的值逐渐降低，直到最小；小电流保温阶段是指熔速为 0 的阶段，是通过小电流烘烤使得铸锭头部成分均匀化的过程。

T. Quatravaux、P. Chapelle、D. M. Shevchenko 等采用数值模拟的方法对 VAR 熔炼过程进行了一系列的研究，赵小花、何龙等运用有限元方法研究分析了 VAR 法熔炼钛合金整个过程和补缩过程的温度场分布以及固液两相区的变化。

结果表明：在一定熔炼速率下，VAR 过程中温度场由初始阶段的动态过程逐渐演变为稳态过程；熔炼速率对 VAR 过程温度场影响显著，表现为随熔炼速度增大，VAR 熔池变宽变深，达到稳态熔炼阶段的时间缩短；而冷却条件仅对 VAR 过程熔池达到稳态阶段的时间和铸锭高度略有影响。与补缩前相比，补缩阶段辐射散热对于坩埚内热量分布影响增大，补缩前糊状区径向温度梯度远远大于轴向，并且越接近熔池边缘越大；补缩阶段电流的下降方式对熔池形貌有极大影响；采用直线降电流方式使得整个补缩过程一直保持较快的凝固速率，不利于成分均匀，采用阶段降电流方式熔池温度变化缓慢，有利于杂质溶解上浮和成分均匀；工艺参数对冒口形成的影响表现为熔速增大，形成的冒口较大；熔炼电流增大，形成的冒口也较大。

选用 ANSYS12.0 有限元分析软件中的 solid231 热单元，以应用最为广泛、参数最为齐全的 TC4 钛合金为研究对象。具体模型尺寸和工艺参数见表 5-34。

表 5-34　VAR 过程的主要参数

铸锭规格 /mm	坩埚尺寸 /mm	坩埚壁厚 /mm	冷却水温度 /K	对流换热系数 $/W\cdot(m^2\cdot K)^{-1}$	熔炼电流 /kA	熔炼速率 $/kg\cdot min^{-1}$	Cu 辐射率	TC4 辐射率
φ720×2900	φ720×3200	10	300	3400	19~34	16~36	0.9	0.5

图 5-48 是在 ANSYS 软件中建立的 VAR 模型，其中外层模型为坩埚部分，内层模型是整个计算过程中的铸锭部分，在铸锭与坩埚接触区采用共节点划分以简化边界条件。考虑到模型较大，在满足计算精度前提下将铸锭部位网格尺寸设为 10mm×10mm。VAR 法熔炼钛合金过程的温度场模拟主要涉及三种边界条件：熔池表面热传导、坩埚外壁的对流换热以及熔池上部的热辐射。

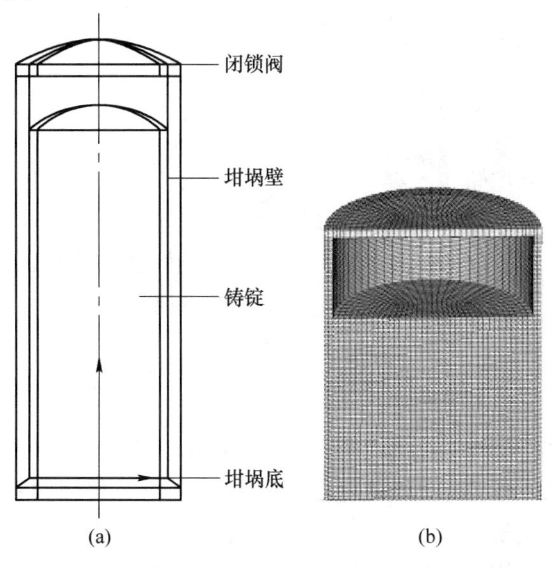

图 5-48　ANSYS 软件中建立的 VAR 模型
（a）VAR 模型；（b）网格局部图

在熔池表面，主要是电弧对熔池的热输入，考虑到相变潜热，熔池表面温度可表示为：

$$T = T_L + 400\exp(-12D_c/J) \tag{5-36}$$

式中，T 为熔池表面温度，K；T_L为液相线温度，K；J 为电流密度，kA/m^2；D_c为铸锭直径，m。

坩埚外壁传热方式为坩埚与冷却水之间的对流换热。从固体表面流入流体的热流密度用牛顿冷却定律表示：

$$q = 0.023\lambda_f(vd/\mu)^{0.8}Pr^{0.4}/d(T_f - T_w) \tag{5-37}$$

式中，q 为热流密度，W/m^2；λ_f为冷却水的导热系数，W/(m · K)；v 为冷却水流速，m/s；d 为当量直径，m，$d = 4A/L$；A 为水流横截面积，m^2；L 为水流横截面周长，m，即冷却水水流截面湿润周长；μ 为冷却水的黏度，m^2/s；Pr 为普朗特数；T_f为流体的特征温度，计算中设定冷却水的温度 T_f为 300K；T_w为固体边界温度，K。

熔池表面与闭锁阀之间的辐射换热通过式（5-38）表示：

$$Q = \sigma\varepsilon A_i F_{ij}(T_i^4 - T_j^4) \tag{5-38}$$

式中，Q 为热量，J；σ 为斯忒藩-玻耳兹曼常数，J/K；ε 为发射率；A_i为 i 的面积，m^2，指熔池表面；F_{ij}为两个发射面的格式因子；T_i，T_j分别为 i 和 j 面（指闭锁阀下表面）的绝对温度，K。初始条件可表示为：

$$T|_{t=0} = T_0(T_0 = 300\text{K})$$

整个熔炼过程的温度场计算：采用生死单元方法在整个铸锭的每层网格上逐步加载温度边界，以此实现边熔化边凝固的过程。经过边界条件的加载，对铸锭整个熔炼过程中熔池的温度分布、温度梯度的变化进行了分析。图 5-49 为 VAR 过程中不同时间下温度场的分布特征。

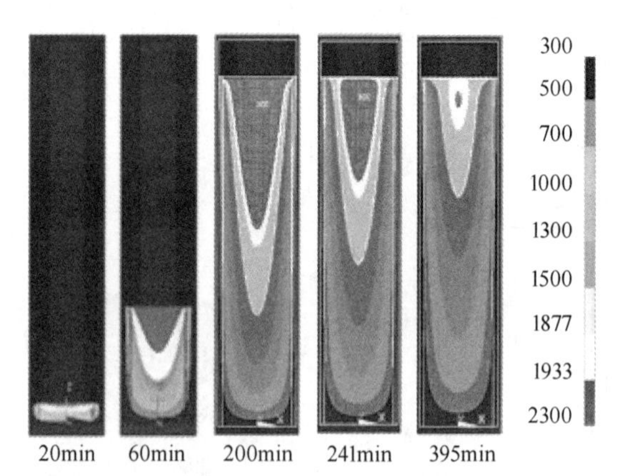

图 5-49　VAR 熔炼过程中不同时间下的温度场变化云图

图 5-50 为整个 VAR 法熔炼过程中不同阶段铸锭轴线位置温度变化曲线。可以看出，熔炼初期，坩埚底部冷却较强，液-固两相区的温度梯度（曲线斜率）较大。随着熔炼的进行，液固两相区的温度梯度减小，熔炼达到平衡后液固两相区保持相近的温度梯度直至补缩之前。这主要是由于坩埚外壁冷却水使得靠近坩埚底部的熔体首先发生凝固，从而减弱了坩埚底部散热，形成不断增高的熔池。

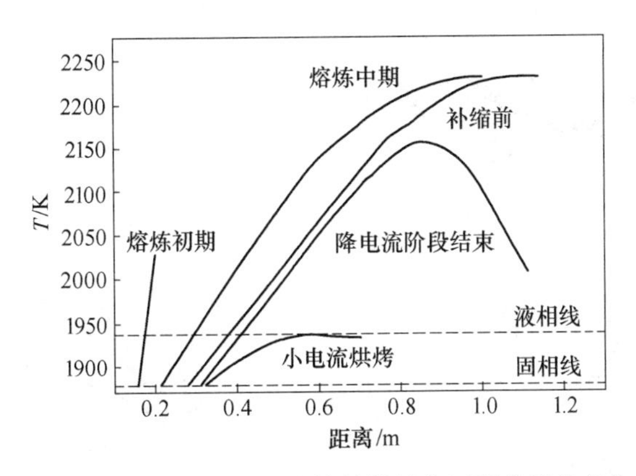

图 5-50　整个 VAR 过程中铸锭轴线位置温度场的变化

当铸锭达到一定高度时，坩埚内热量的吸收与散失逐渐达到平衡，进入稳态熔炼阶段，熔池深度和形状不再继续变化。因此，在进入补缩阶段前，糊状区的温度梯度不再发生变化，最大达到 602K/m。

不同熔炼阶段的熔池形貌如图 5-51（a）所示，其中曲线表示了熔池在深度和宽度上的变化规律。可以看出，VAR 过程中的熔池形貌随温度场的变化呈现为动态演变过程，即由初始阶段的非稳态过程逐渐演变为稳态过程。图 5-51（b）为采用自耗电极中加入难熔金属元素钨获得的熔池形貌。对比分析可以发现，计算机模拟结果中达到稳态阶段（720s 时）后的熔池形貌与试验结果比较吻合。

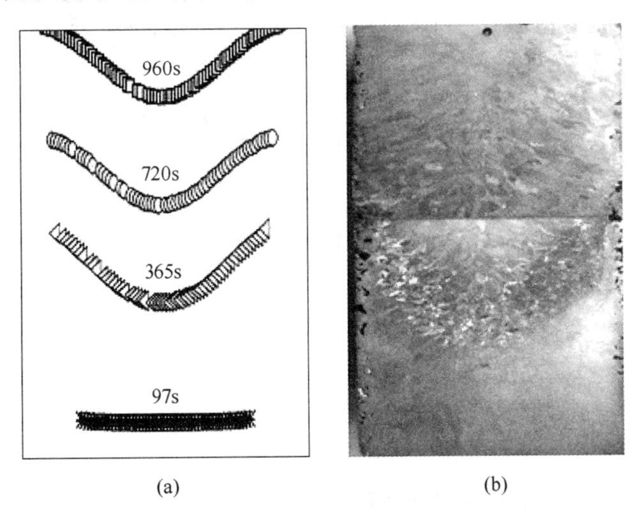

(a)　(b)

图 5-51　熔池形貌模拟结果与实测结果的对比

（a）模拟熔池形貌曲线；（b）试验结果图

熔炼过程中熔炼速率对熔池温度场的影响：图 5-52 所示为不同熔炼速度下达到稳态熔炼阶段时的熔池形貌，可以看出，熔炼速率对熔池形貌影响显著。随着熔炼速率的增大，熔池相应地变宽变深。图 5-53 给出了四种熔炼速率条件下熔池深度随熔炼时间的变化曲线。可以看出，随着熔炼速度的增大，熔池深度不断增大；当熔炼速度为 0. 5kg/min、0. 8kg/min 和 1. 0kg/min 时，达到稳态熔炼阶段的时间分别为 720s、480s 和 408s，相应的

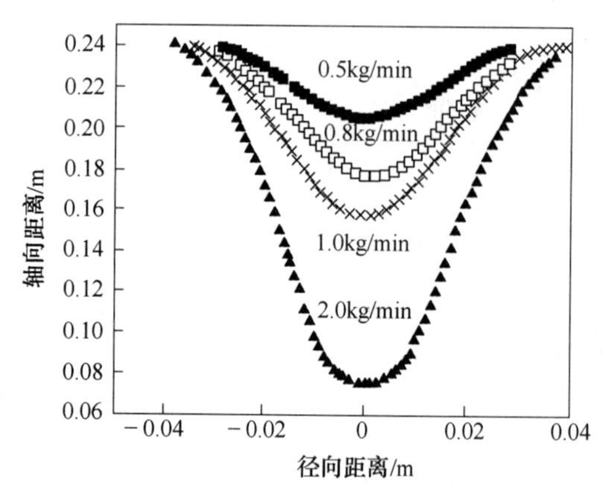

图 5-52　不同熔炼速度条件下的熔池形貌

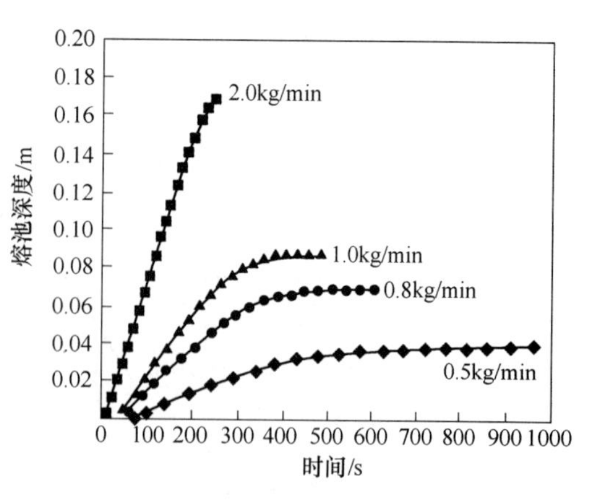

图 5-53　不同熔炼速度条件下熔池深度随时间的变化

稳态熔池深度为 37mm、67mm 和 86mm。

由此可见，随着熔炼速率的提高，熔池内热量积累加剧，熔炼达到稳态阶段的时间大大缩短。当熔炼速率增大到 2. 0kg/min 时，由于熔速过大，直至熔炼结束都未能达到稳态熔炼阶段，在熔炼结束时仍存在很深的熔池（178mm），从而导致最终补缩阶段形成的冒口较深，也大大降低了铸锭的成品率。

冷却条件对熔炼过程温度场的影响：VAR 熔炼过程中坩埚与冷却水之间的对流换热是主要的冷却方式，图 5-54 是熔炼速度为 1. 0kg/min，传热系数为 3000W/(m^2 · K)、5000W/(m^2 · K) 和 7000W/(m^2 · K) 时对应 VAR 熔池深度随时间的变化曲线。

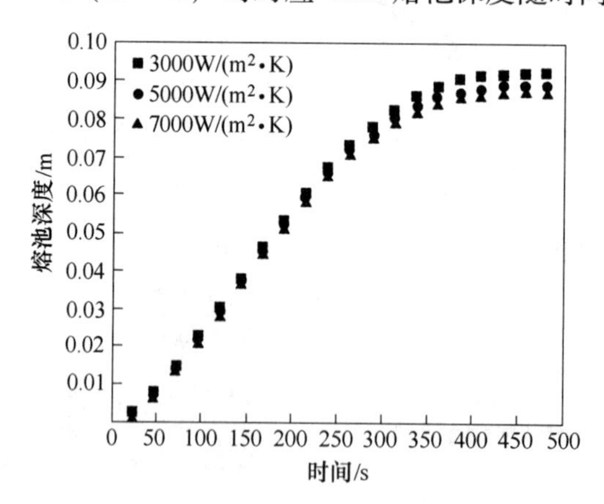

图 5-54　不同传热系数条件下熔池深度随时间的变化

可以看出，当熔炼进行到 180s 之前，不同传热系数条件下熔池深度随时间的变化曲线基本重叠，表明传热系数对熔池深度的影响不大。这主要是由于熔炼前期熔池较小，铸锭和坩埚底部的热传导起主导作用，而铸锭与坩埚壁接触面积较小，热交换并不明显。

图 5-55 为补缩阶段铸锭直径方向温度场的变化规律。可以发现，进入补缩期后，降电流阶段熔池表面温度低于熔池内部，温度梯度变化不大。进入小电流烘烤阶段后，熔池表面温度低于液相线，即铸锭表面已经发生凝固，温度梯度不断减小，最小为 264K/m。

随着补缩进行，熔池径向温度梯度（曲线斜率）逐渐减小。补缩前糊状区温度梯度最大达到 3300K/m，最小为 650K/m。

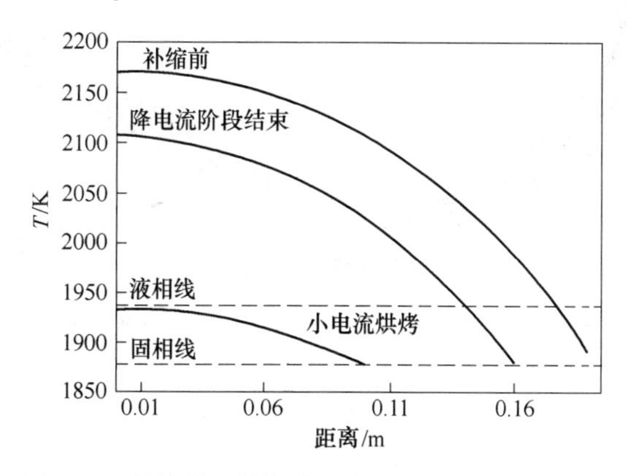

图 5-55 补缩阶段铸锭直径方向温度场的变化规律

对比图 5-50 与图 5-55 可知，径向温度梯度远远大于轴向，并且越接近熔池边缘越大。一方面说明热量主要沿径向散失；另一方面造成铸锭外围柱状晶粗大，在靠近铸锭中心处枝晶尖端重熔或者破碎，形成新的形核中心，有利于中心细晶区的形成。这些变化与实际铸锭的凝固组织一致。

图 5-56 所示为熔炼速率分别为 16kg/min、24kg/min、36kg/min 情况下熔池深度与熔池温度的关系曲线。熔炼的液相线温度为 1933K。当熔池表面温度低于液相线温度时，熔池下部一定范围内温度均高于熔池表面温度，即铸锭表面发生凝固时，在铸锭内部包裹了一部分液相，该位置应为冒口形成的位置。

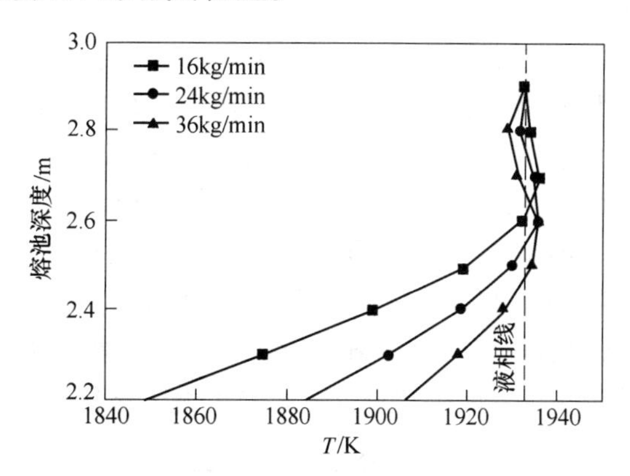

图 5-56 不同的熔炼速率下熔池深度与熔池温度的关系曲线

图 5-57 为熔炼电流分别为 19kA、24kA、29kA、34kA 情况下熔池补缩前后的形貌。可见补缩前，固相线温度对应轴线位置相近，即熔池深度几乎没有变化。随着熔炼电流的增大，熔池边缘温度升高，补缩前不同熔炼电流对应的熔池深度基本相等。补缩降电流阶段结束后，熔池底部位置上升，熔池深度减小。熔炼电流越大，熔池越深。可以推断，在随后的小电流保温阶段各种工艺参数都相同条件下，较深熔池形成的冒口位置也较深，因此冒口也较大。

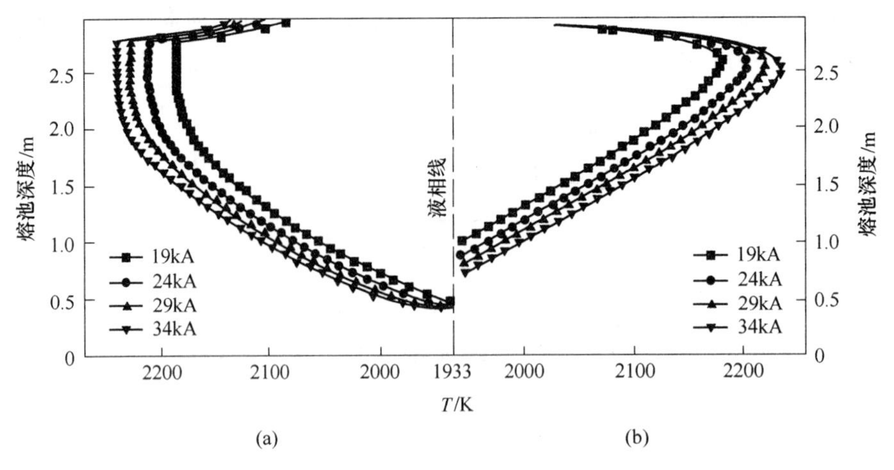

图 5-57　不同熔炼电流下熔池深度与熔池温度的关系

（a）补缩前；（b）降电流结束后

5.14.3　真空自耗电弧炉熔炼钛合金的电磁场变化

VAR 过程伴随着复杂的等离子体热传输和磁流体流动行为，尤其是电磁场与电弧热传输、流体流动行为的相互关系，很难通过实验的方法对其进行测试和控制。有很多研究人员建立了直流电弧炉电弧区的数学模型，对电弧的电磁特性及流动行为进行了研究，F. Qian 等人通过调整电流大小及弧间距对直流电弧炉等离子弧的传输过程进行了数值研究，Marcoram Rez 等人应用 PHOENICS 3.2 流体动力学软件对直流电弧炉电弧区流体流动、热传输及电磁现象进行了模拟。

应用 ANSYS 有限元分析软件可以建立三维电弧模型，对 VAR 过程电弧区电磁场进行数值模拟，并以此分析其对铸锭质量的影响。结果表明：熔炼电极底部的电流密度和电磁力均最大；随着径向距离的增加，熔池表面的电流密度逐渐减小，焦耳热逐渐降低；弧长较大时，熔池表面的电磁力几乎不变；弧长较小时，随着径向距离的增大，电磁力先增大后减小；熔池表面的焦耳热随着弧长的增加而降低，但当弧长由 45mm 增至 50mm 时，焦耳热降低并不明显；弧压的增加会使得熔池表面的焦耳热增大。

图 5-58 所示为 VAR 过程电弧计算区域示意图及尺寸参数，模型主要包括阴极、电弧区和阳极三部分，采用正极性熔炼。其中 *A-B-C-G-A* 为阴极区，*G-C-D-E-G* 为电弧区，阳

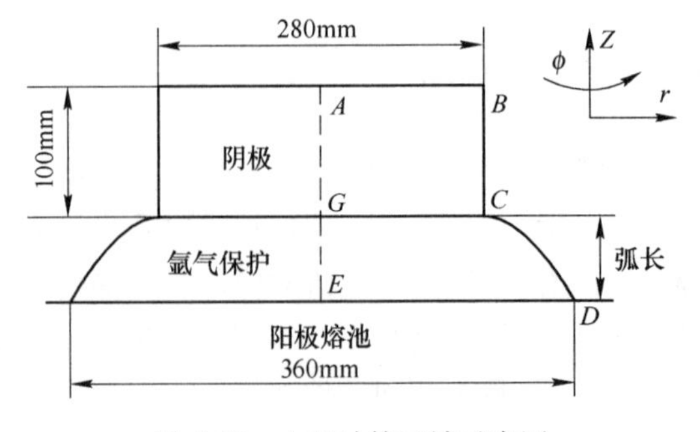

图 5-58　电弧计算区域示意图

极区只建立与电弧区接触的熔池表面。熔炼电极采用纯钛，炉内为氩气保护。由于整个电弧区域温度变化范围很大，模拟过程需要考虑氩气物理性能参数（密度、导电率、导热率、比热及黏度）的高度非线性。

整个模拟过程涉及电场、磁场和流场三个物理环境，采用多场顺序耦合的方法，三个物理场顺序直接耦合，同时每个物理场与温度场间接耦合，物理模型及网格划分均保持不变。氩气在较低温度条件下电导率非常小，为了保证气体处于导电状态，在初始计算电场时，给电弧区的温度赋值10000K，同时在两极间加载一定的电压。在磁场计算中，需要在模型的外围施加远场边界。在流场计算中，在电极表面和电弧外围圆周方向（即铜坩埚内壁）施加无滑移边界，同时在阳极熔池表面和坩埚壁赋予一定的对流换热系数。

图5-59所示为计算得到的电弧区电流密度矢量分布，电流从熔炼电极顶部流经电弧区，最终到达阳极熔池。电流密度最大值在熔炼电极的底部。随着径向距离的增加，电弧等离子体的电流密度在不断减小，靠近坩埚壁附近电流密度几乎为零。

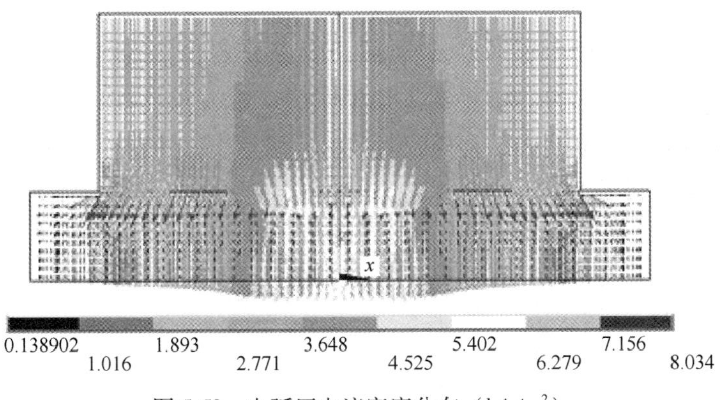

图5-59　电弧区电流密度分布（kA/m^2）

流经电弧区的电流会产生自感磁场，同时会对带电粒子产生自感电磁力的作用。图5-60所示为电弧区电磁力矢量分布。可以发现，电磁力最大值在熔炼电极底部，电磁力对带电粒子具有向下和向内部推动的作用。

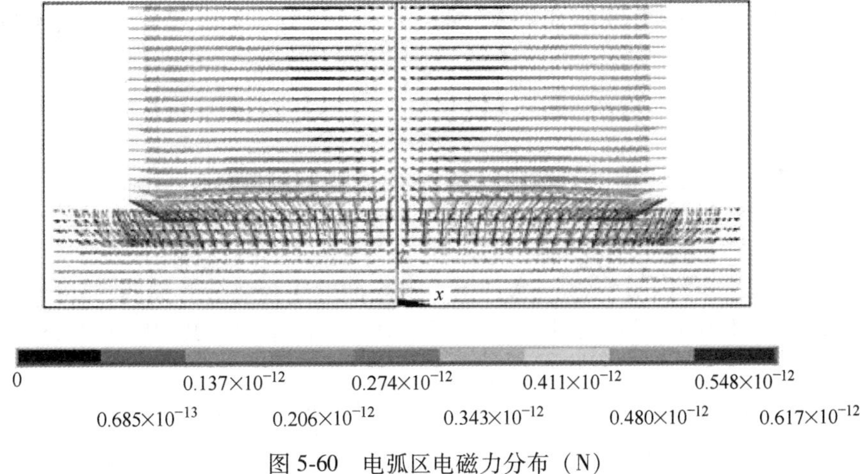

图5-60　电弧区电磁力分布（N）

在电磁场作用下，计算得到的电弧区焦耳热等值线分布如图 5-61 所示。可以看出，熔炼电弧产生的焦耳热主要集中在电弧区中部。同时，随着径向距离的增加，熔池表面的焦耳热逐渐降低。当距离熔炼电极较近时，在 $r=0.14$m 附近出现一个焦耳热峰值，可见熔炼电极的形状会对电弧区焦耳热分布产生影响，形状越圆滑，焦耳热分布越均匀。

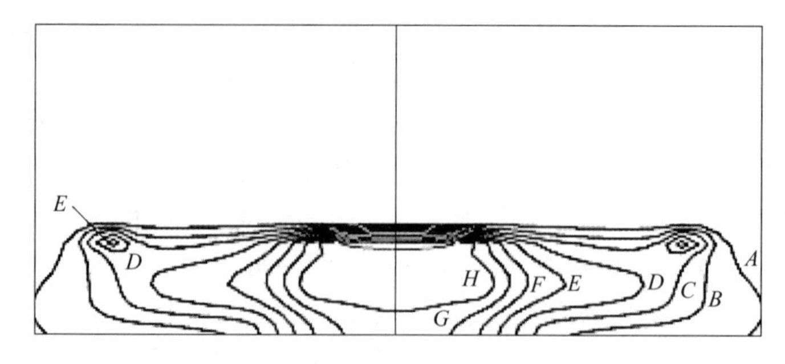

图 5-61　电弧区焦耳热分布（J）

调整弧长的大小，绘制出不同弧长条件下熔池表面的电磁力和焦耳热分布曲线，如图 5-62 所示。从电磁力分布可看出，当弧长较大时，熔池表面的电磁力在径向上几乎不发生变化。弧长较小时，随着径向距离的增大，电磁力先增大后减小，尤其是当弧长增大到 25mm，在径向距离 $r=0.14$m 处电磁力出现一个峰值。从焦耳热分布中可看出，弧长的增加会使得熔池表面的焦耳热大幅度降低，当弧长由 45mm 增加至 50mm 时，焦耳热不再明显降低，而是趋于稳定。

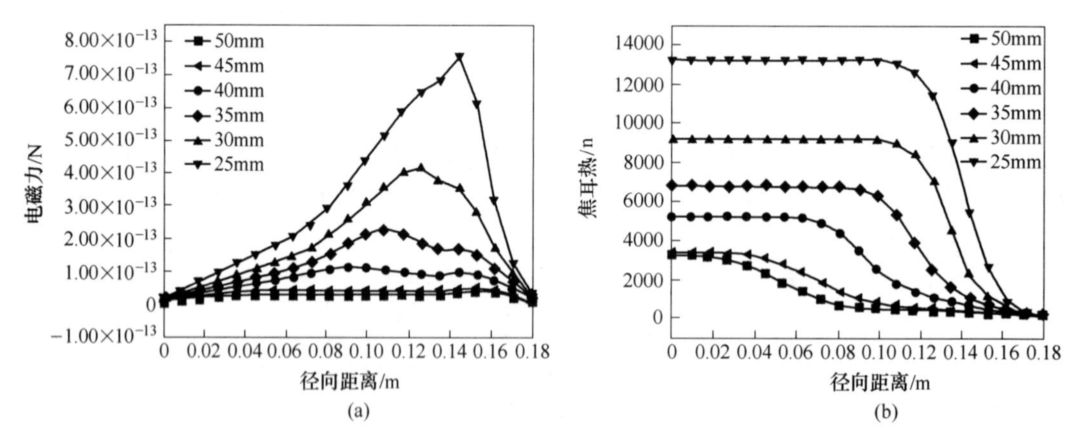

图 5-62　不同弧长条件下熔池表面的电磁力分布和焦耳热分布

（a）电磁力分布；（b）焦耳热分布

调整熔炼电压，绘制出不同弧压条件下熔池表面的焦耳热分布曲线，如图 5-63 所示。可以看出，随着熔炼电压的增加，熔池表面的焦耳热逐渐增大，其中熔池中心部位焦耳热变化幅度最大，靠近坩埚壁附近焦耳热变化幅度最小。

采用 ANSYS10.0 软件建立电磁搅拌下真空自耗电弧炉熔炼过程的三维模型，可以计算电流密度和磁场强度，分析搅拌磁场对电磁力的影响。结果表明：电流沿坩埚壁向下流动，并在铸锭与坩埚的接触部位转变为横向流动，在铸锭表面电流最大。随着熔炼的进

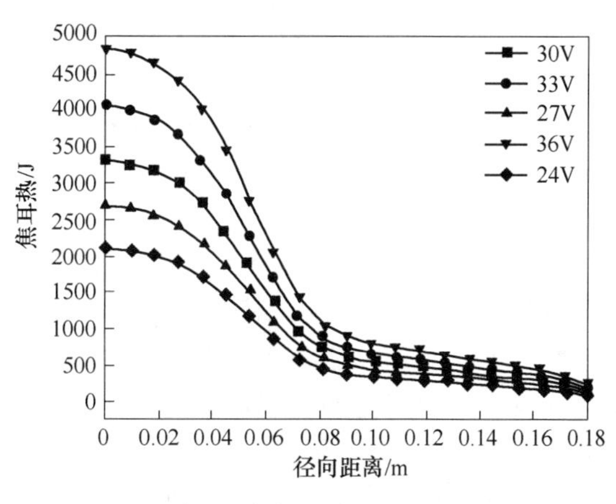

图 5-63 不同弧压条件下熔池表面的焦耳热分布

行，铸锭上部自感磁场基本不变，下部的自感磁场逐渐减小。搅拌磁场的添加，使得铸锭表面产生水平旋转洛伦兹力、磁感应强度和功率损失随电流频率增加而增加。

不同熔炼阶段，铸锭上表面和轴线上的磁感应强度如图 5-64 所示。可以看出，不同阶段表面磁感应强度几乎不变，从中心到表面的磁感应强度逐渐递增，离中心 0.16m 时达到最大值。沿轴线的磁感应强度在不同熔炼阶段变化明显。当铸锭高度 50mm 时，铸锭底部磁场约为 5.5×10^{-4}T，当铸锭高度 800mm 以后，铸锭下部很大部分区域磁场为 0。

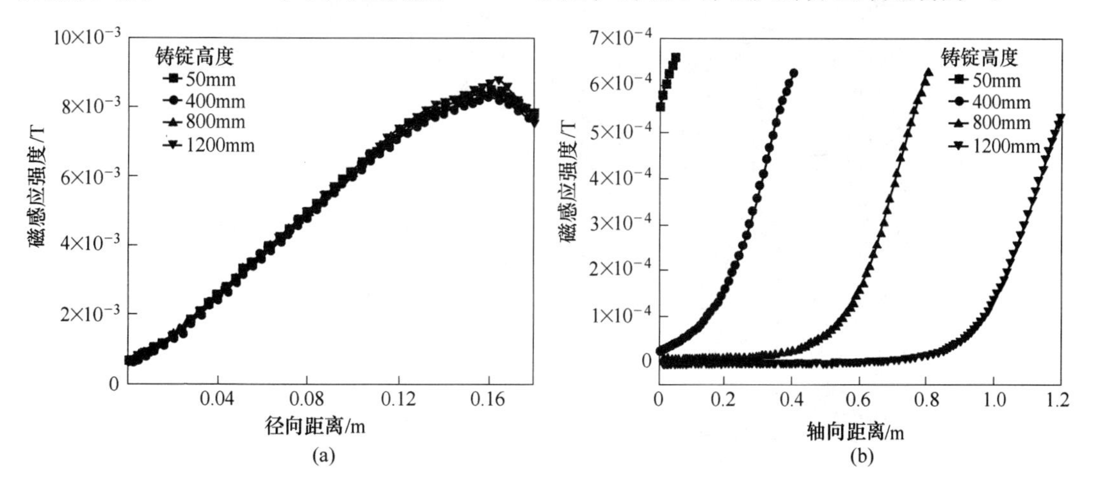

图 5-64 不同时刻铸锭上表面（a）和轴线上（b）的磁感应强度分布

5.14.4 真空自耗电弧熔炼过程的多尺度模拟

温度场常采用有限单元法（FEM）进行建模和模拟。模拟凝固过程组织演变的最常用数值算法是元胞自动机法（CA）和相场法。相场法能够较为全面地描述凝固组织演变过程中各物理场的变化，但它消耗的计算资源大，能够模拟的区域较小。P. D. Lee 等人开发了 μMatIC 代码专门用于模拟材料的微观组织演变，该代码结合了描述晶体生长的 CA 法和计算溶质扩散的有限差分法（FD），称为 CAFD 模型。它可用于模拟凝固过程中的形核、枝晶型貌、枝晶间距、溶质场和缩孔。

采用 ANSYSTM 软件建立 VAR 过程宏观场的 3D 有限元模型，研究 Ti6Al4V（Ti64）合金 600mm 铸锭 VAR 过程中的温度场变化以及熔炼电流对熔池形貌的影响。结果表明，熔炼电流的增大使熔池深度和糊状区宽度变大，使熔炼达到稳态的时间提前；熔炼达到稳态时，铸锭中心处形成较短而不是十分连续柱状晶组织，1/2 半径处和边部则形成连续的柱状晶组织。

对 Ti64 合金 600mm×2400mm 铸锭不同熔炼条件下的温度场进行模拟，熔炼工艺参数见表 5-35。选取第 2 组熔炼工艺模拟时，增加了补缩模拟。采用该组工艺参数得到的模拟结果如图 5-65 所示（图 5-65（c）中标示的 Zone 1～Zone 3 为微观模拟区域的示意位置）。

可以看出，熔炼开始阶段，由于熔化的金属液较少，坩埚底部可以对其进行有效冷却，使得金属液进入坩埚后迅速凝固，没有形成大的熔池，等温线几乎是水平的。随着熔炼的进行，熔池逐渐变深，并逐渐由扁平状向漏斗状变化，到熔炼补缩阶段，熔池开始变小变浅，最终凝固部位形成冒口。

表 5-35　模拟中采用的工艺参数

编号	熔炼电流/kA	熔炼电压/V	熔炼速率/kg · min^{-1}
1	10	30	10
2	20	30	20
3	30	30	30

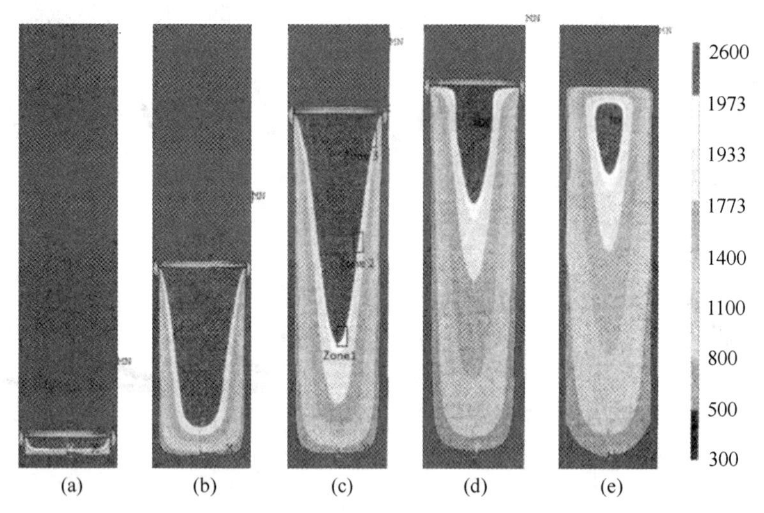

图 5-65　不同时刻铸锭和坩埚上的温度分布

（a）7min；（b）62min；（c）112min；（d）157min；（e）167min

图 5-66（a）所示为不同熔炼电流下熔池深度随熔炼时间的变化关系。可以看出，随熔炼的进行，熔池深度加深，但不同熔炼电流下熔池加深的速率存在差异，电流越大，熔池加深的速率越快。当熔炼电流为 10kA 和 20kA 时曲线上出现一平台，这是由于电弧对顶部的热输入、凝固放热等熔池吸收的热量与散失的热量达到了平衡，熔池深度不再变化，熔炼达到稳态阶段。图 5-66（b）所示为不同熔炼电流下铸锭中心处的糊状区宽度随熔炼时间的变化关系。糊状区的宽度随着熔炼的进行不断扩大，直到稳态熔炼阶段，糊状区曲线也会出现一个平台。

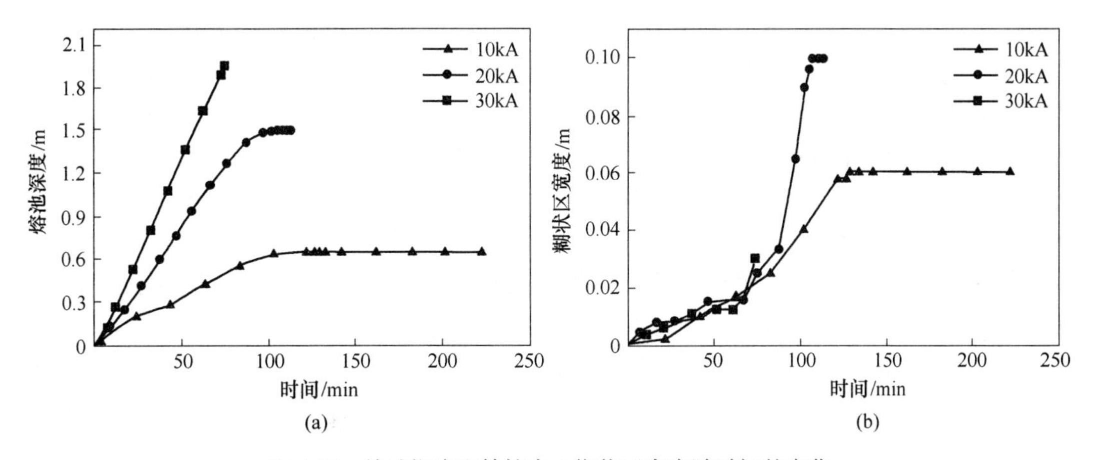

图 5-66 熔池深度和铸锭中心糊状区宽度随时间的变化

（a）熔池深度随时间的变化；（b）铸锭中心处的糊状区宽度随时间的变化

通过对铸锭的中心、1/2 半径处和边部这三个区域的形核、枝晶生长和 V 元素溶质分布等微观模拟发现，随着枝晶的生长，V 元素在枝晶间区域富集，在枝晶臂上贫乏。这是因为 V 元素为正偏析元素，随着凝固的进行不断被凝固的枝晶排出的缘故。由于枝晶间富裕的溶质向枝晶臂区域扩散，凝固已完成区域的微观偏析逐渐减弱，尤其是枝晶间距较小的边部，微观偏析减弱的程度最为明显。

对 VAR 过程电弧等离子体流场进行数值模拟，结果表明，在阳极熔池表面熔炼电弧的温度最高，约为 2235℃，如图 5-67 所示。附近电弧区压力随径向距离增大而增加，而在熔池电极表面附近，电弧区压力随径向距离增大而减小，还导致环路流动范围减小并向坩埚壁靠近，当电极直径为 280mm，熔炼电压为 30V 时，理想熔炼弧长可控制在 25~40mm。

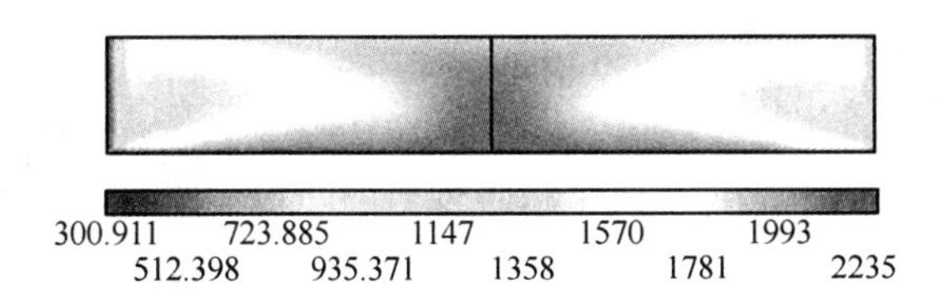

图 5-67 电压 30V，弧长 5cm 时电弧区温度场（℃）分布

5.14.5 电子束冷床熔炼 TC4 合金的温度场分布

电子束冷床熔炼真空度高，夹杂物去除效果好，易实现平静熔炼，抑制结晶偏析，铸锭规格多样化和大型化，减少工序，降低能耗，提高成品率，能大量回收残钛，无需制备电极，但金属损失多，合金成分不易控制，要求配套大型设备，挥发物大量凝结，局部成分不均匀。

利用 ANSYSTM 软件对电子束冷床熔炼 TC4 合金进行数值模拟，结果表明，熔体从冷床滴入坩埚之后，主要出现熔体升温、形成稳定熔池、熔体凝固、熔体温度下降和凝固结束等 5 个阶段。在开始熔炼时，熔体温度较低，升温较慢；随着熔炼进行，温度升高，并维持在高温状态；最后熔体发生凝固降温，且速度很快。降温过程主要分为两个阶段，快速降温时，熔体快速出现凝固；在降温平衡阶段，熔体主要进行补缩。当降温达到 500s 时，熔体温度基本保持不变。

电子束冷床熔炼 TC4 合金坩埚凝固过程中，不同时刻 TC4 合金熔体的温度场分布如图 5-68 所示。可以看出，刚开始阶段，熔体先在坩埚中形成一个小熔池，此时由于坩埚壁和冷却水温度较低，导热效果较好，熔体温度相对较低（图 5-68（a））。随着熔炼的进行，不断有熔体进入坩埚内，熔炼逐渐稳定，坩埚内逐渐形成了较深的熔池，且熔体温度上升也很快，此时，熔体中心温度逐渐接近熔体熔点（图 5-68（b））。随熔炼过程的继续，熔体开始冷凝，熔池内部热量向外界传导扩散，熔体温度开始下降，最后熔体达到完全凝固（图 5-68（c）、（d））。

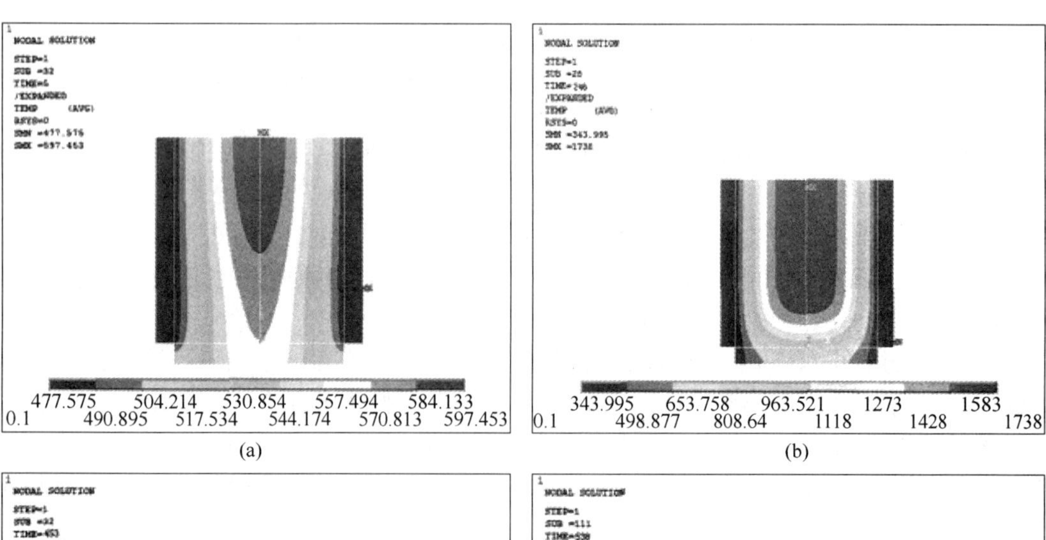

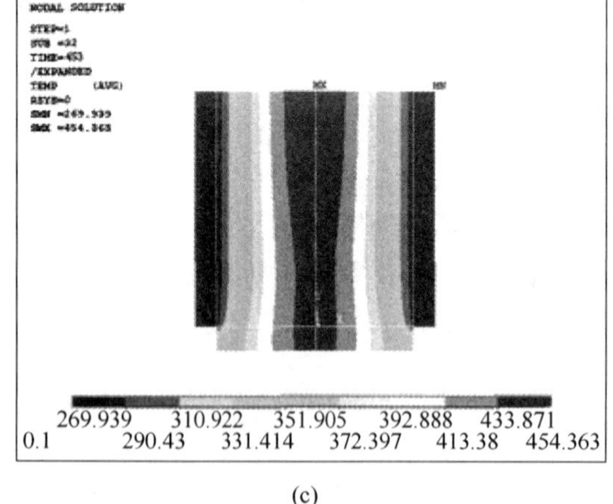

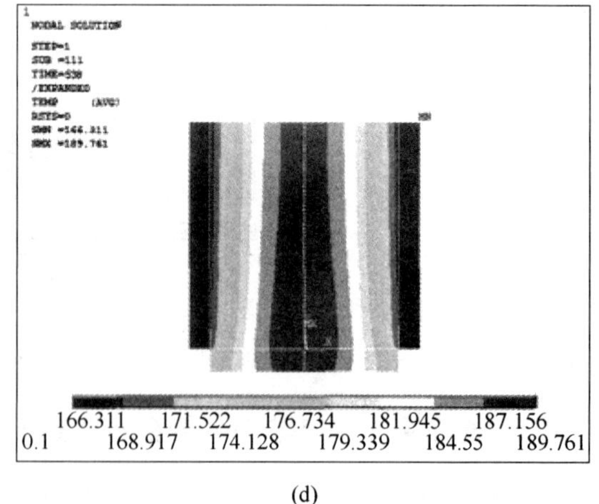

图 5-68　不同时刻 TC4 合金熔体的温度场分布

（a）5s；（b）246s；（c）453s；（d）538s

熔体处于稳定熔炼阶段的时间最长，将稳定熔炼阶段的温度场分布截取三维云图，分别绘制 1/2 和 3/4 的截面图形，分析稳定熔炼阶段的温度场分布情况，如图 5-69 所示。可以看出，由于熔体从冷床滴入坩埚的中部，加上坩埚壁冷却水的作用，从坩埚心部到坩埚四壁，熔体的温度下降非常快，熔体中心温度约 1740℃，而贴近坩埚壁的熔体温度只有

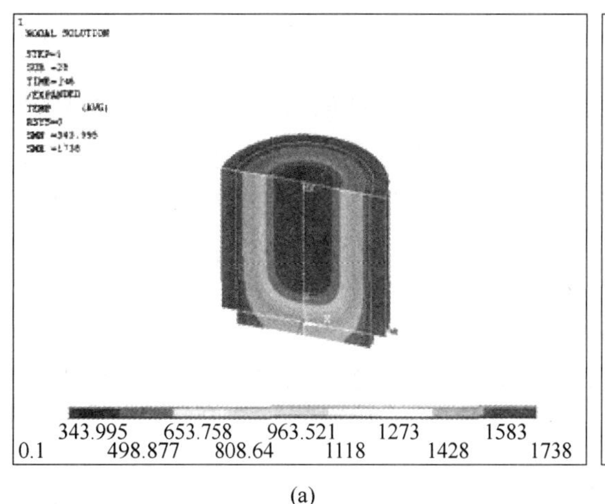

(a)

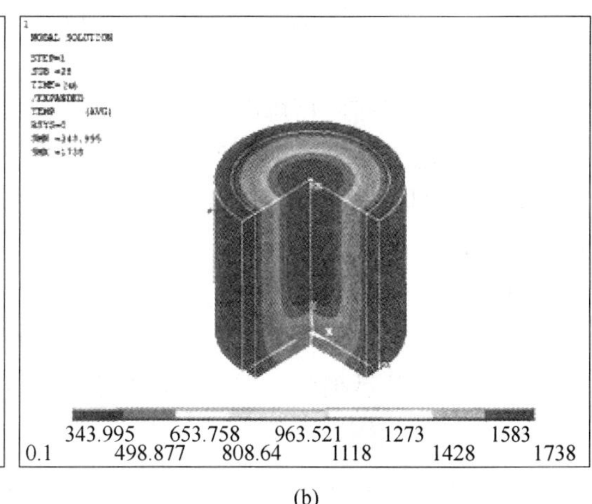

(b)

图 5-69　稳定熔炼阶段的温度场三维分布

340℃。熔体中心持续保持高温，利于凝固结晶过程中的补缩，可提高铸锭表面质量，也利于杂质元素的挥发，增加熔体纯度。

利用 PROCAST 软件对电子束冷床熔炼 TC4 合金连铸凝固过程进行数值模拟，结果表明，在相同浇注温度下，随铸造速度增加，熔池加深，糊状区域变浅，初生枝晶半径和二次枝晶臂间距渐渐增加，凝固组织变得粗大。在铸造速度相同下，随浇注温度提高，过热度增加，熔池加深，糊状区域变浅，合金晶粒尺寸变粗。

5.14.6　EBCHM 炉熔炼 TC4 合金的热平衡分析

电子束冷床熔炼过程中，熔池温度的控制对熔炼过程的正常进行、钛合金铸锭的表面质量，以及铸锭化学成分的影响尤为重要。而熔池温度受熔炼速度和加热功率的影响。张英明、周廉等对 TC4 合金电子束冷床熔炼过程的热平衡进行了计算和实验验证。结果表明，维持冷床液态熔池表面 125℃过热和结晶坩埚内 100℃过热的条件下，随着熔炼速度从 60kg/h 增加到 150kg/h，冷床内所需热量稍微增加，熔炼原料的功率明显增加，而凝固坩埚内所需热量有所降低。在提高冷床内和坩埚内的过热度时，其所需的热量都增加。

系统的热量损失包括原料从固态室温加热到液态所需要的热量、冷床和结晶坩埚通过冷却水带走的热量、液态金属表面通过热辐射损失的热量。计算中 TC4 合金的物理参数见表 5-36。化学成分对 TC4 比热的影响不大，其值和纯钛的数值很接近，但温度对比热的影响较大，这里采用 900℃的比热值 850J/(kg·K) 作为计算数值。

表 5-36　TC4 合金的物理参数

物理参数	数　值	物理参数	数　值
比热容（固态）C_{ps}/J·(kg·K)$^{-1}$	850	导热率（固态）λ_s/W·(m·K)$^{-1}$	15
比热容（液态）C_{pl}/J·(kg·K)$^{-1}$	986	导热率（液态）λ_l/W·(m·K)$^{-1}$	30
熔化热 C_f/J·kg^{-1}	393261	发射率（固态）ε_s	0.4
固相线 T_s/℃	1605	发射率（液态）ε_l	0.45
液相线 T_l/℃	1650		

原料从室温到某液相温度单位时间所需要的热量可用下式计算：

$$Q_m = M(C_{ps}\Delta T_s + C_{pl}\Delta T_{sl} + C_f)$$

式中，Q_m为单位时间熔炼的原料从室温加热到某液相温度所需要的热量，W；M 为熔炼速度，kg/s；C_{ps}为原料固相比热，J/(kg · K)；C_{pl}为原料液相比热，J/(kg · K)；C_f为熔化潜热；ΔT_s为原料从室温到液相线的温度变化，K；ΔT_{sl}为原料从液相线到液相某温度的温度变化，K。

辐射热损失用下式计算：

$$Q_r = \varepsilon\sigma S_r T_s^4$$

式中，Q_r为辐射热损失，W；ε 为发射率；σ 为斯忒藩-玻耳兹曼常数，5.67×10^{-8} W/(m^2 · K^4)；S_r为辐射面积，m^2。

金属和坩埚接触的传导热损失用下式计算：

$$Q_t = S_t k\Delta T$$

式中，Q_t为传导热损失，W；S_t为传热面积，m^2；k 为传热系数，W/(m^2 · K)；ΔT 为传热接触面的温度变化。

在计算原料熔炼时，假设 TC4 原料熔化为液态后过热 50℃后流入冷床，即约 1700℃。熔炼电极的热量包括使电极端过热 50℃所需的热量和热辐射损失的热量。冷床中的热平衡包括电子束输入的热量和加热流入的液态 TC4 到所需要的过热温度、液态熔池表面的辐射热损失、冷床和 TC4 凝壳的接触热传导损失。

$$W_e = Q_m + Q_r + Q_t$$

式中，W_e为电子束输入的能量。

冷床的传导热损失包括从液态熔池表面经过液态熔池、凝壳、水冷铜床，到冷却水的连续传导过程，如图 5-70 所示。因为凝壳的热胀冷缩，凝壳与水冷铜床的接触热传导采用传热系数，其值约为 250W/(m^2 · K)。

在结晶坩埚内主要是维持液态 TC4 合金表面的温度。其热平衡主要是电子束输入的热量，液态金属凝固释放的凝固潜热，液态熔池表面的辐射热损失和 TC4 铸锭与结晶坩埚的接触热损失。

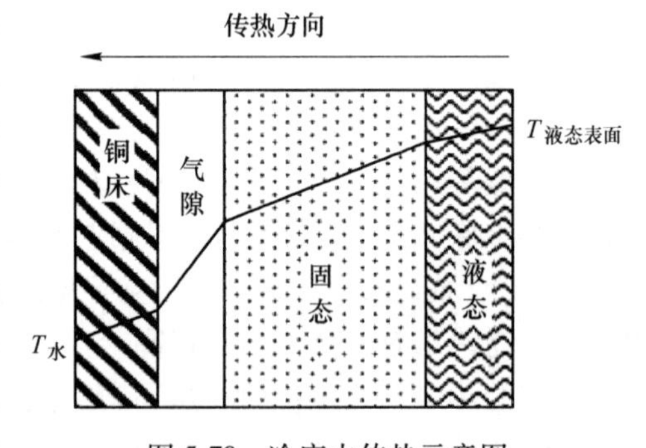

图 5-70 冷床内传热示意图

实验采用的 500kW 双枪电子束冷床熔炼炉尺寸为 500mm×300mm×80mm，结晶坩埚直径为 ϕ220mm。进料直径为 220mmTC4 合金棒，熔炼速度 100kg/h，熔炼时真空度小于 2×10^{-2}Pa。

熔炼速度对功率的影响如图 5-71 所示。在冷床内维持一定的过热度用于熔炼的顺利进行，采用的过热度是 125℃，即 1775℃。为了保证凝固铸锭的表面质量，假设表面温度 100℃过热，即 1750℃。冷床熔炼所需的功率主要用于维持冷床内液态熔池的温度。维持冷床内液态熔池温度的功率随熔炼速度提高而稍微增高，基本维持在 125kW 左右。用于熔化进入冷床内原料的功率随着熔炼速度的提高显著增加，从 49kW 快速增加到 96kW 左右；用于维持冷却坩埚内的功率随着熔炼速度的提高明显降低，从 68kW 降到 5kW。

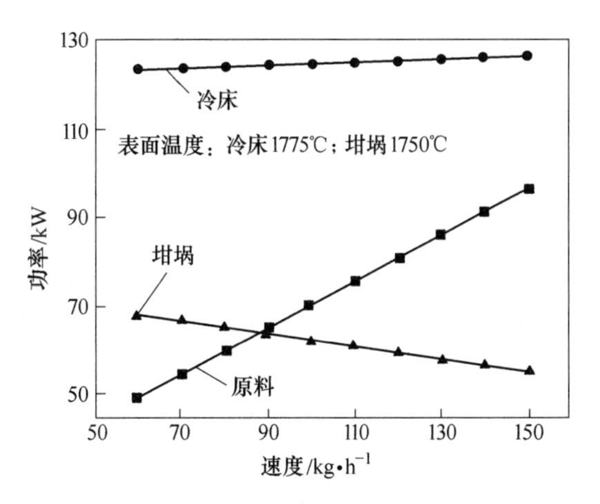

图 5-71　电子束冷床熔炼速度对功率的影响

结晶坩埚中的表面过热度对功率的影响如图 5-72 所示。当熔池过热度从 60℃增加到 150℃时，所需功率从 61kW 线形地增加到 65kW。

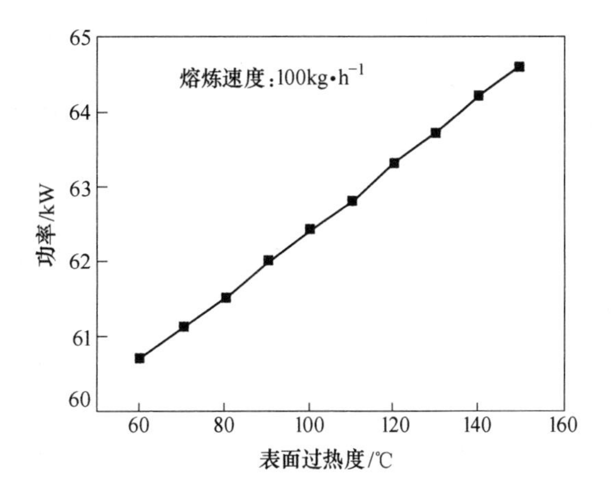

图 5-72　坩埚内熔池过热度对功率的影响

经测量，冷床中液态熔池表面的温度为 1775℃，距离冷床侧壁较近处的温度比较低，为 1702℃。实际的熔炼功率分配为：电极熔化为 69kW；维持冷床内液态熔池为 116kW；维持坩埚内液态熔池为 62kW。计算温度下所需功率和在此功率下冷床内液态熔池表面的温度是吻合的。在 100kg/h 熔炼速度下和 100℃过热下，熔炼所需总功率为 254kW，熔化原料电极、维持冷床内和坩埚内液态熔池的功率分别占总功率的 27.6%、47.45%和 24.9%。电子束冷床熔炼的顺利进行需要合理地在电极熔炼、冷床和结晶坩埚内分配功率。维持冷床温度所需功率占大部分。维持冷床温度的大部分功率用于补偿由热辐射和热传导损失的热量。只有很少部分用于加热原料到冷床内熔池温度。而维持坩埚内的功率随着熔炼速度增加而减少。因此，在保证正常熔炼的前提下，尽量降低过热度可以降低熔炼成本。

5.15 铝热法制备高钛铁过程中的热力学

铝热还原法和电铝热法是国内外生产高钛铁的主要方法。铝还原 TiO_2 生产高钛铁的主要化学反应如下：

$$TiO_2 + 4/3Al = Ti + 2/3Al_2O_3 \quad \Delta G^{\ominus} = -167472 + 12.1T \quad (J/mol)$$

$$2TiO_2 + 4/3Al = 2TiO + 2/3Al_2O_3 \quad \Delta G^{\ominus} = -1081150 + 3.43T \quad (J/mol)$$

$$2TiO + 4/3Al = 2Ti + 2/3Al_2O_3 \quad \Delta G^{\ominus} = -117585 + 9.92T \quad (J/mol)$$

当添加 CaO 强化反应热力学条件时，反应为：

$$TiO_2 + 4/3Al + 2/3CaO = Ti + 2/3(CaO \cdot Al_2O_3) \quad \Delta G^{\ominus} = -45575 + 2.9T \quad (J/mol)$$

在氩气气氛下对 Fe_2O_3-TiO_2-Al 反应体系进行差示量热扫描分析，升温速率为 20K/min，发现 660℃时有一个吸热峰，这是铝熔化温度。1000℃左右有一个较大的放热峰，表明铝热反应在该温度下便开始进行。

用正规离子溶液模型计算铁矿渣中 TiO_2 和 SiO_2 的活度，用 Wagner 公式计算硅铁铁三元合金系中硅、钛的活度。根据溶渣、合金体系中组元活度计算结果计算实际条件下硅还原二氧化铁反应开始时的自由焓变化，从热力学上可以证明硅还原二氧化钛反应能够进行。硅化钛和硅酸钙的生成能促进反应顺利进行。

钛矿渣电硅热法冶炼硅钛铁合金工艺是硅钛铁新型复合合金的主要冶炼方法，反应方程式为：

$$TiO_2 + Si = Ti + SiO_2 \quad \Delta G^{\ominus} = -2000 + 5.17T \quad (J/mol)$$

通过加入 CaO 使反应生成了硅化钛（Ti_5Si_3、TiSi、$TiSi_2$）和硅酸钙（$3CaO \cdot SiO_2$、$2CaO \cdot SiO_2$、$CaO \cdot SiO_2$），改变了自由焓值。

铝热还原法生产高钛铁时，实际"反应温度"体系内 TiO_2 的铝热还原过程中，主要发生的是 TiO_2→TiO 和 TiO_2→Ti 的反应，其次是 TiO_2→Ti_2O_3 的反应，TiO_2→Ti_3O_5 的反应基本不存在。而 Ti_2O_3→TiO 和 Ti_2O_3→Ti 的反应能力基本相同。最后发生，也是最关键的是 TiO→Ti 的反应。

氧化钛的铝热还原模式如图 5-73 所示。

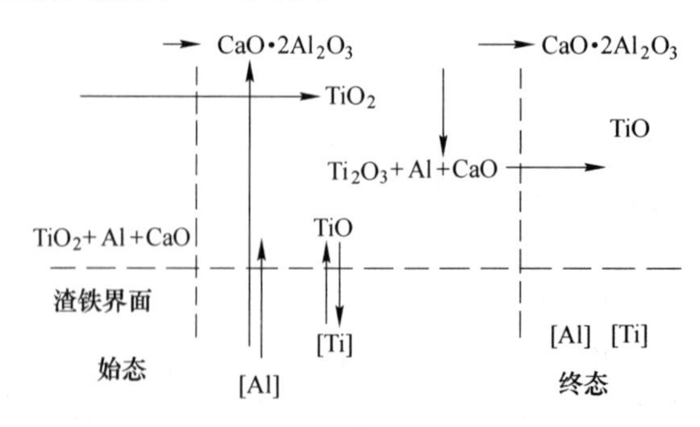

图 5-73　氧化钛的铝热还原模式

铝热法生产高钛铁的过程中，反应体系实际的"平衡点"温度为 2477K，体系实际"反应温度"控制在 2273～2373K 较合适。

参考文献

[1] 李德惠，茅燕石．四川攀西地区含钒钛磁铁矿层状侵入体的韵律层及形成机理［J］．矿物岩石，1982（1）：29-40.

[2] 贺智明，孙籍，董雍赓．水杨氧肟酸浮选钛矿物的机理研究［J］．稀有金属，1993，17（5）：333-338.

[3] 袁武谱，葛英勇．低品位含钛磁铁矿的选矿工艺及分选机理研究［D］．武汉：武汉理工大学，2008.

[4] 席振伟，冯其明．钛铁矿浮选捕收剂研究［D］．长沙：中南大学，2009.

[5] 马俊伟，隋智通，陈炳辰．钛渣中钙钛矿的浮选分离及其机理［J］．中国有色金属学报，2002，12（1）：171-177.

[6] 许向阳，张泾生，王安五．微细粒级钛铁矿浮选捕收剂 ROB 的作用机理［J］．矿冶工程，2003，23（6）：23-26.

[7] 朱阳戈，冯其明．微细粒钛铁矿浮选理论与技术研究［D］．长沙：中南大学，2011.

[8] 魏民，谢建国，陈让怀．新型钛铁矿捕收剂捕收性能和作用机理的研究［J］．矿冶工程，2006，26（2）：38-41.

[9] 朱俊士．中国钒钛磁铁矿选矿［M］．北京：冶金工业出版社，1996.

[10] 张国范，朱阳戈，冯其明．油酸钠对微细粒钛铁矿的捕收机理［J］．中国有色金属学报，2009，19（2）：372-377.

[11] 王延忠，曾桂生，朱云．电炉熔炼钛精矿的热力学讨论［J］．南方金属，2004，138：10-13.

[12] 孙健，朱苗勇．电炉酸性钒钛渣还原的热力学与动力学研究［D］．沈阳：东北大学，2008.

[13] 路辉，谢刚，俞小花．高钛渣氧化焙烧热力学分析［J］．钢铁钒钛，2010，31（2）：38-41.

[14] 张力，李光强，隋智通．高钛渣氧化过程的动力学［J］．中国有色金属学报，2002，12（5）：1070-1075.

[15] 刘云龙，郭培民，庞建明．高杂质钛铁矿固态催化还原动力学研究［J］．钢铁钒钛，2013，34（6）：2-6.

[16] 张力，隋智通．含钛渣中钛的选择性富集和长大行为［D］．沈阳：东北大学，2002.

[17] 孙康．攀枝花钛铁矿还原反应动力学研究［J］．钢铁钒钛，1996，17（3）：20-24.

[18] 何其松．钛磁铁矿球团的还原历程及其热力学分析［J］．钢铁，1983，18（4）：2-6.

[19] 刘云龙，郭培民，庞建明．钛铁矿磁化焙烧分离的热力学分析［J］．钢铁钒钛，2013，34（3）：8-12.

[20] Soran T F, Haas E J, Bayha T D. Proceedings of EBEAM, 2006［C］. Reno: Honeywell International Press, 2006.

[21] 杨佳，潘复生．钛铁矿还原过程的热力学计算及相关实验研究［D］．重庆：重庆大学，2003.

[22] Ivachenko V G, Ivasishin O M, Semiatin S L. Metallurgical and Materials Transactions A, 2003, 34B（6）: 911

[23] Yuan L, Lee P D, Djambazov G, et al. Numerical simulation of the effect of fluid flow on solute distribution and dendritic mor-phology［J］. International Journal of Cast Metals Research, 2009, 22（1-2）: 204-207.

[24] Kondrashov E N, Musatov M I, Maksimov A Y, et al. Calculation of the molten pool depth in vacuum arc remelting of alloy Vt3-1［J］. Journal of Engineering Thermophysics, 2007, 16（1）: 19-25.

[25] 王志东，熊绍锋，谭强强．粗四氯化钛的铝粉除钒工艺及机理研究［J］．中国氯碱，2008，8：

26-30.
[26] 居殿春，严定鎏，李向阳．高钛渣加碳氯化反应热力学在熔盐氯化中的应用［J］. 钢铁钒钛，2010，31（2）：32-35.
[27] 李文兵，袁章福，刘建勋．含钛矿物加碳氯化反应的热力学分析［J］. 过程工程学报，2004，4（2）：121-125.
[28] 黄子良．精制 $TiCl_4$ 蒸馏釜残液水解回收处理研究［J］. 钛工业进展，2008，25（5）：35-38.
[29] 孙康，黄焯枢，廖永青．人造金红石熔盐氯化反应动力学［J］. 钢铁钒钛，1987（5）：35-38.
[30] 石玉英，周云英．水解沉降粗四氯化钛去除三氯化铝的工艺条件研究［J］. 钛工业进展，2013，30（4）：36-40.
[31] 马瑞新，李晋林．钛铁矿氯化过程的热力学研究［J］. 唐山工程技术学院学报，1993（4）：19-23.
[32] 王玉明，袁章福．制备四氯化钛过程中加碳氯化反应热力学［J］. 计算机与应用化学，2006，23（3）：263-265.
[33] 郭宇峰，游高．攀枝花钛铁矿固态还原行为［J］. 中南大学学报（自然科学版），2010，41（5）：1639-1643.
[34] 刘松利，白晨光．钒钛铁精矿内配碳球团直接还原的动力学［J］. 钢铁研究学报，2011，23（4）：5-9.
[35] 黄典冰，杨学民．含碳球团还原过程动力学及模型［J］. 金属学报，1996，32（6）：629-633.
[36] 董海刚，姜涛，郭宇峰．高钙镁电炉钛渣制备优质人造金红石的研究［D］. 长沙：中南大学，2010.
[37] 刘子威，黄焯枢，王康海．攀枝花钛铁矿流态化盐酸浸出的动力学研究［J］. 矿冶工程，1991，11（2）：48-52.
[38] 张黎，胡慧萍．攀枝花钛铁矿制备高品位富钛料的新工艺研究［D］. 长沙：中南大学，2011.
[39] 程洪斌，王达健，黄北卫．人造金红石盐酸加压浸出技术研究［D］. 昆明：昆明理工大学，2004.
[40] 温旺光．钛铁矿选择氯化法制取人造金红石的热力学与动力学［J］. 钢铁钒钛，2003，24（1）：8-12.
[41] 金作美，段朝玉．稀盐酸浸取攀枝花钛精矿制取人造金红石的反应动力学研究［J］. 成都科技大学学报，1982（1）：8-12.
[42] 王延忠，朱云，廖荣华．稀盐酸选择性浸出改性钛渣制备富钛料的研究［D］. 昆明：昆明理工大学，2003.
[43] 金作美，邱道常．稀盐酸直接浸取攀枝花钛精矿反应机理探讨［J］. 成都科技大学学报，1979（3）：1-5.
[44] 肖锥琴．盐酸浸出攀枝花钛铁矿生成金红石机理的研究［J］. 矿冶工程，1988，8（1）：51-54.
[45] 郭宇峰．盐酸强化还原钛铁矿中金属铁的锈蚀动力学［J］. 中国有色金属学报，2010，20（10）：2038-2042.
[46] 滕大为．盐酸直接浸取钛铁矿的动力学研究［J］. 青岛化工学院学报，1995，16（1）：38-42.
[47] 邹建新，李亮，彭富昌，等．钒钛产品生产工艺与设备［M］. 北京：化学工业出版社，2014.
[48] 赵志国，鲁雄刚．SOM 技术提取海绵钛的研究［D］. 上海：上海大学，2005.
[49] 袁平．大型海绵钛还蒸炉优化设计与控制方法研究［D］. 武汉：华中科技大学，2013.
[50] 祝永红．反应带对钛坨结构的影响［J］. 钛工业进展，2000（6）：37-40.
[51] 张履国．海绵钛还原过程热平衡分析［J］. 钛工业进展，2008，25（4）：38-41.
[52] 王小龙．海绵钛结构致密与控制还原蒸馏过程的关系［J］. 轻金属，2003（8）：43-46.

[53] 陈太武．镁法海绵钛生产中高温烧结的分析与控制［J］. 钛工业进展，2009，26（2）：34-37.

[54] 梁德忠．镁法生产海绵钛钛坨形成硬心的机理及缩小硬心的措施［J］. 钛工业进展，2000（2）：4-7.

[55] 狄伟伟，刘正红．镁还原四氯化钛生产海绵钛过程传热分析［J］. 钛工业进展，2011，28（1）：25-30.

[56] 李水娥．镁还原制取海绵钛反应动力学影响因素研究［J］. 现代机械，2010（3）：80-83.

[57] 王文豪，吴复忠．镁热法生产海绵钛还原过程反应熔池的传热模型［J］. 有色金属（冶炼部分），2013，（11）：19-23.

[58] 窦守花，吴复忠．镁热法生产海绵钛还原过程强制散热研究［J］. 有色金属（冶炼部分），2013（6）：22-25.

[59] 高成涛，吴复忠．镁热法生产海绵钛还原熔池温度场的分析［J］. 有色金属（冶炼部分），2014（4）：22-26.

[60] 王明华，都兴红，隋智通．H_2SO_4 分解富钛精矿的反应动力学［J］. 中国有色金属学报，2001，11（1）：131-135.

[61] 刘玉民，齐涛，张懿．KOH 亚熔盐法分解钛铁矿的动力学分析［J］. 中国有色金属学报，2009，19（1）：1142-1145.

[62] 崔爱莉，王亭杰，金涌．SiO_2 和 Al_2O_3 在 TiO_2 表面的成核和成膜包覆［J］. 化工冶金，2001，11（1）：131-135.

[63] 崔爱莉，王亭杰，金涌．TiO_2 表面包覆 SiO_2 和 Al_2O_3 的机理和结构分析［J］. 高等学校化学学报，1998，19（11）：1727-1729.

[64] 邹建新，杨成，彭富昌．TiO_2 颗粒表面包覆 Al_2O_3/ZrO_2 复合膜制备高耐候性钛白［J］. 矿冶工程，2009（1）：31-35.

[65] 王韫，严继康．钛白表面包膜的表征及机理［D］. 昆明：昆明理工大学，2011.

[66] 梁焕龙，朱挺健．低浓度钛液水解制备偏钛酸的研究［J］. 有色金属（冶炼部分），2014（7）：25-28.

[67] 田从学．煅烧时间对低浓度工业钛液制备锐钛型颜料钛白的影响研究［J］. 钢铁钒钛，2012，33（5）：1-4.

[68] 崔爱莉，王亭杰，金涌．二氧化钛表面包覆氧化硅纳米膜的热力学研究［J］. 高等学校化学学报，2001，22（9）：1543-1545.

[69] 崔爱莉，王亭杰，金涌．二氧化钛颗粒表面包覆 SiO_2 纳米膜的动力学模型［J］. 高等学校化学学报，2000，21（10）：1560-1562.

[70] 彭兵．复杂硫酸盐溶液体系水解制取钛白的热力学研究［J］. 湖南有色金属，1997，13（2）：47-50.

[71] 郝琳，卫宏远．二氧化钛水解过程的系统研究及优化［D］. 天津：天津大学，2006.

[72] 彭兵．含钛高炉渣水解制取钛白的动力学研究［J］. 湖南大学学报，1997，24（2）：31-34.

[73] 张登松，马寒冰．金红石型纳米二氧化钛表面包覆的若干研究［J］. 应用化工，2003，32（6）：1-4.

[74] 邹建新，王荣凯，郑洪．回转窑煅烧钛白参数优化研究［J］. 钛工业进展，2000（2）：38-40.

[75] 邹建新，梁开明．回转窑煅烧钛白参数优化研究［D］. 北京：清华大学，2000.

[76] 康春雷，李春忠．金红石型钛白粉表面包覆氧化铝的形态及机理［J］. 华东理工大学学报，2001，27（6）：631-634.

[77] 李靖华. 硫酸法钛白粉生产中 TiO_2 水合物脱水过程动力学 [J]. 河南师范大学学报, 1986 (3): 41-44.
[78] 徐舜. 硫酸浸取钛铁矿的动力学研究 [J]. 矿冶工程, 1993, 13 (1): 44-46.
[79] 宋昊, 梁斌. 硫酸溶液中钛水解物晶型的控制 [J]. 过程工程学报, 2010, 10 (1): 91-94.
[80] 汪礼敏, 马杰. 硫酸钛液热水解机理及动力学研究 [J]. 过程工程学报, 2013 (1): 94-96.
[81] 吴健春, 陈新红. 硫酸氧钛外加晶种水解工艺对偏钛酸质量的影响 [J]. 攀枝花科技与信息, 2013, 38 (2): 31-34.
[82] 向斌, 张胜涛. 硫酸氧钛的水解动力学研究 [D]. 重庆: 重庆大学, 2001.
[83] 倪月琴, 李祥高. 偏钛酸晶型转化的研究 [D]. 天津: 天津大学, 2006.
[84] 李洁, 齐涛. 氢氧化钠熔盐分解钛渣制备二氧化钛的热力学分析 [J]. 化工学报, 2012, 63 (6): 1669-1673.
[85] 石合立. 锐钛型钛白生产中的盐处理及煅烧研究 [J]. 涂料工业, 1995 (4): 21-24.
[86] 杨成, 邹建新. 酸溶性钛渣制取钛白的酸解动力学 [J]. 矿产综合利用, 2007 (6): 24-27.
[87] 金斌. 钛白粉水分散性机理的探讨 [J]. 涂料工业, 2003, 33 (3): 17-19.
[88] 李向军, 田建华. 钛白生产中偏钛酸煅烧工艺的研究 [D]. 天津: 天津大学, 2006.
[89] 张成刚, 郑少华. 钛铁矿硫酸浸出动力学研究 [J]. 化学反应工程与工艺, 2000, 16 (4): 319-322.
[90] 吴健春. 钛液水解工艺对偏钛酸性能的影响 [J]. 无机盐工业, 2013, 45 (8): 33-35.
[91] 赵薇. 氮化钛粉末制备的动力学和热力学研究 [D]. 西安: 西安建筑科技大学, 2004.
[92] 孙金峰. 反应球磨钛与尿素制备氮化钛的反应机理研究 [J]. 无机材料学报, 2009, 24 (4): 759-762.
[93] 朱联锡. 高频等离子法制取超细氮化钛反应动力学研究 [J]. 金属学报, 1990, 26 (1): 55-58.
[94] 郭海明. 化学气相沉积碳化钛的热力学和动力学研究 [J]. 材料工程, 1998 (10): 25-27.
[95] 张建东. 铝热法熔炼高钛铁的热力学分析及工艺探讨 [J]. 铁合金, 2009 (5): 11-13.
[96] 牛丽萍, 张廷安. 铝热还原制备高钛铁的热力学和动力学 [J]. 中国有色金属学报, 2010, 20 (1): 425-428.
[97] 李祖树, 徐楚韶. 钛矿渣电硅热法冶炼硅钛铁合金的热力学研究 [J]. 四川冶金, 1993 (4): 74-77.
[98] 方民宪. 碳热还原法制取碳氮化钛的热力学原理分析 [J]. 昆明理工大学学报 (理工版), 2006, 31 (5): 6-10.
[99] 周峨. $TiCl_4$ 高温气相氧化过程的动力学研究 [J]. 稀有金属, 2007, 31 (5): 656-659.
[100] 王建生. 飞行时间质谱法研究四氯化钛气相氧化动力学 [J]. 稀有金属, 1994, 18 (5): 342-345.
[101] 高泰荫. 管式反应器中四氯化钛燃烧的热力学分析 [J]. 东北工学院学报, 1993, 14 (4): 397-400.
[102] 王松. 化学气相淀积反应器内 $TiCl_4$ 氧化反应动力学 [J]. 华东化工学院学报, 1992, 18 (4): 440-443.
[103] 崔季平. 四氯化钛气相氧化的理论问题 [J]. 钒钛, 1990 (4): 22-35.
[104] 周静红. 云母钛脱水脱硫过程的动力学研究 [J]. 高等学校化学学报, 1997, 18 (3): 439-443.
[105] 龚先政. 云母钛珠光颜料的形成机理研究 [J]. 化工矿物与加工, 2006 (6): 13-16.
[106] 周静红. 云母钛强制水解包膜工艺及机理 [J]. 华东理工大学学报, 1996, 22 (6): 679-683.

[107] 刘秀伍. 云母钛珠光颜料制备过程中 $TiCl_4$ 与尿素水解反应动力学 [J]. 河北工业大学学报, 2008, 37 (3): 69-73.

[108] 陈松. 攀枝花产海绵钛氢化脱氢动力学 [J]. 功能材料, 2014, 45 (11): 11123-11127.

[109] 刘福平. 氢化钛粉脱氢过程伴随脱氮行为的热力学分析 [J]. 粉末冶金工业, 2009, 19 (6): 9-13.

[110] Liu Yajun, Ge Yang, Yu Di, et al. Assessment of the diffusional mobilities in bcc Ti-V alloys [J]. Journal of Alloys and Compounds, 2009, 470 (1-2): 176-182.

[111] Atwood R C, Lee P D. Simulation of the three-dimensional morphology of solidification porosity in an aluminium-silicon alloy [J]. Acta Materialia, 2003, 51 (18): 5447-5466.

[112] Mir H E, Jardy A, Bellot J P, et al. Thermal behaviour of the consumable electrode in the vacuum arc remelting process [J]. Journal of Materials Processing Technology, 2010, 210 (3): 564-571.

[113] Hu J, Tsai H L. Heat and mass transfer in gas metal arc welding. Part Ⅰ: The arc [J]. International Journal of Heat and Mass Transfer, 2007, 50 (5/6): 833-846.

[114] 雷文光, 于南南. 电子束冷床熔炼 TC4 钛合金连铸凝固过程数值模拟 [J]. 中国有色金属学报, 2010, 20 (1): 381-385.

[115] 田世藩, 马济民. 电子束冷炉床熔炼 EBCHM 技术的发展与应用 [J]. 材料工程, 2012 (2): 77-82.

[116] 郭景杰. 钛的水冷铜坩埚感应熔炼温度场数值模拟 [J]. 铸造, 1997 (9): 1-5.

[117] 孙来喜. 钛合金 VAR 过程电弧等离子体流场的数值模拟 [J]. 中国有色金属学报, 2010, 20 (1): 443-446.

[118] 李鹏飞. 钛合金真空自耗电弧熔炼过程的多尺度模拟 [J]. 钢铁钒钛, 2013, 34 (2): 24-27.

[119] 赵小花. 钛合金真空自耗电弧熔炼过程中温度场的数值模拟 [J]. 特种铸造及有色合金, 2010, 30 (11): 1001-1005.

[120] 邹武装. 钛及钛合金真空自耗熔炼过程中关键参数控制分析 [J]. 钛工业进展, 2011, 28 (5): 41-45.

[121] 赵小花. 真空自耗电弧熔炼过程中电磁场的数值模拟 [J]. 中国有色金属学报, 2010, 20 (1): 538-543.

[122] 王宝顺, 董建新. 真空自耗电弧重熔凝固过程的计算机模拟 [J]. 材料工程, 2009 (10): 81-85.

[123] 陈庆红, 徐世珍. 真空自耗电弧熔炼过程电弧及熔滴热传输行为的数值模拟 [J]. 材料保护, 2013, 46 (1): 30-33.

[124] 周兰花. 钛铁矿流态化氧化机理研究 [J]. 有色金属 (冶炼部分), 2003 (4): 12-15.

[125] 王玉明. 钛铁矿碳热还原动力学 [J]. 矿冶工程, 2011, 31 (5): 66-70.

[126] 吕延昆, 文建华, 邹捷. 钛渣连续熔炼渣铁界层凝固机理及控制探讨 [J]. 钛工业进展, 2012, 29 (6): 32-35.

[127] 薛向欣, 段培宁, 周敏. 冶金炉渣中钛氧化物的热力学评述 [J]. 包头钢铁学院学报, 1999, 18: 358-362.

[128] 黄利军. 钛吸氢和放氢动力学 [J]. 金属功能材料, 1998, 5 (3): 124-127.

[129] 赵小花. VAR 法熔炼钛合金补缩过程温度变化规律研究 [J]. 钛工业进展, 2013, 30 (3): 16-20.

[130] 孙来喜. VAR 过程电弧等离子体的电磁特性研究 [J]. 铸造技术, 2011, 32 (5): 704-707.

[131] 张英明, 周廉. 电子束冷床熔炼 TC4 合金的热平衡分析 [J]. 钛工业进展, 2008, 25 (6):

34-38.

[132] 邹建新. 钒钛物理化学 [M]. 北京：化学工业出版社，2016.

[133] 罗雷，毛小南. 电子束冷床熔炼 TC4 合金温度场模拟 [J]. 中国有色金属学报，2010，20 (1)：404-408.

[134] Ren J X，Yao C F. Research on tool path planning method of four-axishigh-efficiency slot plunge milling for open blisk [J] . International Joumal of Advanced Manufacturing Technology，2009，45：101-109.

[135] Long Marc，Rack H J. Titanium alloys in total joint replacement—A materials science perspective [J]. International Journal of Solids and Structures. 1998，19：1621-1639.

[136] Huang Gang. Isotope effects of hydrogen for absorption anddesorption in titanium [D]. Mianyang：Chinese Academy of Engineering Physics，2005.

[137] Tamura M，Kubo H. Surface and Coating Technology，1992，54/55：255.

[138] Rasit Koc Jeffery S. Folmer Synthesis of Submicrommeter Titanium Carbide Powders [J]. J. Am. Ceram. Soc，1997，80 (4)：952-956.

6 钒制取过程热力学

6.1 转炉吹钒氧化过程热力学

转炉提钒过程首先是将含钒铁水兑入转炉中，兑铁完毕后转炉倒炉至吹炼位置，然后下氧枪开始吹氧，吹炼结束后出钒渣和半钢。该工艺的主要目的是最大限度地将铁水中的[V]氧化进入渣相，同时最大限度地使铁水中的C保留在铁水中，且半钢和钒渣要满足一定的质量要求。转炉提钒的过程实际上是铁水中各元素被氧化的过程，其产物——金属氧化物和CO——将聚集起来形成渣相和向外逸散的气相。

对转炉含钒铁水中的金属钒氧化过程的热力学分析，在1200~1400℃之间，转炉铁水提钒时可能进行的钒氧化反应及其自由能变化 $\Delta G^{\ominus}$ 见表6-1。表中的数据表明，在吹钒过程中，反应1、2、4、7都是存在的，由于钒氧化物 V_2O_4、V_2O_5 的不稳定性，V_2O_4、V_2O_5 将被Fe、C还原成 V_2O_3，如反应5、6、8、9所示，同时，在FeO的作用下，VO也将进一步被氧化成 V_2O_3，如反应3所示。因此，V_2O_3 是钒在钒渣中存在的主体价态形式。

表6-1 铁水中钒氧化反应热力学计算值

编号	反应式	$\Delta G^{\ominus}/J \cdot mol^{-1}$		
		1200℃	1300℃	1400℃
1	$(FeO) + 2/3[V] = [Fe] + 1/3(V_2O_3)$	-179028.1	-174561.5	-170042.9
2	$(FeO) + [V] = [Fe] + (VO)$	-128405.2	-128267.4	-128066.9
3	$FeO + 2VO = Fe + V_2O_3\ (S)$	-101245.7	-92588.1	-83951.9
4	$2(FeO) + [V] = 2[Fe] + 1/2(V_2O_4)$	-134295.0	-131911.3	-129576.4
5	$Fe + V_2O_4 = FeO + V_2O_3\ (S)$	-89466.1	-85300.2	-80932.9
6	$C + V_2O_4 = CO + V_2O_3\ (S)$	-16226.9	-171801.4	-181078.3
7	$5(FeO) + 2[V] = 5[Fe] + (V_2O_5)$	-71199.9	-67345.2	-63383.5
8	$(V_2O_5) + 2[Fe] = V_2O_3\ (S) + 2FeO$	-169592.8	-173800.5	-178120.4
9	$1/5(V_2O_5) + C = 2/5[V] + CO$	-315114.5	-346802.9	-378411.3
10	$2/3[V] + CO = 1/3(V_2O_3) + C$	-46591.2	-29873.1	-13216.5

根据钒-氧相图，钒具有可变的化合价，能生成+2、+3、+4、+5多种氧化物。在空气中，钒氧化物以+5价即 V_2O_5 最稳定，V_2O_4、V_2O_3、VO的稳定性依次减弱。为明确铁水中钒主要被氧化成什么价态，是怎样氧化的，通过热力学计算软件对铁水中可能发生的钒氧化反应和还原反应进行热力学计算，得到各化学反应的吉布斯自由能变化 ΔG 和温度 t 的关系曲线图，如图6-1所示。

分析图6-1中的 $\Delta G^{\ominus}-t$ 关系，可以发现，钒氧化反应中，V与FeO反应生成 V_2O_3 的

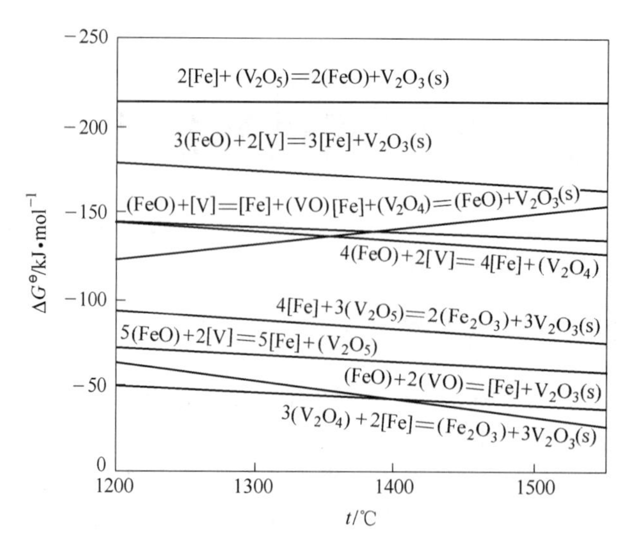

图 6-1　转炉铁水中钒氧化的 $\Delta G^{\ominus}-t$ 图

反应的 $\Delta G^{\ominus}$值最小，生成 VO、V_2O_4、V_2O_5 的反应的 $\Delta G^{\ominus}$值逐渐增大，V_2O_5 被还原成 V_2O_3 的反应的 $\Delta G^{\ominus}$值远小于 V_2O_5 的生成反应的 $\Delta G^{\ominus}$值，V_2O_4 被还原成 V_2O_3 的反应的 $\Delta G^{\ominus}$值与 V_2O_4 的生成反应的 $\Delta G^{\ominus}$值相差很小，且随着反应温度的升高，后者逐渐小于前者。

根据 $\Delta G^{\ominus}$值越负，化学反应正向进行越容易的原理可知：FeO 与 V 反应生成 V_2O_3 的反应最容易进行，VO、V_2O_4、V_2O_5 的生成反应逐渐变难，V_2O_5 的生成最不易进行，V_2O_5 极易被 Fe 还原成 V_2O_3，这就进一步阻止了 V_2O_5 的生成和存在，V_2O_4 的生成反应和还原反应互相抑制，且随着温度的升高，V_2O_4 的生成反应变难，还原反应变易，使得 V_2O_4 难以稳定存在，VO 也有被继续氧化成 V_2O_3 的趋势。在高价钒氧化物还原的同时，铁也有被氧化为+3 价。

因此，FeO 与 V 生成 V_2O_3 的反应是铁水中钒氧化的主要反应，V_2O_3 是主要的钒氧化物，V^{3+}是钒在钒渣中的主要价态，少部分钒也被氧化成 VO，V_2O_4 的生成受到抑制，难以存在，基本上不生成 V_2O_5，渣中铁有 Fe^{2+}、Fe^{3+}两种价态形式。

钒氧化反应的转化温度：为了研究转炉条件下提钒保碳的最佳温度，以 V_2O_3 与 C 的反应为基础进行热力学分析。钒与碳的反应如下：

$$2/3[V] + CO(g) = 1/3(V_2O_3) + [C] \qquad \Delta G^{\ominus} = -879462.3+502.05T$$

根据自由焓等温方程式：

$$\Delta G = \Delta G^{\ominus} + RT\ln K = \Delta G^{\ominus} + RT\ln \frac{a_C a_{V_2O_3}^{1/3}}{a_V^{2/3} p_{CO}} \tag{6-1}$$

式中，$\Delta G^{\ominus}$为反应式的标准生成自由能；R 为摩尔气体常数，8.314J/(K · mol)；a_C、a_V 分别为铁水中碳、钒的活度；$a_{V_2O_3}$为渣中 V_2O_3 的活度；p_{CO}为气相中 CO 的分压。

当 $\Delta G^{\ominus}=0$ 时，有：

$$T_{转} = 879462.3 \Bigg/ \left[502.05 + RT\ln \frac{f_C[\%C]\gamma_{V_2O_3}^{1/3} x_{V_2O_3}^{1/3}}{f_V^{2/3}[\%V]^{2/3}(p_{CO}/p^{\ominus})}\right] \tag{6-2}$$

式中，f_C、f_V为铁水中碳和钒的活度系数；[%C]、[%V] 为铁水中碳和钒的浓度；$\gamma_{V_2O_3}$、$x_{V_2O_3}$为钒渣中 V_2O_3 的活度系数和摩尔分数。

对攀钢转炉提钒铁水的转换温度与其碳、钒浓度的关系进行计算，结果如图 6-2 所示。由图可以看出，吹钒的转化温度，在不考虑氧分压的影响下，随着铁水中的钒浓度增大，转化温度会略有升高；同时随着铁水中钒的浓度降低，即半钢中余钒含量越低，转化温度越低，保碳就越难。因此，最佳的提钒反应温度应该在 1380℃附近。

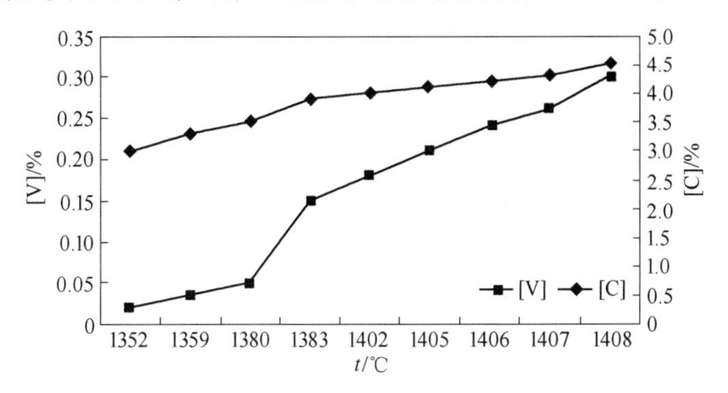

图 6-2　碳、钒浓度与其转换温度的关系

以化学热力学理论为基础，运用熔渣分子离子共存理论和熔渣电子理论构建出钒渣的熔渣热力学模型，并在此基础之上，对不同终点温度和钒渣组分下的终点半钢钒含量和钒在渣金间的分配行为进行理论研究，同时在相同的热力学条件下进行实验研究。结果表明，半钢钒含量一般在 0.02%~0.06%之间，提高终渣中 V_2O_3、TiO_2、SiO_2 含量和温度使终点半钢钒含量升高，提高终渣中 FeO 含量则使半钢钒含量减小。实际生产中应当尽量降低渣中 TiO_2、SiO_2 含量并保持适当的终点温度和 FeO 含量以降低半钢残钒含量；钒在渣金间的分配比在 100~500 的范围内，提高渣中 TiO_2、SiO_2 含量和温度使钒在渣金间分配比降低，而提高渣中 FeO 含量则使钒在渣金间分配比升高；温度一定时存在一个临界 V_2O_3 含量使得钒在渣金间的分配比在低于这一临界值时随 V_2O_3 含量增加而增加，高于这一临界值时随 V_2O_3 含量增加而减小，并在这一临界值达到最大。V_2O_3 的临界含量理论计算结果为 23.77%，实验结果在 15%~20%之间。

在研究钒碳竞争氧化反应时，采用下述方法计算钒、碳氧化竞争反应的临界温度 T。根据钒碳氧化反应及标准状态下自由焓变化，反应式为：

$$2/3[V] + [O] = 1/3(V_2O_3)$$

$$K_V = \frac{a_{(V_2O_3)}^{1/3}}{a_{[V]}^{2/3} a_{[O]}} \tag{6-3}$$

$$\Delta G_V = \Delta G_V^{\ominus} + RT\ln(K_V) \tag{6-4}$$

$$[C] + [O] = CO$$

$$K_C = \frac{p_{CO}}{a_{[C]} a_{[O]}} \tag{6-5}$$

$$\Delta G_C = \Delta G_C^{\ominus} + RT\ln(K_C) \tag{6-6}$$

由 $\Delta G_C = \Delta G_V$ 可得碳钒氧化竞争反应的临界温度，考虑到实际铁水中元素的活度，氧

的活度以及 V_2O_5 的活度，碳钒氧化竞争反应的临界温度按式（6-7）计算：

$$T = 244345/(A + 6.38\lg(\gamma_{V_2O_3}N_{V_2O_3})) - 12.76\lg(f_V[\%V]) \tag{6-7}$$

式中：

$$A = 155.02 + 19.14\lg(f_O[\%C])$$

最终计算得到的碳钒选择性氧化的临界温度为1386℃，且钛、硅先于钒氧化，锰滞后于钒氧化，也就是说在提钒的热力学条件下钛、硅会抑制钒的氧化。

在转炉提钒工艺对钒渣质量影响的研究中，转炉提钒过程中温度小于1400℃时，铁水中钒与氧的亲和力是大于碳与氧的亲和力的。尽管受动力学条件的影响，铁水中各元素会在吹炼过程中一同氧化，但与氧亲和力大的元素氧化速率快于与氧亲和力小的元素，因此温度越低越有利于钒的氧化和碳的保留。

以马钢12t转炉提钒工艺为背景，对转炉提钒工艺进行较为全面的热力学分析，主要研究内容包括铁水中各元素的氧化顺序，碳钒选择性氧化的临界温度以及不同冷却剂对碳、钒选择性氧化的影响。最终得到结论：在该提钒工艺条件下碳钒选择性氧化的临界温度在1350~1400℃之间，提钒过程中铁水中各元素的氧化顺序为硅、钒、钛、锰、碳，即硅对钒的氧化有抑制作用。

以热力学计算为依据，对钒渣中的钒和铁的价态进行分析。同时通过实验模拟铁水中钒的氧化得到钒渣，对该钒渣进行X射线衍射分析，可以获得渣中钒铁尖晶石等物相的分子组成。结果表明，钒渣中的钒渣中的V主要以 V^{3+} 的形式存在，少量以 V^{2+} 的形式存在。渣中 V_2O_3 或与FeO聚合生成铁和钒分别为 Fe^{2+}、V^{3+} 的 Fe_2VO_4，或与 Fe_2O_3 和FeO聚合生成铁和钒分别为 Fe^{2+}、Fe^{3+} 和 V^{3+} 的 FeV_2O_4。V^{2+} 则以VO的形式存在于钒渣中。

从热力学角度，对钒、钛在铁水中的溶解度，以及不同温度、不同渣中 TiO_2 的平衡含铁量进行计算。结果表明：钛只有少部分溶于生铁中，而钒能与生铁互溶，随着温度的升高，生铁中溶解的钛量增加；铁水中钛的含量只要超过一定温度下的溶解度，就会发生钛的析出，生成高熔点化合物，使铁水黏度增加。

对钒在铁液和转炉渣间分配的热力学进行研究，并研究1600℃时含钒铁液与含钒转炉渣系 $CaO\text{-}MgO\text{-}FeO\text{-}MnO\text{-}SiO_2\text{-}V_2O_5\text{-}TiO_2\text{-}Al_2O_3$ 间钒的分配平衡问题，结果表明：在所试验渣系中，钒平衡分配比 L_V 随渣中FeO含量减少、V_2O_5 含量增加和炉渣复杂碱度 B 的减小而减小；攀钢含钒转炉钢渣的 $\gamma_{V_2O_5}$ 数值范围在 10^{-10} 左右。渣中 V_2O_5 的活度系数随渣中FeO含量减少、V_2O_5 含量增加和炉渣复杂碱度 B 的减小而增大，说明渣中FeO含量较低、碱度较小、V_2O_5 含量较高有利于渣系中氧化钒的还原。

6.2　普通钒渣焙烧热力学

从钒渣中提钒一般都要经过湿法冶金过程，其主要的单元操作有焙烧、浸出、溶液净化和沉钒等。

6.2.1　钠化焙烧法与钙化焙烧法的比较

钠化焙烧提钒是含钒原料提钒应用较多的工艺，研究也较为透彻，其基本原理是以食盐或苏打为添加剂，通过焙烧将多价态的钒转化为水溶性五价钒的钠盐，再对钠化焙烧产物直接水浸，可得到含钒及少量铝杂质的浸取液，后加入铵盐（酸性铵盐沉淀法）制得偏钒酸铵沉淀，经焙烧得到粗 V_2O_5，再经碱溶、除杂并用铵盐二次沉钒得偏钒酸铵，焙烧后可得到纯度大于98%的 V_2O_5。但该工艺也有以下缺点：(1) 焙烧过程中钠盐分解出有害的侵蚀性气体（HCl、Cl_2、SO_2、SO_3 等），污染环境，腐蚀设备。(2) 钒回收率低，单程钒回收率仅为 70.80%，造成资源浪费。(3) 钒渣中的铬无法有效回收，含六价铬尾渣难处理，造成严重环境污染。

钠化焙烧提钒法工艺相对成熟、操作简单，早期投入小，因对钒选择性强、回收率高，一直是我国从原矿中提钒的主要方法。但由于钠化焙烧时产生大量 Cl_2、HCl 及 SO_2 等有毒气体，随着全球对环境的保护和提高资源有效利用的重视，寻找新的低污染、高效率的提钒工艺已成为全球钒冶炼工业中一个急待解决的问题。

钙化焙烧提钒法是将钙化合物作熔剂添加到含钒固废中造球、焙烧，使钒氧化成不溶于水的钒的钙盐，如 $Ca(VO_3)_2$、$Ca_3(VO_4)_4$、$Ca_2V_2O_7$，再用酸将其浸出，并控制合理的 pH 值，使之生成 VO_2^+、$V_{10}O_{28}^-$ 等离子，同时净化浸出液，除去 Fe 等杂质。再采用铵盐法沉钒，制得偏钒酸铵，煅烧得到高纯 V_2O_5。此法的废气中不含 HCl、Cl_2 等有害气体，焙烧后的浸出渣不含钠盐而富含钙，利于综合利用，可用于建材行业等，但钙化焙烧提钒工艺对焙烧物有一定的选择性。文献认为：钒渣中 CaO 对焙烧转化率的影响极大，因为在焙烧过程中易与 V_2O_5 生成不溶于水的焦钒酸钙 $Ca_2V_2O_7$ 或正钒酸钙 $Ca_3(VO_4)_2$，CaO 的质量分数每增加 1%，就要带来 4.7%~9.0%的 V_2O_5 损失。

在氧化钠化焙烧、水浸提钒过程中，视钙为有害成分，因为钒与钙结合成的钒酸钙在水中的溶解度很小，不利于水浸取。对高钙含钒物料的处理，常利用碳酸钙溶解度更小的性质，在浸取液中加入纯碱或通 CO_2，使钙转入碳酸钙中，钒则转入溶液。进一步的研究表明，用钙化焙烧代替钠化焙烧是行之有效的方法。

在研究碱性含钒溶液净化理论时发现，过量的碳酸根离子可使比 $CaCO_3$ 溶解度小得多的 $Ca_3(PO_4)_2$ 中的磷再溶解而进入溶液。所以采用碳酸盐溶液浸出，可使钙化焙烧生成的难溶 $Ca(VO_3)_2$ 较容易地转化为溶解度更小的 $CaCO_3$，而使钒发生再溶解，其反应式为：

$$Ca(VO_3)_2 + CO_3^{2-} \longrightarrow CaCO_3\downarrow + 2VO_3^-$$

在钙化焙烧工艺过程中，焙烧温度、焙烧时间、添加剂的用量等因素是影响整个工艺过程的关键因素。在焙烧过程中钙的加入量也是一个关键因素，在氧化焙烧过程中，随 Ca/V 比值及焙烧温度的增加会发生如下反应：

$$CaO + Ca(VO_3)_2 \longrightarrow Ca_2V_2O_7(\text{焦钒酸钙})$$

$$CaO + Ca_2V_2O_7 \longrightarrow Ca_3(VO_4)_2(\text{正钒酸钙})$$

生成的焦钒酸钙和正钒酸钙难于浸出。钒渣在高温下还将产生硅酸三钙（Ca_3SiO_5）。硅酸三钙结晶较晚，其形状受空间限制，自形性差，一般呈不规则粒状填充于其他矿物格架之间，并包裹其他矿物。硅酸三钙在弱酸中的溶解性差导致钒的损失。此法废气中不含 HCl、Cl_2 等有害气体，焙烧后的浸出渣不含钠盐，且富含钙，利于综合利用。

6.2.2 三种钠盐焙烧过程的比较

钠化焙烧即将含钒物料与钠盐混合均匀，在氧化气氛中高温焙烧，钒从矿物结构中析出并氧化为五价钒的氧化物，和钠盐分解产生的氧化钠结合生成可溶性的钒酸钠。以 NaCl 为例，化学方程式为：

$$2NaCl + O_2 + H_2O(g) + V_2O_3 \longrightarrow 2NaVO_3 + 2HCl$$

然后焙砂水浸使钒变成水溶液，与固体物料分离开来。

含钒物料钠化焙烧中常用的钠盐为食盐（NaCl）、纯碱（Na_2CO_3）和芒硝（Na_2SO_4）。钠盐的作用是：分解产生 Na_2O、Na_2O 与钒的氧化产物 V_2O_5 化合生成水溶性钒酸钠 $xNa_2O \cdot yV_2O_5$。钠盐分解等特性直接影响钒的转化浸出效果。

食盐（NaCl）是一种无氧酸盐，分解产物与是否有水汽存在有关，有 H_2O 存在时分解按下式进行：

$$2NaCl + H_2O(g) \xlongequal{} Na_2O + 2HCl(g)$$

没有 H_2O 存在时则必须有氧气参加，分解按下式进行：

$$2NaCl + 1/2O_2 \xlongequal{} Na_2O + Cl_2(g)$$

在焙烧过程中，两种反应都会发生，但若给料湿度大，反应产物主要为 HCl。

事实上，给料中氧化物（钒、铁、锰和铬等的氧化物）的存在能促进 NaCl 的分解，而 NaCl 分解产生的活性氯又对低价钒的氧化反应有催化作用，可以用下列反应表示：

$$2NaCl + 1/2O_2 \xrightleftharpoons{MeO} Na_2O + Cl_2(g)$$

$$3Cl_2 + 3V_2O_4 \rightleftharpoons 2VOCl_3 + 2V_2O_5$$

$$2VOCl_3 + 3/2O_2 \rightleftharpoons V_2O_5 + 3Cl_2$$

芒硝比食盐（NaCl）稳定，难分解，当它分解时，按下列反应进行，并放出氧气。

$$Na_2SO_4 \rightleftharpoons Na_2O + SO_3$$

$$SO_3 \rightleftharpoons SO_2 + 1/2O_2$$

通常芒硝的分解有两大优点：分解不需要水蒸气，分解放出的氧气对钒的氧化转化有利。并且反应过程又受到钒氧化产物 V_2O_5 的催化，故含钒物料加芒硝焙烧效果较好。

纯碱（Na_2CO_3）在焙烧条件下分解：$Na_2CO_3 = Na_2O+CO_2(g)$。多数学者认为：由于 Na_2CO_3 有碱性，比芒硝和食盐更易破坏磁铁矿尖晶石结构，对钒渣焙烧氧化有特效。有学者使用比纯碱碱性更强的 NaOH、Na_2O 焙烧，钒转化浸出效果比用 Na_2CO_3 更好。

6.2.3 焙烧过程中 V 的价态

F. Tsukihashi 等研究认为：体系中的 Na_2O 量（或 Na/V 比）影响到钒的存在价态。在 Na_2O-VO_x 系熔渣中，在相同氧压下，Na_2O 含量越高（即 Na/V 比越高），钒存在价态就越高。图 6-3 示出了钒价态随 Na_2O 含量的变化曲线。可以看出，在 1200℃，x_{Na_2O}/x_{SiO_2} 达到 1.5 以上时，钒主要呈正五价高氧化态。

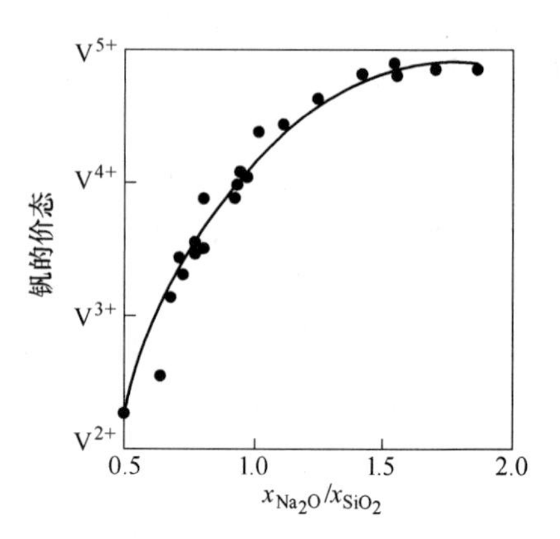

图 6-3 1200℃ Na_2O-SiO_2-VO_x 系钒价态
（$p_{O_2} = 8.42 \times 10^{-13}$ Pa）

A. A. Fotiev 对 Na_2CO_3 与钒化合物的反应研究也得出了相同的结论。在低氧分压情况下，V_2O_3 与 Na_2CO_3 之间同样能发生氧化还原反应，生成 Na_2VO_3（Ⅳ）、$Na_2V_2O_5$（Ⅳ）、$Na_4V_2O_7$（Ⅴ）。

氧分压对钒价态影响的影响是明显的。钠化焙烧是为了保证钒最大限度地转化为水溶性钒酸钠，体系必须保持强氧化性气氛。人们经研究发现，熔渣中钒的价态与氧化性气氛强弱（氧分压大小）之间存在对应关系。M. Rainer 和 S. Klaus 研究得出：纯 VO_x熔渣在 800~1000℃高温下 $VO_{2.5-\delta}$（$2.5-\delta=x$）中的参数 δ 与氧分压成双对数关系，与下列反应式一致：

$$V^{4+} + 1/4O_2 \rightleftharpoons V^{5+} + 1/2O^{2-}$$

$$[V^{4+}]/[V^{5+}] = Kp_{O_2}^{-1/4} \quad (6\text{-}8)$$

$$[V^{4+}]/[V^{5+}] = 2\delta/(1 - 2\delta) = 2\delta \quad (6\text{-}9)$$

R. C. Kerby 和 J. Wilson 研究发现，Na_2O-VO_x 系在 1%~3%（摩尔比）Na_2O 区间内，氧分压通过影响液相温度而影响固相中钒的价态，即发生如下反应：

$$Na_2O \cdot 6V_2O_5(l) \rightleftharpoons Na_2O \cdot xV_2O_4 \cdot (6 - x)V_2O_5(s) + 1/2O_2(g)$$

随氧分压的增加，固相中四价钒离子减少。M. Rainer 和 S. Klaus 还给出了 Na_2O-VO_x 系中 VO_x的 x 值与氧分压 p_{O_2}的关系曲线，如图 6-4 所示。从图中可看出：当 $\log p_{O_2} > -4$ 时，x 接近 2.5，即钒呈五价氧化态。当 $\log p_{O_2} < -17$ 时，x 趋向于 1.5，钒呈三价还原态。

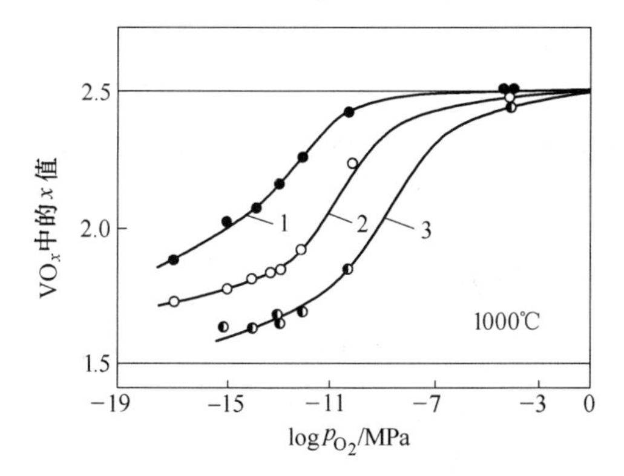

图 6-4　1000℃ Na_2O-VO_x熔渣中钒氧化态

[(mol Na_2O)/(mol V_2O_5)]$_{起始}$：1—1.0；2—0.5；3—0.2

6.2.4　焙烧过程中的主要化学变化

钠化氧化焙烧通常以碳酸钠、氯化钠、硫酸钠作为添加剂，通过氧化焙烧将钒渣中的钒转化为水溶性五价钒的钠盐。钒渣的氧化过程如下：

（1）在 300℃，金属铁的氧化

$$Fe + 1/2O_2 = FeO$$

$$2Fe + 3/2O_2 = Fe_2O_3$$

（2）在 500~600℃，铁橄榄石的氧化分解

$$2FeO \cdot SiO_2 + 1/2O_2 = Fe_2O_3 \cdot SiO_2$$

$$Fe_2O_3 \cdot SiO_2 = Fe_2O_3 + SiO_2$$

（3）在 600~700℃，尖晶石的氧化分解

$$FeO \cdot V_2O_3 + FeO + 1/2O_2 = Fe_2O_3 \cdot V_2O_3$$

$$Fe_2O_3 \cdot V_2O_3 + 1/2O_2 = Fe_2O_3 \cdot V_2O_4$$

$$Fe_2O_3 \cdot V_2O_4 + 1/2O_2 = Fe_2O_3 \cdot V_2O_5$$

$$Fe_2O_3 \cdot V_2O_5 = Fe_2O_3 + V_2O_5$$

（4）在 600~700℃，五氧化二钒与钠盐反应生成溶于水的钒酸钠

$$V_2O_5 + Na_2CO_3 = 2NaVO_3 + CO_2$$

$$V_2O_5 + Na_2SO_4 = 2NaVO_3 + SO_3$$

$$V_2O_5 + 2NaCl + H_2O = 2NaVO_3 + 2HCl\uparrow \text{（有水蒸气存在）}$$

$$V_2O_5 + 2NaCl + 1/2O_2 = 2NaVO_3 + Cl_2\uparrow \text{（无水蒸气存在）}$$

（5）某些副反应

在焙烧过程中可能发生的副反应：

$$Na_2CO_3 + SiO_2 = Na_2SiO_3 + CO_2\uparrow$$

$$4Na_2CO_3 + 2Cr_2O_3 + 3O_2 = Na_2CrO_4 + 4CO_2\uparrow$$

$$3Na_2CO_3 + P_2O_5 = 2Na_3PO_4 + 3CO_2\uparrow$$

$$M_xO_y + 2Na_2CO_3 = 2Na_2O \cdot M_xO_y + 2CO_2\uparrow \text{（M = Fe、Al 和 Ti）}$$

钙化氧化焙烧时，根据 V_2O_5-CaO 系相图可知，在焙烧过程中钒会与钙反应形成钒酸钙：$Ca(VO_3)_2$、$Ca_2V_2O_7$、$Ca_3(VO_4)_2$。将石灰、石灰石或其他含钙化合物作添加剂时，在氧化焙烧过程中，CaO 与钒渣中的含钒物相反应形成钒酸钙，同时也可能形成钒酸锰、钒酸铁等。

6.3　高钙低品位钒渣焙烧热力学

某些钢厂生产的钒渣，由于钒钛磁铁矿配比低（30%左右），冶炼铁水中钒含量也较低（0.15%），通过采用转炉双联提钒工艺，得到的钒渣中 V_2O_5 含量小于 10%，CaO 含量大于 5%，与普通钒渣（含 12%~25%V_2O_5、0.7%~2.5%CaO）相比，该钒渣具较高的钙、较低的钒等特点。此外，有的钢厂在通过提钒后的钢渣中，钒含量也较低（3%~5%V_2O_5），CaO 含量高达 40%。另外，国内外不少人开始考虑采用钒钛磁铁矿选别后的铁精矿直接提钒，这种铁精矿中钒含量更低（1% ~ 2%V_2O_5），CaO 含量约 3%~4%。对于这些特殊的钒渣，采用钠化焙烧-水浸与钙化焙烧-碳酸钠浸出技术从高钙低品位钒渣中提钒，探索其可行性并对氧化焙烧过程的物理化学开展研究十分必要。

对高钙低品位钒渣焙烧过程的机理进行研究，结果表明：在钒渣钠化氧化过程中，在碳酸钠加入量为 18%时，钒渣的氧化温度范围为 273~700℃，橄榄石相与尖晶石相分别在 500℃和 600℃分解完全，大部分水溶性钒酸钠在 500℃与 600℃之间形成，当焙烧温度在 700℃以上时，钒酸钠富集相明显可见，当焙烧温度过高时，样品出现烧结，钒被玻璃相包裹。

6.3.1　钒渣氧化过程的热力学

由于钒渣的化学成分复杂，在钠盐作为添加剂时，钒渣氧化焙烧过程中发生的化学反应也较复杂。根据碳酸钠加入量的多少，钒渣在氧化焙烧过程中发生复杂的物理化学反应，主要包括橄榄石、尖晶石的氧化分解，以及钒酸盐、铬酸盐、硅酸盐、钛酸钠、铝酸钠、铁酸钠等的形成等。

6.3.1.1 铁的氧化

铁在氧化焙烧过程中，可能发生的反应如下：

$$2Fe(s) + O_2 = 2FeO(s) \quad \Delta G^\ominus = -528000 + 129.18T \quad (J/mol)$$

$$3/2Fe(s) + O_2 = 1/2Fe_3O_4(s) \quad \Delta G^\ominus = -551560 + 153.69T \quad (J/mol)$$

$$4/3Fe(s) + O_2 = 2/3Fe_2O_3(s) \quad \Delta G^\ominus = -543348.67 + 167.41T \quad (J/mol)$$

$$4FeO(s) + O_2 = 2Fe_2O_3(s) \quad \Delta G^\ominus = -574046 + 243.88T \quad (J/mol)$$

$$4Fe_3O_4(s) + O_2 = 6Fe_2O_3(s) \quad \Delta G^\ominus = -477658 + 277.2T \quad (J/mol)$$

金属铁的氧化反应 $\Delta G^\ominus$ 与温度 T 的关系如图 6-5 所示。可以看出，所有反应的 $\Delta G^\ominus<0$，表明上述反应都是可以自发进行的。

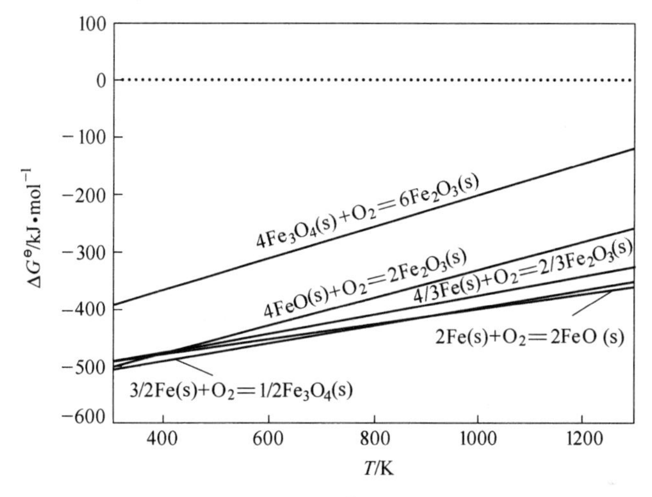

图 6-5 铁氧化时 $\Delta G^\ominus$ 与温度 T 的关系

6.3.1.2 橄榄石的氧化

在氧化焙烧过程中，橄榄石氧化可能发生的反应如下：

$$3Fe_2SiO_4(s) + O_2 = 2Fe_3O_4(s) + 3SiO_2 \quad \Delta G^\ominus = -58092.6 + 23.1T \quad (J/mol)$$

$$2Fe_2SiO_4(s) + O_2 = 2Fe_2O_3 + 2SiO_2 \quad \Delta G^\ominus = -541311.3 + 228T \quad (J/mol)$$

通过计算可知，在 1500K 温度以下时，所有反应的 $\Delta G^\ominus<0$，表明上述反应都是可以自发进行的，铁橄榄石氧化的产物最可能为 Fe_2O_3 和 SiO_2。

6.3.1.3 尖晶石的氧化

在氧化焙烧过程中，钒铁尖晶石氧化可能发生的反应如下：

$$6FeV_2O_4(s) + O_2 = 2Fe_3O_4(s) + 6V_2O_3(s)$$

$$\Delta G^\ominus = -572125.8 + 306T \quad (J/mol)$$

$$6/7FeV_2O_4(s) + O_2 = 2/7Fe_3O_4(s) + 6/7V_2O_5(s)$$

$$\Delta G^\ominus = -364272 + 186.5T \quad (J/mol)$$

$$4FeV_2O_4(s) + O_2 = 2Fe_2O_3(s) + 4V_2O_3(s)$$

$$\Delta G^\ominus = -533669.2 + 272.4T \quad (J/mol)$$

$$4/5FeV_2O_4(s) + O_2 = 2/5Fe_2O_3(s) + 4/5V_2O_5(s)$$

$$\Delta G^{\ominus} = -371721.3 + 191T \quad (J/mol)$$

FeV_2O_4 氧化的 $\Delta G^{\ominus}$ 与温度 T 的关系如图 6-6 所示。由图可以看出，所有反应的 $\Delta G^{\ominus} < 0$ 表明上述反应都是可以自发进行的。

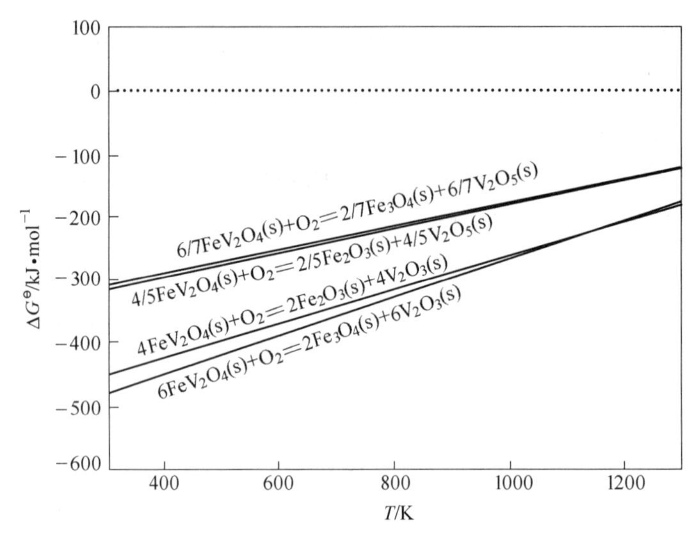

图 6-6　FeV_2O_4 氧化的 $\Delta G^{\ominus}$ 与温度 T 的关系

6.3.2　钒渣钠化焙烧过程的物相变化

针对高钙低品位钒渣，李新生等研究了钒渣钠化焙烧过程的物相变化。碳酸钠的加入量为 18%，把钒渣与碳酸钠混合均匀，放置于马弗炉中在 300~900℃下焙烧 150min，焙烧到了预定时间后，取出冷却至室温。采用 XRD 与 SEM/EDS 对焙烧渣进行分析，另取 18% 碳酸钠混合样品进行 TG-DSC 测试。

研究发现，在钒渣原矿中的主要矿物有尖晶石、橄榄石、少量的辉石及 V_3O_4。当焙烧温度从 300℃变化到 600℃，试样 XRD 衍射峰逐渐变宽，表明钒渣中的橄榄石相和尖晶石晶体逐渐被破坏。与原矿比较，在 300℃时，焙烧渣中出现 $FeO_x(4/3<x<3/2)$ 的衍射峰，可以推断，这主要来自钒渣中金属铁或橄榄石中 Fe^{2+} 的氧化。在 500℃时，橄榄石相衍射峰完全消失。反式尖晶石 $(Fe,Mn)_2VO_4$ 衍射峰出现，表明尖晶石中部分 Fe^{2+} 被氧化成 Fe^{3+}；同时有微量相如 $Na_5V_{12}O_{32}$、NaV_6O_{15}、$NaVO_3$、$Na_4V_2O_7$、R_2O_3（R=Ti 和 V 或 V 和 Cr）、V_nO_{2n-1}（$2 \leqslant n \leqslant 8$）和 $V_6O_{13}(V_{2n}O_{5n-2})$ 等物质衍射峰出现，这表明尖晶石中部分 V^{3+} 也被氧化成 V^{4+} 或 V^{5+}。当焙烧温度达到 600℃时，含钒尖晶石相特征峰完全消失；同时 Fe_2O_3 的特征峰出现，并随焙烧温度升高其衍射峰强度增强；另外，可观察到青河石 $(Na_3Mn_3Mg_2Al_2(PO_4)_6)$ 的特征峰出现。

当焙烧温度达到 700℃时，锥辉石（$NaFeSi_2O_6$）、辉石钠（$NaTiSi_2O_6$）等主要物相与钛铁酸钠（$NaFeTiO_4$）和钙钛榴石（$Ca_3TiFeSi_3O_{12}$）等微量相的衍射峰出现。当焙烧温度升高到 900℃时，主要物相为 Fe_2O_3 和 $Ca_3TiFeSi_3O_{12}$，这是由于钒渣中有较高的硅、钛与钙含量所致，而这些产物的生成对焙烧过程中的钒、氧等的扩散有不利影响。在钠化焙烧提钒技术中，钙与硅是有害元素，因为在焙烧过程中易形成包裹钒的低共熔物质（如 $Na_2O \cdot Fe_2O_3 \cdot 4SiO_2$）与不溶性的钒酸钙或含钙的钒青铜。Sadykhov 等在研究钒钛渣时，也发现 SiO_2 与 Na_2O 反应形成硅酸钠，而硅酸钠会阻止钒酸钠的形成。

由能谱分析发现，钒、钛和铬元素主要存在尖晶石中，硅和钙元素主要存在硅酸盐中，而铁、锰和氧存在所有相中。当焙烧温度低于 500℃时，样品形貌变化不大，主要物相为尖晶石、硅酸盐和未反应的碳酸钠。在 600℃时，出现了针状的产物。当焙烧温度为 700℃时，可以清晰看出样品黏结在一起，并呈明亮区域与灰色区域。硅、钒和钠主要存在灰色区域，锰和铁主要存在明亮的区域，钛和氧存在所有区域中，表明出现了钒的富集相。但当焙烧温度达到 800℃时，样品会出现烧结，明亮区域与灰色区域变得更加明显，灰色区域含有较高含量的钠、钒、硅和铁，表明了焙烧过程中有玻璃相的形成。玻璃相的形成对随后的水浸过程是有害的。值得一提的是，在 900℃时，焙烧渣中的碳含量反而较高，可能是在短时间样品被烧结而碳酸钠也被包裹。

图 6-7 是钒渣钠化焙烧过程中碳酸钠加入量为 18%时的试样在空气气氛下样品的热重（TG）和示差扫描量热（DSC）分析结果图。从 TG 曲线可知，从 273℃到 504℃，试样增重 0.67%，结合 XRD 分析可知，这是因为橄榄石中 Mn^{2+}、Fe^{2+} 和尖晶石中 Fe^{2+}、Mn^{2+}、Cr^{3+} 和 V^{3+} 的氧化所致。同时，部分碳酸钠和上述的氧化产物反应生成了钠盐和 CO_2。当温度在 504℃以上，样品失重明显，表明随温度升高，碳酸钠逐渐分解。根据 DSC 分析，在 583.6℃处有吸热峰且失重 0.21%，可能是由于尖晶石的氧化分解所致。在 700℃时，样品失重约 2.20%。

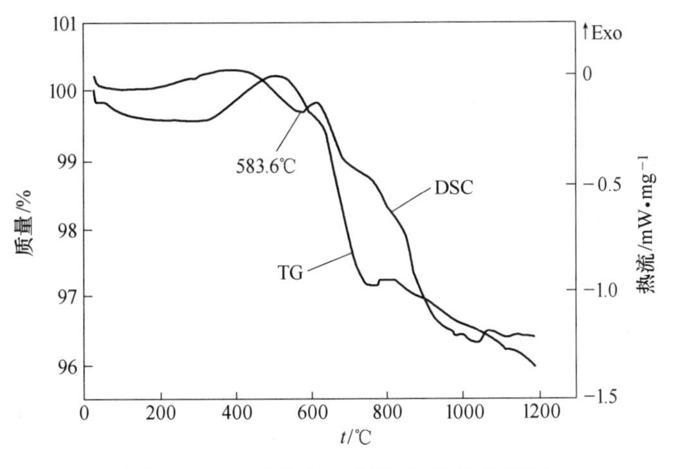

图 6-7 18%碳酸钠的试样 TG-DSC 曲线图

6.3.3 钒钛磁铁矿精矿钙化焙烧渣的化学组成

目前从铁精矿中提钒主要有两种方法，一种是直接提取，另一种是先经炼铁、炼钢再从炉渣中提钒，从钒渣中提钒是我国钒钛磁铁矿提钒的主要工艺，此工艺与钢铁冶炼流程相衔接，缺点是钒的总收率低，一般为 43%~49%。采用铁精矿钙化焙烧法提钒，该工艺提钒后的渣相可进行配矿炼铁或直接还原提铁，并可提高钒的回收率。

某典型钒钛磁铁矿选别后的铁精矿化学成分如表 6-2 所示。

表 6-2　含 V 铁精矿化学组成

元素	TFe	SiO_2	V_2O_5	CaO
含量	40.93	7.46	1.23	2.36
元素	MgO	TiO_2	MnO	Al_2O_3
含量	4.41	16.96	2.13	2.35

对钒钛磁铁矿精矿钙化焙烧渣的化学组成进行分析，XRD 图表明，铁精矿 800℃钙化焙烧 3h 后的熟料及 1200℃钙化焙烧 1h 后的熟料中，焙烧温度为 800℃时，焙烧体系中的 $CaCO_3$ 已分解为 CaO，且 Fe_3O_4 相已被氧化为 Fe_2O_3；焙烧温度为 1200℃时焙烧体系中产生了 $CaSiO_3$ 相，并包裹了钒；焙烧温度为 1200℃时，$FeTiO_3$ 相被氧化为 Fe_2TiO_6，说明体系中二价铁大部分已被氧化为三价铁；焙烧温度为 1200℃时，V_2O_5 氧势较 Fe_2O_3 低，说明 V_2O_5 较 Fe_2O_3 更稳定，可推断大部分 V_2O_3 也已被氧化，进而大部分钒已转化为 $Ca(VO_3)_2$，这可通过 1200℃焙烧 1h 钒浸出率为 72.1%得到验证。

6.3.4　钒钛磁铁矿精矿钙化焙烧的热力学

通过对铁精矿钙化焙烧的热力学进行研究，可以发现，铁精矿与 $CaCO_3$ 焙烧分三个阶段：(1) 钒矿物的组织结构被破坏；(2) 低价钒氧化为 V_2O_5；(3) V_2O_5 与 $CaCO_3$ 分解的 CaO 结合，生成可溶于碳酸盐或酸的钒酸钙 xCaO · V_2O_5 (x=1, 2, 3)。图 6-8 给出了体系在焙烧过程中可能发生的化学反应的标准自由能变化。

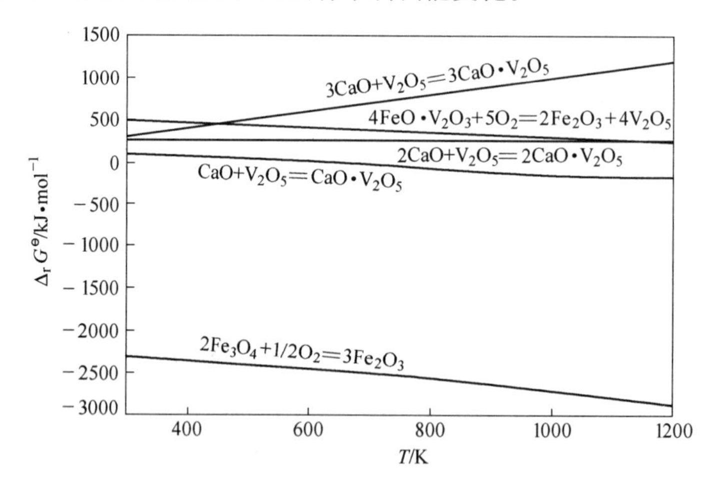

图 6-8　铁精矿钙化焙烧的标准自由能 $\Delta G^{\ominus}$ 与温度 T 的关系

分析图 6-8 可知，温度低于 1200℃时，FeO · V_2O_3 一步氧化为 Fe_2O_3 和 V_2O_5 将无法发生，所以可推测尖晶石相在焙烧温度高于 600℃时将发生分步氧化反应，如下式所示：

$$FeO \cdot V_2O_3 + FeO + 1/2O_2 = Fe_2O_3 \cdot V_2O_3$$

$$Fe_2O_3 \cdot V_2O_3 + 1/2O_2 = Fe_2O_3 \cdot V_2O_4$$

$$Fe_2O_3 \cdot V_2O_4 + 1/2O_2 = Fe_2O_3 \cdot V_2O_5$$

$$Fe_2O_3 \cdot V_2O_5 = Fe_2O_3 + V_2O_5$$

$$V_2O_5 + CaO = CaO \cdot V_2O_5$$

温度高于700℃时生成$Ca(VO_3)_2$反应的自由能为负值，此时$Ca(VO_3)_2$的转化反应开始，而正钒酸钙和焦钒酸钙生成反应的自由能在低于1200℃时均为正值，此时不会有此类钒酸钙生成，所以含钒物相经氧化钙化后生成产物是$Ca(VO_3)_2$而非正钒酸钙和焦钒酸钙。$CaCO_3$发生分解反应时，CO_2分压p_{CO_2}与温度T的关系为：

$$\log p_{CO_2} = -8920/T + 7.54 \tag{6-10}$$

$p_{CO_2}=30Pa$时，得$CaCO_3$分解温度为534℃。

焙烧温度高于600℃时，钒铁尖晶石相开始分步氧化，最终氧化为Fe_2O_3和V_2O_5，但当焙烧温度低于1000℃时，$Ca(VO_3)_2$的转化速率较慢，高于此温度转化过程加快，当焙烧温度增至1200℃时，只需1h $Ca(VO_3)_2$就达最大转化率，说明提高焙烧温度可促进$Ca(VO_3)_2$的动力学转化。

铁精矿与$CaCO_3$混合料进行差热-热重分析结果如图6-9所示，结果表明：（1）焙烧温度低于200℃时体系水分蒸发。（2）焙烧温度在550℃时$CaCO_3$分解释放CO_2，体系失重，并伴有一微小的分解放热峰。（3）温度超过700℃时$FeO \cdot V_2O_3$和Fe_3O_4等物相被氧化，体系增重。（4）温度超过1200℃时Fe_2O_3不稳定，释放O，体系失重。（5）焙烧体系的热流量一直在降低，可知焙烧过程总体为吸热过程。从热重曲线还可看出，$CaCO_3$急剧分解的温度为550℃，稍高于理论温度534℃，一般从动力学考虑，离解温度稍大于理论温度。700℃时体系的质量达最小值，可推测此时$CaCO_3$已分解完全。

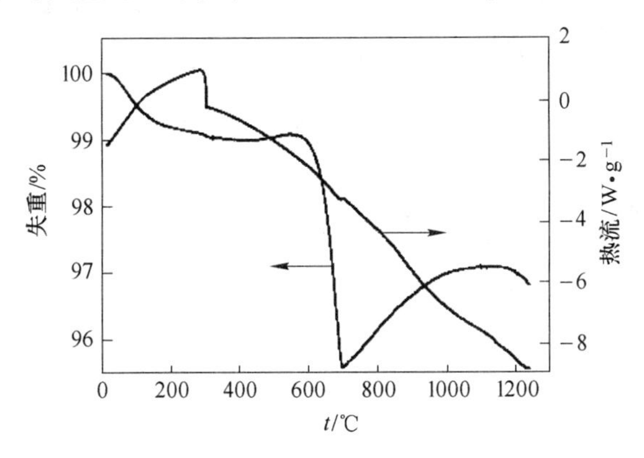

图6-9 铁精矿中添加10% $CaCO_3$的差热-热重分析

6.4 焙烧熟钒渣浸出热力学

钒渣经氧化焙烧后称为熟料，钠化焙烧后的钒渣，在水浸过程中可溶性的钒酸钠溶解到水溶液中，如在焙烧过程中生成的钒酸铁、钒酸锰、钒酸钙等不溶于水。本节所称的钒渣还包括用于提钒的含钒铁精矿、钒钛磁铁矿尾矿、提钒后的含钒钢渣等。影响钒浸出的因素主要有熟料粒度、浸出温度、浸出时间、浸出液固比、浸出液的pH值等。

钒渣钠化焙烧熟料与水接触后，固相中的可溶性的钒酸钠由于其本身分子的扩散运动和水的溶剂化作用，便逐步从内向外扩散进入水溶液。由于正常情况下浸出液的pH值在7.5~9.0之间，所以钒主要以$V_4O_{12}^{4-}$的形式存在于溶液中。另外，在水浸过程中还有硅酸钠、磷酸钠、铬酸钠等一同进入到溶液。

在钙化氧化焙烧-碳酸钠浸出技术中，通常利用碳酸钙的溶解度比钒酸钙的溶解度更小的特点，在浸出液中加入纯碱或者通入 CO_2 气体，钙以碳酸钙形式沉淀，钒则进入浸出液中，且浸出液中杂质含量少，对环境影响小。

钙化焙烧后的钒渣，一般采用硫酸作为浸出剂，典型浸出条件为：熟料粒度一般为 0.074mm，浸出液固比为（4~5）：1，pH 值为 2.5~3.2 之间，浸出温度为 50~70℃，熟料中钒的浸出率达到 90%以上。在酸浸出过程中，钒酸钙、钒酸锰和钒酸铁等会与酸反应，钒进入到溶液中，反应方程式如下：

$$Ca(VO_3)_2(s) + 2H_2SO_4(aq) = (VO_2)_2SO_4(aq) + CaSO_4(s) + 2H_2O$$

$$Mn(VO_3)_2(s) + 2H_2SO_4(aq) = (VO_2)_2SO_4(aq) + MnSO_4(s) + 2H_2O$$

$$2FeVO_4(s) + 4H_2SO_4(aq) = (VO_2)_2SO_4(aq) + Fe_2(SO_4)_3(aq) + 4H_2O$$

6.4.1 钒酸盐的性质及其在溶液中的状态

6.4.1.1 钒的钠盐

根据 V_2O_5-Na_2O 二元相图，主要物质有 NaV_6O_{15}、$Na_8V_{24}O_{63}$、$NaVO_3$、$Na_4V_2O_7$、Na_3VO_4 等，而其中偏钒酸钠、焦钒酸钠和正钒酸钠等三种钒酸钠比较常见，均易溶于水。生产上最重要的是偏钒酸钠，其在水中的溶解度随温度的升高而增大，见表 6-3。NaV_6O_{15} 和 $Na_8V_{24}O_{63}$ 中同时含有四价钒（V^{4+}）和五价钒（V^{5+}）的化合物称为钒青铜，它们不溶于水，但与可溶性的钒酸盐之间可以相互转变，钒青铜在空气中氧化可转变为可溶性的钒酸盐，当可溶性的钒酸盐缓慢冷却时可结晶脱氧转变成钒青铜。

表 6-3　偏钒酸钠在水中溶解度

温度/℃	30	40	60	70	80
$w(NaVO_3)$/%	22.5	26.3	33	36.9	40.8

四价的钒酸钠有 Na_2VO_3 和 $Na_2V_2O_5$，不能溶于水，能溶于稀硫酸。三价钒的钠盐有 $NaVO_2$。

6.4.1.2 钒的钙盐

根据 CaO-V_2O_5 二元相图，体系中主要有 3 种钒酸盐，分别为偏钒酸钙（CaV_2O_6）、焦钒酸钙（$Ca_2V_2O_7$）和正钒酸钙（$Ca_3V_2O_8$）。它们在水中的溶解性都很小，但溶解于稀硫酸和碱溶液。四价钒的钙盐有 CaV_2O_5、$CaVO_3$ 和 CaV_3O_7。

6.4.1.3 钒的镁盐

根据 MgO-V_2O_5 二元相图，体系中主要有偏钒酸镁（MgV_2O_6）、焦钒酸镁（$Mg_2V_2O_7$）和正钒酸镁（$Mg_3V_2O_8$）。它们在水中均溶解，且随着温度的升高溶解度增大。

6.4.1.4 钒的锰盐

根据 MnO-V_2O_5 二元相图，体系中主要有偏钒酸锰（MnV_2O_6）、焦钒酸锰（$Mn_2V_2O_7$）和正钒酸锰（$Mn_3V_2O_8$）。

在溶液中钒的化合价可以是+2、+3、+4 或+5 价，但在氧化性气氛中只有+5 价钒离子是稳定的。决定钒在溶液中的存在形式是 pH 值、电位和钒的浓度等。当 pH 值小于 3 时，钒浓度小于 10^{-4}mol/L 时，钒（V）主要以 VO^{2+}存在，如果钒的浓度在 0.005mol/L 以上，则出现 V_2O_5 沉淀。当 pH 值大于 13 时，主要以 VO_4^{3-} 存在。若 pH 值处于中间状态，则钒以 $V_3O_9^{3-}$、$V_4O_{12}^{4-}$、$V_{10}O_{28}^{6-}$、$V_2O_7^{4-}$ 形式存在。钒（V）酸根都是在一特定条件下存在，当钒的浓度、溶液的酸度和温度改变时，它们之间可以相互转化。

6.4.2 钒渣钠化焙烧渣浸出过程的物相变化及杂质浸出

对高钙低品位钒渣的钠化焙烧渣在浸出过程的物相变化及杂质浸出行为进行研究，结果表明，浸出条件为：浸出温度 90℃，浸出时间 30min，浸出液固比 5∶1mL/g。

根据不同温度焙烧渣水浸后的 XRD 及 SEM/EDS 图，发现与焙烧渣相比，除了钠盐在水浸中溶解外，残渣的主要物相几乎没有改变。焙烧温度为 400～500℃ 的焙烧渣中尖晶石仍然存在。在 600℃ 和 700℃ 的浸出残渣与焙烧渣的表面形貌明显不同，浸出残渣表面呈条状和聚集状态，这是由于在水浸过程中可溶性的钒酸钠溶于水中。但当温度在 800℃ 以上时，由于样品被烧结，焙烧渣与浸出残渣的表面形貌几乎没有变化。

不同焙烧温度下，焙烧渣在优化浸出条件下浸出，浸出液中主要杂质的浓度变化各有差异，尤以 Cr 变化较大。当焙烧温度从 300℃ 升高到 400℃ 时，由于焙烧过程中硅酸钠逐渐形成，浸出液中 Si 的浓度逐渐升高，达到 0.6g/L。焙烧温度为 400～600℃，浸出液中 Si 的浓度基本不变。当焙烧温度在 600℃ 以上时，浸出液中 Si 的浓度逐渐降低，可能是样品会逐渐形成钠辉石（$NaFeSiO_6$）和辉石钠（$NaTiSi_2O_6$）等而难于溶解。

在焙烧温度低于 500℃ 时，浸出液中 P 的浓度很小，当焙烧温度从 500℃ 升高到 700℃ 时，浸出液中 P 浓度逐渐升高，达到 0.21g/L，这是由于焙烧过程中磷酸钠的逐渐形成，当焙烧温度大于 700℃，由于样品被烧结，浸出液中 P 的浓度逐渐降低。

在焙烧温度低于 600℃ 时，由于焙烧过程中铬酸钠的逐渐形成，浸出液中 Cr 的浓度随着温度的升高而增大，到 600℃ 时浸出液中 Cr 的浓度达到最大值 1.42g/L，当焙烧温度在 600℃ 以上时，浸出液中 Cr 的浓度随焙烧温度的升高逐渐降低。

6.4.3 钒渣钙化焙烧渣碳酸钠浸出过程的物相变化及杂质浸出

对高钙低品位钒渣的钙化焙烧渣在浸出过程的物相变化及杂质浸出行为进行研究，发现浸出条件为：碳酸钠浓度 160g/L、浸出温度 95℃、浸出时间 150min、浸出液固比10∶1 mL/g、搅拌速度 400r/min。

不同焙烧温度下焙烧渣碳酸钠浸出后与焙烧渣的 XRD 分析相比较，发现除了出现 $CaCO_3$ 的衍射峰外，其他主要物相基本没有变化。从焙烧温度为 500℃ 的焙烧渣中，可以看出，在橄榄石分解后，辉石相与尖晶石相依旧存在。从焙烧温度为 600℃ 和 700℃ 的焙烧渣中可以看出，固体颗粒表面有些粗糙，表明部分尖晶石和辉石参与了反应。焙烧温度为 600℃ 的焙烧渣中颗粒表面呈现蜂窝状。焙烧温度为 800℃ 的试样表面呈疏松多孔状，表明此温度条件下焙烧渣中的钒在浸出过程中更容易被浸出。与原渣样品表面相比较，焙烧温度为 1000℃ 的样品表面上附着了许多颗粒，根据 SEM/EDS 分析可知，这些固体颗粒是碳酸钙。

不同焙烧温度下钙化焙烧渣浸出液中主要杂质的浓度变化不尽相同。在焙烧温度 400℃ 和 600℃ 间，浸出液中 Si 的浓度基本不变，当焙烧温度从 600℃ 升到 800℃ 时，浸出液中 Si 的浓度逐渐增大，并达到最大值 0.52g/L，当焙烧温度大于 800℃，浸出液中 Si 的浓度逐渐减小。当焙烧温度低于 700℃时，浸出液中 P 的浓度基本不变，当焙烧温度大于 700℃时，浸出液中 P 的浓度随着温度的升高而增大。当焙烧温度低于 700℃，浸出液中 Cr 的浓度基本不变，当温度大于 700℃，随温度的升高，浸出液中 Cr 的浓度逐渐减小，在 800℃以上时，浸出液中 Cr 的浓度小于 0.010g/L，可以推断，铬基本上都存在于浸出残渣中。

6.5 氧化焙烧过程中含钒石煤的物相变化

石煤中的主要矿物为石英，其次为高岭石、伊利石、黄铁矿、方解石、重晶石等，有机质含量为 17%左右。钒主要赋存于伊利石矿物中，少量赋存于石榴石和电气石中。主要化学成分分析结果见表 6-4。

表 6-4 石煤原矿样典型化学成分分析结果 (%)

SiO_2	Al_2O_3	Fe_2O_3	CaO	MgO	K_2O
66.23	9.25	1.85	0.12	1.20	2.41
Na_2O	TiO_2	V_2O_5	C	烧损	
0.053	0.055	1.23	15.40	17.02	

石煤原矿通过 X 射线检测出来的主要矿物有石英、伊利石、高岭石、黄铁矿、方解石、重晶石等，还有少量长石、云母和钙钒榴石，如图 6-10 所示。

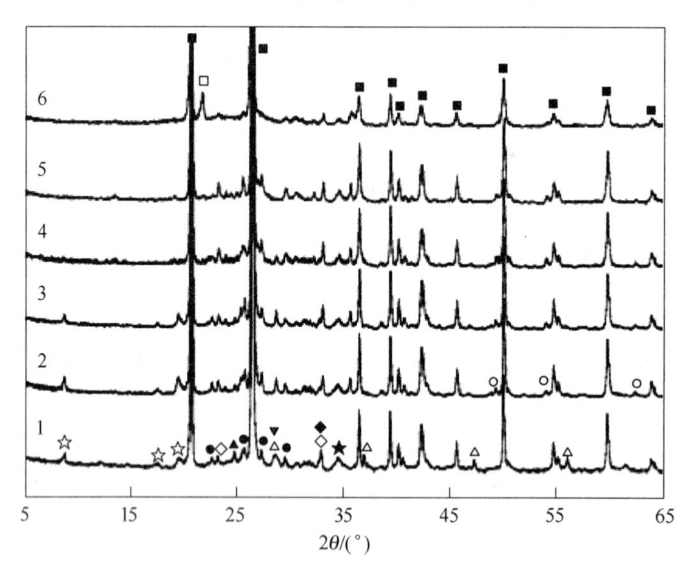

图 6-10 石煤原矿在不同温度下焙烧 3h 后的 XRD 谱

1—原矿；2—600℃残留；3—750℃残留；4—850℃残留；5—950℃残留；6—1050℃残留；
☆—伊利石；○—长石；◇—重晶石；▲—高岭石；△—黄铁矿；▼—云母；◆—球霰石；
★—钙钒榴石；○—赤铁矿；■—石英；□—鳞石英

石煤原矿中还有 18%左右的有机质。石煤中有机质主要有两种：炭质和有机碳。有机碳为碳氢大分子有机物中的碳，炭质为非结合碳。在石煤焙烧过程中，由于有机质氧化自由能较低，故有机质首先被氧化，发生燃烧反应。石煤中黄铁矿属于还原性物质，在

450℃左右可氧化为赤铁矿（α-Fe_2O_3）。对比图6-10谱线1和2，谱线1中黄铁矿的衍射峰（d=0.243nm，d=0.192nm，d=0.164nm）在谱线2中消失，且在谱线2中出现明显的赤铁矿衍射峰（d=0.262nm，d=0.184nm，d=0.169nm，d=0.369nm），表明黄铁矿在600℃焙烧后全部被氧化为赤铁矿，氧化反应可表示为：$4FeS_2 + 11O_2 = 2Fe_2O_3 + 8SO_2$。

对比谱线2和3，伊利石衍射峰有所减弱，但峰位置未发生变化，可能是伊利石晶体脱除羟基失去羟基后，其基本结构骨架不变；谱线4中伊利石衍射峰（d=1.016nm，d=0.505nm，d=0.453nm）已完全消失，表明伊利石晶体结构被破坏。在950℃焙烧渣的谱线5中，云母矿物的衍射峰（d=0.311nm）消失，表明云母矿物的晶体结构也被破坏。在1050℃焙烧渣谱线6中，赤铁矿的某些衍射峰（d=0.368nm，d=0.184nm，d=0.169nm，d=0.149nm）消失，部分衍射峰（d=0.270nm，d=0.252nm，d=0.145nm）强度减弱。同时，在谱线6中，石英衍射峰强度减弱，且有明显的鳞石英衍射峰（d=4.07）出现，表明在1050℃焙烧后，部分石英转变为高温石英。

何东升、冯其明等对石煤原矿在1050℃下焙烧3h后进行了能谱分析，发现大部分颗粒发生“熔融”，有明显“玻璃体”出现，“玻璃体”大小为50~150μm，其表面致密光滑，由此可知在此焙烧温度下，物料发生严重烧结，在焙烧过程中有液相生成。图6-11所示为1050℃焙烧渣的“玻璃体”光滑表面上某一微区的能谱分析结果，表6-5所列为对应元素含量。

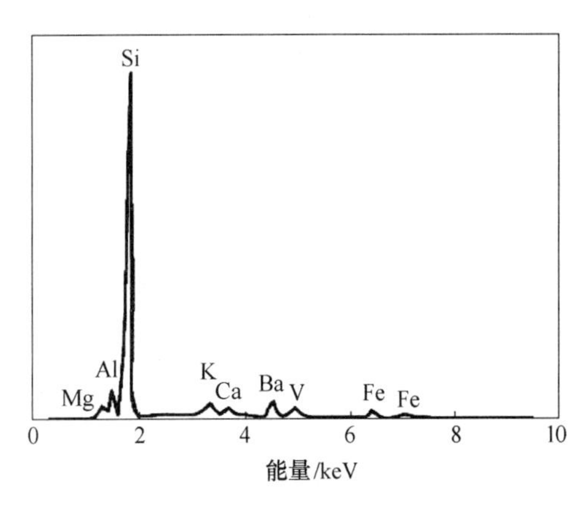

图6-11　1050℃焙烧渣的能谱分析结果

表6-5　1050℃焙烧渣的能谱分析元素含量

氧化物	MgO	Al_2O_3	SiO_2	K_2O	CaO	V_2O_5	Fe_2O_3	BaO
含量/%	0.35	5.70	72.18	2.55	1.43	2.94	5.48	9.38

由表6-5可知，“玻璃体”表面，除Al和Si元素外，还有Ba、Fe、K、V、Ca和Mg等元素，没有S元素。“玻璃体”的形成，是物料在焙烧过程中发生液相烧结所致。从其表面的元素分布和含量来看，可推断石煤原矿中部分石英、含钒伊利石、石灰石、重晶石以及黄铁矿（焙烧过程中氧化为赤铁矿）均参与了“玻璃体”的形成。对于赤铁矿，其在1050℃焙烧渣的XRD谱线图6-10中的衍射峰消失，就是有力的证据。纯重晶石熔点较高，为1580℃，在1050℃焙烧时，理论上是不会熔融的，但在有赤铁矿存在时，在约1100℃，两者便可发生反应，生成铁酸钡：$2BaSO_4 + 12Fe_2O_3 = 2BaFe_{12}O_{19} + 2SO_2 + O_2$。重晶石除了与$Fe_2O_3$发生反应生产铁酸盐外，还可与$SiO_2$、$Al_2O_3$等反应生成硅酸盐（$BaSiO_3$、$Ba_2SiO_4$）和铝酸盐（$BaAlO_4$）。这些物质在高温时易形成低熔点物质，使物料烧结。在“玻璃体”表面存在的钒，含量达到2.94%。由此可见，含钒的伊利石参与了烧结反应，赋存于其晶体结构中的钒被“束缚”在玻璃体表面，或“包裹”在“玻璃体”内。

传统的石煤提钒工艺最大的优势是采用水浸出产品，后续除杂及沉钒工艺简单；不足是总回收率较低，环境污染重。循环氧化新工艺对传统工艺进行优化，保留了优势，弥补了不足；增加了预焙烧工艺，以消除石煤中的有机质和黄铁矿等还原性矿物对钒的氧化抑制。目前循环氧化新工艺已在我国多家企业获得成功应用，其总回收率从传统工艺的45%~50%提高到75%以上。陈铁军等对循环氧化新工艺的物相变化进行了研究。石煤原矿、预焙烧矿及氧化焙烧矿的矿物组成见表6-6，钒在石煤原矿及预焙烧矿矿物中的分配率见表6-7。

表6-6　原矿、预焙烧矿及氧化焙烧矿的矿物组成　（%）

原　矿		预焙烧矿		氧化焙烧矿	
矿物	含量	矿物	含量	矿物	含量
石英	40.7	石英	46.2	石英	23.1
伊利石	23.5	伊利石	11.2	钠长石	11.5
石墨	11.5	透长石	12.3	钾钠长石	36.3
黄铁矿	4.7	硅线石	7.1	偏硅酸钠	3.2
石膏	2.0	赤铁矿	4.9	赤铁矿	4.7
镁尖晶石	1.4	石膏	3.5	镁尖晶石	1.2
方解石	3.0	石墨	2.5	石膏	3.4
钒钛榴石	1.4	硅灰石	3.1	硅灰石	3.0
方铁矿	1.0	钒钛榴石	1.7	钠盐	2.7
高岭石	1.1	高岭石	1.5	钒钛榴石	1.9
其他	9.7	其他	6.0	其他	9.0

表6-7　钒在原矿及预焙烧矿矿物中的分配率　（%）

矿样	矿物		V_2O_5 含量		V_2O_5 分配率
	名称	含量	对矿物	对矿石	
原矿	伊利石	23.5	3.86	0.907	73.74
	钒钛榴石	1.4	6.78	0.095	7.72
	石英	40.7	0.069	0.028	2.28
	高岭石	1.1	2.4	0.026	2.11
	其他	33.3		0.174	14.15
	合计	100.0		1.230	100.0
预焙烧矿	高岭石	1.5	2.43	0.036	2.65
	钒钛榴石	1.7	6.73	0.114	8.38
	伊利石	11.3	3.75	0.424	31.18
	硅线石	7.1	6.38	0.453	33.31
	透长石	12.3	1.87	0.230	16.91
	石英	46.2	0.064	0.029	2.13
	其他	19.9		0.074	5.44
	合计	100.0		1.360	100.0

通过对钒的价态研究可知，石煤原矿中钒的赋存状态主要以 V(Ⅲ) 离子形式存在。表 6-7 分析结果表明，钒主要分配在伊利石中，分配率达 73.74%，其次，分配在少量的钒钛榴石和高岭石中。可以认为钒是以类质同象形式置换六位配位数的三价铝而存在于伊利石晶格中，化学分子式可以写成 $K(Al,V)[AlSi_3O_{10}](OH)_2$。

石煤预焙烧后钒的赋存状态：石煤在空气中于 750℃ 下预焙烧，矿物发生氧化和分解反应，碳大部分氧化成 CO_2 释出，黄铁矿、方铁矿氧化生成赤铁矿，方解石分解为石灰，部分伊利石在高温下与石英反应生成硅线石和透长石，钒钛榴石性质稳定基本无变化。钒主要分配在伊利石、硅线石和透长石中，其次分配在少量的高岭石和钒钛榴石中。

氧化焙烧后钒的赋存状态：氧化焙烧过程中，由于复合添加剂中的钠盐在高温下以液相参与反应，加上钒的氧化，含钒矿物晶格发生转变，使反应生成的偏钒酸钠不再富集于特定的矿物中，而是结晶成粒状分布在长石的边缘。电子探针分析结果表明，除了在钒钛榴石中发现有钒富集外，其他矿物中未能发现富钒区。

从以上分析可以得出这样的结论：通过焙烧，石煤中大量的钒转化成为可溶于水的钒酸盐，只有钒钛石榴石中的钒性质稳定，焙烧后基本无变化。

6.6　石煤提钒氧化焙烧过程钒的价态变化

含钒石煤在形成过程中外界的还原性环境导致石煤中只有 V(Ⅲ) 和 V(Ⅳ) 存在，并且 V(Ⅲ) 占了绝大部分。由于 V(Ⅲ) 和 Al(Ⅲ) 具有大小相似的离子半径，电负性相近，配位数相同的化学性质，因此 V(Ⅲ) 为主取代部分 Al(Ⅲ)，进入六次配位的铝氧八面体结构中，三价钒和四价钒以类质同象形式存在于矿石的硅氧四面体结构中，结合坚固，只有在高温和添加剂的作用下才能转变为可溶性的五价钒。

通常，石煤中 V(Ⅲ) 难以被水、酸或碱溶解，除非采用 HF 破坏矿物晶体结构，所以可以认为 V(Ⅲ) 基本上不被浸出，只有 V(Ⅲ) 氧化至高价之后，石煤中钒才有可能被浸出。因此焙烧是从石煤中提钒不可缺少，也是最关键的过程。

含钒石煤在形成过程中是由外界的还原性环境导致的。石煤中只有 V(Ⅲ) 和 V(Ⅳ) 存在，并且 V(Ⅲ) 占了绝大部分。由于 V(Ⅲ) 和 Al(Ⅲ) 具有大小相似的离子半径，电负性相近、配位数相同的化学性质，因此 V(Ⅲ) 为主取代部分 Al(Ⅲ) 进入六次配位的铝氧八面体结构中，呈类质同象存在，形成含钒水云母 $K(Al,V)_2AlSi_3O_{10}(OH)_2$，其结构式如图 6-12 所示。这是 V(Ⅲ) 的主要存在形式。

焙烧过程钒价态的变化是石煤提钒工艺的关键，它直接影响石煤中 V(Ⅲ)、V(Ⅳ) 向 V(Ⅴ) 的价态转化率、V(Ⅴ) 进一步向钒盐的转化率及钒的浸出与沉淀。决定焙烧过程价态转化的因素除钒本身在石煤里的赋存状态外，主要是受焙烧的温度、时间、添加剂的种类及用量、焙烧气氛影响。

研究表明，针对传统氧化法，焙烧温度在 700~900℃ 时，当焙烧温度为 700℃，熟料的钒浸出率很低，说明矿样中低价钒（V(Ⅲ) 和 V(Ⅳ)）转化为高价钒（V(Ⅴ)）的量很少，这主要与钒在石煤中复杂的赋存状态有关。当温度为 850℃ 时，熟料的钒浸出率达到 74%。

图 6-13 为石煤钒矿的 XRD 图。由图可知，矿石中含有 SiO_2、FeS_2 和 $KAl_2Si_3AlO_{10}(OH)_2$ 等物质。SiO_2 和有机质是构成石煤的主要物质。

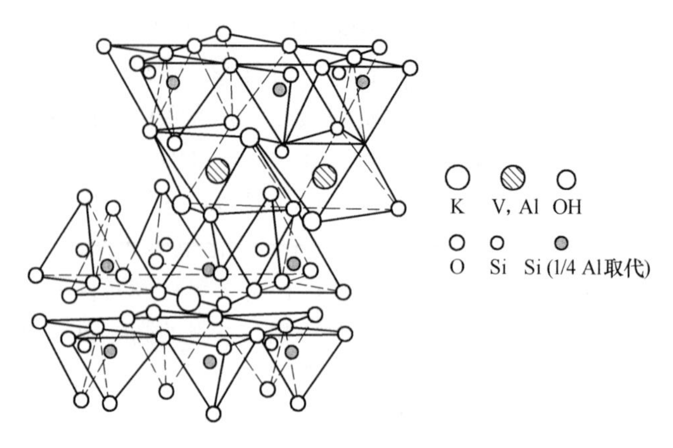

图 6-12　含钒水云母结构示意图

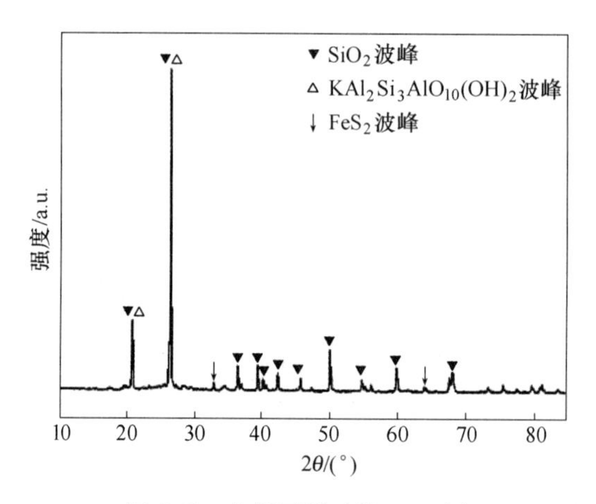

图 6-13　含钒石煤矿的 XRD 图

具有强还原性的有机质的存在，抑制了低价钒的氧化。此外，矿石中一些还原性物质，如黄铁矿等在低温时发生氧化还原反应所需的自由能远小于低价钒氧化为高价钒所需的自由能，因此，低温时主要是这些还原性物质的氧化反应。这些还原性物质的氧化反应抑制了低价钒氧化成高价钒的反应。随着焙烧温度逐渐升高，钒浸出率也逐渐升高。

当温度升高至 850℃时，钒浸出率最高，这是因为随着温度的升高，硅氧四面体坚固的晶格结构被破坏，钒摆脱束缚，进入 V(Ⅲ)→V(Ⅳ)→V(Ⅴ) 的氧化还原和氧化还原平衡阶段。大部分 V(Ⅲ) 和 V(Ⅳ) 转化为 V(Ⅴ)。但由于石煤的成分和结构复杂，因此并不是温度越高越有利于低价钒向高价钒的转化。当温度超过 850℃时，钒的转化率又开始降低。出现这种现象是因为随着温度的升高，组分间相互反应更复杂，尤其是 SiO_2 参加反应，形成了难溶的硅酸盐的量增加，使得部分钒被“硅氧”裹络，这些钒既不溶于水，也不溶于酸。另外，温度过高，一方面矿样中的钒部分与石煤中的铁、钙等元素生成钒酸铁（$FeVO_4$）、钒酸钙钠（$NaCaVO_4$）、钒酸钙（$Ca(VO_4)_2$）等难溶性化合物；另一方面，由于矿石熔化及钒挥发等现象的出现都逆向影响钒的回收，因此氧化焙烧的适宜温度为 850℃。

石煤焙烧的目的是实现低价态钒的氧化和转化，即促使石煤中钒由 V(Ⅲ) 氧化为 V

(Ⅳ) 或 V(Ⅴ)，并转化为水或酸易溶性钒。何东升等研究了钒在不同温度焙烧渣中价态分布与焙烧温度的关系，如图 6-14 所示。为方便讨论，可将图 6-14 划分为三个区域：Ⅰ区、Ⅱ区和Ⅲ区。在石煤原矿中，V(Ⅲ)、V(Ⅳ) 和 V(Ⅴ) 相对含量分别为 54.28%、24.29%和 21.43%。在Ⅰ区（<600℃），V(Ⅲ) 相对含量随焙烧温度升高逐渐降低，由 54.28%降低到 20%左右。V(Ⅳ) 相对含量随焙烧温度升高逐渐增加，由 24.29%增加到 50%左右。V(Ⅴ) 相对含量基本保持不变。原因可能有两种，一是钒氧化还原反应达到动态平衡状态；二是氧化还原反应被中止，反应物无法参与反应（物料烧结）。由图 6-14 可见，钒氧化还原反应达到终点温度为 850℃左右，继续提升焙烧温度，对钒氧化影响不大。

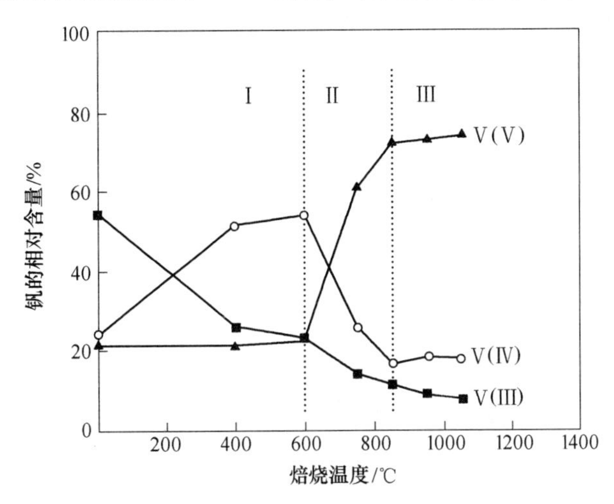

图 6-14 焙烧 3h 时焙烧温度与钒价态分布的关系

循环氧化法中钒的价态变化是可以通过实验研究确定的。循环氧化法是一种新的工艺，该法将传统工艺中钒的焙烧氧化转价反应由一步变成分步循环进行，该工艺已在我国多家工厂获得成功应用，其总回收率从传统工艺的 45%~50%提高到 75%以上，生产成本明显降低，各项环保指标均可达到国家标准。

预焙烧产品中不同价态钒的分布率 η 及残碳含量如图 6-15 所示。在小于 300℃的低温范围内，石煤中主要还原性物质碳未被氧化，而热力学数据表明，碳的氧化反应自由焓比 V(Ⅲ) 的氧化反应自由焓要低，因此碳的存在抑制了 V(Ⅲ) 的氧化，预焙烧产品中钒的绝大部分仍呈 V(Ⅲ) 状态存在，说明低温时石煤中钒的价态状况主要受还原物所控制。

在 300~550℃范围内，碳的氧化急剧进行，随着残碳含量的逐渐减少，V(Ⅲ) 氧化为 V(Ⅳ) 的速度开始加快，预焙烧产品中 V(Ⅲ) 的分布率不断下降，V(Ⅳ) 的分布率不断提高。在 550℃时，预焙烧产品中 V(Ⅳ) 的分布率提高到了 90%以上。在 575℃左右，V(Ⅲ) 全部氧化为 V(Ⅳ)。在 600℃左右，V(Ⅳ) 开始氧化为 V(Ⅴ)。

氧化焙烧产品中不同价态钒的分布率及氧化焙烧产品的水浸率如图 6-16 所示。在 450~800℃范围内，由于没有还原性矿物的影响，焙烧温度成为决定钒氧化速度的主要因素，温度每升高 100℃，氧化焙烧产品中 V(Ⅴ) 的分布率提高约 30%，钒的氧化反应较为均匀稳定。在 800℃之后，氧化焙烧产品中不同价态钒的分布率趋于稳定。钒的氧化反应达到动态平衡。

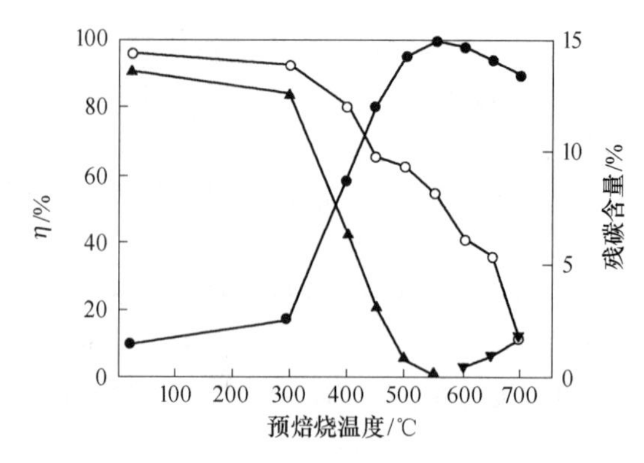

图 6-15　预焙烧产品中不同价态钒的分布率 η 及残碳含量

▲—$\eta_{V(Ⅲ)}$；●—$\eta_{V(Ⅳ)}$；▼—$\eta_{V(Ⅴ)}$；○—残碳含量

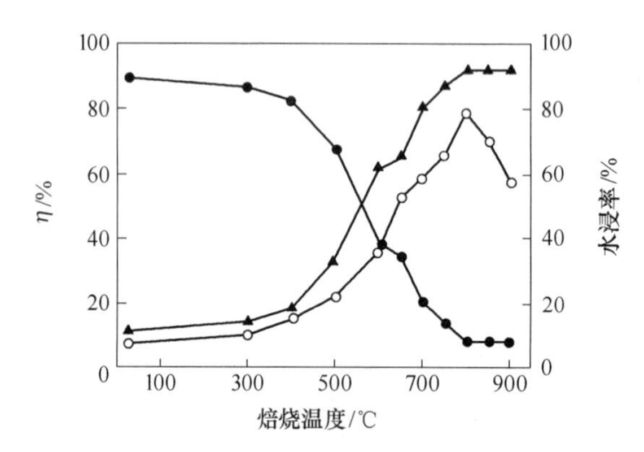

图 6-16　氧化焙烧产品中不同价态钒的分布率 η 及水浸率

●—$\eta_{V(Ⅳ)}$；▲—$\eta_{V(Ⅴ)}$；○—水浸率

许国镇等以浙江塘坞石煤为对象，研究了钠化焙烧过程中钒价态的变化。将焙烧温度分为四个区来讨论钒的价态变化情况。(1) 还原区 (<300℃)：主要是有机质、黄铁矿等还原性物质发生氧化反应； (2) 氧化还原区 (300～500℃)：还原性物质不断氧化，V(Ⅲ) 氧化；(3) 氧化区 (500～700℃)：还原性物质氧化完全，V(Ⅳ) 氧化；(4) 平衡区 (700～1000℃)：V(Ⅳ) 氧化为 V(Ⅴ) 的反应达到平衡。

对石煤原矿中钒的价态分布进行分析，结果见表 6-8。可以看出，主要以 V(Ⅲ) 为主，占有率为 54%左右，V(Ⅳ) 和 V(Ⅴ) 含量相当，占有率分别为 24.28%、21.43%。钒主要赋存在铝硅酸盐矿物 (伊利石) 中，占有率达到 84%左右。赋存在这类矿物中钒主要是 V(Ⅲ) 或 V(Ⅳ)，赋存方式为类质同象或吸附形式。

表 6-8　石煤原矿中钒价态分布

价态	含量/%	占有率/%
V(Ⅲ)	0.38	54.29
V(Ⅳ)	0.17	24.28
V(Ⅴ)	0.15	21.43
合计	0.70	100

6.7 含钒石煤钙化焙烧过程的机理

钙化焙烧法，因废气中不含 Cl_2、HCl 等有害气体，焙烧后的浸出渣不含钠盐，富含钙，有利于综合利用。由于钙添加剂的无污染性和经济因素，通常选用 $CaCO_3$ 作为焙烧添加剂。

石煤中加入石灰高温加热焙烧，低价钒转化成高价钒，高价钒再与碳酸钙反应生成偏钒酸钙盐，钙化焙烧反应式如下：

$$V_2O_3 + O_2 = V_2O_5$$

$$2V_2O_4 + O_2 = 2V_2O_5$$

$$V_2O_5 + CaCO_3 = Ca(VO_3)_2 + CO_2 \uparrow$$

实际上钒与钙的氧化物可生成多种化合物。在 V_2O_5-CaO 体系中主要有三种化合物：偏钒酸钙 $Ca(VO_3)_2$，焦钒酸钙 $Ca_2V_2O_7$ 和正钒酸钙 $Ca_3(VO_4)_2$。其熔点分别为 748℃、1050℃、1350℃。在氧化焙烧条件下，CaO 与焙烧熟料中含钒物相相互作用的主要相变过程如下：在 210～600℃ 时钒尖晶石（FeV_2O_4）首先氧化，600℃ 时与 $CaCO_3$ 作用生成 $Ca(VO_3)_2$，650℃生成 $Ca_2V_2O_7$，800℃生成 $Ca_3(VO_4)_2$。

在整个焙烧过程中，伴随着生成少量的 Ca、Mn、Fe 复合钒酸盐，因此用石灰石作为添加剂的钒渣，在氧化焙烧过程中，随 Ca/V 比值及焙烧温度不同可以生成不同的钒酸钙产物。矿石在高温下还将产生硅酸三钙（Ca_3SiO_5）。硅酸三钙结晶较晚，其形状受空间限制自形性差，一般呈不规则粒状填充于其他矿物格架之间，并包裹其他矿物。硅酸三钙在弱酸中的溶解性差导致钒的损失。随着钙过量系数的增大，浸出率达到最大值后降低，说明钙添加过多生成硅酸三钙包裹钒，导致在弱酸中的浸出率降低。因此，钙的添加量应该适当避免反应末期生成硅酸三钙包裹钒，导致钒的回收率降低。

钒酸钙在水中溶解度极小。正钒酸钙与焦钒酸钙溶解度值相近，25℃时在水中溶解度分别为 0.0022mol/L 和 0.00352mol/L。偏钒酸钙相对高些，25℃时在水中溶解度为 0.012mol/L。$CaCO_3$ 的溶度积为 0.99×10^{-8}(15℃)，小于钒酸钙的溶解度。因此，当 CO_2 浓度高于 O_2 的浓度时，有可能使生成的钒酸钙在 CO_2 的作用下再转化为 $CaCO_3$，而钒又转变为水溶态。因此在低酸浓度及短时间的浸出条件下，处于炉内焙烧的石煤的钒浸出率最高，说明 CO_2 浓度大于 O_2 浓度的焙烧气氛有利于钒从低价向高价的转化。这就解释了焙烧气氛对钒转化率的影响。

6.8 钠化焙烧含钒石煤过程中 NaCl 的作用与相变机理

钠化焙烧时，氯化钠的作用有以下几点：

（1）破坏含钒矿物的晶体结构。例如：在石英存在条件下，氯化钠和含钒伊利石（或钒云母）发生反应，生成钾钠长石，使钒从矿物晶体结构束缚态中解离出来，从而被氧化。反应的方程式为：

$$K(Al,V)_2[OH]_2\{AlSi_3O_{10}\} + 2NaCl + 3(2-m)SiO_2 + m/2O_2 \longrightarrow$$
$$(3-m)(K,Na)Al_2Si_3O_8 + mNaVO_3 + 2HCl$$

式中，m 为伊利石或钒云母八面体中钒取代铝数目。

（2）NaCl 分解产物 Cl_2 作催化剂，加速低价钒氧化。NaCl 的热稳定性高，高温下也不分解，但当有钒、铁、锰、硅、铝等的氧化物存在时，NaCl 可分解产生 Cl_2（部分 HCI）和 Na_2O，Cl_2 可加速低价钒的氧化。

$$V_2O_4 + 1/2O_2 \xrightarrow[> 500℃]{Cl_2} V_2O_5$$

（3）生成可溶性钒酸盐，提高钒焙烧转化率。NaCl 分解产生的 Na_2O 与低价钒氧化产物 $(V_2O_5)_c$ 反应，生成可溶性钒酸盐。x、y 值不同时，生成不同的钒酸盐。

$$y(V_2O_5)_c + xNa_2O \xrightarrow{> 500℃} xNa_2O \cdot yV_2O_5$$

钠化焙烧过程中的主要反应，是 NaCl 与含钒伊利石（或钒云母）、石英发生反应，生成钾钠长石和钒酸钠，该反应称为钠化反应。伊利石（或钒云母）在转变为长石的过程中要消耗周围的 SiO_2，以弥补其硅的不足。焙烧过程中除生成长石外，含钒伊利石（或钒云母）与石英反应还可生成辉石。随焙烧温度升高（一般大于 850℃），有钠钙硅酸盐生成，钠钙硅酸盐的生成亦消耗 NaCl 和 SiO_2。研究认为，非晶质石英反应活性高，易与各种钠盐包括氯化钠反应生成水玻璃，会造成物料烧结。

事实上，石煤烧结是由物料的扩散、流动和物理化学等综合作用引起物质迁移的结果，符合综合作用烧结公式。表征烧结程度的松装密度 d 对钒转化率 η 有明显影响，可用烧结-包裹作用关系式表示：

$$\eta = d/(ad - b) \times 100\%$$

式中，η 为钒转化率；d 为钒被包裹几率；a、b 为焙烧相关参数。

6.9 石煤焙烧过程的热力学研究

石煤焙烧过程中，有机质碳的氧化过程主要反应的 $\Delta G^{\ominus}-T$ 关系见表 6-9。在 2000K 以下，除 C 的气化反应外，均有 $\Delta G^{\ominus}<0$。焙烧过程中，有机碳氧化主要生成 CO_2。

表 6-9 碳氧系主要反应与 $\Delta G^{\ominus}-T$ 关系

反应方程式	$\Delta G^{\ominus}-T$ 关系式
$2C_mH_n+mO_2=2mCO+nH_2$	—
$H_2+2O_2=2H_2O$	$\Delta G^{\ominus}=-503921+117.36T$ (J)
$C+CO_2=2CO$	$\Delta G^{\ominus}=-170707-174047T$ (J)
$2CO+O_2=2CO_2$	$\Delta G^{\ominus}=-564840+173.64T$ (J)
$C+O_2=CO_2$	$\Delta G^{\ominus}=-394133-0.84T$ (J)
$2C+O_2=2CO$	$\Delta G^{\ominus}=-223426-175.31T$ (J)

黄铁矿在焙烧过程中，可能发生的反应见表 6-10。可以看出，低温下 $FeSO_4$ 较稳定，高温下 $Fe_2(SO_4)_3$ 较稳定，$FeSO_4$ 分解温度为 944K。黄铁矿氧化反应在 1200℃ 的温度范围内，$\Delta G^{\ominus}<0$，表明反应是可发生的。

表 6-10 铁矿在焙烧过程中可能反应及 $\Delta G^{\ominus}-T$ 关系式

反应方程式	$\Delta G^{\ominus}-T$ 关系式
$3/8FeS_2+O_2=1/8Fe_3O_4+3/4SO_2$	$\Delta G^{\ominus}=-298078.63+20.48T$ (J)
$4/11FeS_2+O_2=2/11Fe_2O_3+8/11SO_2$	$\Delta G^{\ominus}=-303575.82+27.92T$ (J)
$2Fe_2O_3+4SO_2+O_2=4FeSO_4$	$\Delta G^{\ominus}=-877134+888.52T$ (J)
$2/3Fe_2O_3+2SO_2+O_2=2/3Fe_2(SO_4)_3$	$\Delta G^{\ominus}=-578238.349+349.50T$ (J)

注：$FeSO_4$ 分解温度 $T=944K$。

钒氧化的热力学：钒在石煤中主要以 V(Ⅲ) 或 V(Ⅳ) 存在，在空气气氛下焙烧时，势必会发生低价钒的氧化反应，表 6-11 为钒相关氧化反应的方程式及 $\Delta G^{\ominus}-T$ 关系式，V_2O_5 熔点为 943K，可以看出，在小于 1200K 范围内，钒的氧化反应都是可自发进行的，低价钒氧化物比高价钒氧化物稳定。

表 6-11 钒氧化反应及 $\Delta G^{\ominus}-T$ 关系式

反应方程式	$\Delta G^{\ominus}-T$ 关系式
$2V(s)+O_2=2VO(s)$	$\Delta G^{\ominus}=-861904+185.02T$ (J)
$4/3V(s)+O_2=2/3V_2O_3(s)$	$\Delta G^{\ominus}=-817274.67+178.01T$ (J)
$4/5V(s)+O_2=2/5V_2O_5(s)$	$\Delta G^{\ominus}=-623081.2+175.76T$ (J)
$4VO(s)+O_2=2V_2O_3(s)$	$\Delta G^{\ominus}=-728016+164.01T$ (J)
$2V_2O_3(s)+O_2=4VO_{2(s)}$	$\Delta G^{\ominus}=-418400+195.81T$ (J)
$4VO_2(s)+O_2=2V_2O_5(s)$	$\Delta G^{\ominus}=-245182+148.95T$ (J)

通过上述分析可看出，在石煤焙烧过程中，涉及有机质氧化、黄铁矿氧化和钒氧化。三类氧化反应吉布斯自由能如图 6-17 所示。可以看出，VO 氧化为 V_2O_3 的吉布斯自由能

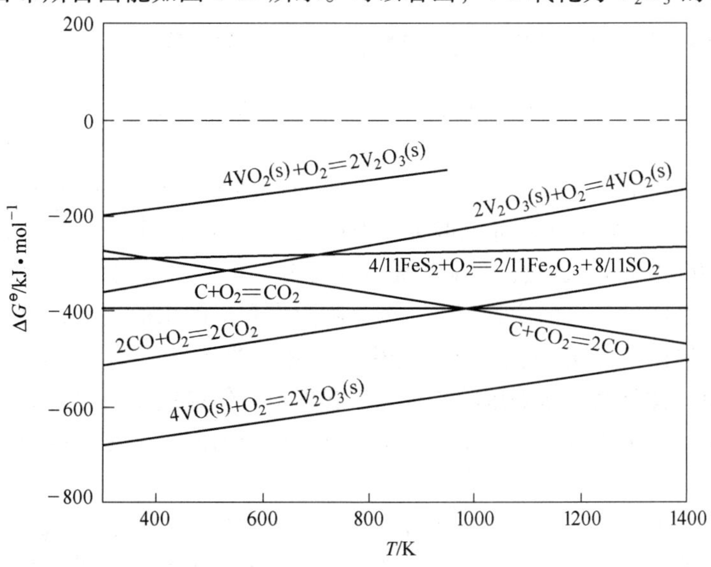

图 6-17 碳、黄铁矿和钒氧化反应的吉布斯自由能

最低，表明该反应较容易发生；碳氧化反应（$C+O_2 = CO_2$）与钒氧化反应（$2V_2O_3+O_2 = 4VO_2$、$4VO_2+O_2 = 2V_2O_5$）相比，前者吉布斯自由能低，故前者先氧化。比较黄铁矿氧化反应和钒氧化反应的吉布斯自由能，在小于700K温度下，V_2O_3 氧化反应 $\Delta G^{\ominus}$ 较低，温度高于700K时，黄铁矿氧化反应 $\Delta G^{\ominus}$ 较低，始终低于 VO_2 氧化反应的 $\Delta G^{\ominus}$。因此，黄铁矿存在时，不利于 V_2O_3 和 VO_2 的氧化。

石煤中含有一定量的方解石，方解石分解反应为：

$$CaCO_3 \xlongequal{} CaO + CO_2$$

$$\Delta G^{\ominus} = -170925+144.4T \qquad \log p_{CO_2} = -8920/T+12.54$$

在空气中焙烧时，大气中 CO_2 分压力约为 30.39Pa，有 $\log p_{CO_2} = 1.48$，可计算出 $CaCO_3$ 开始分解的温度：$T = 806.8K$，$CaCO_3$ 在此温度下可开始分解，但分解速度较慢，其化学沸腾温度为1183K。石煤焙烧过程中，$CaCO_3$（或 CaO）会参与相关反应，在钙化焙烧工艺中，有时亦添加 CaO 焙烧，$CaCO_3$（或 CaO）与 SiO_2、V_2O_5 和 Al_2O_3 等反应的吉布斯自由能与温度关系式见表6-12。可以看出，CaO 与钒、铝、铁和硅氧化物在1000K温度范围内可发生的反应 $\Delta G^{\ominus}<0$，表明反应都有可能发生，CaO 与 V_2O_5 反应生成不溶解于水的钒酸钙。

表 6-12　CaO 与其他相关物质反应的 $\Delta G^{\ominus}-T$ 关系式

反应方程式	$\Delta G^{\ominus}-T$ 关系式
$CaO+V_2O_5 = CaV_2O_6$	$\Delta G^{\ominus} = -143512-8.37T$　(J)
$CaO+1/2V_2O_5 = 1/2Ca_2V_2O_7$	$\Delta G^{\ominus} = -262338-10.04T$　(J)
$CaO+1/3V_2O_5 = 1/3Ca_3V_2O_8$	$\Delta G^{\ominus} = -321960-24.09T$　(J)
$CaO+Al_2O_3 = Ca_3Al_2O_4$	$\Delta G^{\ominus} = -13389-23.33T$　(J)
$CaO+Fe_2O_3 = CaFe_2O_4$	$\Delta G^{\ominus} = -16737-17.99T$　(J)
$CaO+SiO_2 = CaSiO_3$	$\Delta G^{\ominus} = -89119-0.80T$　(J)

6.10　石煤的 TG-DSC 曲线与焙烧过程的 XRD 分析

石煤在流动空气气氛下的热重分析（TG）和差示扫描量热分析（DSC）如图6-18所示。

热重曲线上大致有三个反应区间，第一个反应区间为室温到450℃左右，对应的质量损失约为1.8%。第二个反应区间为420～700℃之间，对应的质量损失约为16.1%。第三个反应区间为800～1000℃之间，对应的质量损失为1.5%左右，总的质量损失为19.4%左右。第一个反应区间的对应的质量损失主要是吸附水和层间水的失去，第二个反应区间失重量最大，在该区间内相关的化学反应可引起增重或失重，例如黄铁矿氧化为三氧化二铁，会引起失重，此外结构水的脱除，也会引起失重，但最重要的失重原因是有机质的氧化。第三个反应区间失重较小，失重可能由两方面原因引起，一是方解石分解，二是铝硅酸盐矿物脱除羟。

DSC 曲线上，有较明显的两个放热峰。第一个放热峰对应的温度在420℃左右，应为黄铁矿氧化放热所致。第二个放热峰非常明显，峰较宽，对应温度为520℃左右，应为石煤中大量有机碳发生氧化反应放热所致。

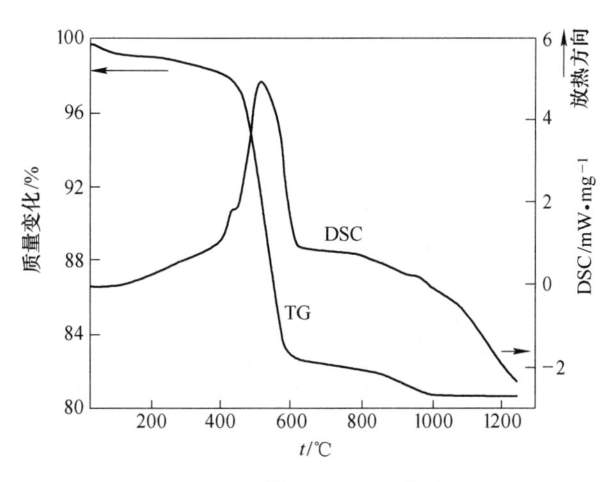

图 6-18 石煤的 TG-DSC 曲线图

将石煤原矿分别在 400℃、600℃、750℃、850℃、950℃和 1050℃下焙烧 3h，采用 XRD 对各温度下石煤焙烧渣进行分析，考查焙烧过程中矿物相变情况。图 6-19 所示为石煤原矿 XRD 图，图 6-20 所示为不同温度焙烧渣 XRD 图的对比图。

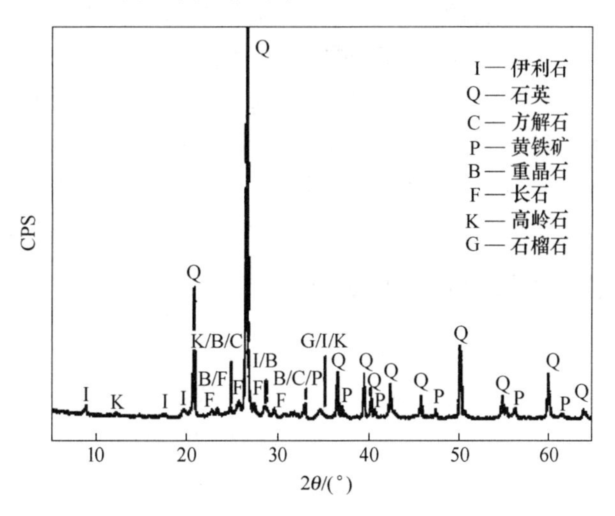

图 6-19 石煤原矿 XRD 图

可以看出，通过 XRD 检测到的矿物主要有石英、伊利石、高岭石、方解石、黄铁矿及重晶石，此外还含有少量长石和石榴石类矿物，有机质不能通过 XRD 检测到。石煤原矿中，含钒矿物主要为伊利石。焙烧过程中黄铁矿氧化为赤铁矿，高岭石在热处理过程中，在 500~700℃范围内即可开始脱除羟基，最终转变为偏高岭石。偏高岭石属非晶质，只具有漫反射特征，不能产生清晰的特征衍射峰。伊利石在 850℃焙烧后，晶体结构被破坏。伊利石纯矿物晶体结构在此焙烧温度下，（002）晶面对于衍射峰强度减小，晶体结构发生调整，但层状结构未发生坍塌，而石煤中伊利石与其他多种矿物复杂共存，在焙烧过程中的相互作用，可促进伊利石结构破坏。

方解石在 806K 即可分解，但速度缓慢，温度升高时，会加快分解，在 850℃下焙烧

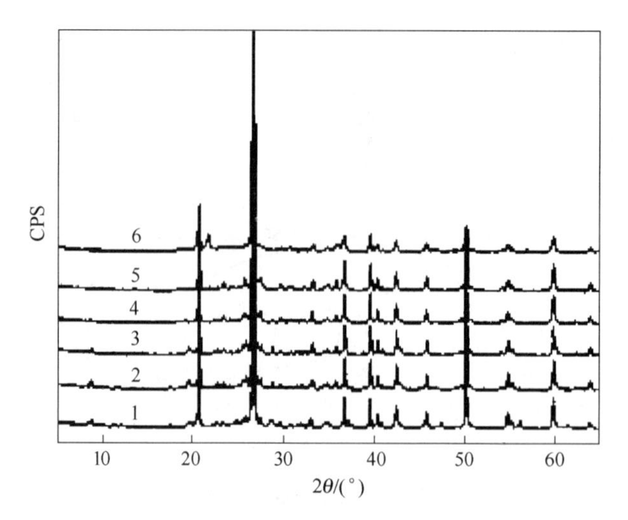

图 6-20　不同温度下焙烧渣 XRD 图对比

1—石煤原矿；2—600℃焙烧渣；3—750℃焙烧渣；4—850℃焙烧渣；
5—950℃焙烧渣；6—1050℃焙烧渣

3h，方解石可完全分解。焙烧温度为 950℃时，重晶石的衍射峰消失，重晶石在空气中的分解温度约为 1185℃，但在有 Fe_2O_3 和 SiO_2 存在条件下，可改善其热力学分解条件，在 800~1000℃可分解，故石煤中重晶石在 950℃下分解是可能的，分解后产物可能为硅酸钡或者铁酸钡。石煤在 1050℃下焙烧，长石、赤铁矿和石英可能发生相关反应，但通过 XRD 无法确定生成物，而石英衍射强度的减小，一方面，是石英参与相关反应被消耗；另一方面，由 SiO_2 相图可知，α 石英可在 870~1470℃范围内转变为鳞石英。

6.11　石煤焙烧渣酸浸过程热力学分析

石煤焙烧过程中生成的 V_2O_4 或 V_2O_5 不溶或微溶于水，但溶于酸，在酸浸过程中分别生成 VO^{2+} 和 VO_2^+ 离子，进入溶液。对于焙烧过程生成的水溶性钒化合物（如 $NaVO_3$ 等）来说，在和浸出剂接触时，由于自身的分子扩散运动和水的溶剂化作用，逐步从内向外扩散进入溶液，这类钒化合物的浸出，可看作是简单的溶解过程。

焙烧过程中还会生成 $Fe(VO_3)_3$、$Fe(VO_3)_2$、$Mn(VO_3)_2$ 和 $Ca(VO_3)_2$ 等不溶于水的钒酸盐，在酸浸出过程中，这些钒酸盐均可生成稳定的 VO_2^+ 而在溶液中存在。在酸度降低时，VO_2^+ 可水解生成水合五氧化二钒沉淀，或再进一步聚合成多钒酸根离子，多钒酸根离子和溶液中 Fe^{3+}、Fe^{2+}、Mn^{2+}、Ca^{2+}、Al^{3+}、PO_4^{3-}、SiO_3^{2-} 等离子结合时，会生成不溶性的多钒酸盐或杂多酸盐。

通过系统考查石煤焙烧渣中的主要矿物——（含钒）伊利石、石英、高岭石和赤铁矿在浸出过程中的浸出反应及反应进行限度，以及钒在水溶液中的溶解度以及其在水溶液中集聚状态。可获得以下结论：

（1）钒氧化物溶解度较低，钒在水溶液中的聚集状态比较复杂，与溶液 pH 值及钒自身浓度均有关系，在低浓度下以单核形式存在，在强酸性条件下，以钒氧离子（VO^{2+}、VO_2^+）形式存在。

（2）石英在酸性溶液中溶解度很小，约为7mg/L。石英溶解组分硅在水溶液中的形态和溶液 pH 值有关，石英-水体系浓度对数图研究结果表明，在 pH<9 范围内，$H_4SiO_4(aq)$为优势组分；pH=9~12 时，$H_3SiO_4^-$ 为优势组分；而在 pH>12 后，$H_2SiO_4^{2-}$ 为优势组分。

（3）（含钒）伊利石、高岭石在酸溶液中的溶解反应均可自发进行，且反应可进行得比较完全。高岭石溶解反应标准平衡常数远大于伊利石，其在酸溶液中比伊利石更易溶解。在酸性条件下，伊利石和高岭石溶解组分主要为 Al^{3+} 和 $Al(OH)^{2+}$，碱性条件下，溶解组分主要为 $H_3SiO_4^-$、$H_2SiO_4^{2-}$ 和 $Al(OH)_4^-$，中性条件下，溶解组分主要为 $H_4SiO_4(aq)$。

（4）赤铁矿溶解反应热力学上不能自发进行，在酸中较难溶解。溶解组分 Fe^{3+} 只在高电位（>0.77V）且低 pH 值（pH<0）条件下存在。

6.11.1 钒在水溶液中的聚集状态

五价钒具有较大的电荷半径比，所以在水溶液中不是以简单的 V^{5+} 存在，而是和氧结合，以钒酸根阴离子或钒氧基离子存在。钒在溶液中能以多种聚集状态存在，且能水解和多聚，故其在溶液中的聚集状态相当复杂。其聚集状态和钒自身的浓度以及溶液的 pH 值有关。在钒浓度较低时（$<10^{-4}$mol/L），在各种 pH 值范围内，其均以单核存在，随着溶液中钒浓度的增加，其聚集状态开始随溶液的 pH 值改变而变化。在一定钒浓度下，从碱性和弱碱性钒溶液中结晶析出的是正钒酸盐和焦钒酸盐。当 pH 值降低到接近中性时，结晶析出偏钒酸盐（三聚体或四聚体）。从弱酸性和酸性溶液中结晶析出的则是更大聚合度的有色的多聚钒酸盐。当含钒溶液的 pH<1 时，多聚钒酸根离子遭到破坏，发生反应：

$$H_2V_{12}O_{31} + 12H^+ \rightleftharpoons 12VO_2^+ + 7H_2O$$

所以钒主要以 VO_2^+ 形式存在。

与五价钒（V^{5+}）相比，其他价态钒离子在溶液中聚集状态相对简单些。四价钒离子（V^{4+}）在溶液中同样不能以 V^{4+}形式存在，其稳定存在形式为钒氧离子 VO^{2+}，在水溶液中钒氧基离子常以四角双锥的 $VO(H_2O)_5^{2+}$ 形式存在，部分 V^{4+}在稀溶液中（$<10^{-3}$mol/L）水解成二聚物。在碱性溶液中，可以亚钒酸根离子（$V_4O_9^{2-}$ 或 $V_2O_5^{2-}$）形式存在。三价钒离子（V^{3+}）在没有氧化剂存在的溶液中是稳定的，如有氧化剂存在时易被氧化。V^{3+}易发生水解，其在水溶液中主要以水合态离子形式存在，和溶液中离子强度有密切关系。二价钒离子（V^{2+}）在中性或酸性溶液中强烈吸收氧气，并能分解水，将 NaOH 或 KOH 加入二价钒盐溶液中，会有褐色的 $V(OH)_2$ 生成。$V(OH)_2$ 在水中不稳定，与水反应放出氢气：

$$2V(OH)_2 + 2H_2O \rightleftharpoons 2V(OH)_3 + H_2\uparrow$$

在强酸性条件（pH<1）时，依据电位的不同，钒分别以不同价态的阳离子形式存在（VO_2^+、VO^{2+}、V^{3+}和 V^{2+}）。

6.11.2 石英在水溶液中的形态

石英是石煤焙烧渣中最主要的矿物，含量占到约70%。在焙烧渣酸浸过程中，石英能否发生溶解反应，反应程度如何，对整个浸出过程有重要影响。二氧化硅溶解反应可写作：

$$SiO_2 + 2H_2O = H_4SiO_4$$

$Si(OH)_4(aq)$ 是硅在水中的最基本的单体或单核物形态，常称作单硅酸或正硅酸，多写作 $H_4SiO_4(aq)$。单硅酸酸性极弱，在 pH=2~3 可以稳定。浓度小于 2mol/L（120mg/L）时，可以在 25℃ 的稀水溶液中长期存在。在较高浓度下会发生聚合，最初为低分子量的聚硅酸，然后增大聚合态成为胶体颗粒。硅在水溶液中的形态和溶液 pH 值有关，也和其浓度密切相关。硅浓度较高，且达到饱和时会发生聚合作用，可形成硅溶胶或凝胶，其形态更加复杂。

6.11.3　（含钒）伊利石、高岭石的溶解反应

伊利石在酸溶液中的溶解反应可以表示为：

$$KAl_2(AlSi_3O_{10})(OH)_2(s) + 10H^+ = K^+ + 3Al^{3+} + 3H_4SiO_4(aq)$$

根据相关物质的吉布斯自由能数据（见表 6-13），可计算伊利石溶解反应式的吉布斯自由能变和溶解反应平衡常数，见表 6-14。

表 6-13　伊利石水溶液体系高温热力学数据

温度/K	$\Delta G_T^\ominus$/kJ · mol^{-1}				
	$KAl_2(AlSi_3O_{10})(OH)_2$（s）	H^+	K^+	Al^{3+}	H_4SiO_4（aq）
298. 15	-6033. 21	6. 238344	-276. 06	-416. 726	-1515. 65
323. 15	-6040. 76	6. 640008	-278. 194	-407. 488	-1520. 29
348. 15	-6048. 98	6. 794816	-282. 851	-398. 99	-1525. 28
373. 15	-6057. 83	6. 706952	-283. 257	-391. 618	-1530. 65

表 6-14　伊利石溶解反应标准平衡常数

温度/K	$\Delta G_T^\ominus$/kJ · mol^{-1}	$\ln K_T^\ominus$	$K_T^\ominus$
298. 15	-102. 34901	41. 29	8.55×10^{17}
323. 15	-87. 165272	32. 44	1.23×10^{14}
348. 15	-72. 379016	25. 01	7.24×10^{10}
373. 15	-58. 165968	18. 75	1.39×10^{8}

可以看出，在各温度下，溶解反应的 $\Delta G^\ominus$ 均小于零，表明溶解反应在此条件下可自发进行，溶解反应在各温度下的标准平衡常数较大，最小为 1.39×10^8，说明溶解反应可进行的程度很大。

高岭石和伊利石同属于层状铝硅酸盐矿物，组成元素亦主要为硅和铝，其溶解情况和伊利石类似，主要涉及硅和铝的溶解。高岭石在酸溶液中的溶解反应可以表示为：

$$Al_4[Si_4O_{10}](OH)_8(s) + 12H^+ = 4Al^{3+} + 4H_4SiO_4(aq) + 2H_2O$$

根据相关热力学数据，可计算出高岭石溶解反应的标准平衡常数，见表 6-15。可以看出，各温度下，溶解反应的吉布斯自由能变均为负值，且绝对值较大，$\ln K_T^\ominus$ 值也较大，表明溶解反应进行趋势很大，可进行得非常完全。高岭石溶解反应标准平衡常数远大于伊利石，这或许与二者的晶体结构有关，高岭石为 1：1 型结构，而伊利石为 2：1 型结构，高岭石中铝氧八面体可直接与浸出剂接触，而伊利石中铝氧八面体则不能。

表 6-15 高岭石溶解反应的标准平衡常数

温度/K	$\Delta G_T^{\ominus}$/kJ · mol^{-1}	$\ln K_T^{\ominus}$
298. 15	−6712. 5753	2707. 97
323. 15	−6711. 8054	2498. 19
348. 15	−6713. 0983	2319. 24
373. 15	−6716. 6254	2165. 00

6. 11. 4 赤铁矿溶解反应

石煤原矿中含有约 3. 9% 的黄铁矿，石煤在 750℃ 焙烧后，黄铁矿氧化为赤铁矿（Fe_2O_3）。在酸浸过程中，赤铁矿会发生溶解反应，其反应方程式可写作：

$$Fe_2O_3\ (s) + 6H^+ \xlongequal{\quad} 2Fe^{3+} + 3H_2O$$

根据相关热力学数据，计算标准平衡常数，如表 6-16 所示。可以看出，反应 $\Delta G^{\ominus}$ 值大于零，反应不可自发进行，说明赤铁矿在酸浸过程中很难浸出。

表 6-16 赤铁矿溶解反应标准平衡常数

温度/K	$\Delta G_T^{\ominus}$/kJ · mol^{-1}	$\ln K_T^{\ominus}$	$K_T^{\ominus}$
298. 15	21. 56434	−8. 69944	1.67×10^{-4}
323. 15	34. 20838	−12. 7326	2.95×10^{-6}
348. 15	46. 71854	−16. 1403	9.78×10^{-8}
373. 15	59. 0739	−19. 0415	5.37×10^{-9}

6. 12 钒的氧化物、碳化物和氮化物的热力学特征

在 V-O 体系中，存在的主要氧化物有 V_2O_5、V_2O_4、V_2O_3 和 VO，其标准生成自由能为：

$$2V(s) + O_2(g) \xlongequal{\quad} 2VO(s)$$

$$\Delta G^{\ominus} = -803328 + 148.78T \quad (J/mol) \quad (1500 \sim 2000K)$$

$$4/3V(s) + O_2(g) \xlongequal{\quad} 2/3V_2O_3(s)$$

$$\Delta G^{\ominus} = -800538 + 150.624T \quad (J/mol) \quad (1500 \sim 2000K)$$

$$V(s) + O_2(g) \xlongequal{\quad} 1/2V_2O_4(s)$$

$$\Delta G^{\ominus} = -692452 + 148.114T \quad (J/mol) \quad (1500 \sim 1818K)$$

$$4/5V(s) + O_2(g) \xlongequal{\quad} 2/5V_2O_5(l)$$

$$\Delta G^{\ominus} = -579902 + 126.91T \quad (J/mol) \quad (1500 \sim 2000K)$$

这些氧化物的氧势图如图 6-21 所示。可以看出，钒氧化物的稳定性顺序为 $VO>V_2O_3>V_2O_4>V_2O_5$。当以 V_2O_5 为原料进行碳还原时，遵守逐级还原理论，即最难还原的是 VO。

在 V-C 体系中，存在的碳化物为 V_2C 和 VC，但当碳含量高时其稳定相为 VC。VC 的生成反应和标准生成自由能 $\Delta G^{\ominus}$ 为：

$$V(s) + C(s) \xlongequal{\quad} VC(s) \qquad \Delta G^{\ominus} = -102090 + 9.581T \quad (J/mol)$$

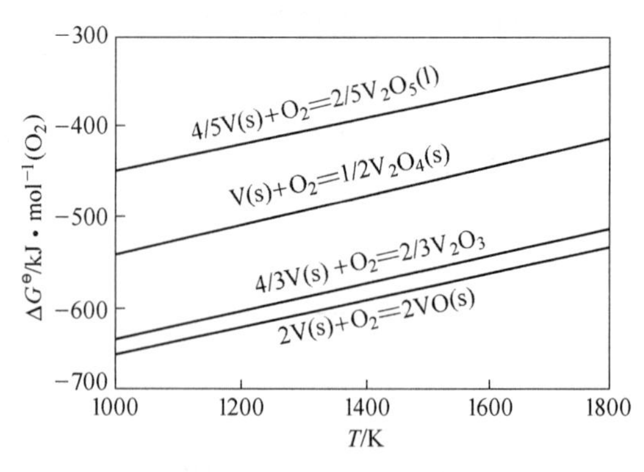

图 6-21 钒氧化物的氧势图

说明金属钒的碳化过程为放热过程。

在 V-N 体系中，氮化钒为复杂组态的氮化物 VN_x，其中 x 值在0.5~1之间，此值与体系的氮分压 p_{N_2}和温度 t 有关，即在一定的 t 下，p_{N_2}增大时 x 值也大，当 p_{N_2}一定时，t 升高则 x 值减少。通常在 V-N 体系中的稳定相为 VN，其生成反应和标准生成自由能为：

$V(s) + 1/2N_2(g) \longrightarrow VN(s) \qquad \Delta G^\ominus = -214639 + 82.425T \quad (J/mol)$

说明钒的氮化过程也是放热过程。

6.13 V-O-C 体系中碳还原制备金属钒的热力学

钒氧化物还原生成金属钒，其反应式和标准生成自由能为：

$V_2O_5(s) + 5C(s) \longrightarrow 2V(s) + 5CO(g) \qquad \Delta G^\ominus = 1004070 + 867.74T \quad (J/mol)$

$VO_2(s) + 2C(s) \longrightarrow V(s) + 2CO(g) \qquad \Delta G^\ominus = 954000 - 654.32T \quad (J/mol)$

$V_2O_3(s) + 3C(s) \longrightarrow 2V(s) + 3CO(g) \qquad \Delta G^\ominus = 859700 - 495.64T \quad (J/mol)$

$VO(s) + C(s) \longrightarrow V(s) + CO(g) \qquad \Delta G^\ominus = 310300 - 166.21T \quad (J/mol)$

当 $\Delta G^\ominus=0$ 时，开始还原温度分别为 1157K、1458K、1735K、1867K。

在 V-O-C 体系中，有实际意义的反应过程是以 V_2O_5 或 V_2O_3 为原料的碳还原过程，还原过程为逐级进行的，故重点讨论氧化物 VO 碳还原过程。根据如下反应：

$2V(s) + O_2(g) \longrightarrow 2VO(s) \qquad \Delta G^\ominus = -803328 + 148.78T \quad (J/mol)$

$2C(s) + O_2(g) \longrightarrow 2CO(g) \qquad \Delta G^\ominus = -225754 - 1731028T \quad (J/mol)$

可得到 VO 的碳还原反应为：

$VO(s) + C(s) \longrightarrow V(s) + CO(g) \qquad \Delta G^\ominus = 288787 - 160.904T \quad (J/mol)$

用碳质还原剂还原 V_2O_5 或 V_2O_3 时，在标准状态下，最高开始还原温度高达 $T_{始}$ = 1794.77K(1521.77℃)。要想降低还原温度，只能降低 CO 的分压。不同的 p_{CO}对应有不同的开始还原温度。

(1) 当 $p_{CO}=101325\times10^{-1}$Pa 时，对于反应：

$$VO(s) + C(s) \longrightarrow V(s) + CO(g) \qquad (101325 \times 10^{-1}Pa)$$

$$\Delta G = \Delta G^\ominus + RT\ln(p_{CO}/p^\ominus) = 288787 - 180.048T \quad (J/mol)$$

当 $\Delta G=0$ 时，开始还原温度 $T_{始}$ = 1603.95K(1330.95℃)。

（2）当 $p_{CO}=101325\times10^{-2}$Pa 时，上述反应的 ΔG 为：

$$\Delta G = \Delta G^{\ominus} + RT\ln(p_{CO}/p^{\ominus}) = 288787 - 199.191T \quad (\text{J/mol})$$

当 $\Delta G=0$ 时，开始还原温度 $T_{始}=1449.8\text{K}(1176.8℃)$。

（3）当 $p_{CO}=101325\times10^{-3}$Pa 时，上述反应的 ΔG 为：

$$\Delta G = \Delta G^{\ominus} + RT\ln(p_{CO}/p^{\ominus}) = 288787 - 218.335T \quad (\text{J/mol})$$

当 $\Delta G=0$ 时，开始还原温度 $T_{始}=1322.68\text{K}(1049.68℃)$。

（4）当 $p_{CO}=101325\times10^{-4}$Pa 时，上述反应的 ΔG 为：

$$\Delta G = \Delta G^{\ominus} + RT\ln(p_{CO}/p^{\ominus}) = 288787 - 237.479T \quad (\text{J/mol})$$

当 $\Delta G=0$ 时，开始还原温度 $T_{始}=1216.05\text{K}(943.05℃)$。

制备金属钒过程中的开始还原温度 $T_{始}$与体系压力（p_{CO}）的关系如图 6-22 所示。从图中可看出，钒的氧化物用碳还原时，真空条件下可大幅降低还原温度。

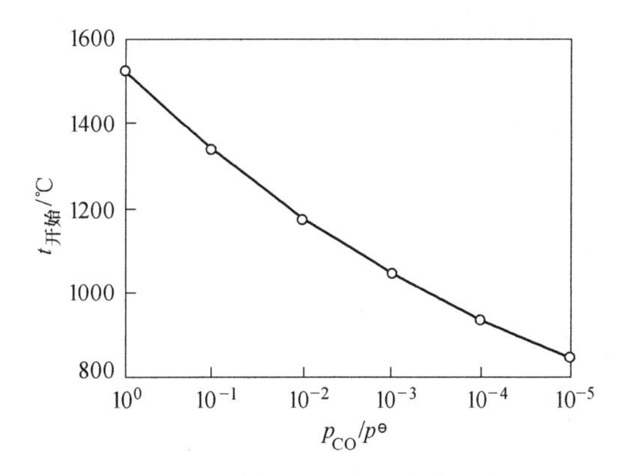

图 6-22 C 还原 VO 时开始还原温度 T 与真空度（p_{CO}）的关系

6.14 氧化钒制备碳化钒过程的热力学

采用固体 C 为还原剂，下列各化学反应过程标准生成自由能为：

$$V_2O_5(s) + C(s) = 2VO_2(s) + CO(g) \quad \Delta G^{\ominus} = 49070 - 213.42T \quad (\text{J/mol})$$

$$2VO_2(s) + C(s) = V_2O_3(s) + CO(g) \quad \Delta G^{\ominus} = 95300 - 158.68T \quad (\text{J/mol})$$

$$V_2O_3(s) + C(s) = 2VO(s) + CO(g) \quad \Delta G^{\ominus} = 239100 - 163.22T \quad (\text{J/mol})$$

$$VO(s) + C(s) = V(s) + CO(g) \quad \Delta G^{\ominus} = 310300 - 166.21T \quad (\text{J/mol})$$

可以算出，V_2O_5、VO_2、V_2O_3、VO 的开始还原温度分别为 229.9K、600.5K、1464.9K、1866.9K，因此钒氧化物稳定性的顺序为 $V_2O_5<VO_2<V_2O_3<VO$，当以 V_2O_5 为原料进行还原时将遵守逐级还原理论，V_2O_5 最易还原，VO 最难还原。

在 V-O-C 体系中，根据另外的热力学数据：

$$VO(s) + C(s) = V(s) + CO(g) \quad \Delta G^{\ominus} = 288787 - 160.904T \quad (\text{J/mol})$$

$$V(s) + C(s) = VC(s) \quad \Delta G^{\ominus} = -102090 + 9.581T \quad (\text{J/mol})$$

可以求得：

$$VO(s) + 2C(s) = VC(s) + CO(g) \quad \Delta G^{\ominus} = 186697 - 151.323T \quad (\text{J/mol})$$

当 $\Delta G^{\ominus}=0$ 时，$T_{始}=1233.76\text{K}(960.76℃)$。

可以看出，在用 C 还原 VO 时，在标准状态下，生成 VC 的还原温度比生成 V 的还原温度低近 561℃。所以用碳（C）还原 V_2O_5 或 V_2O_3 时将优先生成 VC。

对于钒氧化物直接碳化生成碳化钒，其反应式和标准生成自由能为：

$$V_2O_5(s) + 7C(s) = 2VC(s) + 5CO(g) \quad \Delta G^{\ominus} = 799890 - 848.578T \quad (J/mol)$$

$$VO_2(s) + 3C(s) = VC(s) + 2CO(g) \quad \Delta G^{\ominus} = 750820 - 634.74T \quad (J/mol)$$

$$V_2O_3(s) + 5C(s) = 2VC(s) + 3CO(g) \quad \Delta G^{\ominus} = 655520 - 476.06T \quad (J/mol)$$

$$VO(s) + 2C(s) = VC(s) + CO(g) \quad \Delta G^{\ominus} = 208210 - 156.42T \quad (J/mol)$$

当 $\Delta G^{\ominus}=0$ 时，其开始反应温度分别为 855K、1018K、1331K、1399K。可见 V_2O_5 碳化的温度最低，VO 的碳化温度最高，遵守氧化物中钒的价数越高其开始还原碳化温度越低的规律，为了降低碳化温度，应尽可能使 V_2O_5 在低温转化过程中转化为 VO_2；此外，比较金属钒与碳化钒的生成温度发现，金属钒的生成温度比碳化钒生成温度要高 300~500K，因此，在钒氧化物的还原碳化过程中，钒氧化物直接转化为碳化钒，该过程不生成金属钒。

6.15　V-O-C-N 体系中还原氮化过程的热力学

实际生产中，反应体系是一个混合气氛，所以钒氧化物都可能在一个碳氮混合体系中发生复杂的反应。

$$V_2O_5(s) + 5C(s) + N_2(g) = 2VN(s) + 5CO(g)$$

$$\Delta G^{\ominus} = 510552 - 653.9T \quad (J/mol)$$

显然，当 $\Delta G^{\ominus}=0$ 时，$T_{始}=508℃$，如果在非标准情况，增大 p_{N_2} 降低 p_{CO}，反应开始温度会更低。根据热力学上分析，V_2O_5 在其熔点温度范围以下就可以直接被还原氮化合成 VN。

$$V_2O_4(s) + 4C(s) + N_2(g) = 2VN(s) + 4CO(g)$$

$$\Delta G^{\ominus} = 525722 - 488.85T \quad (J/mol)$$

当 $\Delta G^{\ominus}=0$ 时，$T_{始}=1075℃$，表明 V_2O_4 的直接氮化温度应该在 1075℃以上。

$$V_2O_3(s) + 3C(s) + N_2(g) = 2VN(s) + 3CO(g)$$

$$\Delta G^{\ominus} = 430422 - 329.992T \quad (J/mol)$$

当 $\Delta G^{\ominus}=0$ 时，$T_{始}=1030℃$，说明 V_2O_3 在 1030℃以上温度就可以与 C、N 反应生成氮化钒。

$$VO(s) + C(s) + 1/2N_2(g) = VN(s) + CO(g)$$

$$\Delta G^{\ominus} = -64830 + 7.36T \quad (J/mol)$$

可见，VO 被碳还原氮化的过程为放热过程，因此，升高温度对反应不利，当温度达到某一值时该反应不能进行。综上，从热力学分析可知，钒氧化物在较低的温度都能同时被还原氮化生成 VN。

VC 氮化过程的热力学问题分析：在高温下用 C 作还原剂还原时，V_2O_3 将碳化还原优先生成 VC。高温下 VC 的氮化行为如下：

由于：

$$V(s) + C(s) = VC(s) \quad \Delta G^{\ominus} = -102090 + 9.58T \quad (J/mol)$$

$$V(s) + 1/2N_2(g) = VN(s) \quad \Delta G^{\ominus} = -214639 + 82.425T \quad (J/mol)$$

可得：

$$VC(s) + 1/2N_2(g) = VN(s) + C(s) \quad \Delta G^{\ominus} = -112549 + 72.844T \quad (J/mol)$$

当 $\Delta G^{\ominus}=0$ 时，可计算出由 VC 生成 VN 的最高温度 $T_{截止}=1271℃$，但在非标准状态下，ΔG 为：

$$\Delta G = -112549 + 72.844T_{截止} - 1/2RT\ln(p_{N2}/p^{\ominus}) \tag{6-11}$$

$$T_{截止} = 112549/[72.844 - 4.157\ln(p_{N2}/p^{\ominus})] \quad (K) \tag{6-12}$$

作 p_{N2}-$T_{截止}$ 关系曲线如图 6-23 所示。由图可知，$T_{截止}$ 随着氮气分压增大而增大，当氮气压力为 1MPa 时，反应截止温度为 1779K，当氮气压力为 0.01MPa 时，该反应截止温度为 1366K。所以，适当增大氮气分压有利于氮化反应。

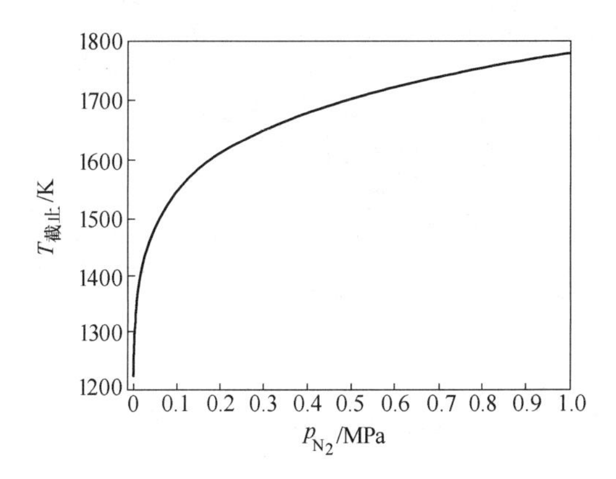

图 6-23 氮气分压与氮化反应截止温度关系

6.16 铝热法制备钒铁渣系的性能

电铝热法生产 FeV 产生的炉渣属于 CaO-Al_2O_3 系，CaO 和 Al_2O_3 两者通常约占渣成分（质量分数）的 95%以上，渣中 Al_2O_3 含量非常高，CaO 的质量分数一般不超过 20%，导致炉渣熔点很高，同时因过高的冶炼温度（>1800℃），导致镁质炉衬受到冲刷侵蚀而剥落，致使渣中 MgO 的质量分数高达 20%，进一步导致炉渣熔点升高，故此钒铁渣系又可看作 Al_2O_3-CaO-MgO 三元系。

采用热力学软件 FactSage 中的 Equilib 和 Phase Diagram 模块分别对 Al_2O_3-CaO-MgO 三元渣系的熔化性能及添加助熔剂后对渣系熔点的影响进行分析，并测定渣系的熔点，发现渣系熔点随 $w(Al_2O_3)/w(CaO)$ 比的升高先降低后升高，$w(MgO)$ 为 4% ~ 5% 时渣系熔点最低，对于 $w(Al_2O_3)/w(MgO) > 3$ 的渣系，$w(CaO)<30\%$ 时渣系熔点随 $w(CaO)$ 增加而降低，$2<w(Al_2O_3)/w(CaO)<2.5$，$w(MgO)$ 为 15%~18%时，钒铁渣中加 2.29%$AlCl_3$、4.86%Fe_2O_3 或 4.77%Na_2O 时均可降低原渣熔化性温度约 100℃。基渣成分见表 6-17。

表 6-17　基渣成分（质量分数）　(%)

渣样编号	Al_2O_3	CaO	MgO	V_2O_5	FeO	SiO_2
1 号	53.53	21.32	17.84	2.04	0.45	0.40
2 号	39.02	20.24	15.22	21.18	6.21	2.73

A/C 比的影响规律：图 6-24 为利用 FactSage 中 Equilib 模块计算得到的 Al_2O_3-CaO-MgO 三元系中 A/C 比对熔点的影响规律。总体来说，随着 A/C 比的增加，不同 MgO 含量渣系的熔点均呈先降低、后升高的趋势，且熔点最低点对应的 A/C 比随 MgO 含量的升高逐渐增大，即曲线谷底右移，低谷区 A/C 比值在 1~2。A/C 比值较高时，MgO 含量的影响趋势相同，随着 A/C 比的升高熔点升高趋势减缓。

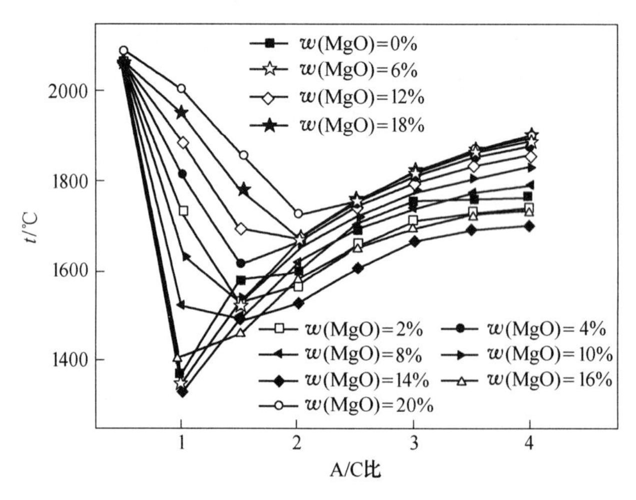

图 6-24　A/C 比值对 Al_2O_3-CaO-MgO 三元系熔点的影响

组元含量的影响规律：图 6-25 是计算的 Al_2O_3-CaO-MgO 三元系中组元 MgO、CaO 对熔点的影响。当炉渣 A/C = 0.5 时，MgO 对熔点的影响规律不明显，MgO 的质量分数达到 18%后会使熔渣熔点升高。当 A/C>1，随 A/C 的不同，MgO 含量对熔点的影响不尽相

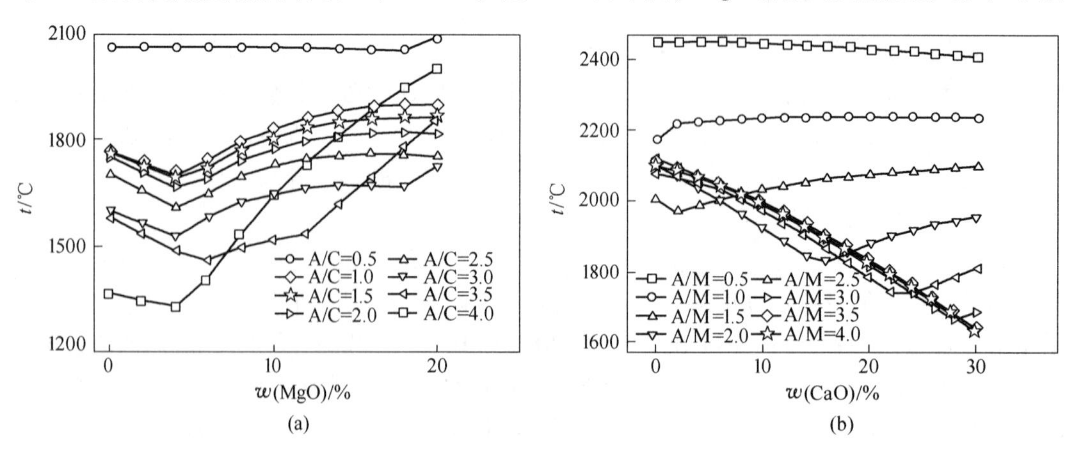

图 6-25　MgO（a）和 CaO 含量（b）对 Al_2O_3-CaO-MgO 三元系熔点的影响

同，总体来看，随 MgO 含量的增加，渣系熔点呈现先降低后升高的趋势，随 A/C 值的增大，MgO 影响较为平缓的低谷范围增大，MgO 的质量分数为 4%～5%时渣系熔点最低。当 A/M<1 时，CaO 含量对熔点影响不明显，当 A/M>1.5，随 A/M 比的增大，CaO 含量对熔点的影响趋势为先降低后升高，谷底位置右移，A/M>3 时 CaO 对渣系熔点降低趋势在计算范围内基本一致，其中 $A/M = w(Al_2O_3)/w(MgO)$。

利用 FactSage 热力学软件 Phase Diagram 和 Equilib 模块分别计算 CaO 含量对 CaO-Al_2O_3-22%MgO-1%SiO_2-2%FeO 系液相线的影响，以及 CaO、调渣剂 CaF_2 和 B_2O_3 单独或复合添加对 Al_2O_3-MgO-25%CaO-1%SiO_2-2%FeO 系在 1700℃液相量的影响。研究发现，电铝热法生产 FeV 的炉渣中，CaO 量分数应控制在 25%左右，此时熔化性能较好，调渣剂 CaF_2 的调渣效果好于 B_2O_3，Al_2O_3/MgO 质量比较高时二者不能复合使用。

图 6-26 是 FactSage 软件 Phase Diagram 模块计算的 CaO 含量对 CaO-Al_2O_3-22%MgO-1%SiO_2-2%FeO 系液相线的影响。随 CaO 含量升高，CaO-Al_2O_3-22% MgO-1%SiO_2-2% FeO 系液相线温度有一明显的先降后升趋势，在 CaO 质量分数约 22%处取得最低值 1730℃，成分在液相线最低点处的液相在降温时将同时析出镁铝尖晶石和氧化物。在计算成分范围内液相线下都有很宽大的液-固两相区，CaO 含量较低的一端液相降温时优先析出镁铝尖晶石，另一端将优先析出氧化物。CaO 质量分数在 10%、15%和 20%的液相，镁铝尖晶石的析出温度分别为 1970℃、1884℃和 1770℃。

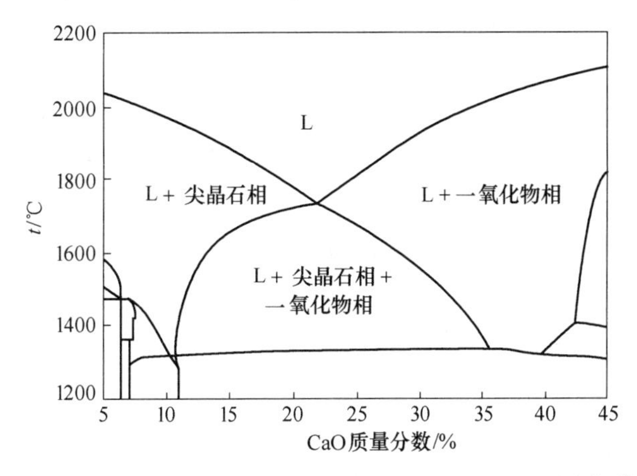

图 6-26 CaO 含量对 CaO-Al_2O_3-22%MgO-1%SiO_2-2%FeO 系液相线的影响

对铝热法冶炼高钒铁 A-C-M 三元渣系的特性进行分析。采用的攀钢钒业公司铝热冶炼高钒铁渣的化学成分见表 6-18。铝热高钒铁渣主要成分为 CaO-Al_2O_3-MgO 三元系，三者约占渣总量的 95%以上。

表 6-18 攀钢钒业公司高钒铁渣的化学成分范围 (%)

氧化物	Al_2O_3	CaO	MgO	FeO	SiO_2	VO_x	其他
含量	60～70	10～20	7～15	0.2～0.8	0.2～0.6	0.3～1.8	约 2

通过对固相高钒铁渣进行射线衍射分析，发现随着 Al_2O_3 含量逐步上升，炉渣组成主要有 $C_{12}A_7$（七铝酸十二钙 $12CaO \cdot 7Al_2O_3$，熔点 1413℃）、CA_2（二铝酸钙 $CaO \cdot 2Al_2O_3$，

熔点 1750℃)、CM_2A_8(一钙镁铝石，熔点 1760℃)、$C_2M_2A_{14}$(二钙镁铝石，熔点 1760℃)，以及少量的金属相和钒氧化物等，其他相较少，主要为 $C_{12}A_7$ 和 CA_2。由岩相分析得出高钒铁炉渣矿物相组成的体积分数如表 6-19 所示。

表 6-19 高钒铁炉渣矿物相体积分数 (%)

矿物相	$C_{12}A_7$	CA_2	CM_2A_8	$C_2M_2A_{14}$	金属相	VO_x	其他
体积分数	35~45	35~45	15~20	10~15	1~2	1~3	0.5~2

控制熔渣熔点低于 1750℃的区间为：Al_2O_3 在 50%~70%之间，CaO 在 10%~20%之间，MgO 不大于 15%，1<A/C<3。控制渣系熔点最根本在于调整渣的成分，针对现场渣而言，在含量无法降低的条件下，可考虑增加渣中 CaO 的含量，同时尽量减少炉衬中 MgO 进入渣中，以使熔渣熔点控制在较合理的范围内。单从渣的物化性质考虑，CaO 含量高，熔点低，黏度也低，对提高冶炼技术经济指标有利。实际上高钒铁渣处于相图中 CA-CA_2 区，炉渣熔点约 1600℃，并未处于炉渣熔点最低区，这是由于尽管增加 CaO 量可以形成 $C_{12}A_7$，其熔点更低，但 CaO 量增加，也使渣量增加，有价金属损失加大，同时，由于高铁熔点高达 1630℃，炉渣熔点过低，不利提高冶炼炉温，炉况控制困难，得到的高钒铁产品结晶不好，反而不利于提高冶炼回收率。

由于 CaO-Al_2O_3-MgO 三元系组元间形成简单化合物，熔渣密度和组元含量服从加和规则。忽略其他少量组元，以 Al_2O_3 : CaO : MgO = 4.5 : 1.5 : 1 计，铝热熔渣密度为 3615kg/m^3，与其他冶金炉渣相比，明显偏大。

综上，铝热钒铁熔渣主要为 $C_{12}A_7$ 和 CA_2。熔点和密度均较高，渣中钒损失有金属相及钒氧化物，适当提高温度和增加 CaO 含量，有利于减少钒损失和改善技术经济指标。渣中 MgO 含量对熔渣熔点影响较大，增加渣中 CaO 的含量，同时减少炉衬中 MgO 进入渣中，可将熔渣熔点降低。MgO 对铝热炉渣物化性能有较大影响，Al_2O_3/CaO 值与 MgO 含量过高是造成铝热冶炼炉渣熔点高、黏度大的主要原因。

6.17 钒铝中间合金的还原与精炼机理

航空航天工业中，用量最大的中间合金为钒铝中间合金，占 80%左右，其次为钼铝中间合金，约占 10%左右。钒铝合金是生产钛合金 $TiAl_6V_4$ 和不含铁含钒特殊合金的元素添加剂，在 $TiAl_6V_4$ 合金中钒是一种强的 β 稳定剂。常用的钒铝合金有 AlV_{55}、AlV_{65}、AlV_{85}。AlV_{55}和 AlV_{65}主要用于制备 $TiAl_6V_4$ 合金；AlV_{85}主要用来配制含钒等于或大于铝的钛合金。目前国内广泛生产和使用 AlV_{55}合金，在国际航空航天工业中应用最广泛的是 AlV_{65}中间合金。与传统的钒铝 55 合金相比，钒铝 65 合金具有渣-金属分离效果好、有害杂质含量低、可见氧化膜与氮化膜少及成分均匀性好等优点，将是我国钒铝中间合金的发展方向。

钒铝合金的生产方法主要有“铝热法”(一步法)和“铝热法+真空精炼法”(两步法)。一步法工艺生产成本低、操作简单，国内多数企业采用，与两步法工艺相比，产品成分的均匀性差，杂质含量相对较高，只能用于民用合金添加剂。军用及宇航级钛合金对钒铝中间合金的质量要求高，杂质含量要低，成分均匀性要好，只能采用两步法生产。

铝热法是用铝作还原剂，在高温下将 V_2O_5 等钒的氧化物还原成金属钒，并与过量的熔融铝结合，形成钒铝合金，同时放出大量的热，主要化学反应如下：

$$3V_2O_5 + 10Al = 6V + 5Al_2O_3 \qquad \Delta H_{298}^{\ominus} = -370.32\text{kJ/mol}$$

$$mV + nAl = V_mAl_n - Q$$

其他副反应为:

$$Fe_2O_3 + 2Al = 2Fe + Al_2O_3 \qquad \Delta H_{298} = -8.47 \times 10^2\text{kJ/mol}$$

$$3SiO_2 + 4Al = 3Si + 2Al_2O_3 \qquad \Delta H_{298} = -7.61 \times 10^2\text{kJ/mol}$$

$$KClO_3 + 2Al = KCl + Al_2O_3 \qquad \Delta H_{298} = -1.71 \times 10^3\text{kJ/mol}$$

钒与铝形成化合物 AlV_3、AlV_6、Al_5V_8 及 AlV_{11}。为了保持铝热反应的自发冶炼过程，其单位炉料热量应大于2730kJ/kg，而用铝还原 V_2O_5 的 $\Delta H_{298}^{\ominus}$是-370.32kJ/mol，换算为单位炉料发热量约为4538kJ/kg（临界发热量），即放出的热量已足以满足需要，该热量不仅能使反应自发进行，且还可将反应产物加热至熔点以上，反应几乎是爆炸性的。因此研究合适的炉料热量以控制反应的激烈程度是铝热法冶炼钒铝合金的关键技术之一。

精炼是将铝热法冶炼的钒铝合金粗品配加适量金属铝，在真空感应炉内重熔，目的是:（1）使钒铝合金粗品和添加的金属铝充分融合，获得成分均匀、钒和铝含量符合标准的钒铝合金产品；（2）脱除产品中的气体等杂质，使其满足标准。

针对影响两步法冶炼钒铝合金过程的主要因素进行研究，同时对两步法产品进行金相检测分析，结果表明：控制合适的炉外法单位炉料热量、真空精炼中出炉时过热度等可使钒回收率和产品表观质量得到较大提高。铝热冶炼工序合适的单位炉料热量为3250kJ/kg，真空精炼中最佳出炉过热度为30℃，该条件下得到的钒铝合金全元素化学成分满足GfE公司标准要求。

试验采用两步法（铝热法+真空精炼）制备了航空航天级AlV50合金。采用的冷却剂为自身产生的本渣和碎合金，通过加入冷却剂来调节整个反应的激烈程度，从而达到控制反应节奏的目的。冷却剂加量不同，单位炉料热量就会随着变化，单位炉料热量与钒回收率关系如图6-27所示。可知，冶炼时单位炉料热效应在3250kJ/kg左右较为适宜。

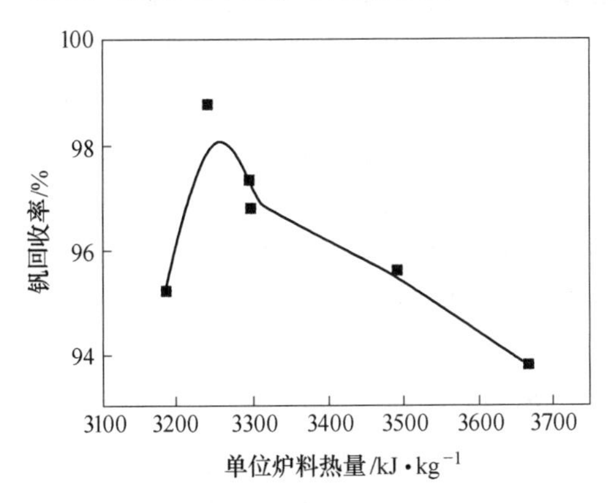

图 6-27　单位炉料热量与钒回收率关系

真空精炼中出炉过热度对钒收率及产品表观质量有一定影响，另对合金中钒收率也有影响。在试验条件下，结合钒铝合金的熔点（1620℃），对出炉过热度进行了试验，得出了出炉温度对钒回收率的影响，如图6-28所示。

研究表明，合金中钒的回收率随着过热度的增大呈现先增大后减小的趋势，在30℃左

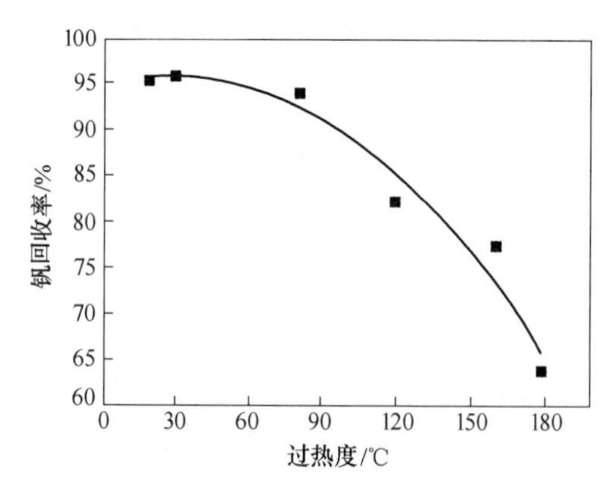

图 6-28　过热度与钒回收率关系

右出现最高点，达到 95.62%。出炉温度低，造成炉内残留合金过多，同时合金表面容易形成黑皮，在精整时造成回收率过低；出炉温度高时，造成合金液在浇铸模内崩溅严重，回收率也会降低。同时在产品的表观质量方面，出炉温度在 1650℃左右时，合金表观质量最好，此温度恰好在合金的熔点附近。过热度 30℃，合金液流动性适当，浇注到锭模后，成型速度适当。在过热度低于 30℃时，浇注过程中很多合金液表面黏性高，流动性差，很快冷凝成型，造成最终合金饼成型效果差，夹杂及孔洞较多。在过热度高于 30℃时合金液过热度高，浇注到锭模后还在剧烈翻腾，又由于在真空度较高的情况下，合金内压强远大于外部环境压强，致使合金液跳出锭模，最终合金裂纹及孔洞较多，合金饼多呈蜂窝状，表观质量较差。因此，综合考虑出炉时过热度在 30℃左右时，合金中钒的回收率与合金的表观质量都很好。

采用 V_2O_5 粉和 Al 粉为原料，通过铝热还原法制备高钒铝合金，研究反应物配比中 Al 含量对制备的高钒铝合金纯度和钒回收率的影响。结果表明：当反应物配比中 Al 欠量 5%时，高钒铝合金的纯度最高，为 98.45%，随着反应物配比中 Al 含量的增加，高钒铝合金的纯度降低，钒的回收率增加，在 Al 过量 15%时，回收率最高为 92.4%（质量分数）。高钒铝合金的布氏硬度在 Al 欠量 5%时最低，为 HB 213.6；在 Al 过量 15%时，布氏硬度最大，为 HB 250。通过调节原料中 Al 含量可以制备不同纯度的高钒铝合金。

对 AlV65 合金的制备工艺和凝固过程进行分析。AlV65 合金采用金属热还原反应工艺，即以 V_2O_5 粉和 Al 粉为原料，按照一定比例混合后置于坩埚内，通过金属热还原反应生成钒铝中间合金。图 6-29 是钒铝合金凝固相图。

可以看出，钒铝合金在 1670℃存在一个包晶反应，包晶平台的钒成分范围为 42%～62%（质量分数）。AlV55 合金处于该包晶反应的过包晶区，AlV65 合金则处于初生包晶相区。AlV55 合金和 AlV65 合金液相线温度分别为 1810℃和 1840℃，后者比前者高约 30℃。在平衡或近平衡凝固过程中，AlV55 合金在约 1810℃开始在液相中生成初生相 V——铝在钒中的固溶体。当温度降到 1670℃，发生如下包晶反应：

$$L + V \rightleftharpoons Al_8V_5$$

在初生相的晶粒间生成金属间化合物 Al_8V_5。因此对于合金锭，其最终的凝固组织为初生相 V 枝晶和枝晶间的 Al_8V_5 相，Al_8V_5 相的体积分数大于 V 相的体积分数。AlV65 合金开

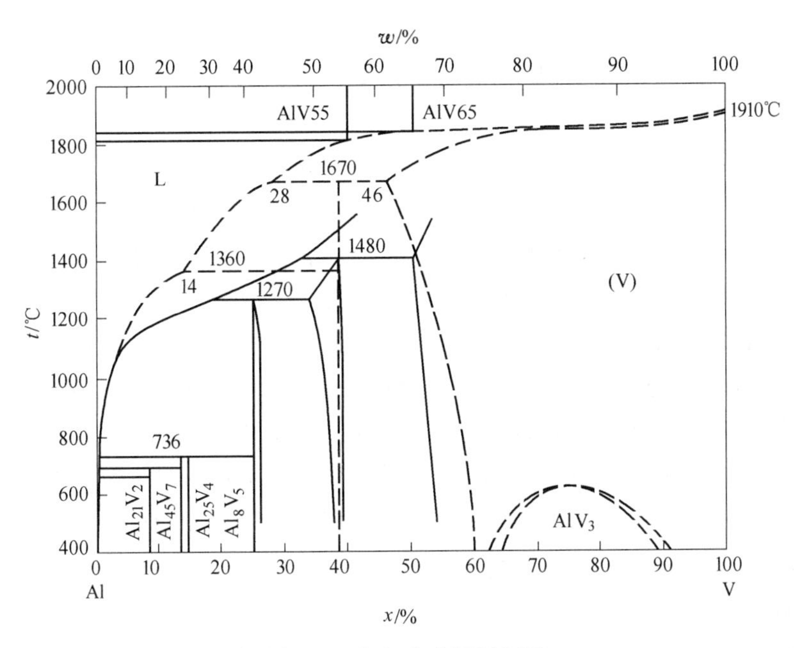

图 6-29 钒铝合金凝固相图

始凝固时处于单相区。凝固过程中，在约 1840℃ 开始从液相中生成 V 相，直到所有液相变为 V 相结束凝固。合金锭的最终凝固组织为大量 V 相和少量的 Al_8V_5 相。

采用微波加热辅助自蔓延法研究钒铝合金制备工艺，计算 Al-V_2O_5-CaO 体系进行自蔓延高温合成反应的绝热燃烧温度和单位质量反应热，通过对 V_2O_5-Al-CaO 体系的热力学计算和热分析，可以得出，该体系反应的理论绝热燃烧温度为 T_{ad} = 2469 ~ 2973K，铝还原五氧化二钒时的实际单位原料反应热大约为 3965kJ/kg，该反应是自蔓延反应，证明体系能进行自蔓延高温合成。同时采用热分析实验研究体系的反应动力学，计算出主反应 Al 还原 V_2O_5 的表观活化能值为 205. 2kJ/mol，起始反应温度为 670℃，且反应属于液-固反应。最终结果表明，用 V_2O_5-Al-CaO 通过微波辅助 SHS 方法可以制备出钒铝中间合金，制得的合金微观组织主要为灰暗色的 V-Al 合金基体，并含有少量白色、灰白色颗粒或块状的非金属混合夹杂物。

6. 18 金属钒的电解与还原热力学

金属钒的传统制备方法有钙热还原法、铝热还原法、镁热还原法、硅热还原法、真空碳还原等方法。与钛的电解类似，FFC 工艺则是在熔盐中直接电解氧化物制取金属单质，被认为是一种兼备能耗低、污染小的绿色冶金新工艺。

采用 V_2O_3 为原料，研究电化学方法制备金属钒的历程。将 V_2O_3 于在 10 ~ 25MPa 下成型、1000 ~ 1200℃ 下烧结 4 ~ 8h，在 $CaCl_2$-CaO 熔盐中用 FFC 法电脱氧制备金属钒。采用 V_2O_3 电极作为阴极，石墨作为阳极。在 900℃、预电解 10 ~ 12h、电解 5 ~ 12h、氩气保护的条件下，得到的金属钒纯度为 99. 05%。

实验中 V_2O_3 电脱氧反应的电池形式为:

(－) V_2O_3 | $CaCl_2$-0.5%molCaO | C（石墨）(＋)

V_2O_3 作为阴极，石墨作对电极。电极与电池反应如下：

阴极反应： $V_2O_3 + 6e = 2V + 3O^{2-}$

阳极反应： $3O^{2-} + 3/2C - 6e = 3/2CO_2$

施加电压为3.0~3.2V，反应温度为900℃，选用 $CaCl_2$ 和 CaO 熔融盐体系。电脱氧反应步骤为：(1) CaO 发生电离反应：$CaO \rightarrow Ca^{2+} + O^{2-}$；(2) 在电压的作用下 Ca^{2+} 离子在熔盐中向阴极（V_2O_3 电极）移动，并在阴极上得到电并被还原：$Ca^{2+} + 2e \rightarrow Ca$；(3) 反应生成的 O^{2-} 离子向阳极（石墨电极）移动，并在阳极上放电子生成 CO_2：$O^{2-} + 1/2C - 2e \rightarrow 1/2CO_2$；(4) Ca 单质与 V_2O_3 发生反应，V_2O_3 被还原生成单质 V，Ca 被氧化生成 CaO：$3Ca + V_2O_3 \rightarrow 2V + 3CaO$；(5) 生成的 CaO 被吸附在阴极（$V_2O_3$ 电极）上，部分 CaO 又回到熔盐中，被分解，部分 CaO 则与 V_2O_3 发生反应，生成了 CaV_2O_4：$V_2O_3 + CaO \rightarrow CaV_2O_4$；(6) CaV_2O_4 在阴极发生分解反应，生成 V、CaO 以及 O^{2-}：$CaV_2O_4 + 6e \rightarrow 2V + CaO + 3O^{2-}$；(7) O^{2-} 在电压的作用下进入到熔盐之中，向阳极迁移，并在阳极上放电，失去电子，以 CO_2 的形式逸出。

在 FFC 法制备金属钒的工艺条件下，通过研究不同阳极尺寸、电解温度、电解电压及熔盐体系对电解过程中的电流的影响，得到熔盐电化学还原制备金属钒的最佳工艺参数为：阳极采用石墨坩埚，熔盐体系采用 $CaCl_2$-NaCl 混合熔盐（22∶1，质量比），电解温度 900℃，电解电压 2.9V。电化学研究表明，V_2O_3 电极的还原分为三步进行，即 $V_2O_3 \rightarrow VO \rightarrow V_{16}O_3/VO_{0.5} \rightarrow V$，但中间步骤中有中间产物 CaV_2O_4 的生成。电解精炼研究表明，在 $CaCl_2$-NaCl-CaO 体系中进行电解精炼时产生的副产品钒酸钙影响了产品的质量。

对于传统的熔盐电解，在阳极，氧的析出电位较卤族元素的析出电位更负，因而优先放电产生氧气；在阴极，杂质金属的析出电位较被电解的金属更正，因而会优先析出，只有通过严格的电极电位控制才能降低杂质含量。V_2O_3 电脱氧反应的电池形式为：

(－) V_2O_3 | 熔盐 | C（石墨）(＋)

电极反应方程式如下：

阴极反应： $V_2O_3 + 6e = 2V + 3O^{2-}$

阳极反应： $3O^{2-} + 3/2C - 6e = 3/2CO_2$

在电解过程中施加的槽电压大小主要由三部分组成，即待电解金属的分解压、电解过程中的过电位以及欧姆电压降。金属氧化物分解所需的电能在数值上等于它在恒压下的生成自由能，即：$\Delta G^{\ominus} = -nFE$，或 $E = -(\Delta G^{\ominus}/nF)$，$n$ 为氧化还原反应得失电子数；F 为法拉第常数；$\Delta G^{\ominus}$ 为化合物的标准生成吉布斯自由能；E 为理论分解电压。由吉布斯自由能改变值与温度的关系 $\Delta G^{\ominus} = A + BT$，故 $E = -(A + BT)/(nF)$。在 900℃下，计算得到 V_2O_3 的理论分解电压为：

$$E = -(-1202900 + 237.53 \times 1173)/(6 \times 97500) = 1.51\text{V}$$

用同样方法计算可以得到其他氧化物和熔盐在不同温度条件下的理论分解电压，见表 6-20。

表 6-20 氧化物和熔盐的理论分解电压

化学反应	氧化物与氯化物的理论分解电位 E/V	
	850℃	900℃
$V_2O_3(s) = 2V(s) + 3/2O_2(g)$	1.62	1.51
$CaCl_2(l) = Ca(s) + Cl_2(g)$	3.29	3.25
$Ca(l) + 1/2O_2(g) = CaO(s)$	2.70	2.67
$Na(s) + 1/2\ Cl_2(g) = NaCl(s)$	3.18	3.13
$H_2(g) + 1/2O_2(g) = H_2O(g)$	0.96	0.94

V_2O_3 在熔盐中的电化学还原过程，可以解释为固态 V_2O_3 在阴极被还原成钒，而 O^{2-} 逐步离开阴极（工作电极）表面溶解到熔盐中，并在阳极石墨上放电。

用 FFC 法以液态 V_2O_5 为原料制备金属钒的过程中，将盛有 V_2O_5 的小石墨坩埚置于装有熔盐的刚玉坩埚底部作为阴极，石墨棒作为阳极，摩尔比为 0.55∶0.45 的 $CaCl_2$-NaCl 作为电解质，研究温度、电压、成型压力对电解电流和金属纯度的影响。在温度范围为 750~850℃，电压范围为 2.9~3.1V，成型压力范围为 0~5MPa 的条件下进行电解，获得了最佳的反应温度为 800℃，电解电压为 3.0V，压片成型压力为 3MPa。可以认为，液态 V_2O_5 电解还原分为三个步骤，反应过程中生成了 VO_2、V_2O_3、CaV_2O_4、$V_{16}O_3$ 等中间产物，得出反应顺序为 V_2O_5 先还原为 VO_2、V_2O_3，V_2O_3 与 CaO 结合生成 CaV_2O_4，CaV_2O_4 被还原为钒和 $V_{16}O_3$ 低价钒氧化物，低价氧化物最终被还原成金属钒。

用 FFC 法研究 V_2O_3 制备金属钒的参数与机理时，可以得到最佳制备钒的工艺条件：成型压力为 20MPa，烧结温度和时间为 1100℃、4h，石墨坩埚作阳极；在电解电压为 2.9V 的条件下，提高电解温度减小了制备金属钒粉的粒度；V_2O_3 的还原是从电极表面开始的由外到内，由高价到低价的逐步还原过程。通过对不同电解时间产物 X 射线和扫描电镜分析表明：V_2O_3 电极的还原过程分为三步进行，即 $V_2O_3 \rightarrow VO \rightarrow V_{14}O_6/VO_{0.5} \rightarrow V$，生成中间产物 CaV_2O_4。

通过研究自蔓延高温合成金属钒的热力学，采用金属铝粉和高纯 V_2O_5 粉末进行金属钒的自蔓延高温合成的反应如下所示：

$$3V_2O_5 + 10Al = 6V + 5Al_2O_3 \qquad \Delta G^{\ominus} = -3703261 + 247.941T$$

由 $\Delta G^{\ominus} < 0$ 解得 $T < 14936$K，即从热力学角度分析该反应是可以自发进行的。由于高温自蔓延反应是在瞬间完成的，热损失很少，可将 SHS 作为绝热体系，以便根据热容、生成焓和转变焓等热力学参数计算出自蔓延高温合成金属钒的 T_{ad}。自蔓延高温合成金属钒的相关物质的热力学数据见表 6-21。

表 6-21 相关物质的热力学数据

物质	温度范围/K	$C_p = a + b \times 10^{-3}T + c \times 10^5T^{-2} + d \times 10^{-6}T^2$ /J·(K·mol)$^{-1}$				$\Delta H^{\ominus}_{298}$ /J·mol^{-1}	T_m/K	ΔH_m /J·mol^{-1}
		a	b	c	d			
Al	298~933	31.376	-16.393	-3.607	20.753	0	933	10711
	933~2767	31.748	0	0	0			
	2767~3200	20.799	0	0	0			

续表 6-21

物质	温度范围/K	$C_p = a + b \times 10^{-3}T + c \times 10^5 T^{-2} + d \times 10^{-6} T^2$ /J·(K·mol)$^{-1}$				$\Delta H^{\ominus}_{298}$ /J·mol^{-1}	T_m/K	ΔH_m /J·mol^{-1}
		a	b	c	d			
Al_2O_3	298～800	103.81	26.276	−29.091	0	−1675274	2327	118407
	800～2327	120.516	9.192	−48.367	0			
	2327～3500	144.863	0	0	0			
V	298～600	26.489	2.632	−2.113	0	0	2175	20928
	600～1400	16.711	12.669	11.431	0			
	1400～2175	95.320	−50.459	−362.887	14.690			
	2175～3200	41.840	0	0	0			
V_2O_3	298～943	194.723	−16.318	−55.312	0	−1557703	943	65270
	943～3000	190.790	0	0	0			

可以计算出 T_{ad} = 3021K。SHS 反应中燃烧波能够自行维持的临界温度通常是 1800K，金属钒 SHS 的 T_{ad} 大于该温度值，因此，金属钒在 SHS 过程中其燃烧波能够自发进行。金属钒的单位热效应为 4988J/g，自蔓延高温合成反应非常剧烈，甚至会发生爆炸。

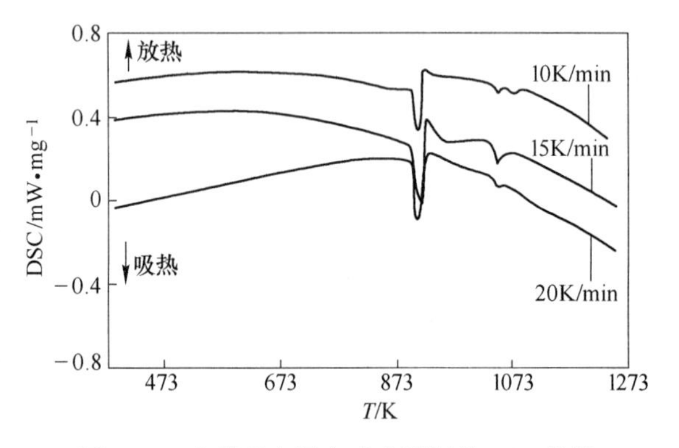

图 6-30　自蔓延高温合成金属钒的 DSC 曲线

不同升温速率下自蔓延高温合成金属钒的 DSC 曲线如图 6-30 所示。从图中可以看到两个吸热峰和一个放热峰。第一个吸热峰出现在 933K 左右，是铝熔化吸热所致；吸热峰后曲线的斜率明显增大，随后 943K 左右出现了放热峰，表明铝熔化后较大促进了自蔓延放热反应的进行，属于液-固反应；在 1035K 左右还有一较小的吸热峰，可能是未完全反应的铝与自蔓延反应生成的钒形成固溶体产生的。

6.19　钒电池充放电循环过程热力学

全钒氧化还原液流电池工作原理是分别以 V(Ⅳ)/V(Ⅴ) 和 V(Ⅱ)/V(Ⅲ) 的 H_2SO_4 溶液为正负极活性物质的液流电池。由于钒存在 V(Ⅱ)、V(Ⅲ)、V(Ⅳ)、V(Ⅴ) 等多种价态，可形成多组相邻的氧化还原电对，每个电对均具有特定的标准电势差值 $E^{\ominus}$，V(Ⅱ)/V(Ⅲ)、V(Ⅲ)/V(Ⅳ)、V(Ⅳ)/V(Ⅴ) 氧化还原电对的 $E^{\ominus}$ 值分别为−0.255V、0.337V 和 1.00V。其中 V(Ⅴ)/V(Ⅳ) 电对与 V(Ⅲ)/V(Ⅱ) 电对间存在约 1.26V 的电势差，这就为钒电池的存在提供了理论上的可能性。当对钒电池进行充放电时，电能的储存、释放通过不同价态钒离子间的相互转化而实现，具体电极反应如下：

正极：
$$VO^{2+} + H_2O \underset{放电}{\overset{充电}{\rightleftharpoons}} VO_2^+ + 2H^+ + e$$

负极：
$$V^{3+} + e \underset{放电}{\overset{充电}{\rightleftharpoons}} V^{2+}$$

对钒电池电解液的热力学性质进行研究，绘制出 E-pH 值图，分析不同价态钒离子存在的优势区域，以及稳定性与浓度、pH 值和 H_2SO_4 溶液浓度的影响规律。E-pH 值图取电位为纵坐标，取 pH 值为横坐标。与电位、pH 值有关的反应通式为：

$$bB + hH + ne = rR + wH_2O$$

式中，b，h，r，w 分别表示反应式中各组分的化学计量系数；n 为参加反应的电子数；a_B 为氧化态活度；a_R 为还原态活度。E-pH 值关系式的计算通式为：

$$E = \frac{1}{nF}\Delta G^{\ominus}_{T,P} + \frac{2.303RT}{nF}\lg\frac{a_B^b}{a_R^r} - \frac{2.303RT}{nF}h\text{pH} \tag{6-13}$$

298.15K 时，V-H_2O 二元体系的 E-pH 值图如图 6-31 所示。

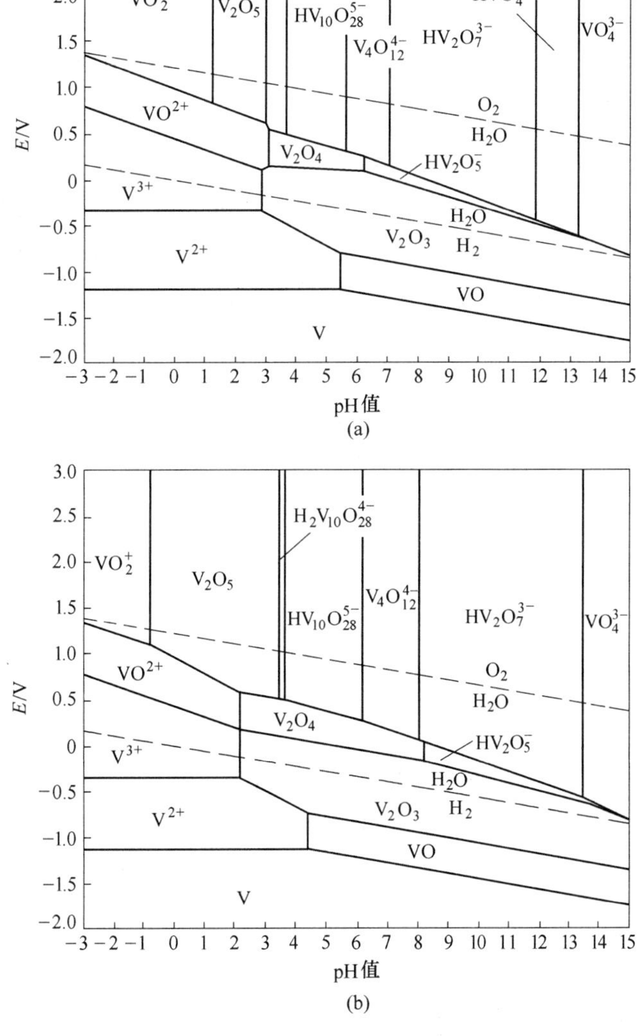

图 6-31 298.15K 时 V-H_2O 二元体系的 E-pH 值图

（(a)、(b) 中 V 浓度分别为 10^{-2}mol/L、1.0mol/L）

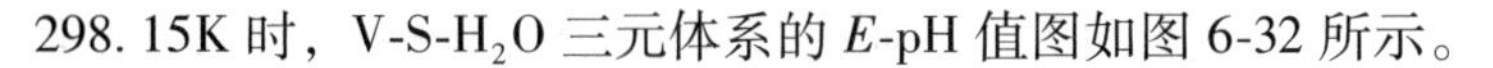

298.15K 时，V-S-H_2O 三元体系的 E-pH 值图如图 6-32 所示。

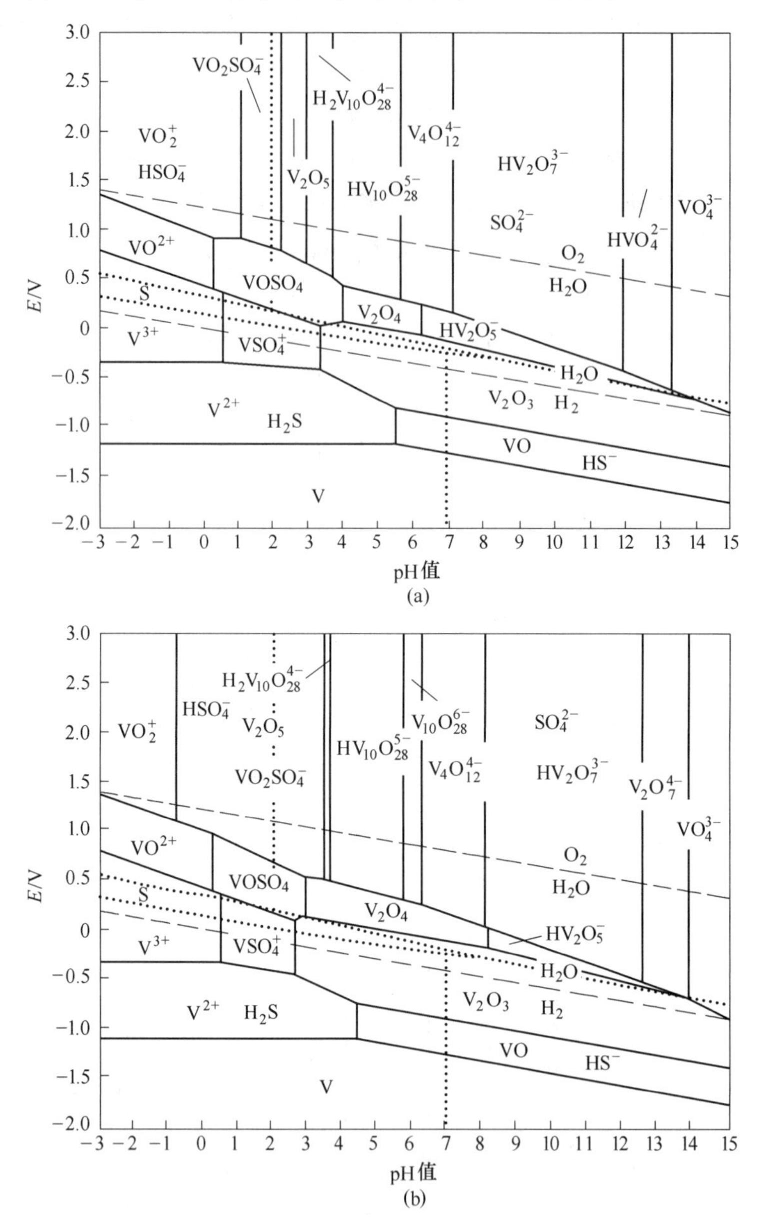

图 6-32　298.15K 时 V-S-H_2O 三元体系的 E-pH 值图

（(a)、(b) 中 V 浓度分别为 10^{-2}mol/L、1.0mol/L）

分析 E-pH 值图可知，V 的各种价态中五价 V 形成的物种最多，随 pH 值增大，五价 V 形成的化合物先由单核形成多核，再变为单核 V 的含氧化合物。当 V 离子活度越大，五价 V 固体 V_2O_5 越易形成，但与 VO_2^+、$H_2V_{10}O_{28}^{4-}$ 和 $VO_2SO_4^-$ 离子间在一定条件下可相互转化。五价钒的氧化性较强，从热力学上验证了五价 V 的氧化性高于 O_2 的氧化性。四价 V 和三价 V 易与硫酸根缔合，降低钒溶液中自由移动的 V 离子浓度。二价 V 和单质 V 具有较强的还原性，不易制取，也不稳定存在，其还原性高于 H_2。V 的物种和稳定区受 V 离

子浓度和 H_2SO_4 的影响。

以分析纯 V_2O_5 为原料，利用双氧水还原的方法制备钒电解液，并对五氧化二钒的溶解机理进行研究后，发现 V_2O_5 可能的溶解机理为：$V_2O_5+H_2O \rightarrow 2HVO_3$，尽管 V(Ⅴ) 有 12 种不同的存在形式，但在 pH≤1 的情况下，其主要存在形式为 VO_2^+，因此加入硫酸后其可能的反应为：$H^+ + HVO_3 \rightarrow VO_2^+ + H_2O$，加入双氧水之后，其可能的反应为：$VO_2^+ + H^+ + 1/2H_2O_2 \rightarrow VO^{2+} + H_2O + 1/2O_2$，故其总反应为：

$$V_2O_5 + 4H^+ + H_2O_2 \longrightarrow 2VO^{2+} + 3H_2O + O_2$$

关于正负极钒电解液的电解机理问题也做了实验研究。首先制备 0.1～1.8mol/L 的钒电解液，所制备的溶液为四价和五价钒的混合液。由于钒电池的充放电要求初始状态是正极为钒四价，负极为钒三价，制备的电解液各 50mL 分别储存在玻璃储液灌中，然后电解。结果发现，在充电过程中大约 2h 后（此为反应第一阶段）充电电压急剧上升，此时溶液为钒五价的特征颜色——黄色，以后正极反应为氧气的析出反应，其相关的反应如下：

$$VO^{2+} + H_2O - e \longrightarrow VO_2^+ + 2H^+$$

$$2H_2O - 4e \longrightarrow O_2 + 4H^+$$

约 5.2h 时（此为反应第二阶段），开路电压急剧上升，达到 0.73V，充电电压为 2.4V(0.73V 的开路电压略高于钒五价和钒三价的电位差 0.63V，可能的原因是充放电过程中的溶液内阻和电极过电位引起的)，说明此时钒负极全部为钒四价（溶液颜色为蓝色），并开始出现钒三价，相关的反应如下：

$$VO_2^+ + 2H^+ + e \longrightarrow VO^{2+} + H_2O$$

$$VO^{2+} + 2H^+ + e \longrightarrow V^{3+} + H_2O$$

约 10h 时（此为反应第三阶段），开路电压再次急剧上升，达到 1.45V，充电电压为 2.78V，此为五价钒和二价钒的电位差，说明此时负极钒电解液中钒离子全部为 3 价（溶液颜色为绿色），并开始出现钒二价，相关的反应如下：

$$V^{3+} + e \longrightarrow V^{2+}$$

约 17h 时（此为反应第四阶段），充电电压再次急剧上升，说明此时负极电解液全部为钒二价（溶液颜色为紫色），以后负极发生析氢反应，充电电压达到 3.30V，开路电压为 1.70V，此时正极为五价钒电解液，负极为二价钒电解液，充电过程完毕，然后以同样 $48mA/cm^2$ 恒定电流放电，大约 5h 之后，放电电压为 0，开路电压为 0.70V，放电完毕（此为反应第五阶段），得到正极钒四价电解液（溶液颜色为蓝色）和负极三价钒电解液（溶液颜色为绿色）。

对钒液流电池电解液的热力学研究情况进行分析，关于硫酸氧钒在硫酸水溶液中溶解度是研究者最关心的问题。Skyllas-Kazacos 等报道了 $VOSO_4$ 在 H_2SO_4 溶液中的溶解度。在 0～9mol/L 调整硫酸浓度，同时在 10～50℃ 改变温度，寻找 $VOSO_4$ 的最大溶解度，结果表明，$VOSO_4$ 的溶解度随硫酸浓度的增加而减小，在低温时溶解度随硫酸浓度的增加而减小的趋势更为明显，如图 6-33 所示。

通过从 Debye-Hückel 方程式出发，推导出了一个多变量的模型，作为温度和总 SO_4^{2-}/HSO_4^- 浓度的函数来预测溶解度。将此模型用于实验预测，所得溶解度数值的平均绝对偏差为 4.5%。将 H_2SO_4 浓度缩小到更有用的范围（3～7mol/L），则相关溶解度的平均绝对偏差仅有 3%。Oriji 等研究发现，V(Ⅳ)的电子状态完全不受硫酸浓度的影响。Shi 等研究了室温时 $VOSO_4$ 在 1~2mol/L H_2SO_4 中的溶解情况，结果与 Skyllas-Kazacos 等报道的一致，$VOSO_4$ 的溶解度随硫酸浓度的增加而减小，2mol/L $VOSO_4$+3mol/L H_2SO_4 组成的电解液具有更好的可逆性和更低的极化电阻。

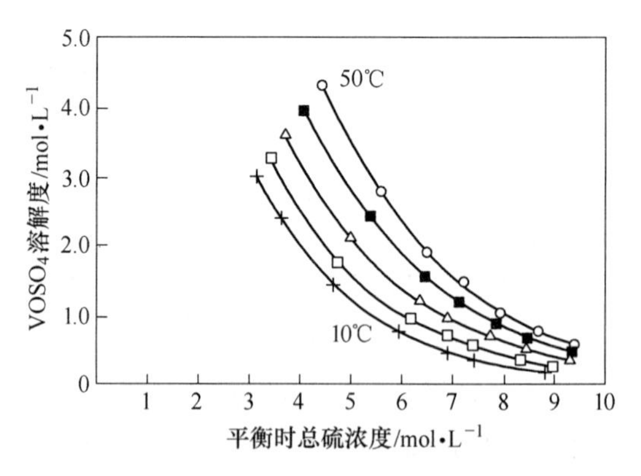

图 6-33　平衡时硫酸氧钒溶解度随总硫浓度的变化

关于热化学研究情况。Qin 等用恒温环境的溶解-反应热量计在 298.15±0.01K 下，测定了不同含水量的 $VOSO_4 \cdot nH_2O(s)$（n=4.21、3.90、3.00 和 2.63）在水中的摩尔溶解焓，他们利用 Archer 方法外推得到 $n=0$ 的无水 $VOSO_4$ 固体的标准摩尔溶解焓 $\Delta H_m = -49.19 \pm 0.65$ kJ/mol。还测定了 $VOSO_4 \cdot nH_2O(s)$ 在不同浓度的硫酸水溶液中的摩尔溶解焓，指出 $VOSO_4$ 在 H_2SO_4 水溶液中具有较高的能量状态；在 $VOSO_4$-H_2SO_4 水溶液中，由于受到硫酸二级解离平衡的影响，氧钒自由离子浓度大于其在纯水中的浓度。Qin 等还利用精密低温热量计测定了 $VOSO_4 \cdot 2.63H_2O(s)$ 的摩尔比热容，脱水温度 $T_{de}=378.9 \pm 0.3$K，脱水过程的焓变化 $\Delta H_m=116.4 \pm 0.1$kJ/mol，摩尔熵变化 $\Delta S_m=307.3 \pm 0.1$J/(K·mol)。

参 考 文 献

[1] 李远洲．底吹氧气转炉吹钒工艺的热力学分析［J］．马鞍山钢铁学院学报，1984（1）：12-15.

[2] 杨勇．CaO-SiO_2-Al_2O_3-MgO-V_2O_5 渣系中钒还原动力学研究［J］．钢铁钒钛，2005，26（4）：1-5.

[3] 孙健．电炉酸性钒钛渣还原的热力学与动力学研究［D］．沈阳：东北大学，2008.

[4] 张丙怀，刘清才．钒钛磁铁矿熔融还原渣系中钒还原的热力学规律［J］．金属学报，1993，29（5）：193-195.

[5] 唐鑫．钒钛铁水中钒钛热力学分析［J］．四川冶金，1993（4）：31-35.

[6] 杨素波．钒在铁液和转炉渣间分配的热力学研究［J］．钢铁，2006，41（3）：36-39.

[7] 肖建平，谢兵．钒渣熔融结构与性质的分子动力学模拟研究［D］．重庆：重庆大学，2009.

[8] 朱光俊．钢渣氯化浸取提钒工艺的动力学研究［J］．材料导报，2011，25（1）：258-260.

[9] 李丹柯，王雨．含钒铁水钒氧化动力学研究［D］．重庆：重庆大学，2009.

[10] 孙伟．石煤提钒的浮选工艺及吸附机理［J］．中国有色金属学报，2012，22（7）：2070-2074.

[11] 钒钛磁铁矿综合提取研究小组．铁-钒-钛氧化物选择性还原热力学［J］．钒钛，1991（3）：27-38.

[12] 徐楚韶．氧顶转炉吹炼低钒铁水钒氧化的动力学［J］．四川冶金，1993（4）：70-74.

[13] 刘清才．冶炼钒钛磁铁矿时铁液中钒的扩散及 V_2O_5 还原动力学［J］．钢铁钒钛，1996，17（2）：15-19.

[14] 甄小鹏，谢兵．转炉提钒过程中碳、钒氧化的热力学和宏观动力学研究［D］．重庆：重庆大学，2012.

[15] 杨勇．CaO-SiO_2-Al_2O_3-MgO-V_2O_5 渣系中钒熔融还原动力学［J］．北京科技大学学报，2006，28

（12）：1115-1119.
[16] 王金超 . pH 值对含钒浸出液的影响 [J]. 攀钢技术，1999，22（5）：9-12.
[17] 邱会东 . 低钒转炉钢渣提钒湿法工艺的动力学研究 [J]. 稀有金属材料与工程，2011，40（7）：1198-1201.
[18] 李兰杰，张力 . 钒钛磁铁矿钙化焙烧及其酸浸提钒 [J]. 过程工程学报，2011，11（4）：573-578.
[19] 李兰杰，娄太平 . 钒钛磁铁矿精矿钙化焙烧直接提钒研究 [D]. 沈阳：东北大学，2010.
[20] 闵世俊，曾英 . 钒钛磁铁矿尾矿中钒的提取工艺和动力学研究 [D]. 成都：成都理工大学，2009.
[21] 张菊花，张伟 . 钒渣钙化焙烧的影响因素及焙烧氧化动力学 [J]. 东北大学学报（自然科学版），2014，35（6）：831-835.
[22] 陈厚生 . 钒渣石灰焙烧法提取 V_2O_5 工艺研究 [J]. 钢铁钒钛，1992，13（6）：1-5.
[23] Inoue R. Distribution of Vanadium Between Liquid Iron and MgO Saturated Slag [J]. Transactions ISIJ, 1998, 22（9）：705-714.
[24] Virginie Nivoix，Bernard Gillot. Intermediate valencies of vanadium cations appearing during oxidation of vanadium-iron spinels [J]. Materials Chemistry and Physics, 2000（63）：24-29.
[25] Nohair M，Aymes D，et al. Infrared spectra-structure correlation study of vanadium-iron spinels and of their oxidation products [J]. Vibrational Spectroscopy，1995（9）：181-190.
[26] Yu L，Dong Y C，et al. Concentrating of vanadium oxide in vanadium rich phase（s）by addition of SiO_2 in converter slag [J]. Ironmaking Steelmaking，2007，34（2）：131-137.
[27] Inoue R，Suito H. Distribution of vanadium between liquid iron and MgO saturated slags of the system CaO-MgO-FeO-SiO_2 [J]. ISIJ，1982，22（9）：706-712.
[28] 徐耀兵 . 石煤灰渣酸浸提钒工艺中钒的浸出动力学 [J]. 过程工程学报，2010，10（1）：60-65.
[29] 李静 . 石煤提钒焙烧工艺及机理探讨 [J]. 湖南有色金属，2007，23（6）：7-10.
[30] Kitamura S，Shibata H，et al. Kinetic Model of Hot Metal Dephosphorization by Liquid and Solid Coexsiting Slags [J]. Steel Research Int，2008，79（8）：586-591.
[31] Howard R L，Richards S R，Welch B J，Moore J J. Vanadium Distribution in Melts Intermediate to Ferroalloy Production from Vanadiferous Slag [J]. Metallurgical and Materials Transactions，1994，25B：27-32.
[32] 郑琍玉 . 石煤提钒碱浸过程动力学研究 [J]. 稀有金属，2011，35（1）：101-104.
[33] 刘建朋 . 石煤提钒水浸过程的动力学研究 [J]. 有色金属（选矿部分），2008（4）：15-18.
[34] 张国范 . 石煤脱硅渣中钒的浸出动力学 [J]. 有色金属（冶炼部分），2012（6）：1-5.
[35] 何东升，冯其明 . 石煤型钒矿焙烧-浸出过程的理论研究 [D]. 长沙：中南大学，2009.
[36] 陈铁军 . 石煤循环氧化法提钒焙烧过程氧化机理研究 [J]. 金属矿山，2008（6）：62-66.
[37] 陈海军 . 两步法制备钒铝合金试验研究 [J]. 钢铁钒钛，2012，33（6）：11-15.
[38] 喇培清 . 铝热法制备高钒铝合金的研究 [J]. 粉末冶金技术，2012，30（5）：371-375.
[39] 黎明 . 提高钒铝合金冶炼回收率的途径探讨 [J]. 铁合金，2000（4）：11-15.
[40] 顾东燕，王淑兰 . 稀有金属钒的制备和机理研究 [D]. 沈阳：东北大学，2011.
[41] 尹丹凤 . 自蔓延高温合成金属钒的热力学研究 [J]. 有色金属（冶炼部分），2014（1）：37-41.
[42] 宋明明，宋波 . 电铝热法冶炼钒铁渣熔化性能 [J]. 工程科学学报，2015，37（4）：436-440.
[43] 孙朝晖，杨仰军 . 两步法冶炼高钒铁技术探讨 [J]. 钢铁钒钛，2010，31（1）：1-5.
[44] 曹敏，宋波 . 铝热法冶炼钒铁渣的熔化性能 [J]. 北京科技大学学报，2014，36（2）：161-165.
[45] 王永钢 . 铝热法冶炼高钒铁 A-C-M 三元渣系的特性分析 [J]. 北京科技大学学报，2014（1）：9-13.
[46] 徐先锋，王玺堂 . 氮化钒制备过程的研究 [D]. 武汉：武汉科技大学，2003.

[47] 梁连科. 金属钒（V）、碳化钒（VC）和氮化钒（VN）制备过程的热力学分析［J］. 钢铁钒钛，1999，20（3）：43-48.
[48] 张云龙. 熔融状态下炭还原制取钒铁钛铁合金的热力学探讨［J］. 铁合金，1985（6）：1-5.
[49] 高锋，付念新. 三氧化二钒碳热还原氮化制备碳氮化钒的基础研究［D］. 沈阳：东北大学，2006.
[50] 吴恩熙，颜练武. 氧化钒制取碳化钒的热力学分析［J］. 硬质合金，2004，21（1）：1-5.
[51] 于三三，付念新. 一步法合成碳氮化钒的动力学研究［J］. 稀有金属，2008，32（1）：84-87.
[52] 陈志超，薛正良. 用五氧化二钒制备氮化钒的基础研究［D］. 武汉：武汉科技大学，2012.
[53] 吴恩熙，颜练武. 直接碳化法制备碳化钒的热力学分析［J］. 粉末冶金材料科学与工程，2004，9（3）：192-195.
[54] 许昂风，许茜. 钒电池电解液热力学性质的研究［D］. 沈阳：东北大学，2012.
[55] 吴雄伟. 钒电解液的绿色制备及其热力学分析［J］. 无机材料学报，2011，26（5）：535-538.
[56] 许维国. 钒液流电池电解液的热力学研究进展［J］. 储能科学与技术，2014，3（5）：513-517.
[57] 罗冬梅，隋智通. 钒氧化还原液流电池研究［D］. 沈阳：东北大学，2005.
[58] 李思昊，任广军. 全钒氧化还原液流电池电解液性能的研究［D］. 沈阳：沈阳理工大学，2013.
[59] 贾志军. 全钒液流电池阳极电偶中 VO^{2+} 氧化反应动力学研究［J］. 电源技术，2013，137（4）：582-585.
[60] 邹建新，李亮，彭富昌，等. 钒钛产品生产工艺与设备［M］. 北京：化学工业出版社，2014.
[61] 邹建新. 钒钛物理化学［M］. 北京：化学工业出版社，2016.
[62] 李晓军. 钒渣中尖晶石等温长大的动力学研究［J］. 稀有金属，2011，35（2）：281-285.
[63] 柯家骏. 含钒钢渣碳酸化浸取提钒动力学研究［J］. 高等学校化学学报，1982，3（1）：98-102.
[64] 李新生. 高钙低品位钒渣焙烧-浸出反应过程机理研究［D］. 重庆：重庆大学，2011.
[65] 何东升. 含钒石煤的氧化焙烧机理［J］. 中国有色金属学报，2009，19（1）：195-199.
[66] 毛裕文，等译. 渣图集［M］. 北京：冶金工业出版社，1996.
[67] Zhang Y L, Zhao F, Wang Y G. Effects of influencing factors on distribution behaviors of vanadium between hot metal and FeO-SiO_2-MnO（-TiO_2）slag system［J］. Steel Research Int. Early View, 2011, 82（6）.
[68] Li Ming, Ming Xianquan. Probe into measures to increase recovery in vanadium aluminium alloy smelting［J］. Ferro-alloys, 2000（4）：11-13.
[69] Oriji G, Katayama Y, Miura T. Investigations on V(Ⅳ)/V(Ⅴ) and V(Ⅱ)/V(Ⅲ) redox reactions by various electrochemical methods［J］. Journal of Power Sourses, 2005, 139（1/2）：321-324.
[70] Xi J Y, Wu Z H, Qiu X P, et al. Nafion/SiO_2 hybid membrane for vanadium redox flow battery［J］. Journal of Power Source, 2007, 166（2）：531-536.
[71] Hodgson D R, Fones A, Fray D J, et al. Development and scale-up of the FFC Cambridge process for production ofmetals［J］. ECS Transactions, 2006, 2（3）：365-368.
[72] Luo Q T, Zhang H M, Chen J, et al. Modification of nation membrane using interfacial polymerization for vanadium redox flow battery applications［J］. Journal of Membrane Science, 2008, 311（1-2）：98-103.
[73] Gajbhiye N S, Ningthoujam R S. Low temperature synthesis, crystal structure and thermal stability studies nanocrystalline VN particles［J］. Materials Research Bulletin, 2006, 41（9）：1612-1621.
[74] Zajac S, Siwecki T, HutchinsonW B, Lagneborg R. Strengthening mechanism in vanadium microalloyed steel intended for long products［J］. ISIJ International, 1998, 38（10）：1130.
[75] 高峰. 偏钒酸铵的制备及沉钒动力学［J］. 硅酸盐学报，2011，99（9）：1423-1427.
[76] 曾孟祥，李元高. 石煤酸浸提钒及焙烧料浸出动力学研究［D］. 长沙：中南大学，2009.
[77] 陈铁军. 石煤提钒焙烧过程钒的价态变化及氧化动力学［J］. 矿冶工程，2008，28（3）：64-67.